国家林业和草原局普通高等教育"十三五"规划教材

水土保持学

（第 4 版）

余新晓　毕华兴　主编

中国林业出版社

内容提要

　　《水土保持学》(第 4 版)是根据国家林业和草原局普通高等教育"十三五"规划教材编写计划以及近年来水土保持教学实践和国内外学科发展形势需要,在第 3 版的基础上修订而成,力图将国内外水土保持工作的新理论、新方法、新经验和新技术编入教材中,切实体现理论与实践相结合、人才培养和社会需求相结合。主要内容包括水土流失与土壤侵蚀、水土保持调查与规划、小流域水土流失综合治理、荒漠化防治、区域水土流失防治途径与技术体系、山地侵蚀灾害综合防治、生态退化区水土流失综合防治、生产建设项目水土保持、水土保持生态修复、水土保持工程材料与施工、水土保持工程概预算、水土流失监测与水土保持效益评价、水土保持信息化和"天空地一体化"监管、水土保持监督执法与工程管理等。

图书在版编目(CIP)数据

水土保持学 / 余新晓,毕华兴主编. —4 版. —北京:中国林业出版社, 2020. 10(2024. 5 重印)

国家林业和草原局普通高等教育"十三五"规划教材

ISBN 978-7-5219-0884-8

Ⅰ.①水…　Ⅱ.①余…②毕…　Ⅲ.①水土保持–高等学校–教材　Ⅳ.①S157

中国版本图书馆 CIP 数据核字(2020)第 210327 号

中国林业出版社教育分社

策划编辑: 肖基浒　　　　　　　　**责任编辑:** 洪　蓉　肖基浒

电　　话: (010)83143555　　　　**传　　真:** (010)83143516

出版发行	中国林业出版社(100009　北京市西城区德内大街刘海胡同 7 号)
	E-mail:jiaocaipublic@ 163. com　电话:(010)83223120
	http:// www. forestry. gov. cn/lycb. html
经　销	新华书店
印　刷	河北京平诚乾印刷有限公司
版　次	1995 年 7 月第 1 版
	2020 年 10 月第 4 版
印　次	2024 年 5 月第 3 次印刷
开　本	850mm×1168mm　1/16
印　张	36. 75
字　数	872 千字
定　价	88. 00 元

《水土保持学》(第4版)
编 写 人 员

主　　编　　余新晓　毕华兴

编写人员　（按姓氏笔画排序）

丁国栋	王冬梅	王百田	王克勤
王秀茹	王治国	史常青	毕华兴
朱清科	杨建英	李世荣	李智广
余新晓	张建军	张洪江	陈丽华
范昊明	周金星	赵永军	赵　辉
赵媛媛	胡海波	姜德文	贺康宁
秦富仓	贾国栋	高广磊	黄炎和
崔　鹏	程金花	雷廷武	

学术秘书　　贾国栋

主　　审　　王礼先

《水土保持学》（第3版）
编 写 人 员

主　　编　　余新晓　毕华兴

编写人员　（按姓氏笔画排序）

丁国栋　马东涛　王冬梅　王百田

王成华　王秀茹　王克勤　王治国

史常青　毕　超　毕华兴　朱清科

吴发启　吴秀芹　陈丽华　张克斌

张建军　张洪江　李智广　余新晓

范昊明　杨建英　赵　辉　赵雨森

胡海波　贺康宁　姜德文　秦富仓

高甲荣　黄炎和　崔　鹏　谢　云

程金花　雷廷武

学术秘书　　史常青

主　　审　　王礼先

第4版前言

本教材是在余新晓、毕华兴教授 2013 年主编出版的《水土保持学》(第 3 版)("十二五"全国重点教材基础上，根据水土保持与荒漠化防治专业建设的需求以及水土保持与荒漠化防治事业发展的新形势、新任务和新要求重新编写的。《水土保持学》(第 1 版、第 2 版和第 3 版)出版以来得到广大使用单位和读者的大力支持与肯定，已成为全国各类高等院校水土保持学及相关课程的教科书和重要参考书。

根据国家林业和草原局普通高等教育"十三五"规划教材编写计划，经与中国林业出版社协商，决定在原《水土保持学》(第 3 版)的基础上重新编写(水土保持学)(第 4 版)教材，并在第 3 版参编人员的基础上重新组建了委员会，北京林业大学为主编单位，参编单位有水利部水土保持监测中心、中国农业大学、内蒙古农业大学、南京林业大学、中国科学院成都山地灾害与环境研究所、水利部水利水电规划设计研究总院、福建农林大学、西北农林科技大学、北京师范大学、沈阳农业大学、东北林业大学、西南林业大学。由余新晓教授、毕华兴教授担任主编，贾国栋副教授担任学术秘书。

《水土保持学》(第 4 版)共 14 章，参编人员根据近 10 年来水土保持教学的实践经验、国内外水土保持学科发展的新形势以及环境生态类各专业的教学需要，修改了第 3 版教材中的不足之处，补充了近年来水土保持事业发展中的新经验、新观念、新理论和新技术。

各位编委分工如下：

第 1 章：余新晓；第 2 章：张洪江、程金花；第 3 章：余新晓、雷廷武、秦富仓、王克勤；第 4 章：王百田、王秀茹、王冬梅、李世荣；第 5 章：丁国栋、高光磊、赵媛媛；第 6 章：余新晓、贾国栋；第 7 章：崔鹏、黄炎和；第 8 章：周金星、胡海波、张建军、范昊明；第 9 章：贺康宁、王治国；第 10 章：余新晓、朱清科、贾国栋；第 11 章：陈丽华、杨建英；第 12 章：史常青；第 13 章：赵辉、毕华兴、李智广；第 14 章：赵永军；第 15 章：姜德文；附录：毕华兴、余新晓。全书由余新晓、毕华兴和贾国栋统稿，余新晓、毕华兴定稿，王礼先教授担任主审。本书在编写过程中得到北京林业大学朱金兆教授、吴斌教授，中国科学院地理科学与资源研究所蔡强国教授，北京师范大学刘宝元教授的支持与帮助，在此深表谢意。

我国水土流失严重，侵蚀类型复杂。自古以来，山区、风沙区以及易发生水土流失其他地区的人民群众具有治理水土流失与合理利用水土资源的丰富经验。本教材的编写人员按照"精选经典教学内容，不断充实科学技术最新成果"的要求，力图将国内外水土保持的新理论、新方法、新经验编入教材之中。但是，限于知识水平与实践经验，书中定有疏漏与错误之处，恳请广大读者批评指正，以便在重印、修订时更正。

余新晓

2019 年 9 月

第3版前言

本教材是在王礼先教授2005年主编出版的《水土保持学》(第2版)(普通高等教育"十五"国家级规划教材)基础上，根据水土保持与荒漠化防治专业建设的需求以及水土保持与荒漠化防治事业发展的新形势、新任务和新要求重新编写的。《水土保持学》(第1版和第2版)出版以来得到广大使用单位和读者的大力支持与肯定，已成为全国各类高等院校水土保持学及相关课程的教科书和重要参考书。

根据"十二五"全国重点教材编写计划，经与中国林业出版社协商，决定在《水土保持学》(第2版)的基础上重新编写《水土保持学》(第3版)。北京林业大学为主编单位，参编单位有水利部水土保持监测中心、中国农业大学、南京林业大学、中国科学院成都山地灾害与环境研究所、水利部水利水电规划设计研究总院、福建农林大学、西北农林科技大学、北京师范大学、沈阳农业大学、东北林业大学、西南林业大学。由余新晓、毕华兴两位教授担任主编，史常青博士担任学术秘书。

《水土保持学》(第3版)各章节分工如下：

第1章：余新晓；第2章：张洪江、谢云、程金花；第3章：余新晓、雷廷武、秦富仓、王克勤；第4章：王百田、王秀茹、王冬梅、赵雨森；第5章：丁国栋、张克斌；第6章：崔鹏、黄炎和、王成华、马东涛、高甲荣；第7章：朱清科、胡海波、张建军、吴秀芹、范昊明；第8章：贺康宁、王治国；第9章：余新晓、朱清科；第10章：陈丽华、杨建英；第11章：史常青、余新晓；第12章：毕华兴、李智广、吴发启、赵辉、毕超；第13章：姜德文；附录：毕华兴、余新晓、毕超。全书由余新晓、毕华兴和史常青统稿，余新晓、毕华兴定稿，王礼先教授担任主审。本书在编写过程中得到北京林业大学朱金兆教授、吴斌教授，中国科学院地理科学与资源研究所蔡强国教授，北京师范大学刘保元教授的支持与帮助，在此深表谢意。

我国水土流失严重，侵蚀类型复杂。自古以来，山区、风沙区以及易发生水土流失其他地区的人民群众具有治理水土流失与合理利用水土资源的丰富经验。本教材的编写人员按照"精选经典教学内容，不断充实科学技术最新成果"的要求，力图将国内外水土保持的新理论、新方法、新经验编入教材之中，特别是2005—2007年水利部、中国科学院和中国工程院组织的水土保持与生态安全科学考察成果。但是，限于知识水平与实践经验，书中定有疏漏与错误之处，恳请广大读者批评指正，以便在重印、修订时更正。

余新晓　毕华兴

2012年5月

目 录

【本章提要】本章介绍了水土保持学的研究对象及重点研究领域，概述了国内外水土流失的现状和我国水土流失演变及水土保持的发展历程，分析了我国水土保持发展的成就和经验，强调了水土保持重要的战略地位与作用，提出了水土保持学的未来发展战略，并简要介绍了水土保持学科与其他学科的关系。

1.1　水土保持学的研究对象及重点研究领域

1.1.1　水土保持学的研究对象

《中国水利百科全书·水土保持分册》中明确指出：水土保持(soil and water conservation)是防治水土流失，保护、改良与合理利用水土资源，维护和提高土地生产力，以利于充分发挥水土资源的生态效益、经济效益和社会效益，建立良好生态环境的事业。水土保持的对象不只是土地资源，还包括水资源；保持(conservation)的内涵不只是保护(protection)，而且包括改良(improvement)与合理利用(rational use)，不能把水土保持理解为土壤保持、土壤保护，更不能将其等同于土壤侵蚀控制(soil erosion control)；水土保持是自然资源保育的主体。

《中华人民共和国水土保持法》(以下简称《水土保持法》，1991 年 6 月 29 日发布，2010 年 12 月 25 日修订，2011 年 3 月 1 日施行)中所称的水土保持是指"对自然因素和人为活动造成水土流失所采取的预防和治理措施"。从中可以看出，水土保持至少包括 4 层含义：自然水土流失的预防、自然水土流失的治理、人为水土流失的预防、人为水土流失的治理。水土流失是指在水力、风力、重力及冻融等自然营力和人类活动作用下，水土资源和土地生产能力的破坏和损失，包括土地表层侵蚀及水的损失。自然因素是指水力、风力、重力及冻融等侵蚀营力；这些营力造成的水土流失分别为水力侵蚀、风力侵蚀、重力侵蚀、冻融侵蚀和混合侵蚀。人为活动造成的水土流失即人为水土流失，也指人为侵蚀，是由人类活动，如开矿、修路、开发建设项目以及滥伐、滥垦、滥牧、不合理耕作等所造成的水土流失。

1.1.2　水土保持科学研究的重点领域

(1)重大基础理论研究方面
①土壤侵蚀动力学机制和过程。

②土壤侵蚀预测预报及评价模型研究。

③土壤侵蚀区退化生态系统植被恢复机制及关键技术。

④水土流失与水土保持效益、环境影响评价。

⑤水土保持措施防蚀机理及适用性评价研究。

⑥流域生态经济系统演变过程和水土保持措施配置。

⑦区域水土流失治理标准与容许土壤流失量研究。

⑧水土保持生态效益补偿机制。

⑨水土保持与全球气候变化的耦合关系及评价模型。

（2）水土保持关键技术方面

①水土流失区林草植被快速恢复与生态修复关键技术。

②降雨地表径流调控与高效利用技术。

③水土流失区面源污染控制与环境整治技术。

④生产建设项目与城市水土流失防治技术。

⑤水土流失试验方法与动态监测技术。

⑥坡耕地与侵蚀沟水土综合整治技术。

⑦水土保持农业技术措施。

⑧水土保持数字化技术。

⑨水土保持新材料、新工艺、新技术。

1.2 水土流失现状及危害

1.2.1 中国水土流失状况

1.2.1.1 水土流失面积、强度及分布现状

根据第一次全国水利普查（2010—2012）的数据统计，中国水土流失面积为 $294.91 \times 10^4\ km^2$，占国土总面积的 31.12%。其中，水力侵蚀 $129.32 \times 10^4\ km^2$，风力侵蚀 $165.59 \times 10^4\ km^2$。按侵蚀强度分类结果见表 1-1。

表 1-1 中国水土流失强度分级及其面积和所占比例

侵蚀强度	轻度	中度	强度	极强度	剧烈	合计
风蚀面积（$\times 10^4 km^2$）	71.6	21.74	21.82	22.04	28.39	165.59
水蚀面积（$\times 10^4 km^2$）	66.76	35.14	16.87	7.63	2.92	129.32
合计面积（$\times 10^4 km^2$）	138.36	56.88	38.69	29.67	31.31	294.91
百分比（%）	46.92	19.29	13.12	10.06	10.62	100

从各省（自治区、直辖市）的水土流失分布看，水蚀主要集中在黄河中游地区的山西、陕西、甘肃、内蒙古、宁夏和长江上游的四川、重庆、贵州和云南等省（自治区、直辖市）；风蚀主要集中在西部地区的新疆、内蒙古、青海、甘肃和西藏 5 省（自治区）。

从各流域的水土流失分布看，长江、黄河、淮河、海滦河、松辽河、珠江、太湖七大流域水土流失总面积 $146.36 \times 10^4\ km^2$，占全国水蚀总面积的 74.8%；风蚀面积为

$15.84 \times 10^4 \ km^2$，占全国风蚀总面积的 8.1%。黄河流域的水土流失面积最大；长江流域水土流失面积次之，黄河流域流失面积占流域面积的比例最大，强度以上侵蚀面积及其占流域面积比例居七大流域之首，是我国水土流失最严重的流域。

从东部、中部、西部和东北 4 个经济区域的水土流失分布看，西部地区的水土流失最为严重，其次为中部，东北地区居第三，东部地区最轻微。中国西部地区水土流失面积为 $296.65 \times 10^4 \ km^2$，占全国水土流失总面积的 83.1%，占该区土地总面积的 44.1%。全国水蚀、风蚀的严重地区主要集中在西部地区，其中风蚀面积占全国风蚀面积的近 80%。其他几个区域的水土流失面积较小，流域面积占本区域土地总面积的比例由大到小依次是中部地区、东北地区、东部地区，分别是 27.6%、22.4%、11.8%。

1.2.1.2 土壤侵蚀面积、强度及分布的变化趋势

据第一次（1985—1986）、第二次（1995—1996）、第三次（2000—2001）全国土壤侵蚀普查数据和第一次全国水利普查（2010—2012）的统计，1985—2012 年的 27 年间，全国水土流失总面积减少 $72.09 \times 10^4 \ km^2$，减少了 19.64%，变化较大；不同类型的侵蚀变化不同，水蚀面积 27 年间减少 $49.7 \times 10^4 \ km^2$，减少了 27.77%，平均每年减少 $1.84 \times 10^4 \ km^2$，各级强度的面积均呈下降趋势；在 2001—2012 年，风蚀面积平均每年减少 $2.77 \times 10^4 km^2$，降低了 15.52%。风蚀面积呈先增大后减小的趋势，特别是极强度和剧烈风蚀的面积变化较大。

27 年间，中国水土流失在东部、中部、西部和东北等区域的分布总体格局没有变化，但不同区域的变化差异明显。西部地区，水蚀总面积变化不大但强度下降，风蚀面积和强度呈先增后减的变化趋势，水土流失严峻的状况没有改善；东部地区，水蚀和风蚀的面积均减少，总面积减少了 36.2%，侵蚀强度降低，水土流失整体好转；中部地区，水蚀和风蚀的面积均有所减少，总面积减少了 22.9%，水土流失状况有一定好转；东北地区，水蚀面积减少了 25.7%，风蚀面积略微增加。

1.2.1.3 中国水土流失主要特点

由于特殊的自然地理和社会经济条件，中国的水土流失具有以下特点：

（1）分布范围广、面积大

全国水土流失总面积为 $249.91 \times 10^4 \ km^2$，占国土总面积的 30.72%，除上海市和香港、澳门特别行政区外，全国其他 31 个省（自治区、直辖市）均有不同程度的水土流失发生。从全世界范围看，中国国土总面积约占全世界土地总面积的 6.8%，中国水土流失总面积约占全世界水土流失总面积的 6%。

（2）侵蚀形式多样，类型复杂

水力侵蚀、风力侵蚀、冻融侵蚀及滑坡、泥石流等重力侵蚀特点各异，相互交错，成因复杂。西北黄土高原区、东北黑土漫岗区、南方红壤丘陵区、北方土石山区、西南石质山区以水力侵蚀为主，伴随有大量的重力侵蚀；青藏高原以冻融侵蚀为主；西部干旱地区、风沙区和草原区风蚀非常严重；华北和西北半干旱农牧交错带则是风蚀水蚀共同作用区。

（3）土壤流失严重

中国每年土壤流失总量约为 44.65×10^8 t，其中长江流域最多，为 21.43×10^8 t；黄河流域次之，为 15.81×10^8 t。水蚀区平均侵蚀强度约为 3 800 t/(km²·a)，黄土高原的侵蚀强度最高达 15 000 ~ 23 000 t/(km²·a)，侵蚀强度远远高于土壤容许流失量。从全世界范围看，中国多年平均土壤流失量约占全世界土壤流失量的 8.33%，土壤流失十分严重。

1.2.1.4 水土流失的危害

严重的水土流失，给中国经济社会的发展和人民群众的生产、生活带来多方面的危害。

（1）耕地减少，土地退化严重

近 50 年来，中国因水土流失毁掉的耕地超过 266.7×10^4 hm²，平均每年达 5.3×10^4 hm² 以上。因水土流失造成退化、沙化、碱化草地约 100×10^4 km²，占中国草原总面积的 50%。进入 20 世纪 90 年代，沙化土地每年扩展 2 460 km²。

（2）泥沙淤积，加剧洪涝灾害

由于大量泥沙下泄，淤积江、河、湖、库，降低了水利设施调蓄功能和天然河道泄洪能力，加剧了下游的洪涝灾害。黄河年均约 4×10^8 t 泥沙淤积在下游河床，使河床每年抬高 8 ~ 10 cm，形成著名的"地上悬河"，增加了防洪的难度。1998 年长江发生的全流域性特大洪水的原因之一，就是中上游地区水土流失严重、生态环境恶化，加速了暴雨径流的汇集过程。

（3）影响水资源的有效利用，加剧了干旱的发展

黄河流域 3/5 ~ 3/4 的雨水资源消耗于水土流失和无效蒸发。为了减轻泥沙淤积造成的库容损失，部分黄河干支流水库不得不采用蓄清排浑的方式运行，使大量宝贵的水资源随着泥沙下泄。黄河下游每年需用 200×10^8 m³ 的水冲沙入海，降低河床。

（4）生态恶化，加剧贫困程度

植被破坏，造成水源涵养能力减弱，土壤大量"石化""沙化"，沙尘暴加剧。同时，由于土层变薄，地力下降，群众贫困程度加大。中国 90% 以上的贫困人口生活在水土流失严重地区。

1.2.2 国外水土流失状况与水土保持发展概况

水土资源是人类赖以生存的宝贵资源。近年来，世界各国加速发展工农业生产和进行基本建设项目，同时也不断破坏天然植被，水土流失日趋严重，流失面积和强度逐年增加。据统计，全球遭受土壤侵蚀的面积为 $2 642 \times 10^4$ km²，其中水蚀面积 819.02×10^4 km²，风蚀面积 898.28×10^4 km²（表 1-2）。

由于各国所处的自然环境及社会经济状况的不同，土壤侵蚀发生和发展的动力差异，土壤侵蚀的表现形式也各具特点。由于世界各国的科技文化发展水平的不均衡，以及水土流失危害程度的差异，形成土壤侵蚀研究的不同特点。有关世界各国水土流失状

表1-2　全球土壤侵蚀面积分布　　　　　　　　　　　　　　×10⁴ km²

侵蚀类型	地　区							
	非洲	亚洲	南美	中美	北美	欧洲	大洋洲	总计
水蚀	227	441	123	46	60	114	83	1 094
风蚀	186	222	42	35	35	42	16	548

数据摘自：《中国水利百科全书·水土保持分册》第9页。

况和水土保持发展概述如下。

1.2.2.1　美洲

在美洲各国中，美国是水土流失研究最为先进的国家，同时美国也是世界上水土流失较严重的国家之一，水土流失遍布于50个州，尤其是西部17个州更为严重，年土壤侵蚀速率达 2 500 ~ 3 500 t/km²，个别地区年侵蚀速率超过 10 000 t/km²。全美年均水土流失量约39.25 × 10⁸ t（水蚀 21.78 × 10⁸ t，风蚀 17.47 × 10⁸ t），仅耕地就达 15.7 × 10⁸ t，占总流失量的40%。流失的 39.25 × 10⁸ t 土壤，有3/4淤积在河道、洪水平原区和湖泊、水库，只有1/4输入海洋。每年经济损失 30 × 10⁸ ~ 60 × 10⁸ 美元。

美国土壤保持工作可以追溯到19世纪末，而大规模开展水土流失综合治理则是从20世纪30年代开始的。1929—1942年是美国土壤侵蚀研究的黄金时代。在第一任水土保持局长贝内特博士的积极支持下，美国设立了19个水土保持试验站，研究降雨强度、历时、季节分配和土壤可蚀性关系，坡度、作物覆盖及土地利用和侵蚀的相互关系等；同时米德尔顿用测定土壤理化性质来测定土壤可蚀性；霍登从水文学观点建立了土壤入渗能力概念和方程。1935年后，尼尔、津格、史密斯等人开始雨滴击溅机制研究。1944年，埃里森完成了雨滴击溅侵蚀的分析研究，揭示了溅蚀的研究。近年来美国通过立法案、建机构、拨专款、搞示范、大宣传等举措，把水土保持作为发展农业生产、保护生态平衡的重要内容。采用的主要措施有：①政府重视，强化组织管理；②重视立法，依法治理水土流失；③实施水土保持的各种措施。21世纪以来，在对抗水土流失的过程中，美国政府力量较为薄弱，但其法律规定更加细化，其民间水土保持组织更为活跃，可以较好地发挥能动作用，水土保持措施更符合实际。

1.2.2.2　欧洲

（1）俄罗斯

俄罗斯国土总面积 1 709.82 × 10⁴ km²。1892年发生的大"沙尘暴"刮走大量地表层土壤；1957—1961年，开垦了 4 150 × 10⁴ km²生、熟荒地，1969年其欧洲部分国土——北高加索、伏尔加河流域 8 000 × 10⁴ hm²秋播作物遭沙尘暴所致的毁灭性灾害。1993年，有关生态学家指出：对俄罗斯石油的无情开采，使西西伯利亚这块地球上最后的一片荒原沦为生态灾区。

俄罗斯的水土保持始于18世纪中叶。1753年 M·B·罗蒙洛索夫首次提到暴雨引起溅蚀对农业生产的影响。进入19世纪，开展了土壤侵蚀调查，编绘了部分区域面蚀、沟蚀分布图。19 世纪末，B·B·道库恰耶夫等一批学者，在侵蚀研究的基础上，提出防止侵蚀和干旱的措施，其中在缓坡耕地修筑软埝以拦蓄融雪水又不妨碍耕作的措施，被推广到很多国家。1923 年成立了世界第一个土壤保持试验站——诺沃西里试验站，从事侵蚀与防治研究。20 世纪 50 年代后，阿尔曼德、扎斯拉夫斯基深入研究侵蚀机理、面蚀和沟蚀发展规律、不同侵蚀强度对土壤肥力影响等，并完善径流小区测验装置，创立了面蚀、沟蚀新的调查方法、成图方法，测定了改良土壤、植被覆盖及工程措施的综合效益。1967 年以后，全国有 200 多个科研单位从事侵蚀及综合治理研究。这期间在侵蚀研究方法上有很大改进，制定了评定土壤侵蚀危险性的方法、侵蚀土壤制图方法、水土保持措施效益评价方法，使研究逐步规范化，研究的深度和广度均有长足的发展。

近几年来，俄罗斯专家更加注重对河流生态的保护，尤其是泥沙淤积方面，政府已经拿出 10 亿美元用于洪水防治和相关研究工作等。未来，俄罗斯将会加大政府的科研投入，避免人才流失，同时，也会加强降雨侵蚀等数据观测的基础性工作。

（2）奥地利

奥地利国土总面积 8.39×10^4 km²，其中 2/3 是山地。奥地利把小于 100 km²、具有侵蚀地貌的小流域称为荒溪。全国有荒溪 4 338 条。1882—1883 年，连续发生严重的山洪及泥石流灾害，促使 1884 年通过《荒溪治理法》。1977—1979 年政府对荒溪治理投资达 12.25×10^8 先令。在百余年来的荒溪治理实践中，已总结出一套行之有效的荒溪治理森林—工程措施体系，包括：①规划经营措施；②森林植物措施；③工程措施；④法规性措施（如荒溪分类与危险区制图）。

1.2.2.3 非洲

据统计，目前整个非洲已有 20% 以上的耕地被沙漠覆盖，另有 60% 的耕地面临沙漠化的威胁。

近年来，非洲地区提出了"转变观念，采取防治土地荒漠化的新战略"。新战略将过去依靠举办项目来防治土地荒漠化的战略，转变为通过实施一个由国际资金资助的土地荒漠化治理项目，引导更大范围的土地使用者依靠自己的努力来实现土地荒漠化治理策略。其核心观念是：只有农民自己才能有效地执行项目。为了实现这种战略转变，非洲地区开始注重培训项目官员和农民，有效地促进农民的参与和技术员与农民之间的合作，同时引进先进、简单、有效的农业技术和土地荒漠化防治技术。

目前在受严重风蚀和水蚀威胁的典型非洲国家内，已经开展的研究包括监测和评价由土壤侵蚀速率、建立土壤侵蚀灾害预警系统、制定经济有效的土壤侵蚀防治措施、建立旱作栽培区的土壤侵蚀数据库等。

1.2.2.4 亚洲

（1）印度

印度全国 328.0×10^4 km² 土地面积中，约有 175×10^4 km² 土地遭受程度不等的水蚀或风蚀，其中水蚀面积占 2/3，风蚀面积占 1/3。印度水库淤积十分严重，年土壤侵蚀量为 53.36×10^8 t，其中输移入海泥沙 15.47×10^8 t，沉积在水库 5.3×10^8 t，正是这一问题推动了水土保持工作。流域治理项目在印度已开展了 40 多年，通过改善自然地建立了从环境和社会经济角度可被接受的生产体系，使流域治理从单一目标活动转为靠降雨供水的区域的集中持续发展。全国进行了 31 条河流、总流域面积达 75×10^4 km² 的水土保持规划。

进入 21 世纪以后，印度开始注重土壤侵蚀预报的研究，大量有关通用土壤流失方程应用和评价的报道相继出现，此外研究人员还致力于开发和建立本国模型，虽然在实际应用中还存在一定缺陷，但对预报流域次降雨后的径流量和泥沙输移量已具有一定的精度。

（2）日本

日本国土总面积 37.80×10^4 km²，其中 3/4 是海拔 2 000 ~ 3 000 m 的陡峻山地。农田面积为 4.267×10^4 km²；森林面积 25×10^4 km²，森林覆盖率达 68%。由于火山、地震、地质、降水丰沛（年降水量 1 800 mm）等原因，滑坡、泥石流经常发生，年土壤流失量约为 $2\ 262 \times 10^4$ m³。

日本重视水土保持立法，1897 年通过了《砂防法》《森林法》和《河川法》。日本的自然灾害防治事业中，治山（土壤侵蚀防治）事业占据主要地位，1957—1986 年用于砂防事业的总投资达 $37\ 660 \times 10^8$ 日元，50 年代年均投资 146×10^8 日元，80 年代平均投资 $3\ 040 \times 10^8$ 日元。全国砂防事业由建设省主管，其河川局与土木研究所均下设砂防部；都道府县的土木部下设砂防科；农林水产省、林野厅也在治理上各负其责，设有治山科；此外还有半政府和民间机构。主要治理措施包括：①砂防工程，包括坡面工程、砂防调节坝、拦砂坝、河道砂防坝、顺河坝和堤防；②滑坡治理，包括地面排水渠道、暗渠、集水井等；③崩塌治理。

近年来，日本的水土保持工作更多的集中在以"3S"技术为辅助，以通用土壤流失方程（USLE）为基础估算并控制山区小流域地表侵蚀和泥沙输移量。未来日本政府可能会更为重视农耕地的水土流失问题，并在侵蚀分区方面开展更为广泛的工作。

1.2.2.5 大洋洲

（1）澳大利亚

澳大利亚国土总面积 768.7×10^4 km²。中部及西北部为荒漠及半荒漠，约占国土面积的 1/3；东北、东南及西南部为相对湿润的农牧区。19 世纪 40 年代发现金矿后，移民剧增，毁林毁草严重，短短 100 多年，森林资源已毁掉近 1/2。20 世纪初，风蚀严重，形成红色尘暴。全国遭受严重水蚀或风蚀的土地面积约为 260×10^4 km²。1938 年通过《新南威尔士土壤保护法》后，各州相继立法。1946 年联邦成立水土保持常务委员会。垂直机构共分 5 级，联邦政府—州—区—流域管理委员会及民间组织。科工组织（相当于科学院）下属的水土资源保护研究所遍布全澳，年科研经费达 7×10^8 澳元。全国十分重视土地资源评价等基础工作和草场建设，牧草的科学选育和牧场的规划管理是水土保持的主要内容。水土保持的工程措施为：①坡面工程，如等高田埂、草皮排水道；②沟道工程，如滞洪拦砂坝、沙袋（尼龙）、钢桩谷坊、铅丝石笼、混凝土防护网垫等广泛用于岸堤、沟头、沟壁及泄水陡坡。

目前，对澳大利亚水土保持工作影响最大的是国家自然遗产保护计划。该计划囊括了土地保护以及原来一些独立的陆地和水域发展保护项目，这些项目由各地自发组织的社会团体运作，目的是解决水域、植被和土壤管理问题。

（2）新西兰

新西兰国土面积 27×10^4 km^2，其中农业用地 18×10^4 km^2。全国山多坡陡，地质条件复杂，雨量充沛多暴雨，水土流失十分严重，有 52% 的土地遭受土壤侵蚀。新西兰在 1941 年就制定了《水土保持及河川治理条例》。全国水土保持领导机构是"全国水土保持组织"（NWASCO），其下设土壤保持和河流管理委员会及水资源委员会，还有"工程和发展部"下设的水利和土壤局。1952 年建立了土地生产潜力分类系统，1973 年后开展了全国性的土壤侵蚀及土地资源清查工作，1979 年该项工作完成并建立了全国约 9×10^4 个地块的土地资源（包括土壤侵蚀类型）的数据库。

21 世纪以来，新西兰更注重的是生态恢复的内容，由于新西兰自然环境保护较好，到目前为止，其生态恢复主要涉及在受生产建设项目严重干扰的区域进行植被的恢复或重新建植。

1.3　水土流失演变与水土保持发展历程

1.3.1　水土流失演变

我国是世界上水土流失最为严重的国家之一，这不仅与我国强烈的新构造运动、多山的地形特点和降水不稳定等诸多自然因素有关，更与我国农业开发历史悠久、人口众多等诸多人文因素密切相关。以西汉、唐宋、清中叶和新中国成立后等水土流失发生转折的时间点为界线，可以将我国水土流失的历史划分为 5 个阶段，其中第一阶段主要发生在原始农业时期，基本维持自然侵蚀；第二至第四阶段发生在传统农业时期，人为导致的水土流失首先于西汉凸显在北方地区，至唐宋扩展到南方地区，到清中叶随着山地的开发而普遍加重；第五阶段发生在现代农业时期，水土保持措施初见成效。

1.3.1.1　西汉前后

中国史前时期（公元前 2000 年）的原始农业按起源和生产方式可明显地区分为南北两大系统：南方以长江中下游为重心的稻作农业系统和北方以黄河中下游为重心的粟作农业系统。这些农业活动不仅破坏了原始植被，也对土壤造成扰动，但总体上，人类活动引起的土壤侵蚀仍十分有限，水土流失基本属于自然侵蚀的范畴。

西周以前，我国的农业主要采用游耕方法，西周时期采用休耕方法，通过土地的自然恢复解决地理耗竭问题。但到战国时期，铁器使用普遍，加之牛耕技术的推广，人类改造自然的能力增强。战国时期还发展了自流灌溉和汲水灌溉农业。这时期的水土流失问题虽已显现，但尚不严重。

西汉的 200 年间人口增加迅速，增加近 10 倍，达到 5 900 万人，是我国历史上人口第一次快速增长时期。扩大土地开垦面积是我国历史上解决人口增长问题的主要手段。北方地区农业区域的扩展，使一部分草地和林地受到人为干扰的破坏，其中原始生态环境被破坏最为严重的是关中和河套地区。人类的开垦无疑加剧了黄土高原的自然侵蚀过程。《汉书·沟洫志》上曾记载有"泾水一石,其泥数斗","河水重浊,号为一石水而六斗泥",表明至少从西汉时期黄河泥沙含量高的特点已经出现,黄土高原等北方地区农业开垦引起的水土流失已经较为明显。

对于东汉时期黄河流域的土壤侵蚀状况尚有不同的看法。一种认为,从东汉时期开始,北方的游牧民族南迁而逐渐由农业转为牧业,草原植被得以恢复,降低了土壤侵蚀量。但相反的观点认为,晋陕峡谷区畜牧业的发展不是减少水土流失,而是加剧了水土流失。47—220 年的 173 年,原始游牧对草坡的压力越来越大,天然植被完全没有休养生息和自行恢复的条件,水土流失越来越严重,导致东汉黄河水患严重,大水记载不绝于史。

1.3.1.2 唐宋之际

东汉以后,北方地区人类活动对自然环境的影响因人口的锐减而减弱,但进入唐宋时期以后,植被破坏重新加剧。目前,关于自然因素和人文因素对黄土高原地区水土流失影响的估计存在分歧,按以自然侵蚀为主观点的估计,公元前 1020—公元 1194 年黄土高原的年侵蚀量为 11.6×10^8 t,较全新世中期的侵蚀量增长 7.9%,但仍以自然侵蚀为主。黄河下游沉积速率 2 300 年以来的变化显示,从战国到南北朝时期,黄河下游沉积速率较低,为 2~4 mm/a;但从隋唐开始,沉积速率发生阶梯式跃升,达到 2.0 cm/a,并持续到清代中期,表明 7 世纪以后水土流失明显增加。

在南方地区,水土流失的加剧主要起因于人类对丘陵山地植被的破坏,自东汉后期至宋元时期,大批中原士民为避灾荒战乱,加上铁制农具的普遍使用,南方地区农田的开辟扩大也出现了新的形式,山泽地逐步被开发。移民开发主要以麦、粟等旱粮作物在丘陵山区的广泛种植、茶树种植和商业采伐林木 3 种方式造成南方低山丘陵地区植被的破坏,加剧水土流失。

1.3.1.3 清中叶以后

在经历明清之际的人口减少之后,清康熙至乾隆的 100 多年间,全国人口由不足 1 亿人骤然增至 3 亿人,约 50 年后的 1840 年突破 4 亿大关,是历史上人口的第二个快速增长期。在巨大的人口压力下,全国各地都加大了对山地的开发强度,尤其是自 16 世纪适于山地种植的玉米、花生、甘薯、马铃薯等外来旱地农作物传入我国,并在清中期普遍推广后,山地开发明显加速,逐步形成了以旱地垦殖为主的经济格局。除毁林开荒外,伐木烧炭、经营木材、采矿冶炼也是森林破坏、土壤侵蚀加重的重要原因。进入 20 世纪上半叶,社会矛盾激化,政局动荡变革,水旱灾害频繁,致使土壤侵蚀进一步加剧,到中华人民共和国成立前,我国水力侵蚀面积大致在 150×10^4 km²。

1.3.1.4 新中国成立以后

1949 年中华人民共和国成立后,土壤侵蚀防治工作受到重视,有计划地开展了土壤侵蚀治理,水土保持工作不断取得成效,土壤侵蚀恶化的趋势得到初步遏制。但是,由于对人与自然关系认识的不足，加之受自然、经济、社会等多方面因素的影响，70 年来我国水土流失防治工作经历了一个非常曲折的发展过程。

(1)20 世纪 50~70 年代开垦荒地和森林砍伐使水土流失加剧

中华人民共和国成立以后，人口进入中国历史上的第三个快速增长期，1980 年全国人口 9.8 亿人，较新中国成立初增加了 5.4 亿人。50 年代后实现国家工业化、发展经济、解决人民群众的基本生活问题等被放在特别优先的地位，环境意识薄弱，为满足粮食需求的耕地开垦和工业化的森林采伐，以前所未有的速度迅速地改变了自然环境，在"人定胜天""大跃进""以粮为纲"和"向荒山要粮"等指导思想和政策的引导下，出现了严重的滥垦、滥牧、滥樵、滥伐现象，我国农区的土壤侵蚀加剧，很多林区、牧区相继成为新的水土流失区。20 世纪 80 年代中期开展的土壤侵蚀遥感调查结果显示，我国水力侵蚀面积为 179×10^4 km²，比 50 年代中期的统计调查数据 153×10^4 km² 增加了 26×10^4 km²，全国土壤侵蚀总面积(含风力侵蚀)达 367.03×10^4 km²，占国土面积的 38.2%。

(2)20 世纪 80 年代至 90 年代中期土壤侵蚀恶化趋势得到遏制，但出现新型的侵蚀

进入 20 世纪 80 年代后，六七十年代实施的农田基本建设工程相继发挥作用，同时国家开始重视生态环境保护问题，水土保持工作得到了恢复和加强。在小流域综合治理试点工作的基础上，从 1983 年开始，国家有计划、有组织地开展了土壤侵蚀严重区的防治工作，加大了水土保持的投入。1983 年启动了全国八片水土保持重点防治工程，1986 年开始在黄河中游地区进行治沟骨干工程试点建设，1989 年开始实施"长治"工程，1991 年《中华人民共和国水土保持法》正式颁布实施。80 年代中期和 90 年代中期 2 次遥感普查比较，水土流失不断恶化的趋势得到初步遏制，10 年时间土壤侵蚀总面积减少超过 11×10^4 km²。但从总体来看，这一时期我国水土资源和生态环境仍然体现为"一边治理，一边破坏"的特点，而大规模工程建设和矿产资源开发产生了新的土壤侵蚀，城市发展对土壤侵蚀的影响也不容忽视。

(3)20 世纪 90 年代末至今水土保持措施初见成效

随着国家经济建设规模扩大，各种资源日益紧缺，水土保持观念越来越深入人心，水土保持越来越受到重视，不仅水土保持方面的法律法规建设得到了进一步发展，而且全面加大了生态治理与保护投入，启动实施了退耕还林、退牧还草、能源替代、生态移民等一大批有利于生态改善的工程，并逐步增加了防治水土流失方面的直接投入，在长江、黄河上中游、东北黑土区、珠江上游等土壤侵蚀严重地区开展了重点治理，水土保持与生态治理保护工作进入了前所未有的快速发展时期。

值得注意的是，随着我国经济建设不断发展，城镇建设、矿产资源开发、公路铁路建设以及山丘区农林开发等工程建设，已成为新增土壤侵蚀的最重要的动力。

1.3.2　水土保持发展历程

我国是一个历史悠久的农业大国，也是世界上水土流失最严重的国家之一，在长期的历史实践中，我国劳动人民积累了丰富的水土治理经验。从西周到晚清，广大劳动人民创造、发展了保土耕作、造林种草、打坝淤地等一系列水土保持措施。当代的水土保持理论方法，很多都是我国历史上水土流失防治实践的延续与发展。从近现代开始，受

西方科学传入的影响，国内一批科学工作者相继投身于治理水土流失、改变人民贫困生活的行动中，他们做了大量科学研究工作，并最终提出"水土保持"这门学科，水土保持也从自发阶段进入到自觉阶段。中华人民共和国成立以后，在党和政府的重视与关怀下，水土保持事业进入到一个全新的历史时期。

（1）古代水土保持

水土保持自古有之。据《书》所记，"帝（舜）曰，俞咨禹，汝平水土"，言平治水土，人得安居也。《尚书·吕刑》篇有"禹平水土，主名山川"的记载。《诗经》中有"原隰既平，泉流既清"的描述。从"平治水土"的传说开始，伴随着农业生产发展的需要，我国劳动人民创造了一系列蓄水保土的水土保持措施，同时在长期生产实践以及对自然现象的观察中，提出了诸如沟洫治水治田、任地待役、法自然等有利于水土保持的思想，这些重要的思想及保持水土的发明创造，是留给子孙后代的宝贵财富。

（2）萌芽起步阶段

鸦片战争以后，国内政局动荡，战事频繁，民不聊生，毁林开荒使一些地区森林草原资源遭到很大破坏，黄河水患频发，水土流失加剧。在一些有识之士的奔走呼吁下，水土保持逐渐被提上议事日程，建立了相对专职的机构，并结合西方现代科学技术，开展了科学实验工作，使水土保持这门学科最终得以建立。虽然一些有远见的主张因历史条件所限未能付诸实施，所开展的工作成效也相当有限，但这些具有开创性的工作对新中国成立以后的水土保持事业具有启蒙和奠基作用。

（3）示范推广阶段（20世纪50~70年代）

中华人民共和国成立后，百废待兴，百业待举。围绕发展山区生产和治理江河等需要，党和政府很快就将水土保持作为一项重要工作来抓，并大力号召开展水土保持工作。在经过一段时间的试验试办及推广后，伴随着农业合作化的高潮，水土保持工作迎来了一段全面推广发展的黄金时期，并迎来了水土保持发展的高潮。但随即的"大跃进"、三年自然灾害，使水土保持转入调整、恢复阶段，以基本农田建设为主成为此后相当长一个时期内水土保持工作的主要内容。"文化大革命"中，水土保持工作在曲折中缓慢发展。总体上来讲，20世纪50~70年代水土保持事业伴随着新中国社会主义建设不断成长发展，虽有停顿反复，但总体上仍取得了巨大成就，并为80年代以后更好地开展水土保持工作奠定了基础。

（4）小流域综合治理阶段（20世纪80年代）

20世纪80年代，随着国家将经济建设作为工作重点并实行改革开放政策，水土保持工作得以恢复并加强，同时由基本农田建设为主转入以小流域为单元进行综合治理的轨道。八片国家水土流失重点治理工程、长江上游水土保持重点防治工程等重点工程的实施，推动了水土流失严重地区和面上的水土保持工作；家庭联产承包责任制在农村普遍实行，促进了户包治理小流域的发生发展，调动了千家万户治理水土流失的积极性；80年代后期在晋陕蒙接壤地区首先开展的水土保持监督执法工作，则为《水土保持法》的制定颁布作了必要的前期探索和实践工作。

（5）依法防治阶段（20世纪90年代至20世纪10年代）

1991年，《中华人民共和国水土保持法》正式颁布实施，水土保持工作由此走上依法防治的轨道。各级水土保持部门认真履行《水土保持法》赋予的神圣职责，依法开展水土保持各项工作：法律法规体系建设逐步完善，预防监督工作逐步开展；水土保持重点工程得到加强，治理范围覆盖到全国主要流域，水土流失治理速度大大加快；水土保持改革深入进行，促进了小流域经济的发展，调动了社会力量治理水土流失的积极性。

1997年后，随着"再造秀美山川"的提出，以及1998年长江流域和嫩江流域大洪水给人们的警示，水土保持生态环境建设工作得到国家前所未有的重视以及全社会的广泛关注。党中央、国务院审时度势，从我国社会经济可持续发展的高度，从国家生态安全的高度，从中华民族生存与发展的高度，把水土保持生态建设摆在突出的位置，并做出一系列重要决定，大力加强生态环境的建设与保护。各级水利水保部门抓住难得的发展机遇，加快治理步伐，强化监督管理，水土保持事业大力发展。

（6）生态文明建设阶段

2012年11月，我国提出"生态文明"建设的新理论，并在十八大和十九大中多次强调完成生态保护红线划定工作，开展国土绿化行动，推进荒漠化、石漠化、水土流失综合治理，强化湿地保护和恢复，加强地质灾害防治。在国家建设和人民需求的双重激励下，我国水土保持事业被提升到了前所未有的高度。近年来我国水土保持与荒漠化防治的工作成果不但得到了全球各国的肯定，更是在绿化和土地管理方面具有领导作用。

新的历史时期，水土保持既有大好的发展机遇，也面临着新的挑战。科学发展观的提出、新农村建设以及党和国家的高度重视等都为水土保持提供了新的发展动力，同时大面积的水土流失亟待治理、人为水土流失尚未有效遏制以及人们对生态环境要求的普遍提高，对水土保持提出了更为紧迫和更高的要求，水土保持需要在新的历史时期做出新的回应。

1.4 水土保持的成就与经验

1.4.1 主要成就

近年来，我国实行积极的财政政策，加大了水土保持生态建设投入，水土保持各方面的工作取得了显著成绩，主要体现在以下方面：

（1）建立了水土保持机构

中华人民共和国成立以来，党和政府对水土保持工作十分重视，立即将其纳入了国民经济建设的轨道。1950年，毛泽东主席视察黄河，作出了"要把黄河的事情办好"的重要批示，继之又明确提出"必须注意水土保持工作"的批示。为了搞好水土保持工作，从中央到地方相继成立了相应的组织领导、行政管理、监督执法、监测预报、科学研究、教育教学、学术团体等水土保持专门机构，为我国水土保持工作的健康发展提供了组织保证。

（2）实施了水土保持重点治理工程

自1983年以来，为带动面上的水土保持工作的开展，由国家投资相继开展了八片国家水土流失重点治理工程、黄河上中游水土保持重点防治工程、长江上游治理、世行贷款水土保持项目、京津风沙源治理工程水土保持项目、首都水资源规划水土保持项目、农业综合开发水土保持项目、国债水土保持项目、东北黑土区水土流失综合防治试点、珠江上游南北盘江石灰岩地区水土保持综合治理试点、黄土高原水土保持淤地坝等一批水土保持重点防治工程，取得了明显的成效。

（3）加强了水土保持监督管理

随着《水土保持法》的颁布实施，我国的水土保持工作走上了依法防治的轨道。我国生产建设项目大规模立项实施，人为水土流失问题越来越突出，加强预防监督、有效防止人为新增水土流失成为水土保持部门的一项重要任务。各级水土保持部门通过建立专门的监督管理组织机构，广泛宣传水土保持法律法规，加强水土保持执法检查，查处水土保持违法案件，严格水土保持方案审批，合理征收水土保持"两费"，开展城市水土保持试点等项工作，有效地遏制了生产建设项目造成的人为水土流失，极大地推动了水土保持预防监督工作的快速开展。同时，水土保持监测预报作为水土保持生态建设的一项重要的基础性工作，也越来越受到各级政府的高度重视和社会的广泛关注。《水土保持法》的颁布，明确了水土保持监测工作的地点和作用，标志着我国的水土保持监测工作进入了新的发展阶段。

（4）推广应用了水土保持科技成果

水土保持是一门专业性、技术性很强的学科。新中国成立以来，我国水土保持事业所取得的成就，与水土保持科学技术的不断创新发展密切相关。长期的水土保持研究取得了一系列的科技成果，颁布施行了一系列标准规范，撰写出版了一大批科技专著，创办发行了一大批科技刊物。这些对于逐步建立完善的水土保持理论体系、技术体系，提高全国水土流失治理水平，推动我国水土保持工作的开展，发挥了重要的作用。

（5）取得了显著的水土保持防治成效

中华人民共和国成立以来，全国水土保持工作不断发展，以小流域为单元的水土流失综合防治取得了辉煌成就，生态效益、经济效益和社会效益十分显著，水土保持取得了显著成效。据统计，1950—2019 年，全国累计初步治理水土流失面积 139×10^4 km²，治理程度达 47.3%；全国水土保持措施累计保土 737.74 $\times 10^8$ t，以 2018 年为例，全国建设水土保持林 162.7 $\times 10^4$ hm²，经济果木林 71.7 $\times 10^4$ hm²，种草 42.1 $\times 10^4$ hm²，封禁治理 211.6 $\times 10^4$ hm²，保土耕作等其他措施 118.9 $\times 10^4$ hm²，生态服务功能价值总量 35.52 万亿元，有效改善了生态环境；截至 2018 年年底，全国粮食种植面积 11 704 $\times 10^4$ hm²，全年粮食产量 65 789 $\times 10^4$ t，按 2018 年价格计算，累计实现效益 12 565.63 亿元；累计保水量 6 604.43 $\times 10^8$ m³，累计实现人畜饮水和灌溉综合效益 99.59 亿元。

1.4.2 主要经验

1.4.2.1 主要防治经验

（1）依法开展预防监督，控制人为水土流失

1949 年以来，我国高度重视水土保持生态建设工作，并取得了巨大成效。但同时，不少地方存在着"边治理、边破坏"，甚至破坏大于治理的问题。如不依法加强监督管理，不断加剧的人为水土流失，必将进一步恶化本来就很脆弱的生态环境，从而影响到国民经济的健康发展。因此，必须把水土流失预防监督工作摆到十分紧迫和重要的位

置。在预防和控制人为水土流失过程中，各级水行政主管部门认真贯彻执行《水土保持法》等相关法律法规，完善制度建设，规范管理，积极探索强化执法与主动服务相结合的路子。随着生产建设项目水土保持方案的编报、实施、监督、检查和验收等工作的推进，有效地推动了生产建设项目水土保持"三同时"制度的落实，对防治和减少生产建设项目造成的人为水土流失，改善生态环境起到了积极作用，并积累了丰富的实践经验。

(2)以小流域为单元，因地制宜，综合治理

以小流域为单元全面规划，综合治理，既全面有效地控制了不同部分和不同形式的水土流失，又促进了小流域内农、林、牧、副、渔等各业生产的协调发展，是防止水土流失的正确的技术路线，已成为指导水土保持生态建设最具有中国特色的有效办法和关键措施。随着经济社会的持续快速发展，人们关注的重心开始逐渐向人居环境、生活质量和休闲娱乐等方面转移，以小流域为单元的综合治理中，以不同程度和方式增添了防治面源污染和清除生活污水等内容，在继续做好治理水土流失、改善农业生产条件的基础上，把水源涵养、面源污染控制、产业开发、人居环境改善、新农村建设等有机结合起来，从而大大延伸了水土保持工作的领域，丰富了小流域建设的内涵，对保护水源和改善生态环境，促进当地农村产业结构的调整，改善村镇人居生活条件等发挥了重要的作用。

(3)治理与开发相结合，实现三大效益相统一

水土保持事业能否健康持续发展，关键在于能否以人为本，充分考虑治理区群众的生存、生产和生活，能否把握和处理好治理和开发的关系。在水土流失治理过程中，治理措施与开发措施并不是截然分开的，在大多数情况下两者是融为一体的。在水土流失治理过程中，将治理与开发有机结合起来，既是必要的，也是能够做到的。坚持治理与开发相结合，必须紧密联系市场，选择最有效的治理开发措施，也就是要选准项目，能够取得最大的生态效益、经济效益和社会效益。长期以来，各地在治理开发实践中，根据市场供求情况，立足本地资源条件和产品优势，选择潜力大、投资少、见效快、效益高的优势项目，既加快了水土流失治理速度，产生了良好的生态效益，又取得了显著的经济效益和社会效益，调动了广大群众治理水土流失的积极性。

(4)以重点工程为依托，集中连片、规模推进

随着国家水土保持投入不断加大，一批重点工程项目陆续上马。各地在重点工程项目的实施过程中，将治理区集中连片规划，资金集中连续投放，建设成一批面积在数百平方千米、甚至上千平方千米，包含数十条小流域的水土保持大规模治理区，实现了水土流失治理的大规模持续进行，大大加快了水土流失治理的速度。重点工程项目的实施是水土流失治理集中连片、规模推进的重要条件。1982 年全国第四次水土保持工作会议上确定了八片水土保持重点工程，它是我国第一个国家列专款、连续投入的水土保持重点项目。该项目投入较大，治理时段较长，各项目区以小流域为单元开展治理，按年度集中投入，治一条成一条，条条相连，连片规模推进。经过 20 多年连续 3 期实施，各片都建成了一大批水土保持生态建设示范工程，每片都有数百条小流域的治理规模，取得了显著的生态效益、经济效益和社会效益。

(5)发挥大自然的力量，促进生态的自我修复

水土保持生态自然修复，是我国 21 世纪初根据我国国情、为加快水土流失防治步

伐而做出的重大战略决策。水土保持生态修复，是指在存在水土流失问题、生态环境脆弱但条件适当的地区，以人与自然和谐共处的思想为指导，通过一定的人工辅助措施，促使自然界本身固有的再生能力得以最大限度地发挥，促进植被的持续生长发育和发展演替，保护和改善受损生态系统的结构和功能，加快水土流失防治步伐，建立和维系与自然条件相适应、与经济社会可持续发展相协调、相对稳定并良性发展的生态系统。生态自然修复是水土保持生态建设的深化和发展，也是水土保持生态建设思路的重大战略调整。经过多年的试验观测研究，通过生态自然修复来防治水土流失、改善生态环境，不仅是可行的，而且是一种快速恢复良好生态的路子，是解决我国水土流失量大面广、程度严重，而经济又欠发达、治理资金投入有限之间矛盾的新途径。

(6)根据不同类型区特点，科学确定治理模式

我国地域辽阔，各地的水土流失类型多种多样。多年来，各地在治理水土流失的实践中，遵循以小流域为单元综合治理的技术路线，因地制宜，不断创新，综合分析每个流域自然资源的有利因素、制约因素和开发潜力，结合当地实际情况和经济发展要求，科学确定每个流域的措施配置模式及发展方向和开发利用途径，在不同类型区探索了多种成功的水土保持生态建设模式。

1.4.2.2 主要管理经验

水土保持既是一项技术性、专业性很强的建设工作，又是一项涉及各个方面的社会系统工程。从水土保持工程建设的各个环节看，必须科学规划设计，严格按规划设计组织实施；从确保水土保持工作顺利开展所涉及的各个方面看，必须搞好统筹协调，调动全社会力量共同参与治理。长期以来，各级政府和水利水保部门，在水土保持工程建设的各个环节以及所涉及的各个方面，不断加强组织管理，保证了水土保持工作的健康发展。

(1)科学规划，坚持不懈开展治理

水土保持工作量大、面广、时间长。它要求塬、梁、峁、坡、沟、川综合治理，包括梯、坝、滩、林、果、草多项措施，涉及农、林、牧、水、地理、气象等诸多学科。它既是基本建设活动，又紧密联系着当前农业生产。水土保持综合治理所涉及的各种因素之间又相互影响、相互作用。因此，要做好水土保持工作需要考虑防治土壤侵蚀、保护水土资源、防灾减灾、改善生态环境、促进农林牧等各业发展的多方面因素，进行认真的分析、计算和科学的预测、安排，也就是需要有一个科学、缜密的规划。长期以来，各级政府很重视水土保持的近期、中期和长远规划工作，各项水土保持治理活动都是在各种水土保持规划的指导下开展。水土保持规划成为水土保持工程立项和实施所必需的基础工作，成为水土保持行业管理的重要手段。

(2)加强领导，强化部门统筹协调

水土保持是一项跨学科、跨行业、跨部门的综合性很强的工作，决定了必须在各级政府统一领导、统筹安排、积极协调下，加强相关部门之间的协作关系，共同开展这项工作。很多地方采取"政府导演、水保搭台、各部门唱戏"的做法，由政府统筹协调，水保部门编制规划设计，水保、水利、林业、农业、扶贫等各有关部门按照统一规划，将

水土保持、退耕还林、天然林保护、农业综合开发、农村环境建设等项目，按照各自的要求和特点，以小流域为单元，统筹安排，分工协作，提高了资金的使用效率，加快了治理速度，大大推进了规划区水土保持的防治工作。

(3) 依靠政策，调动社会力量投入

我国水土流失面积大，治理任务非常艰巨。水土保持工程的建设、管护都需要大量的资金和劳动投入。但是，由于国家财力有限，仅靠国家投入远不能满足经济发展和社会进步对水土保持生态建设的需求。因此，长期以来，我国水土保持生态建设的投入一直是以国家补助为辅、群众投入为主。20 世纪 80 年代初，农村开始实行家庭联产承包责任制，大规模组织广大农民群众开展水土保持生态建设的做法，已不适应形势的发展。在这种情况下，各地坚持以改革求发展，不断创新机制，制定优惠政策，有效调动了全社会参加治理水土流失的积极性，初步形成了治理主体多元化、投入来源多样化的多渠道多层次投资治理、全社会办水保的新格局。

(4) 广泛宣传，增强全民水保意识

全民的水土保持生态环境意识，对于水土保持生态建设工作能否顺利推进影响重大。只有让广大人民群众充分认识水土流失、生态破坏对自己生产生活的重大危害，不断增强其水土流失的危机感和水土保持的责任感，才能从被动变为主动。而在各种传媒迅速发展的当代社会，宣传教育工作是提高全社会水土保持意识的重要手段。因此，除制定各种优惠政策，采取法律、行政、经济等多种手段外，还必须不断加强宣传教育工作。

(5) 严格管理，确保工程质量效益

改革开放以来，我国在基本建设领域里进行了一系列改革，逐步推行符合社会主义市场经济体制的基本建设管理制度。特别是近年来，国家上马了一大批水土保持重点工程，建设资金的性质也逐步变为基本建设投资，为适应这一变化，水土保持重点工程建设管理也逐步参照基本建设程序进行。近年来，各地积极探索，逐步推行了既符合水土保持工程特点，又适合社会主义市场经济体制的一系列管理制度，提高了工程建设的质量、效益和速度。

1.5　水土保持的战略地位与作用

1.5.1　水土保持是可持续发展的重要保障

水土资源和生态环境是人类繁衍生息的根基，是社会发展进步过程中不可替代的物质基础和条件，实现水土保持的可持续利用和生态环境的可持续维护，是经济社会可持续发展的客观要求。

水土流失既涉及资源，又涉及环境，是我国重大的生态与环境问题。严重的水土流失导致资源破坏、生态环境恶化，加剧自然灾害和贫困，危机国土和国家生态安全，严重制约着经济社会的可持续发展。水土资源和生态环境作为可持续发展不可替代的基础性资源和重要的先决条件，是我国实施可持续发展战略急需破解的两大制约因素。

水土保持与人类生存和发展有着十分密切的联系。时间证明，水土保持所具有的

"防灾减灾，保护和培育资源，恢复、调节与改善生态，推动经济发展，促进社会进步"等功能，使其在促进生态、经济与社会的可持续发展中具有独特优势和重要地位。搞好水土保持，防治水土流失，是保护和合理利用水土资源、维护和改善生态环境不可或缺的有效手段，是可持续发展的重要保证。

1.5.2　水土保持是实现人与自然和谐的重要手段

水土保持是人类在不断追求人与水土和谐的基础上产生的一门科学，可以说，水土保持的发展史就是一部人类积极探索与自然和谐相处的历史。

水土流失是一个古老的自然现象。一方面，水土流失是人与自然失于和谐的重要表现，是人类不合理开发水土资源或者滥用水土资源产生的严重后果；另一方面，由于水土流失具有较大的破坏性，即破坏土地资源，导致生态环境恶化，引起江河湖库泥沙淤积，加剧自然灾害，因此水土流失的进一步发展又会引发和加剧人与自然之间更加尖锐的矛盾和冲突。

人与水土和谐不仅是人与自然和谐的前提和必然要求，也是人与自然和谐的重要内容。只有实现人与自然在水土层面的和谐互动，才有可能进一步实现人与自然全面的和谐。水土保持不仅是促进人与水土和谐的重要手段，也是实现人与自然和谐的必然选择，在推动人与自然实现和谐的过程中具有特殊的重要作用。

1.5.3　水土保持是全面建设小康社会的基础工程

长期实践证明，水土保持不仅是山区发展的生命线，而且还是全面建设小康社会的基础工程，对于缩小城乡差距、促进社会和谐发展与全面进步也具有十分重要的意义。

我国是一个多山的国家，山区面积占总国土面积的69%，山区人口占全国总人口的56%，山区县的数量占全国总县(市、区)数的54.5%。而水土保持是当前山区全面建设小康社会，实现经济、社会、生态效益有机结合的最有效方式。水土保持以改善农业基础条件为切入点，在有限发展农业生产、突出稳定粮食生产、解决温饱问题的基础上，推动农民增收和区域经济发展。

1.5.4　水土保持是中华民族生存发展的长远大计

纵观历史，人类在经历了原始的采猎文明、传统的农业文明和近代的工业文明之后，进入生态文明是社会发展的必由之路。土是基础，水是命脉，水土保持是治理江河、根除水患的治本之策，是国土整治、粮食安全的重要保证，是解决饮水安全和实现水资源可持续利用的有效途径，是中华民族走向生态文明、确保生存发展的长远大计。

1.6　水土保持发展战略

水土保持是我国的一项基本国策。防治水土流失，保护和改善生态环境，进而保障国家生态安全、粮食安全和防洪安全是我国的一项长期战略任务。新时期我国水土保持发展战略必须以科学发展观为指导，以系统的理论全面、辩证地统筹水土流失防治的方略和措施布局，提出水土保持工作的战略性思路或规划，促进水土保持工作不断创新与发展，适应我国经济社会可持续发展的需要。为完成这个目标，水土保持工作必须实施保护优先、分区防治、项目带动、生态修复和科技支撑五大战略。

1.6.1　指导思想、目标、任务与布局

1.6.1.1　指导思想

我国水土保持工作的指导思想是：以科学发展观为指导，牢固树立人与自然和谐的理念，紧紧围绕全面建设小康社会、服务社会主义新农村建设、建设资源节约型与环境友好型和谐社会的目标，以满足经济社会发展需求和提高人民生活质量为出发点，以体制、机制创新为动力，以法律为保障，以科技为先导，遵循自然规律与经济规律，落实预防监督、综合治理、生态修复、监测预报、控制面源污染和改善人居环境等综合任务，达到"减蚀减沙"、控制面源污染、改善生态环境和生产生活条件、提高防灾减灾能力的目的，与时俱进，求真务实，努力实现水土资源的可持续利用与生态环境的可持续维护，支撑社会经济可持续发展。

1.6.1.2　防治目标

紧紧围绕水土资源的可持续利用和生态环境的可持续维护的根本目标，经过 45 年左右的努力，即到 21 世纪中叶，使我国现有 $227.54 \times 10^4 \ km^2$ 宜治理的水土流失地区基本得到治理，实施一批水土保持生态建设重点工程项目；控制各种新的人为水土流失的产生；在水土流失区及潜在水土流失区建立起完善的水土保持预防监督体系和水土流失动态监测网络；水土流失防治步入法制化轨道，农业生产条件和生态环境明显改善，为经济和社会可持续发展创造良好支撑条件。

1.6.1.3　主要任务

(1)预防监督

综合运用法律、行政、经济和舆论等手段，加强对现有植被和治理成果的保护，突出抓好生产建设项目水土保持设施必须与主体工程同时设计、同时施工、同时投产使用的"三同时"制度的落实，切实控制新增人为水土流失，遏制生态环境恶化的趋势，实现生产建设与水土资源和生态环境保护同步开展。

(2)综合治理

大力开展以小流域为单元的综合治理，按照"突出重点，逐步推进，分步实施"的原则，进一步扩大重点治理的范围，提高重点工程建设的标准和质量。优先选择水土流失特别严重、人口密集、对群众生产生活和经济社会发展影响较大的区域进行综合治理。

(3)生态修复

推进生态自然修复，关键在于转变农牧业生产方式，实行风雨保护、舍饲禁牧等。在人口密度小、降雨条件适宜、水土流失比较轻微地区，特别是广大的西北草原区、南方雨热条件适宜的山丘区及其他人口压力较小的地区，应优先考虑生态修复的办法，通

过采取封育保护、封山禁牧、轮牧轮封，推广沼气池、省柴灶、节能灶，以电代柴、以煤代柴、以气代柴等人工辅助措施，减轻生态压力，促进大范围生态恢复和改善。在人口密度相对较大、水土流失较为严重的地区，也要把人工治理与自然修复有机结合起来，实行"小治理、大封禁"，"小开发、大保护、以小保大"。在水土流失特别严重、生态极端恶化的地区，应大力推进生态移民，减小生态压力，使生态得以休养生息。

（4）监测评价

水土保持监测评价工作是一项十分重要的基础性工作，也是法律赋予水土行政主管部门的一项重要职能。长期以来，由于种种原因，监测评价始终是水土保持工作的一个薄弱环节。当前，主要任务是加快推进全国水土保持监测网络和信息系统建设，合理布设监测站点，建立健全全国水土保持监测网络，完善各级监测机构和制度建设。

（5）控制面源污染

要尽快建立相关的政策框架和配套制度，研究制定控制面源污染的防治措施体系。做好水土流失面源污染防治的基础工作，摸清水土流失导致面源污染的基本情况；加强水土保持对防治面源污染、减少泥沙、改善水质的检测与研究，掌握其防治规律，建立面源污染监测体系；在全国推广生态清洁型小流域建设试点，探索不同区域水土保持防治面源污染的技术路线和经验。加强对广大农牧民防治面源污染知识和技术的宣传和培训，为开展水土保持防治面源污染工作营造良好的社会环境。

（6）改善人居环境

水土保持工作要把为人们创造更加秀美的生态环境作为主要任务之一，加大对水土流失区城市水系和生活区周边的综合治理，增加城市绿地，提高绿化植树和雨洪调蓄能力，恢复和提高城市生态系统功能。要将水土流失防治与城市美化、城郊旅游观光、生态休闲、科技生态园区等建设结合起来，为人们提供促进身心健康的生态环境和良好的居住、休闲、观光、旅游场所，提高人们的生活质量。

1.6.1.4　总体布局

我国地域辽阔，地区间自然条件和经济发展状况差异很大。水土保持工作要根据不同地区之间自然条件和水土流失状况，立足当地生态建设和经济发展的主要矛盾和问题，结合国家区域发展规划，谋划总体布局。根据我国水土流失现状和经济社会发展需要，水土保持工作必须立足于区域经济社会的总体发展战略，结合我国西部、东北、中部和东部的区域发展格局进行布置。

西部地区生态经济环境建设是一项长期艰巨的工程，水土保持工作在总体布局上必须集中力量，突出重点，以点带面，分层推进；东北地区水土保持工作布局的重点是突出坡耕地综合治理，加大侵蚀沟治理力度；中部地区水土保持工作的重点是加强生产建设活动造成水土流失的预防监督，加强水土保持法制建设，加大执法和监管的力度，切实落实"三同时"原则，遏制人为水土流失，对严重水土流失区尽快开展治理，提高人口环境容量，促进生态经济良性循环；东部地区水土保持工作的重点是巩固已有治理成果，提高水土资源利用效率，加强生态环境的保护。

1.6.2 保护优先战略

保护优先战略是引领新时期水土保持工作创新发展的首要战略，对于其他战略的有效实施具有重要的基础性作用。实施保护优先战略，符合我国的基本国情，符合水土流失防治规律，是我国长期水土保持工作的基本总结，体现了科学发展观和人与自然和谐相处的理念，对于从源头上遏制水土流失，推动新时期水土保持事业的快速、持续、健康发展，具有十分重大的意义。

实现保护优先战略是一项十分复杂的系统工程，既包括意识形态领域的革命，又包括管理手段方式的变革，其战略重点是采取政府组织、舆论导向、教育介入的形式，广泛、深入、持久地开展宣传，开展经常性的监督检查，唤起全社会水土保持意识，大力营造防治水土流失人人有责、自觉维护、合理利用水土资源的氛围。在实际工作中，应注重强化保护优先战略的普遍认识、建立保护优先战略依法实施的制度体系，同时注重保护优先战略在优先开发、重点开发、限制开发和禁止开发 4 类主体功能区的实施重点。

1.6.3 分区防治战略

我国幅员辽阔，各地区间自然环境条件和社会经济状况差异很大，"因地制宜，因害设防，分区施治"是我国多年水土保持工作总结出的基本经验。新时期实施分区防治战略，对于提升水土保持决策科学化水平，构建适应我国经济社会可持续发展的水土保持工作新格局，以及实现水土流失综合防治的重点突破，都具有重大的现实意义。

(1) 重点预防保护区

国家级水土流失重点预防保护区主要是大江大河源头、重要的供水水源区、森林和草原区、自然绿洲区，是我国重要的生态屏障。为了确保这一屏障的可持续维持，国家将坚持"预防为主、保护优先"的方针，通过建立健全护管机构，强化监督管理。对重要林区、江河源头地区实施严格的森林保护制度，封山育林，加强天然林保护和生态修复；对草原区禁止毁草开垦、超载放牧，鼓励舍饲圈养和轮封轮牧；对绿洲区要严格控制用水；对重要水源区加强林草植被保护，严格控制大规模开发建设，加强农业和生活废弃物等面源污染的控制和治理，确保重要水源的清洁和安全。

(2) 重点监督区

重点监督区都是我国矿山、石油和天然气开采最为集中的区域以及特大型水利工程库区和交通能源等基础设施建设区，极易造成严重的水土流失，引发重大的水土流失灾害。对于这些区域，国家将依据《水土保持法》的要求，加大人为水土流失控制，加快生态补偿政策的制定和实施。重点加强执法检查和社会监督，严格贯彻落实水土保持"三同时"制度，采取切实有效的水土保持措施，实现经济、资源与环境的协调发展。

(3) 重点治理区

水土流失重点治理区基本上都处于中西部地区，现有的水土流失十分严重。对于本区，国家将进一步加大政策、资金和科技投入力度，加强规划，以国家水土保持重点工程为龙头，加快开展水土流失综合治理。大力开展坡耕地治理，配套建设小型水利设施，解决群众吃粮困难；加快发展林果基地和经济作物的种植，提高群众的经济效益；加强小水电、沼气、风能、太阳能等替代能源建设；加快植树种草，实施生态修复；同时注重充分调动广大人民群众的积极性，整合全社会的力量，共同开展水土流失治理工作。

1.6.4　项目带动战略

依托重点项目，重点突破，带动全局工作，是一种行之有效的工作方法，也是一项重大战略举措。项目带动战略符合我国的基本国情，适应现阶段生产力发展水平，把握住了水土流失防治规律，可以加快我国水土流失治理的步伐，在水土保持实践中发挥了重要作用，在今后相当长的时期内，它仍然是我们应该坚持的一项重要的战略措施。目前，我国正在实施的水土保持项目包括坡耕地水土流失综合治理工程、多沙粗沙区淤地坝建设工程、红壤区崩岗综合治理工程、高效水土保持植物资源建设与开发利用工程、湖库型水源地泥沙和面源污染控制工程。

1.6.5　生态修复战略

生态修复是指自然生态系统在遭受破坏的情况下，在破坏因素被截除以后，依靠大自然自身的作用，逐步发展或修复原有的生态群落，或生成新的生态群落，从而重建生态功能的过程。实践证明，在开展水土流失重点治理的同时，实施大面积的封育保护和生态修复，可以取得事半功倍的功效。实施生态修复可以使遭受掠夺式开发的自然生态得到休养生息，有效降低水土流失的强度和危害；可以依靠生态系统强大的自我修复功能，有效加快生态恢复和水土流失治理步伐；还可以用更小的经济成本，换取更大的生态效益，费省效宏。

我国2006—2020年生态修复的目标是：到2035年，通过大力实施重要生态系统保护和修复重大工程，全面加强生态保护和修复工作，全国森林、草原、荒漠、河湖、湿地、海洋等自然生态系统状况实现根本好转，生态系统质量明显改善，生态服务功能显著提高，生态稳定性明显增强，自然生态系统基本实现良性循环，国家生态安全屏障体系基本建成，优质生态产品供给能力基本满足人民群众需求，人与自然和谐共生的美丽画卷基本绘就。森林覆盖率达到26%，森林蓄积量达到210×10^8 m^3，天然林面积保有量稳定在2×10^8 hm^2左右，草原综合植被盖度达到60%；确保湿地面积不减少，湿地保护率提高到60%；新增水土流失综合治理面积5640×10^4 hm^2，75%以上的可治理沙化土地得到治理；海洋生态恶化的状况得到全面扭转，自然海岸线保有率不低于35%；以国家公园为主体的自然保护地占陆域国土面积18%以上，濒危野生动植物及其栖息地得到全面保护。

1.6.6　科技支撑战略

科学技术是第一生产力。在水土保持工作中，只有重视科技，依靠科技，才能准确把握水土流失的规律，提高工作的针对性、科学性；才能加快科技成果转化，提高防治措施的科技含量。实施科技支撑战略是增强水土保持工作创新能力的需要，是解决制约水土保持发展重大技术理论问题的需要，也是加强水土保持科技成果推广的需要。

（1）目标

建立一个完备的集国家、地方与企业为一体的水土保持科学研究体系；建设一批集土壤侵蚀监测、科学研究、试验示范、人才培养、科学普及为一体，国际一流的水土保持科学园区；在土壤侵蚀预报模型、数字水土保持、退化生态系统的修复机理与技术等方面有所突破，形成具有中国特色的水土保持理论与技术体系；水土保持与生态建设队伍自主创新能力显著增强，培养和凝聚一批优秀科技人才。

（2）近期主要任务

强化基础理论研究，建立国家土壤侵蚀预报体系；开展数字水土保持工程，构建数字化决策支撑平台；强化科技合作，建设水土保持科技协作平台；建设水土保持科技园区与示范技术推广体系；加强技术标准化、规范化体系建设，关键实用技术研究取得突破；加强水土保持科技成果转化，提高科技贡献率。

1.7　水土保持学与其他学科的关系

（1）与气象学、水文学的关系

各种气象因素和不同气候类型对水土流失都有直接或间接的影响，并形成不同的水土流失特征，水土保持工作者一方面要根据气象、气候因素对水土流失的作用以及径流、泥沙运行的规律，采取相应的措施，抗御暴雨、洪水、干旱、大风的危害，并使其变害为利；另一方面通过综合治理，改变大气层下垫面性状，对局部地区的小气候及水文特征加以调节与改善。

（2）与地貌学的关系

地形条件是影响水土流失的重要因素之一，而水蚀及风蚀等水土流失作用又对塑造地形起重要影响。各种侵蚀地貌是水土保持学研究的对象。

（3）与地质学的关系

水土流失与地质构造、岩石特性有密切的关系。滑坡、泥石流等大规模的水土流失形式和水土保持工程涉及的地基、地下水等问题的研究与解决，都需要运用第四纪地质学及水文地质学、工程地质学的专业知识。

（4）与土壤学的关系

土壤是水力侵蚀和风力侵蚀作用破坏的主要对象，不同的土壤具有不同的储水、渗水和抗蚀能力。因此，改良土壤性状、提高土壤肥力，与防止水土流失关系密切。同时，水土流失地区各项水土保持措施也是改良土壤、提高土壤肥力的措施。

（5）与农业科学的关系

水土保持是水土流失地区发展农业生产的基础，通过控制水土流失，为农业创造了高产稳产条件。农民在生产实践中创造的许多水土保持农业技术，如深翻改土、施肥、密植、等高耕种、草田轮作、套种、间种、草地改良、保持性耕作等措施，都具有保水、保土、保肥的作用。

（6）与林业科学的关系

在水土流失地区大面积营造防护林，恢复植被，是根本性的水土保持措施。防护林的作用是建立良好的生态环境，维持生态平衡，建设林业生态工程。森林培育科学一般以研究提高林分木材生产量为主，而水土保持林的主要任务是防治水土流失，发挥森林改造自然环境的功能。水土保持林在选用树种方面，不仅要求材质优良、经济价值高，更主要的是要具有耐瘠薄、速生、防风及固土作用强等特性。在造林技术上，强调与水土保持工程措施相结合，改善林木生长条件。在林型结构方面，从提高防护效果出发，要求采用乔、灌混交或乔、灌、草混交，尽量提高郁闭度及覆盖率，增加地面枯枝落叶层。水土保持林不仅可以防治水土流失，还可以促进农、林、牧、副业多种经营的发展，满足农村燃料、木料、饲料的需求。

（7）与水利科学的关系

水力学为阐明水土流失规律和设计水土保持措施提供了许多基本原理；水文学的原理与方法对于研究水力侵蚀中径流、泥沙的形成和搬运具有重要的意义。水土保持工程设计与水力学、水文学、水工结构、农田水利、防洪、环境水利、水利规划等方面的知识关系密切。另一方面，水土保持又是根治河流水害、开发河流水利的基础。水土保持学的发展，也不断充实水利科学的内容。此外，水土流失破坏了水土资源，并且污染河流、淤积水库与湖泊，造成环境破坏与污染。搞好水土保持是保护与建立良好生态环境的重要工作。

（8）与环境科学的关系

水土保持与环境科学关系密切。例如，土壤侵蚀对河流水质的污染作用和对生物的危害作用；水土保持措施，特别是林业措施净化水源及空气的作用等。水土保持应吸收环境科学的理论与方法，环境科学也需要扩展到与人类、生物生态问题相关的水土保持。

（9）与经济学的关系

水土保持生态效益具有生态资本特性，根据生态资本理论，水土保持所提供的生态效益(生态服务)的价值是一种生态资本，具有公共物品特性、经济外部性。因此，水土保持及其生态效应可以从经济学方面进行阐释和理解。水土保持能产生巨大的基础效益和经济、生态、社会效益。社会经济效益评价、生态功能经济效益评价、水土保持对经济贡献等方面，涉及计量经济学、宏观经济学、微观经济学等经济学门类。

（10）与管理学的关系

管理学是系统研究管理活动的基本规律和一般方法的科学。其对水土保持工作的作用表现在诸多方面。例如，从生产力方面，研究如何合理配置水土保持工作中的人、财、物，使各要素充分发挥作用的问题；从生产关系方面，研究如何正确处理水土保持工作中人与人之间的相互关系问题；从上层建筑方面，研究如何使组织内部环境与其外部环境相适应的问题，研究如何使水土保持工作的规章制度与社会的政治、经济、法律、道德等上层建筑保持一致的问题。

（11）与历史学的关系

我国幅员辽阔，历史悠久。在浩瀚的中华文明进程中，先人从未停止对自然的认识与改造。因此，在水土保持工作中应当以马克思主义的唯物主义历史观为前提，客观认识我国水土流失的现状和历史，运用历史地理学、历史文献学的原理，总结水土保持工作中的规律，以史为鉴，开拓水土保持工作的新局面。

思 考 题

1. 简述水土流失与水土保持的概念。
2. 简述中国的水土流失现状。
3. 水土保持科学研究的重点领域有哪些？
4. 水土保持发展战略规划有哪些？
5. 论述水土保持的特点及其与生态环境建设的关系。

推荐阅读书目

中国水土流失防治与生态安全. 水利部，中国科学院，中国工程院. 科学出版社，2010.

中国水利百科全书·水土保持分册. 王礼先. 中国水利水电出版社，2004.

水土保持原理. 关君蔚. 中国林业出版社，1996.

参考文献

关君蔚，1996. 水土保持原理[M]. 北京：中国林业出版社.

驹村富士，1987. 水土保持工程学[M]. 李一心，译. 沈阳：辽宁科学技术出版社.

李锦育，1996. 集水区经营[M]. 屏东：睿煜出版社.

刘震，2003. 我国水土保持的目标与任务[J]. 中国水土保持科学，1(4)：1-7.

王礼先，1999. 流域管理学[M]. 北京：中国林业出版社.

O. 里德尔，D. 扎卡尔，等，1989. 森林土壤改良学[M]. 王礼先，等译. 北京：中国林业出版社.

柯克比 MJ，摩根 RPC，1987. 土壤侵蚀[M]. 王礼先，等译. 北京：水利电力出版社.

王礼先 a，2000. 林业生态工程学[M]. 北京：中国林业出版社.

王礼先 b，2000. 水土保持工程学[M]. 北京：中国林业出版社.

王礼先，1995. 水土保持学[M]. 北京：中国林业出版社.

王礼先，1992. 中国大百科全书(水利卷)·水土保持分支[M]. 北京：中国大百科全书出版社.

王礼先，2004. 中国水利百科全书·水土保持分册[M]. 北京：中国水利水电出版社.

唐克丽，等，2004. 中国水土保持[M]. 北京：科学出版社.

第 2 章

水土流失与土壤侵蚀

【本章提要】本章介绍了土壤侵蚀、水土流失与水土保持等概念，分析了水力侵蚀、风力侵蚀、重力侵蚀、泥石流侵蚀、冻融侵蚀、冰川侵蚀、化学侵蚀和植物侵蚀形式、特点及其影响因素。在介绍我国土壤侵蚀类型分区基础上，分析了我国不同区域土壤侵蚀的主要形式及其侵蚀特点。

2.1 基本概念

2.1.1 水土流失

水土流失(soil and water loss)在《中国水利百科全书·水土保持分册》(2004 年)中定义为：在水力、重力、风力等外营力作用下，水土资源和土地生产力遭受的破坏和损失，包括土地表层侵蚀及水的损失，亦称水土损失。

2.1.2 土壤侵蚀

2.1.2.1 土壤侵蚀营力

地壳组成物质和地表形态永远处在不断变化发展中。地表形态及其成因、发展规律是非常复杂的。改造地表起伏、促使地表形态变化发展的基本力量是内营力(或称内动力)和外营力(或称外动力)。地表形态发育的基本规律就是内营力与外营力之间相互影响、相互制约、相互作用的对立统一。

(1)内营力作用

内营力作用是由地球内部能量所引起的。地球本身有其内部能源，人类能感觉到的地震、火山活动等现象已经证明了这一点。地球内部能量主要是热能，而重力能和地球自转产生的动能对地壳物质的重新分配、地表形态的变化也具有很大的作用。

内营力作用的主要表现是地壳运动、岩浆活动和地震等。

(2)外营力作用

外营力作用的主要能源来自太阳能。地壳表面直接与大气圈、水圈、生物圈接触，它们之间发生复杂的相互影响和相互作用，从而使地表形态不断发生变化。外营力作用总的趋势是通过剥蚀、堆积(搬运作用则是将二者联系成为一个整体)使地面逐渐夷平。外营力作用的形式很多，如流水、地下水、重力、波浪、冰川、风沙等。各种作用对地貌形态的改造方式虽不相同，但是从过程实质来看，都经历了风化、剥蚀、搬运和堆积（沉积）几个环节。

①风化作用　风化（weathering）作用是指矿物、岩石在地表新的物理、化学条件下所产生的一切物理状态和化学成分的变化，是在大气及生物影响下岩石在原地发生的破坏作用。岩石是一定地质作用的产物，一般说来岩石经过风化作用后都是由坚硬转变为松散、由大块变为小块。由高温高压条件下形成的矿物，在地表常温常压条件下就会发生变化，失去它原有的稳定性。通过物理作用和化学作用，又会形成在地表条件下稳定的新矿物。所以，风化作用是使原来矿物的结构、构造或者化学成分发生变化的一种作用。对地面形成和发育来说，风化作用是十分重要的一环，它为其他外营力作用提供了前提。

风化作用可分为物理风化作用和化学风化作用。而生物风化就其本质而言，可归入物理风化或化学风化作用之中，它是通过生物有机体去完成的。

物理风化作用又称为机械风化作用或机械崩解作用。岩石受机械应力作用而发生破碎，化学成分并不发生改变。物理风化作用的重要形式之一是冰冻作用（冰楔作用），这是由于在岩石裂缝中的水冻结时，体积膨胀而使岩石撑裂的一种作用。

在干燥气候地区，温度的急剧变化和某些盐分物态的变化，也常使岩石沿裂缝撑裂，这是干燥气候地区岩石风化作用的重要形式。

化学风化作用也称化学分解作用，它是岩石与其他自然因素（水、大气等）在地表条件下所发生的化学反应。岩石经过化学风化后，成分和结构都发生显著变化。在化学风化过程中，水起着重要的作用，如自然界中石灰岩被溶蚀就是通过空气中二氧化碳溶解于水形成碳酸，进而与石灰岩中碳酸钙起化学反应来实现的。又如在水的参与下，通过空气中的游离氧与矿物中金属离子结合，形成稳定的氧化物。从以上分析的情况看，自然界中化学风化的速度在很大程度上受气候条件影响。在湿润气候地区化学风化强烈，在高寒地区化学风化相对较弱。

化学风化作用主要通过水化作用、水解作用、溶解作用和氧化作用等反应过程来完成。

生物风化是生物在其生命活动过程中对岩石产生的机械破坏或化学风化作用。据估计，植物根系生长对周围岩石的压力可达到 $10 \sim 15 \ kg/cm^2$。生物的新陈代谢和遗体腐烂分解的酸类也能对岩石产生化学风化作用。

②剥蚀作用　各种外营力作用（包括风化、流水、冰川、风、波浪等）对地表进行破坏，并把破坏后的物质搬离原地，这一过程或作用称为剥蚀（denudation）作用。狭义的剥蚀作用仅指重力和片状水流对地表侵蚀并使其变低的作用。一般所说的侵蚀作用，是指各种外营力的侵蚀作用，如流水侵蚀、冰蚀、风蚀、海蚀等。鉴于作用营力性质的差异，作用方式、作用过程、作用结果不同，于是分为水力剥蚀、风力剥蚀、冻融剥蚀等类型。

③搬运作用　风化、侵蚀后的碎屑物质，随着各种不同的外营力作用转移到其他地方的过程称为搬运（transportation）作用。根据搬运的介质不同，分为流水搬运、冰川搬运、风力搬运等。在搬运方式上也存在很多类型，有悬移、拖拽（滚动）、溶解等。我国

黄河每年平均输沙 16×10^8 t，全世界每年有 $23 \times 10^8 \sim 49 \times 10^8$ t溶解质被运入海洋。

④堆积作用 被搬运的物质由于介质搬运能力的减弱或搬运介质的物理、化学条件改变，或在生物活动参与下发生堆积或沉积，称为堆积作用或沉积(deposition)作用。按沉积的方式可分为机械沉积作用、化学沉积作用、生物沉积作用等。搬运物堆积于陆地上，在一定条件下就会形成"悬河"并导致洪水灾害发生；堆积在海洋中，会改变海洋环境，引起生物物种的变化。

内营力形成地表高差和起伏，外营力则对其不断地加工改造，降低高差，缓解起伏，两者处于对立的统一之中，这种对立过程，彼此消长，统一于地表三维空间，且互相依存，决定了土壤侵蚀发生、发展和演化的全过程。

2.1.2.2　土壤侵蚀程度

土壤侵蚀程度(degree of soil erosion)是指任何一种土壤侵蚀形式在特定外营力种类作用和一定环境条件影响下，自其发生开始，截止到目前为止的发展状况。在土壤侵蚀发生发展过程中，土壤侵蚀不仅受到外营力种类、外营力作用方式等的影响，还受到地质、土壤、地形、植被等条件和人为活动的影响，因此土壤侵蚀表现形式可明显地产生较大差异。就一种土壤侵蚀形式而言，在不同条件下，其发展过程和所发生的阶段也不一样。

2.1.2.3　土壤侵蚀强度

土壤侵蚀强度(intensity of soil erosion)指的是某种土壤侵蚀形式在特定外营力种类作用和其所处环境条件不变的情况下，该种土壤侵蚀形式发生可能性的大小。常用单位面积上在一定时间内土壤及土壤母质被侵蚀的重量来表示。土壤侵蚀强度是根据土壤侵蚀的实际情况，按轻微、中度、严重等分为不同级别。由于各国土壤侵蚀严重程度不同，土壤侵蚀分级强度也不尽一致，一般是在允许土壤流失量与最大流失量值之间进行内插分级。土壤侵蚀强度也称为土壤侵蚀潜在危险性。

2.1.2.4　正常侵蚀与加速侵蚀

依据土壤侵蚀发生的速率大小和是否对土地资源造成破坏将土壤侵蚀划分为加速侵蚀(accelerated erosion)和正常侵蚀(normal erosion)。

加速侵蚀是指由于人们不合理活动，如滥伐森林、陡坡开垦、过度放牧和过度樵采等，再加之自然因素的影响，使土壤侵蚀速率超过正常侵蚀(或称自然侵蚀)速率，导致土地资源的损失和破坏。一般情况下所称的土壤侵蚀就是指现代加速侵蚀。

正常侵蚀指的是在不受人类活动影响的自然环境中，所发生的土壤侵蚀速率小于或等于土壤形成速率的那部分土壤侵蚀。这种侵蚀不易被人们察觉，实际上也不至于对土地资源造成危害。

从陆地形成以后土壤侵蚀就不间断地进行着。这种在地史时期纯自然条件下发生和发展的侵蚀作用侵蚀速率缓慢。自从人类出现后，人类为了生存，不仅学会适应自然，更重要的是开始改造自然。有史以来(距今5 000年)，人类大规模的生产活动逐渐形成，改变和促进了自然侵蚀过程，这种加速侵蚀发展的侵蚀速度快、破坏性大，其影响深远。

2.1.2.5　古代侵蚀和现代侵蚀

以人类在地球上出现的时间为分界点，将土壤侵蚀划分为两大类，一类是人类出现在地球上以前所发生的侵蚀，称为古代侵蚀（ancient erosion）；另一类是人类出现在地球上之后所发生的侵蚀，称为现代侵蚀（modern erosion）。人类在地球上出现的时间从距今200 万年之前的第四纪开始时算起。

古代侵蚀是指人类出现在地球以前的漫长时期内，由于外营力作用，地球表面不断产生的剥蚀、搬运和沉积等一系列侵蚀现象。这些侵蚀有时较为激烈，足以对地表土地资源产生破坏；有些则较为轻微，不足以对土地资源造成危害。但是其发生、发展及其所造成的灾害与人类的活动无任何关系和影响。

现代侵蚀是指人类在地球上出现以后，由于地球内营力和外营力的影响，并伴随着人们不合理的生产活动所发生的土壤侵蚀现象。这种侵蚀有时十分剧烈，可给生产建设和人民生活带来严重恶果，此时的土壤侵蚀称为现代侵蚀。

一部分现代侵蚀是由于人类不合理活动导致的，另一部分则与人类活动无关，主要是在地球内营力和外营力作用下发生的，将这部分与人类活动无关的现代侵蚀称为地质侵蚀（geological erosion）。因此，地质侵蚀就是在地质营力作用下，地层表面物质产生位移和沉积等一系列破坏土地资源的侵蚀过程。地质侵蚀是在非人为活动影响下发生的一类侵蚀，包括人类出现在地球上以前和以后由地质营力作用发生的所有侵蚀。

正常侵蚀、加速侵蚀、古代侵蚀和现代侵蚀之间互有关联，如图 2-1 所示。

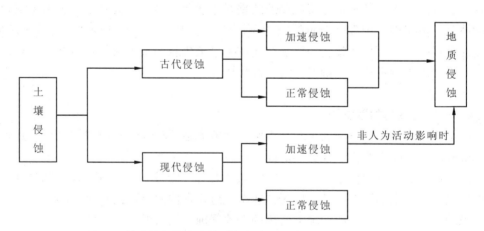

图 2-1　按土壤侵蚀发生的时间和发生速率划分的土壤侵蚀类型

2.1.3　水土流失与土壤侵蚀的关系

水土流失一词在中国早已被广泛使用，最先应用于中国的山地丘陵地区，主要描述水力侵蚀作用，水冲土跑，即水土流失。自从土壤侵蚀一词传入国内以后，从广义理解常被用作水土流失的同义语。

从土壤侵蚀和水土流失的定义中可以看出，二者虽然存在着共同点，即都包括了在外营力作用下土壤、母质及浅层基岩的剥蚀、搬运和沉积的全过程；但是也有明显差别，即水土流失中包括了在外营力作用下水资源和土地生产力的破坏与损失，而土壤侵蚀中则没有。

虽然水土流失与土壤侵蚀在定义上存在着明显差别，但因为水土流失一词源于我国，故科研、教学和生产上应用较为普遍。而土壤侵蚀一词为传入我国的外来词，其含义显然狭于水土流失的内容。随着水土保持这一学科逐渐发展和成熟，在教学和科研方面人们对二者的差异给予了越来越多的重视，而在生产上人们常把水土流失和土壤侵蚀作为同义语来使用。

2.2 土壤侵蚀形式、影响因素及预报

2.2.1 土壤侵蚀形式及特点

2.2.1.1 水力侵蚀形式及其特点

水力侵蚀(water erosion)是指在降雨雨滴击溅、地表径流冲刷和下渗水分作用下，土壤、土壤母质及其他地表组成物质被破坏、剥蚀、搬运和沉积的全部过程。水力侵蚀也简称为水蚀。水力侵蚀是目前世界上分布最广、危害也最为普遍的一种土壤侵蚀类型。在陆地表面，除沙漠和永冻的极地地区外，当地表失去覆盖物时，都有可能发生不同程度的水力侵蚀。常见的水力侵蚀形式主要有雨滴击溅侵蚀、面蚀、沟蚀、山洪侵蚀、库岸波浪侵蚀和海岸波浪侵蚀等。

(1)雨滴击溅侵蚀及其特点

在雨滴击溅作用下土壤结构破坏和土壤颗粒产生位移的现象称为雨滴击溅侵蚀(rain drop splash erosion)，简称为溅蚀(splash erosion)。雨滴落到裸露的地面特别是农耕地上时，具有一定质量和速度，必然对地表产生冲击，使土体颗粒破碎、分散、飞溅，引起土体结构的破坏。

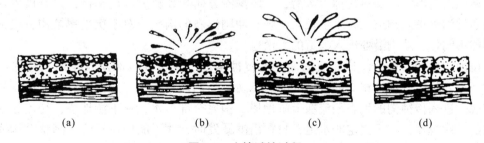

图 2-2 土壤溅蚀过程

(a)干土溅散 (b)湿土溅散 (c)泥浆溅散 (d)地表板结

溅蚀可分为 4 个阶段(图 2-2)，即干土溅散阶段、湿土溅散阶段、泥浆溅散阶段、地表板结阶段。雨滴击溅发生在平地上时，由于土体结构破坏，降雨后土地会产生板结，使土壤的保水保肥能力降低。雨滴击溅侵蚀发生在斜坡上时，因泥浆顺坡流动，带

走表层土壤，使土壤颗粒不断向坡面下方产生位移。由于降雨是全球性的，雨滴击溅侵蚀可以发生在全球范围的任何裸露地表。

（2）面蚀及其特点

斜坡上的降雨不能完全被土壤吸收时在地表产生积水，由于重力作用形成地表径流，开始形成的地表径流处于未集中的分散状态，分散的地表径流冲走地表土粒称为面蚀（surface erosion）。面蚀带走大量土壤营养成分，导致土壤肥力下降。在没有植物保护的地表，风直接与地表摩擦，将土粒带走也会产生明显的面蚀。面蚀多发生在坡耕地及植被稀少的斜坡上，其严重程度取决于植被、地形、土壤、降水及风速等因素。

按发生的地质条件、土地利用现状和发生程度不同，面蚀可分为层状面蚀、砂砾化面蚀、鳞片状面蚀和细沟状面蚀。

（3）沟蚀及其特点

在面蚀的基础上，尤其细沟状面蚀进一步发展，分散的地表径流由于地形影响逐渐集中，形成有固定流路的水流，称作集中的地表径流或股流。集中的地表径流冲刷地表，切入地面带走土壤、母质及基岩，形成沟壑的过程称为沟蚀（gully erosion）。由沟蚀形成的沟壑称作侵蚀沟，此类侵蚀沟深、宽均超过 20 cm，侵蚀沟呈直线形，有明显的沟沿、沟坡和沟底，用耕作的方式是无法平覆的。

沟蚀是水力侵蚀中常见的侵蚀形式之一。虽然沟蚀涉及的面积不如面蚀广，但它对土地的破坏程度远比面蚀严重，沟蚀的发生还会破坏道路、桥梁或其他建筑物。沟蚀主要分布于土地瘠薄、植被稀少的半干旱丘陵区和山区，一般发生在坡耕地、荒坡和植被较差的古代水文网。

由于地质条件的差异，不同侵蚀沟的外貌特点及土质状况是不同的，但典型的侵蚀沟组成基本相似，即由沟顶、沟沿、沟底及水道、沟坡、沟口和冲积扇组成。

沟顶（沟头）是侵蚀沟的最顶端，具有一定深度，呈峭壁状。绝大多数流水经沟头形成跌水进入沟道，它是侵蚀沟发展最为活跃的部分，其发展方向与径流方向相反，因此常称为溯源侵蚀。一般侵蚀沟不只一个沟头。沟头的上方是水流集中的地方，比周围地形低。

侵蚀沟与斜坡的交界线称为沟沿，一般沟沿方向与径流方向近平行，只有极少量的径流通过沟沿进入沟道，若水量较大，则会冲刷出新的沟头。对于次生侵蚀沟，侵蚀沟沿可能不明显，从沟沿处进入沟道的水量也大。

侵蚀沟横切面最低部分连成的面，是侵蚀沟底。在侵蚀沟刚刚发生时，沟底不明显，而主要是由两沟坡相交部分形成的一条线，当沟蚀进入第二阶段之后，才出现较宽的沟底。进入侵蚀沟的地表径流在上游地段，沟底全部过水，在下游地段，径流往往在沟底的一侧流动，有了固定的水道，只在山洪暴发时，才可能出现径流占满整个沟底的情况。

以沟沿为上界，沟底为下界的侵蚀沟斜坡部分称为侵蚀沟坡，简称沟坡。沟坡是侵蚀沟横切面最陡的部分，沟坡常与地平面成一定角度，角度的大小与侵蚀沟的地质组成、侵蚀沟的发育阶段、侵蚀沟的过水量和水深等因素有关。黏质土沟坡较陡，砂壤土沟坡较缓；发展时期的侵蚀沟沟坡较陡，衰老期侵蚀沟的沟坡较缓；过水量大、水深的地段沟坡较缓。只有沟坡形成稳定的自然倾角(安息角)后，沟岸才可能停止扩张而形成稳定的沟坡。

侵蚀沟口是集中地表径流流出侵蚀沟的出口，是径流汇入水文网的连接处。理论上也是侵蚀沟最早形成的地方。在沟口的沟底与河流交汇处，通常就是侵蚀基准面。所谓侵蚀基准面就是侵蚀沟所能达到的最低水平面。也就是说侵蚀沟底达到侵蚀基准面后，就不再向下侵蚀。

当携带泥沙的径流流出沟口，由于坡度变缓，流路变宽，使得径流流速降低，导致水流挟带的泥沙在沟口周围呈扇状沉积，形成洪积扇。每次洪水过后，总有一层泥沙沉积下来，因此可根据洪积扇的倾斜度、层次、冲积物质、植物状况等推断出侵蚀沟历史及其发展状况。

(4)山洪侵蚀

在山区、丘陵区富含泥沙的地表径流，经过侵蚀沟网的集中，形成突发洪水，冲出沟道向河道汇集，山区河流洪水对沟道堤岸的冲淘、对河床的冲刷或淤积过程称为山洪侵蚀(torrential flood erosion)。由于山洪具有流速高、冲刷力大和暴涨暴落的特点，因而破坏力较大，能搬运和沉积泥沙石块。受山洪冲刷的河床称为正侵蚀，被淤积的河床称为负侵蚀。山洪侵蚀改变河道形态，冲毁建筑物和交通设施，淹埋农田和居民点，可造成严重危害。山洪比重往往在 1.1 ~ 1.2，一般不超过 1.3。

暴雨时在坡面的地表径流较为分散，但分布面积广，总量大，经斜坡侵蚀沟的汇集局部形成流速快、冲力强的暴发性洪水，溢出沟道产生严重侧蚀。山洪进入平坦地段，因地势平坦，水面变宽流速降低，在沟口及平地淤积大量泥沙形成洪积扇，或沙压大量的土地，使土地难以再利用。当山洪进入河川后由于流量很大，河水猛涨引起的决堤，可淹没、冲毁两岸的川台地及城市、村庄或工业基地，甚至可导致河流改道，给整个下游造成毁灭性的破坏。

(5)海岸浪蚀及库岸浪蚀

在风力作用下，形成的波浪对海岸及水库岸库产生拍打、冲蚀作用。岸体为土体时，使海岸及库岸产生涮洗、崩塌，逐渐后退；岸体为较硬的岩石时，岸体形成凹槽，波浪继续作用就形成侵蚀崖。

2.2.1.2　风力侵蚀形式及其特点

风力侵蚀(wind erosion)简称风蚀，系指土壤颗粒或沙粒在气流冲击作用下脱离地表，被搬运和堆积的一系列过程，以及随风运动的沙粒在打击岩石表面过程中，使岩石碎屑剥离出现擦痕和蜂窝的现象。气流中的含沙量随风力的大小而改变，风力越大，气流含沙量越高，当气流中的含沙量过饱和或风速降低，土粒或沙粒与气流分离而沉降，堆积成沙丘或沙垄。在风力侵蚀中，土壤颗粒和沙粒脱离地表、被气流搬运、沉积 3 个过程相互影响，穿插进行。

(1)石窝(风蚀壁龛)

陡峭的岩壁，经风蚀形成大小不等、形状各异的小洞穴和凹坑。大的深 10 ~ 25 cm，口径达 20 cm。有的分散，有的群集，使岩壁呈蜂窝状外貌，称为石窝。这种现象在花岗岩和砂岩壁上最为发育。

(2)风蚀蘑菇和风蚀柱

孤立凸起的岩石,或水平节理和裂隙发育的岩石,特别是下部岩性软于上部的岩石,受到长期的风蚀和风磨,易形成顶部大、基部小的形似蘑菇的岩石,称为风蚀蘑菇。垂直裂隙发育的岩石经过长期的风蚀,易形成柱状,故称风蚀柱。它可单独挺立,也有成群分布,其大小高低不一。

(3)风蚀垄槽(雅丹)

在干旱地区的湖积平原上,由于湖水干涸,黏性土干缩裂开,主要风向沿裂隙不断吹蚀并带走土粒,使裂隙逐渐扩大,将原来平坦的地面发育成许多不规则的陡壁、垄岗(墩台)和宽浅的沟槽。吹蚀沟槽与不规则的垄岗相间组成的崎岖起伏、支离破碎的地面称为风蚀垄槽。这种地貌以罗布泊附近雅丹地区最为典型,故又叫雅丹地貌。沟槽可深达十余米,长达数十米至数百米,沟槽内常为沙粒填充。

(4)风蚀洼地

由松散物质组成的地面经风吹蚀后,形成宽广而轮廓及界面不大明显的洼地。它们多呈椭圆形成行分布并沿主要风向伸展,有时也形成巨大的围椅形风蚀洼地,自地面向下凹进。洼地的背风壁较陡,常达30°以上。

(5)风蚀谷和风蚀残丘

在干旱地区遇有较大暴雨产生的地表径流冲刷地面后形成沟谷,这些沟谷再经长期风蚀形成风蚀谷。风蚀谷无一定形状,有狭长的壕沟,也有宽广的谷地,蜿蜒曲折,长达数十千米,谷底崎岖不平、宽窄不均。在陡峭的谷壁上分布着大小不同的石窝,在壁坡的坡脚堆积着崩塌岩屑锥。

风蚀谷不断发展扩大,原始地面不断缩小,最后残留下不同形状的孤立小丘称为风蚀残丘。它们常呈带状分布,丘顶有不易被直接吹扬的砾石或黏土所保护,平顶的较多,也有尖峰的,高度一般在10~20 m,在柴达木盆地的残丘多在数米至30 m。

(6)风蚀城堡(风城)

在地形隆起、有产状近似水平的裸露基岩地面,由于岩性软硬不一,垂直节理发育不均,在长期强劲风力作用下,被分割成残留的平顶山丘,远看宛如颓毁的城堡竖立在平地上,称为风蚀城堡或风城。典型风城分布在我国新疆吐鲁番盆地哈密西南。

(7)石漠与砾漠(戈壁)

在干旱地区某些地势较高的基岩或山麓地带,由于强劲风力将地表大量碎屑细粒物质吹蚀而去,使基岩裸露或留下具有棱面麻坑的各种风棱石和石块,使得地表植物稀少、景色荒凉,称为石漠与砾漠(又称戈壁)。石漠与砾漠在我国的分布面积很大。

(8)沙波纹

沙波纹主要是颗粒大小不等的沙面,经风的吹动产生颗粒的分异,某一段被带走的沙粒多于带来的沙粒,就形成微小凹凸不平的沙面或小洼地,如此反复就形成有规则的沙波纹。其排列方向与风向垂直,相邻两条沙波纹脊线间距一般为20~30 cm,风力越大沙粒越细,脊间距越大脊也越高,反之则越小越低。

(9)沙丘(堆)及沙丘链

风沙流遇到植物或障碍物时,就在背风面产生涡流消耗气流的能量,引起风速的减小，在背风面沙粒发生沉积就成为沙丘（堆）。沙堆的大小不等、形状各异，从发育过程看有蝌蚪状和盾状等。在多种风向的作用下，沙堆逐步演化成各种沙丘或沙丘链。

沙丘形成后，自身变成风沙流的更大障碍，使沙粒堆积得更多。由于沙丘顶部地面曲率较大，沙丘两侧曲率较小而产生压力差，引起气流从压力较大的背风坡的坡脚流向压力较小的沙丘顶部，形成涡流，使背风坡形成浅小的马蹄形凹地，逐渐发育成为平面形如新月的新月形沙丘。

在沙源供应丰富的情况下，密集的新月形沙丘相互连接，它们与主风向垂直，故称为横向新月形沙丘链。在风向单一的地区，沙丘链在形态上仍然保持原来新月形的特征，而在两个相反方向的风力交替作用地区，整个沙丘链的平面形态比较平直，剖面形态往往是复式的，顶部有摆动带，背风坡的坡度较缓。

格状沙丘链是由两个近乎相互垂直的风向相互作用形成的，主风方向形成沙丘链（主梁）与次风向形成的低矮沙埂（次梁）分隔着丘间低地（沙窝），形似格状，故称为格状沙丘链，腾格里沙漠的沙丘主要是格状沙丘链。

（10）金字塔状沙丘

在无主风向的多向风吹动下，塑造的沙丘棱面明显、丘体高大，且具有三角形的斜面、尖的沙顶和狭窄的棱脊线，外形像金字塔，固称为金字塔状沙丘。

2.2.1.3　重力侵蚀形式及其特点

重力侵蚀（gravitational erosion）是一种以重力作用为主引起的土壤侵蚀形式。它是坡面表层土石物质及中浅层基岩，由于本身所受的重力作用（很多情况还受下渗水分、地下潜水或地下径流的影响），失去平衡，发生位移和堆积的现象。重力侵蚀多发生在大于25°的山地和丘陵，在沟坡和河谷较陡的岸边也常发生重力侵蚀，由人工开挖坡脚形成的临空面、修建渠道和道路形成的陡坡也是重力侵蚀多发地段。

严格地讲，纯粹由重力作用引起的侵蚀现象是不多的，重力侵蚀的发生是与其他外营力参与有密切关系的，特别是在水力侵蚀及下渗水的共同作用下，以重力为其直接原因导致地表物质移动。

根据土石物质破坏的特征和移动方式，一般可将重力侵蚀分为陷穴、泻溜、滑坡、崩塌、地爬、崩岗、岩层蠕动、山剥皮等。

（1）陷穴

在黄土地区或黄土状堆积物较深厚地区的堆积层中，地表层发生近于圆柱形土体垂直向下塌落的现象称为陷穴（hole erosion）。由于地表水分下渗引起土体内可溶性物质的溶解及土体的冲淘，一部分物质被淋溶到深层，在土体内形成空洞，引起地面塌陷形成陷穴。其主要是由于水分局部下渗和黄土的大孔隙性及其垂直节理发育形成的。陷穴有时单个出现，有时呈珠串状从坡上部向坡下部排列，且下部连通，为侵蚀沟的发展创造了条件。

（2）泻溜

在陡峭的山坡或沟坡上，由于冷热干湿交替变化，表层物质严重风化，造成土石体表面松散和内聚力降低，形成与母岩体接触不稳定的碎屑物质，这些岩土碎屑在重力作用下时断时续地沿斜坡坡面或沟坡坡面下泻的现象称为泻溜(debris slide)。泻溜常发生在黄土地区及有黏重红土的斜坡上，在易风化的土石山区也有发生。

（3）滑坡

坡面岩体或土体沿贯通剪切面向临空面下滑的现象称为滑坡(slope slide)。滑坡的特征是滑坡体与滑床之间有较明显的滑移面，滑落后的滑坡体层次虽受到严重扰动，但其上下之间的层次未发生改变。滑坡在天然斜坡或人工边坡、坚硬或松软岩土体都可能发生，它是一种常见的边坡变形破坏形式。

当滑坡体发生面积很小、滑落面坡度较陡时，称为滑塌或坐塌。滑坡滑下的土体整体不混杂，一般保持原来的相对位置。在透水性强的土体下层，有透水力差的层次时，容易形成滑落面而发生滑坡，坡面的融化层与冻结层之间也容易形成滑落面。

（4）崩塌与坠石

在陡峭的斜坡上，整个山体或一部分岩体、块石、土体及岩石碎屑突然向坡下崩落、翻转和滚落的现象称为崩塌(collapse)。崩落向下运动的部分称为崩落体，崩塌发生后在原来坡面上形成的新斜面称为崩落面。

崩塌的特征是崩落面不整齐，崩落体停止运动后，岩土体上下之间层次被彻底打乱，形成犹如半圆形锥体的堆积体，称为倒石锥。发生在山坡上大规模的崩塌称山崩，在雪山上发生的崩塌称为雪崩，发生在海岸或库岸的崩塌称坍岸，发生在悬崖陡坡上单个块石的崩落称坠石(fall rock)。

（5）崩岗

山坡剧烈风化的岩体受水力与重力的混合作用，向下崩落的现象称为崩岗(rock slide)。崩岗主要分布在我国南方的一些花岗岩地区，由于高温、多雨和昼夜温差的影响，再加之花岗岩属显晶体结构，富含石英沙粒，岩石的物理风化和化学风化都较为强烈，雨季花岗岩风化壳大量吸水，致使内聚力降低，风化和半风化的花岗岩体在水力和重力综合作用下发展成为崩岗。

（6）地爬(土层蠕动)

寒温带及高寒地带土壤湿度较高的地区在春季土壤解冻时，上层解冻的土层与下层冻结的土层之间产生分离，解冻的土层在重力分力作用下沿斜坡蠕动，在地表出现皱褶，称作地爬或土层蠕动。在有树木生长的地段出现树木倾斜，称作醉林。如在大兴安岭、青藏高原、新疆天山山地，常出现这种现象。

（7）岩层蠕动

岩体蠕动是斜坡上的岩体在自身重力作用下，发生十分缓慢的塑性变形或弹性变形。这种现象主要出现在页岩、片岩、千枚岩等柔性岩层组成的山坡上，少数也可以出现在坚硬岩石组成的山坡上。

（8）山剥皮

土石山区陡峭坡面在雨后或土体解冻后，山坡的一个部分土壤层及母质层剥落，裸露出基岩的现象称为山剥皮。如果山剥皮大量发生，山体就变成了岩石裸露的不毛之地。山剥皮剥落下的物质，在坡脚堆积，形成倒土堆，土堆内掺有大量的植物残体，并有一定的分选性。

2.2.1.4 泥石流侵蚀形式及其特点

泥石流是一种含有大量土砂石块等固体物质的特殊洪流，它既不同于一般的暴雨径流，又是在一定的暴雨条件下(或是有大量融雪水、融冰水条件下)，受重力和流水冲力的综合作用而形成的。泥石流在其流动过程中，由于崩塌、滑坡等重力侵蚀形式的发生，得到大量松散固体物质补给，还经过冲击、磨蚀沟床而增加补充固体物质，它暴发突然，来势凶猛，历时短暂，具有强大的破坏力。

泥石流是山区的一种特殊侵蚀现象，也是山区的一种自然灾害。泥石流中砂石等固体物质的含量均超过 25%，有时高达 80%，容重为 $1.3 \sim 2.3 \ t/m^3$。泥石流的搬运能力极强，比水流大数十倍至数百倍，其堆积作用也十分迅速，所以它对山区工农业生产的危害是很大的。

根据泥石流发生时的不同特征，泥石流侵蚀可划分为多种形式，如按泥石流发生的动因进行划分，可分为暴雨型泥石流、融雪型泥石流和融冰型泥石流；如按泥石流发生的地貌部位进行划分，可分为沟谷型泥石流、坡面型泥石流；如按泥石流发生的大小进行划分，可分为小型泥石流、中型泥石流和大型泥石流；如按泥石流发生的程度进行划分，可分为雏形泥石流和典型泥石流；如按泥石流中所含细粒土壤颗粒的数量进行划分，可分为黏性泥石流和结构型泥石流。具体的划分方法目前没有特别的规定，主要视研究地区泥石流特点、研究目的及泥石流防治需要等多方面要求而定。以下介绍的是按泥石流中所含固体物质的种类所进行的划分。

(1)石洪

石洪(rock flow)是发生在土石山区暴雨后形成的含有大量土砂砾石等松散物质的超饱和状态的急流。其中所含土壤黏粒和细沙较少，不足以影响到该种径流的流态。石洪中已经不是水流冲动的土砂石块，而是水和水砂石块组成的一个整体流动体。因此石洪在沉积时分选作用不明显，基本上是按原来的结构大小石砾间杂存在。

(2)泥流

泥流(mud flow)是发生在黄土地区或具有深厚均质细粒母质地区的一种特殊的超饱和急流，其所含固相物质以黏粒、粉沙等一些细小颗粒为主。泥流所具有的动能远大于一般的山洪，流体表面显著凹凸不平，已失去一般流体特点，在其表面经常可浮托、顶运一些较大泥块。

(3)泥石流

泥石流(debris flow)是一种饱含大量泥沙石块和巨砾的固液两项流体。泥石流发生过程复杂、暴发突然、来势凶猛、历时短暂，是我国山区常见的一种破坏力极大的自然灾害。泥石流不仅需要短时间内汇集大量地表径流，而且还需要在沟道或坡面上储备有大量松散固项物体，而面蚀、沟蚀及各种形式重力侵蚀的发生是产生大量松散固项物体的条件，因此泥石流的发生是山区严重土壤侵蚀的标志之一。

2.2.1.5 冻融侵蚀形式及其特点

当温度在 0 ℃上下变化，岩石孔隙或裂缝中的水在冻结成冰时，体积膨胀(增大 9%

左右），因而它对岩石裂缝壁产生很大的压力，使裂缝加宽加深；当冰融化时，水沿着扩大了的裂缝更深地渗入岩体的内部，同时水量也可能增加，这样冻结、融化频繁进行，不断使裂缝加深扩大，以致岩体崩裂成岩屑，称作冻融侵蚀（freeze-thaw erosion），也称冰劈作用。在冻融侵蚀过程中，水可溶解岩石中的矿物质，同时会出现化学侵蚀。

土壤孔隙或岩石裂缝中的水分冻结时，体积膨胀，裂隙随之加大增多，整块土体或岩石发生碎裂；在斜坡坡面或沟坡上的土体由于冻融而不断隆起和收缩，受重力作用顺坡向下方产生位移。

冻融侵蚀在我国北方寒温带分布较多，如陡坡、沟壁、河床、渠道等在春季时有发生。冻融使土体发生机械变化，破坏了土壤内部的凝聚力，降低土壤抗剪强度。土壤冻融具有时间和空间的不一致性，当土体表面解冻，底层未解冻时形成一个不透水层，水分沿交接面流动，使两层间的摩擦阻力减小，在土体坡角小于休止角的情况下，也会发生不同状态的机械破坏。

冰缘气候条件下积雪频繁消融和冻胀产生的一种侵蚀形式称为雪蚀作用。雪蚀作用主要产生于大陆冰盖外围以及乔木分布线以上雪线以下的高山地带，年平均气温为 0℃左右，多属永久冻土带。积雪边缘频繁交替冻融，一方面通过冰劈作用使地表物质破碎；另一方面雪融水又将粉碎的细粒物质带走，故雪融作用既有剥蚀又有搬运，它可使雪场底部加深，周边扩大，逐渐形成宽盆状的雪蚀洼地。

2.2.1.6　冰川侵蚀形式及其特点

由冰川运动对地表土石体造成机械破坏作用的一系列现象称为冰川侵蚀（glacier erosion）。高山高原雪线以上的积雪，经过外力作用，转化为有层次的厚达数十米至数百米的冰川冰。而后冰川冰沿着冰床作缓慢塑性流动和块体滑动，冰川及其底部所含的岩石碎块不断锉磨冰床。同时在冰川下因节理发育而松动的岩块突出部分有可能和冰川冻结在一起，冰川移动时将岩块拔出带走。冰川侵蚀活跃于现代冰川地区，我国主要发生在青藏高原和高山雪线以上。

冰川是一种巨大的侵蚀体，据对冰岛河流含沙量计算，冰源河流泥沙是非冰源河流的 5 倍，相当于全流域每年因侵蚀而使地面降低 2.8 mm，而阿拉斯加的谬尔冰川（Muir Glacier）以含沙量计，全流域每年因侵蚀而使地面降低 19 mm。冰川之所以具有如此巨大的侵蚀力，一方面是冰川冰本身具有的巨大的静压力（100 m 厚的冰体对冰床基岩所产生的静压力为 90 t/m²）；另一方面是冰体在运动过程中以其所挟带的岩石碎块对冰床的磨蚀和掘蚀作用。其结果是造成冰川谷、羊背石等冰川侵蚀地貌，同时产生大量的碎屑物质。

（1）刨蚀和掘蚀

冰川在运动过程中，以其巨大的静压力以及冰体中所含岩屑碎块对冰床所产生的锉磨作用称作刨蚀，也称磨蚀作用。当冰体中的巨大岩块突出冰外时，其刨蚀力更大。在大陆性冰川区，磨蚀作用是冰川侵蚀的主要方式。

冰川底部的地表如有因节理已松动的岩块时，其突出部分能与冰川结合在一起，在冰川前进过程中即把岩块掘起带走的现象称为掘蚀。在冰斗后背及冰川谷中岩坎上掘蚀的表现最为明显。

(2)刮蚀

运动着的冰川对其两侧的土体产生破坏称为刮蚀，也称侧蚀。冰川活动对地表造成机械破坏作用。冰川是一种固体流，当冰川在槽谷中运动时，遇到突出的山嘴不能像水流那样绕过，所以冰川的侧蚀作用比流水作用更明显、更强烈。由侧蚀作用形成的冰川谷平直畅通，在形态上呈悬链形，并以谷坎上常见的冰蚀三角面为特征。

2.2.1.7 化学侵蚀形式及其特点

土壤中的多种营养物质在下渗水分作用下发生化学变化和溶解损失，导致土壤肥力降低的过程称为化学侵蚀(chemical erosion)。进入土壤中的降水或灌溉水分，当水分达到饱和以后受重力作用沿土壤孔隙向下层运动，使土壤中的易溶性养分和盐类发生化学作用，有时还伴随着分散悬浮于土壤水分中的土壤黏粒、有机和无机胶体(包括它们吸附的磷酸盐和其他离子)沿土壤孔隙向下运动等，这些作用均能引起土壤养分的损失和土壤理化性质恶化，导致土壤肥力下降。在酸性条件下碳酸岩类在地表径流作用下的溶蚀也属于化学侵蚀类的一种。化学侵蚀通常分为岩溶侵蚀、淋溶侵蚀和土壤盐渍化3种。

由于化学侵蚀现象一般不太明显，且其作用过程相对缓慢，所以开始阶段常不易被人们察觉，但其危害是不可忽视的。化学侵蚀过程不仅使土壤肥力降低，农作物产量下降，而且还会污染水源、恶化水质，直接影响人畜饮用和工农业用水。同时由于被污染的水体内藻类大量繁殖生长，导致水中有效氧含量降低，鱼类和其他水生生物也会受到影响。

(1)岩溶侵蚀

岩溶侵蚀是指可溶性岩层在水的作用下发生以化学溶蚀作用为主，伴随有塌陷、沉积等物理过程而形成独特地貌景观的过程及结果。依据发育的位置可分为地表岩溶侵蚀和地下岩溶侵蚀两类。

岩溶侵蚀主要由水的溶蚀侵蚀作用造成，水的溶蚀作用主要指通过大气和水对岩体的破坏，使岩石或土壤化学成分发生变化的现象。大气中有 O_2、CO_2、SO_2 等，水本身又溶有各种气体和矿物质，它们同时作用于岩石使岩石性质发生改变。主要表现为氧化作用、水化作用、水解作用和溶解作用。特别在石灰岩地质条件和雨量充沛的地区，水的各种侵蚀作用极为明显，最突出的为水与 CO_2 腐蚀石灰岩，形成熔岩地貌。

(2)淋溶侵蚀

淋溶侵蚀是指降水或灌溉水进入土壤，土壤水分受重力作用沿土壤孔隙向下层运动，将溶解的物质和未溶解的细小土壤颗粒带到深层土壤，产生有机质等土壤养分向土壤剖面深层迁移聚集甚至流失进入地下水体中的过程。

淋溶侵蚀源于地表水入渗过程中对土壤上层盐分和有机质的溶解和迁移，水分在这一过程中主要以重力水形式出现。土壤中的水分(由于重力作用和毛细管作用)在土体内移动过程中，引起土壤的理化性质改变、结构破坏，使土壤肥力下降，造成淋溶侵蚀。当地下水位低、降水量较少时，淋溶强度较小；当地下水位高或降水较多时，尤其在有灌溉条件的地区，淋溶深度大，不仅造成土壤肥力下降，更会使土壤盐分和有机质进入地下水中，构成新的污染源。

（3）土壤盐渍化

在干燥炎热和过度蒸发条件下，土壤毛管水上升运动强烈，致使地下水及土中盐分向地表迁移并在地表附近发生积盐的过程及结果称为土壤盐渍化或土壤盐碱化。

盐渍化是盐化和碱化的总称。在发生盐渍化的土壤中，包括了各种可溶盐离子，主要的阳离子有钠（Na^+）、钾（K^+）、钙（Ca^{2+}）、镁（Mg^{2+}），阴离子有氯（Cl^-）、硫酸根（SO_4^{2-}）、碳酸根（CO_3^{2-}）和重碳酸根（HCO_3^-），阳离子与 Cl^-、SO_4^{2-} 形成的盐为中性盐，而与 CO_3^{2-}、HCO_3^- 则形成碱性盐。

由于人类长期不合理的农业生产措施，如过量漫灌或只灌不排、渠道不设防渗措施、沟坝地不设排水系统和地下水位较浅等，因毛细管作用土壤深层的液体向上移动至地表，水分蒸发后矿物质留在地表，引起土壤盐碱化。

盐渍化对农业生产构成严重的危害，高浓度的盐分会引起植物的生理干旱，干扰作物对养分的正常摄取和代谢，降低养分的有效性和导致表层土壤板结，致使土壤肥力下降，甚至难以利用。

2.2.1.8 植物侵蚀形式及其特点

植物侵蚀（plant erosion）也称生物侵蚀，是指植物在生命过程中引起的土壤肥力降低和土壤颗粒迁移的一系列现象。一般植物在防蚀固土方面有着特殊的作用，但是在人为作用下，有些植物对土壤产生一定侵蚀作用，主要表现在土壤理化性质恶化，肥力下降。如部分针叶纯林可恶化林地土壤的通透性及其结构等物理性状，过度开垦种植导致土壤肥力下降等。

2.2.2 土壤侵蚀影响因素

2.2.2.1 气候因素

（1）降雨强度

水力侵蚀中面蚀与降水量之间的关系不太显著，而与降雨强度之间的关系十分密切。这是由于当降水量大而强度小时，雨滴直径及末速度都较小，因此它只有较小的动能，所以对土壤的破坏作用就较轻。强度较小的降雨大部或全部被渗透、植物截留、蒸发所消耗，不能或者只能形成很少径流；当降雨强度小到与土壤的稳渗速率相等时，地面就不会产生径流。因此，径流冲刷破坏土壤的力就不存在。

当降雨强度很大时，雨滴的直径和末速都很大，因而它的动能也很大，对土壤的击溅作用也表现得十分强烈。由于降雨强度大，土壤的渗透蒸发和植物的吸收、截持量远远小于同一时间内的降水量，因而形成大量的地表径流，只要降雨强度大到一定程度，即使降水量不大，也有可能出现短历时暴雨而产生大量径流，因此其冲刷的能量也很大，所以侵蚀也就严重。大量研究证明，土壤侵蚀只发生在少数几场暴雨之中。例如，黄河水利委员会天水水土保持试验站（以下简称"天水站"）1942—1954 年 12 年测定的结果表明，1947 年一次最大降水量达 155 mm，所造成的水土流失量占 12 年总量的 35% 以上；黄河水利委员会绥德水土保持试验站(以下简称"绥德站")测定，1956年曾经发生过一次 3.5 mm/min 强度的暴雨，该年的水土流失量占 1954—1956 年 3 年总量的 30%以上。

（2）前期降雨

本次降雨以前的降雨称为前期降雨。前期降雨使土壤水分饱和，再继续降雨就很容易产生径流而造成土壤流失。在各种因素相同的情况下，前期降雨的影响主要表现为降水量的影响。

2.2.2.2 地形因素

地形因素之所以是影响土壤侵蚀的重要因素，就在于不同的坡度、坡长、坡形及坡面糙率是否有利于坡面径流的汇集和能量的转化，当坡度、坡形有利于径流汇集时，则能汇集较多的径流，而当坡面糙率大则在能量转化过程中，消耗一部分能量用于克服粗糙表面对径流的阻力，径流的冲刷力就要相应地减小，因此地形是影响降到海平面以上降雨在汇集流动过程中能量转化最主要的因素，地形影响能量转化的主要因子是坡度、坡长、坡形和坡向。

（1）坡度

坡面侵蚀的主要动力来自降雨及由此而产生的径流，径流能量的大小取决于水流流速及径流量大小，流速主要取决于地表坡度及糙率。另外，由于坡度大，在相同坡长的情况下水流用较短的时间就能流出。当土壤的入渗速度相同时，由于入渗时间短，其入渗量较小，增大了径流量，因此，坡度是地形因素中影响径流冲刷力及击溅输移的主要因素之一。

在整个坡面上，侵蚀量随坡度增加是有一定极限的。F. G. Renner 通过研究证明，坡度约在 40°以下时，侵蚀量与坡度呈正相关，超过此值反有降低趋势(图2-3)。

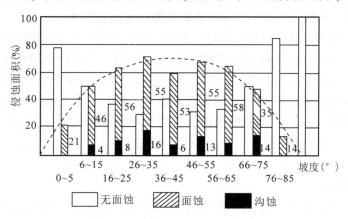

图2-3 F. G. Renner 的坡度与土壤侵蚀关系(Horton)

研究表明，黄土丘陵沟壑区坡地在 0°~90°，15°、26°和 45°是非常重要的几个坡度转折。15°以下坡面侵蚀相对微弱，15°以上侵蚀逐渐加剧，26°达到最大值，此后水蚀强度降低，26°是以水流作用为主的侵蚀转变为重力作用为主的侵蚀转折点。整个区间 45°侵蚀作用最强，此后又趋减小。陈永宗研究了黄土区域，提出水蚀的临界坡度为 28.5°，

表 2-1　坡度与侵蚀关系

地点	坡度	径流量		侵蚀量	
		m³/hm²	%	t/hm²	%
天水站	4°10′	162. 94	100	5. 7	100
	7°30′	138. 31	85	15. 18	240
	14°09′	135. 45	83	15. 67	275
	17°30′	153. 02	94	27. 32	488
绥德站	10°	172. 62	100	102. 14	100
	28°52′	374. 73	216	201. 46	197

小于 28.5°时，侵蚀程度与坡度呈正相关；大于 28.5°时，侵蚀强度与坡度呈负相关。我国最早的水文站测量数据显示了坡度与土壤侵蚀的关系（表 2-1）。

（2）坡长

坡长指的是从地表径流的起点到坡度降低到足以发生沉积的位置或径流进入一个规定沟（渠）的入口处的距离。

坡长之所以能够影响到土壤的侵蚀，主要是当坡度一定时，坡长越长，其接受降雨的面积越大，因而径流量越大，水将有较大的重力位能，因此当其转化为动能时能量也大，其冲刷力也就增大。

天水站和绥德站的资料表明：①在特大暴雨以及大暴雨（雨强大于 0.5 mm/min）时，坡长与径流和冲刷呈正相关；②当降雨平均强度较小，或大强度降雨持续时间很短时，坡长与径流呈负相关，与冲刷呈正相关；③当降水量很小（3~15 mm），强度也很小时，坡长与径流、冲刷均呈负相关。美国 Zingg 在研究坡长与流失量之间的关系发现土壤的流失量按坡长的 1.6 次方变化，而单位面积的流失量按坡长的 0.6 次方变化，但是应当指出地形因素是由不同坡度、坡长及具有不同物理化学性质的土壤组合而成，因此情况非常复杂，作为自变量坡长的变化与因变量——侵蚀量之间因不同的试验地点有不同的变化，如果不考虑雨强及入渗情况，笼统分析它们之间只呈现无规律的相关关系，有时可以出现较好的相关性，有时也可能出现较差的相关性。特别是当雨量不大，坡度较缓，同时土壤又具有较大的渗透能力时，径流量反而会因坡长加长而减少，形成所谓"径流退化现象"。除此以外，坡形的影响也较明显。

2.2.2.3　地质因素

岩石中的节理、断层、地层产状和岩性等都对崩塌有直接影响。在节理和断层发育的山坡岩石破碎，很易发生崩塌。当地层倾向和山坡坡向一致，而地层倾角小于山坡坡度角时，常沿地层层面发生崩塌。软硬岩性的地层互层时，较软岩层易受风化，形成凹坡，坚硬岩层形成陡壁或突出成悬崖，易发生重力侵蚀。

2.2.2.4　土壤因素

土壤既是侵蚀的对象又是影响径流的因素，因此土壤的各种性质都会对面蚀产生影响。通常利用土壤的抗蚀性和抗冲性衡量土壤抵抗径流侵蚀的能力，用渗透速率表示对径流的影响。

土壤的抗蚀性是指土壤抵抗径流对其分散和悬浮的能力。土壤越黏重，胶结物越多，抗蚀性越强。腐殖质能把土粒胶结成稳定团聚体和团粒结构，因而含腐殖质多的土壤抗蚀性强。土壤的抗冲性是指土壤抵抗径流对其机械破坏和推动下移的能力。土壤的抗冲性可以用土块在水中的崩解速度来判断，崩解速度越快，抗冲能力越差；有良好植被的土壤，在植物根系的缠绕下，难于崩解，抗冲能力较强。

影响土壤上述性质的因素有土壤质地、土壤结构及其水稳性、土壤孔隙、剖面构造、土层厚度、土壤湿度，以及土地利用方式等。

土壤质地通过土壤渗透性和结持性来影响侵蚀。一般来说，质地较粗的土壤，大孔隙含量多，透水性强，地表径流量小。

土壤结构性越好，总孔隙率越大，其透水性和持水量就越大，土壤侵蚀就越轻。土壤结构的好坏既反映了成土过程的差异，又反映了目前土壤的熟化程度。我国黄土高原的幼年黄土性土壤和黑垆土，土壤结构差异明显。前者土壤密度大，总孔隙和毛管孔隙少，渗透性差；后者结构良好，土壤密度小，根孔及动物穴多，非毛管孔隙多，渗透性好。不同的渗透性导致地表径流量不同，侵蚀也不同。

土壤中保持一定的水分有利于土粒间的团聚作用。一般情况下，土体越干燥，渗水越快，土体越易分散；土壤较湿润，渗透速度小，土粒分散相对慢。试验表明，黄土只要含水量达20%以上，土块就可以在水中保持较长时间不散离。

土壤抗蚀性指标多以土壤水稳性团粒和有机质含量的多寡来判别，土壤抗冲性以单位径流深所产生的侵蚀数量或其倒数作指标。

2.2.2.5 植被因素

生长的植物，以其具有的覆盖地面，防止雨滴击溅，枯枝落叶及其形成的物质改变地表径流的条件和性质，促进下渗水分的增加，并以其根系直接固持土体等作用，与风、水所具有的夷平作用相制约，抵抗平衡的结果，形成相对稳定的坡地。植被的功能主要表现为：

森林、草地中有一厚层枯枝落叶，具有很强的涵蓄水分的能力。随凋落物量的增加，其平均蓄水量和平均蓄水率都在增加，一般可达 $20 \sim 60 \ \text{kg/m}^2$。

由于凋落物的阻挡、蓄持以及改变土壤的作用，提高了林下土壤的渗透能力，见表2-2。

表2-2 不同土地利用的土壤渗透性

土地利用	前30 min 平均入渗率（mm/min）	稳定入渗率（mm/min）	表达式（mm/min）
刺槐林地	1.67	0.88	$K_{林} = 0.88 + 6.019/t^{0.85}$
农耕地	1.29	0.52	$K_{农} = 0.52 + 1.519/t^{0.767}$
天然草地	1.51	0.61	$K_{草} = 0.61 + 5.591/t^{0.896}$

注：$K_{林}$、$K_{农}$、$K_{草}$ 分别为刺槐林地、农耕地和天然草地的水分入渗率；t 为时间(min)。

　　由于植被的枯枝落叶增大了地表糙度，使得其中径流的流速因此而大大减缓，据测定其径流流速仅为裸地上的 1/40 ~ 1/30。

　　上述几种作用，使得有较好植被分布区域的径流量减小，且延长了径流历时，起到了减小径流量，延缓径流过程进而减小径流能量的作用。

　　植被对土壤形成有巨大的促进作用。因为植被残败体可以直接进入土壤，提高了土壤有机质的含量，而土壤抗蚀性提高也正是有机质含量增加的结果。

　　植被提高土壤抗蚀性是通过众多支毛根固结网络、保护阻挡、吸附牵拉 3 种方式来实现的，表现为冲刷模数的相对降低。据测定 20 年生刺槐林地表层冲刷量仅为农地的 1/5、草地的 1/3。

2.2.2.6　人为因素

　　历史上，受社会和科学技术的发展所决定，相当长时间内由于对自然规律缺乏认识，不能合理地利用土地，甚至是掠夺式地利用土地资源，在坡地上就引起了水土流失，降低和破坏了土壤肥力，耗竭和破坏了土地生产力，导致难以挽回的生态灾难。

　　当破坏力大于土体的抵抗力时，必然发生土壤侵蚀，这是不以人们的意志为转移的客观规律。但是，影响破坏土壤侵蚀发生和发展及控制土壤侵蚀的有关因素的改变，都会影响破坏力与土体的抵抗力的消长。因此，应了解影响土壤侵蚀的自然因素之间的相互制约关系。在现阶段人类尚不能控制降雨的条件下，可以通过改变有利于消除破坏力的因素，有利于增强土体抗蚀能力的因素，来保持水土，促使水土流失向相反方向转化，使自然面貌向人类意愿方向发展，这就是水土保持工作中人的作用。也就是说，人类的活动既可以引起水土流失，又可以通过人的活动控制土壤侵蚀。

2.2.3　土壤侵蚀预报

2.2.3.1　预报目的与原则

　　土壤侵蚀是导致土地生产潜力下降、生态环境退化的主要原因之一，有效地监测土壤侵蚀动态变化情况并对土壤侵蚀发展状况进行预测预报，是防治土壤侵蚀的重要依据，同时也是水土保持监督执法的科学依据，对我国生态环境建设具有重要意义。根据我国当前社会经济发展要求，主要对在自然条件下和人为干预情况下（如开发建设项目、流域治理等）影响土壤侵蚀的因素及其过程进行动态监测，其目的是为水土保持和流域综合治理提供基础资料，为水土保持评价和决策提供科学依据，为水土保持科研提供可靠的动态资料，为水土保持监督执法提供技术支持，为行业标准体系建设提供技术支持和保障。

　　土壤侵蚀预报应为工农业生产、土地经营服务，同时也为科学研究服务，应遵从科学性、实用性、主导因子与次要因子相结合和可操作性原则。

　　①科学性原则　土壤侵蚀预报既要考虑侵蚀发生的成因，又要重视侵蚀发育阶段与其形成特点的联系，宏观与微观相结合，抓住主要矛盾，把握土壤侵蚀发生发展规律，使监测预报尽可能准确、及时。

　　②实用性原则　预报的成果能够为土壤侵蚀防治、生产建设、科学研究等服务，为

土地可持续利用提供科学依据。

③主导因子与次要因子相结合原则 在宏观上抓住影响土壤侵蚀的主要因子，同时在微观上要注重影响土壤侵蚀的次要因子，既突出重点因子又顾全综合因素，从而使预报结果能够满足不同层次的生产与土壤侵蚀防治要求。

④可操作性原则 指标容易获得，模型运算灵活方便，分级分类指标清晰直观、符合逻辑，监测结果便于应用。

2.2.3.2 预报方法与程序

较大区域的土壤侵蚀预报，一般采用遥感影像获取植被覆盖因子和土地利用现状因子，利用地形图通过数字高程模型（DEM）获得地面坡度、沟壑密度、沟壑面积、高程等因子，通过现有专题图获取土壤类型、地貌类型、行政边界、流域边界等因子，通过典型调查与航片分析获得典型土壤侵蚀类型和土壤侵蚀形式等分类标准及其他辅助因子。

利用获得的这些因子进行叠加，通过专家模型建立计算机土壤侵蚀分类系统，生成土壤侵蚀专题图和数据库。在此基础上进一步建立土壤侵蚀数学模型，并与专家模型进行对比，从而提高精度，最终利用土壤侵蚀模型对土壤侵蚀进行预报。预报的技术流程可用图2-4表示。

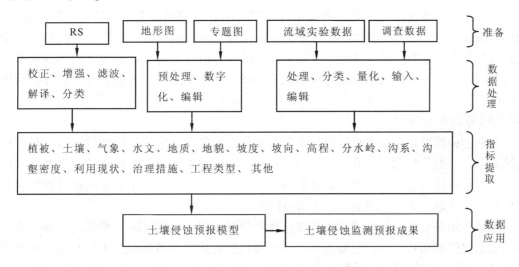

图2-4 土壤侵蚀监测预报技术流程

（1）资料准备与野外作业

首先要准备的是遥感影像。图面资料选择最新版本的1:5万～1:10万比例尺地形图，条件许可情况下向国家测绘部门直接购买电子版地形图，供解译判读、行政及流域界线划分、DEM生成使用。为提高影像信息可解译性，广泛收集整理现有基础研究成果及地质图、地貌图、植被图、土壤图、土壤侵蚀图、土地利用图、流域界线图等专业性图件。还要收集整理有关站点的水文、气象观测资料，包括水文站点的水文泥沙资料、实验站的土壤侵蚀观测资料、淤地坝的泥沙淤积资料等。

通过不同流域不同土壤侵蚀区域进行的外业路线调查，建立土壤侵蚀类型、程度和强度分级遥感解译标志，如有条件，可拍摄野外实况照片，用于土壤侵蚀强度判读分析。

（2）数据处理

数据处理包括对数字的专题分类、图形矢量化处理、图幅编制、其他有关声音及图片索引关系建立等。

图形分层处理是把不同属性的图形分层处理时，应注意不同的系列专题图，各图层的图框和坐标系应该一致；各图层比例尺一致；每一层反映一个独立的专题信息；点、线、多边形等不同类的矢量形式不能放在一个图层上。

图形分幅处理是指大幅面的图形分幅后才能满足输入设备的要求。图形分幅有两种方法，一是规则图形分幅，即把一幅大的图形以输入设备的幅面为基准，或以测绘部门提供的标准地图大小为标准，分成规则的几幅矩形图形。这种分幅方法要使图幅张数分得尽可能少，以减少拼接次数；分幅处的图线尽可能少，以减轻拼接时线段连接的工作量；同一条线或多边形分到不同图幅后，它们的属性应相同。二是以流域为单位进行分幅，如为完成一个县的流域管理项目，可把一个乡或一个村作为一幅图进行单独管理。这样一幅图被分成若干个不规则的图形。这种分幅方式要以地理坐标为坐标系，同时要求不同图层分幅界线最好一致。

图形清绘与专题图输入是根据技术规范对各项专题图用事先约定的点、线、符号、颜色等做进一步清理，使图形整体清晰、不同属性之间区别明显。把图形和属性数据输入到计算机中，并把图形、属性库以及属性库的内容通过关键字联结起来，形成完整意义的空间数据库。对遥感影像进行精纠正、合成、增强、滤波，根据野外调查建立判读标准等。

（3）专题指标提取

专题指标数据是一系列有组织和特定意义的指标要素的空间特征数据，也就是土壤侵蚀监测预报的指标系统，用于在土壤侵蚀类型的基础上，确定土壤侵蚀程度和其强度。以卫星影像为信息源，结合历史资料，采用全数字人机交互作业方式或计算机自动监督分类方式确定土壤侵蚀类型和土壤侵蚀形式。

土地利用是资源的社会属性和自然属性的全面体现，最能反映人类活动及其与自然环境要素之间的相互关系，它是土壤侵蚀强度划分的重要参考指标。土地利用获取的最快办法是利用遥感影像进行计算机监督分类，矢量化以后作为一个数据层面。对于小区域的土壤侵蚀监测预报可以采用近期的土地利用现状图，输入到计算机以后作为现状层面使用。土地利用现状的类型划分参照国土资源局制定的土地分类标准。

土壤质地反映了土壤的可蚀性，质地尽可能依靠已有成果资料，通过土壤图、地质图综合分析获得。土壤类型也反映了土壤的可蚀性，可利用现有的土壤图输入到计算机使用。

沟谷密度是单位面积上侵蚀沟的总长度，用于反映一定范围的地表区域内沟谷的数量特性，通常以每平方千米面积上的沟谷总长度（千米）为度量单位。沟谷密度的发育和演化过程是地表土壤侵蚀过程的产物，因此沟谷密度是水力侵蚀强度分级的重要指标。在山丘区分析沟谷发育尤为重要，任何级别的沟谷所引起的土壤侵蚀都具有相当强的环境意义，但这些细小沟谷在卫星影像上无法完全识别，限制了土壤侵蚀研究中的沟谷密度分析。因而，沟谷密度分析一般可依靠航片，也可以利用地形图通过 GIS 生成。利用航片分析沟谷密度的方法是，在航片上分析水系类型，并根据不同的密度等级以小流域为单元，选择样区作为确定沟谷密度的样片，在 GIS 软件的支持下，生成以"千米/平方千米"为单位的沟谷密度结果。利用地形图生成沟谷密度的方法是通过 DEM 计算出水系，然后计算沟系总长度。沟谷密度根据《土壤侵蚀分类分级标准》(SL 190—2007)中的划分为 < 1 km/km^2、$1 \sim 2$ km/km^2、$2 \sim 3$ km/km^2、$3 \sim 5$ km/km^2、$5 \sim 7$ km/km^2 和 >7 km/km^2 共 5 级。

DEM 综合反映了地形的基本特征，如坡度、海拔、地貌类型等，这些都是土壤侵蚀程度和强度分析的关键要素。坡度主要用于水力侵蚀类型的面蚀分级，依据《水土保持综合治理 规划通则》(GB/T 15772—2008)，坡度分为 $<3°$、$3° \sim 5°$、$5° \sim 15°$、$15° \sim 25°$、$25° \sim 35°$ 和 $>35°$ 共 6 个等级；海拔反映了基本地势特征，不同的高程带具有不同的环境条件和集中了不同的人类活动，因而具有不同的土壤侵蚀状况，它是冻融侵蚀程度和强度分级的主要指标。地貌类型根据 DEM 分析划分为山地、丘陵、平原等。

根据地形图上的行政划分获得行政界线，利用遥感影像直接获取流域界线。降水指标是根据区域内布设的气象站观测数据建立等值线图，然后插值计算详细数据得到的。其他泥沙、土壤水分、暴雨强度等用于详细计算土壤侵蚀模数的指标可以通过气象站、水文站或现场观测、实验得到。根据水土保持试验研究站(所)代表的土壤侵蚀类型区取得的实测径流泥沙资料进行统计计算及分析，这类资料包括标准径流场的资料，但它只反映坡面上的溅蚀量及细沟侵蚀量，故其数值通常偏小。全坡面大型径流场资料能反映浅沟侵蚀，故比较接近实际。还需要收集各类实验小流域的径流、输沙资料等。这些资料是建立坡面或流域产沙数学模型的基础数据。

(4)模型建立与结果生成

当得到土壤侵蚀各项指标以后，利用土壤侵蚀分类系统、专家经验模型或数理模型等分析计算土壤侵蚀程度和土壤侵蚀强度，生成土壤侵蚀数据库。

在完成土壤侵蚀类型、土壤侵蚀形式、土壤侵蚀程度及强度分级判读后，利用 GIS 软件进行分幅编辑、坐标转换和图幅拼接等，然后在数据库中对其进行系统集成、面积汇总，生成坡度、高程、流域及省的土壤侵蚀类型、土壤侵蚀形式、土壤侵蚀程度和强度图件及数据。

2.3 中国土壤侵蚀类型分区

我国地质地貌及气候特点，构成了各种类型土壤侵蚀发生的基本条件。由于各地自然条件和人为活动不同，形成了许多具有不同特点的土壤侵蚀类型区域。根据我国的地貌特点和自然界某一外营力(如水力、风力等)在较大区域起主导作用的原则，辛树帜等(1982)将全国分为三大土壤侵蚀类型区，即水力侵蚀为主的类型区、风力侵蚀为主的类型区和冻融侵蚀为主的类型区。

2.3.1　以水力侵蚀为主的类型区

依据中国水土流失与生态安全综合科学考察成果(2007)，按照自然环境和水土流失特点，将水力侵蚀类型区分为东北黑土区、北方土石山区、西北黄土区、南方红壤区、西南岩溶石漠化区、北方农牧交错区和长江上游及西南诸河区 7 个片区。

2.3.1.1　东北黑土区

东北黑土区位于我国东北地区的松花江、辽河两大流域中上游，土地面积 $103 \times 10^4 \text{ km}^2$，涉及黑龙江、吉林、辽宁和内蒙古 4 个省(自治区)，是大兴安岭向平原过渡的山前波状起伏台地，我国主要的商品粮生产基地之一。

黑土的有机质含量较高，耕作层疏松，底层黏重，透水性很差，暴雨中耕作层容易饱和，形成"地表径流"。本区的地形特点是坡度较缓(一般 3° ~ 5°)，但坡面较长(一般 800 ~ 1 500 m)，侵蚀沟密度大，加上农民有顺坡耕作的习惯，极易造成水土流失。

黑土区冻融侵蚀与水力侵蚀、重力侵蚀交织在一起，往往表现为水力侵蚀、重力侵蚀的前兆。冻融作用使土壤的抗蚀性减弱，土粒松散。沟蚀地区，冻胀产生的裂隙在春季融雪水的浸润下，使沟沿倒塌，沟壁迅速扩展加速了重力侵蚀。黑土区冻层的存在，起着隔水层的作用，不但使春季融雪水不能下渗，在北部地区冻层甚至可延续至 6 月底至 7 月中旬，7 月为黑土区的主要雨季，使 6 ~ 7 月降雨径流的冲蚀作用加剧。

黑土区侵蚀的土壤多堆积在坡底和库塘中，长距离的输送量不大。黑土层变薄主要发生在 3° 以上坡的上半段，年侵蚀速率在 2 ~ 8 mm；从一个坡面系统来看，坡顶、坡肩、坡背等部位一般为侵蚀地形，而坡麓、坡脚为堆积地形，当然在坡底有的还有冲蚀沟，暴雨径流时也会将一些侵蚀下来的土壤冲向下游。这是东北黑土区土壤侵蚀搬运的重要特征。

水土流失使黑土层逐年变薄，养分下降，沟谷面积扩大，耕地面积减少。在上游林区，由于人口增加，土地大量开垦、盲目发展，水土流失面积不断扩大。由于地面广阔空旷，风力畅行无阻，该区还有一定的风蚀存在。

2.3.1.2　北方土石山区

北方土石山区主要分布在松辽、海河、淮河、黄河四大流域的干流或支流的发源地，共有土石山区面积约 $75 \times 10^4 \text{ km}^2$，其中水土流失(主要是水蚀)面积 $48 \times 10^4 \text{ km}^2$。

本区暴雨集中，山丘高原侵蚀面积大(50% 以上)，高差在 500 ~ 800 m，植被盖度低。地表组成物质石多土少，石厚土薄，岩石出露多结构松散，土壤主要有黄土、棕壤和褐土，结构松散，沙性强，有机质含量低，土层薄(小于 50 cm)。

本区土壤侵蚀类型复杂，水蚀、重力侵蚀和风蚀交错进行，相间分布。侵蚀强度大，每年平均流失土壤厚度 1.0 ~ 3.0 cm。土壤侵蚀的分选性强，即细粒流失，粒径小于 0.5 mm 的细粒损失大，形成山丘侵蚀、平原淤积的现象。

由于土层薄，裸岩多，坡度陡，沟底比降大，暴雨中地表径流量大，流速快，冲刷力和挟运力强，经常形成突发性"山洪"，致使大量泥砂砾石堆积在沟道下游和沟外河床、农地，冲毁村庄，埋压农田，淤塞河道危害十分严重。由于水土流失，坡耕地和荒地中土壤细粒被冲走，剩下粗粒和石砾，造成土质"粗化"，有的甚至岩石裸露，不能利用(石化)。

2.3.1.3 西北黄土区

黄河上中游黄土高原地区，西起日月山，东至太行山，南靠秦岭，北抵阴山，总面积 $64 \times 10^4 \ km^2$，包括青海、甘肃、宁夏、内蒙古、陕西、山西、河南 7 省(自治区)50 个地(市)，水蚀面积约 $45 \times 10^4 \ km^2$。

本区黄土土质疏松，垂直节理发育，地形破碎坡陡沟深，沟谷密度大，降水集中，植被稀少，坡耕地面积大，耕作粗放。

西北黄土区水蚀类型全，面蚀、沟蚀严重，重力侵蚀活跃，全年的土壤侵蚀集中在几场暴雨期间。河流含沙量高，侵蚀输沙十分强烈，一般土壤侵蚀模数为 5 000 ~ 10 000 t/($km^2 \cdot a$)，有的甚至高达 20 000 ~ 30 000 t/($km^2 \cdot a$)。多年平均输入黄河的泥沙量达 $16 \times 10^8 \ t$。水土流失面积之广、强度之大、流失量之多堪称世界之最。该区水土流失最为严重的为多沙区，面积 $21.2 \times 10^4 \ km^2$，多年平均输入黄河的泥沙量为 $14 \times 10^8 \ t$，占黄河总输沙量的 87.5%。其中，多沙粗沙区面积 $7.86 \times 10^4 \ km^2$，多年平均输沙量 $11.82 \times 10^8 t$，占黄河同期总输沙量的 62.8%，粗泥沙输沙量为 $3.19 \times 10^8 \ t$，占同期黄河粗泥沙总量的 72.5%；粗泥沙集中来源区面积约 $1.88 \times 10^4 \ km^2$，年均输入黄河的粗泥沙达 $1.52 \times 10^8 \ t$，对黄河下游的危害最大。

2.3.1.4 南方红壤区

南方红壤区主要分布在长江中下游和珠江中下游以及福建、浙江、海南、台湾等省。红壤总的分布面积约 $200 \times 10^4 \ km^2$，其中丘陵山地约 $100 \times 10^4 \ km^2$，水蚀面积约 $50 \times 10^4 \ km^2$，是我国水土流失程度较高而且分布范围最广的地类。

本区红壤黏粒含量高，渗透及抗蚀性强，以山地丘陵为主体，降水多，暴雨大，径流强，冲刷大，降雨侵蚀力大，该区植被易恢复。

本区潜在侵蚀严重，水蚀和泥石流分布广泛，水土流失面积相对较小，花岗岩及红层紫色岩分布区侵蚀严重，形成"崩岗"这种特殊的流失形态。由于树种单一、经济林下耕作扰动，人工林下侵蚀不容忽视。

南方红壤区水土流失淹没土地，淤积河床水库，造成洪涝、泥石流灾害。该区"八山一水半分田，半分道路和庄园"，山高坡陡，土层浅薄，一般坡耕地上的土层只有几十厘米，按照剧烈侵蚀 1.3 cm/a 的流失速率，在 10 ~ 50 年内，人们赖以生存的土壤资源会流失殆尽，土地将失去生产能力，潜在危险性很大。

2.3.1.5 西南岩溶石漠化区

西南岩溶石漠化地区以贵州高原为中心，分布于贵州、云南、广西、湖南、广东、湖北、四川、重庆 8 省(自治区、直辖市)，总面积 $10.5 \times 10^4 \ km^2$，其中贵州、云南东部、广西考察区石漠化面积 $8.81 \times 10^4 \ km^2$，占石漠化总面积的 83.9%。西南岩溶地区是珠江和流向东南亚诸多国际河流的源头，长江的重要补给区，水土保持的地理位置非常重要。

本区碳酸盐岩出露面积较大（一般为 30%～60%，局地达 80% 以上），气温高，降水多，旱涝交替明显。地势由西向东降低，以高原和熔岩地貌组为主，地形破碎，崎岖不平，坡地比例大，地下河网发育。以红壤、黄壤和石灰土为主，土层薄（20～30 cm），不连续，成土速率慢（形成 1 cm 土壤需 2 500 年以上），植被盖度低。

西南岩溶石漠化区岩溶与机械侵蚀、地上与地下河侵蚀并存，流失强度大大超过成土速率，水土流失与石漠化区域差异显著。

本区石漠化面积大，可利用土地面积缩小，土层减薄，肥力降低，泥沙淤积地下河，秋季干旱，雨季洪涝水旱灾害同时发生。水利工程淤积严重，生物多样性降低，生态环境脆弱。

2.3.1.6　北方农牧交错区

北方农牧交错区包括 76 个县、旗、市，总面积为 43.50×10^4 km²，水土流失总面积为 39.80×10^4 km²。大致可分为西、中、东 3 段。

西段：北界狼山、乌拉山和大青山；西界贺兰山；南界白于山；东界五台山。因此，西段包括了晋西北和晋北地区。自然单元包括呼包平原、鄂尔多斯高原和晋北高原。

中段：南界大青山、大马群山（河北坝缘）；西界狼山；东界大兴安岭；南深入草原百灵庙—供济堂—敦达浩特（正蓝旗）一线。自然单元包括乌兰察布后山地区、锡林郭勒盟浑善达克沙地以南地区、河北坝上地区。

东段：西以大兴安岭、南以冀辽山地为界；北到洮儿河流域；东深入松辽平原西部。

本区降水稀少，风力较强，以高原丘陵为主，气候、土壤和植被过渡性特征明显。沙土、黄土由西向东组成变细，黄土由南向北为零星覆沙黄土、片状覆沙黄土、盖沙黄土和沙土。

本区植被由东北向西南依次分布有森林草原、典型草原和干草原植被类型；历史时期为纯牧业，逐渐过渡到农牧交错，有些地方甚至出现以农为主的土地利用方式。

水力与风力侵蚀共同作用和季节的更替，导致风蚀水蚀交错侵蚀类型由西北向东南，由北向南明显过渡。西北和北部以风蚀为主，水蚀呈斑点状分布；南部以水蚀为主的地区，风蚀风积地貌也很发育，如覆沙黄土区。

水土流失不仅造成表土养分损失，导致土地生产力下降，大量洪水下泄和泥沙在江河下游淤积会造成河道、水库淤积，导致平缓地段的河床抬升，形成"悬河"，直接危及两岸人民生命财产安全。十大孔兑各流域均发源于水土流失严重的砒砂岩区，又流经沙漠，常常是水大沙多，一次洪水输沙模数可达 30 000～40 000 t/km²。风水复合蚀区干旱洪涝灾害严重，土地盐碱化、沙化不断扩大，沙尘暴频繁发生。

2.3.1.7　长江上游及西南诸河区

长江上游及西南诸河区包括长江上游和中国境内的西南诸河（雅鲁藏布江、怒江、澜沧江、元江和伊洛瓦底江），行政区域包括西藏全境、四川全境、重庆全境、云南非喀斯特区域以及贵州、甘肃、陕西和湖北的部分地区。涉及约 513 个县（市、区），其中西藏 73 个县、云南约 100 个县（不含石漠化区域）、贵州 59 个县、四川 180 个县、重庆 40 个县、甘肃 13 个县、陕西 30 个县、湖北 18 个县，总面积 $259.36 \times 10^4 \ km^2$。

长江上游地处我国一级阶地向二级阶地的过渡地带和青藏高原东南的延伸部分，西部和西北部是广大的高原和高山峡谷，东北部为秦巴山地，东南部为云贵高原，中部为四川盆地。地质构造复杂，晚近期新构造活动强烈，断裂带发育，地形起伏大，山高坡陡，岩层破碎，地势高低悬殊。降雨积雪多，侵蚀力强，土壤、植被类型多，分布差异明显，紫色砂岩抗蚀性弱，自然因素对侵蚀影响显著，人为因素如陡坡开荒和工程破坏等活动造成森林毁坏、植被退化，大大加剧了土壤侵蚀。

由于特殊的地质地理环境，复杂的地形地貌格局和气候气象条件，存在导致水土流失和泥石流、滑坡等山地地质灾害易于发生的诸多自然因素。在横断山区深切河谷地带，金沙江下游及嘉陵江上游，由于新构造运动活跃，断裂发育，岩层破碎，谷坡陡峭，加之降水集中，水土流失的一个重要特点是突发性的水土流失灾害泥石流、滑坡分布极为普遍，侵蚀量大，危害严重，损失巨大。

2.3.2 以风力侵蚀为主的类型区

据第一次全国水利普查公报（2010—2012），全国风力侵蚀总面积 $165.59 \times 10^4 \ km^2$，占国土总面积的 17.25%，分布在河北、山西、内蒙古、辽宁、吉林、黑龙江、陕西、甘肃、宁夏、青海、新疆、山东、江西、海南、四川和西藏 16 个省（自治区）。轻度、中度、强度、极强度和剧烈侵蚀的面积分别为 $71.6 \times 10^4 \ km^2$、$21.74 \times 10^4 \ km^2$、$21.82 \times 10^4 \ km^2$、$22.04 \times 10^4 \ km^2$ 和 $28.39 \times 10^4 \ km^2$，分别占风力侵蚀总面积的 43.24%、13.13%、13.18%、13.31% 和 17.14%。

2.3.3 以冻融侵蚀为主的类型区

据第一次水利普查公报（2010—2012），全国冻融侵蚀总面积 $66.096 \times 10^4 \ km^2$，占国土总面积的 6.89%，主要分布在黑龙江、甘肃、内蒙古、青海、四川、云南、西藏和新疆 8 省（自治区）。轻度侵蚀面积 $341\ 845.66 \ km^2$、中度 $188\ 324.10 \ km^2$、强烈 $124\ 216.93 \ km^2$、极强烈 $6\ 462.72 \ km^2$、剧烈 $106.23 \ km^2$，分别占冻融侵蚀总面积的 51.72%、28.49%、18.79%、0.98% 和 0.02%。

思 考 题

1. 土壤侵蚀、水土流失、土壤流失的基本概念是什么？
2. 土壤侵蚀与水土流失、水土保持有何关系？
3. 土壤侵蚀类型主要有哪几种？其特点分别是什么？
4. 中国土壤侵蚀类型分区依据及划分标准是什么？
5. 中国以水力侵蚀为主类型区划分为几个片区？各个片区特点是什么？

推荐阅读书目

土壤侵蚀原理(第 2 版). 张洪江. 中国林业出版社, 2008.

中国水土保持. 唐克丽等. 科学出版社, 2004.

中国水土保持概论. 辛树帜. 农业出版社, 1982.

参考文献

王汉存, 1992. 水土保持原理[M]. 北京：水利电力出版社.

王礼先, 于志民, 2001. 山洪泥石流灾害预报[M]. 北京：中国林业出版社.

王礼先, 1994. 流域管理学[M]. 北京：中国林业出版社.

王礼先, 1995. 水土保持学[M]. 北京：中国林业出版社.

王礼先, 2004. 中国水利百科全书·水土保持分册[M]. 北京：中国水利水电出版社.

吴发启, 2003. 水土保持概论[M]. 北京：中国农业出版社.

伍光和, 田连怒, 2000. 自然地理学[M]. 3 版. 北京：高等教育出版社.

武汉地质学院, 1981. 地貌学与第四纪地质学[M]. 北京：地质出版社.

夏邦栋, 1987. 普通地质学[M]. 北京：地质出版社.

杨景春, 2003. 地貌学教程[M]. 北京：高等教育出版社.

张洪江, 1985. 通用土壤流失方程式综述[J]. 北京林学院学报, 3(3)：5 – 15.

朱显谟, 陈代中, 1989. 中国土壤侵蚀类型及分区图[M]. 北京：科学出版社.

朱显谟, 1958. 有关黄河中游土壤侵蚀区划问题[J]. 土壤通报(1)：15 – 20.

M J 柯克比, R P C 摩根, 1987. 土壤侵蚀[M]. 王礼先, 译. 北京：水利电力出版社.

水利部, 中国科学院, 中国工程院, 2010. 中国水土流失防治与生态安全[M]. 北京：科学出版社.

第 3 章

水土保持调查与规划

【本章提要】本章内容将从水土保持整体性上出发，对水土保持的调查方法、区划依据、规划设计以及水土保持工程项目应当具备的条件进行详细讲解和分析，梳理了本学科所建立的逻辑体系。

3.1 水土保持调查

3.1.1 自然因素调查

3.1.1.1 地质

（1）地层岩性调查

了解规划区内地层的层序、地质时代、厚度、产状、成因类型、岩性岩相特征和接触关系等。

（2）地质构造调查

①了解规划区构造轮廓，经历的构造运动性质和时代，各种构造形迹的特征、主要构造线的展布方向等。

②查明代表性岩体中原生结构面及构造结构面的产状、规模、形态、性质、密度及其切割组合关系，进行岩体结构类型划分。

（3）新构造运动和地震调查

①了解不同构造单元和主要构造断裂带在地质时期以来的活动情况。查明全新活动性断裂的规模、性质、产状，确定全新活动断裂等级。

②分析研究现今活动特征和构造应力场及断层活动规律。

③了解区内历史地震资料和附近地震台站测震资料。

3.1.1.2 地貌地形

（1）地貌调查

①大尺度地貌调查　了解山地、高原、丘陵、平原、盆地、谷地等地形，作为大面积水土保持规划中划分类型区的主要依据之一。

高原：内营力作用使大面积抬升，形成高原（>1 000 m）。

山地：地壳运动上升再经外营力风化、剥蚀，形成山地（>500 m），根据海拔分为低山（500~1 000 m）、中山（1 000~3 500 m）、高山（3 500~5 000 m）、极高山（>5 000 m）。

丘陵：处于山地和平原的过渡带，切割破碎，无明显分异，线沟谷宽阔，坡度缓（<500 m）。

平原：地形平坦，相对高度低，据成因分为山麓平原、冲积平原和滨海平原。

②小尺度地貌调查

沟道：着重了解山顶或原面、坡面、山前冲洪积扇、阶地、河漫滩、河床等。

坡面：了解坡度（表 3-1）、坡长（表 3-2）、坡向、坡型、坡位等。

表 3-1　坡度分级

坡名	平坡	缓坡	中等坡	陡坡	急坡	难利用地
坡度（°）	<3	3~5	5~15	15~25	>25~35	>35

表 3-2　坡长分级

坡名	短坡	中长坡	长坡	超长坡
坡长（m）	<20	20~50	50~100	>100

小流域：了解流域面积、流域长度、流域平均宽度、流域形状系数、流域均匀系数、沟道纵降、沟谷裂度等。

3.1.1.3　气象

（1）降水

①降雨　多年平均降雨量及其分布情况、降雨历时、降雨强度、汛期雨量等。

②降雪　多年平均降雪量及其分布情况、日降雪量等。

③蒸发　年均及最大最小蒸发量、干燥度等。

（2）光照

太阳辐射和日照时数等。

（3）温度

年平均气温、活动积温、无霜期、极端最高最低气温、最热月和最冷月平均气温、日温差等。

（4）风

平均和最大风速、风向、风季等。

（5）气象灾害

旱灾、涝灾、风灾、冻灾等灾害天气出现时间、频率及危险程度等。

3.1.1.4　地面组成物质

地面组成物质包括土壤和成土母质，其抗蚀力大小取决于地面组成物质的物理力学性质及遇水后的变化。地面组成物质的调查内容，主要包括土壤类型、质地、结构特征及分层、母岩风化等。

（1）土壤类型

土壤类型划分的依据有：土壤厚度，剖面特征，土层部位，腐殖质厚度，砾石含量等。

（2）土壤质地

土壤质地是指土壤中大小不同土粒的相对含量，也称机械组成，它是将土壤充分分散后，用筛分法和比重计法测得的。

（3）土壤结构

土壤结构是指土粒的形状、大小及其集合体的发育程度和空间排列组合特征，通常分为粒状、柱状、片状等。

（4）土壤颜色、层次与基岩风化

①土壤颜色　是土壤中的矿物质和化学成分不同而反映出来的色调。

②土壤层次划分　在土壤调查、测量厚度和分析土样时都需要对土壤进行层次划分。从土壤发生学要求出发，一般土壤（自然土壤）有枯枝落叶层（L）、有机质层（O）、矿质层（A、B、C）及基岩母质层（R）。

③基岩风化鉴定　基岩风化受岩性、气候等多因素影响，鉴定方案见表3-3。

表3-3　岩体风化级别特征

级别	类别	主要特征
VI	残积土	具有层次特征的土壤，已失去原岩石结构痕迹
V	完全风化的岩体	岩石已褪色并转化为土壤，但保留原岩石一些结构和构造；可能存有某些岩核或岩核幻影
IV	强风化的岩体	岩石完全褪色、靠近不连续的岩石结构已经转化，约一半岩块已分解或崩解，可用地质锤挖掘；可能有岩核，但互不结合
III	中等风化的岩体	岩石大部分块体已褪色，分解或崩解的岩块不足一半，风化已沿不连续处深入，岩核适中
II	轻度风化的岩体	岩石轻度褪色，尤其近不连续处明显，原岩与新鲜岩比较无明显变化
I	未风化的新鲜岩石	岩石没有褪色，无强度减弱或其他任何风化效应

3.1.1.5　植被

植被包括森林植被、灌木植被、草被，以及林灌草组成的植被和人工植被等。不同的植被及组合对水土流失影响不同，但均通过郁闭度、枯落物厚度（或量）、覆盖度等基本指标来度量（表3-4）。

（1）植被因子测量与调查

①郁闭度　是乔木（含部分灌木）林冠彼此相连而遮蔽地面的程度，它能消减降雨能量并截留部分降雨。

②覆盖度　是指林地、灌木林地、草地和作物地点植物植株枝叶对地面覆盖程度，比郁闭度广泛，适用于各类植被。

③林下地被物　包含枯落物（死地被物）和草本植物（活地被物），它们组成蓄水保土第二个层次。

（2）植被群落因子的测量与调查

①种类　任何一个植被群落都由一定的物种和与其伴生的其他物种组成，它们在群落这个生态系统中占有特定的生态位，发挥不同的生态功能。

表 3-4 植被调查记录表

编 号		位置(或权属)			
立地条件	坡向		坡度		
	坡位		海拔		
土壤	种名		厚度	主要特征	
林分特征	树种组成		优势树种	树龄	
	平均高		平均胸径	平均密度	
	郁闭度		林下覆盖度	枯落物厚	
生长状况					
产量(材积、果品及其他)					
病虫害情况					
经营管理					
其他					

②多度和密度 任何一个植被群落中,某植物种在所查样地内出现的个体数量称为该种植物的多度,若是单位面积上的数量则称为该植物的密度。

③优势度 在植被群落的经营中,优势度是指群落中某种植物的冠层覆盖度、地上部分体积和地上部分重量 3 个指标在植被群落中所占的份额。优势度决定着群落的外貌(林相)。

④频度 是指某种植物中群落内分布的均匀程度。

(3)小流域植被调查

①林种 一般是按林木经营所产生的主要效益(或目的)来划分。可分为如下 5 种:防护林、薪炭林、经济林、用材林和特种林。

②林业用地类型 包括有林地、疏林地、未成林造林地、灌木林地、苗圃地、无林地。

③植被覆盖度及植被作用系数 C

植被覆盖度:一般是指林草地冠层枝叶在地面的投影面积(覆盖)占统计区域总面积的百分比。

植被作用系数 C:是植被保存水土,减弱水蚀作用大小的指标。

3.1.1.6 水文水资源

了解规划区流域汇流面积,径流特征,主要河、湖及其他地表水体(包括湿地、季节性积水洼地)的流量和水位动态,包括最高洪水位和最低枯水位高程及出现日期和持续时间,汛期洪水频率及变幅等。

(1)地表水调查

地表水调查主要对规划区内已有水文站网没有观测到的水量进行调查估算,包括古水文调查。当水文站上游有水工程时，需要对它的耗水量、引出水量、引入水量和蓄水变量进行调查估算，以便将实测径流还原成天然状况。在平原水网区，将定位观测与巡回观测相结合，收集有关流量、水位资料，用分区水量平衡法推测当地径流量。对于没有水文站控制的中小河流，必要时应临时设站观测，取得短期的实测资料。

（2）地下水调查

通过普查，大体了解不同类型地区地下水的储存、补给、径流和排泄条件，划分淡水、咸水的分布范围，掌握包气带岩性和地下水埋深的地区分布情况，为划分地下水计算单元及确定计算方法提供依据。在收集专门性水文地质试验资料的基础上，针对缺测项目或缺资料地区，进行简易的测试和调查分析工作，确定与地下水资源量计算有关的水文地质参数，包括降水入渗补给系数、渠系渗漏补给系数、田间灌溉入渗补给系数、潜水蒸发系数及含水层的给水度和渗透系数等。

（3）水质调查

调查内容包括污染源、地表水质量状况、地下水质量状况和污染事故等。进行水质调查时，首先应该开展污染源调查和环境基本特征（有关的流域自然特征和人类社会经济特征）调查。其次，必须统一方法。在水质调查前，应充分理解调查目的和需要达到的目标，掌握被调查水体的特征，制订调查大纲。正确地确定调查点位、调查频率、调查时间、调查项目。样品的分析测试必须采用国家标准方法或被认定的统一方法。布点采样的原则是要有较好的代表性。调查时要求水质调查、地质调查和水生生物调查同步进行，以便进行资料的分析比较工作。

3.1.1.7 其他资源

（1）矿产资源

对矿产资源的成因、物性、分布、规模、质量、演化规律、开发利用条件、经济价值及其在国民经济、社会公益事业中的地位和作用等方面进行全方位调查。包括矿产资源的类别、储量、品种、质量、分布、开发利用条件等。着重了解煤、铁、铝、铜、石油、天然气等各类矿藏分布范围、蕴藏量、开发情况、矿业开发对当地群众生产生活和水土流失、水土保持的影响与发展前景等。

（2）旅游资源

依照一定标准和程序针对旅游资源开展询问、查勘、实验、绘图、摄影、录像、记录填表等活动。主要调查旅游资源的类型、数量、质量、特点、开发利用条件及其价值等。调查形式包括：概查、普查和详查。概查是在第二手资料分析整理的基础上，进行的一般状况调查。这种方式周期短、收效快，但信息损失量大，容易在进行旅游资源评价时造成偏差。普查，即基于一定的目的，在一定的空间范围内对旅游资源进行详细的、全面的调查。旅游资源的普查是一个耗时长、耗资大、技术水平高的工作。详查，即带有研究目的或规划任务的调查，通常调查范围较小，对重点问题和地段进行专题研究和鉴定，对关键性问题提出规划性建议。目标明确，调查深入。

（3）动物资源

①野生动物　重点调查物种、数量、利用观赏价值等。

②人工饲养动物　重点调查其种类、数量、用途、饲养方式等。

3.1.2　社会经济调查

3.1.2.1　土地利用

（1）土地利用分类

土地资源的利用会随着生产的发展和人们认识的提高发生变化，因而，土地利用分类称为土地利用现状调查分类。土地的自然属性和经济属性是进行土地利用分类的理论基础。我国根据土地利用现状划分为 12 大类（一级）和 57 类（二级），并统一了编码顺序和代表的地类，构成了统一的分类系统。各地可在此分类系统基础上再进行三级、四级分类。

（2）土地利用调查

土地利用调查即通过勘测调查手段，查清各种土地利用分类面积、土地利用状况及其空间分布特点，编制土地利用现状图，了解土地利用存在问题，总结开发利用经验教训，提出合理利用土地的意见，为进行土地利用分类和研究，制订国民经济计划和土地政策，开展国土整治、土地规划，科学管理土地等工作服务。它是一项政策性、科学性、技术性很强的工作。按调查目的、深度和精度，一般分为概查和详查两种。

①调查内容　主要包括：各类用地的自然环境、社会经济条件及其发展演变；各类用地的数量、质量、分布规律和土地利用构成特点；分析土地利用现状特点、存在问题及经验教训，指出开发利用的方向、途径和潜力；土地利用分类和土地利用图编制；调查区域土地总面积及各类用地面积量算等。

②调查工作程序和步骤

准备工作：包括组织、物资、资料和图件、仪器设备等的准备。

外业调查：利用航片或地形图进行外业判读调绘和补测，各级行政界线和各地类界线的实地调绘，填写外业调查原始记录，外业调查成果检查等。

内业整理：包括航片或卫星图像的转绘和各种资料的分析整理，各类土地面积量算与编制各类土地面积统计和土地总面积汇总平衡表。

成果整理：编制土地利用图和编写土地利用现状调查报告（包括有关专题调查报告或局部典型调查报告等）。

土地利用调查对探索土地利用与地理环境的关系及进行自然、社会经济条件综合评价，确定各类用地的比例和调整土地利用结构，合理开发利用土地资源，因地制宜布局生产和安排建设，提高土地利用率和土地生产率等均有重要意义。

（3）土地利用现状调查技术与方法

①常规调查方法　一般采用路线控制调查的方法。

调查路线的选择：要在不产生遗漏的前提下，选择路线最短、时间最省、穿过类型最多、工作量最小的调查线路。

野外填图、填表：按地形底图的编排，分幅作图调查和填图，沿预定路线边调查边观察，勾画行政界和地块界，并着手编号。地块内的土地利用现状、地貌部位、岩石、土壤、坡位、植被和土壤侵蚀情况应基本相同。地块图斑最小面积一般要求不小于1 cm²，小于1 cm²的地块，可并入相邻地块中去，但应单独编写序号，填入调查表，以便统计到相应地类中去。

在地块内作水土保持综合因子调查，并将调查情况填入有关调查表格中去，为减轻外业工作量，可利用已有的地质图、土壤图、植被图等资料来确定或补充修正。

填图填表时，可使用规定的图例、表记符号、编号等。底图上的地形、地物有差错的要修正，没有的要补充，必要时可进行局部补测。

②航片调查方法

预处理：

——航片的检查、整理。

——划分使用面积。每张航片的每侧航向重叠部分的中线和旁向重叠部分的中线所包含的航片面积为使用面积（一般在中线部分通过3~4个同名地物点连成折线构成相连的多边形）。航片的判读和转绘要在使用面积内进行。一般在地形起伏地区应在每张相连航片上勾画出作业面积范围，地形平坦地区则可隔张航片勾画出作业面。作业面积曲线要求离开航片边缘1 cm以上。调绘面积线应尽量避免割裂居民点和其他重要地物，避免与道路、沟渠、管线等地物影像重合。

——结合航片绘制草图。

野外调查，制定航片判读标志：野外概查，点面结合，了解调查区的地形地貌特点、土地利用现状、林草类型和水土流失的类型、分布情况，结合实地与航片对照，熟悉影像特征，制定判读标志。判读要素有：地貌部位、土地利用现状、林草类型、土壤侵蚀类型、强度和程度等。

室内目视判读：采用以目视判读为主、仪器判读为辅的方法，用以解决难以判别的地块。判读顺序是在使用面积范围内，先作总体观察，然后遵循从整体到局部，从明显到模糊，从粗到细，从易到难，从具体到抽象的原则进行。根据航片的影像、形状、大小、色调、阴影、结构来判读其内容，再依土地利用、地貌、植被、水土流失因子等判读标志，按均一性划分地块（土地属性相同），并用天然现状地物（陡坎、河沟等）和其他线状（道路、林网、渠道等）分割完整地面，并填写记载地块的调查因子。

野外验证：实地验证，检查预判成果，修正错误；解决判读中难以确定的问题，进行实地调查；勾画行政管辖界线，修改制订各类判读标志，提高判读正确率。

航片转绘：经过验证，详判修改后的航片，将单张航片使用面积范围内所勾画的地块，逐块转绘到地形图或以照片略图所覆盖的透明模纸上。一般以1:2 500~1:10 000地形图作为转绘基础。转绘方法以目视转绘为主，以明显的地形、地物为绘制点。有条件的可采用光学仪器转绘或其他转绘法。

③样方（标准地）调查

样方选择：采用随机抽样或系统取样。

样方形状：方形或长方形。

样方面积：草本群落1~4 m²，灌木林10~20 m²，乔木林>400 m²。

样方数：根据地块的大小和因子的均一程度自行确定，一般不少于3个。

3.1.2.2 社会经济情况

（1）人口和劳力

① 户数 总户数、农业户数、非农业户数。

② 人口 总人口、男女人口、人口年龄结构、人口密度、出生率、死亡率、人口自然增长率、平均年龄、老龄化指数、抚养指数、城镇人口、农村人口、农村人口中从事农业和非农业的人口等。

③ 劳动力 劳动力结构和劳动力使用情况等。

④ 人口质量 人口的文化素质（文化程度、科技水平、劳动技能、生产经验等）和人口体力等。

人口增加与生态环境承载能力应相互协调；劳动力充足是实施项目的必备条件，人口素质又与实施项目、科技应用及后效益相关。因此，调查人口与劳动数量和结构、人口分布、人口素质、自然增长率等对于水土保持规划十分重要，调查项目见表3-5。

表3-5　人口和劳动力调查

县（市、区）数量	总面积（km²）	人口（万人）		劳动力（万个）		人口密度（人/km²）	
		总计	其中：农村	总计	其中：农村	总计	其中：农村

（2）经济结构与物质技术条件

① 经济结构 包括农村经济收入状况、产业结构等，主要是农村经济总收入、人均纯收入、人均产粮、人均产值，以及燃料、饲料、肥料情况等；农、林、牧、渔、工各业投入产出情况，农业主要是农作物播种面积、总产、单产；林业主要是林种分布、木材及果品产量、投入产出情况；畜牧业主要是畜群结构、饲养情况、年存栏和出栏数量、草地载畜量、投入产出情况；渔业主要是养殖水面、投入产出情况；农村工业企业的投入及产值等（表3-6）。

② 物质技术条件 包括基础设施、经济区位、科技发展前景分析等。

表3-6　农村产业结构与产值

农村各业生产总值（万元）						农村各业产值比例					农业人均年产值（元）	农民年均纯收入（元）	粮食总产量（×10⁴ t）	农业人均粮食产量（kg/人）
小计	农业	林业	牧业	副业	其他	农业	林业	牧业	副业	其他				

（3）社会、经济环境

① 政策环境 国家目前所采取的有关水土保持生态环境建设、资源保护、投资等方面的政策。

②交通环境　规划范围内外的交通条件。

③市场条件　包括市场的远近、规划、产品的需求等。

3.1.3　水土流失及水土保持现状调查

3.1.3.1　水土流失现状调查

着重调查规划范围内不同侵蚀类型及其侵蚀强度在空间上的分布(位置)、范围(面积)及侵蚀特征(含侵蚀量)。

(1)水力侵蚀

表现形式主要有面蚀、沟蚀等,其强度与分级指标见表3-7。

①面蚀　调查坡度、植被覆盖度等,用表3-8确定面蚀强度。

②沟蚀　包括细沟、浅沟、切沟、干沟、河沟等,调查沟谷占坡面面积的百分比、沟壑密度等,可与山洪泥石流合并调查(表3-9)。

表3-7　水蚀强度分级指标

级　别	平均侵蚀模数[t/(km²·a)]	平均侵蚀厚度(mm/a)
微　度	<200, 500, 1 000	<0.15, 0.37, 0.74
轻　度	200, 500, 1 000~2 500	0.15, 0.17, 0.74~1.9
中　度	2 500~5 000	1.9~3.7
强　度	5 000~8 000	3.7~5.9
极强度	8 000~15 000	5.9~11.1
剧　烈	>15 000	>11.1

表3-8　面蚀强度分级指标

地类	林草覆盖度(%)	地面坡度(°)				
		5~8	8~15	15~25	25~35	>35
非耕地	60~75	轻度	轻度	轻度	轻度	强度
	45~60	轻度	轻度	轻度	轻度	强度
	30~45	中度	中度	中度	强度	极强度
	<30	中度	中度	强度	极强度	强烈
坡耕地		轻度	中度			

表3-9　沟蚀强度分级指标

沟谷占坡面面积比(%)	<10	10~25	25~35	35~50	>50
沟谷密度(km/km²)	1~2	2~3	3~5	5~7	>7
强度分级	轻度	中度	强度	极强度	剧烈

(2)风力侵蚀

调查大风日数、风速及起沙风速、沙丘移动速度、非流沙面积百分比、地表形态、沙区水资源、风沙危害与损失等(表3-10)。

表 3-10　风蚀强度分级

级　别	床面形态(地表形态)	植被覆盖度 (非流沙面积,%)	风蚀厚度 (mm/a)	侵蚀模数 [t/(km² · a)]
微　度	固定沙丘,沙地和滩地	>70	<2	<200
轻　度	固定沙丘,半固定沙丘,沙地	70 ~ 50	2 ~ 10	200 ~ 2 500
中　度	半固定沙丘,沙地	50 ~ 30	10 ~ 25	2 500 ~ 5 000
强　度	半固定沙丘,流动沙丘,沙地	30 ~ 10	25 ~ 50	5 000 ~ 8 000
极强度	流动沙丘,沙地	<10	20 ~ 100	8 000 ~ 15 000
剧　烈	大片流动沙丘	<10	>100	>15 000

(3)重力侵蚀

表现形式主要有崩塌、滑坡、泥石流等,强度分级指标见表 3-11。

①崩塌　调查岩性及风化、崩落面植被、崩落量、崩塌面积占坡面面积的百分比、崩塌原因分析等。

②滑坡　调查滑坡形成条件、滑坡形态、滑体组成结构、滑体地面组成物质、地面变形、地下水活动、滑坡规模、滑坡原因等。

③泥石流　调查堆积区和形成区的堆积形态、结构、组成、冲出量、固体物质补给形式、固体物质补给量、浆体容量、泥石流的危害与损失等。

表 3-11　重力侵蚀强度分级指标

崩塌、滑坡、泻溜面积占坡面面积比(%)	<10	10 ~ 15	15 ~ 20	20 ~ 30	>30
强度分级	轻度	中度	强度	极强度	剧烈

(4)冻融侵蚀

调查岩石性质、岩层与节理、水分来源、温度变化、植被状况、危害与损失等,其强度分级指标见表 3-12。

表 3-12　冻融侵蚀强度分级指标

冻融侵蚀面积占总面积比(%)	<5	5 ~ 10	10 ~ 15	15 ~ 20	20 ~ 30	>30
强度分级	微度	轻度	中度	强度	极强度	剧烈

3.1.3.2　水土流失危害调查

水土流失危害生态环境、经济发展和社会进步各个方面。调查着重在于对当地生产力的影响和对下游库坝淤积引发的灾害。

(1)对当地危害调查

水土流失对当地生产的危害主要表现在导致土地生产力降低和破坏地面完整。

①导致土地生产力降低。在水土流失严重的坡耕地和耕种多年的水平梯田田面,分别取土壤进行理化性质分析,并将其结果进行对比,了解由于水土流失使土壤含水量和氮、磷、钾、有机质等含量变低、孔隙度变小、密度增大等情况,同时,相应地调查由于土壤肥力下降增加了干旱威胁、使农作物产量低而不稳等问题。

②破坏地面完整。对侵蚀活跃的沟头,现场调查其近几十年来的年均前进速度,年

均吞蚀土地的面积。用若干年前的航片、卫片，与近年的航片、卫片对照，调查由于沟壑发展使沟壑密度和沟壑面积增加，相应地使可利用的土地减少情况。崩岗破坏地面的调查与此要求相同。

③调查由于上述危害造成当地人民生活贫困、社会经济落后，对农业、工业、商业、交通、教育等各行业带来的不利影响。

（2）对下游危害调查

①泥沙淤积水库、塘坝、农田。调查在规划范围内被淤积水库、塘坝、农田的数量和面积、损失的库容、被淤农田每年损失的粮食产量。

②泥沙淤塞河道、湖泊、港口。河道在若干年前的航运里程与目前航运里程对比（注意指出可能还有其他因素）；调查影响湖泊容量、面积及其对国民经济的影响。

③影响港口深度、停泊船只数量、吨位等调查。

④洪涝灾害。调查没有进行水土保持措施的地区遭受洪水灾害情况。

3.1.3.3 水土流失成因调查

水土流失的发生与发展，离不开自然因素和人为不合理活动两个方面，通常成因调查着重了解土地利用现状、地面覆盖等自然情况和滥垦、滥伐、滥牧及修路、开矿等造成的废土、弃渣情况（表3-13）。

表3-13 水土流失成因调查

主要地形特征	地面组成物质	林草覆盖率（%）	平均气温（℃）	年均降水量（mm）	年均径流深（mm）	人类活动新增水土流失量[t/(km²·a)]	弃土弃渣量（t/a）	备注

（1）自然因素调查

结合规划范围内自然条件的调查，了解地形、降水、地面组成物质、植被等主要自然资源对水土流失的影响。

（2）人为因素调查

以完整的中、小流域为单元，全面系统地调查规划范围内近年来由于开矿、修路、陡坡开荒、滥牧、滥伐等人类活动破坏地貌和植被、新增的水土流失量；结合水文观测资料，分析各流域在大量人为活动破坏以前和以后的洪水泥沙变化情况，加以验证。

3.1.3.4 水土保持调查

（1）现状调查

着重了解规划范围内开始进行水土保持的时间，其中经历的主要发展阶段，各阶段工作的主要特点，整个过程中实际开展治理的时间。

（2）成果调查

①调查各项治理措施的开展面积和保存面积，各类水土保持工程的数量、质量（表3-14）。

表 3-14　水土保持治理措施调查

面积 (×10⁴ km²)		累计治理面积 (×10⁴ hm²)	其中:各项治理面积 (×10⁴ hm²)						拦蓄工程		沟(渠)防护工程		淤地(拦砂)坝		其他工程		治理程度	
总面积	流失面积		基本农田	经济林	水土保持林	种草	封禁治理	其他	数量(座)	工程量(×10⁴ m³)	数量(座)	工程量(×10⁴ m³)	数量(座)	工程量(×10⁴ m³)	数量(座)	工程量(×10⁴ m³)	占总面积比例(%)	占流失面积比例(%)

②在小流域调查中还应了解各项措施与工程的布局是否合理,水土保持治沟骨干工程的分布与作用。

③大面积调查中应了解重点治理小流域的分布和作用。

④各项治理措施和小流域综合治理的基础效益(保水、保土)、经济效益、社会效益和生态效益。

（3）经验调查

①水土保持措施经验　着重了解水土保持各项治理措施如何结合开发、利用水土资源建立商品生产基地,为发展农村市场经济、促进群众脱贫致富奔小康服务的具体做法。其中包括各项治理措施的规划、设计、施工、管理、经营等全程配套的技术经验。

②水土保持领导经验　着重了解如何发动群众、组织群众,如何动员各有关部门和全社会参加水土保持,如何用政策调动干部和群众积极性的具体经验。

（4）存在问题调查

着重了解工作过程中的失误和教训,包括治理方向、治理措施、经营管理等方面工作中存在的问题;同时了解客观上的困难和问题,包括经费困难、物资短缺、人员不足、库坝淤积、改建等问题;今后开展水土保持的意见。根据规划区的客观条件,针对水土保持现状与存在问题,提出开展水土保持的原则意见,供规划工作中参考。

3.2　水土保持区划

水土保持区划是在土壤侵蚀类型区划和自然地理区划的基础上,根据自然条件、社会经济情况、水土流失特点、水土保持现状的区域分异规律,将区域划分为若干个水土保持区,并结合区域社会经济发展特点、区位特征、科技水平,因地制宜地提出不同区域的生产发展方向和水土流失治理要求,以便指导各地科学地开展水土保持工作,做到扬长避短、发挥优势,使水土资源得到充分合理的利用,水土流失得到有效的控制,收到最好的经济、社会和生态效益。

水土保持区划是水土保持的一项重要基础工作,将在相当长的时间内有效指导水土保持规划和水土保持工作,其意义重大而影响深远。

3.2.1 区划原则

(1) 区内相似性和区间差异性原则

水土保持区划在考虑自然地理、气候条件和人类活动特点等关键因素的基础上，综合把握区域自然社会条件、水土流失特点等特征，保持各分区水土保持功能、生产发展方向与防治措施布局基本一致性，突出区内的相似性和区间的差异性。

(2) 主导因素原则

水土保持区划具有人与自然的双重性，区划中不仅要考虑水土流失因素，还要考虑导致水土流失的上层因素的分异规律。水土保持区划的影响因子众多，以主导因素为主要划分因子进行区划，能反映区域水土保持的本质。

(3) 水土保持主导功能原则

水土保持功能主要体现在区域单元内生态环境特点和水土保持设施所发挥或蕴藏的有利于保护水土资源、防灾减灾、改善生态、促进社会经济发展等方面的作用。水土保持主导功能定位是水土保持三级区划分的基础，是确立区域水土保持发展方向的关键。

(4) 区域连续性和行政边界完整性原则

水土保持各个分区必须保持完整、连续，在地域上相邻，在空间上不可重复。考虑到我国水土流失的综合防治与水土资源的开发利用均是在行政区范围内决策和实施，为便于分区成果的应用、管理和后续规划，应注重保持行政边界基本完整。

3.2.2 分级体系

全国水土保持区划采用三级分区体系。

(1) 一级区

为总体格局区，主要用于确定全国水土保持工作战略部署与水土流失防治方略，反映水土资源保护、开发和合理利用的总体格局，体现水土流失的自然条件(地势构造和水热条件)及水土流失成因的区内相对一致性和区间最大差异性。

(2) 二级区

为区域协调区，主要用于确定区域水土保持布局，协调跨流域、跨省份的重大区域性规划目标、任务及重点。反映区域特征优势地貌特征、水土流失特点、植被区带分布特征等的区内相对一致性和区间最大差异性。

(3) 三级区

为基本功能区，主要用于确定水土流失防治途径及技术体系，作为重点项目布局与规划的基础。反映区域水土流失及其防治需求的区内相对一致性和区间最大差异性。

3.2.3 区划指标与方法

3.2.3.1 区划指标

水土保持区划指标包括自然条件、水土流失、土地利用和社会经济等影响因子或要素。依据三级分区体系，我国气候、地貌、水土流失特点以及人类活动规律等特征，在不同级别和同一级别的区划中分别选取共性指标和特征指标。

1）一级区

（1）一级区划分依据与准则

①依据中国地貌区划二级分区和中国气候区划，保持区内地势、地质构造及气候带的相对一致性；②依据《土壤侵蚀分类分级标准》（SL 190—2007）中侵蚀类型区的二级区成果，保持区内侵蚀营力的相对一致性；③保持同分区内优势地面组成物质或岩性的大体一致性；④借鉴和继承全国水土保持规划纲要和全国生态环境建设规划（1998—2050年）中分区成果，依据国民经济社会发展规划纲要，保持区域水土保持发展战略与区域社会经济发展方向的相对一致性。

（2）一级区划分指标

①主导指标包括：地势指标海拔，水热指标≥10℃积温、多年平均降水量；②辅助指标干燥度。

2）二级区

（1）二级区划分依据与准则

①依据中国地貌区划二级分区，以区域特征优势地貌类型单元和若干次要地貌类型为组合，保持区内优势地貌类型基本一致；②依据土壤侵蚀分类分级标准和调查成果，保持区内土壤侵蚀类型及强度的基本一致性；③依据中国植被区划，保持区内植被区带的基本一致性；④依据中国土壤区划和中国气候区划，适当考虑土壤类型和水热条件的一致性。

（2）二级区划分指标

①主导指标：特征优势地貌类型和若干次要地貌类型的组合及海拔，水土流失类型及强度，植被类型；②辅助指标：土壤类型、水热指标≥10℃积温、多年平均降水量。

3）三级区

（1）三级区划分依据与准则

①以区域内特征优势地貌类型单元和若千次要地貌类型为组合，保持区内优势地貌类型基本一致；②根据区域社会经济情况，保持区内社会经济发展方向及土地利用结构的大体致性；③保持区内土壤侵蚀强度和程度的基本一致性；④依据中国土壤区划和中国气候区划，保持区内土壤类型和水热条件的基本一致性。

（2）三级区划分指标

三级区特征指标根据二分区的区域特点选择确定。

①主要主导指标　地貌特征指标（如海拔、相对高差、特征地貌等），社会经济发展状况特征指标（如人口密度、人均纯收入等），土地利用结构特征指标（如耕垦指数、林草覆盖率等），土壤侵蚀强度。

②主要辅助指标　水热指标≥10℃积温、多年平均降水量。

3.2.3.2　区划方法

1）区划工作路线

在明确工作任务和内容的基础上，开展全国水土保持区划方案专题研究，初步建立区划的技术体系。在区划技术体系的指导下，运用 RS、GIS 技术、网络通信技术和统计学方法收集、提取、整理、分析区划基础资料和专题数据，开发数据上报系统，收集各县级行政区基础数据，对获取的数据进行入库，建立全国水土保持区划基础数据库。同时，根据专题研究成果，制定全国水土保持区划导则，构建区划协作平台，通过平台进行专题研究案例分析，完善专题研究成果。依托区划基础数据库和协作平台，根据区划导则，提取区划划分指标并进行分析，结合专家研判和协调结果，确定一级、二级区分区界线，提出分区基本情况表述和防治方略及区域布局，完成全国水土保持一级、二级分区。基于一级、二级分区成果，依据导则，由各流域机构依托协作平台，提取划分指标并进行分析，在征求各省意见的基础上，确定三级区划分界线，以三级区为单元进行水土保持功能定位，提出分区基本情况表述和防治途径，形成三级区区划成果。最后，由水利部水利水电规划设计总院进行成果汇总，形成全国水土保持区划方案。

2) 资料收集

通过水土流失综合调查和分析，联合流域机构、省级水土保持部门开展大范围调研，广泛征求意见，收集相关标准、已有相关区划及分区成果、自然条件、社会经济条件、土地利用状况、水土流失类型及强度、水土保持情况、行政区划情况等，建立全国水土保持区划数据上报系统和区划协作平台，为全国水土保持区划提供数据、信息分析和决策支持。

3) 划分方法

采取自上而下的、定性与定量相结合的分析方法。在定性分析的基础上，采用地理信息系统及统计分析等方法进行分区。区划时以县级行政区为基本单元，特定地理单元为分区基础，适当考虑流域边界、水资源分区界和省界，历史传统沿革，满足县级行政边界完整性的要求，确定分区界线。并参阅全国已有的区划研究成果，结合地域一致性等原则对单纯定量区划的结果进行合理调整。

4) 现状评价

现状评价是在资料收集和调查的基础上，针对该区域的特点，分析评价水土流失的现状与趋势，明确区域主要水土流失问题及其成因，分析该地区水土流失防治工作的历史变迁，突出地区重点问题。

5) 水土保持功能评价

水土保持功能指某一区域内水土保持设施所发挥或蕴藏的有利于保护水土资源、防灾减灾、改善生态、促进社会经济发展等方面的作用，包括基础功能和社会经济功能。水土保持基础功能是指某一区域内水土保持设施在水土流失防治、维护水土资源和提高土地生产力等方面所发挥或蕴藏的直接作用或效能；水土保持社会经济功能是水土保持基础功能的延伸，指某一区域内水土保持设施对社会经济发展起到的间接作用。

水土保持功能评价是以三级区为单元，在调查分析区域自然条件和社会经济条件，水土流失现状特点及水土保持现状的基础上进行，明确区域存在的水土保持基础功能类型与重要性，分析确定主导基础功能；并结合区域发展方向，根据主导基础功能明确区域社会经济功能。水土保持功能评价包括以下内容。

(1) 基础功能评价

包括水源涵养评价、土壤保持评价、蓄水保水评价、防风固沙评价、生态维护评价、防灾减灾评价、农田防护评价、水质维护评价、拦沙减沙评价、人居环境维护评价。

（2）社会经济功能评价

包括生产功能评价和保护功能评价。

①生产功能评价　包括粮食生产、综合农业生产、林业生产和牧业生产。

②保护功能评价　包括城镇道路工矿企业防护、绿洲防护、海岸线防护、河湖源区保护、减少河湖库淤积、水源地保护、自然景观保护、生物多样性保护、河湖沟渠边岸保护、饮水安全保护和土地生产力保护。

（3）水土保持功能评价方法

①水土保持主导基础功能评价　应明确区域各类水土保持基础功能的重要性排序，并依据其重要性确定主导基础功能。

水源涵养：指水土保持设施发挥或蕴藏的调节径流、保护与改善水质的功能。江河湖泊的源头、供水水库上游地区以及国家已划定的水源涵养区是水源涵养功能的重要体现区域，可将林草植被覆盖率和人口密度等作为评价的辅助指标。

土壤保持：指水土保持设施发挥的保持土壤资源，维护和提高土地生产力的功能。山地丘陵综合农业生产区是土壤保持功能的重要体现区域，可将耕垦指数、种植业产值比例（占农业产值）和坡度大于 15°土地面积比例等作为评价的辅助指标。

蓄水保水：指水土保持设施发挥的集蓄利用降水和地表径流以及保持土壤水分的功能。干旱缺水地区及季节性缺水严重地区是蓄水保水功能的重要体现区域，可将降水量、旱地（望天田）面积比例和地面起伏度等作为评价的辅助指标。

防风固沙：指水土保持设施减小风速和控制沙地风蚀的功能。绿洲防护区及风沙区是防风固沙功能的重要体现区域，可将大风日数、植被盖度和中度以上风蚀面积比例等作为评价的辅助指标。

生态维护：指水土保持设施在维护森林、草原、湿地等生态系统功能方面所发挥的作用。森林、草原、湿地是生态维护功能的重要体现区域，可将林草植被覆盖率、人口密度和各类保护区面积比例等作为评价的辅助指标。

防灾减灾：指水土保持设施发挥或蕴藏的减轻山洪、泥石流、滑坡等山地灾害的功能。山洪、泥石流、滑坡易发区及工矿集中区是防灾减灾功能的重要体现区域，可将灾害易发区、危险区面积比例和工矿区面积比例等作为评价的辅助指标。

农田防护：指水土保持设施在平原和绿洲农业区发挥的改善农田小气候，减轻风沙、干旱等自然灾害的功能。平原地区的粮食主产区是农田防护功能的重要体现区域，可将耕地面积等作为评价的辅助指标。

水质维护：指水土保持设施发挥或蕴藏的减轻面源污染，有利于维护水质的功能。河湖水网、饮用水源地周边面源污染较重地区是水质维护功能的重要体现区域，可将农田面积比例和人口密度等作为评价的辅助指标。

拦沙减沙：指水土保持设施发挥的拦截和减少入江（河、湖、库）泥沙的功能。多沙粗砂区及河流输沙量大的地区是拦沙减沙功能的重要体现区域，可将土壤侵蚀模数等作为评价的辅助指标。

人居环境维护：指水土保持设施发挥的维护经济发达区域的城市及周边环境的功能。人均生活水平高的大中型现代化城市是人居环境维护的重要体现区域，可将人口密度、人均收入和城市化率等作为评价的辅助指标。

根据各个基础功能的评价结果，明确区域中处于支配和主导地位的一个或两个功能作为主导基础功能。

基础功能评价过程中指标的选取可根据区域实际情况进行调整，并提出指标分级评分标准。

②社会经济功能评价　应依据主导基础功能评价结果，参考水土保持基础功能与社会经济功能对应关系表（表3-15），提出区域可能存在的社会经济功能，结合区域实际及社会经济发展方向，明确区域具体社会经济功能。

表3-15　水土保持基础功能与社会经济功能对应关系

基础功能	社会经济功能														
	生产				保护										
	粮食生产	综合农业生产	林业生产	牧业生产	城镇道路工矿企业防护	绿洲防护	海岸线防护	河湖源区保护	减少河湖库淤积	水源地保护	自然景观保护	生物多样性保护	河湖沟渠边岸保护	饮水安全保护	土地生产力保护
水源涵养			√	√				√		√	√	√			
防风固沙	√			√	√	√	√				√				√
农田防护	√													√	√
土壤保持	√	√	√	√					√				√		√
蓄水保水	√		√											√	√
生态维护			√	√							√	√			
水质维护										√					√
防灾减灾		√			√				√				√		
拦沙减沙		√		√					√						
人居环境维护													√		

6）分区命名与编码

（1）分区命名原则

命名采用多段式命名法，文字简明扼要；体现区域所处的地理空间位置和优势地貌特征；同级区命名应基本保持一致。

（2）命名规则

①一级区　采用"大尺度区位或自然地理单元＋优势地面组成物质或岩性（大尺度区位或自然地理单元＋地貌类型组合）"的方式命名。例如，东北黑土区（东北山地丘陵区）、北方土石山区（北方山地丘陵区）、西北黄土高原区、北方风沙区（新甘蒙高原盆地区）、南方红壤区（南方山地丘陵区）、西南岩溶区（云贵高原区）、西南紫色土区（四川盆地及周围山地丘陵区）、青藏高原区。

②二级区 采用"区域地理位置(区位、特征地理名称) +优势地貌类型"的方式命名。例如,燕山及辽西山地丘陵区、南岭山地丘陵区。

③三级区 采用"地理位置 +地貌类型 +水土保持主导功能"的方式命名。例如,大兴安岭山地水源生态维护区、晋西北黄土丘陵沟壑拦沙保土区。

(3)分区编码

一级区采用罗马数字;二级区采用罗马数字 – 阿拉伯数字;三级区采用罗马数字 – 阿拉伯数字 – 阿拉伯数字和主导功能符号。例如,Ⅱ – 1 – 10tx. 主导功能符号为水源涵养(h)、土壤保持(t)、蓄水保水(x)、防风固沙(f)、生态维护(w)、农田防护(n)、水质维护(s)、防灾减灾(z)、拦沙减沙(j)、人居环境维护(r)。

3.2.4 区划概况

全国共分为8 个一级区,41 个二级区,117 个三级区。总体划分情况见表3-16。

表3-16 全国水土保持区划基本情况一览

一级区名称	区域面积(×10⁴km²)	占区域总面积比例(%)	水土流失面积(km²)	占水土流失总面积比例(%)	下级区划分情况	涉及省级行政区	涉及县级行政区个数
东北黑土区	10.9	11.5	25.3	8.6	6 个二级区 9 个三级区	黑龙江、吉林、辽宁和内蒙古 4省(自治区)	246 个县(市、区、旗)
北方风沙区	23.9	24.9	142.6	48.4	4 个二级区 12 个三级区	甘肃、内蒙古、河北和新疆 4省(自治区)	145 个县(市、区、旗)
北方土石山区	8.1	8.7	19.0	6.4	6 个二级区 16 个三级区	河北、辽宁、山西、河南、山东、江苏、安徽、北京、天津和内蒙古 10 省(自治区、直辖市)	665 个县(市、区、旗)
西北黄土高原区	5.6	5.9	23.5	8.0	5 个二级区 15 个三级区	山西、陕西、甘肃、青海、内蒙古和宁夏6 省(自治区)	271 个县(市、区、旗)
南方红壤区	12.4	13.5	16.0	5.4	9 个二级区 32 个三级区	江苏、安徽、河南、湖北、浙江、江西、湖南、广西、福建、广东、海南、上海、香港、澳门和台湾15 省(直辖市、自治区、特别行政区)	880 个县(市、区)
西南紫色土区	5.1	5.6	16.2	5.5	3 个二级区 10 个三级区	四川、甘肃、河南、湖北、陕西、湖南和重庆 7 省(直辖市)	256 个县(市、区)
西南岩溶区	7.0	7.4	20.4	6.9	3 个二级区 11 个三级区	四川、贵州、云南、广西 4 省(自治区)	274 个县(市、区)
青藏高原区	21.9	22.5	31.9	10.8	5 个二级区 12 个三级区	西藏、甘肃、青海、四川和云南 5省(自治区)	144 个县(市、区)

3.2.5 区划成果

全国水土保持区划成果见表3-17。

表 3-17 全国水土保持区划成果

一级区代码及名称	二级区代码及名称		三级区代码及名称	
I 东北黑土区（东北山地丘陵区）	I－1	大小兴安岭山地区	I－1－1hw	大兴安岭山地水源涵养生态维护区
			I－1－2wt	小兴安岭山地丘陵生态维护保土区
	I－2	长白山—完达山山地丘陵区	I－2－1wn	三江平原—兴凯湖生态维护农田防护区
			I－2－2hz	长白山山地水源涵养减灾区
			I－2－3st	长白山山地丘陵水质维护保土区
	I－3	东北漫川漫岗区	I－3－1t	东北漫川漫岗区土壤保持区
	I－4	松辽平原风沙区	I－4－1fn	松辽平原防沙农田防护区
	I－5	大兴安岭东南山地丘陵区	I－5－1t	大兴安岭东南低山丘陵区土壤保持
	I－6	呼伦贝尔丘陵平原区	I－6－1fw	呼伦贝尔丘陵平原区防沙生态维护区
II 北方风沙区（新甘蒙高原盆地区）	II－1	内蒙古中部高原丘陵区	II－1－1tw	锡林郭勒高原保土生态维护区
			II－1－2tx	蒙冀丘陵保土蓄水区
			II－1－3tx	阴山北麓山地高原保土蓄水区
	II－2	河西走廊及阿拉善高原区	II－2－1fw	阿拉善高原山地防沙生态维护区
			II－2－2nf	河西走廊农田防护防沙区
	II－3	北疆山地盆地区	II－3－11hw	准噶尔盆地北部水源涵养生态维护区
			II－3－2rn	天山北坡人居环境维护农田防护区
			II－3－3zx	伊犁河谷减灾蓄水区
			II－3－4wf	吐哈盆地生态维护防沙区
	II－4	南疆山地盆地区	II－4－1nh	塔里木盆地北部农田防护水源涵养区
			II－4－2nf	塔里木盆地南部农田防护防沙区
			II－4－3nz	塔里木盆地西部农田防护减灾区
III 北方土石山区（北方山地丘陵区）	III－1	辽宁环渤海山地丘陵区	III－1－1rn	辽宁环平原人居环境维护农田防护区
			III－1－2tj	辽宁西部丘陵保土拦沙区
			III－1－3rz	辽宁东半岛人居环境维护减灾区
	III－2	燕山及辽西山地丘陵区	III－2－1tx	辽西山地丘陵保土蓄水区
			III－2－2hw	燕山山地丘陵水源涵养生态维护区
	III－3	太行山地丘陵区	III－3－1fh	太行山西北部山地丘陵防沙水源涵养
			III－3－1fh	太行山东部山地丘陵水源涵养保土区
			III－3－2ht	太行山西南部山地丘陵保土水源涵养区
	III－4	泰沂及胶东山地丘陵区	III－4－1xt	胶东半岛丘陵蓄水保土区
			III－4－2t	鲁中南低山丘陵土壤保持区
	III－5	华北平原区	III－5－1rn	京津冀城市群人居环境维护农田防护区
			III－5－2w	津冀鲁渤海湾生态维护区
			III－5－3fn	黄泛平原防沙农田防护区
			III－5－4nt	淮北平原岗地农田防护保土区
	III－6	豫西南山地丘陵区	III－6－1tx	豫西黄土丘陵保土蓄水区
			III－6－2th	伏牛山山地丘陵保土水源涵养区
IV 西北黄土高原区	IV－1	宁蒙覆沙黄土丘陵区	IV－1－1xt	阴山山地丘陵蓄水保土区
			IV－1－2tx	鄂乌高原丘陵保土蓄水区
			IV－1－3fw	宁中北丘陵平原防沙生态维护区
	IV－2	晋陕蒙丘陵沟壑区	IV－2－1jt	呼鄂丘陵沟壑拦沙保土区
			IV－2－2jt	晋西北黄土丘陵沟壑拦沙保土区
			IV－2－3jt	陕北黄土丘陵沟壑拦沙保土区
			IV－2－4jf	陕北盖沙丘陵沟壑拦沙防沙区

（续）

一级区代码及名称	二级区代码及名称	三级区代码及名称
	Ⅳ-2 晋陕蒙丘陵沟壑区	Ⅳ-2-5jt 延安中部丘陵沟壑拦沙保土区
	Ⅳ-3 汾渭及晋城丘陵阶地区	Ⅳ-3-1tx 汾河中游丘陵沟壑保土蓄水区
		Ⅳ-3-2tx 晋南丘陵阶地保土蓄水区
Ⅳ 西北黄土高原区		Ⅳ-3-3tx 秦岭北麓—渭河中低山阶地保土蓄水区
	Ⅳ-4 晋陕甘高塬沟壑区	Ⅳ-4-1tx 晋陕甘高塬沟壑保土蓄水区
	Ⅳ-5 甘宁青山地丘陵沟壑区	Ⅳ-5-1xt 宁南陇东丘陵沟壑蓄水保土区
		Ⅳ-5-2xt 陇中丘陵沟壑蓄水保土区
		Ⅳ-5-3xt 青东甘南丘陵沟壑蓄水保土区
	Ⅴ-1 江淮丘陵及下游平原区	Ⅴ-1-1ns 江淮下游平原农田防护水质维护区
		Ⅴ-1-2nt 江淮丘陵岗地农田防护保土区
		Ⅴ-1-3rs 浙沪平原人居环境维护水质维护区
		Ⅴ-1-4sr 太湖丘陵平原水质维护人居环境维护区
		Ⅴ-1-5nr 沿江丘陵岗地农田防护人居环境维护区
	Ⅴ-2 大别山—桐柏山山地丘陵区	Ⅴ-2-1ht 桐柏大别山山地丘陵水源涵养保土区
		Ⅴ-2-2tn 南阳盆地及大洪山丘陵保土农田防护区
	Ⅴ-3 长江中游丘陵平原区	Ⅴ-3-1nr 江汉平原及周边丘陵农田防护人居环境维护区
		Ⅴ-3-2ns 洞庭湖丘陵平原农田防护水质维护区
	Ⅴ-4 江南山地丘陵区	Ⅴ-4-1ws 浙皖低山丘陵生态维护水质维护区
		Ⅴ-4-2rt 浙赣低山丘陵人居环境维护保土区
		Ⅴ-4-3ns 鄱阳湖丘岗平原农田防护水质维护区
		Ⅴ-4-4tw 幕阜山九岭山山地丘陵保土生态维护区
Ⅴ 南方红壤区（南方山地丘陵区）		Ⅴ-4-5t 赣中低山丘陵土壤保持区
		Ⅴ-4-6tr 湘中低山丘陵保土人居环境维护区
		Ⅴ-4-7tw 湘西南山地保土生态维护区
		Ⅴ-4-8t 赣南山地土壤保持区
	Ⅴ-5 浙闽山地丘陵区	Ⅴ-5-1sr 浙东低山岛屿水质维护人居环境维护区
		Ⅴ-5-2tw 浙西南山地保土生态维护区
		Ⅴ-5-3ts 闽东北山地保土水质维护区
		Ⅴ-5-4wz 闽西北山地丘陵生态维护减灾区
		Ⅴ-5-5rs 闽东南沿海丘陵平原人居环境维护水质维护区
		Ⅴ-5-6tw 闽西南山地丘陵保土生态维护区
	Ⅴ-6 南岭山地丘陵区	Ⅴ-6-1ht 南岭山地水源涵养保土区
		Ⅴ-6-2th 岭南山地丘陵保土水源涵养区
		Ⅴ-6-3t 桂中低山丘陵土壤保持区
	Ⅴ-7 华南沿海丘陵台地区	Ⅴ-7-1r 华南沿海丘陵台地人居环境维护区
	Ⅴ-8 海南及南海诸岛丘陵台地区	Ⅴ-8-1r 海南沿海丘陵台地人居环境维护区
		Ⅴ-8-2h 琼中山地水源涵养区
		Ⅴ-8-3w 南海诸岛生态维护区
	Ⅴ-9 台湾山地丘陵区	Ⅴ-9-1zr 台西山地平原减灾人居环境维护区
		Ⅴ-9-2zw 花东山地减灾生态维护区

（续）

一级区代码及名称	二级区代码及名称	三级区代码及名称	
	Ⅵ-1　秦巴山山地区	Ⅵ-1-1st	丹江口水库周边山地丘陵水质维护保土区
		Ⅵ-1-2ht	秦岭南麓水源涵养保土区
		Ⅵ-1-3tz	陇南山地保土减灾区
Ⅵ　西南紫色土区（四川盆地及周围山地丘陵区）		Ⅵ-1-4tw	大巴山山地保土生态维护区
	Ⅵ-2　武陵山山地丘陵区	Ⅵ-2-1ht	鄂渝山地水源涵养保土区
		Ⅵ-2-2ht	湘西北山地低山丘陵水源涵养保土区
	Ⅵ-3　川渝山地丘陵区	Ⅵ-3-1tr	川渝平行岭谷山地保土人居环境维护区
		Ⅵ-3-2tr	四川盆地北中部山地丘陵保土人居环境维护区
		Ⅵ-3-3zw	龙门山峨眉山山地减灾生态维护区
		Ⅵ-3-4t	四川盆地南部中低丘土壤保持区
	Ⅶ-1　滇黔桂山地丘陵区	Ⅶ-1-1t	黔中山地土壤保持区
		Ⅶ-1-2tx	滇黔川高原山地保土蓄水区
		Ⅶ-1-3h	黔桂山地水源涵养区
Ⅶ　西南岩溶区（云贵高原区）		Ⅶ-1-4xt	滇黔桂峰丛洼地蓄水保土区
	Ⅶ-2　滇北及川西南高山峡谷区	Ⅶ-2-1tz	川西南高山峡谷保土减灾区
		Ⅶ-2-2xj	滇北中低山蓄水拦沙区
		Ⅶ-2-3w	滇西北中高山生态维护区
		Ⅶ-2-4tr	滇东高原保土人居环境维护区
	Ⅶ-3　滇西南山地区	Ⅶ-3-1w	滇西中低山宽谷生态维护区
		Ⅶ-3-2tz	滇西南中低山保土减灾区
		Ⅶ-3-3w	滇南中低山宽谷生态维护区
	Ⅷ-1　柴达木盆地及昆仑山北麓高原区	Ⅷ-1-1ht	祁连山山地水源涵养保土区
		Ⅷ-1-2wt	青海湖高原山地生态维护保土区
		Ⅷ-1-3nf	柴达木盆地农田防护防沙区
	Ⅷ-2　若尔盖—江河源高原山地区	Ⅷ-2-1wh	若尔盖高原生态维护水源涵养区
		Ⅷ-2-2wh	三江黄河源山地生态维护水源涵养区
Ⅷ　青藏高原区	Ⅷ-3　羌塘藏西南高原区	Ⅷ-3-1w	羌塘藏北高原生态维护区
		Ⅷ-3-2wf	藏西南高原山地生态维护防沙区
	Ⅷ-4　藏东—川西高山峡谷区	Ⅷ-4-1wh	川西高原高山峡谷生态维护水源涵养区
		Ⅷ-4-2wh	藏东高山峡谷生态维护水源涵养区
	Ⅷ-5　雅鲁藏布河谷及藏南山地区	Ⅷ-5-1w	藏东南高山峡谷生态维护区
		Ⅷ-5-2n	西藏高原中部高山河谷农田防护区
		Ⅷ-5-3w	藏南高原山地生态维护区

注：水土保持基础功能指某一区域内水土保持设施在水土流失防治、维护水土资源和提高土地生产力等方面所发挥或蕴藏的直接作用或效能。水土保持基础功能包括水源涵养、土壤保持（简称保土）、蓄水保水（简称蓄水）、防风固沙（简称防沙）、生态维护、农田防护、水质维护、防灾减灾（简称减灾）、拦沙减沙（简称拦沙）、人居环境维护。

3.3　水土保持规划

3.3.1　水土保持规划定义、类别及作用

3.3.1.1　水土保持规划的定义

根据全国科学技术名词审定委员会公布的定义，水土保持规划（planning of water and soil conservation）指为防止水土流失，保护、改良和合理利用水土资源而制定的专业水利规划或按特定区域和特定时段制定水土保持的总体部署和实施安排。

3.3.1.2　水土保持规划的类别

根据规划的地域大小，可将水土保持规划分为两类，即大面积的战略规划和小面积的实施规划。

大面积的战略规划是以大流域或其主要支流为单元，或以省、地、县为单元，主要任务是在综合考察和水土保持区划基础之上，按不同水土流失类型区分别提出水土资源开发利用方向，确定保持水土的主要措施、治理的重点地区与重点项目，明确开展治理的基本步骤，提出重要技术经济指标，供上级主管部门研究战略决策参考，并指导下属各基层单位编制实施规划。

小面积的实施规划是以小流域或以乡、村为单元，主要任务是根据大面积战略规划提出的方向和要求具体确定农、林、牧业生产用地的比例和位置，布设各项水土保持治理措施，具体安排各项措施的实施程序、逐年进度和所需劳力、经费和物质，并预测可能获得的效益。

3.3.1.3　水土保持规划的作用

水土保持规划是合理开发利用水土资源的主要依据，也是农业生产区划和国土整治规划的重要组成部分。其作用是指导水土保持实践，使控制水土流失和水土保持工作按照自然规律和社会经济规律进行，避免盲目性，达到多快好省的目的，主要体现在以下几个方面：

——调整土地利用结构，合理利用水土资源。

——确定合理的治理措施，有效开展水土保持工作。

——制定改变农业生产结构的实施办法和有效途径。

——合理安排各项治理措施，保证水土保持工作的顺利进行。

——分析和估算水土保持效益，调动群众积极性。

3.3.2　水土保持规划依据、任务、范围及内容

3.3.2.1　水土保持规划依据

（1）法律法规

《中华人民共和国水土保持法》《中华人民共和国水法》《中华人民共和国防洪法》《中

华人民共和国环境保护法》《中华人民共和国农业法》《中华人民共和国土地管理法》《中华人民共和国森林法》《中华人民共和国草原法》《中华人民共和国矿产资源法》及相关法律法规。

（2）国家、部门和地方批复的有关综合规划

国家和地方政府批复的有关水土保持规划，水土保持综合规划的依据是国民经济规划、水利综合规划、生态建设规划等。

（3）近期重要的指导性与区域性的水土保持规划

如《全国生态环境建设规划》《全国水土保持规划纲要》等。

（4）技术规程规范和技术资料

国家、部门、地方政府颁布的有关水土保持技术规程、规范。规划区域土壤、植被、农林牧水等方面的技术资料和成果。例如，《水利工程水利计算规范》（SL 104—2015）、《水利水电工程可行性研究投资估算编制办法》《水利工程设计概（估）算费用构成及计算标准》及《水土保持综合治理 规划通则》（GB/T 15772—2005）、《水土保持综合治理 技术规范》（GB/T 16453.1 ~ 16453.6—2008）、《水土保持综合治理 效益计算方法》（GB/T 15774—2008）。

3.3.2.2　水土保持规划任务与范围

（1）规划任务

首先应明确规划的任务与性质，一般区域性综合规划（国家或大流域、省或中大流域、地、县级）涉及部门多、专业多、协调工作多，需要从多方面、宏观战略上进行规划；专项工程规划相对单一，目标明确，针对性强。若对原有水土保持规划进行修订，则应在原规划进行回顾评价的基础上，根据新的情况和要求重新调整规划任务，并据此加以补充和调整。

规划的主要任务一般可概况为水土流失治理、生态建设、土壤保护、水源保护、耕地保护、农村经济发展等。如东北黑土区水土流失综合规划的主要任务是保护黑土，改善环境，为东北粮食生产提供生态安全保障；西南岩溶地区水土流失综合防治的主要任务是抢救和保护岩溶地区的土壤，保护耕地，改善环境；黄土高原淤地坝工程规划则主要是拦沙造地，防治水土流失；全国水源地饮水安全保障规划中水土保持规划的任务是以保护湖库型水源地为主，减少进入湖库泥沙，控制农村面源污染，以稳定水量和保证水质为核心，滤水汰沙，正本清源，保证向下游输送符合饮用水条件的饮用水。

明确任务后应根据实际需要确定规划期，大区域综合规划可以确定近期水平年和远期水平年两个水平年，并以近期为重点。专项规划可以确定一个水平年或两个水平年，一个水平年也可分期实施。

（2）规划范围

规划任务明确后应选定规划范围（流域或行政区），根据规划要求进行调查统计，分类排序，按先易后难、轻重缓急、集中连片、突出重点、分步实施的原则，确定若干指标，如行政区划、地理位置、流域面积、总人口、农业人口、耕垦指数、森林覆盖率、林草覆盖率、水土流失面积及强度等，并选择确定规划的范围。如东北黑土区水土流失综合规划，划入规划范围的是典型黑土区；全国饮水安全保障规划，则以供水人口达5

万人以上的湖库型水源地作为规划的范围。

3.3.2.3　水土保持规划内容

水土保持规划的内容可归纳为：确定任务，明确性质；调查研究，分析现状；界定范围，明确思路；布设措施，核定数量；估算投资，规划进度。

——开展综合调查和资料的整理分析，研究规划区水土流失状况、成因和规律，确定水土流失类型分区。主要资料调查表见表 3-18 ~ 表 3-20。

表 3-18　规划区自然条件情况

项目	类型区	主要地貌特征	组成地面物质	林草覆盖率（%）	平均气温（℃）	年均降水量（mm）	年均径流深（mm）	≥10℃积温（℃）	无霜期（d）	备注

表 3-19　规划区水土流失现状

项目	类型区	水土流失类型	水土流失总面积（km²）	水土流失面积										流失面积占总面积的百分比（%）	土壤侵蚀模数 $[t/(km^2 \cdot a)]$	水土流失特征
				轻度		中度		强度		极强度		剧烈		计（km²）			
				km²	%	km²	%	km²	%	km²	%	km²	%				

表 3-20　规划区土地利用现状

项目	类型区	土地总面积	农业用地		林地		草地	果园	水域	未利用地		其他用地	备注
			小计	其中：坡耕地	小计	其中：疏幼林				小计	其中：荒山荒坡		

——拟定水土流失防治目标、方向，因地制宜地提出防治措施和数量，估算投资；拟定防治进度，明确近期安排项目。

——预测规划实施后的综合效益，并进行经济评价。

——提出规划实施的组织管理措施。

3.3.3　水土保持规划原则和目标

3.3.3.1　水土保持规划原则

——符合国民经济发展、环境保护、生态建设、水土保持等方面的基本方针和政策，本着"预防为主、保护优先、全面规划、综合防治、因地制宜、突出重点、科学管理、注重效益"的方针，按国家行业有关技术规范和标准进行规划。

——统筹兼顾、协调平衡。水土保持规划既要符合国家和地方水利综合规划及水利专项规划的要求，又要符合国家和地方的国民经济规划、土地利用规划、生态建设规划、环境保护规划等相关的规划。

——区域性经济社会发展和生态安全宏观战略与水土保持生态建设主攻方向相结合，远期目标和近期目标相结合，实事求是，一切从实际出发，按照区域自然规律、社会经济规律，确定水土保持生态建设与生产发展方向。

——因地制宜、分区分类规划，突出重点、整体推进、分步实施，确定逐级分区方案，按类型区分区确定土地利用方向和措施总体部署，合理安排实施进度。

——近期的具体实施区域，应按照预防保护、治理措施、生态修复、监督、治理与开发利用相结合，工程措施、植物措施和农业措施相结合的原则，进行水土保持措施总体布局，以充分发挥水土保持的生态效益、社会效益和经济效益。

3.3.3.2　水土保持规划目标

各类规划因任务和要求不同，规划目标也不尽相同，应本着实事求是、符合实际的原则，首先确定总体目标，然后确定近期目标与远期目标。近期目标应明确生态修复、预防监督、综合治理、监测预报、科技示范与推广等项目的建设规模，提出水土流失治理程度、人为水土流失控制程度、减沙率、林草覆盖度等量化指标。对远期目标进行展望或定性描述。

3.3.4　水土保持规划分区和措施总体布局

全国或大流域(大区域性)、省级宏观水土保持综合规划应合理分区，从战略角度进行水土保持措施部署。全国或大流域(大区域性)、省级专项规划和地、县规划则应在上一级综合规划的指导下制定相对具体的分区和措施总体布局。有关分区问题可参照水土保持区划的成果进行，全国性规划应形成固定分区方案，以便于规划修订。水土保持总体部署(布局)应针对不同水土保持分区的特征，依据"三区"划分的成果，按照水土保持主攻方向，安排生态修复、预防监督、综合治理、水土保持监测、科技示范与推广等措施。省、市、县规划也应在确定的水土保持区划方案基础上进行，在没有区划方案的情况下，可根据实际情况，按照区划的要求和方法进行分区。水土保持规划总体部署(布局)应注意以下几个方面：

——应优先考虑规划范围内涉及重点预防保护区、重点监督区与重点治理区的区域，根据"三区"划分要求进行部署(布局)。如列入重点预防保护区的森林和草原，应以防止破坏林草植被的管理措施和生态修复为主；列入重点监督区的工矿区应以预防监督措施为主；列入重点治理区的严重水土流失区域则应以综合治理措施为主。

——应充分考虑区域社会经济发展、农业生产方向、土地利用规划调整、环境保护要求等，措施部署(布局)应与社会经济环境协调发展方向一致。如沿海发达地区措施部署(布局)应着重发挥绿化美化功能的水土保持植物措施；而西部地区则在治理水土流失的同时，还应考虑促进农村经济发展，提高农民生活水平，措施部署(布局)应着重考虑生态经济型水土保持措施。对老、少、边、穷地区应加强具有促进脱贫致富、发挥经济功能的水土保持措施(经济林果、径流蓄水引用等)。

　　——大区域水土保持规划,应立足当前,放眼未来,加强水源区上游、湖库周边、城镇、工矿区周边的水土保持措施部署(布局),并从生态安全角度考虑,加强面源污染控制措施。

　　——应本着分期实施、突出重点、优先安排的原则,措施部署(布局)上处理好重点与非重点、上游与下游、东部与西部、治理与保护、治理与开发的关系。对已确定的重点实施项目应用具体措施布局。

　　——措施部署(布局)应充分研究已实施项目的布局模式及实施效果,并分区抽取一定数量有代表性的中流域、小流域进行典型调查和剖析,作为措施部署(布局)的依据。

3.3.5　水土保持规划土地利用结构调整

3.3.5.1　土地利用结构调整的原则

　　大区域规划首先应充分运用区域内土地管理部门或农业部门现有的土地利用规划,并对不能满足水土保持要求的部分,加以适当调整和补充后应用于水土保持规划,并努力通过水土保持措施,促进土地利用结构趋于合理。

3.3.5.2　土地利用结构调整的任务

　　——加强基本农田建设,保护耕地,保障粮食安全,为区域经济发展服务。大区域综合规划的土地利用规划与调整应留有足够的耕地面积,并首先考虑坡改梯、淤地坝、引洪漫地、治滩造地、保护性耕作等基本农田建设措施,确保粮食安全。在提高耕地质量的前提下,才能退耕还林还草,才能有发展林业(特别是经济林)、果园、草地的空间,才能做到在建立良好生态环境的同时,促进区域经济发展。

　　——调整不合理土地利用结构,防治水土流失,改善生态环境。土地利用不合理与水土流失及贫困互为因果,对造成水土流失、破坏生态环境的土地利用类型应在规划中进行调整,如陡坡耕地、荒草地、沟壑地、裸露地等应通过水土保持治理措施,改变土地利用方式,消除产生水土流失的根源,防治水土流失,改善其生态环境,并使群众在合理利用土地的基础上脱贫致富。

　　——在涉及大量建设用地的区域,土地利用调整应考虑耕地和植被恢复。在开发建设项目集中的区域,水土保持规划应本着耕地占补平衡原则,将恢复耕地和林草植被的土地面积纳入土地利用规划与调整中。

3.3.5.3　土地利用结构调整的方法

　　①调查分析土地利用现状　在规划范围内收集土地利用规划资料和成果,并抽样进行土地利用现状调查,分析存在问题及产生问题的原因,提出解决设想。

　　②进行土地资源评价　在土地资源普查或详查的基础上,抽样调查评价规划范围内的土地等级,并作为土地利用调整的依据。

　　③确定区域经济发展与生产方向　在当地区域经济发展规划指导下,以市场经济为导向,确定规划经济生产发展方向,并作为土地利用规划与调整的依据。

④调整农、林、牧、工等各业用地 根据以上分析,调整农、林、牧、工各业用地比例,通过水土保持措施部署(布局),使之既符合水土保持的要求,又满足发展生产的需要。

3.3.6 水土保持规划综合防治规划

3.3.6.1 生态修复规划

应在加快基本农田和水利基础设施建设,发展集约高效农牧业,发展沼气和以电代柴,实施生态移民等措施的基础上,实施封山禁牧、轮牧、休牧,改放牧为舍饲养畜等措施。生态修复规划实际是一项复杂的系统工程,规划总体部署(布局)应据此确定相应的原则与目标,并分类型区划定生态修复面积,提出各分区灌木林地、疏幼林地、稀疏草地、荒山裸地、荒疏草地等不同地类的生态修复总体要求和方案。

各类型区分别选1~2条有代表性的小流域进行生态修复典型规划,并提出典型的生态修复配置模式,推算各类型区的措施,汇总后得出规划区的生态修复措施量(表3-21)。

表3-21 生态修复措施规划

项目	类型区	治理面积 ($\times 10^4$ hm^2)	封禁治理措施 ($\times 10^4$ hm^2)				辅助性措施						备注
			灌木林地	疏幼林地	稀疏草地	荒山裸地	沼气池(个)	节柴灶(个)	以电代柴(kW·h/a)	引水灌溉(m^3/a)	生态移民(人)	其他	

3.3.6.2 预防保护与监督管理规划

(1)预防保护规划

确定预防保护的原则与目标,据此划定预防保护的位置、范围与面积。规划制定预防保护采取的技术性与政策性措施,包括制定相关的规章制度、健全管理机构、发布水土保持"三区"公告以及采取封禁管护、监督与监测等措施。

(2)监督管理规划

制定对生产建设项目和其他人为不合理活动实行监督管理,防止人为造成水土流失的目标;确定规划区当前实施监督的区域与项目的名称、位置、范围;提出实现监督管理目标应落实的技术性与政策性措施,包括针对监督区制定的相关规章制度,水土保持方案编报审批、实施和验收;对生产建设项目造成人为水土流失的监督监测与管理措施。

3.3.6.3 治理措施规划

(1)治理措施的总体配置

根据水土保持规划总体部署(布局),在土地利用结构调整规划的基础上,以江河流域为骨干，以县为单位，以小流域为实施单元，分区配置治理措施；各分区分别选 1~2 条有代表性的小流域作典型规划，并提出典型的治理措施配置模式，推算各分区的综合治理措施配置，汇总后得出规划区的治理措施量(表3-22)。

表 3-22 水土流失治理措施规划

项目	类型区	治理面积(×10⁴ hm²)	其中：各项治理面积(×10⁴ hm²)					拦蓄工程		沟(渠)防护工程		淤地(拦沙)坝		其他工程		累计完成治理面积(×10⁴ hm²)	期末达到治理程度(%)
			基本农田	经果林	水土保持林	种草	封禁治理	其他	数量(座)	工程量(×10⁴m³)	数量(座)	工程量(×10⁴m³)	数量(座)	工程量(×10⁴m³)	数量(座)	工程量(×10⁴m³)		

(2)各项治理措施规划体系

①坡耕地治理措施规划 主要包括坡改梯、退耕还林还草和保土耕作规划。

②荒地治理措施规划 主要包括水土保持造林、种草和封禁治理规划(封山育林与封坡育草)。

③沟壑治理措施规划 根据"坡沟兼治"的原则，从沟头到沟口、从支沟到干沟的全面治理规划。主要包括分别提出沟头防护工程、谷坊工程、淤地坝工程(含治沟骨干工程)、沟道整治工程、小水库(含堰塘)工程、崩岗治理、封沟造林(草)规划等。

④风沙区治理规划 北部(东北、西北、华北)风沙区治理区包括沙障、防风固沙林带、农田防护林网、成片造林种草、引水拉沙造田等措施的规划；中部(黄河故道为主)包括造林(果)、淤土压沙和改造沙地、育草固沙等措施的规划；东南沿海风沙区主要为大型防风固沙林带规划。

⑤小型蓄引水工程规划 主要包括坡面小型排引水工程规划、小型蓄水工程规划(水窖、涝池、蓄水池、塘坝等)、引洪漫地工程规划。

3.3.6.4 其他规划

(1)水土保持监测规划

选定监测站点名称、布设数量及分期建设进度；提出水土流失因子观测、水土流失量的测定、水土流失灾害及水土保持效益等监测项目的内容与方法。

(2)科技示范推广规划

选定科技示范工程的类型、名称、位置、数量及分期进度；提出需要进行的重点推广项目及内容。对示范区及示范区内的示范推广项目进行规划，主要包括技术依托单位、科技人员、教育培训、推广应用机制等。

3.3.7 投资估算与经济评价

3.3.7.1 投资估算

根据水利部《水土保持工程概(估)算编制规定和定额》，说明投资估算编制的依据、方法及确定的价格水平年，按规定进行投资估算，并提出资金筹措方案，进行近期投资估算、远期投资估算或暂不估算（表3-23、表3-24）。

表 3-23　总估算　　　　　　　　　　　万元

序号	工程或费用名称	建安工程费	林草措施费		设备费	独立费用	合计
			栽植	种苗			
	第一部分工程措施						
一	梯田措施						
二	谷坊、水窖、蓄水池工程						
三	小型排水、引水工程						
四	治沟骨干工程						
五	设备及安装工程						
	第二部分林草措施						
一	水土保持造林工程						
二	水土保持经果林						
三	水土保持种草工程						
	第三部分封育治理措施						
一	拦护设施						
二	补植（补种）						
	第四部分独立费用						
一	建设管理费						
二	工程建设监理费						
三	科研勘测设计费						
四	水土保持监测费						
五	工程质量监督费						
	第一至第四部分合计						
	基本预备费						
	静态总投资						
	价差预备费						
	工程总投资						

表 3-24　水土保持规划总投资　　　　　　　　　　　万元

规划区	近期							远期							合计
	生态修复	预防监督	综合治理	监测预报	示范推广	其他	小计	生态修复	预防监督	综合治理	监测预报	示范推广	其他	小计	

3.3.7.2 经济评价

经济评价包括效益分析和经济评价。效益分析主要是生态效益、经济效益和社会效益分析；经济评价主要是国民经济初步评价。

3.3.8 进度安排、近期实施意见和组织管理

3.3.8.1 进度安排

汇总各项防治措施的数量，确定进度安排原则，提出近期与远期实施进度。

3.3.8.2 近期实施意见

根据类型区水土流失特点及在生态建设中的重要程度确定实施顺序，对国民经济和生态系统有重大影响的江河中上游地区、重要水源区、重点水土流失区及老、少、边、穷区应优先安排。提出近期重点地区重点项目，主要说明重点地区、重点项目确定的依据，项目的名称、位置及规模、进度安排等。

3.3.8.3 组织管理

①组织领导措施　包括政策、机构、人员、经费等。
②技术保障措施　包括管理、监理、监测、技术培训、新技术研究及推广等。
③投入保障措施　包括资金筹措、筹劳、进度控制等。

3.4 水土保持项目建议书

项目建议书是国家基本建设前期工作程序中的一个重要阶段，是在工程项目规划完成之后、可行性研究报告工作开展之前，前期工作需要进行的一个关键环节。它不仅仅是水土保持工程项目责任单位或建设单位向上级主管部门申请立项的主要技术文件，而且是有关主管部门决定该工程是否立项建设、能否审查批准的重要依据。只有项目建议书被批准后，该水土保持工程项目才能被列入国家中、长期经济发展计划，该水土保持工程项目的前期工程程序也才可以进入下一阶段，即开展可行性研究工作。

3.4.1 水土保持项目建议书的编制依据

编制水土保持工程项目建议书，必须遵循国家基本建设的方针政策和有关规定，贯彻执行国家和水土保持行业及相关行业的法律、法规和技术标准。同时，应根据国民经济和社会发展规划以及地区经济发展计划的总体目标和要求，在已经批准的流域（区域）水土保持规划的基础上，择优选定建设项目，提出工程项目的防治目标、任务，建设规模、地点和建设时间，论证项目建设的必要性，初步分析项目建设的可行性。

3.4.2 水土保持项目建议书的主要内容

对于国家基本建设前期工作程序中规划、项目建议书、可行性研究、初步设计这 4

个阶段来说，项目建议书处于第二个阶段。由于水土保持规划在一定时期内基本保持相对稳定，因此项目建议书阶段实际上处于项目整个前期工作的最初阶段。考虑到工作的实际需要和时效问题，项目建议书的编制深度，要比可行性研究、初步设计的深度浅，内容也相对简单一些。根据水利部颁布的《水土保持工程项目建议书编制规程》（SL 447—2009），项目建议书主要包括以下内容。

3.4.2.1 项目建设的必要性和任务

项目建设的必要性是水土保持工程项目建议书要论述的核心内容。应根据项目所在地区的有关情况、水土保持规划及审批意见，论证水土保持工程项目在地区国民经济和社会发展规划及江河流域水土保持规划中的地位与作用，从而论证项目建设的必要性。同时，要根据项目所在地区的水土流失情况，以及对地区经济和社会造成的危害，地区经济和社会发展对防治水土流失的要求，水土保持工程项目要达到的建设目标以及对地区经济和社会发展将产生的影响，详细论述开展本项目的理由。一般情况下，可从两方面来论述：一是结合国家的方针、政策以及国民经济发展的要求，从宏观上进行分析和论证；二是通过对项目区内群众的贫困状况、水土资源的损失情况、生态环境的恶化情况等因素的分析，论证项目建设的必要性。项目建设的任务取决于本项目的水土保持防治目标。因此，应根据本项目所确定的防治目标，提出项目的建设任务。对分期建设的项目要分别按照确定的分期防治目标，确定项目的分期建设任务和总任务。

3.4.2.2 项目区概况

（1）自然概况

项目区自然概况主要包括地质地貌、水文气象、土壤植被、矿藏资源等。

（2）社会经济状况

社会经济状况主要包括项目区人口、土地利用、群众生活水平、基础设施等情况。

（3）水土流失情况

项目区水土流失情况主要包括流失形式、面积、侵蚀强度和侵蚀量以及造成的危害和产生的原因等。必要时，还可划分出水土流失类型区。

（4）水土保持现状

项目区水土保持现状主要指水土保持工作的开展情况，现有水土保持设施的数量和质量，开展水土保持工作的经验和教训。

3.4.2.3 建设规模及防治措施布局

（1）防治目标

水土流失综合防治目标的确定，是确定项目规模和措施布局的前提。应按照项目所在流域或区域水土保持规划提出的水土保持总体目标和近、中、远期目标，合理确定项目的综合防治目标。在大多数情况下，防治目标并不是单一的，而是由多个目标构成，主要包括水土流失治理程度、水土流失控制量、经济增长幅度、林草覆被度等。

（2）治理措施布局

水土流失治理措施布局主要包括：初步确定项目区水土流失综合治理面积，初选总体布局方案，初步确定不同类型区水土保持治理措施种类及配置。项目区水土流失综合治理面积的确定，主要依据该区域内不合理的土地利用结构面积和水土流失状况。总体布局方案主要指项目区综合治理措施平面配置，不需具体到每一种措施，只需对生物、工程措施进行宏观配置。

（3）预防监督

简述项目区预防监督分区情况，初步确定预防监督的主要任务、主要措施、水土流失监测任务。

3.4.2.4　项目实施及管理

（1）项目实施

在确定实施进度时，应首先拟定施工总进度，然后根据各项措施的任务量和当地的实际情况，初步安排年进度。进度核算的方法主要有 3 种：

①在经费投入有保证的情况下，根据生产需要确定进度。

②根据劳力或资金投入情况确定实施进度。

③按照每年应完成的措施数量所确定的进度，反求每年所需的劳力或资金，并据此进行劳力或资金的准备。

分期建设的项目，对各期或各阶段的任务量及完成的大约时间要在项目建议书中交代清楚。

（2）项目管理

水土保持工程项目涉及的行业多，建设周期长，内外协作配合的环节多，大的项目涉及的地域也较广，众多的部门之间以及各项工作之间都存在着许多需要协调的问题。为了保证项目的顺利实施，在项目建议书阶段，要根据项目建设的规模、资金的构成情况对项目建设的组织管理机构、隶属关系以及机构职能提出初步的设想。

3.4.2.5　投资估算及资金筹措

（1）投资估算

投资估算的编制应说明所采用的价格水平年。价格水平年一般取项目建议书开始编制的年份。投资指标包括工程静态总投资及动态总投资、主要单项措施投资，以及分年度投资。

水土保持工程投资划分为水土保持工程费（含设备费）、临时工程费和其他费用 3 个部分。水土保持工程费及临时工程费用由直接工程费、间接费、计划利润和税金 4 个部分组成。直接工程费指工程施工过程中直接消耗在工程项目上的活劳动和物化劳动，由直接费、其他直接费和现场经费组成。直接费指人工费（基本工资、工资附加费、劳动保护费）、材料费和施工机械使用费（包括基本折旧费、修理费、机上人工费和动力燃料费等）；其他直接费用包括水土保持建设管理费、科研勘测设计咨询费、施工期水土保持监测及工程质量监督费。

在项目建议书阶段，只对主要工程措施进行单价分析，按工程量估算投资，对其他工程措施，可采用类比法估算。其他费用可逐项分别估算，也可进行综合估算。分年度投资估算应根据施工进度中分年度安排的措施量(工作量),依据上述要求进行计算。

在项目建议书阶段,对利用外资的项目或已明确利用外资的项目,必须按照利用外资的要求,开展项目投资估算工作。

(2)资金筹措

由于水土保持工程项目投资具有多渠道的特点,因而在项目建议书中必须说明本项目投资主体的组成以及各种投资主体的投资数量,必要时可附有关提供资金单位的意向性文件。利用国内外贷款的项目,应初拟资本金、贷款额度、贷款来源、贷款年利率以及借款偿还措施。对利用外资的项目,还应说明外资的主要用途及汇率。

3.4.2.6　经济评价

(1)说明采用的价格水平、主要参数及评价准则

经济评价中的价格,一律采用当地社会平均价格,从时间上来讲,一般采用编制项目建议书当年的前半年或前一年的价格水平。国民经济评价参数主要包括社会折现率和计算期。

社会折现率是项目国民经济评价的重要通用参数,各类建设项目的国民经济评价都要采用国家统一规定的社会折现率。社会折现率是项目经济效益的一个基准判据,经计算得出的项目经济内部收益率大于或等于社会折现率,则认为项目的经济效益达到或超过了最低要求;项目的经济内部收益率小于社会折现率则认为项目经济效益没有达到最低要求,项目的经济效益不好。国民经济评价主要准则是项目经济内部收益率大于社会折现率。

计算期是计算总费用和效益的时间范围,包括建设期和运行期。计算期的长短应视工程具体安排而定。

在国民经济评价中还应明确评价基准年,以及工程效益和费用折算的基准点。一般将评价基准年选择在工程开工的第一年,并以该年的年初作为基准点。

(2)费用估算

根据投资估算中所计算的静态总投资,扣除内部转移性支付的资金(如法定利润和税金),则为国民经济评价采用的影子工程投资。

水土保持工程年运行费,主要是指项目完建后运行期间需要支出的经常性费用,包括维护费、管理费及其他有关费用等。因为这些费用是每年直接为该工程服务的,所以也称直接年运行费。年运行费计算如有困难,可根据类似项目实际发生的年运行费占建设期总投资的比例,来确定本项目的各年运行费。

(3)效益估算

水土保持工程项目效益估算主要是对生态效益(含蓄水保土效益)、经济效益和社会效益的有关指标尽量进行量化估算,对不能量化的效益进行初步定性分析。水土保持工程项目的经济效益包括直接经济效益和间接经济效益两类。

水土保持各项措施按确定的经济分析计算期计算出逐年的产出效益。经济计算期是指从开始受益的年份起到年生产维护费用和年产出效益接近或相等而无经营价值的年份的年限,一般可取开始治理的第一年至计算期末年。产出效益可采用由产量推求产值的

方法，产量可在当地进行调查确定，也可通过丰、平、枯等代表年份进行计算确定。

（4）国民经济评价

项目国民经济评价，主要是对国民经济盈利能力的分析，评价指标是经济内部收益率和经济净现值，其中经济内部收益率是项目国民经济评价的最主要指标。

最后应对项目进行综合性评价，即评价项目的实施对技术、经济、社会、政治、资源利用等各方面的目标产生的影响。项目的经济效益往往起决定性的作用，但有时经济效益差的项目，如果其他方面效益好，也应认为是可行项目，这一点，对水土保持项目而言，是十分重要的。

3.5　水土保持可行性研究

水土保持工程项目的可行性研究是在水土保持规划的基础上，对拟建水土保持项目的建设条件进行调查、勘测、分析，并对防治措施进行方案比较等工作，论证建设项目的必要性、技术可行性、经济合理性。它是确定建设项目和编制初步设计的依据。可行性研究的投资估算一经上级主管部门批准，即为控制该建设项目的初步设计概算静态总投资的最高限额，不得随意突破。

3.5.1　水土保持项目可行性研究的依据

上级部门已经批准的项目建议书是可行性研究的基础；同时，国家对水土保持相关的法律、法规、方针、政策，国家对基本建设的要求和规定，水土保持以及相关的技术规程、规范，对项目建设的自然和社会经济条件进行的调查和勘测资料都是水土保持项目可行性研究的重要依据。

3.5.2　水土保持可行性研究的内容

依据水利部颁布的《水土保持工程可行性研究报告编制规程》（SL 448—2009）以及相关规定，水土保持可行性研究主要包括以下内容：综合说明、项目区概况、水土流失及防治现状、项目任务和规模、防治措施、技术支持、组织管理、进度安排、投资估算及资金筹措、经济评价、结论，共 11 项（图 3-1）。

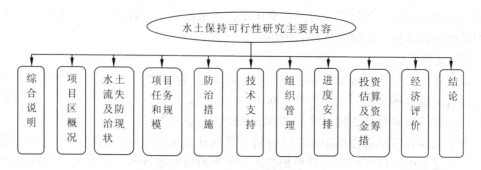

图 3-1　水土保持可行性研究主要内容

3.5.2.1 综合说明

综合说明即项目概述。其内容是扼要地把可行性研究报告的主要内容予以阐明，以便对可行性研究报告有一个总体的了解。本章可以单独成册，作为可研报告的简本，因此其内容要全而精，但不能过细，以免和下文重复。综合说明的主要内容包括：

①简述项目选择的背景。

②简述项目区的地理位置、范围和面积等。

③简述项目区上一级河流(所在区域)的规划成果及可行性研究报告编制的依据和编制的过程。

④简述项目区的自然条件和社会经济状况。

⑤简述项目区水土流失状况，水土保持分区概况，水土保持现状和工作中的主要经验及教训。

⑥简述项目建设的目标、任务和工程规模。

⑦简述水土流失防治措施、作用、布设和数量。

⑧简述工程进度安排、主要工程量、材料、劳力及投资估算、资金筹措。

⑨说明经济评价和综合评价的结论。

⑩提出对下一阶段工作的意见和建议。

3.5.2.2 项目区概况

(1)自然条件

在可行性研究阶段应对项目区的自然条件进行必要的补充调查和勘测，并进行认真的分析。自然条件所叙述的各项内容均应该是和水土流失及其防治措施密切相关的，对水土流失影响大的如地面坡度、土质、植被、降水、风力(风蚀地区)等因素应有翔实的资料。

(2)地貌、地质

——说明项目区内的地貌类型及特点。

——说明项目区的土壤类别、质地及其理化性状、植被状况以及土地和耕地的地面坡度组成。其中，植被状况主要说明天然林、人工林、成林、幼林的面积，主要树种、森林覆盖率、林地郁闭度，天然草地、人工草地面积和质量等。土地和耕地的地面坡度组成一般按<5°、5°~15°、15°~25°、25°~35°、>35° 5个级别分级，根据当地的实际需要，可增加5°~8°或减少>35°级别。

——简述项目区的地质构造、地表岩性、物理地质现象，滑坡、泥石流等现象，并说明其分布状况及成因。

(3)水文、气象

——说明项目区内及邻近地区水文站、气象站和水土保持径流泥沙观测站点的分布和观测的概况。

——说明项目区的风、气温、日照等气象特征。其具体内容为：年均、最高、最低气温，≥10℃积温，干燥度，水面蒸发量，无霜期，年总辐射量，有效辐射量，大风日数，平均风速等。

　　——说明项目区的降水、径流、暴雨、洪水、泥沙等水文特征。降水特征值为：年均、最大、最小降水量，雨季的平均、最大、最小降水量，丰水、平水、枯水年出现的年数和丰枯变幅；径流特征值为：测站实测的年均、最大、最小径流量，雨季的平均、最大、最小径流量以及径流模数等；泥沙特征值为：测站实测的年均、最大、最小含沙量，年均最大、最小输沙量，雨季的平均、最大、最小输沙量以及输沙模数等。

　　——确定项目区主要措施的设计及校核暴雨或洪水的峰量、总量。

　　——说明项目区的水资源量及分布状况，开发利用状况以及国民经济发展和生态建设的供需状况。

　　(4)社会经济条件

　　项目区社会经济条件既是影响水土流失的重要因素，也是水土保持要考虑的重要条件，因此必须认真调查分析。其主要内容包括：

　　①行政区划及劳动力现状　说明项目区所涉及的省(自治区、直辖市)、地(市、盟)、县(市、区、旗)、乡(镇)、村以及项目区人口、自然增长率、劳动力状况等。

　　②土地利用状况　查明项目区土地资源的数量、质量及人均占有量，各业土地利用现状及土地利用中存在的问题。

　　③经济状况　主要包括：

　　——分析项目区农业(包括种植业、林果业、畜牧业、养殖业、工副业等)的生产水平及存在的问题。

　　——分析主要农产品(包括粮食、油料、林产品、果品、畜产品等)的市场需求状况及发展的前景。

　　——分析项目区的农业经济结构及存在的问题。

　　——说明项目区人畜饮水状况，三料(燃料、饲料、肥料)供需状况以及农业总产值及农民收入状况。

　　——简述项目区的交通、供水、供电以及教育等基础设施状况。

　　——简述项目区的土地使用政策及落实状况。

3.5.2.3　水土流失及防治现状

　　在可研阶段必须查明水土流失数量，分析造成水土流失的原因，调查其危害。具体内容为：

　　(1)水土流失现状

　　——查明项目区水土流失的类型、造成水土流失的原因，以及水土流失的面积、流失程度及流失量等。

　　——查明项目区水土流失对当地及项目区外的生态、经济和社会发展造成的直接和间接的危害。

　　(2)防治现状

　　——查明项目区目前所采取的各种防治水土流失的措施，并了解其效果。

　　——分析项目区在水土保持工作中积累的经验以及存在的问题。

3.5.2.4　项目任务和规模

（1）项目建设的目标

——从项目区以及所在地区（河流）的经济建设、生态环境建设和社会发展等方面论述项目建设的必要性和迫切性。

——根据项目区建设的宗旨，结合项目区的具体情况，阐明项目建设的指导思想。

——阐明项目建设期末和工程全面发挥效益时达到的目标。包括水土流失治理目标，生态环境建设目标，农村经济发展目标和其他目标。

（2）水土保持类型区划分

如项目区面积较大，地貌类型、水土流失方式和水土保持措施的差异较大，为便于分类指导，则应将项目区划分为若干水土保持类型区，并分别说明各区的特点和概况。

（3）建设任务和规模

——在治理区内划分出若干小流域治理单元。

——按水土保持类型区分别提出典型小流域治理措施的配置比选方案。

——经过典型小流域的方案比选，基本确定项目各类型区治理措施配置，据此推算出项目区各种治理措施的数量。但骨干坝、治河造田等重点工程的数量应在全治理区内调查确定。

——各类型区分别提出 1~2 个典型小流域设计。

（4）土地利用结构调整

根据当地自然条件、社会经济条件和农村经济发展方向，提出项目区土地利用结构调整方案。

3.5.2.5　防治措施

（1）监督监测方案

监督监测方案分为两个部分：一是预防监督监测方案；二是项目实施和效益监测方案。关于预防监督监测方案，水利部监测中心已有规定。这里只介绍项目实施和效益监测方案。

①措施质量进度监测　应采用逐地块与逐单项工程的监测方法。

②经济与社会效益监测　按两种类型设置：一是典型农户。根据项目区的不同土地类型、农户的经济基础（好、中、差）选出典型农户跟踪监测。每户农民每年填写 1 份调查表，其内容包括农户基本情况，生产、生活固定资产情况，生产投入与产出状况，产品及分配状况，生活消耗，劳力使用情况等。二是典型地块。根据不同土地类型、不同的治理措施和土地利用状况选择典型地块，每年监测该地块的投入与产出，监测方法是实地测算与访问群众相结合。根据典型农户和典型地块监测的数据，推算项目区的经济与社会效益。经济和社会效益还要充分利用国家统计资料。

③生态效益监测　生态效益可监测保水保土效益、土壤理化性质变化等。

保水保土效益监测：监测网点可分 4 个层次：一是利用干支流上设置的水文站，监测流域的水沙变化；二是设置小流域监测站，监测小流域治理前后的水沙变化；三是设置单项措施观测站，监测各种措施的保水保土效益；四是设置或利用原有的雨量站，监测项目区的降雨尤其是暴雨的情况。这样便形成了从降雨到径流泥沙、从单项措施到流域的一整套完善的保水保土监测系统。监测方法按国家规范进行。如项目不大，且实施期较短，则保水保土效益可不进行定点监测，只做些典型调查，其效益可按成因分析法进行计算。

土壤理化性状变化监测：根据项目区地貌类型选出有代表性的监测小区，每个小区按不同的治理措施和未治理的坡耕地、荒坡地设点取样，对治理前后土壤的主要物理化学性状及土壤肥力、含水量等进行定点定时监测。

（2）治理措施设计

典型小流域的治理措施应当进行设计，对于共性多的措施如梯田、造林、种草、果园建设等可做标准设计(定型设计)，骨干坝、淤地坝、蓄水池、抽水站等工程应做单项设计。

3.5.2.6 技术支持

在可研报告中应充分论证项目技术支持的必要性。项目的技术支持包括：

①专题调研 针对项目建设中存在的难点、弱点，选择一批科学研究课题或调查研究的题目进行调研。选题必须是"短、平、快"的急需项目。

②技术推广 应选择一批成果在项目区推广，达到费省效宏的目的。

③技术培训 包括对管理人员和农民的培训。农民培训应以实地操作技术为主。

④技术引进 应选择一批国内外适合项目区应用的先进技术引进应用。

上述技术支持的内容，在可研阶段仅对调研的课题，进行技术引进、培训、推广内容的初步选择，并提出计划。

⑤综合示范区 在不同类型区初步确定几个综合示范区，做出样板进行示范、宣传、推广。

3.5.2.7 组织管理

（1）管理机构

可行性研究报告应提出项目管理的组织形式和机构设置方案。

（2）管理办法

管理办法的内容应包括：

——明确项目法人、治理措施的产权、管护责任等；

——根据实际情况确定招标项目的工程；

——提出项目监理的方案；

——提出项目后评价的时间安排(应在工程完工后 5～10 年内进行)；

——初拟建设期的管理办法，并对运行期的管理提出要求和建议。

3.5.2.8 进度安排

施工条件和施工方法对安排好施工进度起着制约作用，因此安排施工进度必须掌握施工条件，选择好施工方法。

（1）施工条件

——概述交通、水电、道路等条件以及气候、农事活动等因素对施工的影响；

——说明建筑材料、苗木、种子的来源状况；

——说明当地劳动力的技能状况及施工力量。

（2）施工方法

根据条件和各项措施的特点，确定各措施的施工方法。说明施工的各种组织形式。

（3）安排施工进度

根据施工条件和施工方法安排好总工期，并提出分年度实施方案。

3.5.2.9　投资估算及资金筹措

（1）投资估算

投资估算是可行性研究报告的主要组成部分，是控制项目初步设计概算静态总投资的最高限额。鉴于目前尚无全国的估算指标，各省可根据各自的实际情况制定。投资估算应包括如下内容：

——明确投资估算的依据，确定投资估算的方法、采用的估算指标和费用标准；

——分析计算出单位工程造价；

——提出投资主要指标，包括总投资、单位防治面积投资、各项措施单位造价等。

（2）资金筹措

水土保持的建设资金来源，一般包括中央投资、地方匹配和群众自筹等。可研阶段中应和各有关方面联系，提出资金筹措方案。以往有许多项目往往因资金不落实而造成延误工期、质量降低，甚至有的半途而废。因此，筹措资金是搞好项目的重要保证。如果使用贷款，则应提出贷款数额和还贷方案。

3.5.2.10　经济评价

评价项目的优劣主要依据经济评价的结果，因此经济评价对项目建设至关重要。经济评价应在经济效益、生态效益、社会效益分析的基础上进行。

（1）生态效益

生态效益应包括以下内容：

——分析项目的保水保土作用对下游的减沙作用；

——分析项目对改善生态环境的作用。如改善地表径流状况，改善土壤物理化学性质，改善局地小气候，改善动植物生存环境，增加野生动物的数量等。

（2）社会效益和经济效益

社会效益应分析农业经济及土地利用结构的调整，土地利用率、生产率的提高和促进社会进步等效益。

经济效益包括各种措施的产值的提高。

（3）经济评价

经济评价应包括以下内容：

——确定经济评价的依据和方法；

——确定经济分析的主要指标(包括计算期、基准年、贴现率等);

——说明运行费的计算方法和结果;

——估算项目综合经济效益和主要措施的经济效益,其评价主要指标是经济内部收益率和经济净现值;

——设定几种不利条件(如效益比原计划减少,投资比原计划增加等),进行敏感性分析;

——提出国民经济合理性评价结论。

3.5.2.11　结论

综述项目建设、投资估算和经济评价的主要成果,从社会、技术、经济、环境等方面进行全面评价,最后阐述工程项目的综合评价结论。

思 考 题

1. 简述水土保持调查的主要内容。
2. 论述水土保持区划的方法。
3. 简述水土保持规划土地利用结构调整的主要方法。
4. 简述水土保持项目建议书的主要内容。
5. 简述水土保持可行性研究的主要内容。

推荐阅读书目

水土保持学. 王礼先. 中国林业出版社,2005.

水土流失测验与调查. 李智广. 中国水利水电出版社,2005.

水土保持规划学. 吴发启等. 中国林业出版社,2009.

中国水土流失防治与生态安全. 水利部,中国科学院,中国工程院. 科学出版社,2010.

参考文献

王礼先,2005. 水土保持学[M]. 北京:中国林业出版社.

李智广,2005. 水土流失测验与调查[M]. 北京:中国水利水电出版社.

吴发启,等,2009. 水土保持规划学[M]. 北京:中国林业出版社.

王治国,等,2011. 全国水土保持区划分级体系与方法[C]. 中国水保学会 2011 年会论文集.

中华人民共和国水利部,2014. 水土保持规划编制规程:SL 335—2014[S]. 北京:中国水利水电出版社.

张学俭,等,2009. 水土保持规划设计的实践与发展[M]. 北京:中国水利水电出版社.

中华人民共和国水利部,水土保持工程项目建议书编制规程:SL 447—2009[S]. 北京:中国水利水电出版社.

张大全,2001. 水土保持建设项目可行性研究报告的编制[J]. 中国水土保持(9):40-42.

中华人民共和国水利部,2009. 水土保持工程可行性研究报告编制规程:SL 448—2009[S]. 北京:中国水利水电出版社.

解新芳,2001. 水土保持工程项目建议书的主要内容与编制方法[J]. 中国水土保持(8):39-41.

第4章

小流域水土流失综合治理

【本章提要】本章首先概括介绍了小流域水土保持措施配置与设计，然后详细地介绍了水土保持工程措施、水土保持林草措施、水土保持农业措施以及生态清洁流域治理。

4.1 小流域水土流失综合治理措施配置与设计

4.1.1 水土保持措施设计的依据与原则

4.1.1.1 水土保持措施设计的依据

（1）自然与社会经济状况

自然环境条件不仅与水土流失过程有紧密关系，而且与水土保持措施的选择与应用有密切关系。水土保持措施的选择与数量应当与社会经济条件相适应，水土流失治理应当作为社会经济条件改善的基础设施来对待。各种水土保持措施的选择与安排，应当既符合自然环境条件，又满足社会经济条件的支撑与需求，不能脱离实际。

（2）水土流失状况

水土流失现状与流失规律的掌握是水土保持措施安排的基础。首先要明确小流域水土流失的空间分布，水土流失的类型、强度，土壤侵蚀模数，山地灾害的情况等，分析水土流失的自然和人为影响因素，查清落实每一块土地的水土流失类型、强度及程度，结合土地利用方向规划作为地块水土保持措施安排的重要依据。

（3）水土保持规划

水土保持规划是为了防治水土流失，做好国土整治，合理开发利用并保护水土及生物资源，改善生态环境，促进农、林、牧生产和经济发展，根据土壤侵蚀状况、自然和社会经济条件，应用水土保持原理、生态学原理及经济规律，制定的水土保持综合治理开发的总体部署和实施安排。水土保持规划分总体规划与实施规划，对流域水土流失在系统分析的基础上，对土地利用和水土保持措施进行全面安排，是进行水土保持措施设计的重要依据，水土保持措施的布局、配置要在规划的指导下进行安排。

（4）水土保持规范标准

水土保持措施的设计要遵守相关的国家、行业标准及规范。与水土保持措施设计相关的标准规范包括以下部分：

——《水土保持综合治理 技术规范》（GB/T 16453—2008）

——《水土保持工程初步设计报告编制规程》（SL 449—2009）

——《造林技术规程》(GB/T 15776—2016)

——《生态公益林建设　技术规程》(GB/T 18337.3—2001)

——《生态公益林建设　导则》(GB/T 18337.1—2001)

——《生态公益林建设　规划设计通则》(GB/T 18337.2—2001)

——《水土保持工程概(估)算编制规定》(水利部,2003 年)

——《造林作业设计规程》(LY/T 1607—2003)

——《土地开发整理项目规划设计规范》(TD/T 1012—2016)

——《水土保持监测技术规程》(SL 277—2002)

——《土壤侵蚀分级标准》(SL 190—2007)

——《开发建设项目水土保持技术规范》(GB 50433—2018)

——《水土保持综合治理　规划通则》(GB/T 15772—2008)

——《开发建设项目水土流失防治标准》(GB/T 50434—2018)

——《水利水电工程制图标准　水土保持图》(SL 73.6—2015)

(5)可行性研究报告

可行性研究报告对小流域水土流失综合治理工程的规模、数量、投资、主要技术措施、总体布局、治理标准等做出了详细规定,已经批复的可行性研究报告是水土保持措施设计的重要依据。

4.1.1.2　水土保持措施设计的原则

(1)预防为主,保护优先

预防就是对可能产生水土流失的地方实行预防性保护措施。在水土保持措施设计中要针对自然、人为因素可能引起水土流失的地段设置预防性水土保持措施,对土壤、植被的保护要放在措施设计的首位,从而防止新的水土流失产生。

(2)因地制宜,因害设防

我国幅员广大,各地的自然、社会和经济条件千差万别,因此在水土保持措施设计中必须认真研究各地区、各流域的具体情况,在类型区划分及水土保持规划等纲领性文件的指导下,认真研究项目的可行性,针对水土流失的空间分布与重点、治理难点设计不同的治理措施,使之形成多种措施体系,既符合当地的自然环境条件又满足水土流失防治目标的需求。

(3)全面规划,综合治理

水土保持综合治理必须做到工程措施、林草措施、农业技术措施相结合,治坡措施与治沟措施相结合,造林种草与封禁治理相结合,骨干工程与一般工程相结合。在治理工作中,各项措施、各个部位同步进行,或者做到从上游到下游,先坡面后沟道,先支、毛沟后干沟,先易后难,要使各措施相互配合,最大限度地发挥措施体系的防护作用,要做到治理一片,成功一片,受益一片。

(4)尊重自然,恢复生态

在水土保持措施配置中应当遵循"干扰最小原则",能借助自然恢复生态的地段绝不应用人工措施,能用生物措施绝不用工程措施,能用乡土植物种尽量不用外来种,在林草措施应用中遵循"管理最小原则"，尽量恢复与当地自然环境相协调的植物群落，建设景观生态小流域。

(5)长短结合，注重实效

没有经济效益的生态效益，不易被群众理解和接受，也缺乏水土保持事业发展的内在活力；相反，没有生态效益的经济效益，会使水土保持走向急功近利的极端，从而丧失生产后劲，乃至资源也会受到严重破坏。在水土保持措施的选择与配置上，要考虑到流域群众的利益，要考虑不同措施发挥作用的时间期限，进行中长短期搭配，注重每一种措施的实际效益。

(6)经济可行，切合实际

严格按照自然规律和社会经济规律办事，在进行水土保持措施选择时不能脱离当地的社会经济实际情况，在技术上是先进的，在经济上也是合理的，具有实施的技术力量，投资是在当地社会经济承载力允许范围之内。无论是治理措施的布局，还是治理措施选择与治理进度的安排，都应做到各项措施符合设计要求，在规定的期限内可以实施完成，有明显的经济效益、生态效益和社会效益。

4.1.2　水土保持措施设计的内容

4.1.2.1　水土保持措施的主要类型

水土保持措施是指为防治水土流失，保护、改良与合理利用水土资源，在流域水土保持规划基础上所采取的工程措施、林草措施、农业措施的总称。

(1)工程措施

工程措施是指为了防治水土流失危害，保护和合理利用水土资源而修筑的各项工程设施。一般分为三大类，第一类是包括梯田、水平阶、水平沟、鱼鳞坑等治坡工程；第二类是淤地坝、拦砂坝、谷坊、沟头防护等治沟工程；第三类是池塘、滚水坝、水窖、排水系统和灌溉系统等小型水利工程。

(2)林草措施

林草措施是指为防治水土流失，保护与合理利用水土资源，通过人工造林种草、封育、管护等措施，恢复水土流失退化土地上的植被群落数量和改善植被质量，从而达到维护和提高土地生产力、改善生态环境的一种水土保持措施，又称生物措施。林草措施主要包括水土保持林、水土保持经济林(果园)、水土保持种草三大类型。其中，水土保持林又可依据地形地貌部位和防护及生产目的细分为水土保持用材料林、水土保持薪炭林、水土保持护牧林、坡耕地上的等高绿篱、径流泥沙调节林带、侵蚀沟道水土保持林、水源涵养林等；水土保持经济林(果园)主要是指以经济为主要目的的经济林(果园)要兼顾好水土保持，以水土保持为主要目的的水土保持林要适当兼顾经济效益；水土保持种草包括人工种草和人工促进天然草本植物的恢复两种类型。

(3)农业措施

在水蚀或风蚀的农田中，以改变坡面微小地形，增加植被覆盖或增强土壤有机质抗蚀力等方法，保土蓄水，改良土壤，以提高农业生产的技术措施。如等高耕作、等高带状间作、沟垄耕作少耕、免耕等。水土保持农业措施主要包括水土保持耕作措施、水土保持栽培技术措施、土壤培肥技术、旱作农业技术和复合农林业技术等。

4.1.2.2　水土保持措施选择与空间安排

根据小流域水土流失综合治理目标，进行土地利用结构、水土资源合理利用调整，确定水土流失综合治理措施总体布局。林草措施、农业措施与工程措施相结合，形成层层设防、层层拦截的水土保持措施体系，优化土地利用结构，提高水土资源利用效率。在措施的选择上要尽量做到生态与经济兼顾，提升流域经济总产出，有助于增强流域可持续发展能力。

立体配置方面。根据小流域的地貌特征和水土流失规律，由分水岭至沟底分层设置防治体系。如黄土丘陵沟壑区梁峁顶和梁峁坡设置梯田粮果带，沟坡设置灌草生物措施带，沟底设置谷坊、坝库等沟道工程体系。在黄土高原沟壑区的现代侵蚀沟沿线附近，设置沟头防护工程和沟边埂工程，防止沟头延伸和沟岸扩张。

水平配置方面。以居民点为中心，道路为骨架，建立近、中、远环状结构配置模式。村庄房前屋后发展种植、养殖庭院经济和四旁植树。居民点附近建立以水平梯田、水地为主的粮食生产和经济果木开发区。远离居民点的地带建设以乔灌草相结合的生态保护区和燃料、饲料基地。中间地带粮、林、草间作，水土保持防护措施和耕作措施相配合。

在有条件的地方可提出两种以上的不同布局方案，分析其投入、产出，减少水土流失量等指标，用系统工程原理，明确目标函数和约束条件，建立数学模型，电算求解，选出优化的治理措施布局方案。

4.1.2.3　水土保持措施设计要求

以《水土保持综合治理　技术规范》为标准，结合当地的实际情况，具体设计各单项治理措施。面上的治理措施按照本规定的要求或者做出一个标准设计图，总体布置图上有该项措施的图斑，每个图斑在设计时，按照标准设计图的要求进行设计。对于总库容10 000 m³以上的治沟拦洪工程，应有单项工程设计。

4.1.3　水土保持措施设计的方法与步骤

4.1.3.1　设计资料收集与规范标准的熟悉

(1)设计规范标准

首先要了解熟悉水土保持相关的技术标准、规范，结合自然条件、水土流失现状分析，根据不同治理措施，确定措施的设计标准。

(2)图面资料

图面资料是水土流失综合治理工程设计中普遍使用的基本工具，采用近期大比例尺地形图(1:1 000~1:3 000)。此外，还应收集区域内已有的土壤、植被分布图，土地利用现状图，农业、林业区划及规划图，水土保持专项规划图等相关图件。

(3)自然环境

自然环境条件主要包括气象因素、水文因素、土壤因素、地质地貌因素、植被因素等。

（4）流域特征

各地貌单元分布情况，包括流域面积、形状系数、海拔及相对高差、流域平均长度及宽度、沟道比降、沟壑密度、地面坡度、水系、地被物等流域特征。

（5）水土流失状况

水土流失类型，土壤侵蚀模数，年土壤侵蚀量，水土流失面积分布，山地灾害的分布点及影响范围。水土流失对下游的影响，对生态、生活、基础设施的危害。已有的水土流失治理措施的类型、分布、防治效果及其存在的问题。

（6）社会经济状况

行政区划，人口总数，人口密度，人口自然增长率，农业人口，劳动力总数等情况。经济收入来源及收入状况，土地利用结构，粮食产量，道路交通。

4.1.3.2　小流域规划文件分析与水土保持措施配置优化

水土保持措施设计要在水土保持小面积实施规划控制之下进行。小面积实施规划是指小流域或乡、村级的规划，面积几平方千米至几十平方千米。其主要任务是：根据大面积总体规划提出的方向和要求，以及当地农村经济发展实际，合理调整土地利用结构和农村产业结构，具体地确定农林牧生产用地的比例和位置，针对水土流失特点，因地制宜地配置各项水土保持防治措施，提出各项措施的技术要求，分析各项措施所需的劳力、物资和经费，在规划期内安排好治理进度，预测规划实施后的效益，提出保证规划实施的措施。

首先要掌握规划的意图，理解规划的措施体系。要针对总体规划内容，分析规划的特点，对措施的类型、数量、立体与水平布局进行详细分析、仔细核对，分析小流域措施体系布设的合理性与水土流失防治目标之间的关系。在小面积实施规划的指导下，依据实际情况对水土保持措施的布局、措施类型及设计标准进行优化。水土保持措施分析的重点要放在其空间上的布局和对每一项措施、单项工程的设计标准要求。要根据规划的详细程度，对已经做了初步设计的一些措施，可以直接转入详细设计。

4.1.3.3　水土保持措施设计

小流域水土流失综合治理项目初步设计要在认真调查、勘察、试验和研究，取得可靠资料的基础上，经分析、论证、方案比较等，作出结论，并进行设计，对可研阶段报告成果进行复核，按批复文件的要求，对工程设计做补充。

（1）初步设计报告的主要内容

初步设计的主要内容有：①综合说明，即初步设计文件的纲要和结论，全国性大型项目此部分内容应单独成册。②复核项目区的气象、地形、土壤、植被等自然条件。③复核项目任务，确定建设规模，综合治理拦蓄暴雨、排泄洪水、控制水土流失量等标准，防治分区及治理措施布局，分类型区典型设计及不同工程典型设计。④防治工程布置及主要设施。⑤说明施工人力、材料、设备等总布置原则，施工进度安排原则及分期要求，关键措施和路线。⑥确定工程管理范围、办法、管理机构、工程运用及工程监测等。⑦按工程概算编制办法和标准，编制设计概算。⑧复核经济评价，对上阶段成果补充修正。⑨有关附件、附表。

在各类设计文件中均应附工程特性表，参照水利工程技术规范，结合水土保持工程的特点设计特性表，其内容包括工程范围、降雨径流泥沙、设计标准、工程效益、主要工程施工(工程量、材料、所需劳力及设备等)、经济指标等的单位与数量。

(2)治理措施登记表

经过设计的各项治理措施都应该建立登记表。

①登记表类别　按措施类别分为治沟骨干工程登记表、淤地坝登记表、小型蓄排工程登记表、基本农田登记表、植物措施登记表等。

②登记表的内容　包括工程位置、图斑号、措施面积、承包人姓名、开工日期、完工日期、设计的主要指标(设计标准、结构尺寸、投工、投资、主要材料用量等)、检查验收的情况和意见、效益检查的情况和意见等。

③图斑设计　按标准设计完成图斑设计，用登记表表示设计结果即可。需要进行单项设计的工程应在登记表后面附上单项设计资料。重点工程的设计资料应单独成册，作为初步设计报告的附件。

4.1.3.4　水土保持措施设计效果评价

小流域水土流失综合治理是在水土流失综合治理规划的指导下，合理安排工程、林草、农业措施体系，实行山、田、水、林、路综合治理，达到保护和合理利用水土资源，实现经济社会的可持续发展。因此，水土保持措施不仅要适应自然，也要改造自然，在对水土流失规律认识的基础上选择、布设恰当的水土保持措施，从而保障水土保持措施的合理性与高效性。

水土保持措施设计实施效果的评价，主要从小流域措施体系需求、水土资源利用效率、措施的技术经济可行性、措施的替代性效益、小流域生态安全性等方面进行评价。在不同设计方案比对的基础上，选择最适宜的措施及其确定措施的规模、质量、施工方案及其管理方法。

4.2　水土保持工程措施

我国根据兴修目的及其应用条件，将水土保持工程分为以下 4 种类型：①坡面防护工程；②沟道治理工程；③小型水库工程；④山地灌溉工程。

在规划布设小流域综合治理措施时，不仅应当考虑水土保持工程措施与生物措施、农业耕作措施之间的合理配置，而且要求全面分析坡面工程、沟道工程、节水灌溉工程之间的相互联系，工程与生物相结合，实行沟坡兼治、上下游治理相配合的原则。

水土保持工程措施的洪水设计标准根据工程的种类、防护对象的重要性来确定。坡面工程均按 5～10 年一遇 24 h 最大暴雨标准设计。治沟工程及小型蓄水工程防洪标准根据工程种类、工程规模确定。淤地坝、拦砂坝一般按 10～20 年一遇的洪水设计，50～100 年一遇的洪水校核。引洪漫地工程一般按 5～10 年一遇的洪水设计。

　　小流域综合治理是一项系统工程，包括多种措施。随着系统工程的发展，在水土保持工程规划设计中，将会更广泛地应用系统工程理论。另外，为了使水土保持工程的设计与施工现代化，将逐步推广应用计算机辅助设计方法与先进的机械施工设备。

4.2.1　坡面治理工程

　　坡面在山区农业生产中占有重要地位，斜坡又是泥沙和径流的策源地，水土保持要坡沟兼治，而坡面治理是基础。坡面治理工程措施的主要目的是：消除或减缓地面坡度，截断径流流线，削减径流冲刷动力，强化降水就地入渗与拦蓄，保持水土，改善坡耕地生产条件，为作物的稳产、高产和生态环境建设创造条件。坡面治理工程包括坡面固定工程、坡面集水蓄水工程、梯田工程和沟头防护工程等。

4.2.1.1　坡面固定工程

　　（1）坡面固定工程的作用

　　坡面固定工程是指为防止斜坡岩体和土体的运动、保证斜坡稳定而布设的工程措施，包括挡墙、抗滑桩、削坡和反压填土、排水工程、护坡工程、滑动带加固措施、植物固坡措施和落石防护工程等。坡面固定工程在防治滑坡、崩塌和滑塌等块体运动方面起着重要作用，如挡土墙、抗滑桩等能增大坡体的抗滑阻力，排水工程能降低岩土体的含水量，使之保持较大凝聚力和摩擦力等。防止斜坡块体运动，要运用多种工程进行综合治理，才能充分发挥效果。如在有滑坡、崩塌危险地段修建挡墙、抗滑桩等抗滑措施时，配合使用削坡、排水工程等减滑措施，可以达到固定斜坡的目的。

　　（2）坡面固定工程的种类及设计

　　①挡墙　又称挡土墙，可防止崩塌、小规模滑坡及大规模滑坡前缘的再次滑动。抗滑挡墙与一般的挡墙有所不同：一般的挡墙在设计时，只考虑墙后土体的主动土压力，而抗滑挡墙需要考虑滑坡体的推力，滑坡体的推力一般都大于挡墙的主动土压力，如果算出的推力不大，则应与主动土压力大小比较，取其较大值进行设计。按构造挡墙可以分为以下几类：重力式、半重力式、悬臂式、扶壁式、支垛式、棚架扶壁式、框架式和锚杆挡墙等。这里仅介绍重力式。

　　重力式挡墙可防止滑坡和崩塌，适用于坡脚较坚固、允许承载力较大、抗滑稳定较好的情况。它是依靠其自重来抵挡滑坡体的推力而保持稳定的，作用于墙背上的土压力所引起的倾覆力矩完全靠墙身自重产生的抗倾覆力矩来平衡，因而墙身必须做成厚而重的实体才能保证其稳定，墙身的断面也就比较大。由于重力式挡墙具有结构简单、施工方便、能够就地取材等优点，因此在工程中应用较广。

　　②抗滑桩　是穿过滑坡体插入稳定地基内的桩柱，它凭借桩与周围岩石的共同作用，把滑坡推力传入稳定地层，来阻止滑坡的滑动。使用抗滑桩，土方量小、省工省料、施工方便且工期短，是广泛采用的一种抗滑措施。

　　③削坡和反压填土　削坡主要用于防止中小规模的土质滑坡和岩质斜坡崩塌。削坡可以减缓坡度，减小削坡体体积，从而减小下滑力。滑坡可分为主滑部分和阻滑部分。主滑部分一般是滑坡体的后部，它产生下滑力；阻滑部分是滑坡前端的支撑部分，它产

生抗滑阻力。所以削坡的对象是主滑部分，如果对阻滑部分进行削坡反而有利于滑坡。当高而陡的岩质斜坡受节理裂隙切割，比较破碎，有可能崩塌坠石时，可消除危岩，削缓坡顶部。当斜坡高度较大时，削坡常分级留出平台。反压填土是在滑坡体前面的阻滑部分堆土加载，以增加抗滑力。填土可筑成抗滑土堤，土要分层夯实，外露坡面应干砌片石或种植草皮，堤内侧要修渗沟，土堤和老土间修隔渗层，填土时不能堵住原来的地下水出口，要先做好地下水引排工程。

④排水工程　可减免地表水和地下水对坡体稳定性的不利影响，一方面能提高现有条件下坡体的稳定性；另一方面允许坡度增加而不降低坡体稳定性。排水工程包括排除地表水工程和排除地下水工程。排除地表水工程的作用，一是拦截危害斜坡以外的地表水；二是防止危害斜坡内的地表水大量渗入，并尽快汇集排走。排除地下水工程的作用是排除和截断渗透水，包括渗沟、明暗沟、排水孔、排水洞、截水墙等。

⑤护坡工程　为防止崩塌，可在坡面修筑护坡工程时加固。护坡工程是一种防护性工程措施，即修筑护坡工程必须以边坡稳定为前提，而以防止坡面侵蚀、风化和局部崩塌为目的，若坡体本身不能保持稳定，就需要削坡或改修挡土墙等支挡工程。常见的护坡工程有：干砌片石和混凝土砌块护坡、浆砌片石和混凝土护坡、格状框条护坡、喷浆或喷混凝土护坡、锚固护坡等。

⑥滑动带加固措施　防治沿软弱夹层的滑坡，加固滑动带是一项有效措施，即采用机械或物理化学方法，提高滑动带强度，防止软弱夹层进一步恶化。加固方法有灌浆法、石灰加固法和焙烧法等。灌浆法按使用浆液材料可分为普通灌浆法和化学灌浆法。普通灌浆法采用由水泥、黏土、膨润土、煤灰粉等普通材料制成的浆液，用机械方法灌浆。灌注水泥砂浆的作用在于从裂隙中置换水分，将水泥浆灌入，固结并形成块体间的稳定骨架。水泥灌浆法对黏土、细砂和粉砂土中的滑坡特别有效。也可以使用爆破灌浆法，即钻孔至滑动面，在孔内用炸药爆破，以增大滑动带和滑床岩土体的裂隙度，然后填入混凝土，或借助一定的压力把浆液灌入裂缝。这种方法对于地下水是滑坡移动的主要诱因、滑面近于直线且下伏坚硬基岩的滑坡效果较好。施工中有关炸药的用量和放置部位较难确定。所以，此种方法有待试验，摸索取得经验后才能应用。化学灌浆法采用由各种高分子化学材料配制的浆液，借助一定的压力把浆液灌入钻孔。一般说来软弱夹层、断裂带和裂隙中常为细颗粒的土粒岩屑等物质充填，因其孔隙小，用水泥等材料灌浆不易吸浆，难以达到充填固结滑带物质的效果。在这种情况下，应用化学灌浆法不仅可以固结滑带物质，改善其物理特性，还能充满细微的裂隙，达到既可提高滑带物质的强度，又可以防渗阻水的效果。由于普通灌浆法需要爆破或开挖清除软弱滑动带，所以化学灌浆法比较省工。

⑦植物固坡措施　植被能防止径流对坡面的冲刷，并能在一定程度上防止崩塌和小规模滑坡。植树造林对于渗水严重的塑性滑坡或浅层滑坡是一个有效的方法。对深层滑坡只能部分减少地表水渗入到坡面之下，间接地有助于滑坡的稳定。

植物固坡措施包括坡面防护林、坡面种草和坡面生物工程综合措施。

坡面防护林对控制坡面面蚀、细沟状侵蚀及浅层块体运动起着重要作用。深根性和浅根性树种结合的乔灌木混交林，对防止浅层块体运动有一定效果。

坡面种草可提高坡面抗蚀能力，减小径流流速，增加入渗，防止面蚀和细沟状侵蚀，也有助于防止块体运动。坡面种草方法有：播种法、覆盖草垫法、植饼法和坑植法等。

坡面生物—工程综合措施，即在布置有拦挡工程的坡面或工程措施间隙种植植被，例如，在挡土墙、木框墙、石笼墙、铁丝链墙、格栅和格式护墙上加以植物措施，可以增加这些挡墙的强度。

⑧落石防护工程 悬崖和陡坡上的危石会对坡下的交通设施、房屋建筑及人身安全产生很大威胁。常用的落石防治工程有：防落石棚、挡墙加拦石栅、囊式栅栏、利用树木的落石网和金属网覆盖等。

在崩塌落石地段常采用的遮挡建筑物有明洞、板式落石棚和悬臂落石棚。修建落石棚，将铁路和公路遮盖起来是防治崩塌落石最可靠的办法之一。落石棚可用混凝土和钢材制成。

在挡墙上设置拦石栅是经常采用的一种方法。囊式栅栏即防止落石坠入线路的金属网。在距落石发生源不远处，如果落石能量不大，可利用树木设置铁丝网，其效果很好，可将 1 t 左右块石拦住。

在特殊需要的地方，可将坡面覆盖上金属网或合成纤维网，以防石块崩落。

斜坡上很大的孤石有可能滚下时，应立即清除，如果清除有困难，可用混凝土固定或用粗螺栓锚固。

除了上述 8 种固坡工程之外，护岸工程、拦砂坝、淤地坝也能起到固定斜坡的作用，如在滑坡区的下游沟道修拦砂坝，可以压埋坡脚。这些工程将在后面的章节介绍。

4.2.1.2　梯田工程

梯田是山区、丘陵区常见的一种基本农田，它是由于地块顺坡按等高线排列呈阶梯状而得名。在我国，梯田一般主要指水平梯田。各地对水平梯田有不同的名称，如陕西把山区、丘陵区陡坡上修的水平梯田叫梯田，把塬区、川地区缓坡上修的梯田叫墕地；在我国南方，有的把坡上种水稻的梯田叫梯田，而把种旱作物的梯田叫梯土或梯地。虽然名称和形式不同，但本质都是把具有不同坡度的地面修成具有不同宽度和高度的水平台阶。25°以下的坡地一般可修成梯田，25°以上的则应退耕植树种草。

（1）梯田的作用

梯田是基本的水土保持工程措施，对于改变地形、减少水土流失。改良土壤、增加产量、改善生产条件和生态环境等都有很大作用。

（2）梯田的分类

①按修筑的断面形式分类 可分为水平梯田、坡式梯田、反坡梯田、隔坡梯田和波浪式梯田等类型。水平梯田田面呈水平，在缓坡地上修成较大面积的水平梯田又称墕地或条田，适于种植水稻、其他大田作物、果树等。坡式梯田是顺坡向每隔一定间距沿等高线修筑地埂而成的梯田。依靠逐年耕翻、径流冲淤并加高地埂，田面坡度逐年变缓，终至水平梯田。坡式梯田也是一种过渡的形式。反坡梯田田面微向内侧倾斜，反坡角度一般为 1°~3°，能增加田面蓄水量，并使暴雨产生的过多的径流由梯田内侧安全排走。

适于栽植旱作与果树。干旱地区造林所修的反坡梯田，一般宽仅 1 ~ 2 m。隔坡梯田是相邻两水平阶台之间隔一段斜坡的梯田，从斜坡流失的水土可拦截流于水平阶台，有利于农作物的生长；斜坡段则种植草、经济林或林粮间作。一般 25° 以下的坡地上修隔坡梯田可作为水平梯田的过渡。波浪式梯田是在缓坡地上修筑的断面呈波浪式的梯田，又名软埝或宽埂梯田。一般是在小于 7° ~ 10° 的缓坡上，每隔一定距离沿等高线方向修建软埝和截水沟，两软埝和截水沟之间保持原来坡面。软埝有水平和倾斜两种：水平软埝能拦蓄全部径流，适于较干旱地区；倾斜软埝能将径流由截水沟安全排出，适于较湿润的地区。软埝的边坡平缓，可种植作物。两软埝和截水沟之间的距离较宽、面积较大，便于农业机械化耕作。波浪式梯田在美国最多，其次是前苏联，澳大利亚等国也较多。

②按田坎建筑材料分类　可分为土坎梯田、石坎梯田、植物坎梯田。黄土高原地区，土层深厚，年降水量少，主要修筑土坎梯田；土石山区，石多土薄，降水量多，主要修筑石坎梯田；陕北黄土丘陵地区，地面广阔平缓，人口稀少，则采用灌木、牧草为田坎的植物坎梯田。

③按土地利用方向分类　可分为农田梯田、水稻梯田、果园梯田和林木梯田等。

④按灌溉方法分类　可分为旱地梯田和灌溉梯田。

⑤按施工方法分类　可分为人工梯田和机修梯田。

（3）梯田的规划

梯田由于施工方法不同，规划的要求也有差别，其中有些要求如耕作区规划、道路规划、田块规划等，人工修筑梯田与机械修筑梯田基本一致。有些要求如施工方案和进度规划等，则是机修梯田特有的，诸如此类问题，在规划中应该认真分析，慎重进行方案比较，确定合理的方案。

①耕作区规划　必须以一个经济单位（镇或乡或村）的农业生产、环境评价、水土保持等全面规划为基础，根据农、林、牧各业发展需要，合理利用土地的要求，分析确定农、林、牧各业生产的用地比例和具体位置，选出其中坡度较缓、土质较好、距村较近、水源和交通条件比较好，有利于实现机械化和水利化的地方，建设高产稳产基本农田，然后根据地形条件，划分耕作区。

在塬川缓坡地区，一般以道路、渠道为骨干划分耕作区，在丘陵陡坡地区，一般按自然地形，以一面坡或峁、梁为单位划分耕作区，每个耕作区面积，一般以 50 ~ 100 亩*为宜。

如果耕作区规划在坡地下部，其上部是林地、牧场或荒坡，有暴雨径流下泄时，应在耕作区上缘开挖截水沟，拦截上部来水，并引入蓄水池或在适当地方排入沟壑，保证耕作区不受冲刷。

②田块规划　地块规划在每一个耕作区内，根据地面坡度、坡向等因素，进行具体的田块规划。一般应掌握以下几点要求：

田块的平面形状，应基本顺等高线呈长条形、带状布设。一般情况下，应避免梯田施工时远距离运送土方。当坡面有浅沟等复杂地形时，田块布设必须注意"大弯就势，

＊　1 亩 = 1/15 hm²。

小弯取直"，不强求一律顺等高线，以免把田面的纵向修成"S"形，不利于机械耕作。如果田块的地形有自流灌溉条件，则应在田面纵向保留 1/300 ~ 1/500 的比降，以利行水，在特殊情况下，比降可适当加大，但不应大于 1/200。

田块长度规划，有条件的地方可采用 300 ~ 400 m，一般是 150 ~ 200 m，在此范围内，田块越长，机耕时转弯掉头次数越少，工效越高，如有地形限制，田块长度最好不要小于 100 m。

在耕作区和田块规划中，如有不同镇、乡的插花地，必须进行协商和调整，便于施工和耕作。

③梯田附属建筑物规划　梯田规划过程中，对于附属建筑物的规划十分重视。附属建筑物规划的合理与否，直接影响到梯田建设的速度、质量、安全和生产效益。梯田附属建筑物规划的内容，主要包括以下 3 个方面：

坡面蓄水设施的规划：梯田区的坡面蓄水设施的规划内容，包括"引、蓄、灌、排"的坑、凼、池、塘、埝等缓流附属工程。规划时既要做到各设施之间的紧密结合，又要做到与梯田建设的紧密结合。规划程序上可按"蓄引结合，蓄水为灌，灌余后排"的原则，根据各台梯田的布置情况，由高台到低台逐台规划，做到地(田)地有沟，沟沟有凼，分台拦沉，就地利用。其拦蓄量，可按拦蓄区内 5 ~ 10 年一遇的一次最大降雨量的全部径流量加全年土壤可蚀总量为设计依据。

梯田区的道路规划：山区道路规划的总体要求，一是要保证机械化耕作的机具顺利地进入每一个耕作区和每一个田块；二是必须有一定的防冲设施，以保证路面完整与畅通，保证不因路面径流而冲毁农田。

丘陵陡坡区的道路规划，重点在于解决机械上山问题，西北黄土丘陵沟壑区的地形特点是，上部多为 40°~ 60° 的荒陡坡，下部多为 15°~ 30° 的坡耕地，沟道底部比降较小。因此，机械上山的道路，也应分为上、下两部分。下部一般顺沟布设，道路比降大体接近或稍大于沟底比降；上部道路，一般应在坡面上呈"S"形盘绕而上。道路的宽度、主干线路基宽度不能小于 4.5 m，转弯半径不小于 15 m，路面坡度不要大于 10%（即水平距离 100 m，高差下降或上升 10 m）。个别短距离的路面坡度也不能超过 15%。田间生产路可结合梯田埝坎修建。

塬、川缓坡地区的道路规划，由于塬、川地区地面广阔平缓，耕作区的划分主要以道路为骨干划定，若田块布设基本顺等高线，横坡道路的方向，也应基本顺等高线。通过道路布设划分耕作区时，应根据地面等高线的走向，每一耕作区的平面形状，可以是正方形或矩形，也可以是扇形。山区道路还应该考虑路面的防冲措施。

灌溉排水设施的规划：梯田建设不仅控制了坡面水土流失，而且为农业进一步发展创造了良好的生态环境，并导致农田熟制和宜种作物的改进，提高梯田效益。在梯田规划的同时必须结合梯田区的灌溉排水设施规划。梯田区灌溉排水设施的规划原则，一方面要根据整个水利建设的情况，把一个完整的灌溉系统所包括的水源和引水建筑、输水配水系统、田间渠道系统、排水泄水系统等工程全面规划布置；另一方面，由于梯田多分布在干旱缺水的斜坡或山洪汇流的冲沟(古代侵蚀沟道)地带，常处于干旱或洪涝的威胁，因此，梯田区排灌设施规划的另一个原则，就是要充分体现拦蓄和利用当地雨水的原则，围绕梯田建设，合理布设蓄水灌溉和排洪防冲，以及梯田的改良工程。

灌排设施的重点，在坡地梯田区以突出蓄水灌溉为主，结合坡面蓄水拦沙工程的规划，根据坡地梯田面积和水源(当地降水径流)情况，布设池、塘、埝、库等蓄水和渠系工程。冲沟梯田区，不仅要考虑灌溉用水，而且排洪和排涝设施也十分重要。冲沟梯田区的排洪渠系布设可与灌溉渠道相结合，平日输水灌溉，雨日排涝防冲。

(4)梯田的断面设计

梯田断面设计的基本任务是确定在不同条件下梯田的最优断面。所谓"最优"断面，就是同时达到3个方面的要求：一是要适应机耕和灌溉要求；二是要保证安全和稳定；三是要最大限度地省工。

最优断面的关键是确定适当的田面宽度和埝坎坡度，由于各地的具体条件不同，最优的田面宽度和埝坎坡度也不相同，但是要考虑"最优"的原则和原理是相同的。

梯田的断面要素如图4-1所示。

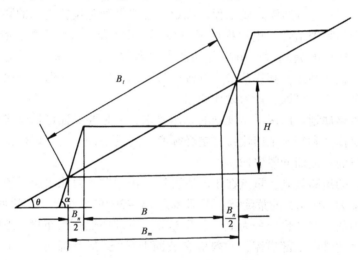

图4-1　梯田断面要素

θ 为地面坡度(°)；H 为埝坎高度(m)；α 为埝坎坡度(°)；B 为田面净宽(m)；
B_n 为埝坎占地(m)；B_m 为田面毛宽(m)；B_l 为田面斜宽(m)

一般根据土质和地面坡度选定田坎高和侧坡(田坎边坡)，然后计算田面宽度，也可根据地面坡度、机耕和灌溉需要先定田面宽，然后计算田坎高。从图4-1可以看出，田面越宽，耕作越方便，但田坎越高，挖(填)土方量越大，用工越多，田坎也不易稳定。在黄土丘陵区一般田面宽以30 m左右为宜，缓坡上部宽些，陡坡上部窄些，最窄不要小于8 m；田坎以1.5～3 m为宜，缓坡上部低些，陡坡上部高些，最高不要超过4 m。

各要素之间的具体计算方法如下：

田面毛宽(m)：　　　　　　　$B_m = H \cdot \arctan \theta$　　　　　　　　(4-1)

埝坎占地(m)：　　　　　　　$B_n = H \cdot \arctan \alpha$　　　　　　　　(4-2)

田面净宽(m)：　　$B = B_m - B_n = H(\arctan \theta - \arctan \alpha)$　　　　(4-3)

埝坎高度(m)：　　　　　　$H = \dfrac{B}{\arctan \theta - \arctan \alpha}$　　　　　　(4-4)

田面斜宽(m)：
$$B_l = \frac{H}{\sin\theta} \tag{4-5}$$

从上述关系式中可以看出，埂坎高度 H 是根据田面净宽 B、埂坎坡度 α 和地面坡度 θ 3 个数值计算而得。其余 3 个要素：田面毛宽 B_m、埂坎占地 B_n、田面斜宽 B_l 都可根据 H、α、θ 3 个数值计算而得。对于一个具体地块来说，地面坡度 θ 是个常数，因此，田面净宽 B 和埂坎坡度 α 是地面要素中起决定作用的因素。在梯田断面计算中，主要研究这两个因素。

①梯田田面宽度的设计　梯田最优断面的关键是最优的田面宽度，所谓"最优"田面宽度，就必须是保证适应机耕和灌溉条件下，田面宽度为最小。

残塬、缓坡地区：根据不同地形和坡度条件，在不同地区分别采用不同的田面宽度。

在实现梯田化以后，可以采用较大型拖拉机及配套农具耕作。实践证明，当拖拉机带悬挂农具时，掉头转弯所需最小直径为 7~8 m；当拖拉机牵引农具时，掉头转弯需最小直径 12~13 m。一般拖拉机翻地时，把 25~30 m 宽的田面作为一个耕作小区。因此，无论从机械或灌溉的要求来看，太宽的田面没有必要，一般以 30 m 左右为宜。

丘陵陡坡地区：一般坡度 10°~30°，目前很少实现机耕，根据实践经验，一般采用小型农机进行耕作，这种农具在 8~10 m 宽的田面上就能自由地掉头转弯，这一宽度无论对于畦灌还是喷灌都可以满足，因此，在陡坡地(25°)修梯田时，其田面宽度不应小于 8 m。

总之，田面宽度设计，既要有原则性，又要有灵活性。原则性就是必须在适应机耕和灌溉的同时，最大限度地省工。灵活性就是在保证这一原则的前提下，根据具体条件，确定适当的宽度，不能只根据某一具体宽度，一成不变。

②埂坎外坡的设计　梯田埂坎外坡的基本要求是，在一定的土质和坎高条件下，要保证埂坎的安全稳定，并尽可能少占农地、少用工。

在一定的土质和坎高条件下，埂坎外坡越缓，则安全稳定性越好，但是它的占地和每亩修筑用工量也就越大。反之，如埂坎外坡较陡，则占地和每亩修筑用工量也较小，但是安全稳定性就较差。既要安全稳定，又要少占地、少用工，就是"最优断面"设计对埂坎外坡的要求。要做到这一点，必须进行埂坎稳定的力学分析。

根据土力学原理，梯田埂坎能否稳定，主要受 6 个方面因素的影响：梯田埂坎坡度 α(°)、埂坎高度 H(m)、土壤的内聚力 C、土壤的内摩擦角 φ、土壤的湿容重 ν(g/cm³) 和田面的外部荷载。

4.2.1.3　沟头防护工程

沟头防护工程是指在沟头兴建的拦蓄或排除坡面暴雨径流，保护村庄、道路和沟头上部土地资源的一种工程措施。其主要作用是防止坡面径流由沟头进入沟道或使之有控制地进入沟道，从而制止沟头前进、沟底下切和沟岸扩张，并拦蓄坡面径流泥沙，提供生产和人畜用水。

沟头侵蚀对工农业生产危害很大，主要表现为 3 个方面：造成大量土壤流失，沟头集水面积小而侵蚀量大，崩塌、滑坡的疏松土体和沟床下切，是沟蚀的主要泥沙源，大大增加沟道输沙量；毁坏农田沟头延伸和扩张，毁坏了大量农耕地，使可耕地面积逐年减小，沟谷逐年扩大；切断交通，沟头侵蚀如不防治，延伸将无休止，直到溯源侵蚀至分水岭后，沟谷还要下切和扩张。这样原来的交通要道或生产道路就会被数十米的沟壑隔断，严重影响山区交通和农业生产。

沟头侵蚀的防治，应按流量的大小和地形条件采取不同的沟头防护工程。沟头防护工程是斜坡固定工程的一个组成部分。

根据沟头防护工程的作用，可将其分为蓄水式沟头防护工程和排水式沟头防护工程两类。

(1) 蓄水式沟头防护工程

当沟头上部来水较少，且有适宜的地方修建沟埂或蓄水池，能够全部拦蓄上部来水时，可采用蓄水式沟头防护工程，即在沟头上部修建沟埂或蓄水池等蓄水工程，拦蓄上游坡面径流，防止径流排入沟道。根据蓄水工程的种类，蓄水式沟头防护工程又分为沟埂式和围埂蓄水池式两种。

①沟埂式沟头防护　是在沟头上部的斜坡上修筑与沟边大致平行的若干道封沟埂，同时在距封沟埂上方 1.0～1.5 m 处开挖与封沟埂大致平行的蓄水沟，拦蓄斜坡汇集的地表径流(图 4-2)。

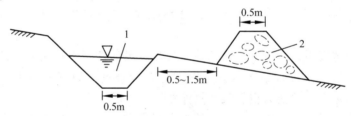

图 4-2　沟埂式沟头防护断面图

1. 蓄水沟　2. 封沟埂

在沟头坡地地形较完整，坡面较平缓时，可做成连续式沟埂；在沟头坡地地形较破碎时，地面坡度变化较大，平均坡度在 15°左右的丘陵地带沟头，可做成断续式沟埂。沟埂位置确定，封沟埂距沟沿要有一定的安全距离 L，其大小以沟埂内蓄水发生渗透时不致引起岸坡滑塌为原则。第一道封沟埂与沟顶的距离，一般等于 2～3 倍沟深，至少与沟顶相距 5～10 m，以免引起沟壁崩塌。各封沟埂间最小距离可用下式计算：

$$L = \frac{H}{I} \qquad (4\text{-}6)$$

式中　L——封沟埂的间距(m)；

　　　H——封沟埂高(m)；

　　　I——最大地面坡比(%)。

沟埂断面尺寸确定：断面尺寸取决于设计来水量、沟头地形及土质情况。其确定步骤：首先根据当地经验数值及沟头地形情况初步拟定沟埂断面尺寸、沟埂长度，计算出沟埂的蓄水容积 V，然后比较。若设计来水量 W(可按 10～20 年一遇暴雨计算)比沟埂的

蓄水容积 V 小得多，可缩小沟埂的尺寸及长度；若设计来水量 W 大于沟埂的蓄水容积 V，则需要增设第二道沟埂；若蓄水容积 V 接近设计来水量 W，则设计的沟埂断面满足要求。

在上方封沟埂蓄满水之后，水将溢出。为了确保封沟埂安全，可在埂顶每隔 10～15 m 的距离挖一个深 20～30 cm、宽 1～2 m 的溢流口，并以草皮铺盖或石块铺砌，使多余的水通过溢流口流入下方蓄水沟埂内。

②围埂蓄水池式沟头防护　当沟头以上坡面有较平缓低洼地段时，可在平缓低洼处修建蓄水池，同时围绕沟头前沿呈弧形修筑围埂，防止坡面径流进入沟道，围埂与蓄水池相连将径流引入蓄水池中，这样组成一个拦蓄结合的沟头防护系统。同时蓄水池内存蓄的水可以利用。

当沟头以上坡面来水较大或地形破碎时，可修建多个蓄水池，蓄水池相互连通组成连环蓄水池。蓄水池位置应距沟头前缘一定距离，以防渗水引起沟岸崩塌，一般要求距沟头 10 m 以上。蓄水池要设溢水口，并与排水设施相连，使超设计暴雨径流通过溢水口和排水设施安全地送至下游。蓄水池容积与数量应能容纳设计标准时上部坡面的全部径流泥沙。

（2）排水式沟头防护工程

沟头防护应以蓄为主，作好坡面与沟头的蓄水工程，变害为利。

在下列情况下可考虑修建排水式沟头防护工程：沟头以上坡面来水量较大，蓄水式沟头防护工程不能完全拦蓄；由于地形、土质限制，不能采用蓄水式时，应采用排水式沟头防护工程把径流导至集中地点，通过排水建筑物有控制地把径流排泄入沟。

一般排水式沟头防护工程有悬臂跌水式、陡坡式和台阶式跌水 3 种类型。

①悬臂式跌水沟头防护　在沟头上方水流集中的跌水边缘，用木板、石板、混凝土板或钢板等做成槽状（图 4-3），一端嵌入进口连接渐变段，另一端伸出崖壁，使水流通过水槽直接下泄到沟底，不让水流冲刷跌水壁，沟底应有消能措施，可用浆砌石作为消力池，或用碎石堆于跌水基部，以防冲刷。为了增加水槽的稳定性，应在其外伸部分设支撑或用拉链固定。

②陡坡式沟头防护　陡坡是用石料、混凝土或钢材等制成的急流槽，因槽的底坡大于水流临界坡度，所以一般发生急流。陡坡式沟头防护一般用于落差较小、地形降落线

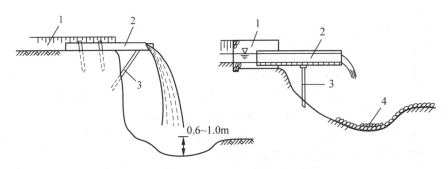

图 4-3　悬臂跌水式沟头防护
1. 进水口　2. 水槽　3. 支撑　4. 碎石

较长的地点。为了减少急流的冲刷作用，有时采用人工方法来增加急流槽的粗糙程度。

③台阶式跌水沟头防护 台阶跌水可用石块或砖加砂浆砌筑而成，施工方便，但需石料较多，要求质量较高。台阶跌水式沟头防护按其形式可分为单级式和多级式2种（图4-4）。

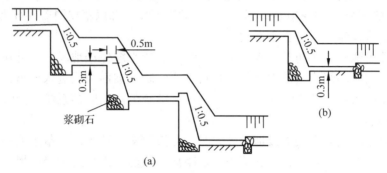

浆砌石

(a)

(b)

图4-4 台阶跌水式沟头防护

（a）多级式 （b）单级式

单级台阶式跌水多用于跌差不大（小于2.5 m），而地形降落比较集中的地方。多级台阶式跌水多用于跌差较大而地形降落距离较长的地方。在这种情况下如采用单级台阶式跌水，因落差过大，下游流速大，必须做很坚固的消力池，建筑物的造价高。

4.2.2 沟道治理工程

沟道治理工程指为固定沟床、拦蓄泥沙，防止或减轻山洪及泥石流灾害而在山区沟道中修筑的各种工程措施。沟道治理工程的主要作用在于防止沟头前进、沟床下切、沟岸扩张，减缓沟床纵坡，调节山洪洪峰流量，减少山洪或泥石流的固体物质含量，使山洪安全地排泄，对沟口冲积圆锥不造成灾害。

4.2.2.1 谷坊

谷坊又名防冲坝、沙土坝、闸山沟等，是山区沟道内为防止沟床冲刷及泥沙灾害而修筑的横向挡栏建筑物，是水土流失地区沟道治理的一种主要工程措施。谷坊高度一般小于3 m。

（1）谷坊的作用

谷坊规模小数量多，是防治沟壑侵蚀的第二道防线工程。

谷坊的主要作用有4点：固定与抬高侵蚀基准面，防止沟床下切；抬高沟床，稳定山坡坡脚，防止沟岸扩张及滑坡；减缓沟道纵坡，减小山洪流速，减轻山洪或泥石流灾害；使沟道逐渐淤平，形成坝阶地，为发展农林业生产创造条件。

谷坊的重要作用是防止沟床下切冲刷。因此，在考虑某沟段是否应该修建谷坊时，首先应当研究该段沟道是否会发生下切冲刷作用。

（2）谷坊的分类

谷坊可按所使用的建筑材料、透水性和使用年限进行分类。

　　依修筑谷坊的建筑材料的不同可分为：土谷坊、石谷坊、插柳谷坊（柳桩编篱）、枝梢（梢柴）谷坊、铅丝石笼谷坊、混凝土谷坊和钢筋混凝土谷坊等。依谷坊透水与否可分为：透水性谷坊和不透水性谷坊。根据使用年限的不同，可分为永久性谷坊和临时性谷坊。

　　（3）谷坊的设计

　　①谷坊设计的任务　合理选择谷坊类型，确定谷坊高度、间距、断面尺寸及溢水口尺寸。

　　②谷坊类型选择　取决于地形、地质、建筑材料、劳力、技术、经济、防护目标和对沟道利用的远景规划等多种因素，并且由于在一条沟道内往往需连续修筑多座谷坊，形成谷坊群，才能达到预期效果，因此谷坊所需的建筑材料也较多。选择类型应以能就地取材为好，即遵循"就地取材，因地制宜"的原则。在土层较厚的山沟内宜选用土谷坊；在土石山区，石料丰富，宜采用石谷坊或土石谷坊；在纵坡不大的小冲沟内，且又有充足梢料时，可选用插柳谷坊；在坡陡流急，有石洪危害的沟壑中，应选择抗冲能力强，拦碴效果好的格栅谷坊、铅丝石笼谷坊和混凝土谷坊。

　　③谷坊布设　主要布设在流域的支毛沟中，自上而下，小多成群，组成谷坊群，进行节节拦蓄，分散水势，控制侵蚀，减少支毛沟径流泥沙对干沟的冲刷。

　　谷坊群布设原则是"顶底相照"、小多成群、工程量小、拦蓄效益大。通常选择沟道直段布设，避免在拐弯处布设。在有跌坎的沟道，应在跌坎上方布设，在沟床断面变化时，应选择较窄处布设。

　　④谷坊高度设计　应依据所采用的建筑材料来确定，以能承受水压力和土压力而不被破坏为原则。另外，溢流谷坊堰顶水头流速应在材料允许耐冲流速范围以内，因此，要通过溢流口水力计算校核后确定。为了使其牢固，在1.5~3.0 m为宜。

　　⑤谷坊断面设计　必须因地制宜，要考虑既稳固又省工，还能让坝体充分发挥作用。谷坊的高度，应依建筑材料而定，一般情况下，土谷坊不超过5 m，浆砌石谷坊不超过4 m，干砌石谷坊不超过2 m，柴草、柳梢谷坊不超过1 m，土、石谷坊的断面一般为梯形。

　　⑥谷坊间距与数量设计　在有水土流失的沟段内布设谷坊时，需要连续设置，形成梯级，以保护该沟段不被水流继续下切冲刷。谷坊的间距可根据沟壑的纵坡和要求，按下列两种方法来设计：

　　第一，谷坊淤积后形成完全水平的川台（有时可按照利用要求人为进行整平），即上谷坊与下谷坊的溢水口底（谷坊顶）高程齐平，做到"顶底相照"。这时谷坊的间距，与沟床比降和谷坊高度有关，如沟床比降为 i，谷坊高度为 h（谷底至溢水口底，m），则两谷坊的间距：

$$L = \frac{h}{i} \tag{4-7}$$

　　如采用同高度的谷坊，沟壑中谷坊总数可按下式计算：

$$n = \frac{H}{h} \tag{4-8}$$

式中　n——谷坊数目(座)；

　　　H——沟床加护段起点和终点的高程差(m)。

当沟床比降较陡时，如按淤成水平的川台设计，谷坊数过多，不符合经济原则，在这种情况下，往往允许两谷坊之间淤成后的台地具有一定的坡降，对应的坡度称为稳定坡度，如图 4-5 所示。

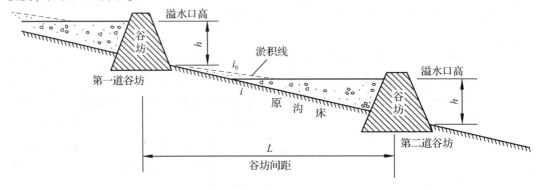

图 4-5　谷坊间距示意

第二，该坡降的大小以不受径流冲刷为原则。设稳定坡度为 i_0，则相邻两谷坊间距可按下列公式计算：

$$L = \frac{h}{i - i_0} \tag{4-9}$$

式中　h——谷坊有效高度，即谷坊溢水口底至沟底高差(m)；

　　　i——沟底天然坡度，以小数计；

　　　i_0——回淤面稳定坡度，以小数计。

若采用同高度谷坊，治理段的谷坊总数为：

$$n = \frac{H}{h + Li_0} \tag{4-10}$$

⑦溢流口设计　溢流口是谷坊的安全设施。它的任务是排泄过量洪水，以保障工程不被水毁。正确选择谷坊溢流口的形状和尺寸具有重要意义。溢流口的形状视岸边地基而定，如两岸为土基，为了使其免遭冲毁，应将溢流口修筑于中央，做成梯形。

土谷坊应将溢流口设置在较坚硬的土层上，可将溢流口设置在谷坊顶部。

溢流口位置可设在沟岸，也可设在谷坊顶部。土谷坊不允许过水，溢水口一般设在土坝一侧沟岸的坚实土层或岩基上(图 4-6)，当过水流量不大，水深不超过 0.2 m 时，可铺设草皮防冲；当水深超过 0.2 m 时，需用干砌石砌护。上下两座谷坊的溢洪口尽可能左右交错布设，对于土质较松软的沟岸应有防冲设施。

对沟道两岸是平地、沟深小于 3.0 m 的沟道，坝端没有适宜开挖溢洪口的位置，可将土坝高度修到超出沟床 0.5～1.0 m 处，坝体在沟道两岸平地上各延伸 2～3 m，并用草皮或块石护砌，使洪水从坝的两端漫至坝下农、林、

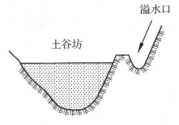

图 4-6　土谷坊溢水口示意

牧地，或安全转入沟谷，不允许水流直接回流到坝脚处。

砌石谷坊、铅丝笼谷坊、混凝土谷坊及插柳谷坊等允许洪水漫顶溢流，可在谷坊顶部中央留溢水口（图4-7）。溢流口断面形式常采用矩形和梯形。

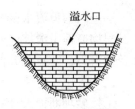

图4-7 石谷坊溢水口示意

谷坊工程量计算：

根据沟谷断面形式不同，分别按下式计算谷坊的体积。

A. 矩形沟谷

$$V = \frac{LH}{2}(2b + mH) \tag{4-11}$$

B. V形沟谷

$$V = \frac{LH}{6}(3b + mH) \tag{4-12}$$

C. 梯形沟谷

$$V = \frac{H}{6}\left[L(3b + mH) + l(4b + 3mH)\right] \tag{4-13}$$

D. 抛物线形（弧形）沟谷

$$V = \frac{LH}{15}(10b + 4mH) \tag{4-14}$$

式中　V——谷坊体积（m^3）；

　　　L——谷坊顶长度（m）；

　　　H——谷坊高度（m）；

　　　b——谷坊顶宽度（m）；

　　　l——梯形沟谷底宽度（m）；

　　　m——谷坊上、下游坡率总和。如上游坡率为$1:m_1$，下游坡率为$1:m_2$，则$m = m_1 + m_2$。

4.2.2.2　拦砂坝

拦砂坝是以拦蓄山洪泥石流沟道（荒溪）中固体物质为主要目的，防治泥沙灾害的挡拦建筑物，它是荒溪治理的主要沟道工程措施。拦砂坝多建在主沟或较大的支沟内的泥石流形成区或形成区—流通区，通常坝高大于5 m，拦砂量在$10^3 \sim 10^6$ m^3，甚至更大。在黄土区亦称泥坝。

（1）拦砂坝的作用

在水土流失地区沟道内修筑拦砂坝，具有以下3个方面的作用：

——拦蓄泥沙（包括块石），调节沟道内水沙，以免除泥沙对下游的危害，便于河道下游的整治。拦砂坝在减少泥沙来源和拦蓄泥沙方面能起重大作用。拦砂坝将泥石流中的固体物质堆积库内，可以使下游免遭泥石流危害。

——提高坝址处的侵蚀基准，减缓坝上游淤积段河床比降，加宽了河床，并使流速和流深减小，从而大大减小水流的侵蚀能力。

——因沟道流水侵蚀作用而引起的沟岸滑坡，其剪出口往往位于坡脚附近。拦砂坝的淤积物掩盖了滑坡体剪出口，对滑坡运动产生阻力，促使滑坡稳定，减小泥石流的冲刷及冲击力，防止溯源侵蚀，抑制泥石流发育规模。

（2）拦砂坝的断面设计

①拦砂坝断面设计的任务　确定既符合经济要求又保证安全的断面尺寸，其内容包括：断面轮廓的初步尺寸拟定，坝的稳定设计和应力计算，溢流口计算，坝下冲刷深度估算，坝下消能。

②断面轮廓尺寸的初步拟定　坝的断面轮廓尺寸是指坝高、坝顶宽度、坝底宽度以及上下游边坡等。本节主要介绍最常用的浆砌石重力坝的断面设计。

浆砌石坝断面轮廓的尺寸是指建在岩石基础上的溢流坝。当在松散的堆积层上建坝时，由于基底的摩擦系数小，必须用增加垂直荷重的方法来增加摩擦力，以保证坝体抗滑稳定性。增加垂直荷重的办法，是将坝底宽度加大，这样不仅可以增加坝体重量，而且还能利用上游面的淤积物作为垂直荷重。

③坝的稳定与应力计算　一座拦砂坝在外力作用下遭破坏，有以下 3 种情况：坝基摩擦力不足以抵抗水平推力，因而发生滑动破坏；在水平推力和坝下渗透压力的作用下，坝体绕下游坝趾倾覆破坏；坝体强度不足以抵抗相应的应力，发生拉裂或压碎。在设计时，由于不允许坝内产生拉应力，或者只允许产生极小的拉应力，因此，对于坝体的倾覆稳定，通常不必进行核算，一般所谓的坝体稳定计算，均指抗滑稳定而言。

计算时，首先根据初步拟定的断面尺寸，进行作用力计算，然后进行稳定计算和应力计算，以保证坝体在外力作用下不至于遭到破坏。

④溢流口设计　溢流口设计的目的，在于确定溢流口尺寸，即溢流口宽度 B 和高度 H。其设计步骤为：首先，确定溢流口形状和两侧边坡。一般溢流口的形状为梯形，边坡坡度为 $1:0.75 \sim 1:1$；对于含固体物很多的泥石流沟道，可为弧形。然后，计算坝址处设计洪峰流量。对于一般山洪荒溪及高含沙山洪荒溪，山洪设计洪峰流量可按一般小流域暴雨径流公式进行计算；对于泥石流的洪峰流量，由于缺少观测资料，可用泥石流泥痕调查法及配合法计算。

⑤坝下消能工程设计　为防泥石流的冲蚀和沟床下游溯源侵蚀，常在坝下游侧修建一定形式的消能设施，这种工程便叫消能工程。为达到消能防冲作用，消能工程一般不宜用刚性结构或脆性材料修建，宜于用柔性或散体材料修建，与一般水利工程坝下消能设施要求不同。

合理设计选择消能防冲工程形式和结构构造十分重要。如考虑到冲坑作用，坝基应有足够埋深，并做相应的防冲工程；考虑到冲击作用和磨蚀，应对坝面高强度砌护，甚至加筋增强；考虑砸击，设计下游坝面应为陡直形，且用柔性材料构筑消能工程。

消能防冲工程形式有消力池、砂石垫层消能、副坝（子坝）消能、护坦消能、暗槛消能和抛石消能。

坝下冲刷深度估算，在于合理确定坝基的埋设深度。

4.2.2.3 拱坝

拱坝是一种在平面上向上游弯曲成拱形的挡水建筑物。由于它具有拱的结构作用,把承受的水压力等荷载部分或全部传到两岸和河床,因而不像重力坝那样需要依靠本身的重量来维持稳定,坝体内的内力主要是压应力,可以充分利用筑坝材料的强度,减小坝身断面,节省工程量。因此,拱坝是一种经济性和安全性都很高的坝型,在小流域治理及泥石流防治中应用广泛。

(1)拱坝的类型

拱坝的类型,除一般按坝的高度、筑坝材料和泄水条件分类外,还可按照坝的平面布置形式、坝的纵向断面以及它的结构作用特点等来分类。

按坝的高度分为低坝(坝高 30 m 以下)、中坝(坝高 30~70 m)和高坝(坝高 70 m 以上);按筑坝材料分为混凝土拱坝和砌石拱坝;按泄水条件,拱坝分为溢流拱坝和非溢流拱坝;根据同层拱圈厚度是否变化,分为等厚拱坝和变厚拱坝;按平面布置的形式分为等半径拱坝、等中心角拱坝、变半径变中心角拱坝和双向弯曲拱坝;按坝体曲率分为单曲率拱坝和双曲率拱坝;按坝的厚高比可分为薄拱坝、拱坝(纯拱坝)和重力拱坝。

(2)拱坝的平面布置

拱坝的平面布置就是根据坝址的地形地质条件,布置出经济合理的拱坝形态(形式和断面尺寸)。首先,合理地拟定各高程拱圈的一些形状参数如中心角、半径及厚度等;其次,把这些拱圈连续叠成坝体进行平面布置。在平面布置中也可能反过来对一些参数进行修改,这两者之间是个反复试探的过程。然后,再对初步确定的拱坝形态进行应力计算,如不合适还要再作修改,直至能满足安全与经济的要求为止。

①拱坝平面布置形式 可以按平面轮廓因地形条件的不同布置成等半径拱坝、等中心角拱坝、变半径变中心角拱坝和双曲率拱坝等几种形式。

②拱坝平面布置步骤 拱坝形式比较复杂,断面形状又随地形地质情况变化,因此布置拱坝大致有以下 5 个步骤:a. 根据坝址地形图和地质资料,定出开挖深度,绘出坝址可利用基岩面等高线的地形图。研究河谷形式是否需要加以处理,使之平缓或接近对称等。b. 在可利用基岩面等高线地形图上,试定顶拱轴线的位置,绘顶拱内外缘弧线。c. 初步拟定拱冠梁剖面尺寸,同时拟定各高程拱圈的厚度。一般选取 5~10 层拱圈平面,各层拱圈的圆心连线,在平面上最好能对称于河谷可利用基岩面地形图,在垂直面上,这种圆心连线应是光滑的曲线。d. 切取若干垂直剖面,检查其轮廓是否光滑连续,是否有过大的倒悬,如有不符合要求处,应适当修改拱圈及梁的形状尺寸。e. 根据以上选定的坝体尺寸进行应力计算及稳定校核。如不符合要求,应重复以上步骤修改坝体布置和尺寸,直至所布置的拱坝能满足安全、经济和施工方便的要求为止。

(3)拱坝的应力计算

拱坝是一个复杂的空间壳体结构,其应力分布和稳定条件与其他混凝土坝不同,各种荷载所起的作用也很不一样。

砌石拱坝的材料允许应力目前尚无统一规范,它不仅与材料的极限抗压强度和荷载组合有关，同时与应力分析方法、砂浆标号及施工工艺水平有关，一般情况下不允许出现拉应力，设计容许压应力为 $10 \sim 20 \ kg/cm^2$，但实践中仍有超过此界限的工程，因此，砌石拱坝的允许应力，可参考当地已建成工程情况，全面分析后选定。

对于小型砌石拱坝，可采用纯拱法计算拱坝应力。在均匀水压力、泥沙压力和温度荷载作用下，T/r 为拱圈厚度 T 与拱圈平均半径 r 的比值，2φ 为拱圈的中心角，当已知 T/r 和 φ 时，便可从相关设计规范中查出拱顶和拱端的应力系数 σ'，通过下式求出拱顶和拱端的应力：

拱顶应力：
$$\sigma_0 = P \frac{\sigma_0'}{1.000} \tag{4-15}$$

拱端应力：
$$\sigma_A = P \frac{\sigma_A'}{1.000} \tag{4-16}$$

式中　P——作用在拱圈上的水压力和泥沙压力；

　　　σ_0'——拱顶的应力系数；

　　　σ_A'——拱端的应力系数。

在温度荷载作用下：

拱顶应力：
$$\sigma_0 = P_t \left[\frac{\sigma_0'}{1.000} - \frac{P}{T} \right] \tag{4-17}$$

拱端应力：
$$\sigma_A = P_t \left[\frac{\sigma_A'}{1.000} - \frac{R}{T} \right] \tag{4-18}$$

式中　T——拱圈的厚度(m)；

　　　R——拱圈的外半径(m)；

　　　P_t——温度折算荷载，可按下式计算：

$$P_t = \frac{atET}{R} \tag{4-19}$$

式中　E——材料的弹性模数，浆砌石 $E = 5 \times 10^4 \sim 6 \times 10^4 \ kg/cm^2$；

　　　a——线膨胀系数，即温度升高 1 ℃时，长度增加 Δl 与原长 l_0 的比值，浆砌石 $a = 0.8 \times 10^{-5}(℃)$，混凝土 $a = 1.0 \times 10^{-5}(℃)$；

　　　t——拱圈内均匀温降，可按下列经验公式求得：

$$t = \frac{57.7}{T + 2.44} \tag{4-20}$$

4.2.2.4　淤地坝

在水土流失地区，用于拦蓄泥沙、淤地而横向布置在沟道中的坝叫淤地坝。淤地坝是我国黄土高原沟壑区沟道治理的一种水土保持工程措施，是一种淤地后进行农业种植的土坝工程。我国陕西、山西、内蒙古、甘肃等地分布较多。

(1)淤地坝的组成

一般淤地坝由坝体、溢洪道和放水建筑物三部分组成。其布置形式如图4-8所示。

(2)淤地坝的分类和分级标准

淤地坝工程根据生产建设和科学研究的目的不同，可有多种分类方法。

淤地坝按筑坝材料可分为土坝、石坝、土石混合坝等；按坝的用途可分为缓洪骨干坝、拦泥生产坝等；按建筑材料和施工方法可分为夯碾坝、水力冲填坝、定向爆破坝、堆石坝、干砌石坝、浆砌石坝等；按结构性质可分为重力坝、拱坝等；按坝高、淤地面积或库容可分为大型淤地坝、中型淤地坝、小型淤地坝等。也可进行组合分类，如水力冲填土坝、浆砌石重力坝等。

淤地坝标准一般根据库容、坝高、淤地面积、控制流域面积等因素分级。参考水库分级标准并考虑群众习惯叫法，可分为大、中、小3级。表4-1为《黄河中游水土保持治沟骨干工程技术规范》所列分级标准，供参考。

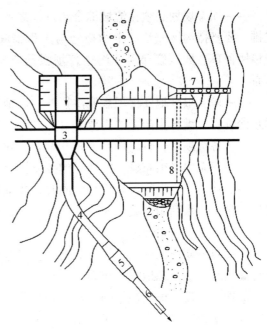

图4-8 淤地坝枢纽工程组成

1. 土坝 2. 排水体 3. 溢流堰 4. 陡槽 5. 消力池
6. 渠道 7. 卧管 8. 放水洞 9. 河道

表4-1 淤地坝分级标准

分级标准	库容（×10⁴ m³）	坝高（m）	单坝淤地面积（hm²）	控制流域面积（km²）
大型	100~500	>30	>10	>15
中型	10~100	15~30	2~10	1~15
小型	<10	<15	<2	<1

（3）淤地坝的作用

通过多年实践，水土保持淤地坝工程在拦泥淤地、防洪保收、灌溉、养殖、人畜饮水、改善交通等方面发挥了重要作用，成为不可缺少的水土保持措施。

淤地坝的作用有以下7点：抬高侵蚀基点，稳定沟坡，减少水土流失；拦泥淤地，发展生产；实现高产稳产；促进退耕还林还草，促进了农村产业结构调整；拦洪蓄水，合理利用水资源；以坝代路，便利交通；治沟骨干工程防洪保收。

（4）淤地坝工程规划

淤地坝工程规划是水土保持总体规划的一部分，也是农业综合规划的一个重要组成部分。具体内容包括：确定枢纽工程的具体位置，落实枢纽及结构物组成，确定工程规模，拟定工程运用规划，提出工程实施规划、工程枢纽平面布置及技术经济指标，并估算工程效益。

①坝系规划原则和布局　合理的坝系布设方案，应满足投资少、多拦泥、淤好地，使拦泥、防洪、灌溉三者紧密结合为完整的体系，达到综合利用水沙资源的目的，尽快实现沟壑川台化。为此，首先必须做好坝系的规划，坝系规划的原则有以下6条：

——坝系规划必须在流域综合治理规划的基础上，上下游、干支沟全面规划，统筹安排。要坚持沟坡兼治、生物措施与工程措施相结合和综合、集中、连续治理的原则，把植树种草、坡地修梯田和沟壑打坝淤地有机地结合起来，以利形成完整的水土保持体系。

——最大限度地发挥坝系调洪拦沙、淤地增产的作用，充分利用流域内的自然优势和水沙资源，满足生产上的需要。

——各级坝系，自成体系，相互配合，联合运用，调节蓄泄，确保坝系安全。

——坝系中必须布设一定数量的控制性骨干坝、安全生产的中坚工程。

——在流域内进行坝系规划的同时，要提出交通道路规划。对泉水、基流水源，应提出保泉、蓄水利用方案，勿使水资源埋废。坝地盐碱化直接影响农业生产，规划中需拟定防治措施，以防后患。

——对分期施工加高的坝，规划时应当考虑到溢洪道、放水建筑物在坝高达到最终设计高程时，能合理地重新布设。

②坝系布设　根据多年的生产实践和前人研究的成果，沟道坝系的布设，一般常见的有以下9种：上淤下种，淤种结合布设方式；上坝生产，下坝拦淤布设方式；轮蓄轮种，蓄种结合布设方式；支沟滞洪，干沟生产布设方式；多漫少排，漫排兼顾布设方式；以排为主，漫淤滩地布设方式；高线排洪，保库灌田布设方式；隔山凿洞，邻沟分洪布设方式；坝库相间，清洪分治布设方法。

流域建坝密度应根据降雨情况、沟道比降、沟壑密度、建坝淤地条件，按梯级开发利用原则，因地制宜地规划确定。据各地经验，在沟壑密度 $5 \sim 7$ km/km^2，沟道比降 $2\% \sim 3.9\%$，适宜建坝的黄土丘陵沟壑区，每平方千米可建坝 $3 \sim 5$ 座；在沟壑密度 $3 \sim 5$ km/km^2，适宜建坝的残垣沟壑区，每平方千米建坝 $2 \sim 4$ 座；沟道比较大的土石山区，每平方千米建坝 $5 \sim 8$ 座比较适宜。

③坝址选择　坝址的选择在很大程度上取决于地形和地质条件，但是必须结合工程枢纽布置、坝系整体规划、淹没情况和经济条件等综合考虑。一个好的坝址必须满足拦洪或淤地效益大、工程量最小和工程安全3个基本要求。在选定坝址时，要提出坝型建议。坝址选择一般应考虑以下7点：

——坝址在地形上要求河谷狭窄，坝轴线短，库区宽阔容量大，沟底比较平缓（即口小肚大的葫芦型地形）。

——坝址附近应有宜于开挖溢洪道的地形和地质条件。最好有鞍形岩石山凹或红黏土山坡。还应注意大坝分期加高时，放、泄水建筑物的布设位置。

——坝址附近应有良好的筑坝材料（土、沙、石料），取用容易，施工方便，因为建筑材料的种类、储量、质量和分布情况，影响到坝的类型和造价。采用水坠坝时应有足够的水源，在施工期间所能提供的水源应大于坝体土方量。坝址应尽量向阳，以利延长施工期和蒸发脱水。

——坝址地质构造稳定，两岸无疏松的坍塌土、滑坡体，断面完整，岸坡不大于60°。坝基应有较好的均匀性，其压缩性不宜过大。岩层要避免活断层和较大裂隙，尤其要避免有可能造成坝基滑动的软弱层。

——坝址应避开沟岔、弯道、泉眼，遇有跌水应选在跌水上方。坝肩不能有冲沟，以免洪水冲刷坝身。

——库区淹没损失要小，应尽量避免村庄、大片耕地、交通要道和矿井等被淹没。

——坝址还必须结合坝系规划统一考虑。有时单从坝址本身考虑比较优越，但从整体衔接、梯级开发上看不一定有利，这种情况需要注意。

④设计资料收集与特征曲线绘制　进行工程规划时，一般需要收集和实测以下7种资料：地形资料，包括流域位置、面积、水系、所属行政、地形特点；流域、库区和坝址地质及水文地质资料；流域内河、沟水化学测验分析资料；水文气象资料，包括降水、暴雨、洪水、径流、泥沙情况，气温变化和冻土深度等；天然建筑材料的调查，包括土、沙、石、砂砾料的分布，结构性质和储量等；社会经济调查资料，包括流域内人口、经济发展现状、土地利用现状、水土流失治理情况等；其他条件，包括交通运输、电力、施工机械、居民点、淹没损失、当地建筑材料的单价等。

⑤集水面积测算及库容曲线绘制

集水面积计算方法：计算集水面积的方法很多，一般淤地坝的控制集水面积可用求积仪法、几何法、横断面法和经验公式法等。

淤地坝坝高与库容、面积关系曲线绘制方法：淤地面积和库容的大小是淤地坝工程设计与方案选择的重要依据，而它又是随着坝高而变化的，确定其值时，一般采用绘制坝高与淤地面积和库容关系曲线，以备设计时用。绘制的方法有等高线法、横断面法和简易计算法等。

⑥淤地坝水文计算　设计暴雨量、设计洪峰流量、设计洪水总量以及洪水过程线推算等淤地坝水文计算内容，参见《水文学》有关章节。在此须指出的是水土保持措施对设计洪水的影响。

(5)淤地坝高的确定

淤地坝除了拦泥淤地外，一般还有防洪的要求。因此，淤地坝的库容由拦泥库容和滞洪库容组成。拦泥库容的作用是拦泥淤地，故相应的坝高叫拦泥坝高，相应库容叫淤地库容。滞洪库容的作用是调蓄洪水径流，故相应坝高叫滞洪坝高，也叫调洪坝高。另外，为了保证淤地坝工程和坝地生产的安全，还需增加一部分坝高，称为安全超高。由此可见，拦泥库容和滞洪库容确定后，拦泥坝高和滞洪坝高即可确定。

因此，淤地坝的总坝高 H 等于拦泥坝高 $h_{拦}$、滞洪坝高 $h_{滞}$ 及安全超高 Δh 之和，即：

$$H = h_{拦} + h_{滞} + \Delta h \tag{4-21}$$

①拦泥坝高的确定　拦泥库容的拦泥量和淤地面积，通常是随拦泥坝高的增大而增大。但因沟道地形特征不同，有的增大快，有的增大慢，故在决定拦泥坝高时，应把拦泥量和淤地面积最大而工程量最小，并且能达到水沙相对平衡时的坝高作为设计坝高，此时相应的拦泥库容 $V_{拦}$ 比较合理。

设计时，首先分析该坝坝高—淤地面积—库容关系曲线，初步选定经济合理的拦泥坝高，再由其关系曲线中查得相应坝高的拦泥库容。其次，由初拟坝高加上滞洪坝高和安全超高的初步估计值(一般为3.0~4.0 m)，作为全坝高来估算其坝体的工程量。根据施工方法、工期和社会经济情况等，判断实现初选拦泥坝高的可能性。该拦泥库容 $V_拦$ 可根据流域面积、侵蚀模数（或多年平均输沙量）、设计淤积年限、坝库排沙比，按下式确定：

$$V_拦 = \frac{F \cdot K \cdot (1 - n_s) T}{\gamma_s} \qquad (4\text{-}22)$$

或

$$V_拦 = \frac{W_s (1 - n_s) T}{\gamma_s} \qquad (4\text{-}23)$$

式中 $V_拦$——拦泥库容（m^3）；

       F——该坝所控制的流域面积（km^2）；

       K——流域年平均侵蚀模数[$t/(km^2 \cdot a)$]，可查阅当地水文手册；

       n_s——坝库排沙比，无溢洪道时可取 $n_s = 0$；

       T——设计淤积年限（a）；

       W_s——多年平均输沙量（t/a）；

       γ_s——淤积泥沙的干容重（t/m^3），设计时可采用 $1.3 \sim 1.35$ t/m^3。

有了拦泥库容，即可根据其 H—V 关系曲线查出相应的拦泥坝高 $h_拦$。

②滞洪坝高的确定   为了保证淤地坝工程安全和坝地的正常生产，必须修建防洪建筑物（如溢洪道）。由于防洪建筑物不可能修得很大，也不可能来多少洪水就排泄多少洪水，这在经济上是极不合理的。所以在淤地坝中除有拦泥（淤地）库容外，必须有一个滞洪库容，用以滞蓄由防洪建筑物暂时排泄不走的洪水。

③安全超高的确定   安全超高是考虑坝库蓄水后水面风浪冲击、蓄水意外增大使库水位升高和坝体沉陷等，附加的一部分坝高。安全超高主要取决于坝高的大小，可按有关规范选定（表4-2）。

表4-2   淤地坝安全超高

坝高（m）	<10	10～20	>20
安全超高（m）	0.5～1.0	1.0～1.5	1.5～2.0

（6）土坝设计

土坝泛指由当地土料、石料或混合料，经过抛填、辗压、水坠等方法堆筑成的挡水坝。土坝是历史最为悠久的一种坝型。近代的土坝筑坝技术自20世纪50年代以后得到发展。目前，土坝是世界坝体建设中应用最为广泛和发展最快的一种坝型。

①土坝的坝型选择   坝型选择是土坝设计中需要首先解决的一个重要问题，因为它关系到整个枢纽的工程量、投资和工期。坝高、筑坝材料、地形、地质、气候、施工和运行条件等都是影响坝型选择的主要因素。

设计土坝要使其在正常和非常工作条件下，能满足坝坡稳定、坝体变形在允许范围以内和渗流稳定等要求，即坝坡是稳定的，坝体沉降量不太大，不产生裂缝，渗漏水流量和水力梯度在允许范围内，不发生渗流破坏。选择土坝坝型是设计土坝枢纽的重要问题，应根据枢纽布置的各个可能方案和筑坝材料的来源，进行技术经济比较来确定。坝型选择应综合考虑下列因素：坝高、筑坝材料、坝址区地形条件、坝址区地质条件、施工条件、气候条件、枢纽布置、运行条件和经济条件。

对于坝轴线较长的土坝，可根据地形、地质和料场的具体条件，考虑沿坝轴线分别采用不同的坝型，但在坝型变换处应设置渐变段。此外，分段坝型也不宜过多，以免给施工带来不便。

②土坝断面尺寸拟定 土坝断面为梯形，底部与地基结合设有结合槽，下游坝面坡脚设有排水体，为防库水及降水冲刷，上下游坝面及坝顶须设防冲排水沟或种植草灌（灌木）。当坝较高（大于 15～20 m）时，断面可设计为梯形复式断面，在断面坡比变化处设计人行道（马道）及水平排水沟，并与纵向排水沟相连，将坝坡水排至沟道。

土坝坝顶若为交通道路时，应按公路设计标准设计。土坝断面尺寸可先按经验确定，后通过稳定分析计算最后确定。坝坡坡度对坝体稳定以及工程量的大小均起重要作用。土坝坝坡坡度的选择一般遵循以下规律：上游坝坡长期处于饱和状态，水库水位也可能快速下降，为了保持坝坡稳定，上游坝坡常比下游坝坡缓，但堆石料上、下游坝坡坡率的差别要比砂土料小。土质防渗体斜墙坝上游坝坡的稳定受斜墙土料特性的控制，所以斜墙坝的上游坝坡一般较心墙坝为缓。而心墙坝，特别是厚心墙坝的下游坝坡，因其稳定性受心墙土料特性的影响，一般较斜墙坝为缓。黏性土料的稳定坝坡为一曲面，上部坡陡，下部坡缓，所以用黏性土料做成的坝坡，常沿高度分成数段，每段 10～30 m，从上而下逐段放缓，相邻坡率差值取 0.25 或 0.5。砂土和堆石的稳定坝坡为一平面，可采用均一坡率。由于地震荷载一般沿坝高呈非均匀分布，所以，砂土和石料坝坡有时也做成变坡形式。由粉土、砂土、轻壤土修建的均质坝，透水性较大，为了保持渗流稳定，一般要求适当放缓下游坝坡。当坝基或坝体土料沿坝轴线分布不一致时，应分段采用不同坡率，在各段间设过渡区，使坝坡缓慢变化。土坝的坝坡初选一般参照已有工程的实践经验拟定。

坝的边坡陡缓对坝坡是否稳定影响极大，应根据坝高、筑坝土质、施工方法等因素确定，初步设计时可参阅表 4-3，然后进行稳定校核计算，最后定出坝坡比。

表 4-3 坝高、顶宽比

类型	坝高(m)	6～10	11～15	16～20	21～30	31～40	备注
碾压坝	顶宽(m)	3.0	3.0～4.0	4.0	4.0～5.0	5.0	不考虑交通
水坠坝	顶宽(m)	3.0	4.5	5.0	6.0	7.0	不考虑交通

③土坝的渗透计算 土坝由散粒状土料堆筑而成，体积较大，一经压实，通常不会沿坝基发生整体滑动。而从坝体稳定来看，各部分之间的稳定主要靠土粒间的摩擦力和黏结力来维持，但因渗透水流的作用，会大大降低摩擦力和黏结力，当坝坡大于某一数值时会失去平衡发生滑坡失事，故须对坝坡进行稳定分析计算，以求在稳定状态下最优断面形状尺寸，这就是计算的目的。

④土坝的稳定计算 必须考虑的荷载有自重、渗透动水压力和地震惯性力等。

工程上对土坝的稳定分析计算，视工程大小（主要是坝高）和筑坝土料不同，可采用滑动圆弧法和折线或直线法两种。目前应用最广泛的圆弧滑动静力计算方法有瑞典圆弧法和简化的毕肖普法。

假定滑动面为圆柱面，将滑动面内土体视为刚体，边坡失稳时该土体绕滑弧圆心 O 做旋转运动，计算时沿坝轴线取单宽按平面进行分析。由于土坝工作条件复杂，滑动体内的浸润线又呈曲线状，而且抗剪强度沿滑动面的分布也不一定均匀，因此，为了简化计算和得到较为准确的结果，实践中常采用条分法，即将滑动面上的土体按一定宽度分为若干个铅直土条，分别计算各土条对圆心 O 的抗滑力矩 M_r 和滑动力矩 M_s，再分别取其总和，其比值即为该滑动面的稳定安全系数 K。

（7）溢洪道设计

溢洪道是水库"三大件"枢纽工程中的主要建筑物之一，它对泄洪、保证枢纽工程安全、坝地正常生产以及下游工程安全具有重要作用。溢洪道设计，包括位置选择、形式选择、水力计算和结构设计等任务。现分述如下。

①溢洪道位置选择　溢洪道的位置取决于坝址的地形、地质、泄流量、施工条件等。其布置是否合理，将影响到淤地坝工程的安全和投资，应注意以下几个方面：

工程量小要尽量利用天然的有利地形，常将溢洪道选择在坝端附近"马鞍形"地形的凹地处（图4-9），或地形较平缓的山坡处，这样，就可以节省开挖土石方量，减少工程投资，缩短工期。

地质良好则溢洪道应选在土质坚硬，无滑坡塌方，或非破碎岩基上。

②溢洪道的形式和断面尺寸的确定　根据地形条件和泄洪量大小，溢洪道布置形式常见有以下两类。

明渠式溢洪道：其特点是溢洪道为一明渠（或叫排洪渠），设在坝端一侧，通常不加砌护，工程量小，施工简单，一般小型淤地坝库，泄洪量较小时常用。

堰流式溢洪道：适用于流域面积较大、泄洪流量较大的情况。溢洪道常用块石或混凝土建造。根据地形落差特点

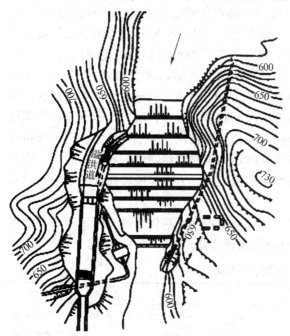

图4-9　明渠式正槽溢洪道位置选择示意

有台阶式、跌水式和陡坡式等形式，最常用的是陡坡式溢洪道。这种溢洪道的优点是：结构简单，水流平顺，施工方便，工程量小。

溢流堰根据地形条件可以布置成正堰形式（水流方向与溢洪道轴线一致）或侧堰形式（水流方向与轴线垂直），堰本身可以为宽顶堰（常用）或实用堰（需增大泄流量时）。一般陡坡式正堰式溢洪道布置如图4-10所示，由进口段、陡坡段和出口段三部分组成。为使溢流通畅、工程量较小，溢流堰应有足够的长度和宽度，故溢洪道应布设在坝的一端地形较平坦、土质较好的地段上。

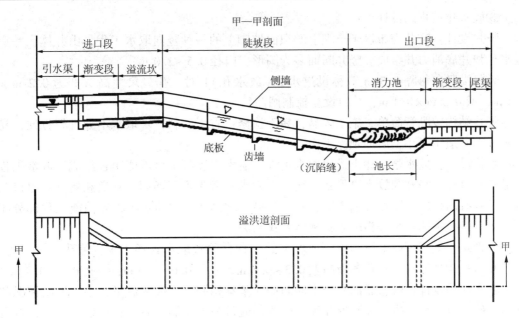

图 4-10 溢流堰式溢洪道断面示意

（8）放水建筑物

①放水建筑物的作用 放水建筑物是淤地坝工程的重要组成部分之一。它的主要作用有 3 点：

——对于未淤满的淤地坝，能排泄小型洪水，放空库容，拦蓄径流泥沙，调节洪水径流，保证坝堤安全。

——对于已淤满的淤地坝，能及时排泄沟道常流水和坝内积水，防止坝地盐碱化，及早利用坝地，发展生产。

——对于暂作蓄水防洪坝使用时，可用于下游放水灌溉。

②放水建筑物的位置选择 放水建筑物的位置选择应考虑以下 4 个方面：

——在地质上，应最好修筑在基岩或坚实的土基上，以免发生不均匀沉陷，造成涵管断裂漏水，影响坝体安全。

——涵洞的放水高程及涵洞进口高程应根据地形、地基、库内泥沙淤积、灌溉要求、施工导流等因素确定。一般哪个高程能较快淤出一定面积可供利用的坝地，就可放在哪个高程上，而不同于小型水库由"水库寿命"决定。如果下游有引用坝内排水灌溉时，还应满足下游自流灌溉的要求。对分期设计加高的坝，尚应考虑以后加高之便。当考虑分期加高土坝时，进口应位于最终加高坝上游坝坡处，不得设在现在坝体内。

——在平面布置上，涵洞出口消能工应布设在土坝下游坝坡坡脚以外，不能设在坝体内。尽可能放在沟道一侧，使水流沿坡脚流动，防止切割坝地，同时对坝体安全生产也是有利的。

——输水涵洞通常埋于坝基，纵向坡度常用 1/100 ~ 1/200，涵洞轴线与坝轴线垂直，与卧管轴线呈 90° 或钝角。

③放水建筑物的设计

竖井设计：竖井为布设于土坝上游坝面坡脚上的一种竖向取水工程，由井体、井壁进水孔和井底消力井组成。竖井断面多为圆形，内径 0.5～2.0 m。

竖井沿竖向每隔 0.5 m 对称设进水孔（放水孔）1 对，孔口尺寸高×宽为 0.2 m×0.3 m，或 0.3 m×0.4 m，孔口设立控制闸门。

竖井结构较卧管简单，施工较易，易于检修，省工省料，唯取水不如卧管方便，易漏水。竖井适用于小型淤地坝库工程。

卧管设计：放水建筑物由进口取水工程、输水工程和出口消能工程组成。取水工程常见者为卧管、竖井和放水塔形式；输水工程常见者为坝下涵洞、管道和隧洞；出口工程常见者有渐变段、陡坡和消力池，有时为挑流坎形式。因输水工程和消能工程部分相同，故常将放水建筑物分为卧管式和竖井式两类。

卧管是斜置于坝端上游沟坡或坝坡上的一种台阶式取水管涵工程，管孔口有平孔、立孔和斜孔 3 种形式。平孔各级高差 0.3～0.6 m，立孔 0.6～1.0 m，斜孔 0.4～0.8 m。

输水涵洞设计：卧管涵洞和输水涵洞形式基本相同，一般视流量大小、地质情况和材料条件，有方形、拱形和圆形几种。前两种通常为无压洞，后一种可以是无压，也可以为有压（水头高、流量较小时使用）。

出口段形式有陡坡消力池形式，也有挑流坎形式，后者适于在河床地质条件较好、水头流量较大，为减少工程量和工程投资时采用。

4.2.3　小型水库工程

水库是指在山沟或河流的狭口处建造拦河坝形成的人工湖泊。兴建水库一般是为工业、农业和生活提供用水，水力发电，发展养殖业和娱乐业等。我国兴建的水库，有以灌溉为主要功能的水库，也有以供给城市用水为主要功能的水库，但绝大多数都具有综合功能，对水资源有高效利用的价值。

水库是综合利用水资源的工程措施，除灌溉农田外，还可防洪、发电、发展养殖业、改变自然面貌。在我国干旱、半干旱的水土流失地区，以灌溉为主，同时考虑综合利用的小型水库是研究的主要对象。

小型水库主要由坝体（拦截河流或山溪流量、提高水位、形成水库）、放水建筑物（涵洞）、溢洪道（排除库内多余的洪水）三部分组成，通常称为水库的"三大件"。

4.2.3.1　水库的特征曲线与特征水位

（1）水库的特征曲线

水库的特征曲线用以描述水库库区地形特征，一般包括水库面积曲线和水库容积曲线，它是水库规划的基本资料之一。

水库的蓄水量、水面面积与蓄水水位的高低有密切的关系。水位越高，蓄水量越大，水面面积也越大。随着水库水位（高程）不同，水库的水面面积也不同，这个水位与面积的关系曲线（$H\text{-}A$）简称为水库面积曲线；水位与蓄水量的关系曲线（$H\text{-}V$）简称为水库的容积曲线。

根据上述两条曲线，可以查得相应水位的蓄水量和水面面积。它们是规划水库和设计建筑物很重要的依据。

（2）水库的特征水位

表示水库工作状况的特征库容有垫底库容（又称死库容）、兴利库容、防洪库容和超高库容。同这 4 个库容相对应的特征库水位是设计低水位、设计蓄水位、设计洪水位和校核洪水位（图 4-11）。

①垫底库容 $V_{垫}$ 和设计低水位 $H_{低}$（死水位） 垫底库容是水库库容中最低的组成部分，又称死库容。这部分库容蓄存的水量，在正常情况下，不参与水库的正常调蓄。与其相对应的是设计低水位，它是保证放水涵管泄放渠道设计流量的最低水位，为了维持水库向渠道引放设计流量，水库水位不得低于设计低水位。所以对灌溉来说，这一水位下的蓄水主要起垫底的作用。

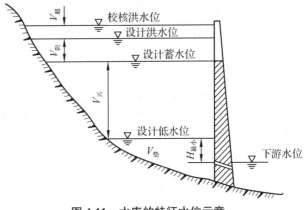

图 4-11 水库的特征水位示意

②兴利库容 $V_{兴}$ 和设计蓄水位 $H_{设}$ 兴利库容位于垫底库容的上面，它是调蓄水库水量的主要部分，使其满足灌溉、发电等用水部门的需要，故称兴利库容。对应兴利库容的水位就是设计蓄水位，又称正常水位，设计低水位至设计蓄水位以下所包围的库容叫兴利库容。如果采用自由溢洪道，则溢洪道槛高程就是水库的设计蓄水位。如水库溢洪道上装有闸门或其他控制设备，水库的设计蓄水位略低于闸门顶高程。

③防洪库容 $V_{防}$ 和设计洪水位 $H_{洪}$ 防洪库容位于兴利库容之上，用来调蓄水库上游出现的设计洪水，削减下泄的洪峰流量，减轻下游洪水危害。当水库蓄水达到设计蓄水位时，上游出现设计洪水，溢洪道就开始溢洪，在溢洪过程中，库水位逐渐上升，达到最高限度时的水位，就是设计洪水位。它与设计蓄水位之间的库容就是防洪库容。小型水库的防洪库容一般只起滞洪作用，不考虑同兴利库容结合使用。

④超高库容 $V_{超}$ 和校核洪水位 $H_{校}$ 水库的防洪问题，一方面是水库上游出现设计洪水，使水库水位达到溢洪道堰顶以上一定高度，即设计洪水位；另一方面是水库上游出现比设计洪水更大的洪水时，水库水面达到更高的水位，但不允许洪水漫过坝顶，这时出现的洪水叫做校核洪水，而水位则叫做校核洪水位。校核洪水位与设计洪水位之间的库容，叫做超高库容。应当指出，在水库规划中，还应考虑出现特大洪水的情况。这种特大洪水，叫做保坝洪水，比校核洪水更大，研究的目的是事先制定保证大坝安全的应急措施。在小型水库的规划工作中，有时用保坝洪水作为校核洪水。

水库的规划设计就是通过计算，由低到高分别确定垫底库容、兴利库容、防洪库容和超高库容，然后用下式算出水库的总库容 $V_{总}$：

$$V_{总} = V_{垫} + V_{兴} + V_{防} + V_{超} \tag{4-24}$$

并得出相应的各个特征水位。

4.2.3.2 设计低水位和垫底库容的确定

以灌溉为主的小型水库,垫底库容主要满足两个要求:首先,按渠道自流引水灌溉的要求决定设计低水位,其次,是按水库泥沙淤积的要求来校核垫底库容是否够用。如果不够用还要适当提高原来计算的设计低水位,以满足淤积泥沙所需要的库容。

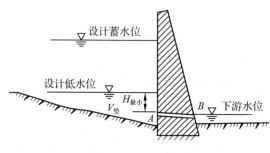

图4-12 水库设计水位

在保证水库自流灌溉的情况下,设计低水位主要取决于灌区地面的高程,由灌区规划可推算出渠首设计引水高程,也就是放水建筑物的下游水位,如图4-12上的 B 点高程。

然后加上泄放渠道设计流量时放水建筑物所必需的最小水头 H_{min},即可得到设计低水位。在规划阶段,H_{min} 可依经济指标估计,在技术设计阶段,则应根据渠道设计流量及放水建筑物的形式、尺寸进行详细的水力学计算推出。在特枯年份的抗旱季节,往往不能按正常流量放水,只要水库有水就应尽量泄放,故设计低水位以下到放水建筑物进口底槛 A 点高程之间的水库库容也是可以利用的。真正的垫底库容是放水建筑物进口底槛高程以下无法自流的库容。

设计低库容应满足泥沙淤积的要求:以灌溉为主的水库,主要要求满足上述条件。但对于多沙性河流,必须校核垫底库容能否满足泥沙淤积的要求。一般小型水库可按下列方法计算年淤积量和水库使用年限。

(1)当有泥沙观测资料时

年淤积量计算公式:

$$V_{m,0} = \frac{\rho_0 \cdot w_0 \cdot m}{(1-\rho)\gamma_s} \tag{4-25}$$

式中　$V_{m,0}$——多年平均年淤积量(m^3/a);

　　　ρ_0——多年平均含沙量(kg/cm^3);

　　　w_0——多年平均年径流总量(m^3);

　　　m——库中泥沙沉积率;

　　　ρ——淤积体的孔隙率,取值一般为 $0.3 \sim 0.4$;

　　　γ_s——淤积体积的重量(kg/m^3)。

式(4-25)仅对悬移质而言,若推移质所占比重较大,应进行专门的研究。

水库使用年限 T 的计算公式:

$$T = \frac{V_{垫}}{V_{m,0}} \tag{4-26}$$

式中　$V_{垫}$——水库拟定的垫底库容。

（2）当无泥沙观测资料时

①悬移质多年平均输沙量的估算

参证站水文比拟法：当水库所在河流无实测泥沙资料时，可选择一个气候、土壤、植被、地形、水文地质等自然地理特征相似的参证流域来估算本水库坝址以上流域的悬移质输沙量。

$$R_0 = \gamma_{0参} \cdot F \tag{4-27}$$

式中　R_0——本流域多年平均年悬移质输沙量（t）；

　　　$\gamma_{0参}$——参证流域多年平均年悬移质输沙模数（t/km^2）；

　　　F——本流域集水面积（km^2）。

经验公式法：一些地区的观测资料证明，悬移质输沙量与河床平均比降、年径流总量及侵蚀系数有关，可列出如下的经验公式：

$$R_0 = \frac{\alpha \cdot \sqrt{J} \cdot \omega_0}{100} \tag{4-28}$$

式中　J——河床平均比降；

　　　ω_0——多年平均径流总量（m^2）；

　　　α——侵蚀系数，一般可按下列资料选取：

　　　　　冲刷极微的流域 $\alpha = 0.5 \sim 1$；

　　　　　冲刷轻微的流域 $\alpha = 1 \sim 2$；

　　　　　冲刷中等的流域 $\alpha = 2 \sim 6$；

　　　　　冲刷极强的流域 $\alpha = 6 \sim 10$。

②推移质多年平均输沙量的估算　一般按推移质与悬移质有一定比例关系估算，即：

$$S_0 = \beta R_0 \tag{4-29}$$

式中　S_0——多年平均年推移质输沙量（t）；

　　　R_0——多年平均年悬移质输沙量（t）；

　　　β——推移质输沙量与悬移输沙量的比值，在一般情况下，β 可采用下列数值：

　　　　　平原地区河流 $\beta = 0.01 \sim 0.05$；

　　　　　丘陵地区河流 $\beta = 0.05 \sim 0.15$；

　　　　　山区河流 $\beta = 0.15 \sim 0.30$。

③年淤积量及水库淤积年限的估算

年淤积量为：

$$V_{m,0} = mR_0 + S_0 \tag{4-30}$$

式中　$V_{m,0}$——平均年淤积量（t/a）；

　　　m——库中泥沙沉积率。

淤积年限为：

$$T = \gamma_d \cdot \frac{V_{垫}}{V_{m,0}} \tag{4-31}$$

式中　T——淤积年限（a）；

　　　$V_{垫}$——拟定的垫底库容（m^3）；

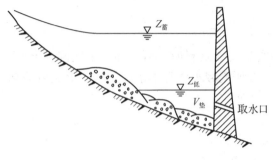

图4-13 库尾到坝前的"淤积带"

γ_d——淤沙体的干容重(t/m^3)，一般取$1.1 \sim 1.3 \ t/m^3$。

用坝前淤高估算水库使用年限：水库泥沙实际淤积情况，并不是首先在垫底库容中淤积，然后在兴利库容中淤积。由于入库水流流速逐渐减小，水流挟带的大粒径泥沙(如卵岩、砾石等)首先在库尾淤积，形成所谓"翘尾巴"的现象，接着是粗沙、细沙淤积，到坝前粒径很细的泥沙也沉积下来，形成了从库尾到坝前的"淤积带"，如图4-13所示。

当坝前泥沙淤积高程达到取水口高程时，取水口已开始被泥沙堵塞，水库无法再发挥兴利调节作用。因此，坝前泥沙淤积高度决定了水库的使用年限。坝前淤积高度的计算，可采用参证站水文比拟法：

$$h_1 = h_2 \left[\frac{F_1}{F_2}\right]^m \left[\frac{V_{2蓄}}{V_{1蓄}}\right]^n \qquad (4-32)$$

式中 h_1——设计水库坝前年平均淤高(m/a)；

h_2——参证水库坝前平均淤高(m/a)；

F_1——设计水库流域面积(km^2)；

F_2——参证水库流域面积(km^2)；

$V_{1蓄}$——设计蓄水库容，即兴利库容与垫底库容之和，以万立方米$(\times 10^4 m^3)$或亿立方米$(\times 10^8 m^3)$计；

$V_{2蓄}$——参证水库的设计蓄水库容，以万立方米$(\times 10^4 m^3)$或亿立方米$(\times 10^8 m^3)$计；

m，n——指数，一般$m=1.38$，$n=1.29$。

水库使用寿命按下式计算：

$$T = \frac{h}{h_1} \qquad (4-33)$$

式中 h——坝前取水口以下水深(m)；

其他字母含义同前。

在设计低水位及坝前取水口以下水深已知时，可用上述诸公式求出年淤积量及使用年限。一般小型水库的淤积年限可考虑为$20 \sim 50$年。如果所设计的垫底库容不能满足淤积要求，还应抬高设计低水位及取水口高程，增加垫底库容或坝前取水口以下水深。

4.2.3.3 设计蓄水位和设计库容调节计算

设计低水位选定以后，就可依据水库来水及用水资料进行兴利调节计算，求出兴利库容，根据水库容积曲线，就可换算成设计蓄水位。若灌溉面积大，天然径流量小，则还有一个经济比较的问题，即先拟选几个方案进行调节计算，选择出经济合理的灌溉面积，从而定出设计蓄水位。

水库对天然来水调节的程度不同，可分为年调节水库和多年调节水库两种。年调节水库是将一个年度内丰水季节的多余来水储存起来，到枯水季节应用，它只解决一个年度内来水和用水的不均匀性问题。多年调节水库除应调节一年内来水和用水的不均匀性以外，还要将丰水年的多余水量储存起来，到枯水年应用，以解决多年内来水和用水的不均匀性问题。

（1）年调节计算

调节计算的原理是把调节周期分为若干计算时段，并按时序进行逐时段的水库水量平衡计算，则可求得水库的蓄泄过程及所需的兴利库容。

$$\Delta V = (Q_\lambda - q_出)\Delta t \tag{4-34}$$

式中　　ΔV ——计算时段 Δt 内水库蓄水量的增减值，蓄水量增加时为正，蓄水量减少时为负；

　　　　Q_λ ——计算时段 Δt 内流入水库的流量（即来水量）；

　　　　$q_出$ ——计算时段 Δt 内从水库流出的流量（包括各用水部门的用水量和各种水量损失，如蒸发、渗漏等）。

计算时段 Δt 的长短，对计算精度有一定影响，对年调节计算来说，一般可取 1 个月为一个计算时段，有时在来水量变化较大或灌溉用水量变化较大时，可取半月或一旬作为一个计算时段，精度要求高，则时段就要划分短些。

在具体计算时，一般是从蓄水期（来水大于用水，有余水蓄在水库里）开始作为调节计算的起点，也就是说，调节计算时按调节年度进行。所谓调节年度，就是水库从蓄水期开始作为调节年度的起点，水库蓄满后又经供水期将水库放空为调节年度的终结（也就是下一调节年度的开始）。这样经历的 1 年称为调节年，它不是从 1 月 1 日到 12 月 31日为 1 年的日历年。

（2）多年调节计算

以上介绍的是年调节水库的兴利调节计算原理，它适用于相应保证率的年来水量大于年用水量的情况。如果是设计年来水量小于年用水量，仅靠年调节的方式，将一年内的水量重新分配还不能满足用水的要求，必须修建调节性能更高、库容更大的水库，将丰水年的多余水量存蓄在水库中，以补充枯水年用水的不足。这种将丰、枯年份的年径流量年内变化都加以重分配的调节方式，称为多年调节。

多年调节的基本计算原理和程序与年调节计算相似，即先通过调节计算求得每年所需库容，再进行频率计算，以求得设计的兴利库容。只是多年调节水库的蓄水期和供水期有时会长达几年、十几年，在这种情况下，确定某些年份所需要的库容，就不能像年调节水库那样单凭本年度供水期的不足水量来定，而必须联系前一年或前两年，甚至前面更多年份的不足水量情况，才能定出所需库容。

（3）库容调节性能

由对水库的来水和用水的特性分析可知，来水和用水之间，往往不相适应，这种不适应性，有的反映在一年之内，如有的月份来水远远大于用水，有的月份来水小于用水，但整年的来水量还是能满足年用水量要求；有的则不仅在年内，同时还存在于年与年之间，即丰水年的年来水量大于年用水量，而枯水年的年来水量小于年用水量。为了满足用水部门一定设计保证率下的用水要求，对于前一种情况，只要对径流的年内变化按用水要求作重新分配便可解决，这种调节周期不超过一年的调节称为年调节；对后一种情况，不但要对径流的年内变化，而且要对年与年之间的径流变化按用水量要求进行重新分配才能解决，此时径流调节周期超过一年，这种称为多年调节。

调节计算所需要解决的问题是：在来水、用水及灌溉设计保证率已定的情况下，计算所需的兴利库容。有时也可以在兴利库容已知时，求水库在灌溉设计保证率下的供水能力(灌溉面积)或在供水能力(灌溉面积)一定的情况下，所能达到的设计保证率。

4.2.3.4　水库防洪规划

水库防洪是指利用水库防洪库容调蓄洪水以减免下游洪灾损失的措施。水库防洪一般用于拦蓄洪峰或错峰，常与堤防、分洪工程、防洪非工程措施等配合组成防洪系统，通过统一的防洪调度共同承担其下游的防洪任务。用于防洪的水库一般可分为单纯的防洪水库和承担防洪任务的综合利用水库，也可分为溢洪设备无闸控制的滞洪水库和有闸控制的蓄洪水库。

水库防洪规划是指防洪水库应在河流或地区防洪规划的基础上选择防洪标准、防洪库容和水库泄洪建筑物(见"泄水建筑物")形式、尺寸及水库群各水库防洪库容的分配方案。防洪规划应当确定防洪对象、治理目标和任务、防洪措施和实施方案，划定洪泛区、蓄滞洪区和防洪保护区的范围，规定蓄滞洪区的使用原则。编制防洪规划，应当遵循确保重点、兼顾一般，以及防汛和抗旱相结合、工程措施和非工程措施相结合的原则，充分考虑洪涝规律和上下游、左右岸的关系以及国民经济对防洪的要求，并与国土规划和土地利用总体规划相协调。

(1)设计洪水和设计标准

洪水就是河流、湖泊、海洋等一些地方，在较短时间内水体突然增大，造成水位上涨，淹没平时不上水的地方的现象，常威胁到有关地方安全或导致淹没灾害。每年入库的洪水，其数量大小和变化过程都不相同，因此在水库规划设计时，必须选择一个标准的洪水作为依据，这个洪水叫做设计洪水。设计洪水选大了，求得的防兴库容和泄洪建筑物尺寸都会偏大，对水库来说是比较安全的，但工程量大、不经济。反之，设计洪水选小了，可以节省投资，但不安全，经常会造成防汛的紧张。因此，在选择设计洪水标准时必须反复比较，慎重考虑。

我国现行的方法是选用相应于某一频率的洪水作为设计洪水，如五十年一遇、百年一遇或千年一遇等。可以根据工程的重要性而分别选用不同标准的设计洪水。表4-4可供规划设计时参考。

表4-4　水库永久性主要水工建筑物设计洪水标准

永久性水工建筑物级别		1	2	3	4	5
相应的总库容($\times10^8\text{m}^3$)		>10	1~10	0.1~1	0.01~0.1	0.001~0.01
(正常情况)设计洪水频率(%)		0.1	1	2	3.33	5
(非常情况)校核洪水频率(%)	土坝、堆石坝、干砌石坝	0.01	0.1	0.2	0.5	1
	混凝土坝、钢筋混凝土坝、浆砌石坝	0.01~0.033	0.1~0.2	0.2~0.33	0.5~1	1

从表 4-4 可以看出，水工建筑物的设计洪水包括了 2 种不同频率的洪水。一种标准较低（即频率较大），叫做"设计洪水"，用它来决定水库的设计洪水位。另一种洪水的标准较高，叫做"校核洪水"，用它来决定水库的校核洪水位。当这种洪水来临时，可以允许水库水面至坝顶之间的安全超高留得小一些，允许水利枢纽可以在非常情况下运用，但水库的主要建筑物（如大坝）仍要确保安全。由设计洪水位和校核洪水位加上各自的安全超高和风浪高，可以获得其各自相应的坝高，规划设计时选两者之中较大者作为水库的设计坝顶高程。

设计洪水包括 3 个方面的内容，即设计洪峰流量、设计洪水总量和设计洪水过程线。在水库防洪规划中，主要是按所选的设计标准、校核标准和保坝标准，推求一条设计洪水过程线、一条校核过程线和一条保坝洪水过程线。目前推求设计洪水有 2 个途径和 3 种情况，即利用流量资料推求设计洪水和利用暴雨资料推求设计洪水 2 个途径，以及有资料、资料不全和无资料 3 种情况。有关这一部分的计算可参考《水文学》一书，这里不再详述。

（2）设计洪水的计算

小流域设计洪水是兴建小型水库溢洪道的基本依据。小流域一般没有实测雨量和流量资料，所以，设计洪水的计算方法分为下列 3 种：推理公式法，这个方法的重点是推求设计洪峰流量，它的理论是建立在暴雨形成洪水的成因分析基础上，也是国内外使用最为广泛的一种方法；地区经验公式法，也是一个推求设计洪峰流量的方法，它的基础是建立在流域邻近地区的实测和调查的洪水资料上，从而建立地区经验公式；综合单位线法，它是一个推求设计洪水过程线的方法。

4.2.4　山地灌溉工程

4.2.4.1　水源

我国是一个以山地为主的国家，耕地有限且以山丘区坡耕地为主，因此山丘区的农业生产关系着整个国家的粮食安全，至关重要。但山丘区水源条件差，季节性缺水明显，遇干旱年份，塘、库蓄水量不足，农业生产与生活用水矛盾十分突出。

山地灌溉工程是指为山区、丘陵区农业生产灌溉服务的一系列工程，主要包括水源工程、泵站、提水引水工程和输配水工程等。下面将对各部分进行详细介绍。

（1）灌溉水源类型

灌溉水源是用于灌溉的地表水和地下水的统称。地表水包括河川径流、湖泊和汇流过程中拦蓄起来的地面径流；地下水主要是指可用于灌溉的浅层地下水。地表水是主要的灌溉水源，例如，我国灌溉面积中约有 75% 以地表水为水源。

①地表灌溉水源　我国可利用的灌溉水量在时空分布上很不均匀。时间上，年降水量的 50%~70% 集中在夏季或春夏之交的季节，径流量的年际变化较剧烈，且时常出现连续枯水年或连续丰水年的现象。空间上，南方水多，北方水少，可利用的水量与耕地面积分布不相适应，严重制约农业的发展。

②地下灌溉水源　埋藏在地面以下的地层（如砂、砾石、砂砾土及岩层）裂隙、孔洞等空隙中的重力水，一般称为地下水，而蓄积地下水的上述土层和岩层则称为含水层。

根据埋藏条件，地下水可分为潜水和层间水。

潜水是在地表以下第一个稳定的隔水层以上含水层中的地下水，又称浅层地下水。其水位、水质在很大程度上取决于气候条件和附近河流的水文状况。在垂直补给比较丰富，且水质适于灌溉的地区，应以浅层地下水作为主要灌溉水源。

埋藏于两个隔水层之间的地下水称为层间水，层间水又可分为无压层间水和有压层间水2种。层间水不宜作为主要的灌溉水源，仅能作为非常干旱年份的后备水源。

（2）灌溉取水方式

灌溉取水方式，随水源类型、水位和水质的状况而定。利用地面径流灌溉，可以有各种不同的取水方式，如无坝引水、有坝引水、抽水取水和蓄水取水等。

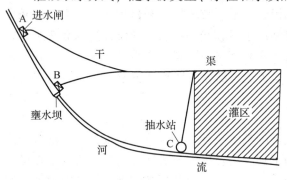

图 4-14　灌溉取水方式示意
A. 无坝取水　B. 有坝取水　C. 抽水取水

①无坝引水　当河流枯水期的水位和流量均能满足自流灌溉要求时，即可选择适宜的位置作为取水口，修建进水闸引水自流灌溉，形成无坝引水。在山区丘陵区，灌区位置较高，可自河流上游水位较高的地点 A 引水（图 4-14），借修筑较长的引水渠取得自流灌溉的水头。

无坝引水取水口的位置应选在河床坚固、河流凹岸中点偏下游处。这是因为河槽的主流总是靠近凹岸，同时还可利用弯道横向环流的作用，引取表层清水，防止泥沙淤积取水口和进入渠道。在较大的河流上引水，为保证主流稳定，减少泥沙入渠，引水流量一般不应超过河流枯水流量的30%。

无坝引水的渠首一般由进水闸、冲沙闸和导流堤3个部分组成。进水闸控制入渠流量，冲沙闸冲走淤积在进水闸前的泥沙，而导流堤一般修建在中小河流中，平时发挥导流引水和防沙的作用，枯水期可以截断河流，保证引水。

②有坝引水　当河流水量丰富，但水位不能满足自流灌溉要求时，需要在河流上修建壅水建筑物（坝或闸）抬高水位，如图4-14中的B点。在灌区位置已定的情况下，此种形式与有引渠的无坝引水相比较，虽然增加了拦河坝（闸）工程，但引水口一般距灌区较近，可缩短干渠线路长度，减少工程量。在某些山区丘陵区洪水季节虽然流量较大，水位也够，但洪、枯季节变化较大，为了便于枯水期引水也需修建临时性低坝。

有坝引水枢纽主要由拦河坝（闸）、进水闸、冲沙闸及防洪堤等建筑物组成，如图4-15所示。

拦河坝：拦截河道，抬高水位，以满足灌溉引水的要求，汛期则在溢流坝顶溢流，宣泄河道洪水。因此，坝顶应有足够的溢洪宽度，在宽度增长受到限制或上游不允许壅水过高时，可降低坝顶高程，改为带闸门的溢流坝或拦河闸，以增加泄洪能力。

冲沙闸：是多沙河流低坝引水枢纽中不可缺少的组成部分。它的过水能力一般应大于进水闸的过水能力。冲沙闸底板高程应低于进水闸底板高程，以保证较好的冲沙效果。

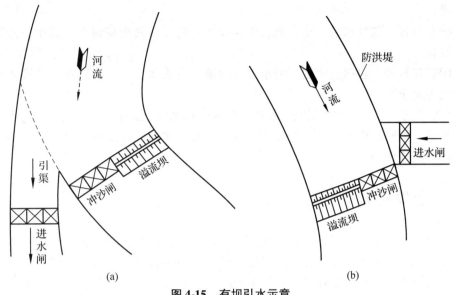

图 4-15 有坝引水示意
(a)侧面引水 (b)正面引水

防洪堤:为减少拦河坝上游的淹没损失,在洪水期保护上游城镇、交通的安全,可在拦河坝上游沿河修筑防洪堤。

此外,若有通航、过鱼、过木和发电等综合利用要求,尚需设置船闸、鱼道、筏道及电站等建筑。

③抽水取水 河流水量比较丰富,但灌区位置较高,修建其他自流引水工程困难或不经济时,可就近采取抽水取水方式,如图4-14中的C点。由于它无须修建大型挡水或引水建筑物,受水源、地形、地质等条件的限制较少,且具有机动灵活、一次投资少、成本回收快等特点,特别适用于喷灌、滴灌等节水灌溉系统,但增加了机电设备和厂房、管道等建筑物,需要消耗能源,运行管理费用较高。

④蓄水取水 河流的流量、水位均不能满足灌溉要求时,需要在河流的适当地点修建水库等蓄水工程进行径流调节,以解决来水和用水之间的矛盾。

水库枢纽一般由挡水建筑物、泄水建筑物和取水建筑物组成,工程量大,库区淹没损失较多,对库区和坝址处的地形、地质条件要求较高。因此,必须认真选择库址和坝址。水库蓄水一般可兼顾防洪、发电、航运、供水和养殖等方面的要求,为综合利用河流水资源创造条件。

塘堰是小型蓄水工程,主要拦蓄当地地面径流。一般有山塘和平塘两类,在坡地上或山间筑坝蓄水所形成的塘叫山塘;在平缓地带挖坑筑堤蓄水所形成的塘叫平塘。塘堰工程规模小,技术简单,群众易办,对地形、地质条件要求较低。

上述几种取水方式,除单独使用外,有时还能综合使用,引取多种水源,形成蓄、引、提结合的灌溉系统。

4.2.4.2 小型泵站

泵站是由抽水的一整套机电设备和与其配套的水工建筑物两部分组成。泵站由下列部分组成：

①抽水设备　包括水泵、动力机、传动设备、管道及其附属设备。其中，水泵是最主要的设备。

②配套建筑物　包括引水闸、引水渠、前池、进水池、泵房、出水池和输水渠道或穿堤涵洞等建筑物。

③辅助设施　包括功能(变电、配电、储油、供油等)设施、泵房内的供排水设施和安装、起吊、检修设施等。对小型泵站来说，一般只建辅助性房屋即可，供管理人员值班和存放工具等使用。

4.3　水土保持林草措施

水土保持林草措施又称水土保持植物措施、水土保持林业措施或水土保持生物措施，是在水土流失地区人工造林或飞播造林种草、封山育林育草等，为涵养水源、保持水土、防风固沙、改善生态环境、开展多种经营、增加经济与社会效益而采取的技术方法。是区域(流域)水土流失综合治理措施的组成部分，与水土保持农业措施、水土保持工程措施组成一个有机的区域(流域)综合防治体系。

4.3.1　水土保持林草措施体系

4.3.1.1　水土保持植被恢复

在山地丘陵的水土流失地区进行水土保持林建设，所面临的主要问题是立地条件恶劣：北方的主要问题是干旱缺水；南方则是土壤瘠薄，部分地区也存在干旱现象。20世纪50年代以来我国各地造林经营证明，适地适树、良种壮苗、细致整地、合理密度、精细栽植、抚育管理6项基本措施是水土保持造林的基本技术措施。而在干旱半干旱地区，关键是保证林木成活和提高其生长量的抗旱技术。

(1)适地适树，选择抗性强的树种

水土流失地区选择树种应适合当地的立地条件，最关键的是抗性强，只有抗性强才能确保造林的成活率，造林成活后才有生长量。在半干旱温暖性地区，树种的抗旱性是关键；半干旱寒温性地区则要既抗旱又抗寒；南方亚热带、热带湿润区则耐水湿、耐高温、耐土壤瘠薄是关键。总的来讲，水土保持树种应是深根、冠大、枯落物多、根蘖性强、改良立地性能好(如固氮)的抗性强树种。总结我国多年来的造林经验，就是划好立地类型，通过适宜树种的选择做到适地适树。

①黄土高原地区　黄土高原地区土壤水分条件是树木生长的主导限制因子，树种的抗旱性是首要考虑的因素。多年来的造林经验表明：柠条、红柳、山杏、酸枣、侧柏耐旱性极强，油松、刺槐、紫穗槐、沙棘耐旱性中等，而其他多数树种耐旱性差。白榆虽耐旱，但不耐贫瘠。黄土立地因子复杂，不同的立地土壤水分、肥力条件的差别很大，应根据立地类型划分选择最合适的树种。当然，温度、雨量、海拔等也是重要因素。1981—1985年，北京林业大学高志义主持，由7省、自治区协作，对黄土区立地类型划分和适地适树问题进行了调查研究。现将这一地区有代表性的3个类型区立地类型和适

生树种叙述如下：

暖温带半湿润区森林植被带晋陕黄土高原丘陵沟壑区：海拔 600～1 200 m，年平均气温 8.6～12.3℃，年平均降水量 525～627 mm，年平均相对湿度60%～65%。各立地类型适生树种见表4-5。

表4-5　暖温带半湿润区森林植被带晋陕黄土高原丘陵沟壑区适生树种

立地质量等级	立地类型	适生树种
I	沟底塌积、冲积土	旱柳、小叶杨、沙棘、灌木柳类
II	山梁坡、沟坡中下部黄土阴坡	油松、华山松、河北杨、刺槐、侧柏
III	山梁坡、沟坡中下部黄土阳坡	河北杨、刺槐、山桃、杜梨、沙棘、侧柏、酸枣、黄蔷薇
	山梁坡、沟坡上部黄土阴坡	油松、华山松、沙棘、柠条、珍珠梅
	山梁坡、沟坡上部黄土阳坡	油松、沙棘、柠条、刺槐、栎类
IV	山梁顶黄土	油松、侧柏、沙棘、狼牙刺
	山梁坡、沟坡上部姜石粗骨土阳坡	侧柏、杜梨、山桃、沙棘、酸枣、黄蔷薇
	山梁坡、沟坡中下部红黏土阴阳坡	河北杨、沙棘、黄荆、栎类
V	山梁顶姜石粗骨土	侧柏、杜梨、山桃、黄蔷薇
	山梁顶黄土冲风口	侧柏、杜梨、山桃
	山梁坡、沟坡急陡坡黄土	柠条、沙棘、狼牙刺、红柳、酸枣

暖温带半干旱区森林草原地带晋陕黄土丘陵沟壑区：海拔 800～1 200 m，年平均气温 8.5～11.0℃，年平均降水量 450～570 mm，年平均相对湿度 53%～59%。各立地类型适生树种见表4-6。

表4-6　暖温带半干旱区森林草原地带晋陕黄土丘陵沟壑区适生树种

立地质量等级	立地类型	适生树种
I	淤泥质沟底	旱柳、小叶杨、沙棘、灌木柳
II	黄土梁峁阴坡	油松、刺槐、河北杨、沙棘、柠条
III	黄土梁峁阳坡	河北杨、侧柏、刺槐、杜梨、柠条、山桃、紫穗槐
	黄土梁峁顶	侧柏、柠条、杜梨、山桃、油松
IV	黄土沟坡	柠条（上部）、刺槐（下部）、侧柏、沙棘、油松
V	红黏土沟坡	沙棘

中温带毗邻干旱地区的半干旱草原地带陇中北部河谷黄土丘陵盆地区：海拔1 500～2 000 m，年平均气温 5.9～9.1℃，年平均降水量 184.8～380 mm，年平均相对湿度46%～59%。各立地类型适生树种见表4-7。

表4-7　中温带毗邻干旱地区的半干旱草原地带陇中北部河谷黄土丘陵盆地区适生树种

立地质量等级	立地类型	适生树种
III	梁峁坡、阴沟坡	侧柏、山杏、柽柳、柠条、毛条
IV	梁峁顶	柠条
	阴沟坡、陡坡	柠条、枸杞、霸王

②长江中上游丘陵地区 首先，本区在同一气候区域内，土层厚度是划分立地类型的一项重要因子；其次，海拔高度相差悬殊，特别是金沙江高山峡谷地区，海拔 325～4 000 m，气候带垂直带谱从南亚热带至寒带，是又一个重要因素；第三，地貌不同，有中山、低山、高丘、低丘等，部位有山顶、阴坡、阳坡、山洼之别；最后，除南方的酸性土外，还有很大一部分为钙质土，并有粗骨土、裸岩等特殊立地类型。表4-8 为长江中上游 4 片重点水土流失区的主要立地类型及适宜树种。

表4-8 长江中上游 4 片重点水土流失区的主要立地类型及适宜树种

类型区	立地类型	适生树种
四川盆地丘陵（海拔200～500 m，钙质紫色土）	丘顶薄层紫色土、粗骨土	马桑
	丘坡薄层紫色土	马桑、桤木、黄荆、乌桕
	丘坡中、厚层紫色土	桤木、柏木、马桑、刺槐
	低山阴坡中、厚层黄壤、紫色土	柏木、桤木、麻栎、枫香
	低山阳坡薄层黄壤、紫色土	黄荆、马桑、桤木、乌桕
贵州高原西北部中山、低山（海拔900～1 500 m）	山坡薄、中层酸性紫色土，山坡薄层钙质土及半裸岩石灰岩山地	光皮桦、栓皮栎、麻栎、枫香、响叶杨、蒙自桤木、毛桤木、马尾松、茅栗、山苍子、胡枝子、其他灌木类、马桑、月月青、小果蔷薇、悬钩子、化香、朴树、灯台树、响叶杨、黄连木
四川云南金沙江高山峡谷区	干热河谷荒坡，海拔325～1 000 m，南亚热带半干旱气候	坡柳、余甘子、山毛豆、木豆、小桐子、新银合欢、赤桉、台湾相思、木棉
	低半山山坡，海拔1 000～1 500 m，北亚热带半湿润气候	蒙自桤木、刺槐、马桑、余甘子、乌桕、栓皮栎、麻栎、滇青冈、化香
	低中山山坡，海拔1 500～2 500 m，北亚热带湿润气候	蒙自桤木、华山松、云南松、刺槐、马桑、栓皮栎、麻栎
	半中山山坡，海拔2 000～2 500 m，暖温带湿润气候	云南松、华山松、山杨、灯台树、高山栲、苦槠、丝栗栲、野核桃、山苍子、石栎类
	高半山山坡，海拔2 500～3 200 m，温带湿润气候	云南松、华山松、高山栎、红桦、箭竹
湖南衡阳盆地丘陵	丘陵、低山红壤（一般土层深厚）	马尾松、湿地松、枫香、木荷、栓皮栎、麻栎、苦槠、米槠、白栎、盐肤木、杨梅、山茶、胡枝子、其他灌木类
	低丘钙质紫色土（主要为薄层土）	草木犀（先锋草本）、南酸枣、黄荆、六月雪、乌桕、白花刺、小叶紫薇、马桑（试种）；个别厚层土处：柏木、刺槐、黄连木、黄檀

③太行山区 太行山石质山区立地条件同样有其多样性、复杂性。海拔对一些温度敏感的树木产生明显影响。实践证明，最耐干旱的乔木树种侧柏、栓皮栎不能在高海拔

地区种植。低山阴坡、阳坡对温度、土壤水分、肥力、植被造成的明显差异，使适生树种有明显差别。油松在阳坡大部分土层浅薄地带长成"小老树"，甚至成片早死，而在阴坡一般生长良好；而分布于近北界的栓皮栎，则要求较好的温度、光照条件，不适于在阴坡种植，由于它的抗旱性强，在阳坡生长良好。在本区造林面积最大的刺槐，只适于低山区土层深厚的地带。北京林业大学沈国舫等以海拔、坡向、土层厚度（土壤肥力等级）来划定立地类型，符合本区低山区的情况。表4-9为太行山低山区各立地类型适生树种。

表4-9　太行山低山区各立地类型适生树种

立地类型	适生树种
海拔 400 m 以下阳坡厚土组	油松、侧柏、刺槐、栓皮栎、元宝枫、黄栌、杜梨
海拔 400 m 以下阳坡薄土组	侧柏、栓皮栎、黄栌、紫穗槐、酸枣、杜梨、黄荆
海拔 400 m 以上阳坡厚土组	油松、侧柏、刺槐、栓皮栎、元宝枫、槲树、山杨、杜梨、山杏、黄栌、沙棘、酸枣、黄荆、胡枝子
海拔 400 m 以上阳坡薄土组	侧柏、栓皮栎、黄栌、杜梨、紫穗槐、酸枣、黄荆
海拔 400 m 以上阴坡厚土组	油松、华山松、槲树、元宝枫、黄栌、山杏、沙棘
海拔 400 m 以上阴坡薄土组	侧柏（背风处低山下部）、油松（土层厚30 cm 以上）、槲树、华山松（土层厚30 cm 以上）、山杨、杜梨、丁香、沙棘、黄荆

④东北黑土丘陵区　本区坡度平缓，土类单纯。沟壑及凹地灌木柳类及杨、柳等乔木生长良好。坡面无论黑土层深浅均适于适应性很强的落叶松、樟子松生长，但小黑杨、小青杨则要求有一定黑土层才生长良好。地埂栽种胡枝子生长良好，效益显著。沙棘、丁香适于本区山坡生长，沙棘在沟壑区也生长良好。

（2）细致整地，改善立地条件

①水平阶　适用于坡面较为完整的地带。水平阶是沿等高线里切外垫，作成阶面水平或稍向内倾斜成反坡（5°~8°）；阶宽 1.0~1.5 m；阶长视地形而定，一般为 2~6 m，深度40 cm以上；阶外缘培修20 cm高的土埂。

②反坡梯田　适用于坡面较为完整的地带。多修成连续带状，田面向内倾斜成12°~15°反坡，田面宽1.5~2.5 m；在带内每隔5 m筑一土埂，以预防水流汇集；深度 40~60 cm。

③水平沟　适用于坡面完整、干旱及较陡的斜坡。水平沟上口宽 1 m，沟底宽60 cm，沟深60 cm，外侧修20 cm高埂；沟内每隔5 m修一横挡。

④鱼鳞坑　适用于地形零碎地带。为近似于半月形的坑穴，坑面低于原坡面，稍向内倾斜。一般横长 1~1.5 m，竖长 0.8~1.0 m，深40~60 cm，外侧修筑成半环状土埂，土埂高20~25 cm。鱼鳞坑要品字形排列。

（3）应用抗旱造林方法，采取科学栽植技术

水土保持林的造林方法，应当突出其抗旱技术措施。一般应以植苗造林为主。但是，一些先锋灌木树种可以采用直播造林方法；在阴坡土壤水分条件较好地带，一些针阔叶乔木树种也可以直播造林。

植苗造林在同一块地不要一、二级苗混栽，以求林木生长整齐。一般植苗采用明穴植树法。开穴深、宽要大于根幅、根长，栽正扶直，深浅适宜，根系舒展，先填表土、湿土，分层踏实，最后覆一层虚土。有的小苗，可采用窄缝栽植法。在土质较松地带，对根系细窄的小苗木，如马尾松小苗，可采用窄缝栽植法，但不要窝根，栽后压紧土缝或踏实，再覆些虚土。北方干旱、半干旱地区，萌芽力强的阔叶树种采用截干栽根，有利于保持苗木自身的水分平衡，成活率较高。用地膜、草秸覆盖于植树穴上，可以抑制土壤水分蒸发，达到蓄水保墒、促进幼树成活的目的。地膜覆盖还有增加土温、促进生根的作用，应予推广。播后可迅速发芽生根，有一定抗旱能力的先锋树种，如柠条、马桑、栓皮栎等，在鸟兽害少的地方，直播造林已取得较好成效。在南方高海拔山地，云南松、华山松、光皮桦等树种直播造林的效果也很好。水土保持造林还应当采取一系列其他抗旱造林配套技术。例如，选用壮苗造林，必须从起苗到定植，做好苗木保湿，力争使苗木水分不过多减少，还要选择温度、水分最稳定的季节定植等。

（4）加强抚育与保护，保证良好生长环境

幼林抚育包括除草松土、培土壅根、正苗、踏实、除萌、除藤蔓植物，以及对分蘖性强的树种进行平茬等，但重点是除草松土。

（5）营造混交林，提高生态经济功能

营造水土保持林，要以混交林为主。良好的混交林分，其生长量也较纯林高。

众所周知，混交林多树种生态效益的互补作用，使病虫害明显减少。因此，水土保持林、水源涵养林应以混交林为主，这是一个带有方向性的重大技术问题，对于改善全局的生态平衡，将产生深远的影响。在不少地区，当前不仅营造乔灌混交林成为现实，而且也发现不少乔木树种混交林的成功范例。

人工营造乔木树种与封育林内天然乔灌木树种相结合的方法，形成多树种、多层次的混交林，是亚热带湿润地区、半湿润地区广大山区丘陵现实可行的成功经验，值得提倡和推广。

在北方温带半湿润、半干旱地区，可以营造乔灌混交林。各地乔木树种的混交林也有一些成功经验，如油松槲树混交、油松元宝枫混交等，也有生长良好的油松、山杨、白桦、灌木形成天然混交。

各地经验证明，有条件地区，通过封山育林，构成多树种多层次的混交林，也是现实可行的办法。

4.3.1.2　水土保持林草体系

（1）水土保持林草体系的组成

防护林体系同单一的防护林林种不同，它是根据区域自然历史条件和防灾、生态建设的需要，将多功能多效益的各个林种结合在一起，形成一个区域性、多树种、高效益的有机结合的防护整体。这种防护体系的营造和形成，往往构成区域生态建设的主体和骨架，发挥着主导的生态功能与作用。

（2）水土保持林草体系的意义

山区和丘陵区一般都具有发展农、林、牧业生产的条件和优势。与平原区不同，山区和丘陵区具有进行多种经营、从事多种种植业并取得多种产品的优越条件。也就是说，充分合理地利用山丘区的水土资源、气候资源、生物资源的优势，其所拥有的和可发挥的巨大的生产潜力是显而易见的。为了以中、小流域为单元建成生态、经济高效、持续、稳定的人工生态系统，在合理规划土地利用方向和生产内容的条件下，各个生产用地上必须及时地采取适合山丘区条件的生产措施和水土保持措施。这些措施的目标在于创造良好生产条件的同时，获取所期望的经济效益。从这个意义上看，山区、丘陵区的水土保持各项措施，不仅仅是"水土保持"，实质上它是保障和增加生产的生产措施，是山区生产建设中必不可少的重要组成部分，"水土保持是山区生产的生命线"的道理即在于此。综合的水土保持措施是山区各生产用地上进行合理生产活动的必要组成部分。改变山丘区单一的经济结构为复合的农业经济结构是改善和发展山区经济条件的重要前提，而土地利用的合理规划及各业用地合理比例的确定又是农业经济结构转换的基础，各个生产用地上，如何充分发挥其土地利用率和大幅度地提高其土地生产力，实质上影响经济结构的形成。如此看来，山区的生产措施和水土保持措施，必须纳入市场经济对山区经济开发需要的轨道，在充分保证良好生产条件的基础上，最大限度地通过生产措施、水土保持措施为种植业及养殖业提供生产条件。

水土保持林在水土保持工作中，不仅是一项以水土保持林特有的防护效益为理论依据、其他任何措施不可取代的水土保持措施；同时，又是一项具有巨大生产意义的重要的生产措施。因此，在山区和丘陵区，不论从林地占有面积和空间（一般可达中、小流域面积的70%~80%），从发挥其调节河川径流，控制水土流失，减免水、旱灾害，以及最终改善生产条件方面，还是为开发山区经济、发展多种经营提供物质基础等方面，水土保持林均占有极其重要的地位。林业的发展一是要发挥林业特有的生态屏障功能，二是要把林业作为山丘区一项骨干产业为当地提供多种林业产品，显示其应有的社会经济功能。

山区建设特点及其所具有的自然历史条件和生产传统赋予了山区林业屏障和林业产业两项重要功能。但是，这种认识的形成与产生，恰是在长期水土保持生产实践中不断总结、不断演化的结果，尽管当前在水土保持理论和技术实施的见解上仍有所不同，可是"增加流域植物（特别是林木）覆盖""发展以木本植物为主体的林业产业"则几乎成了人们的共识，这就为小流域水土保持治理的理论和技术，由单纯"防护型"或"水土保持型"向"生态经济型"转换创造了条件，从而使水土保持林的实施真正体现出上述两大主体功能。

在山区、丘陵区作为"体系"的水土保持林种内应根据其防护特点、配置位置，同其他水土保持措施的结合，以及其经营目标的不同，进一步划分若干林种，以便提出相应的配置和营造技术措施。在一个中、小流域范围内，合理配置（水平配置）的各个林种，应因地制宜，因害设防，在其防护功能上则相互补充、完善，从整体上形成完善的防护体系；同时，在其经济功能上通过与其他生产用地的结合，通过植物多样性的选择与配合，形成稳定的生物生产群体和高额的土地生产力。

4.3.1.3　水土保持林草空间配置

在小流域范围内，水土保持林体系的合理配置，要体现各个林种具有的生物学稳定性，显示其最佳的生态经济效益，从而达到流域治理持续、稳定，人工生态系统建设高效的主要作用。水土保持林体系配置的组成和内涵，主要基础是做好各个林种在流域内的水平配置和立体配置。

　　所谓"水平配置"是指水土保持林体系内各个林种在流域范围内的平面布局和合理规划。对具体的中、小流域应以其山系、水系、主要道路网的分布，以及土地利用规划为基础，根据当地发展林业产业和人民生活的需要，根据当地水土流失的特点，水源涵养、水土保持等防灾和改善各种生产用地水土条件的需要，进行各个水土保持林种合理布局和配置，在规划中要贯彻"因害设防，因地制宜""生物措施和工程措施相结合"的原则，在林种配置的形式上，在与农田、牧场及其他水土保持设计的结合上，兼顾流域水系上、中、下游，流域山系的坡、沟、川和左、右岸之间的相互关系，同时，应考虑林种占地面积在流域范围内的均匀分布和达到一定林地覆盖率的问题。我国大部分山区、丘陵区土地利用中林业用地面积大致要占到流域总面积的 30%~70%，因此，中小流域水土保持林体系的林地覆盖率可在 30%~50%。

　　所谓林种的"立体配置"是指某一林种组成的树种或植物种的选择和林分立体结构的配合形成。根据林种的经营目的，要确定林种内树种、其他植物种及其混交搭配，形成林分合理结构，以加强林分生物学稳定性和形成开发利用其短、中、长期经济效益的条件。根据防止水土流失和改善生产条件以及经济开发需要和土地质量、植物特性等，林种内植物种立体结构可考虑引入乔木、灌木、草类、药用植物、其他经济植物等，其中，要注意当地适生的植物种的多样性及其经济开发的价值。"立体配置"除了上述林种内的植物选择、立体配置之外，还应注意在水土保持与农牧用地、河川、道路、四旁、庭院、水利设施等结合中的植物种的立体配置。在水土保持林体系中，通过林种的"水平配置"与"立体配置"使林农、林牧、林草、林药的合理结合形成多功能、多效益的农林复合生态系统；形成林中有农、林中有牧、利用植物共生、时间生态位重叠，充分发挥土、水、肥、光、热等资源的生产潜力，不断培肥地力，以达到最高的土地利用率和土地生产力。因此，林种立体配置应强调的问题：一是针对防灾需要和所处立地条件而合理选择树种或植物种；二是根据选定的树种或植物种的生物学特性、生态学特性，处理好植物种间的关系；三是林分密度的确定，除应考虑一般确定林分密度的原则之外，还要注意林分将要防护灾害的需要以及所应用树种和植物种的特性。

　　水土保持林体系在小流域范围内的总体配置原则，就是通过山丘区防护林体系各林种的水平配置、布局和各林种组成树种或植物种的立体配置，体现林种合理的林分结构，达到林分的生物学稳定性，获取在该立地条件下较高的生物产量，从而达到预期的生态经济效益。由于生态林业的科学概念正在形成、发展和完善中，林种配置技术，特别是林种的立体配置技术，依据因害设防、因地制宜的原则，因所处地区社会经济、自然历史条件和当地传统经验以及其技术优势等原因，会出现各具特点、多样的形式。因而目前尚难以指出普遍适用的配置技术模式。本章主要针对一些分布较广的水土保持林林种，阐述各个林种配置的目的和主要技术特点。

4.3.2 水土保持林草建设与恢复技术

4.3.2.1 坡地水土保持林

1) 水土保持(或水源涵养)用材林

(1) 防护与生产目的

——由于过度放牧、樵采等使原有植被遭到严重破坏,覆盖度很低,引起严重水土流失的山地坡面,需人工营造水土保持林防止坡面进一步侵蚀,在增加坡面稳定性的同时,争取获得一些小径用材。

——在小流域的高山远山的水源地区,山地坡面由于不合理地利用,植被状况恶化而引起坡面水土流失和水文状况恶化。这样的山地坡面,依托残存的次生林或草灌植物等,通过封山育林,逐步恢复植被,形成目的树种占优势的林分结构,以发挥较好的调节坡面径流,防止土壤侵蚀,涵养水源和生产木材的作用。

——由于山地道路、水利工程或山区矿山开发而出现的大面积坡面裸露的地方,往往是水土流失严重,引发山地滑坡、泥石流等灾害的策源地,配合必要的工程护坡、人工营造水土保持护坡林可收到良好的护坡效果。

(2) 水土保持用材林配置技术特点

以培育小径材为主要目的的护坡用材林,应通过树种选择、混交配置或其他经营技术措施来达到经营目的。一是要保障和增加目的树种的生长速度和生长量;二是要力求长短结合,及早获得其他经济收益。

这类造林地,一般条件较差,应通过坡面林地上水土保持造林整地工程,如水平阶、反坡梯田或鱼鳞坑等整地形式,关键在于适当确定整地季节、时间和整地深度,以达到细致整地、人工改善幼树成活条件的目的。树种选择搭配,一般应采用乔灌混交型的复层林,使幼林在成活、发育过程中发挥生物群体相互有利影响,为提高主要树种生长及其稳定性创造有利条件;同时,采用混交,可调节、缩小主栽乔木树种的密度,有利于林分尽快郁闭,形成较好的林地枯枝落叶层,发挥其涵养水源、调节坡面径流、固持坡面土体的作用。水土保持用材林可采用以下形式:

①主要乔木树种与灌木带的水平带状混交 沿坡面等高线,结合水土保持整地措施,先营造灌木带(北方地区可采用沙棘或灌木柳、紫穗槐,南方有些地方采用马桑等),每带由2~3行组成,行距1.5~2 m,带间距4~6 m,待灌木成活,第一次平茬后,再在带间栽植乔木树种1~2行,株距2~3 m。

②乔、灌木隔行混交 乔灌木同时栽植造林,采用乔、灌木行间混交。

③结合农林间作,用乔木或灌木营造纯林 由于农作物间作是短期的(2~3年),对乔木或灌木树种的选择和预期经济效益应给予足够重视,因为一旦乔木或灌木纯林达到树冠郁闭,间作作物即告停止。生产上,由于种苗准备、劳力组织和群众形成的多年造林习惯等原因,比较多地采用营造乔木纯林的方式,如果培育、经营措施得当,也可获得良好的营林效果。营造纯林时,结合窄带梯田或反坡梯田等整地措施,在幼林初期,行间间作一些农作物,既可取得一些农产品,又可以耕代抚,保水保土,改善和促进林木生长。

（3）水源涵养林的封山育林

在这类山地，依托残存的次生林或草、灌等植物，采用封山育林以达到恢复水源涵养林并形成稳定林分的目的。

在此类坡面上尽管已形成了水土流失和环境恶化的趋势，但是，由于尚保留着质量较好的立地和乔、灌、草植物等优越条件，只要采用的封山育林措施合理，再加上森林自然恢复过程中给予必要的人工干预，可较快地达到恢复和形成森林的效果，这在我国南北各地封山育林实践中均得到了证明。

封山育林除了政策管理、保护等措施外，经营技术上主要是林分的密度管理和林分结构的调整等。

2）护坡薪炭林

（1）防护与生产目的

发展护坡薪炭林的目的主要在于解决农村生活用能源的同时，控制坡面的水土流失。

我国政府也把解决农村能源作为解决国家能源的主要组成部分，竭力从制定政策、开源节流，以及科学研究等方面寻求有效的解决途径。

发展薪炭林解决农村能源比起开发其他能源有其独特的优势，主要表现为投资少、见效快、生产周期短、无污染。在水土流失地区，利用坡面荒地营造薪炭林，不仅能够有效解决农村能源需要，而且本身也是一种很好的水土保持治理措施。不同类型区，发展、营造薪炭林，首先应该正确选择树种，应特别注重速生、丰产、热值高、萌芽力强和多用途的乔、灌木树种，其中当地传统的优良薪材树种更应优先考虑。

（2）配置技术

在立地条件配置上，可选择距村庄（居民点）较近、交通便利而又不适于高经济利用，或水土流失严重的坡地作为人工营造护坡薪炭林的土地。在树种选择上，一般应选择适于干旱、瘠薄立地，再生能力较强，耐平茬，生物产量最高，并且有较高热值的乔、灌木树种。热值是评价薪炭林树种能源价值高低的重要指标，不同树种木质材料的热值不同（燃烧值），同一树种材料的热值又因产地和木质水分含量不同而影响热值的变化。

在造林技术上，薪炭林的整地、种植等造林技术与一般的造林大致相同，只是由于立地条件差，整地、种植要求更细。在造林密度上，由于薪炭林要求轮伐期短、产量高、见效快，适当密植是一个重要措施。从各地的试验结果看，北方的灌木密度可为 $0.5\text{ m}\times 1\text{ m}$，20 000 株/hm²；南方因雨量大，一些短轮伐期的树种，也可达此密度，如台湾相思、大叶相思、尾叶桉、木荷等。北方的乔木树种栽植密度可采用 $1\text{ m}\times 1\text{ m}$ 或 $1\text{ m}\times 2\text{ m}$，南方可根据情况，适当密植。

3）护坡放牧林

（1）防护与生产目的

护坡放牧林是配置在坡面上，以放牧（或刈割）为主要经营目的，同时起着控制水土流失作用的乔、灌木林。它是坡面最具有明显生产特征的，利用林业本身的特点为牲畜直接提供饲料的水土保持林业生态工程。对于立地条件差的坡面，通过营造护坡放牧林，特别是纯灌木林可以为坡面恢复林草植被创造有利条件。

发展畜牧业是充分发挥山丘区生产潜力，发展山区经济，脱贫致富的重要途径。"无农不稳，无林不保，无牧不富"道出了山丘区农、林、牧三者互相依赖、缺一不可、同等重要的关系。在坡面营造放牧林(或饲料林)，有计划地恢复和建设人工林与天然草坡相结合的牧坡(或牧场)是山区发展畜牧业的关键。

护坡放牧林除了上述作用外，在旱灾年份，出现牧草枯竭，或冬春季厚雪覆盖时，树叶、枝嫩芽就成为家畜度荒的应急饲料，群众称为"救命草"。

(2)配置技术

①树种选择　护坡放牧林应根据经营利用方式、立地条件、水土保持、树种特性确定。适宜树种的生物学特性如下：

适应性强，耐干旱、瘠薄。水土流失的山地，由于植被覆盖度小，草种种类贫乏，立地条件的干旱、贫瘠反映出土地生产力低下，植物生长条件恶劣，因而直接种植牧草，效果往往不好，如选用适应性强的乔、灌木树种，不论是生长势，还是生物产量均可能得到满意的效果。

适口性好，营养价值高。北方一些可作饲料的树种的嫩枝、叶，如杨树、刺槐、沙棘、柠条等均有较好的适口性，略有异味的灌木如紫穗槐等也可作为牲畜饲料。大多数适合作饲料用的乔、灌木树种均具有较高的营养价值。

生长迅速，萌蘖力强，耐啃食。在幼林时就能提供大量的饲料，并且在平茬或放牧啃食后能迅速恢复。如柠条在生长期内平茬后，隔10d左右即可再行放牧。乔木树种进行丛状作业(即经常平茬，形成灌丛状，便于放牧，群众称为"树朴子"，如桑朴子、槐朴子等)时，也必须要求萌蘖力强，如北方的刺槐、小叶杨等。

树冠茂密，根系发达。水土保持功能强，并具有一定的综合经济效益。如刺槐既可作为放牧林树种，又具有强保土能力，此外，还是很好的蜜源植物。

②配置模式　护坡放牧林(或刈割饲料林)可根据地形条件采用短带状沿等高线布设，每带长10~20 m，每带由2~3行灌木组成，带间距4~6 m，水平相邻的带与带间留出缺口，以便牲畜通过。山西偏关营盘梁和河曲曲峪采用柠条灌丛均匀配置，每丛灌木(包括丛间空地)占地5~6 m²，放牧羊只可自由穿行于灌丛间。选用的树种，除了灌木外，也可用乔木树种(如刺槐按灌木状平茬经营)。不论应用何种配置形式，均应使灌木丛(或乔木树丛)有条件促其形成大量嫩叶，以便于牲畜直接采食，同时，通过灌丛的配置要有效地截留坡面径流泥沙。在这种留有一定间隔的灌木丛间的空地上，由于截留雨雪，在茂密生长的灌丛间，天然牧草的生长处于良好的气候条件之中，因而饲料林单位面积的生物产量比单纯灌木饲料林或单纯牧草地的高。

作为牧坡的天然草场或人工割草场，其周围配置护牧林，主要目的在于改善草场的局部小气候及牧坡的水土条件，以促进草场产量的提高。同时，护坡林林木的嫩枝叶也可作饲料之用。在牧场周围护牧林以带状或短带状沿等高线配置，每带植树2~3行，宽度5~6 m。防护林带间距为带宽的8~10倍，在配置沿等高线的护牧林带时，要注意留出牧道缺口。

灌木放牧林多采取直播造林，播种灌木后前3年，灌木以生长根系为主，3年后进行平茬，促使地上部分的生长。乔木树种造林后，如按灌木状经营，第二年即可平茬，使地上部分形成灌丛状。一般作为放牧林地的造林前2~3年严加封禁，禁止牲畜进入林内。据观察，柠条灌丛放牧林，在羊只采食7~10d后，新枝又萌出即可继续放牧。因此，放牧林管理上应注意规划好轮牧区，使其既有利于树种的正常生长，又有利于经常保持丰富的采食饲草。

4) 植物篱

植物篱(botanic fence)是国际上通行的名称。我国一般称由灌木带组成的植物篱为生物地埂(因为通过植物篱带拦截作用，在植被带上方泥沙经拦蓄过滤沉积下来，经过一定时间，植物篱就会高出地面，泥埋树长，逐渐形成垄状，故称为生物地埂)，由乔灌草组成的植物篱称为生物坝。植物篱是由沿等高线配置的密植植物组成的较窄的植物带或行(一般为1~2行)，带内的植物根部或接近根部处互相靠近，形成一个连续体，选择采用的树种以灌木为主，包括乔、灌、草、攀缘植物等，组成植物篱的植物，其最大特点是有很强的耐修剪性。植物篱按用途分为防侵蚀篱、防风篱、观赏篱等；按植物组成可分为灌木篱、乔木篱，攀缘植物篱等。

坡耕地上配置植物篱，目的是通过其阻截滞淤蓄雨作用，减缓上坡部位来的径流，起到沉淤落沙、淤高地埂、改变小地形的作用，它不仅具有水土保持功能，而且还具有一定的防风效能，同时，也有助于发展多种经营(如种杞柳编筐，种桑树养蚕等)，增加农村收入。

植物篱适用于地形较平缓、坡度较小、地块较完整的坡耕地，如我国东北漫岗丘陵区，长梁缓坡区(长城沿线以南，黄土丘陵区以北，山西长城以北地区)、高塬、旱塬、残塬区的塬坡地带，以及南方低山缓丘地区，高山地区的山间缓丘或缓山坡均可采用。

(1)配置原则

——与水流调节林带一样，植物篱(如为网格状系指主林带)应沿等高线布设，与径流线垂直。

——在缓坡的地形条件下，植物篱间的距离为植物篱宽度的8~10倍。这是根据最小占地、最大效益的原则，通过试验研究得出的结论。

(2)配置方式

①灌木带　适用于水蚀区，即在缓坡耕地上，沿等高线带状配置灌木。树种多选择紫穗槐、杞柳、沙棘、沙柳、花椒等灌木树种。带宽根据坡度大小确定，坡度越小，带越宽，一般为10~30 m，东北地区可更宽些。灌木带由1~2行组成，密度以0.5 m×1 m或更密。灌木带也适用于南方缓坡耕地，选择的树种(或半灌木、草本)有蓑草、火棘、马桑、桑、茶等。

②宽草带　在黄土高原缓坡丘陵耕地上，可沿等高线，每隔20~30 m布设一条草带，带宽2~3 m。草种选择紫花苜蓿、黄花菜等，能起到与灌木相似的作用。

③乔灌草带　亦称生物坝，是山西昕水河流域综合治理过程中总结经验提出来的。它是在黄土斜坡上根据坡度和坡长，每隔15~30 m，营造乔灌草结合的5~10 m宽的生物带。一般选择枣、核桃、杏等经济乔木树种稀植成行，乔木之间栽灌木，在乔灌带侧种3~5行黄花菜，生物坝之间种植作物，形成立体种植。

④灌木林网　适用于北方干旱、半干旱水蚀风蚀交错区(长梁缓坡区),既能保持水土,又能防风固沙。灌木林网的主林带沿等高线布设,副林带垂直于主林带,形成长方形的绿篱网格,每个网格的控制面积约0.4 hm²。带间距视坡度大小而定:5°~10°坡,带间距25 m左右;10°~15°坡,带间距20 m;15°~20°坡,带间距15 m;20°~25°坡,带间距10 m;副林带间距80~120 m。

⑤天然灌草带　利用天然植被形成灌草带的方式,适用于南方低山缓丘地区、高山地区的山间缓丘或缓山坡的开垦坡地。例如,云南楚雄市农村在缓坡上开垦农田时,在原有草灌植被的条件下,沿等高线隔带造田,形成天然植物篱。植被盖度低时,可采取人工辅助的方法补植补种。

5) 梯田地坎(埂)防护林

(1)土质梯田地坎(埂)防护林配置

土质梯田一般坎和埂有别。大体有两种情况:一是自然带坎梯田(多为坡式梯田,田面坡度2°~3°),有坎无埂,坎有坡度(不是垂直的),占地面积大,有的地区坎的占地面积可达梯田总面积的16%,甚至超过20%,由于坎相对稳定,极具开发价值。二是人工修筑的梯田,坎多陡直,占地面积小,有地边埂(有软、硬埂之分),坎低而直立,埂坎基本上重叠,占地面积小;坎高而倾斜不重叠的,占地面积大,一般坡耕地梯化后,坎埂占地约为7%,土质较好的缓坡耕地小于5%,因此,埂的利用往往更重要。

①坎上配置灌木　梯田地坎可栽植1~2行灌木,选择杞柳、紫穗槐、柽柳、胡枝子、柠条、桑条等树种,栽植或扦插灌木时,可选在地坎高度的1/2或2/3处(即田面大约50 cm以下的位置)。灌木丛形成以后,一般地上部分高1.5 m左右,灌木丛和梯田田间尚有50~100 cm的距离,防止"串根胁地"及灌木丛对作物造成遮阴影响。灌丛应每年或隔年进行平茬,平茬在晚秋进行,以获得优质枝条,且不影响灌丛发育。

②坎上配置经济灌木　枝条可采收用于编织,嫩枝和绿叶就地压制绿肥。同时,灌木根系固持网络埂坎,起到巩固埂坎的作用。甘肃定西水土保持站测定,在黄土梯田陡坎上栽植杞柳,在造林后3~4年采收柳条21 000 kg/hm²,经加工收入可达数千元;在一次降雨101.4 mm,历时4.5 h,降雨强度为23.1 mm/h的特大暴雨中,杞柳造林的梯田地坎,没有冲毁破坏现象的发生。

③坎上配置乔木　适用于坎高而缓,坡长较长,占地面积大的自然带坎梯田,为了防"串根胁地",应选择一些发叶晚、落叶早、粗枝大叶的树种,如枣、泡桐、臭椿、楸树等,并可采用适当稀植的办法(株距2~3 m)。栽植时可修筑一台阶(戳子),在台上栽植。

(2)石质梯田地埂防护林配置

石质梯田在石山区、土石山区占有重要的地位,石质梯田坎基本上是垂直的,埂坎占地面积小(3%~5%)。但石山区、土石山区,人均耕地面积少,群众十分珍惜梯田地埂的利用,在地埂上栽植经济树种,已成为群众的一种生产习惯,也是一项重要的经济来源。例如,晋陕沿黄河一带的枣树、晋南的柿树、晋中南部的核桃等。石质梯田防护林对提高田面温度,形成良好的作物生产小气候具有一定的意义。其配置方式有3种:一是栽植在田面外紧靠石坎的部位;二是栽植在石坎下紧靠田面内缘的部位;三是修筑一小台阶，在台阶上栽植。

总之，梯田地埂(坎)防护林以经济树种栽植为多，选择适宜的树种十分关键。总结全国梯田地坎栽培经济树种的研究与实践成果看，北方可选择的树种有柿树、核桃、山楂、海棠、花椒、文冠果、枣、柿树、君迁子、桑、板栗、玫瑰、杞柳、怪柳、白蜡条、枸杞等；南方有银杏、板栗、柑橘、桑、茶、荔枝、油桐、菠萝等。

除乔灌木经济林外，地埂也可种植有经济价值的草本，如黄花菜等。

4.3.2.2 水文网与侵蚀沟道水土保持林

1) 土质沟道防护林

(1) 防护与生产目的

土质侵蚀沟道系统防护林配置的主要目的是结合土质沟道(沟底、沟坡)防蚀的必要，进行林业利用，在获得林业收益的同时发挥保障沟道生产持续、高效利用；不同发育阶段土质沟道的防护林，通过控制沟头、沟底侵蚀，减缓沟底纵坡，抬高侵蚀基点，稳定沟坡达到控制沟头前进，沟底下切和沟岸扩张，从而为沟道全面合理的利用，提高土地生产力创造条件。

(2) 配置技术

①以利用为主的侵蚀沟　此类侵蚀沟基本停止发展，沟道农业利用较好，沟坡现已用作果园、牧地或林地等。这一类型基本是在坡面治理较好，沟道采用打坝淤地等措施达到稳定沟道纵坡，抬高侵蚀基点的地区，对这一类型的治理措施在于根据全面规划，更好地利用现有土地，加强巩固各项水土保持措施的效果，很好地发挥土地生产潜力，提高其生产率。

在这一类型沟道中(特别是在森林草原地带)应在现有耕地范围以外，选择水肥条件较好、沟道宽阔的地段，在这一特定条件下，发展速生丰产用材林还是符合这类沟道条件和当地生产发展需要的。

此外，这类沟道，特别是较为开阔的沟道，利用缓坡、土厚、向阳的沟坡，建设干鲜果园，常是比较理想的。应该强调指出，不论建设新果园或维护老果园，均应特别注意加强水土保持整地措施，可因地制宜，按窄带梯田、大型水平阶或鱼鳞坑的方式进行整地。

在全面规划中，因沟道中同时有坝地、其他川台地以及林地果园等，应适当注意规划牲畜进出牧场和到附近水源的牧道，以避免因没有留出牧道或牧道不适当，引起对其他生产用地的干扰。

②治理与利用相结合的侵蚀沟　此类侵蚀沟系的中下游，侵蚀发展基本停止，沟系上游侵蚀发展仍较活跃，沟道内进行部分利用。

这类沟系的上游，沟底纵坡较大，沟道狭窄，沟坡崩塌较为严重，沟头仍在前进。它对沟顶上游的坡面仍在进行着侵蚀破坏，同时由这类支毛沟汇集而来的大量固体及液体径流直接威胁着中下游坝地的安全生产。在此情况下，应首先进行沟底的固定，有效的措施是：在沟顶上方建筑沟头防护工程，拦截缓冲径流，制止沟头前进；在沟底根据顶底相照的原则，就地取材，建筑谷坊群工程，抬高侵蚀基点，减缓沟底纵坡坡度，从而稳定侵蚀沟沟坡。但是，往往这些工程，除了花费相当的劳力之外，还有效果不稳定或易于破坏、失效等缺点。为了加固工程，使其发挥长久的作用，变非生产沟道为生产沟道，采用工程措施与生物措施相结合是行之有效的办法。

在沟底已停止下切但不宜于农业利用时(高原沟壑区这类沟道较多)，最好进行高插柳的栅状造林。这种方式是采用末端直径为5~10 cm，长为2 m的柳桩。按照株距0.3~0.5 m，行距1.0~1.15 m，垂直流线，每2~5行为一栅，进行配置。每一柳栅之间可以保持在柳树壮龄高度的5~10倍，以利其间逐渐淤积或改良土壤，为进行农林业利用创造条件。

在沟床稳定之后，即可考虑沟坡的林、果、牧方面的利用问题。建议在削坡取土时，也要全面规划，使其既可取土造田，又可在斜坡上按黄土的稳定程度，修建台阶或小块梯田，为进行利用、长期稳定沟坡创造条件。

③以封禁或治理为主的侵蚀沟　此类侵蚀沟系的上、中、下游，侵蚀发展都很活跃，整个侵蚀沟系均不能进行合理的利用。这类沟系的特点是纵坡较大，一、二级支沟尚处于切沟阶段，沟头溯源侵蚀和沟坡两岸崩塌、滑塌均甚活跃，所以不能从事农、林、牧业的正常生产。沟坡有时生长着覆被度很稀的草类，如果在此滥行放牧，不但不能解决放牧问题，反而会进一步加剧沟道的水土流失。对于这类沟系的治理可从2种情况进行：一种情况是距居民点较远，现在又无力投工进行治理，可用封禁的办法，减少不合理的人为破坏，使其逐步自然恢复植被，或撒播一些林草种子，人工促进植被的恢复。另一种情况是距居民点较近，对农业用地、水利设施(水库、渠道等)、工矿交通线路等有威胁时，应采用积极治理的措施。应有规划地设置谷坊群等缓流挂淤固定沟顶沟床的工程措施，正如前面已经论述过的在采取这些工程措施时应很好地结合林草等生物措施，在基本控制沟顶及沟床的侵蚀之后，再考虑进一步利用的问题。

2)石质沟道防护林

(1)特点及防护目的

石质山地和土石山地占我国山区总面积相当的比重，其特点是地形多变，地质、土壤、植被、气候等条件复杂，南北方差异较大。石质山地沟道开析度大，地形陡峻，60%的斜坡面坡度在20°~40°，斜坡土层薄(普遍为30~80 cm)，甚至基岩裸露。因地质条件(如花岗岩、砂页岩、砒砂岩)的原因，基岩呈半风化或风化状态，地面物质疏松，泻溜、崩塌严重。沟道岩石碎屑堆积多，易形成山洪、泥石流。石质沟道多处在海拔高、纬度相对较低的地区，降水量较大，自然条件下的植被覆盖度高。但石多土少，植被一旦遭到破坏，水土流失加剧，土壤冲刷严重，土地生产力减退迅速，甚至不可逆转地形成裸岩，完全失去了生产基础。在这种情况下，人们还不得不在有土壤的山地上继续进行开垦、放牧，继续进行地力的消耗与破坏，从而陷入"越垦越穷，越穷越垦"的恶性循环之中。因此，应通过封育和人工造林，恢复植被，控制水土流失。对于泥石流流域，则应根据集水区、通过区和沉积区分别采取不同的措施与坡面工程措施(如水平阶、水平沟、反坡梯田、鱼鳞坑等)相结合，达到控制泥石流发生和减少其危害的目的。

(2)配置特点

①集水区　易于发生泥石流的流域，固然有其地形、地质、土壤和气候因素，但集水区是泥石流、产流和产沙的策源地，其水土流失状况、土沙汇集的程度和时间是泥石

流形成的关键因素。一般认为，流域范围内，森林覆盖率达 50% 以上，集水区范围内（即流域山地斜坡上）的森林郁闭度大于 0.6 时，就能有效控制山洪、泥石流。因此，在树种选择和配置上应该形成由深根性树种和浅根性树种混交的异龄复层林。

②通过区 一般沟道十分狭窄，水流湍急，泥石俱下，应以格栅坝为主。有条件的沟道，留出水路，两侧营造雁翅式配置的防冲林。

③沉积区 位于沟道下游至沟口，沟谷渐趋开阔，应在沟道水路两侧修筑石坎梯田，并营造地坎防护林或经济林。为了保护梯田，沿梯田与岸的交接带营造护岸林。石质山地沟道防护林可选择的树种，北方以柳、杨为主，南方以杉木为主。

4.3.2.3 水库河岸防护林

1) 水库防护林

(1) 防护目的

在水库沿岸周围营造防护林是为了固定库岸、防止波浪冲淘破坏、拦截并减少进入库区的泥沙，使防护林起到过滤作用，减少水面蒸发，延长水库的使用寿命。另一方面，人们可利用水库防护林作为夏季游憩场所。在水库周围营造多树种多层次的防护林，还有美化景观的作用。

(2) 配置技术

水库防护林的配置包括两部分：水库沿岸防护林；坝体下游以高地下水位为特征的低湿地段的造林。

在设计水库沿岸防护林时，应该具体分析研究水库各个地段库岸类型、土壤母质以及与水库有关的气象、水文资料，然后根据实际情况和存在的问题分地段进行设计，不能无区别地拘泥于某一种规格或形式。

水库沿岸防护林由靠近水面的防浪灌木林和其上坡的防蚀林组成。如果库岸为陡峭类型，其基部又为基岩母质，则无须设置防浪林，视条件可在陡岸边一定距离处配置以防风为主的防护林。因此，水库沿岸的防护林重点应在由疏松母质组成和具有一定坡度（30°以下）的库岸类型。在这种情况下，首先应确定水库沿岸防护林（主要是防浪灌木带）的营造起点。水库沿岸防护林带的起点可以由正常水位线或略低于此线的地方开始。

水库沿岸的防护林带的宽度应根据水库的大小、土壤侵蚀状况、沿岸受冲淘的程度而定。即使同一个水库，沿岸各个地段防护林带的宽度也是不同的。配置在正常水位线或其略低地段的防浪灌木要由灌木柳及其他耐湿的灌木组成。在正常水位与高水位之间，采取乔灌木混交型。一般乔木采用耐水湿的树种，灌木则采用灌木柳，使其形成良好的结构。在高水位以上，常常立地条件变得干燥，应采用比较耐干旱的树种，特别是为了防止库岸周围泥沙直接入库，并防止牲畜进入，可在林缘配置若干行灌木，形成紧密结构。

对于坝体下游低湿地，宜用作培育速生丰产林，选择一些耐水湿和耐盐渍化土壤的造林树种，如旱柳、垂柳、杨树、丝棉木、三角枫、桑树、乌桕、池杉、枫杨等，林分结构主要决定于生产目的和立地条件。造林时需注意应离开坝脚 8～10 m，以避免树木根系横穿坝基造成隐患。对于护岸防浪林，灌木柳可以适当密植。

2) 河岸(滩) 防护林

天然河川形成原因很复杂，按其地理环境和演变的过程，可分为河源、上游、中游、下游和河口，按河谷结构可分为河床、河漫滩、谷坡、阶地。

治河、治滩是山区和平原区一项重要的任务，其基本原则是：全面规划，综合治理，从流域的全局出发，考虑上下游、左右岸，考虑水资源的合理开发、分配和利用，应由流域的专管机构统一规划、布置。当河川通过山地河谷进入中、下游宽阔的河川阶地河段或平原地区时，河滩治理的基本任务在于：护滩、护岸、束水归槽、规整流路，保障河川两岸肥沃土地的安全生产，有条件的河段，根据河川运行规律，科学地治河治滩，与河争地，扩大利用面积。这种情况下的河滩治理，必须采取工程措施与生物措施相结合，以期发挥最大的防护和经济效益，应用林业措施治河治滩，以及治河抢险等。

护岸护滩一般是"护岸必先护滩"，当然，具体工作中，还应考虑具体河段的特点，确定治理顺序。为了防止河岸的破坏，护岸林必须和护滩林密切地结合起来，只有在河岸滩地营造起森林的条件下方能减弱水浪对河岸的冲淘和侵蚀。同时也应注意，森林固持河岸的作用是有限的，当洪水的冲淘作用特别大时，护岸应以水利工程为主，最好修筑永久性水利工程，如防堤、护岸、丁坝等水利工程。但是，绝不能忽视造林工作的重要性。在江河堤岸造林，尤其在堤外滩地造林有很大的意义，它不仅能护滩护堤岸，而且在成林后还能供应修筑堤坝和防洪抢险所需的木材，因此应尽可能地布设护岸护滩森林(生物)工程。

(1) 河川护滩林

①防护目的　除长流水河床外，在河道的一侧或两侧往往形成以流水泥沙沉积为特征的平坦滩地。这些滩地，枯水时期一般不浸水，在洪水期则浸水。护滩林的任务就在于通过在洪水时期可能短期浸水的河滩外缘(或全部)栽植乔灌木，达到缓流挂淤、抬高滩地、保护河滩，为农业利用创造条件。

②配置技术

雁翅式护滩林：在河流两岸或一岸，当顺水流方向的滩地很长时，可营造雁翅式护滩林，即在河床的一侧或两侧，呈雁翅形丛带状造林。栽植行的方向顺着规整流路所要求的导流线方向，林带与水流方向构成30°~40°的角度，每带栽植2~3行杨柳，每隔5~10 m栽植一带，其宽度依滩地的宽度和土地利用的要求而定。树种主要采用柳树(或杨树)，行距1.5~2.0 m，丛距1 m，每丛插条3根，一般多采用1~2年生枝条，长30~40 cm，直径1.5~2.0 cm。为了预防水冲、水淹、沙压和提高造林成活率，可采取深栽高杆杨、柳树。栽植深度：林缘、浅水区80 cm，林内60 cm，滩地50 cm。地面保留主干高度一般为50~150 cm。插条多采用1~2年生，长1~2 m的嫩枝，平均用条量3 000~4 500 kg/hm²，最多达12 000 kg/hm²。

丛状造林从第三年起，每年初冬或早春，结合提供造林条源对丛状林分普遍进行一次平茬，诱发萌蘖，增加立木密度，增强林分缓流落淤能力。到了汛期，应及时清理和扶正被浮柴、泥沙压埋的树丛，为林分正常生长发育创造条件。

沙棘护滩林：我国北方一些季节性洪水泛滥的河流，多具有冲积性很强的多沙河滩，河滩宽阔，河床平浅，河道流路摇摆不定，河岸崩塌严重，从而造成洪水危害，威胁河流两岸川地和居民区的安全。可采用沙棘作为护滩造林树种，按治河规划，在规整流路所要求的导线外侧，营造以灌木沙棘为主(其中稀植适生的杨柳类乔木)的护滩林。沙棘林木成活后，即迅速覆盖滩地，由于沙棘地上部分枝叶繁茂，有利于多沙水流漫洪挂淤，同时，由于其水平根系网结构严紧，整体效益较强，可以抬升和形成稳定的滩地，保障河川陡岸的基部免于洪水冲淘，有利于河岸稳定。

(2) 河川护岸林

根据河岸的特征，河川护岸林可分为以下 4 种类型：

①人工开挖河道的梯形断面护岸林 梯形断面是最常用于人工开挖河道和小流域治理的断面形式，在河道断面的流水以上部分，多营造 2 行以上的护岸林。在沿岸带用砌石工程、草本和灌木植被都能使河道稳定，因此，在这种情况下，沿着堤岸采用以乔木或灌木为主的植被措施，既有一定的生产价值，又有巨大的美学功能。

②人工开挖河道的复式断面护岸林 目前，在较大河流的河槽整治中常采用复式断面。这种断面为发展护岸林提供了适宜条件。这种断面类型包括河岸浅滩，在河道通过居民区的地段、浅滩上不造林，以保持河槽的最大过水能力，并作为洪水波浪的缓冲容积。在浅滩以上栽植乔木 2 行至多行，其目的是稳定河岸，美化景观，并改善当地的气候环境。

③天然河道的不规则断面护岸林 未经改造或者是局部有些改造的大河流的复式断面河道流量变化很大并挟带砾石。这种河道曲折又有广阔的砾石沉积区，造成水路从一侧向另一侧游荡，河床宽达数百米。这种河道断面类型，具备发展宽林带的条件。这种护岸林有 2 个重要功能：一是有助于在正常水位情况下防止侵蚀，保证河槽内侧堤岸的安全；二是稳定扩展断面的砂砾边坡，防止洪水的影响。护岸林除了它们的稳定作用以外，由于这种断面形成的扩展区域适于护岸林的发展，故林分也有着重要的经济效益。

④深切的天然河槽护岸林 深切的天然河槽断面多出现在山坡或山地农田边岸。沿岸设置护岸林，对整个断面有独特的水土保持作用。这些林分由乔木和灌木组成，并有经济效益，既可为地方提供林产品，又是构成区域环境的主要组成部分，故对提高景观价值也是十分重要的。在这种坡面上，树木从水边向岸上与山谷边缘的森林连接，河岸边缘的数行树木能直接保护堤岸。根据自然演替过程，我国南方河岸常见树种有桤木、水杉、马尾松、山地灌木柳等。

4.3.2.4 平原农田生态防护林

平原农田生态防护林的主要防护目的在于抵御自然灾害，改善农田小气候环境，给农作物的生长和发育创造有利条件，保障作物高产稳产；同时为发展多种经营，增加农民经济收入打下良好基础。所以，大面积地营造农田防护林，实现农田林网化是可持续发展的重要措施。

林带的混交类型与混交方式也是农田防护林营造的关键技术措施之一。其主要目的在于确保林带形成理想的结构，发挥最大的防护效益，取得更多的经济收益。如果混交类型与混交方式选择不当，树种间竞争加剧，将导致林分组成分化激烈，不能形成理想结构，达不到预期的防护作用和经济效益，造成防护林综合效益的降低和造林的失败。

1) 防护林带中的树种分类

根据树种在农田防护林中的地位及其所起的作用，可将这些树种分为主要树种、辅佐树种、灌木树种及果树和经济树种几类。

(1) 主要树种

主要树种是构成林带的主体，它组成林带的第一层林冠，起主要的防护作用。主要树种应生长迅速、树形高大、枝叶繁茂、主根系发达、树冠较窄、生长稳定而长寿、抗性强、不易风倒风折；在次生盐渍化地区还要有较强的生物排水能力，并能生长大量木材及林副产品。中东杨、小叶杨、小青杨、毛白杨、沙兰杨、新疆杨、银白杨、箭杆杨、欧美杨、兴安落叶松、樟子松、红皮云杉、油松、泡桐、水杉、木麻黄、枫杨、杉木等，均可作为主要树种。

(2) 辅佐树种

辅佐树种在林带中起辅佐作用，有利于促进主要树种的生长发育，构成林带的第二层林冠。它在林带中的作用主要有：

——促进主要树种的高生长，使其形成第一层林冠。因此，辅佐树种一般在第一层林冠下可以正常生长，具有一定的耐阴性。

——与主要树种的林冠形成林带的上层林冠，特别是当主要树种树冠稀疏时(如臭椿、皂角、楸树等)，辅佐树种的这种作用特别重要。

——辅佐树种以其稠密的树冠、大量的枯枝落叶遮蔽土壤，防止杂草，为主要树种创造良好的条件。所以辅佐树种应具备耐阴，生长较慢，并能在主要树种林冠下生长。各地常用的辅佐树种有臭椿、皂角、楸树、榆、柳、水曲柳、白蜡、小叶白蜡、沙枣、苦楝、喜树、桉树、樟树等。

(3) 灌木树种

灌木树种在林带中构成下层林冠。一般树冠大，分枝多，叶量丰富，根系密集，侧、须根发达，枯枝落叶层易于分解，灰分物质丰富。其作用在于调节林带下部的透风度，改良土壤养分，防止沟、河、堤坡的水土流失，减少土壤水分蒸发，对改善林带内乔木树种的生长条件发挥良好的作用，同时也为开展多种经营、增加林带的短期经济效益创造条件。在营造农田防护林的实践中，广泛采用的灌木有紫穗槐、灌木柳、沙棘、白蜡、桑、柽柳等。

(4) 果树和经济树种

在营造农田防护林的平原地区，通常土壤条件较好，人多地少。规划设计农田防护林时，适当选择一些具有经济价值的果树或经济树种，具有非常重要的意义。常用的果树和经济树种有核桃、枣、柿、杏、桑、文冠果、山楂、花椒、枸杞、杜仲、银杏、香椿、杞柳、白蜡等。

2) 防护林带的混交类型

防护林带的混交类型，是根据树种在林带中的地位和作用(即树种类型)、树种的生物学特性及生长型等人为搭配在一起而成的树种组合类型。常见的混交类型有以下几种：

(1) 乔木混交型

由两种或两种以上主要树种组合成的林带混交类型。可以促进林带生长，提高防护效果，延长防护时间，做到防护效能的长短结合。同时，可以充分利用地力，获得多种经济价值较高的木材。

采取这种混交类型，应选择较好的立地条件，当喜光树种与耐阴树种混交时，要特别注意混交比例和混交方式，防止种间出现过于尖锐的竞争。

主要树种与辅佐树种混交型，往往由高大乔木树种与中等乔木树种或亚乔木组成，主要树种为高大乔木，形成第一层林冠。辅佐树种形成第二层林冠，且常常为较耐阴的树种。该混交类型能形成良好的透风型与疏透结构林带，主要树种与辅佐树种的种间矛盾也较缓和，一般不会对主要树种构成严重的威胁，种间关系也较容易调节。林带的防护效能也较好，稳定性较强，林带生产率较高。

(2) 乔木与灌木混交型

乔木与灌木混交的林带，种间矛盾比较缓和，能形成疏透适中的结构，抗灾力强，能充分利用林地条件，改善林地环境，林带稳定性良好，主要树种与林内灌木之间竞争强烈时也易调节。这种混交型多用于立地条件较差的地方，而且条件越差越应增加灌木的比重，在风沙危害较重地区也比较适宜。采用这种混交类型的，也要选择适当的混交方式。

(3) 综合混交型

即由主要树种、辅佐树种与灌木共同组成的林带。形成双层或多层林冠层和屋脊形断面的紧密结构林带，其有效防护距离较小，林带内种间关系往往表现激烈而产生分化。在风沙严重地区，以阻沙和固沙为主要目的，营造这种混交类型的林带可以起到良好的作用。

3) 防护林带的混交方式

目前，我国各地区营造防护林带时采用的混交方式主要有株间混交、行间混交和带状混交。

(1) 株间混交

在种植行内隔株种植 2 个以上的树种，种间发生相互作用和影响较早。因此，这种方式适宜于种间关系融洽的树种，但造林施工技术比较麻烦且不易掌握。

(2) 行间混交

在林带中一行树种与另一行其他树种依次配置，种间发生作用和影响较迟，一般多在林分郁闭后出现。种间矛盾比株间混交容易调节，施工也较简便，是营造防护林带常用的一种方式。

(3) 带状混交

在林带中一个树种连续种植 3 行以上，构成一条"带"，与另一树种构成的带依次配置，树种间的矛盾最先出现在相邻近的两带之间。带状混交的种间关系容易调节，便于栽植和管理。

无论采取上述哪种混交方式，都应根据立地条件、树种的生物学特性、生态学特性及林学特性、预期的林带结构及防护效能、当地对林网的经营水平和程度而合理地确定。

4）不同结构的防护林带、混交林带与混交方式的确定

（1）疏透结构类型

高大乔木（主要树种）加灌木，灌木多配置在林缘一侧或两侧，也可以与果树进行株间混交。在没有适当灌木树种的地方，可采用边行乔木平茬的办法代替（如旱柳等萌发能力强的树种）。

两种以上乔木树种（主要树种与辅佐树种混交类型），可以构成比较稀疏的复层林冠，但林带宽度不宜过大。主要树种与辅佐树种可采用行间、带状或行带混交方式。

营造纯林林带，要求树冠长度较大，上下分枝整齐均匀，分枝较低，塔形或圆柱形林冠，如箭杆杨、松树等。

（2）通风结构类型

高大的单一树种的纯林林带，林冠层紧密不透风，下部透光，通风良好。

两种以上高大乔木树种，要求生长速度和成熟高度相似的树种。窄林带可采用株间或行间混交，宽林带可采用带状或行间混交方式。

高大乔木与低矮灌木混交，必要时灌木可实行平茬。对分枝较低的乔木树种，需通过及时修枝、抚育进行调节，使林带下方透风，灌木多栽于林带两侧或一侧边行。

（3）紧密结构类型

选择3种或2种乔灌木进行混交的林带，林带较宽，上中下紧密，不透光也不透风。不宜增加带宽的农田可选择冠形浓密的乔灌木树种，或适当加大株行距。这种结构的林带，可采用行间、带状，乔木与灌木可采用株间、行间混交或在林带边行配置灌木。

乔木树种间的混交（主要树种与辅佐树种混交），要求由两种以上不同高度的乔木树种组成林带。可采用行间、带状、行带状混交方式。在特殊条件下如果用单一乔木树种，需选择树冠浓密、枝下高低的树种，如箭杆杨，且加大带宽度或栽植密度，构成上下紧密的林墙或紧密结构。

4.3.2.5 水土保持种草

护坡种草工程是在坡面上播种适于放牧或刈割的牧草，以发展山丘区的畜牧业和山区经济。同时，牧草也具有一定的水土保持功能，特别是防止面蚀和细沟侵蚀的功能不逊于林木。坡地种草工程与护坡放牧林或护坡用材林结合，不仅可大大提高土地利用率和生产力，而且也提高了人工生态工程，即林草工程的防蚀能力，起到了生态经济双收的效果。

山丘区护坡种草工程一般要求相对平缓的坡地或坡麓、沟塌地。刈割型的人工草地需要更好的条件，最好是退耕地或弃耕地；也可与农田实施轮作，即种植在撂荒地上（此属于农牧结合的问题）。在荒草地、稀疏灌草地、稀疏灌木林地、疏林地上，均可种植牧草。北方在郁闭度较大的林地种植牧草，因光照、水分、养分等问题，一般不易成功，坡面种草多选在阴坡或半阴半阳坡上；南方由于水分条件好，可以考虑，但林地枯枝落叶量大、林下地被盖度高、光照不足、土层薄是一些限制因子。

（1）草种选择

坡地种草的草种选择应根据具体情况确定，由于生态条件的限制，最好采用多草种混播。如北方的无芒雀麦 + 红豆草 + 沙打旺混播，紫花苜蓿 + 无芒雀麦 + 扁穗冰草混播等；南方的紫花苜蓿 + 鸡脚草(鸭茅)，红三叶 + 黑麦草等。专门的刈割型草地也可单播，一般豆科牧草为好，如紫花苜蓿、小冠花、沙打旺等，在林草复合时，草种应有一定的耐阴性，如鸡脚草、白三叶、红三叶等。

(2)配置

①刈割型草地　专门种植供刈割舍饲的人工草地。这类草地应选择最好的立地，如退耕地、弃耕地或肥水条件很好的平缓荒草地，并进行全面的土地整理，修筑水平阶、条田、窄条梯田等，并施足底肥，耙糖保墒，然后播种。

②放牧型　应选择盖度高的荒草地(接近天然草坡或略差一些)，采用封禁 + 人工补播的方法，促进和改良草坡，提高产草量和载畜量。

③放牧兼刈割型　应选择盖度较高的荒草地，进行带状整地，带内种高产牧草，带间补种，增加草被盖度，提高载畜量。

④稀疏灌木林或疏林地林下种草　在林下选择林间空地，有条件的在树木行间带状整地，然后播种；无条件的可采用有空即种的办法，进行块状整地，然后播种，特别需要注意草种的耐阴性。

4.3.2.6　水土保持生态修复技术

生态修复是指将被损害的生态系统恢复到或接近于它受干扰之前的自然状况的管理与操作过程。生态系统的退化是干扰引起的，因此，生态修复的原理就是控制干扰源。具体来讲，生态修复的基本原理是通过生物、生态、工程的技术和方法，人为地改变和切断生态系统退化的主导因子或过程，调整、配置优化系统内部及外界的物质、能量、信息等流动过程和时空次序，使生态系统的结构、功能和生态的潜力尽快成功地恢复到原有的或更高的水平。

4.4　水土保持农业技术措施

水土保持农业技术措施是在水蚀或风蚀的农田中，采用改变地形、增加植被、地面覆盖和土壤抗蚀力等方法达到保水、保土、保肥的措施。实际操作中大多仅是将必需的作业在方式上调整，不需增加劳力或费用。有的虽要花些费用，但功效上则不但保持了水土，改良了土壤，而且有增产省工等多方面效益。

水土保持农业技术措施主要包括水土保持耕作措施、水土保持栽培技术措施、土壤培肥技术、旱作农业技术和复合农林业技术等。

4.4.1　水土保持耕作措施

4.4.1.1　水土保持耕作的定义

水土保持耕作是指以保土、保水、保肥为主要目的的提高农业生产的耕作措施。广义上讲，整个农业技术改良措施，特别是旱地农业技术措施均属此类。从狭义上讲，水土保持耕作措施是专门用来防治水土流失的独特的耕作措施，即习惯上所说的水土保持耕作法。狭义范畴仅指水土流失地区的水土保持耕作法，而广义范畴则包括了整个农业区特别是旱作农业区的水土保持耕作法。

4.4.1.2　水土保持耕作措施的任务

土壤耕作的主要任务为：

——根据天然降水的季节分布，及时采取适宜的措施，最大限度地把宝贵的天然降水，纳蓄于"土壤水库"之中，尽量减少农田内各种形式径流的产生。

——根据水分在土壤中运动的规律，及时采取适宜的措施，减少已蓄纳于"土壤水库"中水分的各种非生产性消耗，如地表蒸发、渗漏等。使土壤内所储蓄的水分，尽最大可能地为农作物生长发育所利用，调节天然降水季节分配与作物生长季节不协调的矛盾。

——根据生态学的原理，及时采取适宜的措施，促进肥效的提高，防止倒伏，消灭杂草及一些病虫害，以提高有效土壤水分对农产品的转化效率，即提高水分的生产效率。

总之，在现有的生产条件下，天然降水是否能较充分地被土壤所蓄纳，并有效地用于农业生产，是农业生产成功与失败的关键。简而言之，水土保持耕作的中心任务就是蓄水保墒，提高天然降水的生产效率，给作物生产创造一个良好的土壤环境条件。

4.4.1.3　水土保持耕作措施的种类

对现有耕作措施，按其作用的性质，其分类见表4-10。

表4-10　水土保持耕作措施的种类

类别	耕作法名称		适宜条件	适宜地区(括号可作示范试验区)
以改变微地形为主		等高耕作	25°以下；坡越陡作用越小	全国
		垄作区田	20°以下的坡地；年降水量300 mm以上	全国
	沟垄种植	水平沟种植法	25°以下；坡越缓作用越大	西北(华北)
		平插起垄	15°以下；川地、坝地、梯田均可	西北(华北)
		圳田	20°以下；坡越缓作用越大	西北(华北)
		水平防冲沟	20°以下；坡度越大间隔越小；夏季休闲地和牧坡	西北
		蓄水聚肥耕作	15°以下；旱塬、梯田均可；需劳力较多	西北(华北)
		抽槽聚肥耕作	平地，15°以下；造林、建设经济林园；需劳力较多	湖北(南方)
	坑田耕作法		20°以下；品字排列；平地也可；需劳力较多	全国
	半旱式耕作		水田少耕；免耕条件，掏沟垒埂；治理隐匿侵蚀	四川(南方)
以增加地面覆盖为主	青草覆盖		茶园；种植绿肥也可	湖北、安徽(南方)
	地膜覆盖		缓坡或梯田、平地；经济作物、果树等	全国
	砂田覆盖		干旱区10°以下；有砂卵石来源；需劳力较多	甘肃(新疆)
	留茬覆盖		缓坡地，平地也可；不翻耕	黑龙江(北方)
	秸秆覆盖		缓坡地或平地；不翻耕	山东(北方)、云南

（续）

类别	耕作法名称		适宜条件	适宜地区（括号可作示范试验区）
以改变土壤物理性状为主	少耕	少耕深松	缓平地、平地；深松铲	黑龙江、宁夏（北方）
		少耕覆盖	缓坡地、平地；5年以上要全面深耕，尚待研究	云南（南方）
		搅垄耙茬	缓坡地、平地、风沙区	东北
		硬茬播种	缓坡地、平地、风沙区	华北
		垄作深松耙茬耕作	缓坡地、平地、风沙区	全国
		轮耕	风沙旱地、风沙区	全国
	免耕		平地；用除草剂	湖北、东北
	马尔采夫耕作法		平地、缓坡地	东北

4.4.2 水土保持栽培技术措施

4.4.2.1 水土保持栽培技术措施的重要性

水土保持栽培技术措施具有因地制宜，充分有效地利用当地自然条件的特点。在不同的环境条件下，实行不同的轮作、间作、套作、混播及栽培制度，可以充分发挥多种作物的优势，扬长避短，相互促进，减少水土流失，肥培地力，取得稳产高产。

4.4.2.2 水土保持栽培技术的种类

水土保持栽培技术的种类主要有：轮作技术措施；间作、套种和混播技术措施；等高带状间作；等高带状间轮作。

（1）轮作

轮作是指在一定的周期之内（一般是一年、两年或几年），两种以上的农作物，本着持续增产和满足植物生活的要求，按照一定次序，一轮一轮倒种的农业栽培措施。例如，小麦→大豆→玉米，两年一轮，倒种3次。

我国各地自然条件差异很大，轮作的具体方式多种多样。大部分旱区气温较寒冷、无霜期较短，多采用一年一熟的轮作。部分水热条件较好的地区采用二年三熟、一年二熟或间、套、混等多熟制的轮作。

依据生产任务和种植对象的不同，通常将轮作分为大田轮作和草田轮作两大类。大田轮作以生产粮食或工业原料为主，它包括为了满足专门的生产要求而建立的专业轮作，为了能多方面满足国家对农产品的需要而建立的水旱轮作，以及为后茬作物提供较好的水肥条件的休闲轮作。草田轮作以生产粮食作物和牧草并重，它包括利用空闲季节和作物行间隙地种植绿肥，用地养地相结合的粮肥轮作和绿肥轮作，生产饲料为主，种植粮食作物或蔬菜作物的饲料轮作。

在水土流失地区，合理而科学地实行农作物之间或牧草与农作物之间的轮作制度，对提高农牧业生产和改善土壤水分-物理化学性质均有深远和现实的意义。因为农作物生长在土地上，土壤会直接制约和影响农作物的生长和发育；农作物又是土壤形成的主导因素，农作物种植在土壤里，直接影响着土壤理化性质的变化。

（2）间作、套种和混播

间作、套种与混播，是增加土壤表层覆盖面积，提高单位面积作物的产量和保持水土、改良土壤的一项有效的农业技术措施。它是我国农民在长期生产实践中，逐步认识并掌握各种农作物的特性和相互之间的关系，积极利用作物互利的条件，克服不利条件而发展起来的。采取这种农业技术措施，极为省工，简单易行，行之有效。

①间作 两种作物同时在一块地上间隔种植的一种栽培方法，如玉米间作大豆，玉米间作马铃薯等。

②套种 在同一块地上，不同时间播种两种以上的不同作物，当前作物未成熟收获时，就把后作物播种在前作物的行间，如小麦套种黑豆。

③混播 指两种作物均匀地撒播，或混播在同一播种行内，或在同一播种行内进行间隔播种，如小麦混播豌豆等。

（3）等高带状间作

所谓等高带状间作，就是沿着等高线将坡地划分成若干条地带，在各条带上交互或轮流地种植密生、疏生作物或牧草与农作物的一种坡地保持水土的种植方法。它利用密生作物带覆盖地面、减缓径流、拦截泥沙来保护疏生作物生长，从而起到比一般间作更大的防蚀和增产作用；同时，等高带状间作也有利于改良土壤结构，提高土壤肥力和蓄水保土能力，便于确立合理的轮作制，促进坡地变梯田。

等高带状间作可分为农作物带状间作和草田带状间作2种。

①农作物带状间作 是利用疏生作物（如玉米、高粱、棉花、土豆等）和密生作物（如小麦、莜麦、谷子、糜子等）成带状相间种植。

②草田带状间作 是利用牧草与农作物成带状相间种植，这种方法防止水土流失，增加农作物的产量和改良土壤的效果都很好。这一方法一般在坡地上广泛采用。在不十分破碎的坡地上，或在沿着侵蚀沟岸边的坡地上，亦能采用。

（4）等高带状间轮作

等高带状间轮作要求首先将坡地沿等高线划分为若干条带，再根据粮草轮作的要求，分带种植作物和草，一面坡地至少要有2年生或4年生草带3条，沿峁边线则种植紫穗槐或柠条带。

采用此法的好处：一是可促进坡地农田退耕种草，即一半面积种草，一半面积种粮；二是把草纳入正式的轮作之中，巩固了种草面积；三是保证粮食作物始终种在草茬上，可减少优质厩肥上山负担，节省大批劳畜力；四是既改良了土壤结构，又提高了土壤蓄水保土能力；五是既确立了合理的轮作制，又可促使坡地变成缓坡梯田。

4.4.3 土壤培肥技术

土壤培肥是一项综合性很强的工作。对于农耕地，要从作物布局、耕作、轮作、施肥等方面围绕着水土流失区特点，防止土壤侵蚀，提高土壤蓄水保墒能力，改变掠夺式的经营方式，增加农田能量输入，把用地与养地结合起来，加速土壤的培肥过程，不断提高土壤肥力水平。在这些措施中，施肥是土壤培肥的一项十分有效的途径。

（1）广开肥源

当前水土流失区肥料方面最突出的问题是肥料不足。在水土流失地区，由于严重的水蚀、风蚀、干旱等原因，单位面积土地所产的生物量很低，加之三料（肥料、饲料、燃料）矛盾突出，所以有机肥源贫乏。在化学肥料方面，目前由于这类地区，农民的经济、文化、技术水平比较低，当前化肥的施用量也不高，从外系统增加农田物质基础的数量很有限。所以，肥料问题的重点是开辟肥源。这方面虽然有一定困难，但也有有利因素，如果能充分挖掘各方面潜力，是有条件逐步解决肥料不足问题的。

——开发利用能源的优势，缓和燃料和肥料的矛盾，使更多的生物材料返回农田。

——充分利用土地资源优势，通过多种形式把非耕地的动植物产品向农田富集。

——提高化肥施肥技术，增加化肥用量。

（2）使用有机肥料

有机肥料改土培肥的良好作用是公认的，这方面的研究资料也很丰富，但是水土流失区有它的特殊性，在施肥技术上仍需要进一步研究。

①有机肥料的分配使用　水土流失区单位面积生物产量低，其主要原因是有机肥料不足，这不是短期内轻易能解决的问题。在有机肥料有限的条件下，怎样才能发挥有机肥料的最大效果，肥料的分配使用是个关键问题。根据目前水土流失区先进施肥经验和有关研究结果，可采取集中施肥的办法来解决肥料不足的矛盾。

②有机肥料的腐熟　施用有机肥料基本上有3种方式。一是结合秋耕施肥，二是结合休闲耕作施肥，三是结合播种施肥。水土流失区土壤的共同特点是土壤有效养分含量低，土壤有效水分含量少，氮磷供应能力差，这种现象尤其在春季更为严重。所以播种时施用的有机肥一定要充分腐熟，避免因施肥而失墒。由于有机肥料一般碳氮比都比较宽，当微生物分解有机物时，自身要消耗一部分氮源和水分，经过充分腐熟的肥料可以避免肥料在分解过程中与种子和幼苗争水夺氮等现象。同时在播种施肥技术上，要使种子与土壤紧密接触，保证种子充分吸水。

（3）发展绿肥牧草

种植绿肥牧草，对于改善生态环境，防治土壤侵蚀，培肥地力，实现农牧结合都有显著效果，是水土流失区改善农业生态环境的一项重要措施。这里重点介绍绿肥的压青技术。

①绿肥的翻压时期　绿肥应掌握在鲜草产量最高和肥分含量最高时翻压。翻耕过早，虽然植株柔嫩多汁，容易腐烂，但鲜草产量低，肥分总含量也低。反之，翻耕过迟，植株趋于老化，木质素、纤维增加，腐烂分解困难。

②绿肥的翻埋深度与分解速度　绿肥分解要靠微生物的活动，因此耕翻深度应考虑到微生物在土壤中旺盛活动的范围以及影响微生物活动的各种因素。微生物的活动一般以10~15 cm深处比较旺盛，故耕埋深度也应以此为准。但气候条件、土壤性质、绿肥种类及其老嫩等也会影响耕翻深度。凡绿肥幼嫩多汁易分解，土壤砂性强，土温较高的，耕翻宜深些，反之宜浅。

③绿肥的施用方式

直接耕翻：耕翻绿肥要埋深、埋严，翻耕后随即耙地碎土，使土、草紧密结合，以利绿肥分解。耕翻时如土壤水分不足，可在耕翻前浅灌。生长繁茂的绿肥，耕时有缠犁现象，耕前要先用圆盘耙把倒切断。

沤制：为了提高绿肥的肥效，或因储存的需要，可把紫云英以及各种水生绿肥与河泥等混合沤制(沤制时还可混入猪、牛粪等)。方法是先把绿肥切断，长约30 cm，再与适量河泥拌和堆积于田头。

绿肥绝大多数用作基肥。经过堆沤也可用作追肥。野生绿肥和夏季绿肥可割下铺于水稻行间，再埋入泥水作为早期追肥。

绿肥的施用量因作物种类和品种、土壤肥瘦和质地以及绿肥的种类、成分而有不同，在与磷、钾肥料配合下，一般以 15 ~ 22.5 t/hm^2 为宜。

(4)秸秆直接还田

堆肥和沤肥都是先把秸秆运回堆沤，再送回地里施用，耗用劳力多，而且堆沤中释放出来的热量白白散失，为此，近年来各地推广应用了玉米秸秆、稻草、麦秸等直接还田的新技术，对培肥地力和提高单产有一定作用。在年降水量 500 ~ 600 mm 以上和一定灌溉条件下，秸秆还田试验研究和在大面积生产上多数都表现增产效果，并且还有培肥土壤的效果。因为秸秆直接还田可以增加土壤有机质的积累，相应提高土壤的代换性能，提高土壤蓄水保墒能力，改善微生物环境，改善土壤物理性状以及减少田间杂草等。至于在 350 ~ 450 mm 年降水和无灌溉条件的半干旱地区，秸秆还田的作用还应做进一步的研究，如秸秆还田与土壤墒情的关系，丘陵坡地秸秆还田和保持水土的关系，秸秆还田和土壤耕作技术如何配合，秸秆还田的方式和秸秆还田的增产效果，都是值得重视和进一步探讨的问题。

(5)合理施用化肥

已如前述，施化肥是扩大农田物质循环的一个重要手段。从旱农地区的实际出发，强调合理施用化肥，其意义在于：第一，有利于提高水分利用效率，缓和土壤养分的供求矛盾，迅速提高产量，增加秸秆等有机质还田量。第二，植物产品增加，向畜牧业提供更多的饲草饲料，有利于促进畜牧业发展，增加优质厩肥向农田的投入。第三，由于增加秸秆、根茬、畜肥等有机质投入农田的数量，有利于培肥土壤。第四，有利于减缓燃料、饲料、肥料之间的矛盾。做到合理施用化肥，必须遵守施肥的基本原理和掌握作物的营养需求规律，否则很难取得好的经济效果。

水土流失区供水不足依然是农业生产的主要限制因素。所以化肥用量要适当，要与土壤水分水平相适应，才能提高水分利用率，收到最大的经济效益。

化肥的适宜用量必须因地制宜。因此，各地都需要进一步进行试验研究，以确定最佳施肥量。

(6)改进施肥方法

目前我国主要的水土流失区，由于燃料、饲料、肥料三料俱缺，每年从农田取走一定数量产品的营养物质，而归还给农田的数量很少，系统外输入的物质更少，因此农田生态系统中物质规模越来越小，是农田生产性能恶化的主要原因之一。

水土流失区的土壤肥力低，研究表明：增施有机肥或无机肥对提高产量都有明显作用。我国提出了"以无机换有机，以少量无机换多量有机"和"以肥调水"的施肥方法。

4.5 生态清洁流域治理

4.5.1 生活垃圾处理措施

4.5.1.1 生活垃圾处置方式

中国农村地域辽阔，由于经济、自然、人文状况的不同，各个地区的生产生活不尽相同，因此中国农村的垃圾在种类和数量上都千差万别，但归纳其特点可以分为可回收垃圾、不可回收垃圾及有害垃圾。可回收垃圾主要是可再回收利用的垃圾，包括废纸、废金属、玻璃等；不可回收垃圾主要包括妇女、儿童卫生用品、旧衣物、厨余物等；有害垃圾是指对人类生产生活有害的废弃物，除了包括化工业、金属冶炼及加工、造纸业、采掘业等排放的废弃物，还包括一些临床废弃物、生活垃圾中的废旧电池和日光灯管等。

垃圾不仅影响乡村风景的美观，且不论是有害还是无害垃圾，若不正当处置，都会产生环境污染。垃圾威胁人类健康的形式主要有固、液、气3种：通过食物使人进食有害物质；通过对降水、地面径流及地下径流污染水资源，从而危害人类的健康；通过散发出有害气体危害呼吸道健康等。

对生活垃圾进行正确恰当地处置，对资源的利用、景观的美化及营造农村健康清新的环境有着重要意义。目前世界各国采用的主要垃圾处理方法有卫生填埋法、焚烧法和高温堆肥等。

（1）卫生填埋法

卫生填埋法是从垃圾露天堆放和填坑演变而来，垃圾填埋场建设的污染防治标准应严格遵守中华人民共和国环境保护部于2008年颁布的《生活垃圾填埋场污染物控制标准》（GB 16889—2008），以防掩埋的垃圾对地下水、地表水、土壤、空气和周围的环境造成污染，一般采用坑埋的方式。坑底做成不透水层以防止污染地下水，并埋设管道导出有害气体，采用分层覆土填埋的方法对垃圾进行填埋。按照设计标准，每日填埋垃圾后要进行覆盖，采用15 cm厚的沙土进行覆盖，要求覆盖层透气性良好，以促进垃圾分解矿化。堆积完一层垃圾再覆盖一层黏土，黏土厚度为30 cm。垃圾填埋场达到设计填埋的标准后进行封场覆盖，覆盖厚度不少于50 cm。根据不同地区8~15年后进行开挖，并筛选处理，可将矿化垃圾运用于工程绿化方面。因为垃圾卫生填埋场耗资相对较低、卫生程度好，且能够将垃圾变废为宝，增加经济效益，近年来在国内被广泛应用。

（2）焚烧法

焚烧法是将生活垃圾中的可燃成分在高温下经过燃烧，使生活垃圾中的可燃物充分氧化，变成无害化的稳定的灰渣的过程。垃圾焚烧使得垃圾的体积大大减小，同时也加快了垃圾处理的速度；焚烧的高温能够杀死病原体，将有害物质转化为无害物质，降低了垃圾对土壤和水资源的危害；此外，燃烧过程中放出大量的热，可以加以利用，如发电或作为热源等，从而得到一定的经济效益和实用价值。焚烧法耗资较大，设备维护较难，且焚烧造成的大气污染仍无法完全解决，因此垃圾焚烧法在国内外已开始进入萎缩期。

（3）高温堆肥

高温堆肥是将生活垃圾中的有机物经过生化反应发生降解，使其快速成为腐殖质，用于土壤改良或施肥。由于我国大多数地区土地较为贫瘠，堆肥能够促进农作物茎秆、人畜粪尿、杂草、垃圾污泥等堆积物的腐熟，可以增加土壤中的有机质含量，也能杀灭其中的病菌、虫卵和杂草种子等，从而有利于增加农业产量，所以在城镇发展堆肥有一定的销售市场。

此外，一些农村对垃圾的处理以"分类收集、源头减量、资源回收"为原则，对垃圾进行分类处理，最大限度地减少了生活垃圾的排放量，使得垃圾的填埋量和垃圾填埋场的占地面积减小，从而大大减少了垃圾处理的难度，也有效避免了垃圾在运输等过程中造成的二次污染，增加了资源的回收利用率，符合建设环境友好型社会和科学发展观的要求。

目前，农村生活垃圾的处理方式并不是千篇一律，各种垃圾的处置方式也存在一定的弊端。例如，垃圾填埋在土地利用日益紧张的城市需要占用大量的宝贵土地；焚烧法处理垃圾会导致大气污染以及焚烧后固体颗粒包含有重金属化合物等；堆肥的肥料也有可能夹杂石头、金属、玻璃等。因此，不同地区的垃圾处置方式还得根据当地的地理位置、经济状况以及不同生活习惯下产生的不同组成成分的垃圾来选择。不管采用哪一种处理方式，垃圾分类收集均是其他处理方式的前提，也是世界上处置垃圾的趋向。事实证明，垃圾分类做得越细致，带来的环境效益、经济效益、社会效益和生态效益越可观。垃圾的处置方式应该因地制宜，根据当地的实际情况采取最合理的处理方式，处理的最终目标是农村生活垃圾的减量化、资源化、无害化。

4.5.1.2 生活垃圾处置运行

对农村生活垃圾的处理应当以科学发展观为核心思想，来构建资源节约型、环境友好型的乡村，通过形成条文来约束垃圾处置运行机制，并组建一个逐级垃圾处理系统，通过配备相关人员对系统进行管理，保障垃圾处置的顺畅，用健全的户、村、镇3级垃圾处理系统及时消化处理生活垃圾。

对垃圾的处置，可实行"户集、村收、镇处理"的垃圾处置模式。每户农家配备垃圾桶，农户需将垃圾收集起来放入垃圾桶；在村里设立垃圾池或垃圾房，并配备保洁员和相应的垃圾运载车，负责收集农户的生活垃圾；保洁员将垃圾进行分类后，定时将收集的垃圾送往乡镇设立的无公害垃圾处理场，对垃圾进行及时处理。对于无能力自行处理的乡镇，可设垃圾中转站，定时将垃圾运送到区级的垃圾处理场进行处理。这样逐级组建的垃圾处理系统就能高效地运行起来，农村生活垃圾处置运行结构如图4-16所示。

此外，为保障垃圾处置的正常运行，还须政府的参与，可根据实际情况形成具有法律效力的条文，用制度规范村民行为，将农村环境卫生管理工作制度化、规范化，对违反制度的村民进行批评教育，让环境保护的理念深入人心，彻底改变原来乱倒乱扔的现象；政府还应加大宣传力度，引导农民学会垃圾分类，自主爱护环境。

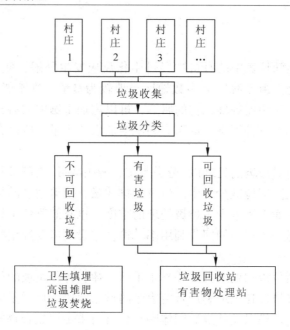

图 4-16　农村生活垃圾处置运行结构

4.5.2　污水处理措施

　　我国经济的迅速发展和居民生活水平的提高，以及以牺牲环境健康为代价换来的短期经济效益的人为活动日益增加，使得农村的水体污染越来越严重。我国有 250 多万个自然村，8 亿多农村人口，污水排放量巨大，其中大部分污水未经处理直接排入周围水体，对生态环境造成严重危害，同时威胁着农村饮用水安全，已经成为新的区域性水环境的污染源。

　　农村水污染按来源分散程度分为两类：点源污染和面源污染。

　　点源污染的来源多种多样，包括粗放经营的小造纸厂、电镀厂、印染厂等乡镇企业生产过程中产生的废水，未经处理就近排入河道、水库、农田，对水体造成了严重的污染；而部分村庄村民居住比较集中，未经处理的生活污水和生活垃圾随意倾倒也严重威胁着周围的水体。

　　面源污染包括农药和化肥的过量施用造成的水体富营养化；村民居住比较分散地区，未经处理的生活污水和垃圾造成的污染；另外，伴随着经济的快速发展，养殖业产生的大量粪尿，经过简单处理后的排放，也成为水体污染的一大污染源。

　　农村污水的主要特点是来源多、污染面大、难以收集处理、成分多种多样、污水中含有较多的人畜粪尿成分。现有的城市污水处理技术因其投资高、管理难度大而不适用于农村污水处理。

4.5.2.1　污水收集与处理方式

　　农村污水处理与城镇污水处理相比较，城镇污水处理往往耗资大，有较高的技术支撑及经济支撑，农村地区缺乏专业的技术管理人员，因此农村生活污水处理方式不能照搬或套用城镇污水处理模式，须结合农村实际情况科学决策。在具体处理农村生活污水时，应当因地制宜，根据当地的地形、气候、经济水平等条件选择简单、经济、有效的处理方式。

农村污水的收集主要包括乡镇集中收集、农户分散收集和市政统一收集3种方式。在地势平坦、村民居住集中的地方，乡镇统一铺设污水管网，收集的污水直接送往乡镇的污水处理站进行处理；对于地势高低不平、农户分散的农村，则以一户或相邻的几户为单位，铺设污水管网，各自收集、处理和排放污水；离市政污水管道较近的村庄采用市政统一收集的办法，统一铺设污水管网，直接引入市政污水管道，与附近的城市市政污水一同处理。以上3种收集方式中，均是依靠重力排水的方法。实际上，在河网发达的南方，如采用重力收集方法，需要频繁设置倒虹管，这样会导致收集系统投资过高、管道淤积、管理不便等问题，因此出现了一些新的收集技术解决此类问题。国外已经开发出真空排水系统、压力排水系统和小管径重力排水系统等，对国内提供了很好的借鉴，我国也正在开展相关的示范性研究。

由于农村生活污水主要包括厨房、沐浴、洗涤、冲厕及养殖牲畜的粪污等。其中污水量的大小、有机物含量的多少、污染物浓度等与农村居民的生活习惯、生活水平和用水量有关，因此，农村生活污水的收集必须结合当地的地形条件、村落分布，根据实际情况采用不同的模式收集污水。农村污水处理的方式多种多样，主要有3类：生物处理方式、生态处理方式和物理化学处理方式。具体有生物接触氧化法、好氧生物滤池、厌氧生物处理技术、土地处理技术和稳定塘技术等。

(1)生物接触氧化法

生物接触氧化法是在生物滤池的基础上派生出来的一种处理废水生物膜法，即在生物接触氧化池内装填一定数量的填料，利用吸附在填料上的生物膜和充分供应的氧气进行生物氧化作用，通过生物氧化作用，将废水中的有机物氧化分解，达到净化目的。生物接触氧化池操作管理方便，比较适合农村地区使用。日本就针对分散式的农村污水采用生物接触氧化技术，对于我国气温较低、经济条件较好或者处理后水质要求高的地方，可采用此方法。

(2)好氧生物滤池

好氧生物滤池一般以碎石或塑料制品为滤料，将污水均匀地喷洒到滤床表面，并在滤料表面形成生物膜。污水流经生物膜后，污染物被吸附吸收。好氧生物滤池在自然供氧情况下，在滤料表面使好氧微生物形成生物膜，能够去除污水中的悬浮物和溶解在污水中的胶体或污染物质。好氧生物滤池由于处理效率高、占地面积小，并且通过自然通风节省了供氧设施的费用，建设费用低，因此适于农村污水处理。

(3)厌氧生物处理技术

厌氧生物处理技术无须曝气充氧，产泥量少，是一种低成本、易管理的污水处理技术，能够满足农村生活污水处理的技术要求。一方面可将有机质含量高的生活污水和牲畜的粪水加入沼气池中，通过厌氧生化反应来净化水源，不仅将废弃污水加以利用，而且处理效果显著，出水水质稳定；另一方面可构建厌氧生物滤池，将其密封，通过厌氧生物的生化反应净化污水，工程投资、运行费用低，对维护的要求又不高，适合我国农村应用。

(4) 土地处理技术

土地处理技术是在人工调控下利用土壤植物微生物复合生态系统，通过一系列物理、化学、生物作用，使污水得到净化并可实现水分和污水中营养物质回收利用的一种处理方法。该技术与前 3 种污水处理技术相比，虽然投资相对较高，但处理系统埋于地下，受外界的影响小，且不影响农村景观效果，对于开展生态旅游业的农村实属最佳方式。目前，土地渗滤技术在国内已投入运用，并取得了较好效果。

(5) 稳定塘技术

稳定塘实际上是一个污水池塘，通过人工修建围堤和防渗层，依靠细菌、真菌、藻类、原生动物等的代谢活动及物理、化学、物化过程，将污染物进行多级转换、降解和去除。虽然稳定塘建造投资少、运行维护成本低、无须污泥处理，但污水处理的效率低、受环境影响太大。因此，国内外已相继推出了新型塘和组合塘，如高效藻类塘、水生植物塘、多级串联塘和高级综合塘等以强化处理效果，提高污水处理质量。其中，高效藻类塘应用较多，尤其在太湖流域，其处理效果稳定且优于传统氧化塘。

4.5.2.2　污水收集与处理设施

污水收集主要是通过污水管网和污水池收集，污水处理设施根据具体的处理工艺有相应的处理设备。

4.5.2.3　污水收集与处理设计

污水收集与处理的设计主要包括以下步骤：

(1) 设计规模的确定

在设计污水处理设施时，首先要考虑污水处理场的规模，加强前期的实地调查，分析出当地污水的水质状况，据此设计出污水处理场的设计水量和设计进水水质浓度等基础数据，特别是污水处理厂有除磷脱氮要求时，除需确定常规污染物浓度外，还应确定营养物浓度、碱度等水质特性。这样在实际工程中才不会出现实际进厂水量水质偏离设计规模的现象，使污水处理高效运转。污水处理厂的水量规模，应根据当地统计的相关资料，以当前的污水量为基础，以一定的年污水增长率计算设计年限内污水处理场管理范围内应当处理的污水总量；污水处理厂设计进水水质的确定，是在污水处理设施管辖范围内选择几个有代表性的排污口，定期实测其水质水量，再用数学分析的方法算出污水水质浓度，最终适当扩大测得的浓度确定进水水质。

(2) 处理工艺的选择

前期调查当地污水状况后，就要根据当地情况因地制宜，有选择地采取污水处理工艺。如当地污水含有哪些污染物质，可根据选择对应的微生物进行分解，进而可以设计出选择好氧生物滤池还是厌氧处理技术；根据当地经济条件的好坏，可以选择是否用生物接触氧化法处理污水；根据处理后水质的要求及美观效果，考虑选择土地处理技术等。总之，处理工艺的选择以因地制宜、经济适用、工艺流程简单为原则。此外，工艺的选择也要有当地特色,如某村有规模化的猪场,则干粪可以用来外销或生产复合肥,而粪水可直接引入储粪池用于农田的直接浇灌,还可以用来做沼气池的发酵底料,解决农村的能源问题等。

(3)污水的再利用

我国是世界上贫水国家之一,人均水资源占有量是世界人均水资源占有量的1/4,水资源的紧缺状况在一定程度上限制了工农业生产和城市的发展,因此,污水处理后的再利用至关重要。污水处理厂二级处理的尾水,是一种稳定的水资源,工业用水量中冷却、洗涤等用水量大,但水质要求不高,经过处理后可作为工业冷却洗涤用水、市政杂用水及城市河道湖面的景观用水等。因此,污水处理设计中,应充分重视污水回收利用的重要性,调查研究污水回用对象及对水质的要求,并结合用水水质要求进行污水处理工艺选择,进行污水处理设施的布设。处理后的污水通过按照设计输送到相关的用水单位。

4.5.3 沟(河)道清理整治措施

沟(河)道清理整治是在总体规划的基础上,通过修建整治建筑物或采用其他整治手段(疏浚、爆破等),对不利于人类生产生活及居住生态环境建设甚至有破坏作用的沟(河)道演变进行控制。

近年来,随着中国现代化进程的加快,在城市环境日益改善的同时,农村的污染尤其是农村沟(河)道污染问题越来越突出。农村水环境污染不仅直接影响农村人民生活质量,还对城市的水环境造成重大的影响,这是一个必须认真对待的问题。农村的沟(河)道污染与城市的河流污染有很大的区别,在整治措施上也有许多不同之处,必须根据其特点,采取有针对性的措施。

4.5.3.1 污水收集与处理方式

化肥、农药过量和不合理使用,形成农田化肥、农药的流失,又由于传统的灌溉方式加重了农业面源污染,农村面源污染严重影响农村沟(河)道的水质,总氮、氨氮是农村沟(河)道的主要污染物。在农村沟(河)道污水处理中,工程措施往往花费高,小型沟(河)道往往是以沟(河)道污水控制为主。沟(河)道污水控制是一个庞大的工程,需要坚持以系统论、信息论、控制论为指导,把污染源、水环境和人群作为一个有机整体来对待,精确地研究控制对象。污水处理时,应该做好规划,突出水环境综合整治;政府要高度重视农村水环境污染问题,充分发挥农业技术推广等公益单位作用;结合当地特色,区别对待,采取不同的工程措施。沟(河)道污水控制系统如图4-17所示。

农村沟(河)道污水处理方式,一般可以分为污水分散处理、污水集中处理。

①污水分散处理 在我国沟(河)道较为分散的中西部地区,污水分散运用较为广泛。污水分散处理时,宜采用小型污水处理设备、自然处理等形式。该处理方式施工简单、布局灵活、管理方便,适用于布局分散、规模较小、地形条件复杂、污水不易集中收集的村庄沟(河)道污水处理。

②污水集中处理 在我国沟(河)道分布密集、经济基础较好的东部和华北地区,污

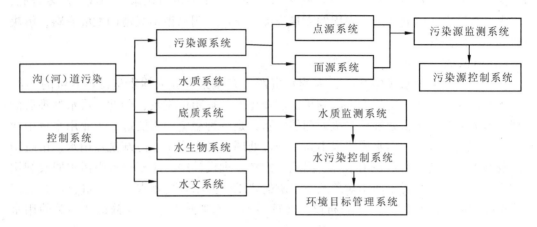

图 4-17 沟(河)道污染控制系统

水集中处理运用较多。污水处理采用自然处理和常规生物处理等工艺形式。该处理方式占地面积小、抗冲击能力强，适用于村庄布局相对密集、村庄企业或旅游业发达的村庄沟(河)道污水处理。

③规模化养殖粪污染源化 对于以养猪、羊、牛为主要经济收入的村庄沟(河)道污水处理，往往要采取规模化养殖粪污染源化模式处理沟(河)道污水。该方法针对不同的养殖对象和养殖规模，构建出相应的畜禽养殖粪污染处理的生态模式。规模化养殖粪污染源化处理村庄沟(河)道污水占地少、动力消耗少、成本低、污泥量少。

4.5.3.2 污水收集与处理设施

村庄污水在流入污水沟(河)道前，一般已经进行了污水收集和处理。农村沟(河)道污水处理措施一般采用自然生物净化和人工湿地，工程措施采用较少。对于村庄污水未处理，沟(河)道污染严重的地区，可以采用沟(河)道爆气法，主要还是应建立好村庄污水处理，减少污染源；对污染的沟(河)道进行垃圾污水清理，种植吸收相应污染元素的植物。

（1）自然生物净化

自然生物净化主要利用土壤中的微生物和植物根系或沟(河)道水中的微生物作用使水中的污染物浓度降低。这种处理范围广，沟(河)道不同区段使用的微生物浓度不同，效果差别很大。主要优点为投资低、运行费用低、管理简单、需要的操作人员少。

（2）人工湿地

人工湿地是 20 世纪 60 年代发展起来的一种污水处理技术。人工湿地是由人工建造和控制运行的与沼泽地类似的地面，将污水、污泥有控制地投配到经人工建造的湿地上，污水与污泥在沿一定方向流动的过程中，主要利用土壤、人工介质、植物、微生物的物理、化学、生物三重协同作用，对污水、污泥进行处理的一种技术。其作用机理包括吸附、滞留、过滤、氧化还原、沉淀、微生物分解、转化、植物遮蔽、残留物积累、蒸腾水分和养分吸收及各类动物的作用。

人工湿地主要有湿地基质的过滤吸附作用、湿地植物的作用、微生物的消解作用。

此外，湿地生态系统中还存在某些原生动物及后生动物，甚至一些湿地昆虫和鸟类也能参与吞食湿地系统中沉积的有机颗粒，然后进行同化作用，将有机颗粒作为营养物质吸收，从而在某种程度上去除污水中的颗粒物。人工湿地污水处理系统是一个综合的生态系统，具有以下优点：建造和运行费用便宜；易于维护，技术含量低；可进行有效可靠的废水处理；可缓冲对水力和污染负荷的冲击；可提供和间接提供效益，如水产、畜产、造纸原料、建材、绿化、野生动物栖息、娱乐和教育。但也有不足：占地面积大；易受病虫害影响；生物和水力复杂性加大了对其处理机制、工艺动力学和影响因素的认识理解，设计运行参数不精确，因此常由于设计不当使出水达不到设计要求或不能达标排放，有的人工湿地反而成了污染源。

（3）沟（河）道曝气法

沟（河）道曝气法是充分利用天然沟（河）道和沟（河）道已有建筑就地处理污水的一种方法。沟（河）道曝气工程一般分为拦污初沉段、曝气段、二次沉淀段、净化改善段4个部分。

①拦污初沉段　主要利用沟（河）道闸拦截漂浮物，进行污水的初沉。

②曝气段　利用闸前形成的蓄水区安装曝气机进行曝气，为防止曝气机冲刷河道，曝气段内应全部衬砌，处理后的水从闸门顶溢流而下。

③二次沉淀段　闸下建造临时草袋坝，使坝前壅水，用以降低流速，进行沉淀。

④净化改善段　草袋坝下段修拦污活动围堰，进行清污分开，将回流污水和排污口污水全部隔在改善段下游。

沟（河）道综合了曝气氧化塘和氧化沟的原理，结合推流和完全混合的特点，有利于克服短流和提高缓冲能力。同时也有利于氧的传递、液体混合和污水絮凝，是一种有效的污水处理方法。

4.5.4　村庄美化措施

现阶段的社会主义新农村建设，要求实现农村经济、社会、环境协调发展。在快速发展经济的前提下，要大力推进农村公共基础设施建设、公共设施配置、生态环境改善等社会事业的发展。要结合当前新农村建设的实际，逐步改善农村生态环境和人居环境，达到村容整洁，道路通畅，村庄绿化、环境美化的目标。村庄美化是建设社会主义新农村的核心内容之一，是立足现实、缩小城乡差距、促进农村全面发展的必由之路。

4.5.4.1　村庄美化内容

村庄美化要在改善农村生态环境和人居环境的前提下，按照因地制宜、兼顾生态与经济的原则，进行统一规划，全面推进"改厨、改厕、改圈、改水、改路"工作，以建设出能够体现田园风光和地方特色的绿化、美化村庄。对于垃圾、污水、杂物、淤泥应进行重点清理，着力防治农村非点源污染，抓好生产生活污水达标排放工作，规范农具柴草堆放；同时应大量应用乡土树种，营造出"村在林中、路在绿中、房在园中、人在景中"的优美景观，树立典型，以点带面，深入推进村庄美化工程。

村庄美化的主要内容有村庄绿化、村庄基础设施建设、村庄公共设施建设等。

村庄美化前要调查村庄的自然环境、立地条件、风土民情，充分利用自然地貌，采用灵活多变的设计手法，使村庄具有田园风光和地方特色。

①村庄绿化 可以分为两个阶段：第一阶段，对村庄可视范围内的荒山荒坡、梯田地埂、街道、公共场所进行绿化，提高村庄绿化覆盖率；第二阶段，在第一阶段的基础上，建设生态化、园林化村庄。通过乔、灌、草结合，达到具有乡村特色的绿化效果。

②村庄基础设施建设 即进行"改厨、改厕、改圈、改水、改路"工作，修建污水处理池、水窖、沼气池等基础设施。

③村庄公共设施建设 一方面要修建中小型公园、景点，另一方面修建娱乐、健身场所、小型图书馆等，以促进新农村的精神文明建设。

4.5.4.2 村庄美化设计

(1)道路绿化美化

道路绿化美化是指应用园林植物材料(乔木、灌木、花卉、攀缘植物、地被植物等)通过不同的布局形式和栽植手段，对各种不同性质、类别的道路(交通性、生活性、游览性)进行装点。其目的是为改善环境、组织交通、休息散步、美化市容创造生态效应，并起到景观、环境、休憩三者为一体的统一作用。

目前，村庄道路绿化美化大部分是一板两带式，道路中间为车行道，在车行道两侧为不加分隔的人行道。绿化美化时，常常是在人行道外侧各栽一排行道树。此方法正好符合了村庄道路美化的设计理念：操作简单、用地经济、管理方便。

村庄道路绿化美化按照其位置和重要程度也可以分为：进村道路绿化美化、村内主要道路绿化美化、村内次要道路绿化美化。村庄道路布置较为灵活，应根据实际情况，适地适树选择树种，一般按"两高一低"的原则进行绿化，即在两乔木中间搭配彩叶、观花常绿树种或花灌木，达到多层次的绿化效果。

(2)公共绿地绿化美化

村庄的公共绿地主要是指为全村居民服务、满足规定的日照要求、适合于安排游憩活动设施、供居民共享的游憩绿地，应包括村庄公园、小游园和休闲绿地及其他块状、带状绿地等。村庄公共绿地绿化美化要确立"以人为本"的正确导向。最大限度地考虑居民的生活与休闲的要求，结合小品、园路、小型绿地广场、健身场地等各种方式来促进居民和自然的亲和性，而不单单为绿化而绿化，要为居民创造一个自然的空间接纳他们的生活和情趣。村庄公共绿地一般包括：实用的休憩设施，如高大树荫下的座椅；为老人小孩设置的休闲、健身设施，如喝茶、下棋设施，滑梯、跷跷板等；充足的绿化，如大量的四旁(宅旁、村旁、路旁、水旁)林；一定面积的硬质铺装，一般为广场砖或水泥铺地；一定的照明设施，方便村民晚上使用。

植物配置要层次分明、注重色块。在设计乔灌木混交群落时，配置高、中、低地被层，各个层次要分明，并注重色块的应用。常绿乔木一般选择圆柏、雪松、白皮松、广玉兰等；落叶乔木一般选择海棠、五角枫、火炬树、梧桐等；灌木有很多选择，例如：春天开红花的垂丝海棠、木瓜海棠、紫荆、榆叶梅、樱花，开白花的溲疏、喷雪花，开黄花的黄馨、金钟花、迎春、棣棠等；夏天开花的紫薇、金丝梅、栀子花等；秋天的桂花、红枫、鸡爪槭；冬天的腊梅、红瑞木等。草花地被植物一般为紫藤、凌霄、野菊、二月蓝、玉簪等。

（3）村庄水系绿化美化

村庄水系与村民的生活息息相关，村庄水系绿化美化直接影响村民的生活质量。村庄水系包括湖泊、江河、溪流、水库、池塘和沟渠等形式，其中河流、池塘和沟渠是村庄水系绿化美化的重点，也较为普遍。

①河流　可以将河流分为河道、河漫滩、河道边坡进行绿化美化。

河道：河道内部主要通水，不宜进行太多处理，尽量保持自然，可适量补植一些适生水草，以自然恢复为主。

河漫滩：选育适生草灌，由内到外种植草—灌，形成立体景观。

河道边坡：就地取材，进行边坡绿化。不宜运用钢筋石块，河道上部种植一些乔木，如柳树，形成绿化带。

②池塘　池塘是指比湖泊小的水体。界定池塘和湖泊的方法颇有争议性。池塘一般是指可以让人在不被水全淹的情况下安全横过，或者水浅得阳光能够直达塘底。池塘也可以指人工建造的水池。

一般来说，池塘由于面积小，可以不进行人工布置。为了维护池塘水环境，绿化美化时，往往在岸边只有成排乔木，水中散植水生植物，方法简单，效果较好。

③沟渠　沟渠一般指为防洪或灌溉、排水而挖的水道。沟渠一般宽0.5～2m，深20～50cm。沟渠内水流小，流速慢，绿化美化时应以生态恢复为主。村庄外沟渠一般管理较少，较为凌乱。但对于较宽阔的沟渠，可以建设缓坡自然式河岸，堤坝上种植单一或有骨干树种的林带，形成一种两岸绿树夹一水的景观模式。

思 考 题

1. 水土保持措施的主要类型有哪些？
2. 水土保持措施设计的内容与原则是什么？
3. 水土保持林草措施设计的主要内容有哪些？应该如何进行空间布局？
4. 水土保持工程措施设计的主要内容是什么？
5. 水土保持农业措施的主要内容是什么？
6. 水土保持农业措施在小流域水土流失综合治理中的作用是什么？
7. 水土保持耕作措施的任务是什么？有哪些种类？
8. 间作、套种与混播减少农田水土流失的原理是什么？
9. 径流农业在山区旱作农业中的应用有哪些？
10. 复合农林业应遵循的原则是什么？

推荐阅读书目

水土保持工程学(第3版). 王秀茹，王云琦. 中国林业出版社，2018.

林业生态工程学(第3版). 王百田. 中国林业出版社，2010.

农地水土保持. 王冬梅. 中国林业出版社, 2002.

中国水土保持. 唐克丽等. 科学出版社, 2004.

水土保持标准技术标准汇编. 水土保持工程技术标准汇编编委会. 中国水利水电出版社, 2010.

参考文献

蒋定生, 等, 1997. 黄土高原水土流失与治理模式[M]. 北京: 中国水利水电出版社.

陈法杨, 张长印, 牛志明, 2003. 全国水土保持生态恢复分区探讨[J]. 中国水土保持(8): 2-3.

赵世伟, 刘娜娜, 苏静, 等, 2006. 黄土高原水土保持措施对侵蚀土壤发育的效应[J]. 中国水土保持科学, 4(6): 5-12.

姜峻, 都全胜, 2008. 陕北淤地坝发展特点及其效益分析[J]. 中国农学通报, 24(1): 503-509.

常庆瑞, 安韶山, 刘京, 2000. 黄土高原不同树种防止土地退化效益研究[J]. 土壤侵蚀与水土保持学报, 18(1): 118-122.

吴钦孝, 赵鸿雁, 2001. 植被保持水土的基本规律和总结[J]. 水土保持学报, 15(4): 13-15.

苏子龙, 崔明, 范昊明, 2012. 基于东北漫岗黑土区坡耕地沟蚀防治的防护林带布局优化[J]. 应用生态学报, 23(4): 903-909.

周蕊, 方荣杰, 2012. 西南岩溶区的水土保持措施体系构建[J]. 中国水土保持(3): 7-9.

王冬梅, 2002. 农地水土保持[M]. 北京: 中国林业出版社.

西北农业大学, 1991. 旱农学[M]. 北京: 农业出版社.

北京农业大学, 1981. 耕作学[M]. 北京: 农业出版社.

王百田, 等, 2003. 节水抗旱造林[M]. 北京: 中国林业出版社.

第 5 章

荒漠化防治

【本章提要】本章主要讲述荒漠化的概念、类型、成因与危害，阐明荒漠化防治的基本原理，系统介绍荒漠化的植物防治技术、工程防治技术等。

5.1 荒漠化概况

5.1.1 荒漠化及其类型分布

荒漠化(desertification)是指包括气候变化和人类活动在内的多种因素造成的干旱、半干旱及亚湿润干旱区的土地退化。据联合国环境规划署 2006 年作出的最新评估，全球荒漠化土地面积达 $3\ 600 \times 10^4\ km^2$，占整个地球陆地面积的 1/4，相当于俄罗斯、加拿大、中国和美国国土面积的总和，而且荒漠化正以每年 $5 \times 10^4 \sim 7 \times 10^4\ km^2$ 的速度扩展。据统计，世界上 100 多个国家和地区的 12 亿多人受到荒漠化的威胁，每年造成的直接经济损失高达 420 多亿美元。

我国是世界上荒漠化危害最严重的国家，根据第五次全国荒漠化和沙化状况公报，截至 2014 年，我国荒漠化土地总面积为 $261.16 \times 10^4\ km^2$，占国土总面积的 27.20%，分布于北京、天津、河北、山西、内蒙古、辽宁、吉林、山东、河南、海南、四川、云南、西藏、陕西、甘肃、青海、宁夏、新疆 18 个省(自治区、直辖市)的 528 个县(市、区、旗)。其中风蚀荒漠化土地面积 $182.63 \times 10^4\ km^2$，占荒漠化土地总面积的 69.93%；水蚀荒漠化土地面积 $25.01 \times 10^4\ km^2$，占 9.58%；盐渍荒漠化土地面积 $17.19 \times 10^4\ km^2$，占 6.58%；冻融荒漠化土地面积 $36.33 \times 10^4\ km^2$，占 13.91%。

5.1.1.1 风蚀荒漠化

以风力为主要侵蚀营力造成的土地退化称为风蚀荒漠化，亦称沙漠化。其主要是指在干旱多风的沙质地表条件下，由于人为过度活动的影响，在风力侵蚀作用下，使土壤及细小颗粒被剥离、搬运、沉积、磨蚀等过程，造成地表出现风沙活动为主要标志的土地退化。沙漠化在我国主要分布于干旱、半干旱地区，在亚湿润干旱地区有零散分布。各类型荒漠化土地中，风蚀荒漠化是面积最大、分布范围最广的一种荒漠化类型。

在干旱地区，风蚀荒漠化大体分布在内蒙古狼山以西，腾格里沙漠和龙首山以北，包括河西走廊西部以北、柴达木盆地及其以北、以西至西北部的大片土地。此外，在准噶尔盆地和塔里木盆地及天山以南、孔雀河以北广大地区也有分布。在半干旱地区，风蚀荒漠化大体在狼山以东向南，穿杭锦后旗、磴口县、乌海市，然后向西纵贯河西走廊中部、东部直到甘肃北部蒙古族自治县呈连续大片分布。从行政区划上看主要分布在内蒙古东部西侧，在藏北高原为斑块状分布。在亚湿润干旱区，从毛乌素沙地东部至内蒙古东部（东北西部）大体呈东北—西南向带状分布，其带宽为 50～125 km，而在东经 106°以西以及从青海到西藏北部主要为斑块状分布。

　　风蚀荒漠化按其土地退化程度可分为轻度、中度和重度 3 种类型，轻度风蚀荒漠化主要分布在半干旱和半湿润干旱区东部的巴丹吉林沙漠及腾格里沙漠以东的地区，其中连续分布区大体在东经 108°～119°。总体看，中度风蚀荒漠化呈不连续分布，但较为集中地分布在准噶尔盆地和内蒙古中北部的半干旱和干旱地区，亚湿润干旱区则分布较少。重度风蚀荒漠化主要分布在干旱区（占 70% 以上），在东经 103° 以西即腾格里沙漠、巴丹吉林沙漠及其以西、新疆准噶尔盆地以北和以东及南疆、西藏西北地区，为大片连续分布；而半干旱地区则分布较少，亚湿润干旱区几乎无分布。

　　风蚀荒漠化的程度分布规律充分显示出风蚀荒漠化的进程受气候，特别是受干湿程度的影响较大。这是由于在风蚀过程中，土壤的水分含量与其抗蚀力正相关。此外，干湿程度的变化，决定了植被类型及覆盖度的高低，干旱气候类型下，植被盖度低，使表土裸露。另外，干旱区许多植物为短生植物，对雨水反应极为灵敏，只有在雨季到来甚至一场降雨后，植物才葱郁地发生、生长，而一年中更多的时间则处于干枯状态，为风蚀的产生提供了有利条件。因而，风蚀荒漠化的程度大体随气候类型区由亚湿润干旱区—半干旱区—干旱区变化，也呈轻度—中度—重度的变化趋势。即随着气候类型变干，风蚀荒漠化程度越来越严重，其程度分布的范围也越来越大，由零散分布趋向大片连续分布。

5.1.1.2　水蚀荒漠化

　　水蚀荒漠化主要是由水土流失造成的一种荒漠化类型。从地域上看，在干旱、半干旱和亚湿润干旱区，水蚀荒漠化土地呈不连续的局部集中分布。主要分布在黄土高原北部的无定河、窟野河、秃尾河流域，泾河上游，清水河、祖厉河的中上游，湟水河下游及永定河的上游；在东北西部，主要分布在西辽河的中上游及大凌河的上游；此外，在新疆的伊犁河、额尔齐斯河及昆仑山北麓地带也有较大的连续分布。

　　水蚀荒漠化土地分布表现出明显的地形特征，其分布区主要集中在一些河流的中、上游及一些山脉的山麓地带。这些地段一般海拔较高，具有较好的降水条件，为水蚀荒漠化的发生提供了丰富的水力条件。除此之外，这些地带地形起伏，坡度较大，土壤覆盖层较厚，具有水蚀荒漠化形成的地形条件和侵蚀物质基础，加上这些地段多为人类活动剧烈地带，过度放牧、陡坡垦荒等致使植被破坏、地表裸露、加速了水蚀荒漠化的进程。表土被不断冲刷之后，在干燥气候条件下，植被自然恢复力极低，在日益增长的人口压力下，塑造了这些地段的水蚀荒漠化景观。

　　与风蚀荒漠化土地较为集中地分布在该区域的北部、西部这一特征相反，水蚀荒漠化虽不呈大片连续分布，但其主要分布区则明显地集中在该区域的南部、东部，尤以亚湿润干旱区分布较广（占水蚀荒漠化土地面积的 60% 以上），而分布在半干旱区和干旱区的占水蚀荒漠化土地面积的不足 40%。导致水蚀荒漠化在地域上的这一分布格局的原因，主要是亚湿润干旱区相对于半干旱和干旱地区具有形成水蚀荒漠化的水力和地形条件。此外，半干旱地区，尤其是干旱地区深居内陆，除了降水很少之外，地形一般比较开阔、平坦，不具备水蚀荒漠化产生的基础，因而在这一地区水蚀荒漠化较多集中在山麓地带。

水蚀荒漠化程度的分布明显地表现出与土壤质地的紧密相关性。黄土高原北部与鄂尔多斯高原过渡地带的晋陕蒙三角区，既具有黄土丘陵的剧烈起伏地形，丘陵表层又覆盖着深厚疏松、抗蚀力极低的砂质土壤。同时，人口密度较大，垦殖指数过高，导致这一地区成为我国水蚀荒漠化程度最为严重的地区，土壤侵蚀模数高达 $20\,000 \sim 30\,000\ t/(km^2 \cdot a)$，成为黄河泥沙的主要来源区域。因此，重度水蚀荒漠化比例虽然不大，但其危害严重。

受北冰洋水汽控制，在新疆西北部几个外流河的中上游形成了较好的降水条件，天然植被好、人口密度也相对较小，所以虽有水蚀荒漠化发生，但其程度一般较轻。在西辽河上游，虽然降水量并不是很高，但因气温较低，蒸发力相对较小，植被发育较好，地形起伏不大，因而该区水蚀荒漠化的程度多为轻度或中度，罕见重度水蚀荒漠化景观。

5.1.1.3 盐渍荒漠化

盐渍荒漠化属化学作用造成的土地退化，是一种重要的荒漠化类型，在荒漠化地区有着广泛的分布。

盐渍荒漠化比较集中连片分布的地区有塔里木盆地周边绿洲以及天山北麓山前冲积平原地带、河套平原、银川平原、华北平原及黄河三角洲。

按行政区，盐渍荒漠化的分布以新疆、内蒙古、青海三省面积最大，依次占盐渍荒漠化总面积的 46.3%、23.0% 和 18.7%。三省（自治区）分布了盐渍荒漠化总面积的 88.0%。

从土地利用类型看，以盐渍荒漠化草地比例最大，盐渍化耕地次之。

盐渍荒漠化主要是由于气候、排水不畅、地下水位过高及不合理灌溉方式等原因造成。

盐渍荒漠化的程度，以干旱区最为严重，半干旱区居中，亚湿润干旱区则相对较轻。如柴达木盆地、罗布泊地区、塔里木盆地北缘的轮台、库车、阿瓦提、若羌及阿拉善、吐鲁番盆地等地的分布以重度为主，北疆的石河子等地则以中度为主，而东部亚湿润半干旱区的华北平原、黄河三角洲地带以轻度为主。

5.1.1.4 冻融荒漠化

冻融荒漠化是昼夜或季节性温差较大的地区，岩石或土壤由于剧烈的热胀冷缩而造成的结构破坏或质量退化。这些地区一般生物生产力较低，是一种特殊的荒漠化类型，除我国之外，世界其他地区或国家较少见。

冻融荒漠化土地主要分布于青藏高原的高海拔地区，在甘肃的少数高山区及横断山脉北侧的四川巴塘、得荣、乡城等县的金沙江及其支流流域上游有零星分布，但面积不大。我国冻融荒漠化土地的发生大多是在较干燥的大气条件下，但局部发生在海拔较高、水分条件相对较好的地段。这些地区的生物气候生产力虽然很低，但并非无生命的地区，像青藏高原的一些高山草甸地段，常为夏季放牧所利用。冻融荒漠化程度以轻、中度为主（分别占 49.0% 和 50.7%），重度仅占 0.3%，目前对人类的生存与生活的影响也相对较小。

5.1.2 荒漠化危害

荒漠化是一项自然和人为双重因素影响下发生的复合性灾害，其危害程度和危害深度都较其他灾害更为严重。因为它摧毁的是人类赖以生存的生态环境，直接影响着人类的经济、社会等各方面的活动，而且荒漠化的发生、发展还可进一步诱发各种毁灭性的自然灾害，所以，荒漠化现在已成为国际社会所关注的全球性环境和资源问题。

5.1.2.1 土地退化

荒漠化导致的土地退化主要表现在以下方面：

①生态环境破坏，植被覆盖率降低，表层土壤发生退化，由于水蚀、风蚀作用，植被赖以生存的肥沃表层土壤荒漠化。如新疆置于县喀升河下游已有 400hm² 多的耕地退化为沙化土地。

②沙漠漫延，吞噬绿洲、农田，直接造成农牧业减产。

③洪涝灾害引起大量土体搬运、沉积。

土壤肥力降低。据朱震达教授估计，25 年来在草原旱作农业地区，因风蚀造成的肥力损失，仅氮素一项就达 103.78 亿元，平均每年约 4.15 亿元。

④土壤发生次生盐渍化、酸化（使用过多的某种化肥）。

⑤土壤污染，这是由于工业、城市的废弃物堆放或过量使用化肥造成的。

5.1.2.2 生物群落退化

荒漠化引起植被退化，进而导致土壤退化，反过来又影响植物、动物的生存与发展，这样形成的恶性循环过程，使生物群落的密度、多样性等向着坏的方面演替。例如，额济纳河两岸的芦苇、芨芨草甸绝大部分枯死，胡杨、沙棘林也大部分死亡，其植被的演化模式为：芦苇、芨芨草群落（草甸景观）—胡杨（沙枣）、杂类草群落（河岸林景观）—红柳、杂类草群落（灌丛景观）—黑果枸杞、盐爪爪群落（盐生植被景观）。再如，新疆和田地区，中华人民共和国成立初期，天然胡杨林保存面积 12×10^4 hm²，20 世纪 70 年代仅存 1.8×10^4 hm²；近 4×10^4 hm² 的柽柳林也遭到相同的命运。

5.1.2.3 气候变化

植被的退化引起地面反射率、CO_2 吸收率的变化，从而对气候的变化产生影响，现在全球气温回升，降水量减少，蒸发量加大，沙尘暴发生次数增多。据气象部门报道，新疆和田地区近年来，气温平均每年递增 0.03 ℃，而降水以 0.42 mm/a 的速率递减，夏日从 20 世纪 40 年代的 70 d 降到近期的 2~3 d，每年出现的浮尘日数 1980 年比 1955

年增加了 111 d。

5.1.2.4 水文状况恶化

水文状况的恶化主要是由植被退化引起的，具体表现在：

①洪峰流量增大，形成洪涝灾害，枯水流量减少，断流时间增加，如黄河近年在中下游出现的断流现象。还有像一些湖泊干涸的现象，它们只能随上游来水的丰歉，变成间歇性积水的湖泊，像黑河末端的两个著名湖泊——嘎顺诺尔和索果诺尔。

②地上径流增加，地下径流减少，水蚀作用加大，水质变坏，甚至在一些地方，地下水位下降，为土地资源的退化创造了恶性循环的条件，在上面提到的嘎顺诺尔和索果诺尔两地周围地下水位下降 2~3 m，地下水矿化度由原来的 1 g/L 以下增到 1~3 g/L 以上，古日乃湖、拐子湖一带的井水含氟量可达 1.5~4.0 mg/L。

③一些地区地下水位提高，土壤发生次生盐渍化，有些河湖滩地天然绿洲的沼泽土、草甸土逐渐向盐渍化土壤演变。其演替序列为沼泽土(草甸土)—盐化草甸土—草甸盐土—矿质(结壳)盐土。

5.1.2.5 环境污染

土地在沙漠化过程中产生一系列沙尘物质，在风力作用下同时对环境发生严重污染。以地表蠕移和跃移状态的风沙流以及细沙以上各种沙质沉积物的污染主要限于沙漠化地区；而以悬浮状态运动的沙质物质(主要是部分极细沙及其以下的微沙，特别是粉尘)，则可以扩及沙漠化地面以外的广大空间，尤以与大风伴生的沙尘暴的污染最为强烈，成为我国环境影响范围最大、危害严重的最大污染源，波及我国中部、东南部直至沿海大片地区。

目前在沙区及其周围地区存在着大量的风成沙和黄土沉积物，这便是风沙物长期污染环境形成的地质历史记录，风沙物质不仅妨碍人类的活动，同时这些由石、盐分、微量元素等组成的沙尘物质还对人类身体健康产生直接损害，如沙尘物质进入人的口、眼、鼻、喉及食物中，经常引起精神不快，眼睛、呼吸道和盲肠发炎。而且，沙尘物质一旦进入工厂、机房，就会大大增加仪表和零件的磨损，润滑不良，缩短使用寿命，甚至造成停机、停产，严重的则会引起重大事故。

同样，水蚀、盐渍化等其他类型的荒漠化都会对环境造成不同程度的污染，这些内容不再赘述。

5.1.2.6 生活设施和建设工程毁坏

环境破坏，生态平衡失调，自然灾害频繁发生，常常危及人类的生命、财产安全。例如，河西走廊的重要城镇民勤早在古代曾被流沙埋没，城郊 20 多个村庄近 200 年来大部分陆续被迫迁移，不得不重新选址建成现在的民勤镇。再如黄河下游地区，河道内泥沙淤积，河床不断抬高，造成河堤多次溃决，泛滥成灾，使两岸人民饱受流离失所之苦。

在工程建设方面，主要是对公路、铁路、矿区以及一些风蚀、水蚀、盐渍化等防治工程的危害。

荒漠化地区的公路、铁路不仅时常线路被破坏，路基桥梁被损坏，而且风沙常常干扰行车作业。初步估计，全国受沙埋沙害影响的公路、铁路总长为 2 000 km。包兰铁路的乌吉支线于 1967 年建成通车，但 1970 年来，线路因沙害造成大的脱轨事故 22 次，沙埋铁路最深达 1.7 m，沙埋 1 m 以上的线路约 2 km，几年中铁路部门用于铁路防沙的投资达 200 多万元。

在水土流失严重的地区，河流上游土地、植被退化，来水冲刷表土，携带到下游地区，淤积河道、水库和灌渠；另一方面，风成沙直接影响水利工程设施，即受风沙流和沙丘前移的影响，水库、渠道难以发挥正常效益。例如，青海龙羊峡水库，每年进入水库的总泥沙量为 0.313×10^8 m³。随着泥沙堆积量增加，库容逐步缩小，给水力发电、防洪、灌溉等方面造成相当大的经济损失。

5.2 荒漠化成因及防治原理

5.2.1 荒漠化成因

荒漠化是自然和人为等多种因素作用下环境演变的产物。就我国而言，造成大面积土地荒漠化的主要原因是人口的急剧增加，一些地方长期不合理的耕作方式、过度垦殖、过牧、乱砍滥伐、过度樵采、滥挖中草药及水资源的不合理利用等，在干旱气候条件下，导致土地荒漠化。在全球变化的影响下，我国干旱、半干旱和亚湿润干旱区将进一步变干变暖，荒漠化形势更加严峻。

我国作为一个幅员辽阔、人口众多的发展中国家，面临着发展经济和保护环境的双重艰巨任务。根据联合国有关资料，在干旱地区人口密度不应超过 7 人/km²、半干旱地区人口密度不应超过 20 人/km²，而我国由于历史原因，现实人口密度普遍远远超过这一标准。如河北坝上和内蒙古乌蒙后山地区人口密度超过 60 人/km²，是世界半干旱地区理论承载人数的 3 倍。我国干旱地区由于自然条件严酷，总体人口相对稀少，但由于受特殊的自然条件影响，人口主要集中生活在绿洲，有的地区人口密度超过 500 人/km²，现阶段农业生产和经济发展水平相对落后，一些地区土地严重超载，土地退化加剧。因此，做好防治荒漠化工作，对于实现环境、资源与社会、经济、人口的协调发展，改善城乡人民的生活和生存条件具有特别重大的意义，是关系 21 世纪谁来养活中国人的重大问题，是关系中国社会经济持续发展的重大问题。

以风力为主要侵蚀营力造成的土地退化称为风蚀荒漠化。其形成是在干旱多风的沙质地表条件下，由于人为过度活动的影响，地表植被覆盖下降，在风力侵蚀作用下，土壤及细小颗粒被剥离、搬运、沉积、磨蚀，造成地表出现风沙活动为主要标志的土地退化过程。风力侵蚀结果常常形成风蚀劣地、粗化地表、片状流沙堆积及沙丘形成、发展。在陆地上到处都有风和土，但并不是任何地方都会发生风蚀，也不是任何地方都发生和存在风蚀荒漠化土地。严重的风蚀必须具备两个基本条件，一是强大的风，二是干燥、松散的土壤。因而风蚀主要发生在蒸发量远大于降水量的干旱、半干旱地区及有海岸、河流沙普遍存在的、受季节性干旱影响的亚湿润干旱区。目前，因风力作用（侵蚀和堆积)形成的荒漠化面积占全球退化土地面积的40%以上，我国的风蚀荒漠化面积占荒漠化总面积的近70%，而且仍在不断扩大，成为荒漠化的主要类型。

5.2.2 荒漠化防治原理

如上所言，风蚀荒漠化的形成是在干燥、松散、裸露的地表条件下，风沙活动的结果，因此如何有效遏制风沙运动便是荒漠化防治的首要任务。关于风沙运动的控制问题，因地制宜地建立植被保护层可以说是最有效、最经济和最持久的方法。所以，对于风蚀荒漠化的防治，风沙物理学和生态学是必须遵循的理论。

5.2.2.1 荒漠化防治的风沙物理学原理

1) 沙粒起动

风是沙粒运动的直接动力，气流对沙粒的作用力可表示为：

$$F = \frac{1}{2}C\rho V^2 A \tag{5-1}$$

式中 F——风的作用力(N)；

  C——与沙粒形状有关的作用系数；

  ρ——空气密度(kg/m^3)；

  V——气流速度(m/s)；

  A——沙粒迎风面面积(m^2)。

由式(5-1)可见，随风速增大，风的作用力增大。当风速作用力大于沙粒阻滞力时，沙粒即被起动。由此可见，并不是所有的风都会使沙粒运动，只有达到一定能量的风才能够使沙粒沿地表开始运动，这个使沙粒运动所必需的最小风速称为起动风速(或临界风速)。一切大于临界风速的风都是起沙风。

沙粒的起动，除受风速影响外，还与沙粒粒径大小、下垫面状况和沙物质的含水率等有关。拜格诺(R. A. Bagnold)根据风和水的起沙原理相似性及风速随高程分布的规律，得出起动风速理论公式，其表达式为：

$$V_t = 5.75A \sqrt{\frac{\rho_s - \rho}{\rho} \cdot gd} \cdot \log\frac{y}{k} \tag{5-2}$$

式中 V_t——任意点高度 y 处的起动风速值(m/s)；

  A——风力作用系数；

  ρ_s, ρ——分别为沙粒和空气的密度(kg/m^3)；

  g——重力加速度(m/s^2)；

  d——沙粒粒径(mm)；

  y——任意点高程(m)；

  k——下垫面粗糙度(mm)。

由式(5-2)可以看出，沙粒越大，起动风速也越大，起沙风速与粒径平方根成正比。但这个粒径值仅限于一定的范围内，因为特别大和特别细的粒径(受附面层的掩护和表面吸附水膜的黏着力的作用)都不易起动。据实验测定，粒径为 0.015 ~ 0.5 mm 范围时，

0.1 mm 左右的沙粒最容易起动。随着大于或小于 0.1 mm 的粒径增大或减小,其起动风速都将增大。因此,风的吹蚀能力与地表物质粒径的起动风速大小直接相关,风速超过起动风速越大,吹蚀能力越强。一般组成地表的颗粒越小,越松散、干燥,要求的起动风速较小,受到的吹蚀越强烈。粒径为 0.1~0.25 mm 的干燥沙,起动风速值仅为 4~5 m/s(指 2 m 高处风值)。

不同的地表状况因其粗糙度不同,对风的扰动作用也不同,相应的起动风速也不相同。地面越粗糙,植被覆盖度越大,起动风速也越大。从表 5-1 可看出不同地面状况下起动风速的差异。

表 5-1 不同地表状况下沙粒的起动风速　　　　　　　　　　　　　　　　　m/s

地表状况	起动风速(2 m 高处)	地表状况	起动风速(2 m 高处)
戈壁滩	12.0	半固定沙丘	7.0
风蚀残丘	9.0	流　沙	5.0

另一方面,地表土壤含水状况对起动风速也有明显的影响。在沙粒粒径相同时,湿度越大,由于受表面吸附水膜黏着力的影响,沙子黏滞性和团聚作用增强,起动风速也相应增大(表 5-2)。

表 5-2 不同含水率时沙粒的起动风速值

沙粒粒径(mm)	不同含水率下沙粒的起动风速(m/s)				
	干燥状态	含水率(%)			
		1	2	3	4
2.0~1.0	9.0	10.8	12.0	—	—
1.0~0.5	6.0	7.0	9.5	12.0	—
0.5~0.25	4.8	5.8	7.5	12.0	—
0.25~0.175	3.8	4.6	6.0	10.5	12.0

2) 风蚀过程

风力作用过程包括风对土壤物质的分离、搬运和沉积 3 个过程。

(1) 风力侵蚀作用

风力侵蚀包括吹蚀和磨蚀两种方式。风的侵蚀能力是摩阻流速的函数,可用下式表示:

$$F_t = f(v_*)^2 \tag{5-3}$$

式中　F_t——侵蚀力(N);

　　　v_*——侵蚀床面上的摩阻流速(m/s)。

地表附近风速梯度较大,使凸出于气流中的颗粒受到较强的风力作用。颗粒越大,凸出于气流中的高度越高,受到风的作用力也越大,然而,这些颗粒由于质量较大,需要更大的风力才能被分离。能够被风移动的最大颗粒粒径,取决于颗粒垂直于风向的切面面积及本身的质量。粒径在 0.05 ~ 0.5 mm 之间的颗粒都可以被风分离，以跃移形式运动，其中粒径在 0.1 ~ 0.15 mm 之间的颗粒最易被分离侵蚀。

风沙流中跃移的颗粒，增加了风对土壤颗粒的侵蚀力。因为这些颗粒不仅将易蚀的土壤颗粒从土壤中分离出来，而且还通过磨蚀，将那些小颗粒从难蚀或粗大的颗粒上分离下来带入气流。

磨蚀强度用单位质量的运动颗粒从被蚀物上磨掉的物质量来表示。对于一定的沙粒与被磨物，磨蚀强度是沙粒的运动速度、粒径及入射角的函数：

$$W = f(V_p, D_p, S_a, \alpha) \tag{5-4}$$

式中　　W——磨蚀强度(g/kg)；

　　　　V_p——颗粒速度(cm/s)；

　　　　D_p——颗粒直径(mm)；

　　　　S_a——被蚀物稳定度(J/m²)；

　　　　α——入射角(°)。

哈根(L. J. Hagen)用细砂壤、粉壤和粉黏壤土作为磨蚀对象，以同一结构的土壤及石英砂作磨蚀物进行研究，结果表明沙质磨蚀物比土质磨蚀物的磨蚀强度大；磨蚀度随磨蚀物颗粒速度 V_p 按幂函数增加，幂值变化在 1.5 ~ 2.3 之间；随着被磨物稳定度 S_a 增加，磨蚀度 W 非线性减小。当 S_a 从 1 J/m² 增加到 14 J/m²，W 约减小 10；入射角 α 在 10°~30° 之间时，磨蚀度最大；当磨蚀物颗粒平均直径由 0.125 mm 增加到 0.715 mm 时，磨蚀度只有轻微的增加。风对土壤颗粒成团聚体的侵蚀过程是一个复杂的物理过程，特别是当气流中挟带了沙粒而形成风沙流后，侵蚀更复杂。

(2)风的输移作用

当风速大于起动风速时，在风力作用下，土壤和沙粒物质随风运动，其运动方式有悬移、跃移、蠕移 3 种形式，运动方式主要取决于风力强弱和搬运颗粒粒径大小。

风沙运动与水流中泥沙运动不同，以跃移运动为主。造成这种差异的原因，是风和水的密度不同。在常温下，水的密度(1g/cm³)要比空气的密度(1.22 × 10⁻³ g/cm³)大 800 多倍，所以水中泥沙反弹不起来。沙粒在水中的跳跃高度仅只有几个粒径，而在空气中的跳跃高度却有几百或几千个粒径。沙粒在空气中跳跃高，便会从气流中获得更大的能量。下落冲击地面时，不但本身会反弹跳起，而且还把下落点附近的沙粒也冲击溅起；这些沙粒在落到地面以后，又溅起更多的沙粒。因此，沙粒在气流中的这种跳跃移动具有连锁反应的特性。高速跃移的沙粒通过冲击方式，靠其动能可以推动比它大 6 倍或重 200 多倍的表层粗沙粒(>0.5 mm)蠕移运动。蠕移速度较小，每秒仅向前移动 1~2 cm；而跃移的速度快，一般可以达到每秒数十到数百厘米。

在一定条件下，风的搬动能力主要取决于风速，与被搬动物的粒径关系不密切。同样的风速可搬运多数量的小颗粒或较少的大颗粒，其搬动总重量基本不变。

切皮尔(W. S. Chepil)研究了悬移质、跃移质和蠕移质的搬运比例，不同土壤中团聚体及颗粒的大小有不同搬运比例，而与风速无关。在团聚良好的土壤上，无论其结构很粗或很细，悬移质很少而蠕移质较多；在粉砂土和细砂土上悬移搬运相对增多。对各种土壤，跃移质搬运总是大于蠕移质和悬移质。3 种搬运方式的土壤颗粒所占比例为：悬移质占3%~38%，跃移质占55%~72%，蠕移质占7%~25%。

拜格诺研究了沙丘沙和土壤的搬运，得出风的搬运能力与摩阻流速的3次方成正比，即：

$$Q = f \frac{\rho}{g} V_*^3 \qquad (5-5)$$

而自然界影响风的搬运能力的因素十分复杂，它不仅取决于风力的大小，还受沙粒的粒径、形状、比重、沙粒的湿润程度、地表状况和空气稳定度等影响。因此，目前多在特定条件下研究输沙量与风速的关系。

（3）风的沉积作用

风对土壤颗粒的搬运是一个非常复杂的过程，颗粒不停地被气流纳入，也不停地向地面跌落。风的这种跌落作用取决于风速大小、土壤颗粒或团聚体的粒径和重量，以及地表状况。一般分两种情况，即重力沉积和遇阻沉积。

当风速减弱，紊流漩涡的垂直分速度小于沙粒重力产生的沉速时，在气流中悬浮运行的沙粒就要降落堆积在地表，称为重力沉积。

风沙流运行时，遇到阻碍速度减慢，使沙粒堆积起来，称遇阻沉积。

风沙流遇到山体阻碍时，可以把沙粒带到迎风坡小于20°的山坡上堆积下来。当风沙流的方向与山体成锐角相交时，一股循山势前进，另一股沿着山体迎风坡成斜交方向上升，并因与山坡摩擦而减缓风速，沙粒就堆卸在迎风坡上。地表植被和沙丘本身，也都会成为使风速降低和沙粒沉积的障碍。

从搬运方式来看，蠕移质搬运距离很近；若被磨蚀作用崩解成细小颗粒，可转化成悬移和跃移方式。跃移质多沉积在被蚀地块的附近，在灌丛、土丘的背后堆成沙垄。沙丘沙中的粗粒堆积于沙丘迎风坡，细粒沉积在背风坡。悬移质及受打击崩解而进入气流中的悬浮颗粒，搬运距离最长。这部分颗粒数量虽少，但多是含有大量土壤养分的黏粒及腐殖质。

3）风沙流

风沙流是指含有沙粒的运动气流。当风速达到起沙风速时，沙粒在风的作用下，随风运动形成风沙流。风沙流是风对沙输移的外在表现形式。气流中搬运的沙量在搬运层内随高度的分布状况称为风沙流结构。风沙流的结构和强度与沙的输移和沉积直接相关。风沙流中不同高度分布的粒径大小不同。一般离地表越高，细粒越多，主要为悬移；越近地表粗粒越多，主要是跃移和蠕移。

沙粒粒径和运动方式的差异，造成了气流中的含沙量在距地表不同高度的密度不同，含沙量随高度迅速递减，在较高气流层中搬运的沙量少，而贴地面含沙量大。大量实验观测表明，风沙流中的沙物质绝大部分（约90%）都集中在离地表30 cm以下，特别集中在离地表10 cm以下。

风沙流中含沙量不仅随高度变化，也随风速而变化，当风速显著超过起动风速后，风沙流中的含沙量急剧增加，它们之间成指数函数关系：

$$S = e^{0.74v} \qquad (5-6)$$

式中 S——绝对含沙量；

v——风速；

e——常数(e = 2.718)。

随风速变化，在近地表 10 cm 内的含沙量分布也不是均匀的。含沙量随高度迅速递减，而且高度与输沙量(百分比值)对数之间呈线性关系。

4) 沙丘移动

沙丘的移动是相当复杂的，它与风力、沙丘高度、水分、植被状况等因素有关。

(1)沙丘移动的方向和方式

在风力作用下，沙粒从沙丘迎风坡被吹扬搬运，而在背风坡堆积。这种运动只有起沙风才起作用。从我国沙区的观测资料看，起沙风仅占各地全年风的很小一部分。如新疆且末的起沙风(≥5 m/s)出现频率为 19.7% ，占全年总风速的 42.8% ；于田更小，仅占 4.2% 和 10.8% 。而沙丘移动的方向、方式和强度正是取决于这一小部分起沙风的状况。

①沙丘移动的方向随着起沙风方向的变化而变化 移动的总方向是和起沙风的年合成风向大致一致。根据气象资料，我国沙漠地区，影响沙丘移动的风主要为东北风和西北风两大风系；受它们的影响，沙丘移动方向，表现在新疆塔克拉玛干沙漠广大地区及东疆、甘肃河西走廊西部等地，在东北风的作用下，沙丘自东北向西南移动；其他各地区，都是在西北风作用下向东南移动。

②沙丘移动的方式取决于风向及其变律 可分为以下 3 种情况：一是前进式，这是单一的风向作用下产生的。如我国新疆塔克拉玛干沙漠和甘肃、宁夏的腾格里沙漠的西部等地，是受单一的西北风和东北风的作用，沙丘均以前进式运动为主。二是往复前进式，它是在两个方向相反而风力大小不等的情况下产生的。如我国沙漠中部和东部各沙区(毛乌素沙地等)，则都处于两个相反方向的冬、夏季风交替作用下，沙丘移动具有往复前进的特点。冬季在主风西北风作用下，沙丘由西北向东南移动；在夏季，受东南季风的影响，沙丘则产生逆向运动。不过，由于东南风的风力一般较弱，所以不能完全抵偿西北风的作用，总的说来，沙丘慢慢地向东南移动。三是往复式，是在两个方向相反、风力大致相等的情况下产生的，这种情况一般较少，沙丘将停在原地摆动或仅稍向前移动。

(2)沙丘移动的速度

沙丘移动的速度主要取决于风速和沙丘本身的高度。如果沙丘在移动过程中，形状和大小保持不变，则迎风坡吹蚀的沙量，应该等于背风坡堆积的沙量。在这种情况下，沙丘在单位时间里前移的距离 D 与背风坡一侧堆积的总沙量 Q 有如下关系：

$$D = \frac{Q}{RH} \tag{5-7}$$

式中 D——单位时间内沙丘前移的距离；

Q——单位时间内通过单位宽度，从向风坡搬运到背风坡的总沙量；

H——沙丘的高度；

R——沙子的容重。

由上式可以看出，沙丘移动速度与其高度成反比，而与输沙量呈正比。沙丘移动速度除了主要受风速和沙丘本身高度的影响外，还与风向频率、沙丘的形态、密度和水分状况以及植被等多种因素有关。因此，在实际工作中，通常采用野外插标杆、重复多次地形测量、多次重合航片的量测等方法，以求得各个地区沙丘移动的速度。

根据观测研究，在古尔班通古特沙漠、腾格里沙漠中许多湖盆附近、乌兰布和沙漠西部、毛乌素沙地的大部、浑善达克沙地、科尔沁沙地以及呼伦贝尔沙地等，由于水分、植被条件较好，沙丘大部分处于固定、半固定状态，移动速度很缓慢；只有在植被破坏、流沙再起的地方，沙丘才有较大移动速度。在广大的塔克拉玛干沙漠和巴丹吉林沙漠的内部地区，虽然属于裸露的流动沙丘，但因沙丘十分高大、密集，所以移动速度也很小，每年不超过2 m。而在沙漠的边缘地区，沙丘低矮且分散，移动速度较大，通常年前移值达5~10 m，最大者，如塔克拉玛干沙漠西南缘的皮山和东南缘的且末地区，分布在平坦砂砾戈壁裸露的低矮新月形沙丘，年前移值可达40~50 m。沙丘移动，常常侵入农田、牧场，埋没房屋、侵袭道路(铁路、公路)，给农牧业生产和工矿、交通建设造成很大危害。

5) 风蚀与沙质荒漠化

沙质荒漠化(简称沙漠化)是在干旱多风的沙质地表条件下，由于人为强度活动，破坏脆弱的生态平衡，在风力作用下，产生风蚀劣地，粗化地表，片状流沙堆积及沙丘形态发展等风沙活动现象的土地退化过程。因而沙质荒漠化过程在外形上表现为沙漠景观的形成和扩大；在实质上是土壤性质的一系列变化，导致土地生产力降低，农业生态系统崩溃。

(1)土壤流失

风及风沙流对地表土壤颗粒的剥离、搬运作用，使土壤产生严重流失。赵羽等根据沙土开垦后风蚀深度的调查，推导出科尔沁大青沟地表风蚀量可达23 250 t/(km² · a)；林儒耕推算出乌盟后山地区覆沙带风蚀量为56 250 t/(km² · a)；吕悦来等用风蚀方程估算出陕北靖边滩地农田土壤风蚀量为1 450 t/(km² · a)。大量的土壤物质被吹蚀，使土壤质地变差，生产力降低，土地退化。同时被吹蚀的土壤物质的沉积又淤塞河道，埋压农田、村庄，甚至堆积形成流动沙丘，如呼伦贝尔地区的磋岗牧场，新中国成立初期，开垦2.33×10⁴ hm²耕地，到20世纪80年代形成的流动沙丘及半流动沙丘面积占复垦区面积的39.4%；从宁夏中卫区到山西河曲段，由于风蚀直接进入黄河干流的沙量每年达5 321×10⁴ t。

(2)土壤质地变化

风力搬运的分选作用，导致土壤质地变化，最细的土壤物质以悬移状态随风飘浮到很远距离；跃移物质则沉积在地边及田间障碍物附近；粗粒物质停留在原地或蠕移很短的距离。这种侵蚀分选过程使土壤细粒物质损失，粗粒物质相对增多，原有结构遭受破坏，土壤性能变差，肥力损失，地力衰退，导致整个生态系统退化并出现风沙微地貌。这种粗化过程随风力的变化而间隙式发生，在大风初期持续一定时间，当风力不再增加，处于相对稳定状况时，风蚀强度随之减弱，只有当风力再度增加时，粗化又重复出现。多次的风蚀粗化作用使土壤耕作层不断粗化，直至不能继续耕作而被迫弃耕，甚至最终形成风蚀劣地、砾石戈壁和沙丘分布等荒漠景观。

风蚀的这种粗化作用，在粒径变化幅度较大的土壤中，表现尤为突出。

(3) 养分流失

土壤中的黏粒胶体和有机质是土壤养分的载体，风蚀使这些细粒物质流失导致土壤养分含量显著降低。对于质地较粗的土壤来说，随风蚀过程的继续，土壤质地变得更粗，养分流失导致肥力的下降更为严重。表土中的养分含量较底土高，而表土又在侵蚀过程中首先流失，从而使土壤肥力不断下降，直至接近母质状态。

(4) 生产力降低

土壤生产力是土壤提供植物生长所需要的潜在能力，是土壤物理、化学以及生物性质的综合反映。风蚀通过养分的流失，结构的粗化，持水能力的降低，耕作层的减薄以及不适宜耕作或难以耕作的底土层的出露等方面降低土壤生产力。对不同的土壤，在同样侵蚀条件下，生产力降低的途径及程度有所不同。

作物产量是衡量土壤生产力最直观的指标。为评价风蚀对生产力的影响，朱震达等建立了风蚀深度与作物产量的关系，再根据风蚀方程推算的风蚀量来预测作物产量的变化过程。

(5) 磨蚀

由风力推动沙粒沿地面的冲击力而引起的磨蚀作用，不仅使土壤表层的薄层结皮被破坏，造成下层土壤暴露出来，使不易蚀的土块和团聚体被冲击破碎，变得可蚀了，同时，磨蚀作用也对植物产生危害(俗称"沙割")，影响苗期的存活率以及后期生长和产量，作物受害程度取决于作物种类、风速、输沙量、磨蚀时间及苗龄。

5.2.2.2 荒漠化防治的生态学原理

植物治沙以其比较经济、作用持久、稳定，并可改良流沙的理化性质，促进土壤形成过程，改善、美化环境及提供木材、燃料、饲料、肥料等原料，具有多种生态效益和经济效益的优点，成为防治土地沙质荒漠化最有效的首选措施，植物是流沙上重建人工生态系统的最主要的角色。植物治沙需要具备植物成活、生长、发育的必要条件。因而利用植物改造沙质荒漠化土地，首要问题是植物在流沙上如何成活与保存，及其改造流沙环境的生态功能。

1) 植物对流沙环境的适应性原理

流沙上分布的天然植物的种类和数量很少，但它们却有规律地分布在一定的流沙环境之中。它们对不同的流沙环境有各自的要求与适应性。这种特性是长期自然选择的结果，是它们对流沙环境具有一定适应能力的反映。由于自然界已经产生了能够适应流沙环境的植物，我们便可以利用这些植物在流沙地区恢复和建立植被，这便是植物治沙的物质条件和理论基础。流沙环境具有多种条件，因而在长期的自然选择过程中，形成植物对流沙环境有多种适应方式和途径，就为人们选择更合适的树种提供了依据。严酷的流沙环境对植物的影响是多方面的。其中干旱和流沙的活动性是影响植物最普遍、最深刻的两个限制因素，是制定各项植物治沙技术措施的主要依据。

(1) 植物对干旱的适应性

流沙地区的气候和土壤条件，决定了它的干旱性特征。由于流沙是干燥气候下的产物，因而降水量低、蒸发强烈、干燥度大、气候干燥是流沙地区最显著的环境特点。在长期干旱气候条件下，流沙上分布的植物，产生一定的适应干旱的特征，表现为：

①萌芽快，根系生长迅速而发达　流沙上植物发芽后，主根具有迅速延伸达到稳定湿沙层的能力，同时具有庞大的根系网，可以从广阔的沙层内吸取水分和养分，以供给植物地上部分蒸腾和生长发育需要。

②具有旱生形态结构和生理机能　如叶退化，具较厚角质层、浓密的表皮毛，气孔下陷，栅栏组织发达，机械组织强化，储水组织发达，细胞持水力强，束缚水含量高，渗透压和吸水力高，水势低等。

③植物化学成分发生变化　如含有乳状汁、挥发油等。挥发油含量与光有密切关系，亦与旱生结构有密切关系。

（2）植物对风蚀、沙埋的适应

沙丘流动性表现在其迎风坡可能遭受风蚀，其背风坡可能遭受沙埋。沙生植物对流沙的适应性，首先表现在抗风蚀和沙埋上。分布于流动沙丘上的植物对风蚀、沙埋的适应能力，根据其适应特征，可归纳为 4 种类型，即速生型、稳定型、选择型和多种繁殖型。

①速生型适应　很多沙丘上的植物都具有迅速生长的能力，以适应流沙的活动性，特别是苗期速生更为重要。因为幼苗抗性弱，易受伤害，同时一般认为植物的自然选择过程，主要在发芽和苗期阶段，如沙拐枣、花棒、杨柴等植物，种子发芽后一伸出地面，主根已深达 10 cm 多，10 d 后根可达 20 cm 多，地上部分高于 5 cm，当年秋天，根深大于 60 cm，地径粗约 0.2 cm，最大植株高大于 40 cm。主根迅速延伸和增粗，可减轻风蚀危害和风蚀后引起的机械损伤，根越粗固持能力越强，植株越稳定。同时根越粗风蚀后抵抗风沙流的破坏能力也越大，植株不易受害。而茎的迅速生长，可减少风沙流对叶片的机械损伤危害，以保持光合作用的进行，同时植株越高，适应沙埋的能力也就越强。

属于苗期速生类型的植物有沙拐枣、花棒、杨柴、梭梭、木蓼等。而在沙丘背风坡脚能够安然保存下来的植物，则是高生长速度大于沙丘前移埋压的积沙速度的植物，如柽柳、沙柳、杨柴、柠条、油蒿、小叶杨、旱柳、沙枣、刺槐等。苗期速生程度决定于植物的习性，而成年后能否速生与有无适度沙埋条件以及萌发不定根能力有关。

②稳定型适应　有些沙生植物及其种子，具有稳定自己的形态结构，以适应沙的流动性，如杨柴种子扁圆形，表皮上有皱纹，布于沙表不易吹失，易覆沙发芽，其幼苗地上部分分枝较多，分枝角较大，呈匍匐状斜向生长，对风沙阻力较强，易积沙而无风蚀，稳定性较好。沙蒿则以种子小，数量多，易群聚和自然覆沙，种皮含胶质，遇水与沙粒结成沙团，不易吹失，易发芽、生根，植株低矮，枝叶稠密，丛生性强，易积沙等特点适应沙的流动性。这类植物在流沙上全面撒播或飞播后，当年发芽成苗效果较好，苗期易产生灌丛堆效应。

③选择型适应　花棒、沙拐枣、沙柳等植物的种子呈圆球形，上有绒毛、翅或小冠毛，易被风吹移到背风坡脚、丘间地，或植丛周围等弱风处，通常风蚀少而轻，有一定的沙埋，对种子发芽和幼苗生长有利。植物生长迅速，不定根萌发力强，极耐沙埋，越

埋越旺。这类植物能够以自身形态结构利用风力选择有利的环境条件发芽、生长，以适应沙的活动性。

④多种繁殖型适应　很多沙生植物，既能有性繁殖，又能无性繁殖，当环境条件不利于有性繁殖时，它就以无性繁殖进行更新，以适应流沙环境。这类植物有杨柴、沙拐枣、红柳、骆驼刺、沙柳、麻黄、沙蒿、白刺、沙竹、牛心朴子、沙旋复花等。

上述4种类型是沙生植物适应流沙风蚀、沙埋的基本类型（或基本特征），但是有些植物可以归属多种适应类型，而属于同种适应类型的不同植物种之间也有很大差异。

可以看出，沙生植物对流沙环境活动性的适应途径主要是避免风蚀，适度沙埋。风蚀越深危害越严重。适度沙埋则利于种子发芽、生根，可以促进植物生长，有利于固沙。但过度沙埋则造成危害。研究表明，沙埋的适度范围可用沙埋厚度与灌木本身高度之比值 A 来衡量。$A = 0 \sim 0.7$ 为适度沙埋，$A > 0.7$ 为过度沙埋。

分布于流沙中的天然灌木、半灌木，常常利用自己近地层的浓密枝叶覆盖一定沙面，以阻截流沙形成灌丛堆，产生灌丛沙堆效应，以消除风蚀，适度沙埋，促进生长发育，适应流沙环境。

（3）植物对流沙环境变异性的适应

流沙是一个不断发生变化的环境，尤其是在生长植物以后，随着植物的增多，流沙活动性减弱，流沙的机械组成、物理性质、水分性质、有机质含量、土壤微生物种类和数量、水分状况及小气候等均发生变化。随着这种环境的变化，植物的种类、组成、数量和结构也会相应地变化。根据国内外有关学者的研究，植物对环境变异的适应性变化，亦遵循一定的方向、一定的顺序，是有规律的。这种适应规律即沙地植被演替规律，这是恢复天然植被和建立人工植被各项技术措施的理论基础。

2）植物对流沙环境的作用原理

（1）植物的固沙作用

植物以其茂密的枝叶和聚积枯落物庇护表层沙粒，避免风的直接作用；同时植物作为沙地上一种具有可塑性结构的障碍物，使地面粗糙度增大，大大降低了近地层风速；植物可加速土壤形成过程，提高黏结力，根系也起到固结沙粒作用；植物还能促进地表形成"结皮"，从而提高临界风速值，增强了抗风蚀能力，起到固沙作用。其中植物降低风速作用最为明显，也最为重要。植物降低近地层风速作用大小与覆盖度有关。覆盖度越大，风速降低值越大。原内蒙古林学院通过对各种灌木测定，当植被盖度大于30%时，一般都可降低风速40%以上。不同植物种，对地表庇护能力也不同。据中国科学院新疆生物土壤沙漠研究所（以下简称新疆生土所）测定，老鼠爪的覆盖度为30%时，风蚀面积约占56.6%；覆盖度45%时，风蚀面积约占9.4%；覆盖度达72%时，完全无风蚀。而沙拐枣覆盖度20%~25%时，地表风蚀强烈，林地常出现槽、丘相间地形，覆盖度大于40%时，沙地平整，地表吹蚀痕迹不明显，林地已开始固定。

当沙面逐渐稳定以后，便开始了成土过程。据陈文瑞研究，沙坡头地区在植被覆盖下的成土作用，每年约以1.73 mm的厚度发展。地表形成的"结皮"可抵抗25 m/s的强风（风洞试验）。因此，能起到很好的固沙作用。

（2）植物的阻沙作用

根据风沙运动规律，输沙量与风速的3次方呈正相关，因而风速被削弱后，搬运能力下降，输沙量就减少。植物在降低近地层风速、减轻地表风蚀的同时，因风速的降低，使风沙流中沙粒下沉堆积，起到阻沙作用。

据中国科学院新疆生态与地理研究所测定，艾比湖沙拐枣和老鼠爪一般在种植第二年开始积沙，4年平均积沙量可达3 m³以上。同时，灌木较草本植物和半灌木单株积沙量多，也比较稳定，半灌木和草本植物积沙量有限且不稳定，全年中蚀积交替出现。另据陈世雄测定，植被阻沙作用大小与覆盖度有关，当植被覆盖度达40%~50%时，风沙流中90%以上沙粒被阻截沉积。

由于风沙流是一种贴近地表的运动现象，因此，不同植物固沙和阻沙能力的大小，主要取决于近地层枝叶分布状况。近地层枝叶浓密，控制范围较大的植物其固沙和阻沙能力也较强。在乔、灌、草3类植物中，灌木多在近地表处丛状分枝，固沙和阻沙能力较强。乔木只有单一主干，固沙和阻沙能力较小，有些乔木甚至树冠已郁闭，表层沙仍继续流动；多年生草本植物基部丛生亦具固沙和阻沙能力，但比灌木植株低矮，固沙范围和积沙数量均较低，加之入冬后地上部分全部干枯，所积沙堆因重新裸露而遭吹蚀，因此不稳定。这也正是在治沙工作中选择植物种时首选灌木的原因之一。而不同灌木其近地层枝叶分布情况和数量亦不同，其固沙和阻沙能力也有差异，因而选择时应进一步分析。

(3)植物改善小气候作用

小气候是生态环境的重要组成部分，流沙上植被形成以后，小气候将得到很大改善。在植被覆盖下，反射率、风速、水面蒸发量显著降低，相对湿度提高。而且随植被盖度增大，对小气候影响也越显著。小气候改变后，反过来影响流沙环境，使流沙趋于固定，加速成土过程。

(4)植物对风沙土的改良作用

植物固定流沙以后，大大加速了风沙土的成土过程。植物对风沙土的改良作用，主要表现在以下几个方面：a. 机械组成发生变化，粉粒、黏粒含量增加。b. 物理性质发生变化，比重、容重减小，孔隙度增加。c. 水分性质发生变化，田间持水量增加，透水性减慢。d. 有机质含量增加。e. 氮、磷、钾三要素含量增加。f. 碳酸钙含量增加，pH值提高。g. 土壤微生物数量增加。据中国科学院兰州沙漠研究所陈祝春等人测定，沙坡头植物固沙区(25年)，表面1 cm厚土层微生物总数243.8万个/g干土，流沙仅为7.4万个/g干土，约比流沙增加30多倍。h. 沙层含水率减少。据陈世雄在沙坡头观测，幼年植株耗水量少，对沙层水分影响不大，随着林龄的增长，对沙层水分产生显著影响。在降水较多年份，如1979年4~6月所消耗的水分，能在雨季得到一定补偿，沙层内水分可恢复到2%左右；而降水较少年份，如1974年，仅降雨154 mm，补给量少，0~150 cm深的沙层内含水率下降至1.0%以下，严重影响着植物的生长发育。

陈文瑞在沙坡头多年研究结果表明，沙坡头人工林下形成的土壤已经发育到明显的结皮层(A_0)和腐殖质层(A_1)，剖面分化比较明显，与流沙相比，在物理性质方面具有质地细、容重低、孔隙度高、持水性强、渗透性慢等特征；在化学性质方面，养分含量高，碳酸钙积累显著，易溶性盐含量增加等；在抗蚀强度方面，结皮层可抗十一级大风。但所形成的土壤土层仍较薄，25年生人工林下，平均土层厚度4.33 cm，平均每年成土 1.73 mm，土层中粗粉砂含量高，黏粒少，较松脆，故应防止人畜践踏。

5.3 荒漠化防治措施

5.3.1 生物防治措施

  风蚀荒漠化地区生态环境脆弱，干旱风沙严重，农牧业生产极不稳定。为此，必须因害设防，因地制宜地构建带、网、片、线、点结合，乔、灌、草结合的各种类型植被防护体系，发挥其综合防治功能。

5.3.1.1 干旱区绿洲防护体系

  绿洲是指在大尺度荒漠背景基质上，以小尺度范围，但具有相当规模的生物群落为基础，构成能够相对稳定维持的、具有明显小气候效应的异质生态景观。相当规模的生物群落可以保证绿洲在空间和时间上的稳定性以及结构上的系统性；其小气候效应则保证了绿洲能够具有人类和其他生物种群活动的适宜气候环境，有利于形成景观生态健康成长的生物链结构。绿洲防护林体系是指在绿洲与沙漠毗连处建立封沙育草带、绿洲边缘营造防沙林带、绿洲内部营造护田林带，对绿洲内部零星分布的流沙，则营造固沙片林，以此形成一个完整的防护体系，这是防治风沙危害绿洲的重要措施。其防护体系主要由三部分组成：一是绿洲外围的封育灌草固沙带；二是骨干防沙林带；三是绿洲内部农田林网及其他有关林种。

  （1）封育灌草固沙沉沙带

  该部分为绿洲最外防线，它接壤沙漠戈壁，地表疏松，处于风蚀风积都很严重的生态脆弱带。为制止就地起沙和拦截外来流沙，建立宽阔的抗风蚀、耐干旱的灌草带。其方法，一靠自然繁生，二靠人工培养，实际上常是二者兼之。新疆吐鲁番县利用冬闲水灌溉和人工补播栽植形成灌草带。灌草带必须占有一定空间范围，有一定的高度和盖度才能固沙防蚀，削弱风速。宽度越宽越好，至少不应少于 200 m，防护需要与实际条件相结合。灌草带形成后，一般都能发挥其很好的生态效益和一定的经济效益，但需合理利用，不能影响其防护作用。

  （2）防风阻沙带

  防风阻沙带是干旱绿洲的第二道防线，位于灌草带和农田之间。通过继续削弱越过灌草带的风速，沉降风沙流中的沙粒，进一步减轻风沙危害。此带因地而异，根据当地实际情况进行合理设置。

  在沙丘带与农田之间的广阔低洼荒滩地，大面积造林，应用乔灌结合，多树种混交，形成一种紧密结构。大沙漠边缘、低矮稀疏沙丘区以选用耐沙埋的灌木，其他地方以乔木为主。沙丘前移林带很容易遭受沙埋，要选用生长快、耐沙埋树种（小叶杨、旱柳、黄柳、柽柳等），不宜采用生长较慢的树种。为防止背风坡脚造林受到过度沙埋，应留出一定宽度的安全距离。其计算公式为：

$$L = \frac{h-k}{s}(v-c) \tag{5-8}$$

式中　L——安全距离(m)；

　　　　h——沙丘高度(m)；

　　　　k——苗高(m)；

　　　　s——苗木年生长量(m)；

　　　　v——沙丘年前进距离(m)；

　　　　c——沙埋苗木高 1/2 处的水平距离(m)，根据生长快慢取 0.4 或 0.8。

　　地势较窄时，林带应为乔灌混交林或保留乔木基部枝条不修剪，以提高阻沙能力。营造多带式林带，带宽不必严格限制，带间应合理育草。在需要灌溉的地区，林带设置 20 m 左右即可，只有在外缘沙源丰富，风沙危害严重的地带才营造多带式窄带防沙林。其迎风面要选用枝叶茂盛、抗性强的树种，后面则高矮搭配。如果第一道防线已经有很好的防风固沙效果，第二道防线则以防风为主。如果第一道防线短期防护效果差，第二道防线则需有较大宽度，乔灌混交，紧密结构。

　　(3)绿洲内部农田林网

　　农田防护林是干旱绿洲第三道防线，位于绿洲内部，在绿洲建成纵横交错的防护林网。其目的是改善绿洲近地层小气候条件，形成有利于作物生长发育，提高作物产量和质量的生态环境，这些和一般农田防护林的作用是相同的。不同的是它还要防止绿洲内部土地起沙，有着阻沙作用。绿洲农田防护林的基本理论参见其他专业论著。

5.3.1.2　沙地农田防护林

　　在风沙危害区，建设高产稳产的基本农田，营造护田林，是非常重要的措施。因为农田防护林调节农田小气候，降低风速，防止土壤风蚀，抵抗干旱、霜冻等自然灾害，使各项农业技术措施充分发挥增产作用。

　　沙地农田防护林除一般护田林作用外，最重要的任务是控制土壤风蚀，确保地表不起沙。这主要取决于主林带间距即有效防护距离。该范围内大风时风速应减到起沙风速以下。因自然条件和经营条件不同，主带距差异很大，根据实际观测和理论要求，主带距大致为 15 ~ 20H(H 为成年树高)。乔灌混交或密度大时，透风系数小，林网中农田会积沙，形成驴槽地，不便耕作。而没有下木和灌木，透风系数 0.6 ~ 0.7 的透风结构林带却无风蚀和积沙，为最适结构。林带宽度影响林带结构，过宽要求紧密。按透风结构要求不需过宽。小网格窄林带防护效果好，有 3 ~ 6 行乔木，5 ~ 15 m 宽即可。常说的“一路两沟四行树”就是常用模式。

　　半湿润地区降雨较多，条件较好，可以以乔木为主，主带距 300 m 左右。半干旱地区沙地农田分布广，条件差，以雨养旱作为主，本区南侧多农田，北侧多草原，中部为农牧交错区。东部地区条件稍好，西部地区为旱作边缘，条件很差，沙化最为严重。沙质草原一般情况不发生风蚀，但由于人类大面积开垦旱作，风蚀逐渐发展，开始需要林带保护。因自然条件差，林带建设要困难得多。东部树木尚能生长，高可达 10 m，主带距 150 ~ 200 m；西部广大旱作区除条件较好地段可造乔木林，其他地区以耐旱灌木为主，主带距以 50 m 左右为主。

　　干旱地区为半荒漠、荒漠绿洲，条件更严酷，以风沙危害为主，所以采用小网格窄林带。北疆主带距 170~250 m，副带距 1 000 m；南疆风沙大，用 250 m×500 m 网格；风沙前沿用(120~150) m×500 m 的网格，对于有灌溉条件的地方，可以选择的树种也较多，多以乔木为主。农业防风沙措施还包括：① 发展水利，扩大灌溉面积；②增施肥料，改良土壤；③防风蚀旱农作业措施，有带状耕作、伏耕压青、种高秆作物和作物留茬等，它们都是有效的防风沙措施。

5.3.1.3 沙区牧场防护林

我国北方有辽阔的草原，饲草资源十分丰富，有极大的生产潜力。但因其多分布在干旱半干旱地区，自然条件恶劣，加之长期不合理的利用，草场荒漠化现象十分普遍，严重威胁牧业的发展。我国草地荒漠化的主要表现如下：

①地表形态的变化　草场植被退化、破坏，继而发生草地风蚀，出现灌草沙堆、斑状、片状流沙，最终成为沙丘地貌。这种现象首先从畜群点、水井点、牧区道路两侧出现。

②植被的变化　由原来的草原植被变为沙生植被，中生不耐旱优良植物种减少，以致丧失。旱生沙生耐瘠而低质甚至有害植物种增加，逐渐成为优势种。

③植物整体高度、密度降低，盖度减小，生物量不断下降　草地风蚀加剧，细粒吹蚀，地表机械组成粗化、石化，营养贫瘠化，理化性质恶化，地表失去植被保护，裸露面积增加，土壤水分蒸发加剧，盐分上升；坡地草场造成水土流失，旱情加重，土壤、气候更加干燥，这就是草场退化、沙化、盐渍化过程。研究表明，超限度的极端气候因子直接危害家畜的健康和生命。

据研究，超过 7.1~7.5 kJ/(cm² · min) 的太阳直接辐射，超过 40℃ 的气温和 65℃ 的地表温度，过分的干燥和夏天干热风，冬季彻骨寒风，低于 -30℃ 的暴风雪，都直接伤害牲畜的生理活动，对幼畜危害更大。严重的导致一些动物体质体重下降，疾病增加，甚至死亡。加之草场无林带保护，饲草不足，抗灾能力差，每遇灾害损失惨重，建设草场防护林是绝对必要的，只是实际实施中有很多客观困难。只有赤峰地区等少数草原有些实践经验，效果虽理想，但不同地带的实践经验还极为缺乏，总体上还在探索阶段。

(1) 护牧林营造技术

树种选择可与农田林网一致，但要注意其饲用价值，东部风沙区以乔木为主，西部风沙区以灌木为主。主带距取决于风沙危害程度。危害较轻的可以 25H 为最大防护距离。危害严重的主带距可为 15H，病幼母畜放牧地可为 10H。副带距根据实际情况而定，一般 400~800 m，割草地不设副带。灌木主带距 50 m 左右。林带宽，主带 10~20 m，副带 7~10 m，考虑草原地广林少，干旱多风，为形成森林环境，林带可宽些，东部林带 6~8 行，乔木 4~6 行，每边一行灌木，呈疏透结构，或无灌木的透风结构。生物围栏要呈紧密结构。造林密度取决于水分条件，条件好可密度小些，否则密度要较大些。

营造护牧林时，草原造林必须进行整地。为防风蚀可带状、穴状整地。整地带宽 1.2~1.5 m，保留带依行距而定。整地必须在雨季前，以便尽可能积蓄水分，造林在秋季或初春。开沟造林效果好，先用开沟犁开沟，沟底挖穴。用 2~4 年大苗造林，3 年保护，旱时尽可能地灌水，夏天除草、中耕蓄水。灌木要适时平茬复壮。在网眼条件好的地方，可营造绿伞片林，既为饲料林，又作避寒暑风雪的场所。有流动沙丘存在时要造固沙林，以后变为饲料林。在畜舍、饮水点、过夜处等沙化重点场所，应根据畜种、数量、遮阴系数营造乔木片林保护环境。饲料林可提高抗灾能力，提高生产稳定性，应特别重视。在家畜转场途中适当地点营造多种形式林带，提供保护与饲料补充。

牧区其他林种如薪炭林、用材林、苗圃、果园、居民点绿化等都应合理安排，纳入防护林体系之内。实际中经常一林多用，但必须做好管护工作。为根治草场沙化还应采取其他措施，如封育沙化草场，补播优良牧草，建设饲料基地。转变落后经营思想，确定合理载畜量，缩短存栏周期，提高商品率，实行划区轮牧等都是同样重要的。

（2）牧场防护林体系效益

100 多年前就有人指出护牧林的作用，然而利用森林保护牧场是到 20 世纪才开始的。1920 年，苏联卡明草原试验站证明了林带对产草量、牧草组成、近地小气候的作用。1925 年苏联在半荒漠牧场营造了最早的防护林带。

牧场防护林的作用与农田防护林基本相同。据赤峰巴林右旗短角牛场 1971 年来的研究表明，牧场防护林的防护效益与经济效益都十分显著。

在林网内风速明显减弱，通风、稀疏、紧密结构林带，在 $20H$ 范围内风速分别降低49.2%、41.6%、25%。春天，林网内牧草比旷野早返青 4~6 d；秋天，早霜推迟 7~10 d，林网内蒸发比旷野减少 25.5%，空气湿度较旷野提高 3%。林网内土壤黏粒含量提高，物理性质改善，土壤有机质、养分、水分含量均明显提高。据对某网格 0~40 cm 土样分析，粗砂、中砂含量减少，物理黏粒含量提高，土粒密度、土壤密度降低，孔隙度提高，有机质提高 75.6%，全氮提高 1 倍，全磷提高 39.3%，全钾提高 100.6%，网格内豆科、禾本科牧草比重提高 53.3%，牧草高度平均提高 33.3cm，产草量提高 21.6%。载畜量提高 1.16 倍，牲畜平均减少死亡 5.9%，牧草、粮料增产显著，活立木价值233.5 万元，林副产品价值已超过防护林总投资。每年提供干树叶 50×10^4 kg，增强了当地的抗灾能力。

5.3.1.4 沙区铁路防护体系

沙区铁路是交通网络的重要组成部分，在社会经济发展中承担着重要的任务。我国沙区铁路的防护在世界上处于领先地位。沙坡头铁路固沙曾获国家"科技进步特等奖""全球环境保护 500 佳"称号。

1）铁路沙害表现

铁路沙害主要是风蚀路基，线路积沙，磨蚀机械传动部分、沿线通信设备和钢轨 3 种形式。

（1）风蚀

沙质路基易遭风蚀。路堤上路肩部位风速最大，风蚀最严重，坡脚部位易积沙。风蚀使路基宽度减小，枕木外露，甚至钢轨悬空。

（2）积沙

线路积沙是铁路沙害最普遍的现象。

①积沙形式

舌状积沙：风沙流经过路基，沙粒沉积成前低后高如舌状的沙堆。埋压道床钢轨，长度可达几米至几十米，有的高出轨面可达几十厘米。其发生具有突然性特点，难以预料，大风时几十分钟就能埋没钢轨。

片状积沙：片状积沙是线路积沙最普遍的形式，当风沙流受线路阻碍，沙粒均匀地沉积在道床上。初期对线路影响不大，但对养护造成极大困难。当埋没钢轨时已危害严重，清除工作极为困难。

堆状积沙：沙丘前移，流沙成堆状埋压在线路上。此类积沙便于预测和提前采取措施。如已形成险情，清除工作量很大。不同路基形式积沙不同，路堤越高，路堑越深长，越不易积沙；平坦地段路基最易积沙，巡道时应注意。

②积沙危害程度　在实际工作中分成四级。

特级沙害：积沙面积超过轨面，直接影响行车安全，必须立即清除。

一级沙害：积沙与轨面平行，一遇大风，就有埋道的危险，需及时清理。

二级沙害：积沙埋没枕木，对线路上部建筑毁害严重，需治理。

三级沙害：积沙使河床不洁，需要定期维修。

③线路积沙危害　主要有以下6种。

造成机车脱轨：当积沙超过轨面20 cm，长度超过2~3 m，就可能使导轮脱轨，毁坏线路，甚至翻车。

停运及缓运：造成重大经济损失，影响经济建设。

拱道：列车通过时震动使沙粒渗落床底，枕木和钢轨被抬高，因抬高不匀使车厢摇晃，甚至断钩脱轨。

低接头：清除线路积沙会使道砟减少，影响道床不实，造成钢轨接头下沉，也会造成车厢摇晃，有断钩危险。

腐蚀枕木：线路积沙，湿度增大，会腐蚀枕木，缩短使用寿命，使用年限由15年缩短到5~6年。

流沙堵塞桥涵：风沙线路的桥梁和涵洞被流沙堵塞，一旦出现暴雨洪水，排洪不畅，导致冲毁线路及设施，造成严重后果。

（3）磨蚀

风沙活动使钢轨、机械、通信设备受到严重磨蚀，影响使用寿命，并干扰通信，还可造成电线混线事故。风沙活动影响司机视线，不利正常行车；风沙严重使养路、巡道、维修工作不能进行。

2）铁路防护体系建设

沙区铁路自然条件差异很大，沙害原因、形式、程度不同，治理特点与难易程度也不同。在干草原地带，自然条件相对较好，沙害主要因植被破坏而造成，防治措施以植物固沙为主，工程措施为辅；半荒漠地带自然条件很差，植物固沙较草原区困难得多。沙害防治必须采取植物固沙和工程固沙相结合的措施；荒漠地带自然条件更加恶劣，降雨过少，不能满足植物需要，植物固沙较为困难，沙害防治以工程措施为主。只有具备引水灌溉条件时才能进行适当的植物固沙。

(1)草原沙区铁路防护体系

本区条件稍好，降雨250~500 mm，且集中夏季，雨热同期，有利于植物生长，以植物固沙为主，机械固沙为辅。防护带宽度取决于风沙危害程度。防护重点在迎风面。一般以多带式组成防护体系。带宽在20 m左右，带距15 m左右。带内要除草，带间要育草，林带外缘留一定宽度育草固沙。林带要有专人保护，严防人畜破坏。由危害严重、一般到轻微，迎风面可设5带、3带到1带，背风面设3带、2带到1带。树种，在东部应当以乔木为主或乔灌结合，西部应选用耐旱灌木，条件差的立地，初期可设置平铺式、半隐蔽式、立式、立干草把沙障保护苗木，以后不需再设沙障。

①树种选择与造林技术　本区选择的乔木主要有(主要指东部)适合当地条件的杨树、樟子松、油松、旱柳、白榆等；灌木有胡枝子、紫穗槐、黄柳、沙柳、小叶锦鸡儿、山竹子等；半灌木差把夏蒿、油蒿等；西部应增加柠条、花棒、杨柴、籽蒿等。灌木半灌木比重增加，乔木比重减少，以至于不用乔木。配置上，东部应乔灌草结合，条件好的地段可乔木为主，较差地段以灌木为主；西部以灌木为主，能灌溉地段应乔灌草结合。

②造林技术注意事项　a. 远离路基(百米以外)的流动沙丘顶部、上部可不急于设障造林，待丘顶削低后再设障造林；b. 要根据立地条件和树种生物学特性合理配置树种，提倡针阔混交，提高树种多样性；c. 严格掌握造林技术规程，保证造林质量；d. 降水大于400 mm地区，造林应争取一次性成功。

(2)半荒漠沙区铁路防护体系

此类线路最长，有750 km。沙坡头可作为成功代表。沙坡头年均降水不足200 mm，蒸发3 000 mm以上，年均起沙风达900 h，沙丘高大，水位深，不能为植物所利用，条件严酷，防护比较困难。中卫固沙林场经30年实践建成了五带一体的铁路防护体系。

防护带宽度，迎风面达300 m，背风面达200 m，共500 m多。措施得力线路就不会积沙。这一"体系"是在长期艰苦的治沙实践中诞生的。它体现了"因地制宜，因害设防，就地取材，综合治理"的原则。采取了以固为主，固阻输结合的措施，体现了以沙治沙的思想。它是我国乃至世界沙漠铁路建设史上的创举，受到国家和联合国的重大奖励。本体系包括固沙防火带(防火平台)、灌溉造林带(水林带)、草障植物带(旱林带)、前沿阻沙带(人工阻沙堤)、封沙育草带(自然繁殖带)。

①固沙防火带　在路基迎风面20 m，背风面10 m，因固沙防火需要，清除植物，整平沙丘，铺设10~15 cm厚的卵石、黄土或炉渣，成为线路两侧第一条防护带。

②灌溉造林带　利用紧靠黄河的水源条件，通过4级扬水，提水上沙丘。在固沙防火带外侧迎风面60 m，背风面40 m范围整修梯田，修筑灌渠，梯田设障，灌水造林，3~5年可形成稳定可靠的防护林带。

本带出现是由于沙坡头地段条件恶劣，干旱年份造林成活率不高，降雨只能维持稀疏耐旱灌木的生长，对成片灌木水分显得十分不足，植株枯萎退化，遇连续干旱、特别干旱年份植被大面积死亡，大有流沙再起之势，给人以不安全感。本着有水则水，无水则旱的原则，建立较高质量的灌溉林带是必要的。在实践中筛选出成功的乔灌木树种有二白杨、刺槐、沙枣、樟子松、柠条、花棒、黄柳、沙柳、紫穗槐、小叶锦鸡儿、沙拐枣等。实践中发现，尽管有水灌溉，但因肥力不足，灌木生长优于乔木，混交林仍应以灌木为主。黄河水中含有大量泥沙，利用得当有利于改良土壤和树木生长。通过试验与实践总结出灌水量与间隔期，乔木半月灌水一次，定额 495 m^3/hm^2，灌木一月灌水一次，每次 990 m^3/hm^2，灌溉林带有很好的防护效益，极大地改善了铁路两侧的生态环境。

③草障植物带　本带是铁路固沙的主要措施，是体系中的主体工程。在灌溉带外侧，迎风面 240 m 左右，背风面 160 m 左右，流沙全面扎设 1 m×1 m 半隐蔽式麦草方格沙障；然后 2 行 1 带（隔 1 行），株行距 1 m×1 m，栽植沙生旱生灌木（花棒、柠条等）。实际上设置沙障、造林都不可能一次成功，需反复多次。此时生物措施、工程措施是同等重要的。

固沙植物主要有花棒、柠条、小叶锦鸡儿、头状和乔木状沙拐枣、黄柳、油蒿等。造林前先划分立地条件，根据不同立地条件，结合植物种生物生态学特性，进行合理配置。

实践中发现，全面均匀造林效果不好，主要是水分问题。垂直主风带状栽植效果较好，通常 2 行 1 带配置，株行带距为 1 m×1 m×2 m，油蒿株距 0.5 m，混交类型中以柠条×花棒、柠条×油蒿、花棒×小叶锦鸡儿效果较好。

造林在春秋两季进行，秋季为主，方法多为植苗造林；黄柳、沙柳用扦插；油蒿可于雨季撒播。直播因限制因子太多，生产上很少采用。

在麦草沙障和植物长期共同作用下，林地表面形成了沙结皮，这是治沙成功的标志，表明流沙正向土壤发育。表层沙土组成变细，黏粒增加，肥力提高，抗风蚀能力增强，微生物、低等生物数量大量增加。但沙结皮的存在影响了降雨时地表透水性能。

④前沿阻沙带　为保护草障植物带外缘部分的安全，用高立式沙障建立前沿阻沙带。本带用桎柳笆或枝条，地上障高 1 m，地下埋 30 cm，加固成折线形，设置在丘顶或较高位置，起阻沙积沙作用。

⑤封沙育草带　在阻沙带迎风面百米范围内，局部沙丘迎风坡采取封沙、设障、栽灌木的方法，促其自然繁殖，减轻阻沙带压力。加强管护，建立专门护林机构，严禁破坏。因各地条件不同，不必照搬，但草障植物带是必备的部分。

（3）荒漠地区铁路防护体系

我国目前尚无穿过大沙漠的铁路，穿过戈壁的铁路却有多处受到风沙危害。

本区风沙危害的特点：来势猛，堆积快，形成片状积沙。如无灌溉条件只能依靠机械固沙措施，如西宁—格尔木铁路某段用高立式多列式竹篱防止风沙危害。兰新线在三十里井—巩昌河区间沙害严重，建立了灌溉植物防护带，带宽视沙害程度而定，重点保护迎风面，建多带式防护林。由危害严重、一般到轻微，迎风面可设 3 带到 1 带，背风面 1 带。带宽 30～50 m，带距 40～50 m。树种乔灌结合，结构前紧后疏。

①树种选择　灌溉造林可选用较多树种，乔木有二白杨、新疆杨、银白杨、沙枣等，灌木有桎柳、柠条、锦鸡儿、花棒、梭梭等。配置上乔灌结合，形成前紧后疏结构。

②造林方法　用开沟积沙客土造林法。戈壁上石多土少，需先开沟积沙，沟深 40～

50 cm，宽 40 cm，自然积沙，蓄满后挖穴造林。

③灌溉方法 戈壁渗水快，持水能力差，要少灌勤浇，半月灌一次，每次 1 200 m³/hm²，4 月下旬至 10 月下旬，林内除草，林带间育草。

5.3.2 工程固沙措施

工程固沙措施亦称物理措施，主要包括沙障治沙、化学固沙、风力治沙和水力治沙。其途径有两个方面：一是降低地表面风速，借以削弱风沙流活动，通常采用在流动沙丘上扎设沙障或栽植固沙植物；二是使沙质表面与风化作用隔绝，一般采用各种惰性材料（如砂砾石、黏土等）、柴草和枝条覆盖沙面，或喷洒化学黏结材料（如乳化沥青）固结沙面。

5.3.2.1 沙障治沙

1) 沙障及其治沙原理

（1）机械沙障在治沙中的地位及作用

机械沙障是采用秸秆、柴草，树枝、黏土、卵石等材料，在沙面上设置各种形式的障碍物，以此控制风沙流动的方向、速度、结构，改变蚀积状况，达到防风阻沙，改变风的作用力及地貌状况等目的。

机械沙障在治沙中的地位和作用极其重要，是植物措施无法替代的。在自然条件恶劣的地区，机械沙障是治沙的主要措施，在自然条件较好的地区，机械沙障是植物治沙的前提和必要条件。多年来我国治沙生产实践经验表明，机械沙障和植物治沙是相辅相成、缺一不可，发挥着同等重要的作用。

（2）机械沙障的类型

机械沙障按防沙原理和设置方式方法的不同可以划分为两大类：平铺式沙障和直立式沙障。平铺式沙障按设置的方法不同又可分为带状铺设式和全面铺设式。直立式沙障按高矮不同可分为高立式沙障（高出沙面 50 ~ 100 cm）、低立式沙障（半隐蔽式沙障，高出沙面 20 ~ 50 cm）和隐蔽式沙障（几乎全部埋入，与沙面相平或稍露障顶）；按透风度不同又可分为透风式、紧密式和不透风式 3 种结构。

（3）机械沙障的作用原理

①平铺式沙障作用原理 平铺式沙障是固沙型沙障，利用柴、草、卵石、黏土或沥青乳剂、聚丙烯酰胺等高分子聚合物等物质铺盖或喷洒在沙面上，以此隔绝风与松散沙层的接触，使风沙流经过沙面时，不起风蚀作用，不增加风沙流中的含沙量，达到风虽过而沙不起，就地固定流沙的作用。但对过境风沙流中的沙粒截阻作用不大。

②直立式沙障作用原理 直立式沙障大多是积沙型沙障，风沙流所通过的路线上，无论碰到任何障碍物的阻挡，风速就会受到影响而降低，挟带沙子的一部分就会沉积在障碍物的周围，以此来减少风沙流的输沙量，从而起到防治风沙危害的作用。

③透风结构沙障作用原理 当风沙流经过沙障时，一部分分散为许多素流穿过沙障间隙，摩擦阻力加大，产生许多涡漩，互相碰撞，消耗了动能，使风速减弱，风沙流的载沙能力降低，在沙障前后形成积沙。在沙障前的积沙量小，沙障不易被沙埋，而在沙

障后的积沙现象不断出现,沙堆平缓地纵向伸展,积沙范围延伸得较远,因而拦蓄沙粒的时间长,积沙量大。

④不透风或紧密结构沙障作用原理 当风沙流经过沙障时,在障前被迫抬升,而越过沙障后又急剧下降,在沙障前后产生强烈的涡动,由于相互阻碰和涡动的影响,消耗了风速动能,减弱了气流载沙能力,在沙障前后形成沙粒的堆积。

⑤隐蔽式沙障作用原理 隐蔽式沙障是埋在沙层中的立式沙障,障顶与沙面相平或稍露出沙面,因此对地上部分的风沙流影响不大,它的主要作用是制止地表沙粒的沙纹式移动。隐蔽式沙障起到一个控制风蚀基准面的作用,设置沙障后虽然沙粒仍在动,但风蚀到一定程度后即不再往下风蚀,故而不会使地形发生变化。

2) 沙障设计

沙障设计技术主要是解决设置沙障时应该注意的几项技术指标的运用问题,了解每项技术指标在沙障治沙中所起的作用,只有这样设计的各种沙障才能符合当地自然条件的客观规律,发挥沙障在防沙治沙工作中的最大效能。

(1)沙障孔隙度

沙障孔隙度是指沙障孔隙面积与沙障总面积的比值,是衡量沙障透风性能的重要指标。一般孔隙度在25%时,障前积沙范围约为障高的2倍,障后积沙范围为障高的7~8倍。而孔隙度达到50%时,障前基本没有积沙,障后的积沙范围约为障高的12~13倍。孔隙度越小,沙障越紧密,积沙范围越窄,沙障很快被积沙所埋没,失去继续拦沙的作用;反之,孔隙度越大,积沙范围延伸得越远,积沙作用强,防护时间也较长。为了发挥沙障较大的防护效用,在障间距离和沙障高度一定的情况下,沙障孔隙度的大小应根据各地风力及沙源情况来具体确定。一般多采用25%~50%的透风孔隙度。风力大沙源小的地区孔隙度应小;沙源充足时,孔隙度应大。

(2)沙障高度

在沙地部位和沙障孔隙度相同的情况下,积沙量与沙障高度的平方成正比。沙障高度一般设为30~40 cm,最高1 m 即可满足防护要求。

(3)沙障方向

沙障的设置方向应与主风方向垂直,通常在沙丘迎风坡设置。设置时先顺主风方向在沙丘中部划一道轴线作为基准,由于沙丘中部的风较两侧强,因此沙障与轴线的夹角要稍大于90°而不超过100°,这样可使沙丘中部的风稍向两侧顺出。若沙障与主风方向的夹角小于90°,气流易趋中部而使沙障被掏蚀或沙埋(图5-1)。

(4)沙障配置形式

沙障的配置形式一般有行列式、格状式、人字形、雁翅形、鱼刺形等。其中,行列式

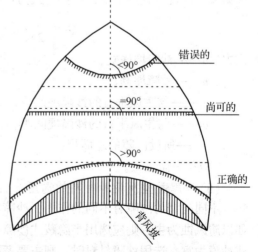

图 5-1 沙丘迎风坡沙障设置方向示意

和格状式是两种主要形式。

行列式配置：多用于单向起沙风为主的地区，在新月形沙丘迎风坡设置时，丘顶要留一段空，并先在沙丘上部按新月形划出一道设沙障的最上范围线，然后在迎风坡正面的中部，自最上设置范围线起，按所需间距向两翼划出设置沙障的线道，并使该沙障线微呈弧形。在新月形沙丘链上设障时，可参照新月形沙丘进行。但在两丘衔接链口处，因两侧沙丘坡面隆起，形成集风区，吹蚀力强，输沙量多，沙障间距应小。在链身上有起伏弯曲的转折面出现处，标志着气流在此转向，风向很不稳定，可在此处根据坡面转折情况，加设横挡，以防侧向风的掏蚀。

格状式配置：在风向不稳定，除主风外尚有侧向风较强的沙区或地段采用。根据多向风的大小差异情况，采用正方形格、长方形格均可。

（5）沙障间距

沙障间距即相邻两条沙障之间的距离。该距离过大，沙障容易被风掏蚀损坏，距离过小则浪费材料。因此，在设置沙障前必须确定沙障的行间距离。

沙障间距与沙障高度和沙面坡度有关，同时还要考虑风力强弱。沙障高度大，沙障间距应大，反之亦然。沙面坡度大，沙障间距应小；反之，沙面坡度小，沙障间距应大。风力弱处间距可大，风力强时间距就要缩小。一般在坡度小于 4° 的平缓沙地上，沙障间距应为沙障高的 15～20 倍，在地势不平坦的沙丘坡面上，沙障间距的确定要根据沙障高和坡度进行计算。计算公式为：

$$D = H \cdot \arctan \alpha \tag{5-9}$$

式中　D——沙障间距；

　　　H——沙障高；

　　　α——沙面坡度。

黏土沙障间距为 2～4 m，埂高 15～20 cm。在风沙危害严重地区最好设成 1 m×1 m 或 1 m×2 m 的黏土方格沙障。其用土量主要根据沙障间距和沙障埂规格进行计算，并根据取土远近核算用工量，计算公式为：

$$Q = \frac{1}{2} \cdot a \cdot h \cdot s \cdot \left[\frac{1}{c_1} + \frac{1}{c_2} \right] \tag{5-10}$$

式中　a——沙障埂底宽；

　　　h——沙障埂高；

　　　c_1——与主风垂直的沙障埂间距；

　　　c_2——与主风平行的沙障埂间距；

　　　s——所设沙障的总面积；

　　　Q——需土量。

（6）沙障类型及设障材料的选用

不同类型的沙障有不同的作用，沙障类型应根据防护目的而因地制宜地灵活确定。如以防风蚀为主，则应选用半隐蔽式沙障；以截持风沙流为主的应选用透风结构的高立式沙障为宜。选用沙障材料时，则主要考虑取材容易，价格低廉，固沙效果良好，副作用小。一般多以麦草、板条、砾石和黏土等较易取得的材料为主。

3) 沙障的设置方法

（1）高立式沙障

制作材料：芨芨草、芦苇、板条和高秆作物等。

设置方法：把材料做成 70~130 cm 的高度，在沙丘上划好线，沿线开沟 20~30 cm 深。将材料基部插入沟底，下部加一些比较短的梢头，两侧培沙，扶正踏实，培沙要高出沙面 10 cm，最好在降雨后设置。

（2）活动的高立式沙障

制作材料：木板和铁钉。

设置方法：用板做成不透风的沙障；以行列式的沙障为主；高度与高立式沙障近似；可以随风向的变化而随时移动位置。

（3）半隐蔽式草沙障

制作材料：麦秆、稻草、软秆杂草。

设置方法：在沙丘上画线，将材料（麦秆、稻草）均匀横铺在线道上，用平头锹沿画线方向压在平铺草条的中段用力下踩至沙层 10~15 cm，然后从两侧培沙踩实。

（4）低立式黏土沙障

制作材料：黏土。

设置方法：根据风沙流情况设计沙障规格，画线，然后沿线按程序设计堆放黏土，形成高 15~20 cm 的土埂，断面呈三角形，切忌出现缺口现象，以防掏蚀。

（5）平铺式沙障

制作材料：有黏结性或质地较坚硬的块状体。如黏土、砾石、砖头、瓦片、胶体物质、原油等。

设置方法：将黏土或砾石块均匀地覆盖在沙丘表面，厚度可灵活掌握，一般为 5~10 cm，黏土不要打碎；砾石平铺沙障各块间要紧密地排匀，不可留较大的空洞，以免掏蚀。设带状平铺时要按要求留出空带。

4) 常用沙障施工

（1）高立式沙障

防沙效果较好，适用于沙源距被保护区较远，沙丘高大，沙量较多的区域，但易造成流沙堆积，使被保护对象仍有受沙害威胁的现象存在，因此在被保护对象附近不宜采用此类沙障；而且设置后需要经常维修，耗料多，费工多。

（2）低立式沙障（半隐蔽式沙障）

格状草沙障：其特点是取材方便，施工方法简便易行；成本相对较低；显著增大地表粗糙度，削减沙表面风速；固沙效果较好。

黏土沙障：其特点为成本低，可以就地取材；有较强的保水能力；对植物治沙有利；但受地区的限制较大。

5.3.2.2 化学固沙

化学固沙是工程治沙措施的一种类型，其作用和机械沙障一样，也是植物治沙措施的辅助、过渡和补充。

1）化学固沙概况及作用原理

（1）化学固沙概况

第一个采用化学方法进行固沙试验的国家是前苏联，这项研究工作开始于1934年；美国化学固沙工作起源于20世纪40年代末期，第一次试验开展于1950年；英国于1960年开始在澳大利亚用沥青乳剂固沙，并配合植树造林；我国于1956年开始进行化学固沙试验研究工作；其他国家，如印度、德国、法国、伊朗、阿尔及利亚、伊拉克等国也都曾先后开展化学治沙试验研究。常用的化学固沙材料有沥青乳剂、沥青化合物、涅罗精、橡胶乳、黏结剂等。

（2）化学固沙的作用原理

利用稀释的具有一定胶结性的化学物质喷洒于松散的流沙沙地表面，水分迅速渗入沙层以下，而化学胶结物质则滞留于一定厚度（1～5 mm）的沙层间隙中，将单粒的沙子胶结成一层保护壳，以此来隔开气流与松散沙面的直接接触，从而起到防止风蚀的作用。这种作用属于固沙型，只能将沙地就地固定不动，而对过境风沙流中所携带的沙粒却没有防治效能。

2）化学固沙方法

（1）沥青乳液的配制及使用

①沥青乳液的配制　所用材料为沥青和乳化剂。沥青是200号石油沥青与30号石油沥青混合使用；乳化剂则为亚硫酸造纸废液。有时为了增加乳液的稳定性和分散度常加入水玻璃或烧碱。一般要在10 t乳液中加入0.5 kg烧碱。

沥青乳液一号配方：乳化液的组成为亚硫酸盐造纸废液（pH < 7，比重1.28）12%，硫酸（工业用，比重1.83）1.2%，水86.8%；沥青材料则为30号石油沥青∶200号石油沥青 = 3∶2；乳化液∶沥青材料 = 1∶1（体积比）。

沥青乳液二号配方：乳化液组成为硫化钠蒸煮废液（pH > 7，比重1.04）50%，硫酸（工业用，比重1.83）1.5%，水48.5%；沥青材料由30号石油沥青∶200号石油沥青 = 2∶1组成；乳液则由乳化液∶沥青材料 = 1∶1（体积比）组成。

沥青乳液生产工艺的主要生产设备为狭缝式胶体磨、蒸汽锅炉、沥青加热锅、乳化液调配池、乳液贮存池。

沥青乳液生产过程：按照配方，将沥青加热至120～160℃，以降低沥青的黏度。在另一容器内将配好的乳化液加热到65～70℃，两种材料经过滤后按体积比1∶1的关系同时放入胶体磨的进料漏斗中，沥青和乳化液的混合料经搅拌后，经过0.1～0.5 mm的狭缝后被乳化。乳液经出口流入贮存池。

沥青乳液的质量好坏依赖于沥青乳液的颜色、分散度、稀释稳定性等指标，因此在质量检查时应分别检验这些指标。沥青乳液的颜色以棕色为最好，棕黑次之，黑棕色最差，不易使用。分散度的检验可用玻璃棒插入沥青乳液中，取出时待乳液不再下滴时，观察玻璃棒上的漆膜，如果漆膜细腻不见颗粒，则分散度高，沥青乳液质量为佳；反之，漆膜粗糙，分散度低，沥青颗粒不够均匀，不成膜，则沥青乳化不好，或未乳化，不能使用。此时应检查配方比例是否正确或胶体磨转速是否正常，如没有差错应继续研磨。稀释稳定性的检验一般在喷洒前按比例稀释时，通过搅拌，如稀释均匀，则稳定性好，质量高；如果不易稀释或极不均匀，则不易使用。经过质量检查后符合标准的乳液就是配制好的沥青乳液，可以使用。

②沥青乳液的使用

用量：各地不一，每平方米几克到每平方米几百克都有，主要取决于当地的水文条件和风速。如果水文条件好，风较小，用量可小，否则应大。

高度：喷头不要距地表过低或过高，一般1m左右为宜，否则会影响喷洒质量。

方向：风向对喷洒质量影响很大，不宜迎风和顺风喷洒。迎风喷洒不易控制，顺风喷洒易使背风坡出现小蜂窝，造成质量不良，以侧向略迎风喷洒为好。

喷洒方式：有全面喷洒法和带状喷洒法。如果喷洒沥青与植物固沙同时进行时，应在栽上植株后立即喷洒。在降水或喷水后喷洒沥青效果更好。

（2）沥青化合物的配制和使用

配制：沥青或矿物粉和水按规定的比例配好，装入灰浆搅拌机中进行强力搅拌即可制成。

使用：将制成的化合物进行稀释，可采用1:1～1:10，用泥浆泵喷洒即可。用量一般为6～8 L/m²，渗入沙层厚度为10～30 mm。一次用量不宜太大，可分多次喷洒，间隔半个月到2个月再喷。

（3）油—胶乳的配制和使用

配制：将油100份，水15～30份，油酸2～4份，三乙醇胺1～2份混合在一起装入搅拌机中，然后以50 r/min的速度转动15～20 min，即可制成良好稳定性的油胶乳液。

使用：使用时可以直接用配制好的油—胶乳溶液向沙面上喷洒。

3）沥青乳液固沙效果评价与造价

（1）沥青乳液固沙效果评价

抗风蚀性：喷洒量为0.25 kg/m²，在20 m/s风速下持续吹20 min，结皮全部被吹坏；喷洒量为0.33 kg/m²，在20 m/s风速下持续吹80 min，一半面积被破坏；喷洒量为0.5 kg/m²，在30 m/s风速下持续吹280 min，局部有风蚀洞（8 mm）；喷洒量为1.0 kg/m²，在30m/s的风速下持续吹320 min，表面无风蚀现象。一般可使用4～5年，如喷洒质量好，未遭人畜破坏的可使用10年以上。

透气性：喷洒沥青乳液后，对沙子的透气性影响不大。喷与未喷沙层中的二氧化碳和氧气的量基本相同。

保水性：喷洒乳液沙层中的含水量比天然条件下沙层中的含水量高，说明其保水性好。

透水性：说法不一，需进一步研究。一般喷洒量大基本不透水，喷洒量小则透水性较好。

蒸发量：蒸发量很小时，无明显差异；蒸发量很大时，喷洒量明显影响蒸发量的大小。

温度：沙面铺沥青后，对土壤温度影响是有季节变化的。在夏季，高出地面3 cm的地方和地表以下5 cm处，铺沥青的地方温度均低于未铺沥青的地方，往下温度差别不大，一般在1～1.5 ℃以内。在春秋两季，温度出现相反的变化。有沥青防护层下的沙层温度均有提高。在 25 ~ 100 cm 范围内，提高 0.5 ~ 0.8 ℃，200 cm 深处提高 1.3 ~ 3.0 ℃。

对植物生长的影响：使植物免除遭受风蚀、沙埋，沙打、沙割的危害；改善了沙地土壤的水温条件，有利于植物的生长；春秋两季沥青层下温度较高，延长了植物的生长期；夏季温度低于未铺沙层，免遭日灼的危害；有沥青层保护的地段，种子发芽可提早 4 ~ 6 d，生长速度可以增加 1.3 ~ 2 倍，死亡率可减少 50%；沥青中的微量放射性物质对植物也有一定的刺激作用，使植物生长效果好。

（2）沥青乳液固沙造价

国外用沥青乳剂固沙的造价并不高，约为草沙障的 1/4。我国用沥青乳剂固沙的造价较高，约为苏联的 6 倍，其原因是所需设备费用高，初期投资大而造成昂贵的造价。化学固沙目前在我国不如机械沙障普通，主要根源在于制造乳化沥青的全套设备购置及制作技术等尚有一定的困难，限制了这一措施的推广应用。

5.3.2.3　风力治沙

1）风力治沙的概念、意义及原理

（1）风力治沙的概念

风力治沙是以风的动力为基础，人为地干扰控制风沙的蚀积搬运，因势利导，变害为利的一种治沙方法。

从风沙运动规律角度出发，风力治沙是指应用空气动力学原理，采用各种措施，降低粗糙度，使风力变强，减少沙量，使风沙流非饱和，造成沙粒走动或地表风蚀的一种治沙方法。

（2）风力治沙的意义

——应用地区广泛。风力治沙不受自然条件限制，应用范围很广。

——行之有效的治沙方法。基于风沙运动规律，遵循"创造条件，使风变害为利，化消极因素为积极因素"，为治理流沙危害增加了切实可行的方法。

——固输结合，效果显著。经我国治沙实验证明，采用固输结合的措施，效果显著。

——风是沙区的宝贵能源之一。风力治沙是利用风力代替人力、机械做功，利用自然规律来改变自然地貌。我国沙区风能资源丰富，利用风力拉沙改土、发电、提水等已取得大量的成功经验。

——风力可拉沙造田，修渠筑堤，掺沙压碱，改良土壤，扩大土地资源。

（3）风力治沙原理

①辩证统一规律是风力治沙的理论基础　变害为利是风力治沙的指导思想。在害转利的过程中，风与沙是基础，必须考虑风的强弱、风沙流的饱和非饱和、沙粒的停走、地表的蚀积、措施的固输这 5 对矛盾 10 个方面的辩证统一规律。风力治沙要本着以固促输，断源输沙，以输促固，开源固沙的方针，在辩证统一规律的指导下，利用和创造各种条件，使 5 对矛盾各自向其对立面转化，达到除害兴利的目的。

②非堆积搬运和饱和路径学说是风力治沙的理论依据　风沙地貌在景观上的最大特

征就是沙丘与丘间地相间分布。要使防护地段免受积沙危害，就要在气流逐渐被沙子饱和的路径上，取去一部分沙子，这样就可以在一定长度的地段上达到非堆积搬运，延长饱和路径，使之在这个地段内不堆积，或使风占优势，或使简单的搬运占优势，就可以在防护地段内不造成积沙危害，也可以使被沙埋压的地段，将沙搬运走。

③风力治沙是连续性方程的具体应用　气流在运动的过程中，质量守恒原理是流体力学的基本原理，可由连续性方程来表达。

$$\overline{V}_1 A_1 = \overline{V}_2 A_2 \tag{5-11}$$

式中　A_1，A_2——流管任意两个截面的有效断面积；

　　　$\overline{V}_1$，$\overline{V}_2$——两个截面气流的平均流速。

此方程指出，气流在运动中，某一截面的有效面积大，则速度就小；反之，截面积小，速度就大。在风力治沙的许多具体措施中，可以应用这一原理达到输沙的目的。

2) 风力治沙的措施布局

风力治沙的基本措施是以输为主，兼有固，固输结合效果更佳。

(1) 以固促输，断源输沙

要防止某地段被沙埋压，或清除其上的积沙，应在该地段上风区，用可行的治沙方法，固定流沙，切断沙源，使流经防护区的风沙流成为非饱和气流，使此处的积沙被气流带走，或以非堆积搬运形式越过防护区，使被保护物免受积沙危害。

(2) 集流输导

集流输导是聚集风力，加大风速，输导防护区的积沙，防止沙埋危害。集中风力的方法很多，最常见的为聚风板措施。常用方法主要有聚风下输法(图5-2)、水平输导法(八字形输导)(图5-3)和垂直输导法(图5-4)。

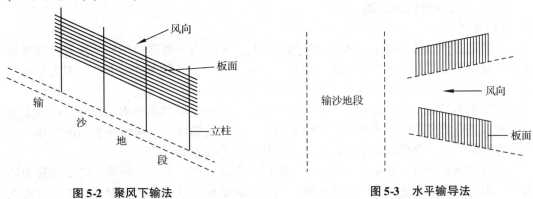

图 5-2　聚风下输法　　　　　　　　　　图 5-3　水平输导法

聚风下输法设置时向主风向倾斜，聚风输沙被输地段与主风方向交角呈 45°~ 90°，输导积沙的效果较好，如果与主风方向的交角小于 30°，则必须采用另一种方法来输导积沙，即反折侧导的方法。

(3) 反折侧导

当被保护物遭受锐角方向吹来的流沙危害时，可以用促使近地表气流换向的措施，改变流沙的输移方向，避开被保护物。

①反折侧导的原理　沙障与主风斜交在45°以下时，能使近地表的次生风换向，风

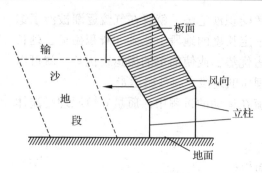

图5-4 垂直输导法

沙流吹近沙障后，气流受到一定的压缩换向，部分沙粒在障前停下，但由于受压气流换向后风速加大，沿沙障行列前进，开始时降落在沙障附近的一部分沙粒，又因受新来的沙粒撞击，重新卷入风沙径流，沿着沙障的行列方向前进，使被保护区避免障后积沙的危害。

②反折侧导的设置　一般用不透风的机械沙障进行侧导。在设置前，首先要了解地形和输导方向，确定沙障的位置和角度，导走流沙的处理场所。地形是否有利于流沙的折向输走，采用1 m左右高的不透风沙障或导沙板，排列成连续沙障。

③改变地表状况，促进流沙输导

创造平滑的环境条件：在防止积沙的被保护地段，要尽量清除障碍，筑成平滑坚实的下垫面，要使防护地段输沙，就须把陡坡变缓，筑成圆滑的弧形，使气流附面层不产生分离而出现涡流，达到输沙的目的。

加大上升力进行输沙：上升力的大小取决于气流近地表层的速度与较高层的速度的差值，由于粗糙表面对近地表面层气流的阻力，加大了上升力。所以，在防护区铺设一些砾石或碎石，增加跃移沙的反弹力，加大上升力，调节风沙流结构，减少较低层的沙量，造成防护区风蚀，起到输沙目的。

附面层风速变化规律的应用：近地表层的风速随高度的增加而增加，所以在公路防沙时，路基要高出附近地表，以增大风速，便于输沙。

3）风力治沙措施的应用

（1）渠道防沙

①渠道防沙的基本要求　渠道防沙的要求是在渠道内不要造成积沙，这就必须保证风沙流通过渠道时成为不饱和气流，即渠道的宽度必须小于饱和路径长度，或者采取措施，从气流中取走沙量，使过渠气流成为非饱和气流。

②渠道本身是非堆积搬运　渠道是具有弧形或接近弧形的剖面形状，容易产生上升力，所以具有非堆积搬运的条件。要使渠道本身更好地输沙，必须使渠道的深度和宽度在一定的范围内，合理地确定宽深比，才有利于渠道的非堆积搬运。

③防沙堤和护道　在渠道迎风面上，距岸一定距离筑一道1 m的堤，这个堤称为防沙堤。堤到渠边的一定距离，称为护道。这个距离最好根据试验因地制宜确定，原则上根据饱和路径长度和沙丘类型、移动速度而定。一般最好小于饱和路径长度，大于沙丘摆动幅度，使渠道处于饱和路径的起点。

④中国沙区的渠道防护　中国沙区防止渠道积沙，采用设置地埂等方法，在田中隔一定距离设一地埂，耕地时不动，形成大粗糙度，使地面均匀积沙，不形成沙丘。既可以掺沙改土、保墒压盐，又可以造成非饱和气流，使风沙流处于非堆积搬运状态。再加上护渠林营造合理，就可以有效地控制风沙流，防止渠道积沙。

（2）拉沙修渠筑堤

利用风力修渠筑堤，普遍方法是设置高立式紧密沙障，降低风速，改变风沙流结构，使沙子聚积在沙障附近，当沙障被埋一部分后，或向上提沙障，或加高沙障到所需要的高度。

修渠可按渠道设计的中心线设置沙障，先修下风一侧，然后修上风一侧。沙障距中心线的距离一般可按下式计算：

$$I = \frac{1}{2}(b + a) + m \cdot h \tag{5-12}$$

式中　I——沙障距渠道中心线的距离；

　　　b——渠堤底宽；

　　　a——渠堤顶宽；

　　　m——边坡系数（沙区一般为 1.5~2）；

　　　h——渠堤高度。

筑堤是指在干河床内横向修筑堤坝，引洪淤地，改河造田。

（3）拉沙改土

拉沙改土是利用风力拉平沙丘，使丘间低地掺沙，改良土壤。对于沙丘是以输为目的，对于丘间低地是以积沙为目的，既改变沙丘，又改良丘间沙地。

黏质土壤掺沙改土不仅改变土壤机械组成，而且可以改善土壤水分和通气条件，对抑制土壤盐渍化也有作用。风力拉沙改土必须掌握两个技术环节：首先，要有一定的沙源，保证较短时间内供给足够的沙子；其次，要创造很有效的积沙条件。

5.3.2.4　水力治沙
1）水力拉沙的概念、意义和原理

（1）水力拉沙的概念

水力拉沙是以水（特别是洪水）为动力，按照需要使沙子进行输移，消除沙害，以改造利用沙漠的一种方法。其实质是利用水力定向控制蚀积搬运，达到除害兴利的目的。

（2）水力拉沙的意义

①增加沙地水分，为植物生长发育创造条件，还可以增强地表的抗蚀性。

②改变沙地的地形。沙区地势起伏不平，经水冲沙塌，冲高淤低，把各种不同的沙丘地形改造成平坦地，并能节省劳力，提高工效。

③改良土壤，使沙地的理化性质得到改善。可改变机械组成；溶解并增加无机盐类；促进团粒结构的形成。

④改善沙区小气候。

⑤促进沙地综合利用，水利治沙改变水分、地形、土壤、小气候等自然条件，可以为农、牧、渔等各项生产创造有利条件。

（3）水力拉沙原理

水力拉沙是运用水土流失的基本规律，以水力为动力，通过人为地控制影响流速的坡度、坡长、流量及地面粗糙度的各项因子，使水流大量集中，形成股流，造成水的流速（侵蚀力）大于土体的抵抗力（抗蚀力），同时，沙粒由于有较大的渗透力，水量超出渗透速度后，沙被水饱和形成浑水泥浆后，水流继续冲掏，即形成径流，水和泥沙顺坡流走。由于沙粒本身是无结构的，机械组成较粗，又极松散，经水力冲刷后很快形成侵蚀沟，此时侧蚀加强，向两侧掏蚀严重，沙丘本身落沙坡面的自由安息角被破坏，沟坡大量崩塌，塌下的泥沙又大量随水流走，这样继续扩展冲淘，沙随水走，使丘体破碎，慢慢被水输移到下游平坦及低洼地上流速变缓而沉积下来。最后达到拉平沙丘，改变沙丘地貌，建造成大面积基本农田和林、牧业基地的目的。

水土流失的快慢与流速、沙粒重量及粒径有关，即粒径与起动流速的平方呈正比，沙粒的质量又与其粒径的6次方呈正比，所以沙粒的重量与流速的关系可用下式来表示：

$$G \propto V \cdot D^6 \tag{5-13}$$

式中　G——沙粒重量；

　　　V——流速；

　　　D——沙粒粒径。

根据这一关系式，可以通过控制流速的办法，解决水力拉沙和沙粒沉积的问题，一旦沙丘拉平即进入防风防沙和沙地利用阶段。

2）引水拉沙工程

（1）引水拉沙修渠

拉沙修渠是利用沙区河流、海水、水库等的水源，自流引水或机械抽水，按规划的路线，引水开渠，以水冲沙，边引水边开渠，逐步疏通和延伸引水渠道。它是水利治沙的具体措施。

①特点及作用　由于沙区特殊的自然条件，在拉沙修渠时的规划、设计、施工、养护等方面的特点是：适应地形、灵活定线、弯曲前进、逐步改直；沙粒松散、容易冲淤、比度宜小、断面宜大；引水拉沙、冲高填低、水落淤实、不动不夯；引水开渠、以水攻沙、循序渐进、水到渠成。

引水拉沙修渠的根本目的是为了开发利用和改造治理沙漠、沙地。其直接目的是在修渠的同时，可以拉沙造田，扩大土地资源；引水润沙、加速绿化，为发展农、林、牧业创造条件；拉沙压碱、改良土壤；拉沙筑坝，建库蓄水，实行土、水、林综合治理。所以，引水修渠要与拉沙造田、拉沙筑坝等治沙方法紧密结合、统筹兼顾、全面规划；开发利用与改造治理并举，水利治理与植物治理并举；消除干旱、风沙、洪水、盐碱等危害，使农、林、牧、副、渔得到全面发展。

②规划设计　修渠之前要勘查水源、计算水量，了解水位和地形地势条件，确定灌溉范围和引水方式，选择渠线，布设渠系。

沙区水十分宝贵，必须充分利用和开发水源，积蓄水量，对地表水和地下水的季节变化都要进行详细的调查，根据水量、水位确定引水方式，水量不足时，可建库蓄水；水位较高，可修闸门直接开口，引水修渠；水位不高，可用木桩、柴草临时修坝壅水入渠；水位过低，可用机械抽水入渠。

选择渠线，利用地形图到现场确定渠线的位置、方向和距离，由于沙丘起伏不平，渠道可按沙丘变化，大弯就势，小弯取直。干渠通过大的沙渠和沙丘，应采取拉沙的办法夷平沙丘，使渠岸变成平坦台地，台地在迎风坡一侧宽50m，背风坡宽20～30m。为防止或减少风沙淤积渠道，干渠应基本顺从主风方向，或沿沙丘沙梁的迎风坡布设。此外，布设渠系时，要使田、林、渠、路配套，排灌结合，实行林网化、水利化。拉沙筑坝的渠道一般不分级，能满足施工即可。拉沙造田的渠道则应尽量和将来的灌溉渠系结合，统筹兼顾，一次修成。

引水量的大小是依据灌溉面积、用水定额、渠道渗漏情况来确定。通常应适当加大渠道断面，增加引水流量，以备将来灌区的发展，也有利于渠道防淤防渗。渠道的比降(任意两点水面高差与流程距离的比值)沙渠比土渠要小。清水渠道引水量小于 0.5 m³/s，比降采用1/1 500~1/2 000，浑水比降可增至 1/300~1/500；当引水量增大到 1.0~2.0 m³/s时，清水比降采用 1/2 500~1/3 000，浑水渠道采用 1/1 500~1/2 000。沙渠大都采用宽浅式梯形断面。渠底宽为水深的 2~3 倍较适宜，边坡比采用1:1.5~1:2.0，具体规格按引水流量的大小确定。渠岸顶宽支渠一般为 1~1.5 m，干渠为 2~3 m，渠岸超高为 0.3~0.5 m。

③施工和养护　施工过程是从水源开始，边修渠边引水，以水冲沙，引水开渠，由上而下，循序渐进。做法是在连接水源的地方，开挖冲沙壕，引水入壕，将冲沙壕经过的沙丘拉低，沙湾填高，变成平台，再引水拉沙开渠或人工开挖渠道。渠道经过不同类型的沙丘和不同部位时，可采用不同的方法。机械抽水拉沙修渠，为渠道穿越大沙梁施工创造了条件。可将抽水机胶管一端直接放在沙梁顶部拉沙开渠。

沙区渠道修成之后，必须做好防风、防渗、防冲、防淤等防护措施，才能很好地发挥渠道的效益。

(2)引水拉沙造田

引水拉沙造田是利用水的冲力，把起伏不平、不断移动的沙丘，改变为地面平坦、风蚀较轻的固定农田。这是改造利用沙地和沙漠的一种方法，是水利治沙的具体措施。

①规划设计　拉沙造田必须与拉沙修渠进行统一规划，分期实施。造田地段应规划在沙区河流两岸、水库下游和渠道附近或有其他水源的地方。拉沙造田次序应按渠道布设，先远后近，先高后低，保证水沙有出路，以便拉平高沙丘，淤填低洼地。周围沙荒地带可以利用余水和退水，引水润沙，造林种草，防止风沙，保护农田，发展多种经营。

②田间工程　引水拉沙造田的田间工程包括引水渠、蓄水池、冲沙壕、围埝、排水口等(图5-5)。这些田间工程的布设，既要便于造田施工，节约劳力，又要使造出的农田布局合理。

引水渠连接支渠或干渠，或直接从河流、海子开挖，引水渠上接水源，下接蓄水池。造田前引水拉沙，造田后大多成为固定性灌溉渠道。如果利用机械从水源直接抽水造田，可不挖或少挖引水渠。

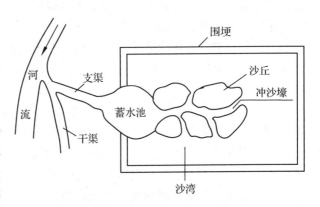

图5-5　拉沙造田田间工程布设示意

　　蓄水池是临时性的储水设施，利用沙湾或人工筑埂蓄水，主要起抬高水位、积蓄水量、小聚大放的作用。蓄水池下连冲沙壕，凭借水的压力和冲力，冲移沙丘平地造田。在水量充足压力较大时，可直接开渠或用机械抽水拉沙，不必围筑蓄水池。

　　冲沙壕挖在要拉平的沙丘上，水通过冲沙壕拉平沙丘，填淤洼地造田块，冲沙壕比降要大，在沙丘的下方要陡，这样水流通畅，冲力强，拉沙快，效果好。冲沙壕一般底宽 0.3~0.6 m，放水后越冲越大，沙丘逐渐冲刷滑流入壕，沙子被流水挟带到低洼的沙湾，削高填低，直至沙丘被拉平。

　　围埂是拦截冲沙壕拉下来的泥沙和排出余水，使沙湾地淤填抬高，与被冲拉的地段相平。围埂用沙或土培筑而成，拉沙造田后变成农田地埂，设计时最好有规格地按田块规划修筑成矩形。

　　排水口要高于田面，低于田埂，起控制高差、拦蓄洪水、沉淀泥沙、排除清水的作用。施工中常用田面大量积水的均匀程度来鉴定田块的平整程度。经过粗平后，就要把田面上的积水通过排水口排出。排水口应按照地面的高低变化不断改变高差和位置，一般设在田块下部的左右角，使水排到低洼沙湾，引水润沙，亦可将积水直接退至河流及河道。排水口还要用柴草、砖石护砌，以防冲刷。

　　拉沙造田的具体方法：在设置好田间工程后，即可进行拉沙造田。由于沙丘形态、水量、高差等因素的不同，拉沙造田的方法也各有差异。一般按拉沙的冲沙壕开挖部位来划分，有顶部拉、腰部拉和底部拉 3 种基本方式，施工中因沙丘形态的变化又有下列多种综合法：

　　——抓沙顶。适于引水渠位高于或平于新月形和椭圆形沙丘顶部时采用。当水位略低于沙丘顶部时，只要加深冲沙壕也可应用。采用抽水机械时，只需将水泵抽水管连通水源，放在沙丘顶部拉沙。在不同形态的沙丘上施工，胶管的角度部位可以自由变换。此法比自流引水拉沙操作自如，目前采用越来越多。

　　——野马分鬃。一般在渠水位低于或平于大型新月形沙丘、新月形沙丘链时采用。在沙丘靠近蓄水池一端，先偏向沙丘一侧挖一段冲沙壕，放水入壕拉去一段，接着在缺口处筑埂拦水，然后偏向沙丘另一侧，挖一段冲沙壕，再拉去一块，由近及远，如此左右连续前进，即可拉平沙丘。在施工中要保证冲沙壕的水流不中断，由于冲沙壕左右分开，形如马鬃，所以叫野马分鬃。

　　——旋沙腰。在渠水水位只能引到沙丘腰部时采用，需水量多。做法是：在沙丘中腰部开挖冲沙壕，利用水的冲击力量，逐渐向沙丘腹部掏蚀，形成曲线拉沙，齐腰拉平。

　　——劈沙畔。一般在沙丘高大，渠水的水位低，水无法引至沙丘顶部或腰部时采用，可在沙丘坡角开一道冲沙壕，由外及里，逐步劈沙入水，将整个沙丘连根拉平。

　　——梅花瓣。在水量充足、范围较大的地段，当几个低于或平于渠水水位的小沙丘环列于蓄水池四周时，采用此方法。另一种梅花瓣拉沙法是在一个大沙丘上，把水引至沙丘顶部，围埂蓄水，然后在蓄水池四周挖 4~5 条冲沙壕，同量放水向四周扩展，拉平沙丘。

　　——羊麻肠。在沙丘初步拉垮削低后，还残存有坡度很小的平台状沙堆，可由高处向低处开挖"之"字形冲沙壕，引水入壕，借助水流摆动冲击，将高出地面的平台状沙丘削低扫平。

——麻雀战。多在拉沙造田收尾施工时采用。主要用来消除高 1~2 m 的残留沙堆。将拉沙人员散开，每个沙堆旁安排一两名，然后放水，各点的人员分别引水，冲拉沙堆，摊平沙丘。此法因与游击战中的"麻雀战"相似而得名。

(3) 引水拉沙筑坝

利用水力冲击沙土，形成砂浆输入坝面，经过脱水固结，逐层淤填，形成均质坝体，用这种方法进行筑坝建库，称为引水拉沙筑坝，俗称水坠筑坝。

①沙坝设计　拉沙筑坝材料以沙为主，为防止透水，条件允许时可用黏土作墙心，坝体外壳用引水拉沙冲填。此外，在选料时沙土中最好有一定的黏粒和粉粒，这样可减少渗水损失。

沙坝设计的关键是确定合理的坝坡坡比。因沙坝的坝坡风浪掏蚀严重，若不做砌石护坡，就要放缓坡比，坝高超过 40 m，库容大于 100×10^4 m^3，可酌情放缓坡比。

沙坝透水性强，蓄水后坝体浸润和坝坡风浪掏蚀严重，因此必须设置反滤体和进行护坡以保证坝角稳定和坝坡完整，防止坝坡崩塌和滑坡。在石料来源方便的地方，采用斜卧式或梭式反滤体，沙坝上游的坝面，采取砌石护坡。在石料缺乏的沙区可采用植物护坡。

②沙坝施工　施工前要准备好有关的材料物资，在坝址上游要有充足的水源。用于拉沙的沙场要临近坝址，最好高出坝顶 10 m 以上。自流水源要设置引水渠、冲沙壕等田间工程，机械抽水要少设田间工程。依据沙丘形状和高差，采取抓沙顶等方法，引水拉沙输入坝面。畦块的大小和多少，主要根据坝面、水量、气温、劳力、沙源等决定。小畦一般为 1 000 m^2 以下，大畦为 10 000 m^2 以上。畦块一般有一坝一畦、一坝两畦和一坝多畦几种形式。修筑围埝主要起分畦淤沙、阻滑吸水和控制坝坡的作用。一般埝高为 0.8~1 m，均为梯形。

提水或引水到沙场进行拉沙，将水流变为砂浆送至坝面，待砂浆经过沉淀、脱水、固结然后再填筑第二层。填筑方式决定于沙是一边还是两边，若一面拉沙，即一端一畦冲填；若两面拉沙，即两端一畦冲填。砂浆入畦，要低于围埝，冲填厚度为埝高的 7/10，沙土一次冲填厚度一般为 0.5~0.7 m。在砂浆能流动的情况下，浓度越稠越好，一般含沙量为 50%~60% 为合适的砂浆浓度。沙区拉沙筑坝的相间周期要根据土质、气温、冲填厚度等因素决定，一般只要隔夜施工就能保证质量。

思 考 题

1. 什么是荒漠化？
2. 荒漠化的发生机理是什么？
3. 请简述荒漠化类型及分布。
4. 请简述荒漠化形成的原因与危害。
5. 沙漠化防治的生态学原理是什么？
6. 沙漠化防治的风沙物理学原理是什么？

7. 风沙区防护林体系建设的主要类型有哪些？

8. 请简述荒漠化退化生态系统植被恢复机制与途径。

9. 请简述沙漠化防治的工程措施。

10. 荒漠化防治综合措施体系类型有哪些？

11. 荒漠化监测的内容与方法有哪些？

12. 防沙治沙实践中植物措施和工程措施各自的优势与应用条件是什么？

推荐阅读书目

荒漠化防治工程学. 孙保平. 中国林业出版社，2000.

风沙物理学(第2版). 丁国栋. 中国林业出版社，2010.

沙漠学概论. 丁国栋. 中国林业出版社，2002.

风沙地貌与治沙工程学. 吴正. 科学出版社，2003.

参考文献

丁国栋，2010. 风沙物理学[M]. 2 版. 北京：中国林业出版社.

丁国栋，2002. 沙漠学概论[M]. 北京：中国林业出版社.

孙保平，2000. 荒漠化防治工程学[M]. 北京：中国林业出版社.

吴正，1987. 风沙地貌学[M]. 北京：科学出版社.

吴正，2003. 风沙地貌与治沙工程学[M]. 北京：科学出版社.

李滨生，1990. 治沙造林学[M]. 北京：中国林业出版社.

刘贤万，1995. 实验风沙物理与风沙工程学[M]. 北京：科学出版社.

钱宁，万兆惠，1986. 泥沙运动力学[M]. 北京：科学出版社.

马玉明，王林，姚云峰，2004. 风沙运动学[M]. 呼和浩特：远方出版社.

张奎壁，邹受益，1990. 治沙原理与技术[M]. 北京：中国林业出版社.

刘秉正，吴发启，1997. 土壤侵蚀[M]. 西安：陕西人民出版社.

倪晋仁，李振山，2006. 风沙两相流理论及其应用[M]. 北京：科学出版社.

朱震达，陈广庭，1994. 中国土地沙质荒漠化[M]. 北京：科学出版社.

孙洪祥，1991. 干旱区造林学[M]. 北京：中国林业出版社.

张广军，1996. 沙漠学[M]. 北京：中国林业出版社.

国家环境保护总局，1994. 中国 21 世纪议程[M]. 北京：中国环境科学出版社.

中国科学院兰州冰川冻土沙漠研究所沙漠室，1978. 铁路沙害的防治[M]. 北京：科学出版社.

第 6 章

区域水土流失防治途径与技术体系

【本章提要】本章主要从区域概况、水土保持功能要求和防治技术方面介绍了东北黑土区、北方风沙区、北方土石山区、西北黄土区、东北黑土区、西南紫色土区、西南岩溶区、青藏高原区八大区域的水土流失防治途径的技术体系。

区域水土流失防治途径与技术体系是在系统分析全国水土流失及其防治现状的基础上，根据区域水土流失特点、社会经济发展状况及防治需求，为规划的分区防治方略、区域布局与规划、重点项目布局与规划方案的制订提供决策依据。

6.1 东北黑土区

6.1.1 区域概述

东北黑土区(东北山地丘陵区)是以黑色表层土为优势地面组成物质的区域，位于中国的东北部。主要包括呼伦贝尔草原、大小兴安岭、三江平原、松嫩平原和长白山等地区，总面积约 $109 \times 10^4 \text{km}^2$。涉及内蒙古、黑龙江、吉林和辽宁 4 省(自治区)共 246 个县(市、区、旗)，包括 6 个二级区，9 个主级区，具体分区情况和分区方案见表 6-1。

表 6-1　东北黑土区分区方案

一级区代码及名称	二级区代码及名称	三级区代码及名称
I 东北黑土区 (东北山地丘陵区)	I-1 大小兴安岭山地区	I-1-1hw 大兴安岭山地水源涵养生态维护区
		I-1-2wt 小兴安岭山地丘陵生态维护保土区
	I-2 长白山—完达山山地丘陵区	I-2-1wn 三江平原—兴凯湖生态维护农田防护区
		I-2-2hz 长白山山地水源涵养减灾区
		I-2-3st 长白山山地丘陵水质维护保土区
	I-3 东北漫川漫岗区	I-3-1t 东北漫川漫岗土壤保持区
	I-4 松辽平原风沙区	I-4-1fn 松辽平原防沙农田防护区
	I-5 大兴安岭东南山地丘陵区	I-5-1t 大兴安岭东南低山丘陵保土壤保持区
	I-6 呼伦贝尔丘陵平原区	I-6-1fw 呼伦贝尔丘陵平原防沙生态维护区

东北黑土区存在的水土流失主要问题包括：黑土流失，威胁粮食安全；森林过度砍伐，威胁生态安全；面源污染严重，影响水质；矿产资源过度采伐，生态恢复任务重。

该区的根本任务是保障粮食生产安全和保护黑土资源，重点开展侵蚀沟、坡耕地水土流失治理,通过采取水土保持工程措施、农业耕作措施、植物措施和管理措施,控制水土流失的发展,为国家粮食安全提供保障,为东北农业生产和农村经济发展创造有利条件。

6.1.2　东北黑土区水土保持功能

　　东北黑土区中大兴安岭、小兴安岭及长白山地是区内黑龙江、松花江、辽河、兴凯湖等众多江河湖沼的源头,发挥着强大的水源涵养功能和生态屏障作用。区内分布着众多的国家级森林公园、国家级自然保护区,物种丰富;同时区内湿地湖沼众多,水域与周围沼泽、湿地的江湖通道畅通,对维持河湖生态健康具有重要作用。大面积黑土覆盖是该区的重要特点,是维护和提高粮食生产的重要基础,保护黑土资源和防治水土流失是该区的主要任务。

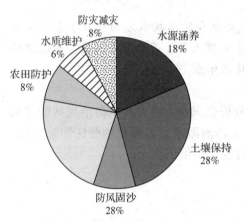

图6-1　东北黑土区水土保持功能面积比例

　　东北黑土区中涉及水土保持主导基础功能的三级区为土壤保持功能的4个,生态维护功能的4个,水源涵养功能的2个,农田防护功能的2个,防风固沙功能的2个,水质维护功能的1个,防灾减灾功能的1个,按功能统计的面积比例如图6-1所示。总体而言,该区的主要水土保持功能是生态维护、土壤保持、水源涵养和农田防护。

6.1.3　东北黑土区防治途径与技术体系

　　根据东北黑土区水土流失防治分区,因害设防,制定相应的水土流失综合防治体系。东北黑土区适宜配置的高效水土保持植物见表6-2。

表6-2　东北黑土区适宜配置的高效水土保持植物

二级区		省(自治区)	高效水土保持植物
代码	名称		
Ⅰ-1	大小兴安岭山地区	黑龙江、内蒙古	核桃楸、接骨木、榛子、蒙古沙棘、山刺玫、笃斯、刺五加、山莓、欧李、树锦鸡儿、山葡萄
Ⅰ-2	长白山—完达山山地丘陵区	黑龙江、吉林、辽宁	红松、核桃楸、东北红豆杉、接骨木、榛子、毛樱桃、蓝靛果、树锦鸡儿、山刺玫、山葡萄
Ⅰ-3	东北漫川漫岗区	黑龙江、吉林、辽宁	辽东楤木、接骨木、花红、毛樱桃、蒙古沙棘、刺五加、山莓、蓝靛果、黑果茶藨、红茶藨子、长白楤木、黄花菜、紫花苜蓿、芦笋
Ⅰ-4	松辽平原风沙区	黑龙江、吉林、辽宁	桑、花红、山杏、毛樱桃、蒙古沙棘、欧李、中麻黄、黄花菜、紫花苜蓿、沙打旺
Ⅰ-5	大兴安岭东南山地丘陵区	黑龙江、内蒙古	文冠果、花红、毛樱桃、蒙古沙棘
Ⅰ-6	呼伦贝尔丘陵平原区	内蒙古	榛子、花红

6.1.3.1 漫川漫岗区综合防治技术体系

根据本区地貌特征主要为陡坡林荒地、宽谷滩地和旱地农田，因此，确定了陡坡林荒地、旱地农田和侵蚀沟三大综合技术体系：

（1）陡坡林荒地综合防治技术体系

在高岗阶地与宽谷滩地交错地带，毁林后遗留的不宜农耕的荒坡地，水土流失十分严重，沟壑纵横，土地破碎。综合治理技术体系为：山顶种植乔灌结合的水源涵养林，坡度较小、朝阳、地力较好的荒地种经果林；坡度较大，地力非常低下的荒地，配置工程与生物措施，改善坡面水分条件，促进后期植树造林和生态修复。在林草地与农地之间挖截水沟，防止冲刷农田。

（2）旱地农田综合防治技术体系

本区坡耕地主要为8°以下，根据坡度，在一定距离内挖截水沟，修筑水平梯田和地埂，埂坎栽植固埂植物，拦蓄水土冲刷。耕作措施采取横垄、深松增施有机肥，提高地力。

（3）侵蚀沟综合防治技术体系

主要治理侵蚀活跃的干支毛沟，在侵蚀沟的沟头修筑围埝及跌水是沟头防护，遏制溯源侵蚀的有效措施，沟底布设土谷坊群，巩固并抬高沟床，遏制沟底下切，沟坡和沟底种植乔、灌木或生态自然修复。

6.1.3.2 低山丘陵沟壑区防治技术体系

从上到下似"金字塔"层层设防，25°以上坡耕地实行退耕还林，严禁森林砍伐。在荒山荒坡上就地筑埝，栽植灌木带，带间植树种草或封育保护，增加林草覆盖度。在林草与耕地结合部位挖截水沟，沟埝上栽植灌木，减免对坡下冲刷。15°以下农地建设梯田；8°以下农田内筑土埝，并栽植固埝植物；5°以下坡耕地改等高耕作。侵蚀沟治理技术与漫川漫岗区相同，由于沟道落差较大，谷坊常以抗冲击的石谷坊群为主。

6.1.3.3 农牧交错区防治技术体系

农牧交错区地貌起伏不大，由于过度开发利用，造成土地沙化、盐碱化、草场退化。水土流失防治应以遏制土地沙化、草场退化为重点，主要通过建设农田防护林、防风固沙林，建立草库仑基地，推行舍饲养畜，实行轮封轮牧促进生态自然修复，实现"小开发、大保护"的水土流失治理模式。

6.2 北方风沙区

6.2.1 区域概述

北方风沙区（新甘蒙高原盆地区）是以明沙为优势地面组成物质的区域，位于大兴安岭以西、阴山—祁连山—阿尔金山—昆仑山以北的广大地区，主要包括内蒙古高原、河西走廊、塔里木盆地、准噶尔盆地及天山山地、阿尔泰山山地等，总面积约$239 \times 10^4 km^2$，涉及新疆、甘肃、内蒙古和河北4省（自治区）共145个县（市、区、旗）。该区包括4个

表 6-3　北方风沙区分区方案

一级区代码及名称	二级区代码及名称	三级区代码及名称
Ⅱ北方风沙区 （新甘蒙高原盆地区）	Ⅱ-1 内蒙古中部高原丘陵区	Ⅱ-1-1tw 锡林郭勒高原保土生态维护区
		Ⅱ-1-2tx 蒙冀丘陵保土蓄水区
		Ⅱ-1-3tx 阴山北麓山地高原保土蓄水区
	Ⅱ-2 河西走廊及阿拉善高原区	Ⅱ-2-1fw 阿拉善高原山地防沙生态维护区
		Ⅱ-2-2nf 河西走廊农田防护防沙区
	Ⅱ-3 北疆山地盆地区	Ⅱ-3-1hw 准噶尔盆地北部水源涵养生态维护区
		Ⅱ-3-2rn 天山北坡人居环境维护农田防护区
		Ⅱ-3-3zx 伊犁河谷减灾蓄水区
		Ⅱ-3-4wf 吐哈盆地生态维护防沙区
	Ⅱ-4 南疆山地盆地区	Ⅱ-4-1nh 塔里木盆地北部农田防护水源涵养区
		Ⅱ-4-2nf 塔里木盆地南部农田防护防沙区
		Ⅱ-4-3nz 塔里木盆地西部农田防护减灾区

二级区，12 个三级区，具体分区情况和分区方案见表 6-3。

北方风沙区存在的水土流失主要问题包括：草场过垦过牧、土地沙化严重；森林乱砍滥伐，水源涵养能力下降；水资源过度利用，河流下游水量锐减。

该区的根本任务是通过预防保护、生态修复、综合治理等方面措施的实施，提高林草覆盖率，固定沙丘，保护草场，防治风沙危害，建设西北绿色生态屏障，合理利用水土资源，保护绿洲，遏制生态恶化，治理局部水土流失，基本控制住人为因素产生新的水土流失和生态环境破坏，保障工农业生产安全，促进区域社会经济发展。

6.2.2　北方风沙区水土保持功能

北方风沙区是我国戈壁、沙漠和沙地的主要集中分布区，是我国沙尘暴发生的策源地，阴山北麓草原生态功能区、塔里木河荒漠化防治生态功能区等构筑的北方防沙带发挥着重要的农田防护和防风固沙功能。区内广泛分布着天然草地和山地森林，植物种类丰富，对草原和绿洲开发、生态环境保护和经济发展具有较高的生态价值。

北方风沙区中涉及水土保持主导基础功能的三级区为农田防护功能的 5 个，防风固沙功能的 4 个，生态维护功能的 4 个，土壤保持功能的 3 个，蓄水保水功能的 3 个，水源涵养功能的 2 个，防灾减灾功能的 2 个，人居环境维护功能的 1 个，按功能统计的面积比例如图 6-2 所示。总体而言，该区主要水土保持方向是农田防护、防风固沙和生态维护，绿洲农区防护、沙地及退化草原治理和现有森林草原的保护。

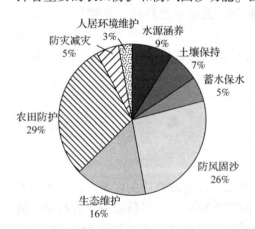

图 6-2　北方风沙区水土保持功能面积比例

6.2.3 北方风沙区防治途径与技术体系

北方风沙区水土流失防治分区，因害设防，制定相应的水土流失综合防治体系。北方风沙区适宜配置的高效水土保持植物见表6-4。

表6-4 北方风沙区适宜配置的高效水土保持植物

二级区		省	高效水土保持植物
代码	名称	（自治区）	
Ⅱ-1	内蒙古中部高原丘陵区	河北	山杏、中国沙棘、木贼麻黄、紫花苜蓿
		内蒙古	蒙古扁桃、中国沙棘、木贼麻黄、紫花苜蓿
Ⅱ-2	河西走廊及阿拉善高原区	甘肃	沙枣、蒙古扁桃、玫瑰、葡萄、柳枝稷、木地肤、啤酒花、紫花苜蓿
		内蒙古	沙枣、蒙古扁桃、木地肤、紫花苜蓿
Ⅱ-3	北疆山地盆地区	新疆	新疆野苹果、山楂、杏、山杏、沙枣、文冠果、蒙古沙棘、枸杞、梭梭、红砂、沙拐枣、木地肤、薰衣草、紫花苜蓿
Ⅱ-4	南疆山地盆地区	新疆	核桃、枣、香梨、苹果、山楂、阿月浑子、扁桃、桑、杏、山杏、沙枣、文冠果、中亚沙棘、枸杞、黑果枸杞、红砂、沙拐枣、白刺、罗布麻、无花果

6.2.3.1 内蒙古中部高原丘陵区

加强草原管理，发展资源节约型畜牧业，固沙保土，加强水土流失预防管理，维护草地生态健康；加强丘陵区水土流失综合治理，提高林草覆盖率，防治土地沙化，发展节水工程，保障群众生产生活用水；减少坡面侵蚀沟危害，改善农牧业生产条件，人工治理与封禁治理相结合，沟坡兼治，工程措施、植物措施和耕作措施有机结合，水源及节水灌溉工程相配套，建立丘陵区水土综合防护体系。

6.2.3.2 河西走廊及阿拉善高原区

防治风力侵蚀，减少风沙危害，加强荒漠植被及水资源的利用与保护，维护荒漠生态稳定性。加强预防保护，强化对生产建设项目及人类活动的监测、监督管理，有效控制新增人为水土流失；开展农田防护，维护绿洲稳定，控制风蚀沙化，固沙保土，加强水资源利用与保护，提高土地生产力。

6.2.3.3 北疆山地盆地区

加强天然林保护和草场管理，涵养水源，维护生态系统健康；控制风蚀，减少风沙危害，保护绿洲农业，促进畜牧业发展，改善生产生活条件；保障粮食生产，保护河湖沟渠边岸、自然景观、生物多样性，提高土地生产力，打造宜业宜居、生态良好的环境；防护城镇道路工矿企业，减少河库淤积，保护河湖沟渠边岸、饮水安全，重点建设特色优势产业。

6.2.3.4 南疆山地盆地区

控制风蚀拦沙减沙，减轻风沙对绿洲的侵袭，强化对生产建设项目的监测、监督管理，有效控制新增人为水土流失；保护天然植被，建立农田防护林，加强水资源管理与利用，减少河道淤积，提高土地生产力，保障粮食生产，改善生产生活条件。

6.3 北方土石山区

6.3.1 区域概述

北方土石山区(北方山地丘陵区)是以棕褐色土状物和粗骨质风化壳及裸岩为优势地面组成物质的区域，位于中国东部地区，浑善达克山地—吕梁山—中条山一线以东，桐柏山—大别山以北，北抵大兴安岭南段，东部抵辽东半岛、山东半岛。主要包括淮河以北的黄淮海平原、辽海平原、沂蒙山及胶东低山丘陵、太行山、燕山以及伏牛山等，总面积 $81 \times 10^4 km^2$。涉及北京、天津、河北、内蒙古、辽宁、山西、河南、山东、江苏和安徽 10 省(自治区、直辖市)共 665 个县(市、区、旗)。该区包括 6 个二级区，16 个三级区，具体分区情况和分区方案见表6-5。

表6-5 北方土石山区分区方案

一级区代码及名称	二级区代码及名称	三级区代码及名称
Ⅲ北方土石山区	Ⅲ-1 辽宁环渤海山地丘陵区	Ⅲ-1-1rn 辽海平原人居环境维护农田保护区
		Ⅲ-1-2tj 辽宁西部丘陵保土拦沙区
		Ⅲ-1-3rz 辽东半岛人居环境维护减灾区
	Ⅲ-2 燕山及辽西山地丘陵区	Ⅲ-2-1tx 辽西山地丘陵保土蓄水区
		Ⅲ-2-2hw 燕山山地丘陵水源涵养生态维护区
	Ⅲ-3 太行山山地丘陵区	Ⅲ-3-1fh 太行山山西北部山地丘陵防沙水源涵养区
		Ⅲ-3-2ht 太行山东部山地丘陵水源涵养保土区
		Ⅲ-3-3th 太行山西南部山地丘陵保土水源涵养区
	Ⅲ-4 泰沂及胶东山地丘陵区	Ⅲ-4-1xt 胶东半岛丘陵蓄水保土区
		Ⅲ-4-2t 鲁中南低山丘陵土壤保持区
	Ⅲ-5 华北平原区	Ⅲ-5-1rn 京津冀城市群人居环境维护农田防护区
		Ⅲ-5-2w 津冀鲁渤海湾生态维护区
		Ⅲ-5-3fn 黄泛平原防沙农田防护区
		Ⅲ-5-4nt 淮北平原岗地农田防护保土区
	Ⅲ-6 豫西南山地丘陵区	Ⅲ-6-1tx 豫西黄土丘陵保土蓄水区
		Ⅲ-6-2th 伏牛山山地丘陵保土水源涵养区

北方土石山区存在的水土流失主要问题包括：坡耕地水土流失未得到有效控制；坡林地的水土流失未得到应有的重视；水土保持资金投入偏少；水土保持科技投入。

该区的根本任务是保障城市饮用水安全和改善人居环境，改善山丘区农村生产生活条件，促进农村社会经济发展。重点是加强城市水源地的水源涵养能力的保护与建设，注重城郊及周边地区清洁小流域建设；做好河湖滨海植被带保护与建设以及平原区农田防护林网建设；加强山丘区的小流域综合治理，保护耕地资源，发展特色产业；重点加强河湖滨海风沙区及黄泛区的水土流失预防及综合监督工作。

6.3.2 北方土石山区水土保持功能

北方土石山区的水土流失无论是面积、强度、还是绝对量，在全国都不是很大，但其造成的危害和威胁却十分严重，尤其是对于人口密集、缺乏土地后备资源、土层厚度薄、石漠化和砂砾化日趋严重的区域，轻度水土流失就可能导致土地丧失农业生产能力。水土保持工作既要加强综合治理和管护，又要发挥生态的自我修复能力，通过大面积的封育保护，加强管理，尽快改善生态环境。

北方土石山区中涉及水土保持主导基础功能的三级区为土壤保持功能的 9 个，水源涵养功能的 5 个，农田防护功能的 4 个，蓄水保水功能的 3 个，人居环境维护功能的 3 个，生态维护功能的 2 个，防风固沙功能的 2 个，拦沙减沙功能的 1 个，防灾减灾功能的 1 个，按功能统计的面积比例如图 6-3 所示。总体而言，该区水土保持功能是土壤保持、农田防护和水源涵养，山丘区土地资源保护、植被建设与保护、农田防护林网建设是该区水土保持的主要方向。

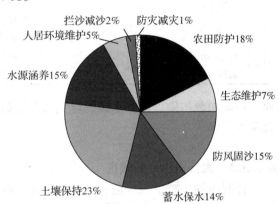

图 6-3 北方土石山区水土保持功能面积比例

6.3.3 北方土石山区防治途径与技术体系

北方土石山区水土流失防治分区，因害设防，制定相应的水土流失综合防治体系。北方土石山区适宜配置的高效水土保持植物见表 6-6。

6.3.3.1 辽宁环渤海山地丘陵区

完善农田防护林网，加强城市水土保持和生产建设项目管理，提升区域生态质量；加强生产建设项目的水土保持监督管理工作，防治人为水土流失的发生；以坡面和侵蚀沟道治理为重点，减少河道水库淤积，对禁垦坡度以上的坡耕地有计划地还林还草；对禁垦坡度以下坡耕地采取修筑梯田、建地埂植物带；增加林草植被覆盖度，维护和改善人居环境，强化水土流失综合治理，加强泥石流和山洪灾害防治。

6.3.3.2 燕山及辽西山地丘陵区

加强蓄水保土，实施防风固沙，提高土地生产力，保障粮食生产，发展畜牧业，改善生产生活条件，建设生态屏障；通过建设三道防线，调节径流，涵养水源、改善水

表 6-6 北方土石山区适宜配置的高效水土保持植物

代码	名称	省(自治区、直辖市)	高效水土保持植物
Ⅲ-1	辽宁环渤海山地丘陵区	辽宁	黄连木、麻栎、板栗、核桃、花红
Ⅲ-2	燕山及辽西山地丘陵区	内蒙古、辽宁、北京、天津、河北	油松、黄连木、白蜡、板栗、核桃、柿、山杏、枣、山楂、榛子、花红、楸子、欧李、紫花苜蓿
Ⅲ-3	太行山山地丘陵区	北京、河北、河南、内蒙古、山西	油松、漆树、黄连木、杜仲、白蜡、板栗、核桃、柿、山杏、枣、山楂、接骨木、樱桃、毛樱桃、欧李、山桃、花红、楸子、花椒、油用牡丹、紫花苜蓿
Ⅲ-4	泰沂及胶东山地丘陵区	江苏、山东	黄连木、杜仲、白蜡、银杏、麻栎、板栗、核桃、枣、山楂、桃、忍冬、花椒、欧李、油用牡丹
Ⅲ-5	华北平原区	北京、天津、河北	核桃、柿、石榴、枣、山楂、樱桃、花椒、欧李、留兰香、薰衣草
Ⅲ-6	豫西南山地丘陵区	河南	黄连木、杜仲、油桐、核桃、黄连木、杜仲、核桃、柿、石榴、枣、花椒、油用牡丹

质、控制面源污染、保护水源,以生态修复和预防保护为主,减少人为活动干扰,提高林草覆盖率。

6.3.3.3 太行山山地丘陵区

控制风蚀,减少风沙危害;涵养水源、控制面源污染、增强入库水量、改善入库水质,保障供水安全;大力开展小流域综合治理,加强节水灌溉和水源工程建设,加强水土流失预防监督和矿区生态恢复;保护耕地资源、维护和提高土地生产力,提高粮食生产和综合农业生产能力;保护水源地,提高调节径流能力。

6.3.3.4 泰沂及胶东山地丘陵区

培植林草植被、涵养水源、调整种植结构;防治矿产资源开发、城市建设等人为水土流失;进行土壤保育和发展特色产业,积极搞好径流拦蓄、重要水源地面源污染防治、节水灌溉,开展小流域综合治理。

6.3.3.5 华北平原区

改善区域生态环境,提高人居环境质量,保障生态安全;发挥水土保持农田防护功能,减轻农田所受水旱、风沙等自然灾害影响,维护和提高土地生产力,保障农业生产;改造盐碱地,保护和建设沿海防护林,加强区域水网改造,实施湿地保护与恢复,加强生产建设项目水土保持监督管理;减轻古河道、引黄灌区、滨河滨湖等地带风沙对群众生产生活的侵袭;以综合农业生产为主,控制水土流失、保护土地资源、维护土地生产力、维系水土资源可持续利用。

6.3.3.6 豫西南山地丘陵区

保护植被、拦蓄地表径流、发展特色林果业,积极搞好泥沙拦截、节水灌溉;开展以小流域为单元的水土保持综合治理，防治矿产资源开发导致的水土流失；保育砂砾化土壤，实施坡耕地治理，保护和建设水源涵养林，发展特色林果产业；重点改造浅山丘陵地带坡耕地、柞蚕坡林地和"四荒"地，建设沟道拦蓄工程。

6.4 西北黄土高原区

6.4.1 区域概述

西北黄土高原区是以黄土及黄土状物质为优势地面组成物质的区域，位于阴山以南，贺兰山—日月山以东，太行山以西，秦岭以北地区，主要包括鄂尔多斯高原、陕北高原、陇中高原等，主要涉及毛乌素沙地、库布齐沙漠、晋陕黄土丘陵、陇东及渭北黄土台塬、甘青宁黄土丘陵、六盘山、吕梁山、子午岭、中条山、河套平原、汾渭平原，总面积约 $56 \times 10^4 km^2$。该区设计山西、内蒙古、陕西、甘肃、青海和宁夏 6 省（自治区）共 271 个县（市、区、旗），包括 5 个二级区，15 个三级区，具体分区情况和分区方案见表 6-7。

由于受到多种自然条件的约束和人为活动的不断影响，黄土高原地区水土保持工作仍然存在许多问题：水土流失仍然严重，防治任务艰巨；植被覆盖率低；区域开发历史久远，土壤垦殖指数普遍较高；水土保持等生态建设的管理体制不顺，与全社会、多部门广泛参与的形势不相适应。

该区的根本任务是拦沙减沙，保护和恢复植被，保障黄河下游安全；实施小流域综合治理，促进农村经济发展；改善能源重化工基地的生态环境。重点做好淤地坝和粗泥沙集中来源区拦沙工程建设；加强坡耕地改造和雨水集蓄利用，发展特色林果产业；加

表 6-7 西北黄土高原分区方案

一级区代码及名称	二级区代码及名称	三级区代码及名称
Ⅳ西北黄土高原区	Ⅳ-1 宁蒙覆沙黄土丘陵区	Ⅳ-1-1xt 阴山山地丘陵蓄水保土区
		Ⅳ-1-2tx 鄂乌高原丘陵保土蓄水区
		Ⅳ-1-3fw 宁中北丘陵平原防沙生态维护区
	Ⅳ-2 晋陕蒙丘陵沟壑区	Ⅳ-2-1jt 呼鄂丘陵沟壑拦沙保土区
		Ⅳ-2-2jt 晋西北黄土丘陵沟壑拦沙保土区
		Ⅳ-2-3jt 陕北黄土丘陵沟壑拦沙保土区
		Ⅳ-2-4jf 陕北盖沙丘陵沟壑拦沙防沙区
		Ⅳ-2-5jt 延安中部丘陵沟壑拦沙保土区
	Ⅳ-3 汾渭及晋城丘陵阶地区	Ⅳ-3-1tx 汾河中游丘陵沟壑保土蓄水区
		Ⅳ-3-2tx 晋南丘陵阶地保土蓄水区
		Ⅳ-3-3tx 秦岭北麓—渭河中低山阶地保土蓄水区
	Ⅳ-4 晋陕甘高塬沟壑区	Ⅳ-4-1tx 晋陕甘高塬沟壑保土蓄水区
	Ⅳ-5 甘宁青山地丘陵沟壑区	Ⅳ-5-1xt 宁南陇东丘陵沟壑蓄水保土区
		Ⅳ-5-2xt 陇中丘陵沟壑蓄水保土区
		Ⅳ-5-3xt 青东甘南丘陵沟壑蓄水保土区

强现有森林资源的保护，提高水源涵养能力；做好西北部风沙地区植被恢复与草场管理；加强能源重化工基地的土地整治与植被恢复。

6.4.2 西北黄土高原区水土保持功能

西北黄土高原区是我国水土流失最为严重的地区，已发育塬、梁、峁等沟间地及切沟、冲沟、干沟（坳沟）、河沟等沟谷地为特征，形成独特的黄土沟壑景观地貌，是黄河泥沙的主要来源地。由于黄土高原地区水土流失严重，导致耕地减少、土地退化、沙尘暴频繁发生、河道泥沙淤积、生态环境恶化，严重影响着社会进步、发展与国计民生。

因此，严重的水土流失使黄土高原地区乃至黄河流域的首要生态环境问题，坡耕地及侵蚀沟道综合治理、入黄泥沙控制、小型水利水保设施建设是该区水土保持的主要任务。

西北黄土高原区中涉及水土保持主导基础功能的三级区为土壤保持功能的13个，蓄水保水功能的9个，拦沙减沙功能的5个，防风固沙功能的2个，生态维护功能的1个。按功能统计的面积比例如图6-4所示。总体而言，该区主要水土保持功能是土壤保持、蓄水保水和拦沙减沙。

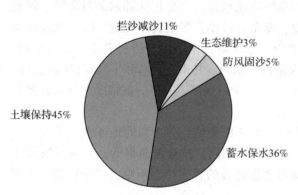

图 6-4 西北黄土高原区水土保持功能面积比例

6.4.3 西北黄土高原区防治途径与技术体系

西北黄土高原区水土流失防治分区，因害设防，制定相应的水土流失综合防治体系。西北黄土高原区适宜配置的高效水土保持植物见表6-8。

表 6-8 西北黄土高原区适宜配置的高效水土保持植物

二级区		省（自治区）	高效水土保持植物
代码	名称		
Ⅳ-1	宁蒙覆沙黄土丘陵区	内蒙古、宁夏	文冠果、长柄扁桃、中国沙棘、紫花苜蓿、沙打旺
Ⅳ-2	晋陕蒙丘陵沟壑区	山西、内蒙古、陕西	枣、花红、山杏、山桃、文冠果、长柄扁桃、中国沙棘、紫花苜蓿、沙打旺
Ⅳ-3	汾渭及晋南丘陵阶地区	山西、陕西	柿、核桃、苹果、枣、翅果油树、山杏、核桃、花椒、紫花苜蓿
Ⅳ-4	晋陕甘高塬沟壑区	山西、陕西、甘肃	核桃、苹果、枣、桑、山杏、山桃、翅果油树、文冠果、毛樱桃、花红、楸子、花椒、中国沙棘、扁核木、黄花菜、紫花苜蓿
Ⅳ-5	甘宁青山地丘陵沟壑区	甘肃、宁夏、青海	核桃、杜梨、枣、山杏、山桃、文冠果、毛樱桃、紫斑牡丹、玫瑰、枸杞、紫花苜蓿

6.4.3.1 宁蒙覆沙黄土丘陵区

在不同区域分别通过加强预防保护、开展治沟和坡面截流工程、建设高产稳产农田、实施封禁、营造水土保持林、修筑防洪堤，建设带、片、网为主要形式的农田防护林体系等措施，加强水土流失区重点治理；加强预防保护，通过沟道工程、林草及封禁治理措施建立工程措施、生物措施和耕作措施有机结合的沟坡综合防治体系，防风固沙，有效控制水土流失；营造防风固沙林，发展小型水利工程，节水灌溉，减少风沙危害，提高土地生产力，发展综合农业和特色产业。

6.4.3.2 晋陕蒙丘陵沟壑区

治理黄河粗泥沙，减少河湖库淤积，保护土地生产力，保障农牧业和综合农业生产发展；强化对生产建设项目及人类活动的监测、监督管理，有效控制新增人为水土流失；控制沟蚀，加强预防保护；通过淤地坝工程及林草植被措施建设来减少入黄泥沙，提升区域内的拦沙减沙和土壤保持的功能，达到拦沙保土的目的；大力恢复林草植被，控制风蚀和沙地南移；封山禁牧，建立人工草场。

6.4.3.3 汾渭及晋城丘陵阶地区

加强河谷阶地和丘陵区的坡面和沟道的综合治理，防治山前丘陵山洪灾害，改善城市群人居环境；加强丘陵阶地和土石山区的蓄水保土工作，增强河源区的水源涵养能力，防治山洪灾害；开展退耕还林还草，营造农田防护林；以蓄水保土、节水灌溉为重点，提高土地生产力，发展棉油等特色产业，严格监督管理，减少人为水土流失；以小流域为单元，综合治理。

6.4.3.4 晋陕甘高塬沟壑区

维护和提高土壤保持和蓄水保土功能，加强坡面与沟道治理，做好径流调控，加强雨水集蓄利用；高塬沟壑地带修筑梯田埝地及沟头防护工程。塬面建设蓄水工程，修建水平梯田，营造防护林网；塬坡修防护围埝，建设经济林，加强坡改梯；沟坡造林种草；沟道修谷坊群，营造沟底防冲林，修建淤地坝。

6.4.3.5 甘宁青山地丘陵沟壑区

加强蓄水保水，控制沟道溯源侵蚀和坡面水蚀；加强预防保护，强化对生产建设项目及人类活动的监测、监督管理；实施坡耕地改造，兴修水平梯田，修建涝池、水窖、塘坝等小型蓄水工程；黄土丘陵沟壑区，实施坡改梯，兴修水平梯田，配置涝池、水窖等小型蓄水工程，主沟道修建骨干坝，辅以沟头防护、谷坊群等工程；土石山区实施退耕还林还草，荒山坡地造林种草，封山育林。

6.5 南方红壤区

6.5.1 区域概述

南方红壤区（南方山地丘陵区）是以硅铝质红色和棕红色土状物为优势地面组成物质

的区域，位于淮河以南，巫山—武陵山—云贵高原以东，总面积约 $124 \times 10^4 km^2$，包括大别山、桐柏山山地、江南丘陵、淮阳丘陵、浙闽山地丘陵，南岭山地丘陵及长江中下游平原，东南沿海平原等，涉及江苏、安徽、河南、湖北、上海、浙江、江西、湖南、广西、福建、广东、香港、澳门、海南和台湾15省（自治区、直辖市、特别行政区）共880个县（市、区）。该区共包括9个二级区，32个三级区，具体分区情况和分区方案见表6-9。

表6-9　南方红壤区分区方案

一级区代码及名称	二级区代码及名称	三级区代码及名称
V 南方红壤区 （南方山地丘陵区）	V-1 江淮丘陵及下游平原区	V-1-1ns 江淮下游平原农田防护水质维护区
		V-1-2ns 江淮丘陵岗地农田防护保土区
		V-1-3rs 浙沪平原人居环境维护水质维护区
		V-1-4sr 太湖丘陵平原水质维护人居环境维护区
		V-1-5nr 沿江丘陵岗地农田防护人居环境维护区
	V-2 大别山—桐柏山山地丘陵区	V-2-1ht 桐柏大别山山地丘陵水源涵养保土区
		V-2-2tn 南阳盆地及大洪山丘陵保土农田维护区
	V-3 长江中游丘陵平原区	V-3-1nr 江汉平原及周边丘陵农田防护人居环境维护区
		V-3-2ns 洞庭湖丘陵平原农田防护水质维护区
	V-4 江南山地丘陵区	V-4-1ws 浙皖低山丘陵生态维护水质维护区
		V-4-2rt 浙赣低山丘陵人居环境维护保护区
		V-4-3ns 鄱阳湖丘岗平原农田防护水质维护区
		V-4-4tw 幕阜山九岭山山地丘陵保土生态维护区
		V-4-5t 赣中低山丘陵土壤保护区
		V-4-6tr 湘中低山丘陵保土人居环境维护区
		V-4-7tw 湘西南山地保土生态维护区
		V-4-8t 赣南山地土壤保持区
	V-5 浙闽山地丘陵区	V-5-1st 浙东低山岛屿水质维护人居环境维护区
		V-5-2tw 浙西南山地保土生态维护区
		V-5-3ts 闽东北山地保土水质维护区
		V-5-4wz 闽西北山地丘陵生态维护减灾区
		V-5-5rs 闽东南沿海丘陵平原人居环境维护水质维护区
		V-5-6tw 闽西南山地丘陵保土生态维护区
	V-6 南陵山地丘陵区	V-6-1ht 南岭山地水源涵养保土区
		V-6-2th 岭南山地丘陵保土水源涵养区
		V-6-3t 桂中低山丘陵土壤保持区
	V-7 华南沿海丘陵台地区	V-7-1r 华南沿海丘陵台地人居环境维护区
	V-8 海南及南海诸岛丘陵台地区	V-8-1r 海南沿海丘陵台地人居环境维护区
		V-8-2h 琼中山地水源涵养区
		V-8-3w 南海诸岛生态维护区
	V-9 台湾山地丘陵区	V-9-1zr 台西山地平原减灾人居环境维护区
		V-9-2zw 花东山地减灾生态维护区

南方红壤区存在的水土流失主要问题包括：土壤侵蚀隐蔽性强，潜在危险性大；崩岗侵蚀剧烈；林下水土流失严重；新增水土流失发展较快。

该区的根本任务是维护河湖生态安全，改善城镇人居环境和农村生产生活条件，促进区域社会经济协调发展。重点是开展江河湖库沿岸及周边的植被带和清洁型小流域建设，加强山丘区坡改梯、坡面水系工程建设和局部地区的崩岗治理，控制林下水土流失，发展特色农业产业。加强河流上中游水源地预防和保护，减轻水旱灾害；做好城市及经济开发区、工程建设区水土保持监督管理工作。

①加强以坡耕地改造为主的综合治理，以小流域为单元，工程措施与生物措施相结合，实施山、水、林、田、路综合治理，因地制宜地构建立体型小流域水土流失坡面综合治理技术体系。

②加强植被的保护与建设，在保护好现有森林的基础上，不断扩大林地面积，增加森林蓄积量，坚持"营林为主，封、管、造相结合"的方针，绿化现有的宜林荒地，并有计划地对疏残林、灌木林进行改造，及时更新采伐迹地。

③加强局部崩岗治理，通过设置截水沟、谷坊、拦砂坝等措施拦截崩岗泥沙；清理淤埋通道，理顺排洪通道，减轻山地灾害；在崩岗区域栽植水土保持林或经济林果，将崩岗治理与林果产品发展有机结合，发展生态农林业，生态效益与经济效益并重。

④控制人为水土流失，加强城市水土保持生态环境建设，将城市工业园、房地产等施工迹地治理与城市景观生态相结合，提升人居环境质量，满足人民群众良好宜居生态环境的需求。

6.5.2 南方红壤区水土保持功能

南方红壤区森林覆盖率高，物种资源丰富，河流水域广布，湿地湖沼众多，是我国生态环境相对较好的区域，也是我国重要的粮食、经济作物、水产品、速生丰产林和水果生产基地。但该区人口密度大，人均耕地少，农业开发强度大，坡耕地比例大，坡耕地水土流失严重；山丘区经济林和速生丰产林分布面积大，林下水土流失严重，局部地区崩岗危害突出；水网地区河岸坍塌，河道淤积，水体富营养化严重。因此，防治坡耕地、崩岗及林下水土流失，改善城镇人居环境和农村生产生活条件，保护水源地是该区水土保持的主要任务。

南方红壤区中涉及水土保持主导基础功能的三级区为土壤保持功能的15个，人居环境维护功能11个，水质维护功能的9个，生态维护功能的8个，农田防护功能的7个，水源涵养功能的4个，防灾减灾功能的3个。按功能统计的面积比例如图6-5所示。总体而言，该区主要水土保持功能保持、人居环境维护和水源涵养。

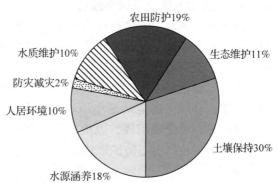

图6-5 南方红壤区水土保持功能面积比例

6.5.3 南方红壤区防治途径与技术体系

南方红壤区水土流失防治分区，因害设防，制定相应的水土流失综合防治体系。南方红壤区适宜配置的高效水土保持植物见表6-10。

表6-10 南方红壤区适宜配置的高效水土保持植物

二级区		省(自治区、直辖市)	高效水土保持植物
代码	名称		
V-1	江淮丘陵及下游平原区	上海、江苏、浙江、安徽	香榧、银杏、柿、温州蜜柑、梅、茶、樱桃、竹
V-2	大别山—桐柏山山地丘陵区	湖北、河南、安徽	杜仲、厚朴、乌桕、漆树、油桐、油茶、油橄榄、山茱萸、薄壳山核桃、板栗、锥栗、柿、桑、花榈木、茶、苦丁茶、花椒、灰毡毛忍冬、黄栀子、茅栗、郁李、竹、猕猴桃、蓖麻、苎麻
V-3	长江中游丘陵平原区	湖北、湖南	黄樟、厚朴、漆树、油茶、薄壳山核桃、板栗、锥栗、柿、宜昌橙、杨梅、枇杷、灰毡毛忍冬、竹、苎麻
V-4	江南山地丘陵区	浙江、江西、安徽	黄樟、樟、重阳木、黄连木、银杏、香榧、山核桃、薄壳山核桃、锥栗、柚、甜橙、温州蜜柑、黄皮、杨梅、枇杷、石榴、郁李、茶、竹、猕猴桃
V-5	浙闽山地丘陵区	浙江、福建	樟、肉桂、厚朴、银杏、香榧、柿、龙眼、荔枝、华南忍冬、广东山胡椒、胡椒、草豆蔻、白豆蔻、益智、砂仁、枫茅
V-6	南岭山地丘陵区	广西	油茶、岭南山竹子、茶、余甘子、竹
V-7	华南沿海丘陵台地区	广东、广西	黄樟、香叶树、红润楠、石栗、华南青皮木、卵叶桂、酸豆、油棕、金鸡纳树、龙眼、荔枝、华南忍冬、广东山胡椒、胡椒、草豆蔻、白豆蔻、益智、砂仁、枫茅
V-8	海南及南海诸岛丘陵台地区	海南	紫檀、降香黄檀、土沉香、橡胶树、油棕、大粒咖啡、可可、金鸡纳树、澳洲坚果、腰果、榴莲、胡椒、草豆蔻、白豆蔻、益智、砂仁、枫茅
V-9	台湾山地丘陵区	台湾	樟、香榧、草豆蔻、白豆蔻

6.5.3.1 江淮丘陵及下游平原区

保护水土资源，维护和提高土地生产力，增强农田防护功能；加强河湖沟岸边的防护，加强水质维护，保障供水安全；开展多种模式的综合治理，营造林草，优化农地，整治沟壑，健全灌排，拦蓄径流，防护农田，保育土壤；加强水源地及湿地保护、生产建设项目监督管理工作，结合农业产业结构调整，积极实施径流拦蓄、重要水源区面源污染防治；开展生态清洁型小流域建设，营造水源涵养林，建设库塘提高径流调节能力；开展丘岗小流域治理，因地制宜开展植树种草，整治沟壑，健全灌排，防护农田；加强河湖沟渠边岸生态防护带建设。

6.5.3.2 大别山—桐柏山山地丘陵区

改造水蚀林地，积极开展面源污染防治、坡面径流调控、河岸维护等；保护重要水源地现有良好植被，建设城郊、城市绿色屏障，建设清洁型和生态观光型小流域。山坡上部：25°以上坡面至分水岭地带对杂灌木林封禁治理，山坡上部由山洼向山脊水平阶整地营造乔木混交林；山脚：缓坡建设高标准水平梯田，林粮间作发展茶叶、板栗、食用菌等，5°~25°坡式经济林改造；中下部缓坡地带配套修建排水沟、石岸护埂，并栽植经济林；沟道营造基本农田和经济林地，配套截排水沟，并修建谷坊、塘堰等。

6.5.3.3 长江中游丘陵平原区

加强基本农田保护，完善农田灌排渠系，建设农田防护林；加强植被建设和保护，促进湖区恢复森林植被；加强坡耕地综合治理，减少坡面水土流失，防治洪涝灾害，控制面源污染；开展以小流域为单元的水土流失综合治理工作，建设生态清洁型小流域。

6.5.3.4 江南山地丘陵区

改造坡耕地，保持土壤，维护和提高土地生产力；整治溪沟，采取水土保持综合措施，发展复合农林经济；平原地带：完善农田灌排渠系，大力营造农田防护林，防止平原农田区风害的侵袭；丘陵地带：加强坡耕地改造，配套完善坡面水系；保护森林植被，对林地进行科学改造、抚育，采用封山育林、补植、造林等措施扩大森林植被；加强城市水土保持工作；加强沼泽湿地保护；人口集中的区域，以综合治理为主，加强小型集水工程建设，加大坡耕地治理和改造力度，推行保土耕作，大力营造水土保持林草。

6.5.3.5 浙闽山地丘陵区

重点实施重要水源地预防保护措施，控制面源污染；加强村、镇及周边雨水集蓄利用，建设坡面小型水利水保工程；加强清洁小流域建设及生产建设项目水土保持监测管理；实施林区预防保护措施、坡面小型水利水保工程、沟道治理和坡耕地水土流失综合治理；实施经果林地水土流失综合治理，实行沟、渠统一规划治理；实施闽江上游预防措施，严禁乱砍滥伐、过量采伐森林和毁坏开荒；实施低丘缓坡地综合治理，实施坡改梯工程。

6.5.3.6 南陵山地丘陵区

加强预防保护工作，保护现有森林植被，开展荒山造林、疏林补植；土质山地以沟道治理为重点，石漠化地区以解决生活和生产用水为重点和核心；加大矿山修复力度；开展崩岗专项治理，预防毁坏农田、淤积沟道、山洪和地质灾害；加强水土保持林及水源涵养林建设，对山坡地进行严格的大规模农林开发；重点实施坡耕地综合整治，做好灌溉和排水工程；积极开展生态清洁型小流域治理。

6.5.3.7 华南沿海丘陵台地区

控制人为水土流失，加强城市水土保持生态环境建设；加强城市水源林建设，营造混交林，封育补阔改造现有纯林和低效林。沿海城市加强生产建设项目科学管控，在山体缺口和施工迹地修建休憩场所、湿地公园，在水源地和生态绿地建造植物隔离带和人工湿地，对河湖渠道边岸进行美化绿化、生态护岸；丘陵台地进行崩岗治理，对生态屏障及水源涵养地进行封禁管护，在适宜造林的坡耕地和坡林地进行植树种草。

6.5.3.8　海南及南海诸岛丘陵台地区

加大沿海防护林体系建设力度，完善和提高防护林体系的质量和功能；加强丘陵台地的崩岗、沟蚀治理；重视林下水土流失治理；完善坡耕地的机耕道路和田间道路的排水体系。保护原始植被，提高水源涵养功能，营造水土保持林，减少面源污染，发展特色林果业；保护现有植被和土壤，严格禁止破坏岛屿的一草一木，加强雨水的集蓄利用，严格限制生产建设项目。

6.5.3.9　台湾山地丘陵区

加强山坡地监测工作，建立泥石流灾害监测与应变管理机制；强化城市水土保持建设；推动治山防灾整体治理规划及整治工程，加强并结合坡地保育基础建设，加强水土保持教育倡导。

6.6　西南紫色土区

6.6.1　区域概述

西南紫色土区(四川盆地及周围山地丘陵区)是以石灰岩母质及土状物为优势地面组成物质的区域，位于秦岭以南、青藏高原以东、云贵高原以北、武陵山以西地区，总面积约 $51 \times 10^4 \text{km}^2$，主要分布有横断山山地、云贵高原等，涉及重庆、四川、甘肃、河南、湖北、陕西和湖南7省(直辖市)共256个县(市、区)，包括3个二级区，10个三级区，具体分区情况和分区方案见表6-11。

表6-11　西南紫色土区分区方案

一级区代码及名称	二级区代码及名称	三级区代码及名称
Ⅵ西南紫色土区(四川盆地及周围山地丘陵区)	Ⅵ-1 秦巴山山地区	Ⅵ-1-1st 丹江口水库周边山地丘陵水质维护保土区
		Ⅵ-1-2ht 秦岭南麓水源涵养保土区
		Ⅵ-1-3tz 陇南山地保土减灾区
		Ⅵ-1-4tw 大巴山山地保土生态维护区
	Ⅵ-2 武夷山山地丘陵区	Ⅵ-2-1ht 鄂渝山地水源涵养保土区
		Ⅵ-2-2ht 湘西北山地低山丘陵水源涵养保土区
	Ⅵ-3 川渝山地丘陵区	Ⅵ-3-1tr 川渝平行岭谷山地保土人居环境维护区
		Ⅵ-3-2tr 四川盆地北中部山地丘陵保土人居环境维护区
		Ⅵ-3-3zw 龙门山峨眉山山地减灾生态维护区
		Ⅵ-3-4t 四川盆地南部中低丘土壤保持区

西南紫色土区存在的水土流失主要问题包括：坡耕地是河流泥沙的主要策源地；泥石流滑坡增加河流泥沙、危害工程与公共安全；工程建设引发高强度新增水土流失；面源污染引起的水库水质恶化。

该区根本任务是控制山丘区水土流失，合理利用水土资源，提高土地承载力，改善农村生产生活条件；防治山地灾害，改善城镇人居环境。重点是加强以坡改梯及坡面水系工程为主的小流域综合治理和防灾减灾工程建设；加强退耕还林和植被建设，提高水库周围地区水源涵养能力；做好成渝经济开发区和水电开发建设区的水土保持监督管理工作。

①在人口集中的低山丘陵区，以减蚀减沙为首要目标，实施以小流域为单元的水土流失综合防治，加强坡耕地改造，保护耕地资源，减少土地"石化"。发展薪炭林，解决农村生活能源，推进生态移民。

②在植被较好的中高山区，以建设高效水源涵养林为目标，加强森林预防保护和封育管护。全面实施天然林保护工程，依靠自然更新、封禁，使植被得到有效恢复。

③在河湖水库周边，建立保护区，保护河道及库周的湿地；大力发展生态农业，引导农民科学施肥用药，减少化肥和农药施用量。

6.6.2 西南紫色土区水土保持功能

西南紫色土区内秦巴山地是嘉陵江与汉江等河流的发源地，水资源丰富，是长江上游重要水源涵养区，区内三峡水库和丹江口水库是我国重要的水源地保护区。该区人口密集，人均耕地少，坡耕地广布，森林过度采伐，水电、能源和有色金属等开发建设强度大，水土流失严重，地质灾害频发，因此，控制山丘区水土流失，提高水源涵养能力，防治面源污染是该区的主要任务。

西南紫色土区中涉及水土保持主导基础功能的三级区为土壤保持功能的 9 个，水源涵养功能的 3 个，生态维护功能的 2 个，人居环境维护功能的 2 个，防灾减灾功能的 2 个，水质维护功能的 1 个。按功能统计的面积比例如图 6-6 所示。总体而言，该区主要水土保持功能是土壤保持、生态维护和水源涵养。

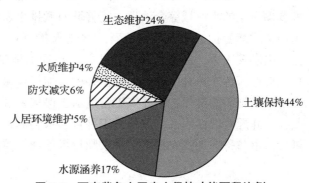

图 6-6 西南紫色土区水土保持功能面积比例

6.6.3 西南紫色土区防治途径与技术体系

西南紫色土区水土流失防治分区，因害设防，制定相应的水土流失综合防治体系。西南紫色土区适宜配置的高效水土保持植物见表 6-12。

表6-12 西南紫色土区适宜配置的高效水土保持植物

二级区		省(自治区、直辖市)	高效水土保持植物
代码	名称		
Ⅵ-1	秦巴山山地区	甘肃	华山松、核桃、油橄榄、花椒、猕猴桃、蓖麻
		河南	漆树、杜仲、油桐、核桃、板栗、柿、枣、桑、油茶、茶、花椒、忍冬、茅栗、猕猴桃
		湖北	香叶树、黄樟、乌桕、杜仲、厚朴、漆树、山茱萸、油桐、核桃、板栗、锥栗、柿、枣、桑、油橄榄、油茶、茶、苦丁茶、花椒、茅栗、灰毡毛忍冬、苎麻
		陕西	华山松、杜仲、油桐、油茶、油橄榄、花椒、猕猴桃、柠檬、马鞭草、蓖麻
		四川	华山松、香叶树、乌桕、杜仲、厚朴、山茱萸、漆树、油桐、核桃、板栗、柿、枣、油橄榄、油茶、桑、茶、茅栗、花椒、灰毡毛忍冬、黄栀子、猕猴桃、蓖麻、苎麻
		重庆	华山松、香叶树、乌桕、油桐、板栗、锥栗、油橄榄、油茶、柿、枣、茶、桑、花椒、灰毡毛忍冬、猕猴桃、蓖麻、苎麻
Ⅵ-2	武陵山山地丘陵区	湖南、湖北、重庆	香叶树、黄樟、油桐、乌桕、杜仲、厚朴、漆树、山茱萸、板栗、锥栗、油橄榄、柿、枣、油茶、茶、苦丁茶、桑、花椒、灰毡毛忍冬、茅栗、苎麻
Ⅵ-3	川渝山地丘陵区	四川、重庆	华山松、香叶树、黄樟、油桐、乌桕、杜仲、厚朴、漆树、山茱萸、板栗、油橄榄、柿、枣、油茶、茶桑、花椒、灰毡毛忍冬、菰腺忍冬、茅栗、苎麻、黄花菜

6.6.3.1 秦巴山山地区

加强预防保护，保护现有林草植被，开垦荒山造林、疏林补植和封育管护；实施以坡改梯为主的小流域综合治理，完善坡面截排水系统；加强溪沟整治，保护沟道两边农田加强封禁管护，在山腰坡地营造水土保持林；实施沟道治理，防治水土流失和泥石流、山洪等灾害，提高水源涵养功能。在远山地带保护现有林草植被，实施封禁治理，在荒坡地营造水保林，疏林地补植补种，加快植被恢复，必要的地方进行退耕还林；中山地带实施天然林保护，并人工营造水土保持林和水源涵养林；浅丘及水库周边实施坡改梯，并配套坡面水系，加强人工种草和植物篱，水库周边建立环库周生态保护区，并进行沟道防护，加强农村生活污水和垃圾处理，控制面源污染。

6.6.3.2 川渝山地丘陵区

加强水土流失综合治理，减少坡面水土流失，防治山洪、泥石流等地质灾害；加强植被保护与建设，减少面源污染；开展以小流域为单元山、水、田、林、路综合防治，加强坡耕地水土流失综合治理；实施松散山体综合治理；加强上游植被保护，荒山荒坡营造水土保持林，保护优良生态和旅游资源；加强矿产资源等开发区的生态恢复和水土保持监督管理；建设基本农田，保障粮食生产和生活安全，发展经果林，提高土地利用率。

6.7 西南岩溶区

6.7.1 区域概述

西南岩溶区(云贵高原区)是以石灰岩母质及土状物为优势地面组成物质的区域,位于横断山脉以东,四川盆地以南,雪峰山及桂西以西广大地区,主要分布有横断山山地、云贵高原、桂西山地丘陵等,总面积约 $70 \times 10^4 \text{km}^2$。具体分区情况和分区方案见表 6-13。

表 6-13 西南岩溶区分区方案

一级区代码及名称	二级区代码及名称	三级区代码及名称
Ⅶ西南岩溶区(云贵高原区)	Ⅶ-1 滇黔桂山地丘陵区	Ⅶ-1-1t 黔中山地土壤保持区
		Ⅶ-1-2tx 滇黔川高原山地保土蓄水区
		Ⅶ-1-3h 黔桂山地水源涵养区
		Ⅶ-1-4xt 滇黔桂峰丛洼地蓄水保土区
	Ⅶ-2 滇北及川西南高山峡谷区	Ⅶ-2-1tz 川西南高山峡谷保土减灾区
		Ⅶ-2-2xj 滇北中低山蓄水拦沙区
		Ⅶ-2-3w 滇西北中高山生态维护区
		Ⅶ-2-4tr 滇东高原保土人居环境维护区
	Ⅶ-3 滇西南山地区	Ⅶ-3-1w 滇西中低山宽谷生态维护区
		Ⅶ-3-2tz 滇西南中低山保土减灾区
		Ⅶ-3-3w 滇南中低山宽谷生态维护区

西南岩溶区存在的水土流失主要问题包括:水土流失不断加剧,石漠化日益蔓延;人畜饮水困难,旱涝灾害频繁;人地关系失衡,贫困形势严峻;投入不足、治理速度缓慢。

该区根本任务是保护耕地资源,提高土地承载力,优化配置农业产业结构,保障生产生活用水安全,加快群众脱贫致富,促进经济社会持续发展。

①在断陷盆地地区,加强水资源综合开发利用,强化周边山区水土流失综合治理;充分发挥该区域的光照优势,开发对光照条件有特别需求的产业。

②在岩溶峡谷地区,加强海拔较高部位的坡耕地综合整治,结合岩溶表层带发育状况;实施退耕还林还草,因地制宜发展特色农产品,提高耕地的利用率和经济产出。在海拔较低部位的干热河谷地区,提高坡面径流的工程调蓄,提高水资源的利用效率。

③在峰丛洼地地区,将坡面径流、岩溶表层泉水资源的高效开发利用放在首位。加强坡耕地综合整治,加强洼地、谷地的涝灾防治;充分利用本地区位于高原向盆地倾斜的斜坡地带的优势。

④在岩溶高原地区,注重在流域的上游封山育林育草,提高植被覆盖率;中游是水土保持与经济开发的重点区域,加强坡耕地改造。

⑤在峰林平原地区,注重地表水、地下水的联合开发,减少对地下水的开采量,封山育林育草。对地下河上游(尤其是脚洞汇水范围内),强化水土保持工程。

⑥在岩溶槽谷地区，重点加强工矿、交通设施工程的水土保持监督管理。加强水土保持、定向研究土壤改良措施、发展特色农村产业。提高植被覆盖率，遏制石漠化的扩展。

6.7.2　西南岩溶区水土保持功能

西南岩溶区位于我国西南部，岩溶地貌发育，降水量大，生物资源、水资源、矿产资源均较为丰富，是我国水电资源蕴藏最丰富的地区之一，也是我国重要的有色金属及稀土等矿产基地。该区岩溶石漠化严重，耕地资源短缺，陡坡耕地比例大，工程性缺水严重，农村能源匮乏，贫困人口多，山区滑坡、泥石流等灾害频发。因此，保护耕地资源、林草植被的恢复与保护、小型水利水保设施建设是该区水土保持的主要任务。

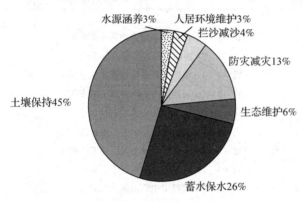

图6-7　西南岩溶区水土保持面积比例

西南岩溶区中涉及水土保持主导基础功能的三级区为土壤保持功能的6个，生态维护功能的3个，蓄水保水功能的3个，防灾减灾功能的2个，水源涵养功能的1个，人居环境维护功能的1个，拦沙减沙功能的1个，按功能统计的面积比例如图6-7所示。总体而言，该区主要水土保持功能是土壤保持、蓄水保水和生态维护。

6.7.3　西南岩溶区防治途径与技术体系

西南岩溶区水土流失防治分区，因害设防，制定相应的水土流失综合防治体系。西南岩溶区适宜配置的高效水土保持植物见表6-14。

表6-14　西南岩溶区适宜配置的高效水土保持植物

二级区		省	高效水土保持植物
代码	名称	（自治区）	
VII-1	滇黔桂山地丘陵区	广西	肥牛树、蒜头果、滇刺枣、黄连木、油桐、核桃、板栗、油茶、麻疯树、灰毡毛忍冬、余甘子、剑麻、蓖麻
		贵州	猴樟、漆树、杜仲、乌桕、黄连木、油桐、核桃、板栗、银杏、杨梅、油茶、麻疯树、忍冬、黄褐毛忍冬、灰毡毛忍冬、清风藤、刺梨、竹、猕猴桃、蓖麻、艾纳香
		四川	杜仲、厚朴、乌桕、黄连木、漆树、猴樟、银杏、灰毡毛忍冬、竹、猕猴桃、蓖麻
		云南	红豆杉、猴樟、漾濞核桃、油桐、黄连木、漆树、蒜头果、铁刀木、肉豆蔻、板栗、油茶、麻疯树、灰毡毛忍冬、草果

（续）

二级区		省	高效水土保持植物
代码	名称	（自治区）	
Ⅶ-2	滇北及川西南高山峡谷区	四川	漆树、油桐、光皮树、核桃、板栗、油茶、麻风树、无患子、山鸡椒、西蒙得木、花椒、蓖麻
		云南	黄樟、红豆杉、豆腐果、滇刺枣、漆树、光皮树、铁刀木、漾濞核桃、油桐、肉豆蔻、麻疯树、无患子、山鸡椒、青刺果、西蒙得木、余甘子
Ⅶ-3	滇西南山地区	云南	黄脉钓樟、黄樟、琴叶风吹楠、豆腐果、红豆杉、漆树、油朴、油棕、铁刀木、油桐、澳洲坚果、滇刺枣、核桃、板栗、咖啡、胡椒、肉豆蔻、油茶、麻疯树、余甘子

6.7.3.1 滇黔桂山地丘陵区

加强坡耕地综合整治，减少入河泥沙，积极实施小流域综合治理、石漠化综合治理等工程；山区实施坡耕地改造、坡面水系工程、沟道治理工程等措施；在荒坡地和退耕地上大力营造水源涵养林、水土保持林；加强现有森林保护，积极推行退耕还林还草；完善水系配置，发展高效农业，配套相应的水利水保工程。

6.7.3.2 滇北及川西南高山峡谷区

加强河谷地带的坡耕地治理，工程措施与植物措施相结合，治坡与治沟相结合；加强林草植被建设与保护，搞好封育管护；加强坡耕地治理和坡面水系工程建设，提高蓄水保土能力；石漠化地带，加强基本农田和配套小型水利工程建设，抢救土地资源；保护现有植被，加强封山育林和退耕还林，禁止陡坡开荒，实施生态移民；调整产业结构，发展林果等特色产业。

6.7.3.3 滇西南山地区

保护现有森林植被，提高生态稳定性；加强农村基础设施和农村替代能源建设；以小流域为单元，控制坡耕地水土流失，建设基本农田；发展热带特色经济林果；加强防护林体系建设和天然林保护，禁止陡坡开垦；加强坡地果园的水土流失综合治理，改善区域的生产生活环境，促进农业经济可持续发展。

6.8 青藏高原区

6.8.1 区域概述

青藏高原区是以高原草甸土为优势地面组成物质的区域，位于昆仑山—阿尔金山以南，四川盆地以西的高原地区，主要分布有祁连山、唐古拉山、巴颜喀拉山、横断山脉、喜马拉雅山、柴达木盆地、藏北高原、青海高原、藏南谷地，总面积约219 km^2，涉及西藏、甘肃、青海、四川和云南5省（自治区）的144个县（市、区）。该区包括5个二级区，12个三级区，具体分区情况和分区方案见表6-15。

表6-15 青藏高原区分区方案

一级区代码及名称	二级区代码及名称	三级区代码及名称
Ⅷ青藏高原区	Ⅷ-1 柴达木盆地及昆仑山北麓高原区	Ⅷ-1-1ht 祁连山山地水源涵养保土区
		Ⅷ-1-2wt 青海湖高原山地生态维护保土区
		Ⅷ-1-3nf 柴达木盆地农田防护防沙区
	Ⅷ-2 若尔盖—江河源高原山地区	Ⅷ-2-1wh 若尔盖高原生态维护水源涵养区
		Ⅷ-2-2wh 三江黄河源山地生态维护水源涵养区
	Ⅷ-3 羌塘—藏西南高原区	Ⅷ-3-1w 羌塘藏北高原生态维护区
		Ⅷ-3-2wf 藏西南高原山地生态维护防沙区
	Ⅷ-4 藏东—川西高山峡谷区	Ⅷ-4-1wh 川西高原高山峡谷生态维护水源涵养区
		Ⅷ-4-2wh 藏东高山峡谷生态维护水源涵养区
	Ⅷ-5 雅鲁藏布河谷及藏南山地区	Ⅷ-5-1w 藏东南高山峡谷生态维护区
		Ⅷ-5-2n 西藏高原中部高山河谷农田防护区
		Ⅷ-5-3w 藏南高原山地生态维护区

青藏高原区存在的水土流失主要问题包括：草原退化、土壤侵蚀、荒漠化日趋严重；江河源区生态环境加速恶化，对下游的生态环境造成严重影响；自然灾害频发，人民生活和工农业发展受到严重影响。

该区根本任务是维护独特的高原生态系统，保障江河源头水源涵养功能；保护天然草场，促进牧业生产；合理利用水土资源，优化农业产业结构，促进河谷农业发展。

①合理利用和保护现有草场，重点加强江河源地草场和湿地的保护与管理，实施生态移民，维护水源涵养功能，科学合理轮牧，采用自然修复和人工改良退化草场。做好防风固沙林工程建设，造林种草，设置沙障，保护沙生植被，防治土地荒漠化和沙化。

②加强对现有森林植被的保护，严格实施封禁；对森林植被破坏严重区域封山育林，改造次生林，退耕还林还草，大力营造水土保持林，促进生态修复。

③加强河谷农业区的水土流失综合治理，严禁陡坡开垦，对已开垦的以小流域为单元，采取坡改梯、营造水土保持林、修建小型水利水保工程等综合治理措施，防治水土流失。

④加强人口居住区域滑坡、泥石流灾害监测预警建设，防治灾害发生；加强水土保持监督管理工作，有效控制人为水土流失。

6.8.2 青藏高原区水土保持功能

青藏高原区中三江源地区是我国长江、黄河和西南诸河的发源地，发挥着强大的水源涵养功能和生态屏障作用；区内分布着大面积的自然保护区，高原珍稀物种丰富，植被类型多样；同时分布有众多的湖泊、大面积湿地和冰川，是中华民族的"水塔"，维护青藏高原生态平衡和资源的可持续利用是该区的主要任务。

青藏高原区中涉及水土保持主导基础功能的三级区中有生态维护功能9个，水源涵养功能的5个，农田防护功能的2个，土壤保持功能的2个，防风固沙功能的2个。按功能统计的面积比例如图6-8所示。总体而言，该区主要水土保持功能是生态维护、水

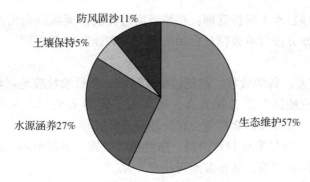

图 6-8 Ⅷ青藏高原区水土保持面积比例

源涵养为主，森林草原保护、涵养水源是该区水土保持的主要方向。

6.8.3 青藏高原区防治途径与技术体系

青藏高原区水土流失防治分区，因害设防，制定相应的水土流失综合防治体系。青藏高原区适宜配置的高效水土保持植物见表 6-16。

表 6-16 青藏高原区适宜配置的高效水土保持植物

二级区		省（自治区）	高效水土保持植物
代码	名称		
Ⅷ-1	柴达木盆地及昆仑山北麓高原区	甘肃、青海	沙枣、红砂、柽柳、多枝柽柳、梭梭、沙拐枣、白刺、枸杞、黑果枸杞、中麻黄
Ⅷ-2	若尔盖—江河源高原山地区	甘肃、青海、四川	西藏沙棘
Ⅷ-3	羌塘—藏西南高原区	西藏	
Ⅷ-4	藏东—川西高山峡谷区	四川、西藏、云南	山鸡椒、木姜子、苍山越橘
Ⅷ-5	雅鲁藏布江河谷及藏南山地区	西藏	核桃、苹果、桃、西藏桃、藏杏、西藏木瓜、江孜沙棘、沙生槐

6.8.3.1 柴达木盆地及昆仑山北麓高原区

加强预防保护，强化对生产建设项目及人类活动的监测、监督管理，有效控制新增人为水土流失；高原区，结合退耕还林、退牧还草、草原配套建设，开展综合治理工程；环青海湖营造防风固沙林、水源涵养林；黄土丘陵区，以小流域为单元，工程措施、植物措施相结合，开展综合治理；围绕绿洲农业区，开展农田防护工程建设，造林种草，建设防风固沙林；在水土流失严重区域开展综合治理。

6.8.3.2 若尔盖—江河源高原山地区

加强现有森林草场保护，避免过度放牧，修复和治理退化沙化草场；加强湿地保护；严格生产建设项目水土保持管理；在城镇周边开展小流域综合治理，及灌草植被建设；在草场退化的地方进行植被恢复；加强水土流失预防监督管理；完善源区水土保持监测网络。

① 牧区以草定畜，科学放牧，避免过度或超载，实行禁牧或轮封轮牧，防止草场沙化，保护草场。适宜地区发展合饲养畜，建立人工饲料基地，改良牧草。禁止乱砍滥伐，禁止滥挖虫草、贝母和砂金矿等，保护现有森林和草场。

② 在退化、沙化草场实施封育治理、防沙治沙措施，修复草场。加强宣传教育，保护各项治理措施。保护湿地，防止湿地退化和沙化。

③ 人口集中的传统农耕区域对陡坡耕地实施退耕还林，适宜地区进行坡地改造建设高标准农田。开展荒山造林、疏林补植。

④ 受山洪灾害威胁的城镇村庄结合山洪灾害防治工程建设，采取沟道治理措施，同时加强山洪灾害监测预警，防治山洪泥石流灾害。

6.8.3.3 羌塘—藏西南高原区

加大水土保持生态建设宣传力度，增强农牧民水土保持意识；禁止过度放牧，防止草场、湿地退化和沙化；加大生产建设项目监管力度；对风蚀沙化土地采取植物和工程措施进行综合治理。

① 健全和完善各级水土保持机构和管理体系，开展各种宣传教育和培训工作，减少不必要的人类活动影响范围，提高各阶层水土保持、生态保护意识。

② 加强草场管理，禁止滥挖虫草、贝母和砂金矿等人为活动，合理控制载畜量，禁止过度放牧，保护天然草地和湿地，防止草场进一步沙化和湿地萎缩。

③ 适宜地区建设人工草场，发展冬季草场，实行轮牧和舍饲养畜。采取封禁、轮牧和人工改良牧草等方式，结合工程和生物防沙治沙措施，修复和治理退化沙化草场。

④ 加强城镇及周边植被建设，解决人畜饮水问题，预防和治理城镇建设及生产建设项目引起的水土流失。

6.8.3.4 藏东—川西高山峡谷区

加强对现有森林资源的保护，合理利用和保护中药材资源；禁止毁林开荒，开展小流域综合治理；加强草场管理，防止退化；加强山洪灾害监测及预警预报；陡坡耕地退耕还林还草；加大监督管理工作。

该区针对森林植被区域、草场区、人口及坡耕地集中区、光热资源丰富的河谷地带进行分区治理，采取不同措施以达到水源涵养、防风固沙的目的。

对区域内分布广泛的现有丰富森林资源加强保护，同时做好营林更新工作，加快火烧迹地、采伐迹地的更新，迅速恢复森林植被。造林在营造防护林为主的前提下，建立合理的林种结构，适当发展用材林和经济林，扩大水源涵养林比例，做到多林种、多树种、乔灌草相结合。河谷地带可充分利用丰富的光热资源，结合退耕还林，发展经济林和果树，发展区域特色农业和生态旅游业。

加强草场牧业管理，科学放牧，以草定畜，防止过度放牧，舍饲养畜，合理轮牧，休牧育草，发展人工草场，种植优良牧草，改良草地，禁止滥挖虫草、川贝等药材，保护天然草场，防止草场退化。

人口集中区域禁止毁林开荒，实行退耕还林(草)，以小流域为单元，工程措施与植物措施相结合，进行水土流失综合治理。小流域综合治理以坡改梯、疏幼林补植、封禁和保土耕作为主，配以坡面水系和作业便道建设，同时采取谷坊群、拦砂坝、溪沟整治等沟道治理措施。人口集中区域25°以上的陡坡耕地退耕还林还草，发展经济林或牧草，25°以下的坡耕地加强梯地建设，搞好基本农田建设，采取横坡耕作等水土保持耕作法，改变广种薄收的不良耕种习惯。加快绿化宜林荒山，以提高森林覆盖率。重要居民点和城镇周边水土保持工作与山洪灾害防治相结合，加强山洪泥石流灾害监测预警，在泥石流危害严重的沟道采用修建谷坊、护岸、铅丝笼石坝等措施，防治山洪泥石流灾害。

6.8.3.5 雅鲁藏布河谷及藏南山地区

加强森林资源的保护与管理；对水蚀坡地和风蚀滩地开展综合治理；保护天然草场，防治退化；加强自然灾害的监测和预警预报工作；实施坡耕地改造和沟道治理，加强农田防护林网和林带建设；加大水土保持监督管理工作；优化和调整农业发展模式，防止过度放牧。

健全各级水土保持机构，加大水土保持宣传力度，提高当地农牧民和施工人员水土保持意识，保护天然植被和草场。控制过度放牧，适当采取围栏封育和轮牧，推行舍饲养畜，提高舍饲率，以草定畜，控制载畜量，防止草场退化。适宜地区建设人工草场，发展冬季草场，减轻风雪灾害的影响，保护草场。对退化植被实行封禁治理，利用生态自我修复能力修复林地和草场；制定"乡规民约"保护封禁成果。沙化草场采取工程防沙和植物固沙措施进行治理。防止旅游业过度开发，严格生产建设项目水土保持监督管理；滑坡泥石流高风险地段的坡地冲沟沟头、季节性小支沟沟口沿沟布设谷坊群和拦砂坝，巩固沟床，稳定沟坡，减少滑坡、泥石流等自然灾害，控制重力侵蚀，加强滑坡泥石流等山洪灾害监测预警系统建设。

思 考 题

1. 我国主要区域类型如何分区？
2. 简述东北黑土区水土流失防治途径与技术体系。
3. 简述北方风沙区水土流失防治途径与技术体系。
4. 简述北方土石山区水土流失防治途径与技术体系。
5. 简述西北黄土高原区水土流失防治途径与技术体系。
6. 简述南方红壤区水土流失防治途径与技术体系。
7. 简述西南紫色土区水土流失防治途径与技术体系。
8. 简述青藏高原区水土流失防治途径与技术体系。

推荐阅读书目

中国水土保持. 唐克丽. 科学出版社, 2004.

水土保持标准技术标准汇编.《水土保持工程技术标准汇编》编委会. 中国水利水电出版社, 2010.

中国水土保持区划. 全国水土保持规划编制工作领导小组办公室等. 中国水利水电出版社, 2016.

水土保持区划原理与方法. 王治国, 张超, 孙保平等. 科学出版社, 2016.

参考文献

赵岩, 王治国, 孙保平, 等, 2013. 中国水土保持区划方案初步研究[J]. 地理学报, 68(3): 307 - 317.

孙保平, 王治国, 赵岩, 等, 2011. 中国水土保持区划目的、任务与特点[C]// 中国水土保持学会水土保持规划设计专业委员会2011年年会论文集.

王丹阳, 李忠武, 陈佳, 等, 2018. 中国水土保持区划——回顾、思考与展望[J]. 水土保持学报, 32(05): 11 - 20.

王治国, 张超, 纪强, 等, 2011. 全国水土保持区划分级体系与方法[C]// 中国水土保持学会水土保持规划设计专业委员会2011年年会论文集.

王治国, 王春红, 2007. 对我国水土保持区划与规划中若干问题的认识[J]. 中国水土保持科学 (1): 105 - 109.

张超, 王治国, 凌峰, 等, 2016. 水土保持功能评价及其在水土保持区划中的应用[J]. 中国水土保持科学, 14(5): 90 - 99.

刘震, 姜德文, 毕华兴, 等, 2007. 国土主体功能区划分与水土保持战略[J]. 中国水土保持科学, 5(2): 1 - 4.

王治国, 张超, 孙保平, 等, 2016. 水土保持区划原理与方法[M]. 北京: 科学出版社.

全国水土保持规划编制工作领导小组办公室等, 2016. 中国水土保持区划[M]. 北京: 中国水利水电出版社.

第 7 章

山地侵蚀灾害综合防治

【本章提要】本章简要介绍了滑坡与崩塌、泥石流和崩岗等山地侵蚀灾害的基本概念、类型、分布、成因、特征、监测、预警、预报、调查/勘察方法与综合治理的生态工程和岩土工程技术。

7.1 滑坡与崩塌综合防治

7.1.1 滑坡与崩塌的调查、勘测和试验

滑坡与崩塌调查、勘测和试验是滑坡与崩塌综合防治的基础工作，只有完成了这些工作，才能进入滑坡与崩塌稳定分析和防治设计。

7.1.1.1 滑坡与崩塌野外调查

(1)调查主要内容

滑坡与崩塌调查是通过野外实地调查与简易勘测来实现的。滑坡与崩塌调查的内容应包括滑坡与崩塌发育的自然环境、形成条件、基本特征、成灾方式等(表7-1)。

表7-1 滑坡与崩塌野外调查内容及方法

项目	野外调查内容	调查方法
自然环境	行政及地理位置、地貌类型、地形坡度、地层岩性、地质构造、地震和水文气象、植被、社会经济状况等	收集资料、野外调查
形成条件	有效临空面、岩性组合、坡体结构	野外调查
诱发因素	地震及地震烈度、暴雨、工程活动	收集资料、野外调查
滑坡与崩塌特征	滑坡与崩塌发生时间、滑坡与崩塌规模、滑坡与崩塌形态、表面特征、滑动面或崩塌面	野外调查、访问
灾害调查	滑坡与崩塌造成人员伤亡、直接经济损失、间接损失和社会影响	野外调查、访问
防治	已采取的工程措施和工程效果	野外调查

(2)调查方法

①野外调查前的准备工作 在野外调查工作正式开展之前，必须明确调查的目的、任务和要求，确定工作的范围，制订野外调查实施计划。一般来说，野外调查的准备工作包括以下内容。

资料收集准备：收集滑坡与崩塌发生地区的地质、区域构造、自然环境资料。对滑坡与崩塌发生起诱发作用的降水、地震、水文、地下水、人为活动等资料，也应尽量收集。

资料整理和初步分析：在野外工作开始之前，应对收集的资料进行初步整理分析，对调查区内的自然环境状况有一个较为全面的初步了解。

野外调查器材准备：野外调查中常用的个人装备如罗盘仪、地质锤、照相机、图夹、笔记本、铅笔等应提前准备。

②野外调查

群众访谈调查：在访谈中，应详细调查滑坡与崩塌发生的具体位置、发生的时间、估计滑体或崩塌体规模、变形的特征，滑坡与崩塌发生前或发生时是否下雨及雨量、是否有地震发生、地下水是否突变、家畜家禽和其他动物是否有反常现象。

滑坡与崩塌野外现场调查：在现场调查中尽量将滑体或崩塌体的特征标注在地形图上，并记录所在省（自治区、直辖市）、县、乡、村及滑坡与崩塌地点位置，在地形图上反查经纬度和 X、Y 坐标。在调查方法上应从宏观到微观步步深入。

在调查中要特别注意可能复活的古滑坡和老滑坡，对古、老滑坡认识上的失误往往会造成治理工程的失败。

对大型滑坡与崩塌的调查，最好借助于航、卫片判译其整体形态，克服地表调查的局限性。

7.1.1.2　滑坡与崩塌勘测

1) 滑坡与崩塌地表勘测

滑坡与崩塌地表勘测是滑坡与崩塌野外调查的延续和深入。其主要任务是详细查明滑坡与崩塌的基本特征，判别滑坡与崩塌的类型，确定滑坡与崩塌发生的原因，判断滑带土的工程地质特性，通过试验获取滑坡与崩塌稳定性分析和防治工程设计所需的物理力学参数。同时，地表勘测可以指导勘探工作的设计和勘探网的布置。

地表勘测的范围一般包括：滑坡体与崩塌体本身，滑坡后壁以上一定距离的稳定斜坡，滑坡舌以下的稳定地段或到河谷水边，滑坡体两侧边缘稳定斜坡或到邻近的自然沟谷（图7-1）。

（1）坡地表勘测的主要内容

形态特征勘测：目的是查清滑坡周界的位置和形状，滑坡壁位置、产状、高度及其上的擦痕方向；滑动面前缘出露位置、剪出情况特征；滑体表面的地貌形态、滑体台数及高差；各种裂缝的分布、性质、形状、长短、宽窄、深度（可见）、产状和有无充填物及其成因。

滑体表面裂缝勘测是形态勘测的重要

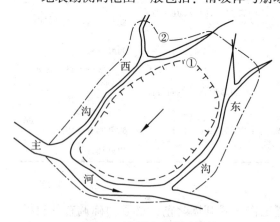

图7-1　滑坡地表勘测范围
①滑坡体堆积范围　②滑坡勘测范围

表7-2 地表裂缝的类型及其基本特征

特征	地表不均匀沉陷裂缝	冰冻裂缝	构造地裂缝	滑坡与崩塌裂缝
分布	位于地基承载力不一致的部位,分布十分有限	与负温和水分有关,所以与人类居住地、土壤水分、日照、地面荷载有关	沿活动的地质构造线展布,可穿过山脊河流	分布于斜坡上,裂缝可连接成圈椅状
变形特征	下错位移明显,水平方向上的变形不甚明显	膨胀型,解冻后出现坍陷或翻浆	总体特征只与地质构造的活动有关,但受地形的影响,在个别地段有小的变化(如张开等)	上部为剪张型,两侧为剪型,下部为鼓胀型(张性),成组出现
连续性	沿下沉部位的边缘处,尚可见连续或断续分布	散乱、稀疏	可在几千米、数十千米范围内连续呈线状分布	可连成半封闭状
发生时间	新建工程完成不久,或遭水浸泡之后	严冬季节	与地质构造的新构造活动有关	滑坡体、崩塌体形成、发生过程中
发展趋势	会有较长时间发展	伴随季节变化	视地质构造重新活动的发展趋势而定	滑坡与崩塌停止后,即逐步被填平、消失。也可扩展成洼地或冲沟

内容,对准确判断滑体范围及滑坡性质具有重要意义。现将各种裂缝的基本特征列于表7-2。

滑动面特征勘测:寻找滑动面也是地表勘测的重要内容之一。通过对地表形态、滑坡形成条件和滑体内部特征的勘测和分析,能对滑动面的位置做出初步判断。

一般来说,滑动面的位置多是两个不同时代岩土的接触面、一些顺坡向发育的节理裂缝、同一岩层的风化差异面和泥化夹层等。例如,沿基岩面滑动的碎石土滑坡,碎石土与基岩的交界面即可视作滑坡的滑动面(图7-2)。对于切层滑坡,常常沿2~3组节理裂隙发育成的滑动面产生滑动(图7-3)。

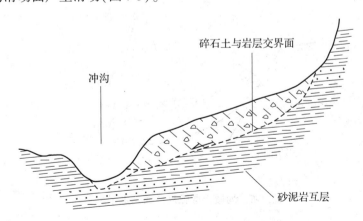

图7-2 碎石土滑坡滑动面初步判定示意

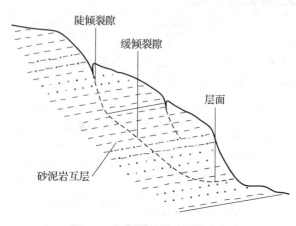

图 7-3 切层滑坡滑动面发育示意

在均质土、类均质土中发育的堆积层滑坡分布广、数量多。这类滑坡的滑动面一般为圆弧形（图 7-4、图 7-5），通常可以在地表勘测的基础上，采用作图法研究滑动面的形状及滑动面深度。具体方法是：首先在滑坡主轴断面上确定滑坡后壁顶点 A 和前缘剪出口位置 C，并通过探槽在滑动面的前缘或后缘找到 B，根据三点确定一圆弧的原理绘出通过 A、B、C 三点的圆弧形滑动面，此圆弧的圆心为 $\overline{AC}$、$\overline{BC}$ 中垂线的交点 O，以 OA 或 OC 为半径即可画出通过 A、B、C 三点的滑动面（图 7-5）。

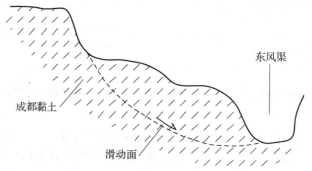

图 7-4 成都东风渠黏土滑坡示意

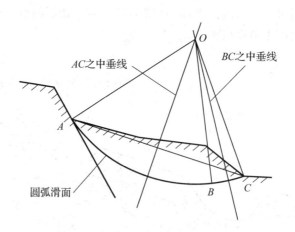

图 7-5 均质土圆弧形滑面确定示意

（2）滑坡与崩塌地表勘测方法

滑坡与崩塌区地表调查：使用地质锤、罗盘仪、放大镜、照相机，有条件的可使用手持 GPS、高程计、激光测距仪等，对滑坡与崩塌区地表特征进行调查、填图、填表，详细记录在野外记录本上。

滑坡与崩塌区地表测量：应用皮尺、钢尺、罗盘仪、花杆等工具对滑坡与崩塌区进行地形图、纵横断面实测；对典型滑坡与崩塌灾害，用经纬仪、水准仪(有条件的可用全站仪)进行大比例尺地形图、滑坡与崩塌纵横断面图测量。地形图的比例尺按滑坡与崩塌体积大小选择。

滑坡与崩塌浅部勘探：常用挖探坑(井)、探槽的方法获取滑坡与崩塌后缘、两侧和前缘滑动面剪出口的资料。因此，探坑、探槽的布设位置以滑坡后缘、两侧缘和前缘滑动面剪出口附近为宜。

滑坡后缘选用探槽为宜，布置在滑坡后缘内侧。探槽长轴线方向与滑坡后壁近于垂直，以探测滑坡后缘滑动面位置和倾角为目的。观察记录滑动面特征和表部岩土物质组成、结构特征(图7-6)。

滑坡前缘选择探坑为宜，布置在滑动面剪出口附近。轴线与滑坡主滑方向一致(平行)。当挖到滑动面剪出口时，应仔细观察记录滑动面剪出口处的特征，量测剪出口处滑动面倾向、倾角(图7-7)。

滑坡与崩塌两侧缘应选探坑为宜，可布设在滑体两侧缘内侧。

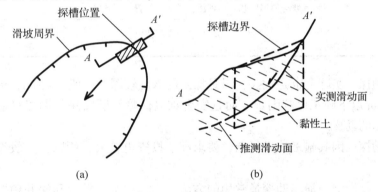

(a)　　　　　　　　　　　　　(b)

图7-6　滑坡后缘探槽量测滑动面示意

(a)探槽平面位置　(b)探槽一侧剖面

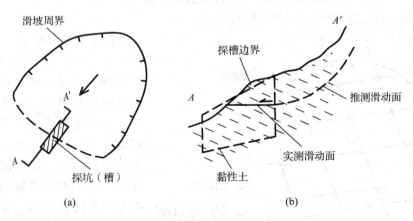

(a)　　　　　　　　　　　　　(b)

图7-7　滑坡前缘探坑(槽)实测滑动面剪出口示意

(a)探坑(槽)平面位置　(b)探槽一侧剖面

2) 滑坡深部勘探

（1）勘探目的

查明滑坡体、崩塌体的厚度、物质组成结构、地层岩性和滑动面（带）的个数、形状、特征及各滑动带的物质组成；查明滑坡体、崩塌体内地下水含水层的层数、分布、补给源、动态及各含水层间的水力联系等。

（2）勘探方法选择

勘探方法及其适用条件可参见表7-3。

表7-3 滑坡与崩塌勘探方法适用条件

勘探方法	适用条件及部位
深井（竖井）勘探	用于观测滑坡体、崩塌体的特征及获取原状土样等。深井常布置在滑坡体、崩塌体中前部主轴附近。采用深井时，应结合滑坡与崩塌的整治措施综合考虑
平洞勘探	用于了解关键性的地质资料，当滑坡体、崩塌体厚度大、地质条件复杂时采用。洞口常选在滑坡两侧沟壁或滑坡前缘，平洞常为排泄地下水整治工程措施的一部分，并兼作观测洞
电探	用于了解滑坡与崩塌区含水层、富水带的分布和埋藏深度，了解下伏基岩起伏和岩性变化及与滑坡、崩塌有关的断裂破碎带范围等
地震勘探	用于探测滑坡与崩塌区基岩的埋深，滑动面位置、形状等
钻探	用于了解滑坡与崩塌内部的构造，确定滑动面的范围、深度和数量，观测滑坡与崩塌深部的滑动特征

①深井勘探　实际上也是坑探，只是探测的深度较深，一般2~5 m，最深不宜超过10 m，因10 m以下施工比较困难，而且安全难以保障，所以深井勘探只适宜浅层或表层滑坡与崩塌的勘探。

②平洞勘探　因其施工技术复杂，要求高，投资也较大，所以，一般滑坡与崩塌勘察很少选用。

②钻探　是滑坡与崩塌勘探最常用的方法。当通过坑、槽探和深井勘探不能探明滑体或崩塌体内部特征时，可选用钻探方法。钻探通过采取的岩芯观察滑体或崩塌体组成、结构、岩性特征、滑动面位置、滑动面数量，以及滑动带土组成、结构、岩性特征，所以是滑坡与崩塌勘探中较好的方法。

（3）探网的布设

对于中、小型滑坡与崩塌，沿滑坡与崩塌主轴及两侧布设纵向勘探线1~3条，每条钻孔3~5个；垂直主滑或崩塌方向布设横向勘探线1~2条（图7-8）。如滑坡与崩塌很小，横向勘探线可不布置。对于大型滑坡与崩塌，纵向上可布设3~5条，横向上可布置2~3条，每条线钻孔可增至6~8个。若有地震勘探配合，钻

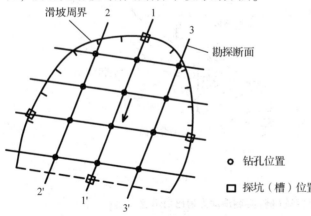

图7-8　滑坡与崩塌勘探网平面布置示意

孔可减少 1/3~1/2，钻探工程量也相应减少。

7.1.2 滑坡与崩塌综合防治规划与设计

7.1.2.1 区域滑坡与崩塌综合防治规划

对于一个较严重的水土流失区，滑坡与崩塌等重力侵蚀分布较多。若不控制滑坡与崩塌的发生，水土流失严重的局面就得不到好转。水土流失重点地区的滑坡与崩塌综合防治规划是在对该区域自然地质环境、滑坡与崩塌分布形成特征进行全面调查的基础上进行的。需进行以下工作：

①区域自然地质环境与滑坡和崩塌形成原因调查。

②滑坡与崩塌分布规律和特征调查。

③滑坡与崩塌发生危险性分区，一般分为以下 4 个区。

基本稳定区：此区域基本不存在滑坡与崩塌形成的条件，仅在 10°以下缓坡上，人工开挖形成的陡坎高 1.5 m 以下，或沟河的冲刷岸，有小规模的坍滑发生，可能坍滑的面积在 10%以下。

危险性小区：此区域具备中小型滑坡与崩塌的形成条件，但可能发生的地方不多，可能发生滑坡与崩塌的面积在 10%~30%，可能造成的危害较小。

危险性中等区：此区域具备大中型滑坡与崩塌形成条件，可能发生滑坡与崩塌的地方比较多，滑坡与崩塌的面积占 30%~50%，造成的危害也比较大。

危险性大区：此区域已完全具备各种滑坡与崩塌发生的条件，部分地方具备大型、特大型滑坡与崩塌发生的条件，可能发生崩塌与滑坡面积占 50%以上，可能造成的危害也会很大。

④典型滑坡与崩塌区详细调查。

⑤编写区域滑坡与崩塌综合防治规划报告。

7.1.2.2 滑坡与崩塌区综合防治设计

滑坡与崩塌区的综合防治设计是在上述规划工作的基础上，由主管部门提出计划、上报批准，对滑坡与崩塌危险性较大的地区进行综合治理设计。一般要经历方案设计，初步设计和施工图设计 3 个阶段。

(1)方案设计

首先查看规划报告中关于本滑坡与崩塌区的资料，收集前人在本滑坡与崩塌区的工作成果和有关监测资料。在此基础上对滑坡与崩塌进行稳定分析和推力计算，编制滑坡与崩塌综合防治方案。

①方案设计的主要内容　由土木工程措施、环境生态修复保护措施和工程维护管理措施组成。

②方案设计报告的编制　滑坡与崩塌综合防治方案设计报告由文字报告和方案设计图组成。

(2)初步设计

滑坡与崩塌防治的初步设计是在方案设计的基础上进行的。首先分析方案设计中的推荐方案，然后依据工程所在地的地形地质和工程设计的要求布置详细勘察、试验工作，获取工程设计计算必要的参数，对滑坡与崩塌推力进行复核计算。在此基础上进行单项工程逐项设计、工程总平面图编绘、工程量统计、投资预算和初步设计报告编写。

（3）施工图设计

施工图设计是针对施工要求而设置的，首先复核初步设计图，无特殊原因，不要修改初步设计的单项工程，不要随意增加或减少单项工程。依据施工图设计的有关技术规范，针对初步设计图的不足，补充完善初步设计图。

7.1.3 滑坡灾害防治技术

滑坡灾害防治国外始于20世纪初，我国也有60多年的历史，防治的方法、工程措施很多，归纳起来有以下几类。

7.1.3.1 滑坡区排水工程

排水工程是滑坡防治的重要措施之一，也是滑坡防治的首选工程。其目的是截断滑坡外围水进入滑体内，迅速排除滑体地面水和地下水的作用，使滑坡体处于干燥状态，达到长期稳定的目的。

按排水工程的功能、用途可分为地表排水明沟、地下排水渗沟、地下排水盲沟、排水导流管和集水井排水等。

（1）地表排水明沟

地表排水明沟的基本形态如图7-9所示，排水沟的大小依据最大排水量设计，多为浆砌片石结构。

（2）地下排水工程

①地下排水渗沟　修建在滑坡体上的洼地、湿地、泉水出露地点，以排出滑体表部地下水为目的（图7-10）。

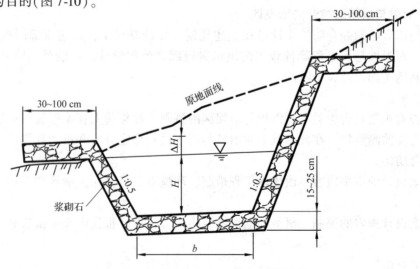

图7-9　地表排水明沟断面基本形态示意

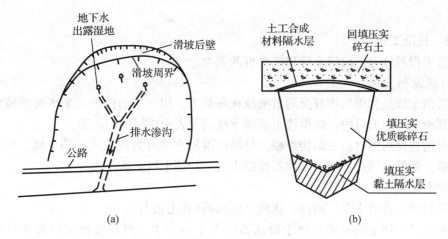

图7-10 西藏某滑坡地下排水渗沟示意

(a)平面布置 (b)排水渗沟横断面结构

　　地下排水渗沟与地表排水明沟结合连通使用,排水效果会更好。

　　②地下排水盲沟　主要修建在滑坡体前部,平行主滑方向布设。其功能以支撑抗滑为主,兼排地下水的作用。其基本结构可参考图7-11进行设计。支撑盲沟沟间距视沟间土的密实度而定,一般较密实的原生土沟间距取8~10 m,密实程度较差的取4~6 m。支撑盲沟与抗滑挡土墙联合使用,抗滑效果会更好(图7-12)。

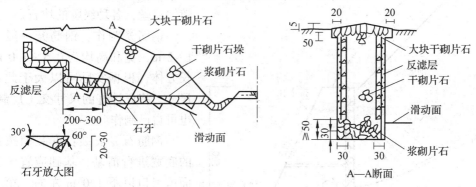

图7-11 支撑盲沟纵横断面(图中尺寸按cm计)

　　③集水井　集水井底部应深入滑动面以下1.0~2.0 m,可采用人工挖井和机械钻孔。钻孔直径360 mm左右,深入富水层后护壁管做成滤水管;人工挖井井壁宜用多孔强度较高的砖护壁,选用适宜潜水泵定期进行抽排水。

　　④斜钻孔　将PVC管做成滤水管伸入滑动面附近富水区,将地下水引流出来。

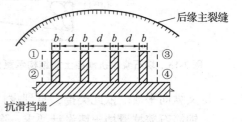

图7-12 支撑盲沟与挡土墙联合使用示意

　　⑤垂直孔群穿透排水　当滑床以下有透水性较强的砂砾石层,且砂砾石层水位低于滑床以下1m左右,可采用垂直钻孔穿过滑动面,深入到透水性较强的砂砾石层中,将滑床以上富水区的水引流入下伏砂砾层排走。

7.1.3.2 抗滑工程

抗滑工程可分为抗滑挡土墙和抗滑桩两大类。

（1）抗滑挡土墙

抗滑挡土墙是利用墙体自身的重量压在基础上，用产生的抗滑力来平衡滑坡的下滑力，达到稳定滑坡的目的。抗滑挡土墙适于浅层和表土层滑坡的防治。

依据墙体使用的材料和结构类型，可将抗滑挡土墙分为块石浆砌挡土墙、钢筋混凝土挡土墙、钢筋石笼挡土墙、木质石笼挡土墙、拉筋土挡土墙。

①块石浆砌挡土墙

建筑材料：普通水泥、河沙、优质坚硬块石（或毛条石）。

基本尺寸：挡土墙基础应埋于滑动面以下 1 m 以上。滑动面剪出口高于坡脚地面2 m 以上和深入坡脚地面 2 m 以下都不适宜用抗滑挡土墙。挡土墙的内侧一般为垂直坡，也可做成微向内倾的仰斜坡，坡率一般不能小于 1:0.3 ~ 1:0.5，挡土墙的外侧一般做成向内倾的陡坡，坡率一般为 1:0.5 ~ 1:0.75。

基本结构图：本节以墙高 5 m（含基础高 1 m）、坡率 1:0.5、底宽 2.5 m、顶宽0.7 m 为例，块石浆砌抗滑挡土墙示意如图 7-13 所示。

②钢筋石笼抗滑挡土墙

建筑材料：$\phi 8$ 的钢筋，$\phi 3$ 的镀锌铅丝，各种级配的块石。

钢筋笼制作：钢筋笼一般为长1~2 m，宽和高均为 0.5 ~ 1.0 m 的长方体，根据实际可以大于此设计尺寸。将设计好的尺寸交工厂制作，也可自己制作。

钢筋石笼安装：安装前按设计的底宽进行清基，基础应置于滑动面剪出口以下 1.0 m 左右。第一排石笼纵向（平行滑坡主滑方向）平放，笼与笼紧靠，并用 $\phi 1$ mm 铅丝固箍连接，而后向笼中装石块，大小配合挤压密实，使空洞最少；第二排横向平放，长轴与第一排垂直；第

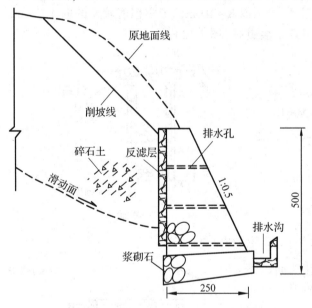

图 7-13 块石浆砌抗滑挡土墙结构示意（单位：cm）

三层又纵向平放，依此类推，直到设计高度。每层内侧收 0.10 m，外侧收 0.20 m 左右。

钢筋石笼抗滑挡土墙设计要求：除钢筋石笼的结构设计与块石浆砌抗滑挡土墙不同外（图 7-14），其他完全相同。

（2）抗滑桩

抗滑桩是垂直地面穿过滑体伸入滑床一定深度，用以平衡滑坡推力的柱状构筑物（图 7-15），具有施工方便、组合形式多样、抗滑性能好、投资不是很大等优点。按桩柱

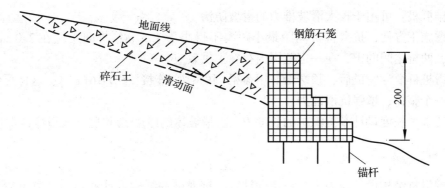

图 7-14 钢筋石笼抗滑挡土墙结构示意（单位：cm）

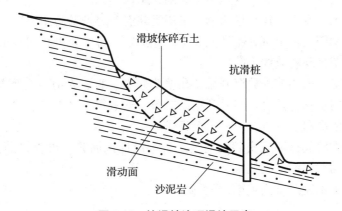

图 7-15 抗滑桩治理滑坡示意

横截面的形态分为方形、圆形、梯形和异形 4 类；按桩体的构筑材料分为混凝土桩、钢筋混凝土桩、钢管桩和木桩等；按施工工艺分为锤入桩、机械成孔桩、人工挖孔桩 3 类。本节重点介绍人工挖孔桩。

①抗滑桩的平面布置　据滑坡体地表特征、滑坡推力大小，抗滑桩的平面布置有以下几种情况。

单排群桩［图 7-16(a)］：滑坡推力很小时可选用小桩，滑坡推力较大时可选用大桩。

双排群桩［图 7-16(b)］：当单排群桩平衡不了滑坡推力时，可设计双排群桩。

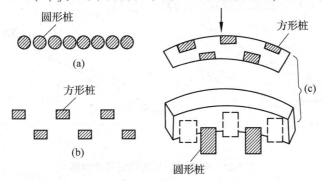

图 7-16 抗滑桩平面布置示意

(a)单排群桩　(b)双排群桩　(c)联系梁(上为平面图，下为立面图)

多排群桩：可用于较大滑坡推力的滑坡防治。

考虑施工方便，抗滑桩桩间距最小距离不得小于 1.5 m；排间距应在 2.0 m 以上。据研究，两桩之间的土，在一定范围内存在土拱效应。

抗滑桩群灌注完成后，顶端最好用盖梁（联系梁）连接[图 7-16(c)]，这样可使抗滑桩群成一个整体，增强抗滑能力。

②抗滑桩长度设计 抗滑桩的长度 H，由滑坡体的厚度 h_1 和桩伸入滑床的深度 h_2 组成，即：

$$H = h_1 + h_2 \tag{7-1}$$

③抗滑桩结构设计与内力、稳定性计算 抗滑桩的结构设计和内力计算有专门的规范和著作论述，因较复杂，所以这里不作详细介绍。

④抗滑桩施工 以人工挖孔桩为例，采用沉井混凝土护壁施工方法。

——先预制钢筋混凝土沉井靴和混凝土沉井护壁，每节长 1.0~1.2 m。

——按设计图到现场放线定孔位。

——开孔施工，第一节安放沉井靴，孔壁要修平、直、光滑，将沉井靴放进去，用罗盘测定沉井靴内壁是否垂直。然后开挖第二节，安装第一节沉井护壁，检查沉井护壁内侧是否垂直，依次向下推进施工，直至完成。

——清孔检查验收，下放安装钢筋笼。若未设计钢筋笼，可直接灌注毛石混凝土，用振动棒充分振匀，不留空洞气眼。

——最后施工钢筋混凝土盖梁（联系梁）。

7.1.3.3 削坡减载压脚工程

（1）削坡减载

削坡减载是利用减小滑坡主动部分推力的原理达到下滑力与抗滑力平衡的目的。削坡减载的位置，应选在滑坡中部和后部产生滑坡下滑力较大的部位[图 7-17(a)]。

（2）压脚

压脚是在滑坡前部剪出口附近堆填夯实部分土石，增大滑体前部被动土压力，达到下滑力与抗滑力的平衡，阻止滑坡滑动。

在实际工作中，往往把削坡减载与压脚结合进行[图 7-17(b)]。

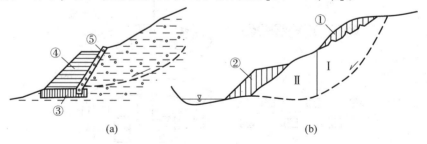

(a) (b)

图 7-17 削坡减载压脚稳定滑坡示意

(a)黏性土墙压脚 (b)减载压脚：Ⅰ驱滑段；Ⅱ抗滑段

①重区 ②反压区 ③反压土墙基础 ④土墙 ⑤反滤层

削坡减载多少，压脚多少才能达到下滑力与抗滑力的平衡，要用极限平衡方法进行稳定性计算后得出。

7.1.3.4　滑坡(边坡)预应力加固体系

预应力锚索种类较多，在滑坡防治和边坡加固上常用的是摩擦型拉力锚索。

在预应力锚索设计前，需对滑坡的形成、特征、滑体结构、滑动面位置，进行详细勘察，并采样试验，对滑坡稳定性和推力进行计算；并作出预应力锚索加固滑坡的初步设计；同时在预应力锚索布设区做现场成孔试验和抗拔试验。

(1)坡防治区预应力锚索根数计算

预应力锚索根数可按下式计算(图7-18)：

$$N = \frac{KE_{总}}{P_h \tan\varphi + P_t} = \frac{KE_{总}}{P_{抗}\sin\alpha\tan\varphi + P_{抗}\cos\alpha} \tag{7-2}$$

式中　N——所需锚索的根数；

　　　　$E_{总}$——滑坡总推力；

　　　　$P_{抗}$——单根锚索的抗拔力；

　　　　P_h——单根锚索抗拔力沿滑动面法线方向的
　　　　　　　　分力；

　　　　P_t——单根锚索抗拔力与滑动方向相反的
　　　　　　　　分力；

　　　　φ——滑动面上土体的内摩擦角；

　　　　α——锚索与滑动面的夹角；

　　　　K——安全系数，按有关规定，一般情况下

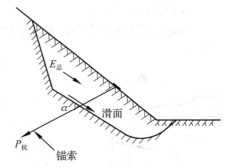

图7-18　预应力锚索抗滑示意

不小于2.0，但在滑坡推力E计算时，安全系数取1.25左右，这里仅针对所用材料的安全问题而取值，所以本文建议取1.8~2.0。

(2)预应力锚索自由段与有效锚固段长度的确定

预应力锚索分成自由段和有效锚固段两段。据经验，自由段长度不能小于5 m；有效锚固段应深入滑动面以下较完整的岩体内或较密实的原生土层中，其长度也应由现场抗拔力试验确定。若时间紧迫，来不及做抗拔力试验，可按下式计算：

$$L_{效} = \frac{KP}{n\pi d\tau_1} \tag{7-3}$$

$$L_{效} = \frac{KP}{\pi D\tau_2} \tag{7-4}$$

式中　$L_{效}$——有效锚固段长度(mm)；

　　　　d——单根钢绞线的直径(mm)；

　　　　n——一孔所用单根钢绞线的根数；

　　　　D——锚索孔的直径(mm)；

　　　　τ_1——钢绞线与水泥砂浆之间的黏结力(kPa)；

　　　　τ_2——水泥砂浆柱体与围岩土之间的平均黏结力(kPa)；

　　　　P——单束锚索设计承载力(kPa)。

（3）锚索与滑动面夹角 α 的选择

若单束锚索的设计承载力为 P，则单束锚索提供的抗滑力为：

$$P_{抗滑} = P \sin \alpha \cdot \tan \varphi + P \cos \alpha \qquad (7\text{-}5)$$

（4）锚具（外锚头）和承压设施设计

锚具是预应力锚固体系的重要组成部分，目前常用的承压设施有钢筋混凝土锚墩和钢筋混凝土框架。

滑坡防治还有其他方法，如滑动面（带）灌浆固结技术，因不常用，又无定型的设计施工方法，所以本文不作介绍。

7.1.4 崩塌防治技术

7.1.4.1 崩塌主动防护措施

近十多年，铁路、公路等部门对崩塌灾害的防治多采用以下措施：

（1）危岩加固工程

高陡危岩体顶部大多有平行岸边的拉张裂缝，若不加固就有可能发生崩塌。加固的方法有：

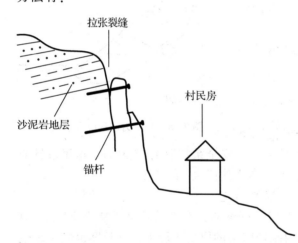

①应力锚杆加固法 当危岩体上部强风化层厚度不大，在8 m 以内时，可用此法。即在拉张裂缝上部，垂直坡面钻孔，穿过主拉张裂缝2~3 m，用较高标号水泥砂浆压力灌注固定，锚头施加一定的预应力二次灌浆锁定（图7-19）。

②预应力锚索加固法 当危岩体强风化厚度大于8 m 时，可用此法进行加固。此法与预应力锚杆加固法基本相同，将锚杆换成锚索即可。预应力锚索的锚固段应伸入风化岩体内4 m 以上。

图7-19 预应力锚杆加固危岩示意

（2）陡坡加固工程

坡度大于35°以上的陡坡上，常有凸出坡面的岩堆或强风化岩体，呈松散块体结构。常因暴雨、大风和地震等作用，产生落石，在坡面上滚动，对坡下的道路、建筑物和森林、植被造成危害，常用的方法是锚杆挂网加固。

（3）负地形支撑填实工程

常用的防治方法有：

①支撑墩填实工程 多用于斜坡下部"老虎咀"治理（图7-20），支撑墩结构有块石浆砌和毛石混凝土填实两种。

②立柱支撑工程 多用于斜坡下部、公路、铁路内侧坡水平伸出的悬岩。立柱的结构有木柱（临时工程）和钢筋混凝土结构两种。立柱的大小、水泥砂浆标号和配筋量等应依据水平伸出悬岩特征、重力确定。

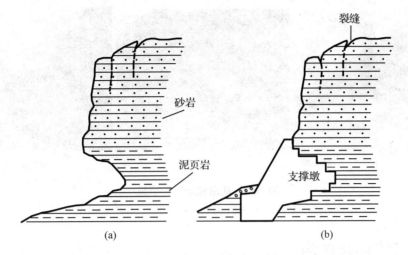

图7-20 用支撑墩防治危岩、崩塌示意

(a)治理前危岩地形 (b)治理后危岩地形

（4）清除危岩体

所谓危岩体是指已有拉裂变形的陡坡或陡崖。危岩上有的岩块已出现松动，称为危岩松动体。陡坡上的拉裂变形和岩块松动都是危岩的主要特征。危岩一出现，考虑的首要工程措施是清除危岩体。具体办法是（图7-21）：

①人工削方清除　若危岩松动带为强风化岩层，岩体破碎，无大岩块，可用此法清除危岩松动带。

②爆破碎裂清除　若危岩体前方无房屋和其他地面易损建筑，岩体坚硬，块体大，可用此法清除。

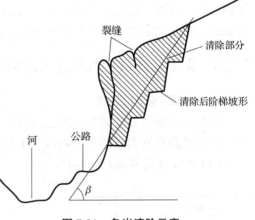

图7-21 危岩清除示意

③膨胀碎裂清除　若危岩体前方有房屋和其他地面易损设施，可用此法清除危岩松动带。

7.1.4.2 崩塌被动防护措施

山区35°以上的陡坡经常发生小规模的崩塌、掉块、落石、滚石等运动，使其在公路、铁路上伤人、毁车。公路、铁路部门很早以前就采用在小型崩塌、滚石经常发生区，道路内侧坡上修建拦石墙［图7-22（a）］、钢构防护栅栏［图7-22（b）］和柔性钢构防护网［图7-22（c）］等方法进行治理。因此类工程在崩塌、滚石发生后才能起作用，所以称为被动防护工程。

(a)　　　　　　　　　　　(b)　　　　　　　　　　　(c)

图7-22　崩塌被动防护措施

(a)拦石墙工程　(b)防护栅栏工程　(c)柔性网防护工程

7.2　泥石流综合防治

　　泥石流综合防治主要包括泥石流沟的判识，灾害发生的敏感性分析，灾害危险区的确定，灾情评估，监测预警预报，临灾预案，灾害治理等方面。通过以上措施，从泥石流的形成、流通、堆积和危害的各个层面着手，构建泥石流综合防治体系，可以减轻和消除泥石流对国家、人民生命财产和生态环境的危害和损失。

7.2.1　泥石流流域调查与泥石流沟的判识

7.2.1.1　泥石流流域调查

　　关于泥石流灾害的调查，国土资源部门已先后颁布了多项调查、勘察要求和技术规范，规范了泥石流调查的主要内容和采取的方法、措施。

　　(1)泥石流的规模(表7-4)

表7-4　泥石流规模级别划分标准

灾害等级	巨型	大型	中型	小型
堆积物体积($\times 10^4$ m^3)	>50	20~50	2~20	<2

　　(2)泥石流类型(表7-5)

表7-5　泥石流分类表

分类依据	分类名称及特征
流域特征	山坡型泥石流 沟谷型泥石流
地貌特征	山区泥石流 准山前区泥石流
物质成分	泥流：以细粒泥沙为主要固体成分，黏度大，呈稠泥状 泥石流：由浆体和碎块石组成，固体成分粒径变化大 水石流：由水和粗沙、砾石、漂砾组成，黏粒含量少
流体性质	黏性泥石流：含大量黏性土，固体物质占40%~60%，最高达80%，黏性大 稀性泥石流：以水为主，固体物质占10%~40%，黏性土少

（3）泥石流的灾情及危害程度

我国泥石流的灾情及危害程度分级见表7-6。

表7-6 泥石流灾害灾情与危害程度分级

指　标		特大级(特重)	重大级(重)	较大级(中)	一般级(轻)
伤亡人数	死亡(人)	>30	30~10	10~3	<3
	重伤(人)	>150	150~20	20~5	<5
直接经济损失(万元)		>1 000	1 000~500	500~50	<50
直接威胁人数(人)		>500	500~100	100~10	<10
灾害期望损失(万元/年)		>5 000	5 000~1 000	1 000~100	<100

（4）泥石流流域调查内容

调查的主要内容包括：汇水面积、主沟纵坡降和沿岸沟坡坡度变化情况；流域降水量及时空分布特征；植被类型及覆盖程度；沟谷内松散堆积物类型、分布、数量；沟口扇形形态、面积、切割破坏情况；泥石流堆积物成分及结构情况；以往灾害史和直接损失情况；今后活动趋势及造成进一步危害的范围和损失大小；提出防灾建议。调查的详细内容和要点见表7-7。

表7-7 泥石流灾害调查的主要内容

调查对象	调查要点
形成条件	1. 流域面积调查 2. 地形地貌调查 3. 岩(土)体调查 4. 地质构造调查 5. 地震 6. 相关的气象水文条件 7. 植被 8. 人类工程经济活动调查
泥石流特征	1. 根据水动力条件，确定泥石流的类型 2. 调查泥石流形成区的水源类型、水量、汇水条件、山坡坡度、岩层性质及风化程度，断裂、滑坡、崩塌、岩堆等不良地质现象的发育情况及可能形成泥石流固体物质的分布范围、储量 3. 调查流通区的沟床纵横坡度、跌水、急湾等特征，沟床两侧山坡坡度、稳定程度、沟床的冲淤变化和泥石流的痕迹 4. 调查堆积区的堆积扇分布范围、表面形态、纵坡、植被、沟道变迁和冲淤情况，堆积物的性质、层次、厚度、一般和最大粒径及分布规律 5. 调查泥石流沟谷的历史
诱发因素	1. 调查水的动力类型。主要包括降雨型、冰川型、水体溃决(水库、冰湖)型等 2. 降雨型主要收集当地暴雨强度、前期降雨量、一次最大降雨量等 3. 冰川型主要调查收集冰雪可融化的体积、融化的时间、可产生的最大流量等 4. 水体溃决型主要调查因水库、冰湖溃决而外泄的最大流量及地下水活动情况

（续）

调查对象	调查要点
危害性	1. 调查了解历次泥石流残留在沟道中的各种痕迹和堆积物特征，推断其活动历史、期次、规模，目前所处发育阶段 2. 调查了解泥石流危害的对象、危害形式；初步圈定泥石流可能危害的地区，分析预测今后一定时期内泥石流的发展趋势和可能造成的危害
泥石流防治	调查泥石流灾害勘查、监测、工程治理措施等防治现状及效果

7.2.1.2 泥石流沟的判识

在自然界中，要判别一个流域是否是泥石流流域很困难，科技工作者往往通过多种途径来判别。谭炳炎综合分析了影响泥石流发生的条件，提出了沟谷发生泥石流可能性的数量化评价方法。即采用地貌因素、河沟因素、地质因素 3 个一级因素，15 个二级因素，27 个三级因素和 30 个四级因素；对人类经济活动特别强烈的沟谷采用附加分的方法，对沟谷可能发生泥石流的严重程度进行评判（表 7-8）。评判结果分为 4 级：严重、中等、轻度（是泥石流）、没有（不是泥石流）（表 7-9）。

表 7-8 泥石流严重程度判别因素数分析

序号	影响因素	权重	量级划分							
			严重(A)	得分	中等(B)	得分	较微(C)	得分	一般(D)	得分
1	崩塌、滑坡及水土流失（自然和人为活动的）严重程度	0.159	崩坍、滑坡等重力侵蚀严重，多层滑坡和大型崩坍，表土疏松，冲沟发育完全	21	崩坍、滑坡发育，多层滑坡和中小型崩坍，有零星植被覆盖，冲沟发育	16	有零星崩坍、滑坡和冲沟存在	12	无崩坍、滑坡、冲沟或发育轻微	1
2	泥沙沿程补给长度比(%)	0.118	>60	16	60~30	12	30~10	8	<10	1
3	沟口泥石流堆积活动程度	0.108	河形弯曲或堵塞，大河主流受挤压偏移	14	河流无较大变化，仅大河主流受迫偏移	11	河形无变化，大河主流在高水偏，低水不偏	7	无河形变化，主流不偏	1
4	河沟纵坡(°)	0.090	>12	12	12~6	9	6~3	6	<3	1
5	区域构造影响程度	0.075	强抬升区，6级以上地震区，断层破碎带	9	抬升区，4~6级地震区，有中小支断层或无断层	7	相对稳定区，4级以下地震区，有小断层	5	沉降区，构造影响小或无影响	1
6	流域植被覆盖率(%)	0.067	<10	9	10~30	7	30~60	5	>60	1

（续）

序号	影响因素	权重	严重（A）	得分	中等（B）	得分	较微（C）	得分	一般（D）	得分
						量级划分				
7	河沟近期一次变幅（m）	0.062	>2	8	2~1	6	1~0.2	4	<0.2	1
8	岩性影响	0.054	软岩、黄土	6	软硬相间	5	风化强烈和节理发育的硬岩	4	硬岩	1
9	沿沟松散物储量（×10^4 m^3/km^2）	0.054	>10	6	10~5	5	5~1	4	<1	1
10	沟岸山坡坡度（°）	0.045	>32	6	32~25	5	25~15	4	<15	1
11	产沙区沟槽横断面	0.036	V形、U形谷，谷中谷	5	宽U型谷	4	复式断面	3	平坦型	1
12	产沙区松散物平均厚度（m）	0.036	>10	5	10~5	4	5~1	3	<1	1
13	流域面积（km^2）	0.036	0.2~5	5	5~10	4	0.2以下，10~100	3	>100	1
14	流域相对高差（m）	0.030	>500	4	500~300	3	300~100	2	<100	1
15	河沟堵塞程度	0.030	严	4	中	3	轻	2	无	1

表 7-9　泥石流沟数量化和模糊信息综合评判等级标准

是与非的差别界限值			划分严重等级的界限值		
等级	标准得分 N 的范围	上下限模糊边界区10%变差得分范围	等级	按标准得分 N 的范围	按上下限模糊边界区10%范围
是	44~130 （0.25≤r≤1.0）	40~130	严重 中等 轻微	116~130（r≤0.75） 87~115（0.5≤r<0.75） 44~86（0.25≤r<0.5）	114~130 84~118 40~90
非	15~43 （r<0.25）	15~48	一般	15~43（r<0.25）	15~48

注：1. 括号内的数字为模糊评判 r 的界限值。

2. 当对某条泥石流沟进行数量化评分得出总分 N 位于模糊界限区时，表示该沟的严重等级可作两可判断，一般需依靠经验判定。

7.2.2 泥石流工程治理

7.2.2.1 治理的目的和原则

泥石流治理的目的就是通过采取各类生态工程技术和岩土工程技术，控制泥石流发生和发展，减轻或消除对被保护对象的危害，使被保护泥石流流域恢复或建立起新的良性生态平衡，改善流域生态环境。在泥石流流域内，对泥石流从形成区、流通区到堆积区宜分别采用以恢复植被、截水、护坡、拦挡、排导和防护等工程为主的治理措施。

泥石流治理应遵循以下原则：①全面规划，综合治理，突出重点，减轻和防止灾害发生；②坚持以防为主，防、治结合，除害兴利的方针；③结合实际，做到经济上合理，技术上可行，安全上可靠；④综合治理原则，采取生态工程和岩土工程技术相结合的原则；⑤先治山治坡，再治沟，后治河的原则；⑥土建工程防治中，以拦、排为主，与稳、调、蓄相结合的原则。

7.2.2.2 泥石流治理的生态工程技术

泥石流防治的生态工程由林业措施、农业措施和牧业措施等构成，是防治泥石流的重要措施之一。生态工程与岩土工程相结合，构成综合防治体系，才能取得良好的治理效益。

（1）林业措施

林业措施主要有以下几点：

①保护现有林 首先是禁伐森林，天然林在抑制泥石流形成和保持水土、防病虫害、防森林火灾、土壤养分及水分利用等方面的作用十分显著。其次，要做好护林防火与病虫害防治工作。最后，进行封山育林，保护现有森林植被，促进比较湿润地区的宜林荒山荒坡自然修复。

②泥石流流域的林型配置 对宜林荒山荒坡和退耕还林地要尽快植树造林，尽快形成植被覆盖。泥石流形成区是坡面或沟床松散堆积物被启动形成泥石流的区段，宜配置水源涵养和水土保持林，利用植被保持山坡坡面和沟道岸坡的稳定，减少补给泥石流的松散碎屑物质量。该地段造林的立地条件往往较差，需配合一定的工程措施（如谷坊、拦砂坝和护坡堤等），先改善立地条件，然后再造林。

泥石流流通区山坡相对稳定，该段一般处于流域的中下游或下游，沟道较为狭窄，泥石流能量集中，冲击破坏能力极强，其林型要根据地形条件和坡面侵蚀的实际情况，配置沟岸防护林、水土保持林和薪炭林，兼顾用材林。

泥石流堆积区位于沟谷下游或与主河（沟）交汇口附近，这一区段的林业措施除考虑防治泥石流危害外，还应注重解决与当地群众生活直接相关的一些问题，林型配置宜以经济林、薪炭林、沟道防护和护滩林为主。

③树种的选择 树种选择应以乡土树种为主，适当引进适合当地条件、优良速生、抗干旱、耐瘠薄、深根和有经济价值的乔木、灌木。水源涵养林以适生的高大乔木树种为主；水土保持林、防护林和用材林，选择根深、根系发达、根蘖性强、耐旱耐瘠薄、生长迅速、郁闭快的树种；在地下水出露或易遭水湿的地方要选择耐水湿的树种；分水

岭等高处的防护林要选择抗风性强的树种；经济林选择适生的、经济价值高并兼有水土保持效益的树种；薪炭林选择萌蘖性强、生长迅速、燃烧值高的树种；在靠近村镇和有旅游景点的泥石流流域，应尽量选择具有美化功能和色彩鲜明的观赏树种。

（2）农业措施

农业措施主要有以下几种：

①陡坡耕地退耕还林与坡耕地改造　应加强对坡耕地的改造，推行坡改梯、等高耕作、条带状耕作或垄作、植物篱等水土保持农业耕作措施；≥25°的陡坡坡耕地，应退耕还林，对坡度较陡(15°~25°)坡耕地，应视当地耕地的具体状况，可部分或全部退耕，以经济林或饲草取代。

②河(沟)滩地退耕还河(沟)　必须将河(沟)滩地还河(沟)，恢复河(沟)的泄洪断面，并修筑河(沟)堤，保护两岸滩地以上农田和居民点的安全。

③闸沟垫地地埂改造　对干砌块石地埂进行改造，关键部位的地埂应改建成浆砌石谷坊，以保证其有足够的抗冲强度，确保闸沟地安全，以减少或阻止泥石流的发生。

④实施生态移民　移民后要实行封山育林和退耕还林等生态措施，尽快修复生态环境。

⑤建立高效农业生产基地　应选择条件好的地方，建设稳产高产农田和高效农业生产基地，推广优良品种，提倡精耕细作，增施农家肥，提高单位面积净收益，满足人民群众的需求。

（3）牧业措施

牧业措施主要有以下几种：

①改良草场　引进一些生长迅速、根系发达、耐寒、营养价值高的牧草，宜草灌结合，多品种混播，增强植被的生态效应，提高草场质量。

②有选择地发展人工草地　根据泥石流防治的需要，往往在泥石流流域规划有较多的退耕坡地。在这些退耕坡地中，可选择条件适宜的部分发展为人工草场。

③调整牧业结构　在改良天然草场和发展人工草场的前提下，应调整牧业结构，改变目前小牲畜数量多，大牲畜数量少的状况，增加大牲畜的数量，使畜群结构尽可能趋于合理。同时，淘汰对生态破坏性大、生长慢的品种，培育或引进优良牲畜，提高生产率。

④改变牧业养殖方式　改变粗放经营方式，利用人工草场割草饲养，推行放牧与割草储草舍饲相结合的方法，减少坡地放养，增加圈养，逐渐用圈养代替放养，以解决林牧矛盾。严禁在封山育林区放牧，以确保生态保育措施的有效实施。

7.2.2.3　泥石流治理的岩土工程技术

泥石流治理的岩土工程措施是在泥石流流域内采用土木工程构筑物，如拦砂坝、排导槽、谷坊和护坝等，消除、控制和减轻泥石流灾害的工程技术措施。

（1）工程设计标准

泥石流防治工程标准分为设计标准和校核标准两种。根据拟定工程的重要程度、规模、性质和范围，泥石流危害的严重程度及国民经济的发展水平等，准确、合理地选定某一频率作为计算峰值流量的标准，称为设计标准。在大于设计标准的某一标准状态下，工程仍能发挥其原有作用，这一标准称为校核标准。

防治工程应按3个阶段设计，即可行性方案设计、初步设计和施工图设计；治理工程宜按2个阶段设计，即初步设计和施工图设计。目前通用的泥石流灾害防治工程安全等级标准分为4级（表7-10），各等级的泥石流灾害防治主体工程设计标准见表7-11。

表7-10　泥石流灾害防治工程安全等级标准

泥石流灾害	防治工程安全等级			
	一级	二级	三级	四级
受灾对象	省会级城市	地、市级城市	县级城市	乡、镇及重要居民点
	铁道、国道、航道主干线及大型桥梁隧道	铁道、国道、航道及中型桥梁、隧道	铁道、省道及小型桥梁、隧道	乡、镇间的道路桥梁
	大型的能源、水利、通信、邮电、矿山、国防工程等专项设施	中型的能源、水利、通信、邮电、矿山、国防工程等专项设施	小型的能源、水利、通信、邮电、矿山、国防工程等专项设施	乡、镇级的能源、水利、通信、邮电、矿山等专项设施
	一级建筑结构	二级建筑结构	三级建筑结构	普通建筑结构
死亡人数	>1 000	1 000～100	100～10	<10
直接经济损失（万元）	>1 000	1 000～500	500～100	<100
期望经济损失（万元/年）	>1 000	1 000～500	500～100	<100
防治工程投资（万元）	>1 000	1 000～500	500～100	<100

注：表中的一、二、三级建筑结构是指 GB 50068—2018 标准中一、二、三级建筑结构。

表7-11　泥石流灾害防治主体工程设计标准

防治工程安全等级	降雨强度	拦挡坝抗滑安全系数		拦挡坝抗倾覆安全系数	
		基本荷载组合	特殊荷载组合	基本荷载组合	特殊荷载组合
一级	100 年一遇	1.25	1.08	1.60	1.15
二级	50 年一遇	1.20	1.07	1.50	1.14
三级	30 年一遇	1.15	1.06	1.40	1.12
四级	10 年一遇	1.10	1.05	1.30	1.10

（2）工程设计（规划）的基本参数

泥石流防治工程相关参数主要有岩体或土体的承载力、摩擦系数 f、泥石流的密度 ρ_c、流速 V 和流量 Q 等。

泥石流的密度、流速、流量和冲击力（冲压力）计算可参阅《泥石流灾害防治工程设计规范》（DZ/T 0239—2004）、《泥石流灾害防治工程勘查规范》（DZ/T 0220—2006）和《泥石流防治指南》推荐的有关公式求得。

（3）治理工程的类型及设计要点

常见的泥石流防治工程按其功能可分为拦挡、排导、停淤、沟道整治、调水、防护和坡面治理 7 类工程，下面简要介绍几种常用的泥石流治理工程。

①拦砂坝设计　拦砂坝有拦截泥沙、排泄水体、分离水土、削减泥石流峰值流量、提高沟道侵蚀基准面、稳定岸坡、减缓沟道纵坡、防止侵蚀等多种功能。根据拦砂坝坝体结构，可分为重力坝、拱坝、格栅坝和钢索坝等类型。

坝址一般应选在泥石流流通区，可利用 1/2 000~1/10 000 地形图，结合现场实地踏勘选定。

拦砂坝的布置坝址初步选出后，其确切位置可根据下列原则确定：拦砂坝的布置应与防治工程总体布局协调，能与上游的谷坊或拦砂坝、下游的拦砂坝或排导槽合理地衔接；拦砂坝应布置在崩塌与滑坡等突发性灾害冲击范围之外，能保证拦砂坝自身的安全；拦砂坝的布置应有较好的综合效益。

重力式拦砂坝的设计首先是荷载分析，各种力的计算方法和参数确定，可参考有关规范选用。在设计有效坝高≤15 m 的中、小型拦砂坝时，表 7-12 所列空库过流情况下的荷载组合可作为控制设计的选项参考。其次是稳定分析，拦砂坝的稳定分析包括 3 个方面：一是坝体抗滑稳定分析，抗滑安全系数应在 1.05~1.15；二是抗倾覆稳定验算，抗倾覆安全系数应在 1.30~1.60；三是地基承载力验算，验算结果是坝的上游边缘地基不出现拉应力，下游边缘地基压应力低于地基承载力。最后是结构尺寸设计，主要为坝高、坝的剖面、溢流口、泄流口与排水孔和坝下消能构筑物等的结构尺寸。

表 7-12　拦砂坝设计荷载组合

泥石流性质	运行情况
稀性泥石流	自重 W_a、水压力 F_{wl}、泥石流水平压力 F_{vl}、扬压力 F_y、冲击力 F_c
黏性泥石流	自重 W_a、泥石流水平压力 F_{dl}、冲击力 F_c

②排导槽设计　排导槽是一种槽形线性过流建筑物，其作用是将泥石流顺利地排泄到主河或指定区域，使保护对象免遭破坏，常用于沟口泥石流堆积扇上或宽谷内泥石流堆积滩地上泥石流灾害的防治。泥石流排导要求纵坡大，线路顺直，结构上能防撞击、冲刷和淤积，具有顺畅排泄各类泥石流、高含沙水流和山洪的能力。

排导槽的布置：除要求线路顺直，纵坡较大，有利于排泄外，还应注意以下几点：一是尽可能利用现有的天然沟道，以保持其原有的水力条件；二是出口尽量与主河锐角相交，防止泥石流堵塞主河；三是在必须设置弯道的槽段，应使弯道半径为泥面宽度的8~10 倍(稀性泥石流)或 15~20 倍(黏性泥石流)。

排导槽纵坡设计：排导槽的纵坡应根据地形(含天然沟道纵坡)、地质等状况综合确定。排导槽的纵坡可参考表 7-13 选择。

表 7-13　泥石流排导槽设计纵坡一览

泥石流性质	稀性		过渡性		黏性	
泥石流类型	泥流	泥石流	泥流	泥石流	泥流	泥石流
密度(g/cm^3)	1.1~1.4	1.3~1.7	1.4~1.7	1.7~2.0	≥1.7	≥2.0
纵坡(%)	3~5	5~10	4~7	8~12	6~15	10~18

排导槽横断面设计：包括横断面形式的选择和断面尺寸的确定。常见的泥石流排导槽横断面形状有梯形、矩形和V形3种(图7-23)。

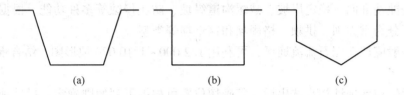

图7-23 泥石流排导槽横断面形状

(a)梯形 (b)矩形 (c)V形

排导槽的平面布置：泥石流排导槽一般由进口段、急流槽、出口段3个部分组成(图7-24)。

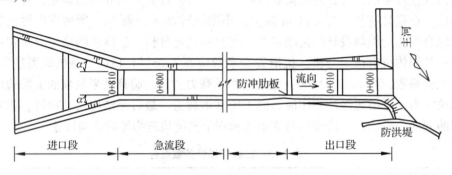

图7-24 排导槽平面布置示意

排导槽的类型：目前，采用较多的排导槽有软基消能排导槽和V形排导槽。

③停淤场设计　泥石流停淤场是根据泥石流的运动和堆积机理，将运动着的泥石流引入预定地段，令其自然减速、停淤或修建拦蓄工程迫使其停淤的一种泥石流防治工程设施。

停淤场类型：主要有以下3类：

——沟道停淤场。位于泥石流沟谷中，与沟道平行呈带状。停淤场可以利用的面积主要为沟旁漫滩，也包括一部分低洼地。在泥石流沟下游有宽而较长的漫滩或低阶地，且未被耕作利用时，才可选用。

——堆积扇停淤场。位于泥石流沟口至主河之间的堆积扇上。选择堆积扇的一部分或大部分作为泥石流停淤场地。

——跨流域停淤场。利用邻近流域的低洼地作停淤场。在地形条件适合、工程简单和选价较低时选用此种类型。

结构设计：泥石流停淤场的组成结构物有拦截坝、引流口、导流堤、围堰、分流墙或集流沟等(图7-25)。

(4)沟道整治工程设计

泥石流沟道整治工程主要分为两大类，一类为固床工程，主要用于固定沟床，减轻、防止谷坡和沟床侵蚀，减少泥石流松散物质补给，防止泥石流发生或减小其规模；另一类为调制工程，为调顺或限制泥石流流路，调节泥石流规模，将其排泄或堆积在指

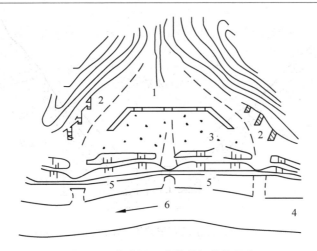

图 7-25　公路泥石流停淤场结构示意

1. 拦截坝　2. 导流坝　3. 围堰　4. 停淤场　5. 公路　6. 主河

定的场所。

拦挡坝固床稳坡工程：是紧靠滑坡或沟岸不稳定段的下游修建拦挡坝，利用其挡蓄的泥沙淤埋滑坡剪出口或保护坡脚，使沟床岸坡达到稳定（图 7-26）。拦挡坝的坝高由下式确定。

$$H_d = L_s I_b + h_s - L_s I_s \tag{7-6}$$

式中　H_d——沟底以上拦挡坝的有效高度（m）；

L_s——上游坡需要掩埋处距拦挡坝顶上游侧的距离（m）；

I_b——沟床原始纵坡（%）；

I_s——淤积纵坡，一般取 I_s 为 $1/2 I_b \sim 3/4 I_b$；

h_s——沟底以上需要淤埋的深度（m）。

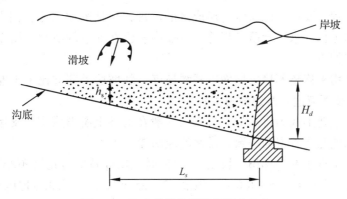

图 7-26　固床稳坡的拦挡坝坝高示意

护坡工程：一般采用不低于 M7.5 的水泥砂浆砌石沿槽冲刷，坡脚进行表面护砌（图7-27），护坡高度不低于设计最高泥位。内壁坡度一般与岸坡平行，迎水坡度略缓，护砌厚度顶部一般不小于 50 cm，底部不小于 100 cm，埋入基础深度应大于冲刷深度，且不小于 100 cm。

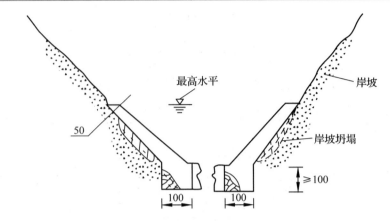

图7-27 水泥砂浆砌石护坡工程示意(单位：cm)

护底工程：护底铺砌多采用水泥砂浆砌块石铺砌，砂浆标号不低于 M7.5，铺砌厚度不小于 0.5 m[图7-28(a)]。在非重要的沟段也可采用干砌块石，用丁砌法铺砌，厚度不小于0.5 m[图7-28(b)]。

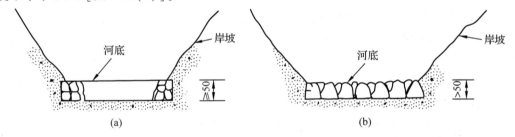

图7-28 护底工程示意(单位：cm)

(a)水泥砂浆砌块石护底　(b)干砌块石护底

(5)坡面治理工程设计

坡面治理工程主要用于泥石流沟形成区的治理，包括削坡工程、挡土工程、排水工程、等高线壕沟工程和水平台阶工程等，主要内容已在前述的滑坡、崩塌防治技术中详述，现简要介绍如下。

削坡工程：用来修整不稳定坡面以减缓坡度，削坡后上部坡比1:1左右，下部坡比1:1.5左右，新坡面应适时修建被覆工程。

排水工程：主要形式为排水沟。排水沟一般在沟谷上游形成主、支沟排水网。主沟布置应沿沟谷两侧与沟谷走向一致，排水沟应防渗。

水平台阶：工程主要为梯田。坡度3°~15°时，田面宽北方地区不小于8m，南方地区不应小于5 m；田坎高0.5~1.0 m。坡度15°~25°时，田面宽北方地区不小于4 m，南方地区不小于2 m；田坎高1.0~4.0 m。边坡多为1.0:0.3~1.0:0.5。

7.2.3 泥石流灾害避让措施——危险区制图

7.2.3.1 危险区的划分

危险区的划分详见表7-14。

表7-14 泥石流危险区划分的规定与含义

危险性分区	危险区划分的规定	危险区的含义
红色区	红色区包括受泥石流影响的危险程度高，不能作为居民和交通建筑用地或在现时只有在极不合算的经济投入条件下才有可能作为交通或建筑用地的地段	在红色危险区内，可能出现摧毁建筑物或建筑物一部分的灾害事件；在建筑物内的人员有生命危险；属于禁止建筑区，禁止人员居住及饲养牲畜
黄色区	黄色区包括受泥石流影响的危险程度低，在采用一定防护措施的条件下可以作为居民和交通建筑用地的地段	在黄色区内，可能发生建筑物受损，但不可能发生摧毁建筑物的灾害事件；在建筑物外的人员有生命危险；对居住区必须进行加固措施；对非居住区进行居住或交通建筑应限制在危险性小的地段；不宜作为人员集中的活动场地，如学校、停车场、索道站等

7.2.3.2 危险区制图的基本方法

(1)准备工作

①按照乡、村有关人员提供的情况，确定应调查的荒溪流域及危险区调查区域。

②收集以下资料

——近期1:10 000的流域地形图，保护对象附近区域1:2 500地形图；1:50 000的所在县地形图。

——近期大比例尺(1:10 000~20 000)航片的技术资料。

——近期行政区图、地质图、土壤图、林业资源调查表图、土地利用图。

——地质、地貌、气象、可能最大雨强(以日、时计，百年一遇雨强)、水文、土壤、植被等有关数据。

——历史灾害记载。

——前人研究成果。

③调查仪器及用具的准备

——测绘仪器：望远镜、视距尺、花杆、罗盘仪、皮尺、测绳、钢卷尺、求积仪(或网点板)、绘图用具、坡度仪。

——计算工具。

——其他调查用品：记录簿，生长锥、相片夹、书写工具、报告纸、坐标纸。

——调查表格编制。

(2)外业调查步骤

①在外业工作图(1:10 000)上确定百米桩位置并编号，自沟口开始，沟口桩号为0。准备防护对象地区的工作图(1:2 500)。

②分析研究调查荒溪的有关图文资料，包括地质、土壤、植被、水文气象、土地利用等方面。

③访问当地居民及干部关于历史上发生的灾害情况。

④在向导带领下，顺沟而上，进行泥沙策源地的位置及数量调查，绘制泥沙平衡图，并进行滑坡危险性调查。

⑤确定荒溪类型，绘制沟道泥沙停积区及沟口冲积圆锥危险区图。

(3)成果整理及验收

①以荒溪为单元汇总以下表格及图件

——荒溪泥沙平衡表及附图。

——荒溪流域滑坡调查表及附图。

——沟道泥沙停积区或沟口冲积圆锥危险性指数调查表及附图。

②以乡(镇)为单元绘制荒溪危险图(注明滑坡、泥石流危险位置及等级)。

③危险图及危险区说明书(包括基本情况，荒溪分类结果说明，滑坡调查结果说明，山洪泥石流危险说明)。

④验收。

(4)危险区制图

①具有冲积圆锥的危险区制图　将地形图与实地的地形、地貌、洪痕位置、明显地物相对照，在冲积圆锥上选出若干点位，对每个采用危险区划分综合指数进行危险性判别，然后采用等值线法分出冲积圆锥上的"红色区""黄色区""白色区"。

危险区划分的指标及其评分等级：

——冲积圆锥上调查点周围冲出的石块最大体积。划分为 4 个等级，分别评为 4 分、3 分、2 分、1 分。

——可辨认的单次淤积的最大厚度。划分为 4 个等级，分别评为 4 分、3 分、2 分、1 分。

——调查点周围冲击圆锥的表面坡度。划分为 4 个等级，分别评为 4 分、3 分、2 分、1 分。

——调查点周围优势植物情况。划分为 4 个等级，分别评为 4 分、3 分、2 分、1 分。

——调查点周围侵蚀状况。划分为 4 个等级，分别评为 4 分、3 分、2 分、1 分。

——调查点周围有径流阻挡的情况。划分为 4 个等级，分别评为 4 分、3 分、2 分、1 分。

危险区划分综合指数计算：

$$调查点危险区划分综合指数 = 各项指数得分总和/项目数$$

调查点危险区划分：

——综合指数 >2.6，属红色区，"禁止建筑区"。

——综合指数 1.6~2.6，属黄色区，"限制或加固建筑区"。

——综合指数 <1.6，属白色区，"安全区"。

②没有冲积圆锥的荒溪危险区划分

——确定荒溪类型。

——计算防护对象处的最大洪峰流量。

最大清水洪峰流量公式为：

$$Q = 2 \cdot \alpha N^a F^b \tag{7-7}$$

式中　Q——清水洪峰流量(m^3)；

N——重现期(a)，确定红色区范围时，$N=50$，确定黄色区范围时，$N=100$；

F——防护对象处以上的流域面积(km^2)；

a，b——系数，不同类型区取值不同；

α——系数，流域面积 $<10\ km^2$，$\alpha=1.10$，否则，$\alpha=1.0$。

最大泥石流洪峰流量公式为：

$$Q_c=\eta Q \qquad (7-8)$$

式中　η——综合荒溪指数，决定于荒溪类型和沟道弯曲度 k(表 7-15)。

表 7-15　综合荒溪指数 η 值

荒溪分类	山洪、泥石流的容重(t/m^2)	综合荒溪指数 η			极端情况下的冲击力(t/m^2)
		$k=1.0\sim1.5$	$k=1.5\sim2.0$	$k>2.0$	
冲击力强的泥石流荒溪	>1.7	7~8	8~10	11~16	15~30
泥石流荒溪	1.5~1.7	5~6	6~7	7~11	11~15
高含沙山洪荒溪	1.1~1.5	2~3	3~4	4~5	7~10
一般山洪荒溪	1.05~1.1	1~1.05	1.05~1.1	1.1~1.15	3~5

——计算防护对象处的断面过流能力 $Q(m^3/s)$。

$$Q=A\cdot V \qquad (7-9)$$

式中　A——防护对象处过水断面面积(m^2)；

V——防护对象处过水断面平均流速(m/s)，计算公式根据荒溪类型确定。

——确定防护对象处的危险区及其范围。

对于顺直沟道，若防护对象处低于 50 年一遇的洪峰流量淹没线，此处为红色区；若防护对象处位于 50 年一遇的洪峰流量与 100 年一遇的洪峰流量淹没线之间，此处为黄色区；若高于 100 年一遇的洪峰流量淹没线，此为白色区。

对于弯曲沟道，根据洪峰流量试算出沟道防护对象处断面平均流速及最大流速。计算外弧表面超高及过水断面。

——确定防护对象所处区域。

当防护对象位于 50 年一遇洪峰流量淹没区内，该区属红色区；当防护对象位于 50 年一遇洪峰流量与 100 年一遇洪峰流量淹没区之间，该区为黄色区；当防护对象位于 100 年一遇洪峰流量淹没区以上，为安全区。

——泥石流危险区的界定方法。

对某一规划的荒溪流域而言，如果既无百年一遇的灾害资料，同时由于强烈的土地利用强度和频繁扰动使流域内"灾害痕迹"荡然无存，就要考虑应用 1~10 年一遇的常见灾害资料。如果根本没有任何洪水资料，将应用 100 年一遇的理论"灾害事件"(表 7-16)。

表 7-16　泥石流危险区的界定标准

危险种类	危险区	设计灾害标准(100 年一遇)	常见灾害标准(1~10 年一遇)
(1)静水	红区	水深≥1.5 m	淹没线 HQ10 >50 cm，HQ1 >20 cm
	黄区	水深<1.5 m	淹没线 HQ10 <50 cm，HQ1 <20 cm

（续）

危险种类	危险区	设计灾害标准（100年一遇）	常见灾害标准（1～10年一遇）
（2）流水	红区	能线高≥1.5 m	HQ10：能线高≥0.25 m
	黄区	能线高<1.5 m	HQ10：能线高<0.25 m
（3）侵蚀沟	红区	沟深≥1.5 m	有侵蚀沟形成
	黄区	沟深<1.5 m	无侵蚀沟形成，参见（2）
（4）泥沙沉积	红区	厚度≥0.7 m	有泥沙沉积
	黄区	厚度<0.7 m	无泥沙沉积，参见（2）
（5）沟岸滑塌	红区	沟岸滑塌区上沿	—
	黄区	安全带	
（6）泥石流	红区	泥石流沉积物的边界	—
（7）溯源侵蚀	红区	可能发生的范围	—
	黄区	参见（3）、（5）	

注：在危险种类（1）中，不标出沼泽、池塘、水井、低洼地；在危险种类（5）中，制作沟岸滑塌区的检查表，滑塌安全带宽度要作具体说明。

7.2.3.3　危险区制图存在问题与评价

（1）精度分析

在泥石流灾害可能发生区域内，界定危险区的范围和界线是危险区制图的核心内容，区域界定的精度决定了危险区制图的应用前景。

（2）国家政策分析

这一措施包括国家及主管部门对不实施危险区制图的乡、镇将有权冻结和停止一切涉及流域或危险区的财政资助。这一措施在积极推动危险区制图广泛实施的同时，也导致了一些乡镇的危险区制图仅仅处于规划状态。

（3）其他规划影响

由于沟谷地带经常地受到洪水和泥石流等灾害的侵袭而难以居住，而冲积扇上相对少地受到洪水和泥石流的危害，许多山区的村庄都建在冲积扇或冲积圆锥上。

（4）成本效益分析

流域治理中任何一个较大的工程都要进行成本效益分析。在多种分析的基础上必须确认流域治理工程的经济效益。

7.3　崩岗综合防治

7.3.1　崩岗侵蚀概述

7.3.1.1　崩岗侵蚀现状

崩岗侵蚀较严重地区涉及长江流域、珠江流域和东南沿海诸流域。从区域地貌来看，主要发生在南岭山脉粤、赣、湘、桂的丘陵地貌和福建的武夷山脉、戴云山丘陵地貌。从行政区域看，崩岗侵蚀主要分布在湖北、湖南、安徽、江西、福建、广东、广西7个省(自治区)，共有大、中、小型崩岗23.91万个。崩岗侵蚀的数量分布情况见表7-17。

表7-17 崩岗侵蚀空间分布

省份	崩岗数量(个)	崩岗面积(hm^2)	占总面积比(%)
广东	107 941	82 760	67.83
福建	26 023	7 339	6.02
江西	48 058	20 675	16.95
湖南	25 838	3 739	3.06
广西	27 767	6 598	5.41
湖北	2 363	538	0.44
安徽	1 135	356	0.29
合计	239 125	122 005	100.00

7.3.1.2 崩岗侵蚀分类

(1)按崩塌形态特征分类

按崩岗的崩塌形态特征可分为条形崩岗、瓢形崩岗、弧形崩岗、爪形崩岗和混合型崩岗5种(图7-29)。条形崩岗主要分布在直形坡上，由一条大沟不断加深发育而成；瓢形崩岗通常在坡面上形成腹大口小的葫芦瓢形崩岗沟；弧形崩岗主要分布在河流、溪沟、渠道一侧，一般在山坡坡脚受水流长期侵蚀和重力崩塌作用形成；爪形崩岗包括沟头分叉和倒分叉两种，多分布在坡度较缓的坡地上；混合型崩岗一般发生在崩岗发育中晚期，由两种不同类型崩岗复合而成。

弧形、瓢形、条形、爪形、混合型崩岗侵蚀在各省区均有分布(表7-18)。

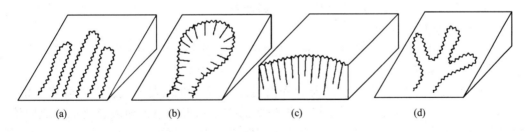

(a)　　　　　(b)　　　　　(c)　　　　　(d)

图7-29 崩岗形态示意(孙波等，2011)

(a)条形崩岗　(b)瓢形崩岗　(c)弧形崩岗　(d)爪形崩岗

(2)按崩岗活动情况分类

依据崩岗的发育活动阶段可将崩岗划分为活动型、相对稳定型和稳定型3种类型。

(3)按崩岗侵蚀规模分类

按崩岗崩口面积大小可分为大型崩岗($S \geqslant 3\ 000\ m^2$)、中型崩岗($1\ 000\ m^2 \leqslant S < 3\ 000\ m^2$)、小型崩岗($60\ m^2 \leqslant S < 1\ 000\ m^2$)3种。

表 7-18　南方 7 省(自治区)崩岗侵蚀形态分布情况

崩岗类型	崩岗数量		崩岗面积	
	个数	所占比例(%)	面积(hm²)	所占比例(%)
条　形	61 609	25.76	20 195	16.55
瓢　形	51 930	21.72	27 978	22.93
弧　形	49 067	20.52	15 342	12.58
爪　形	19 813	8.29	13 201	10.82
混合型	56 706	23.71	45 288	37.12
合　计	239 125	100.00	122 005	100.00

7.3.1.3　崩岗侵蚀的形成过程与发展规律

1)崩岗侵蚀形成条件

崩岗侵蚀的形成与发育须具备以下 4 个基本条件:①深厚的土层或风化母质;②软弱面的发育;③强大的径流冲击和地下水在软弱面的运动;④地表植被及枯枝落叶层遭到严重破坏。

2)崩岗侵蚀形成过程

在花岗岩风化壳发育地区,植被破坏后,局部坡面出现较大的有利于集流的微地形,面蚀加剧,多次暴雨径流导致红土层侵蚀流失,于是片流形成的凹地迅速演变成为细沟、浅沟和冲沟。随着径流的不断冲刷,冲沟不断加深和扩大,其深宽比值不断增大,下切作用进行的速度比侧蚀度快,冲沟下切到一定深度变形成陡壁。陡壁形成之后,剖面出露沙土层,斜坡上的径流在陡壁处转化为瀑流。瀑流强烈地破坏其下的土体,在沙土层中很快形成溅蚀坑,溅蚀坑不断扩大,逐渐发展成为龛。龛上的土体吸水饱和,内摩擦角随之减小,抗剪强度降低,在重力作用下便发生崩塌,形成雏形崩岗。崩塌产物大部分被流水带走,使沙土层再次暴露出来,在地面径流和瀑流的影响下又形成新的龛,再度发生崩塌,如此反复形成崩岗地貌。

3)崩岗侵蚀发展规律

崩岗一般是由侵蚀沟演变发育而成,它的发生发展大体可分为以下 4 个阶段:

(1)初始发育阶段

又称即将形成阶段。地表承接天然降雨后,坡面产生地表径流,随着降水量的增加,时间延长,径流加大,在微地形及地被物的作用和影响下,地表径流汇聚成股流,其冲刷力不断增加。有的股流沿着地面原有的低凹处流动,依靠自身冲刷力而成细沟侵蚀,逐步发育成浅沟侵蚀。这种侵蚀在直线形坡上大致呈平行状排列,沟距也大致相等,进一步发育会形成条形崩岗。如果在凹形坡上呈树枝状分布,进一步发育会形成爪形或瓢形崩岗。

(2)快速发展阶段

又称剧烈扩张阶段。随着径流不断增大,冲刷力越来越强,浅沟不断发展,沟底下切,形成切沟侵蚀。沟头溯源前进,沟壁扩张迅速,沟道深、宽均超过 1m。此时,沟底已切入疏松的砂土层或碎屑层,并出现陡坎跌水。在此过程中,沟道中的细小水流汇集成大的水流，与所挟带的泥沙冲刷沟底，使沟底迅速加深，侵蚀基准面不断下降，沟坡失去原来的稳定性。同时，流水还冲淘沟壁底部，或由于雨水沿着花岗岩风化体裂隙渗入土内，土粒吸水膨胀，重力增大，黏聚力减小，这些均会造成沟壁崩塌，扩张加剧，形成崩岗。

（3）趋于稳定阶段

又称半固定阶段。崩岗经过剧烈扩张崩塌后，由于溯源侵蚀造成崩岗沟头接近分水岭，或两侧侵蚀使崩壁到达山脊附近。这时，上坡面进入崩岗的径流大大减少，很难完全冲走崩塌在坡脚下的堆积物，无形中起到了护坡的作用，而沟床的比降也大为减小，流水冲刷力逐渐减弱。崩岗内的陡壁土体因失稳而崩塌下来的泥沙堆积在崩壁下，使其坡面角度有的接近休止角，并逐渐恢复了植被，崩岗发育便趋于停止。

（4）稳定阶段

又称固定阶段。在这一阶段，崩岗内沟床趋于平缓，沟内已无集中径流冲刷。崩壁坡脚也因上面崩塌的土体堆积不再被冲走而达到稳定休止角度，不再崩塌。随着表层土体稳定，植被逐渐生长，形成稳定的崩岗。

7.3.2　崩岗综合防治技术

7.3.2.1　传统治理崩岗侵蚀技术

我国对崩岗侵蚀的治理技术已进行了一系列探索，总结了一些治理措施，取得一定的治理成效，探索出一套较为完整的包括生物和工程措施的崩岗立体综合治理技术，概括为"上截、下堵、中绿化"。"上截"是在崩岗沟头及其四周修建天沟排水，防止径流冲入崩口；"下堵"是在崩岗沟口修筑谷坊，拦蓄径流泥沙，抬高侵蚀基准面，稳定沟床，防止崩壁底部掏空塌落；"中绿化"是在崩积堆上造林、种草、种经济林(竹)或种农经作物等，以稳定崩积堆的措施。但这种传统防治措施依然存在一定的不足。

（1）传统治理技术上存在缺陷

"上截、下堵、中绿化"的防治思路未能把崩岗作为一个整体进行系统整治，难以彻底根治崩岗侵蚀的危害。在各项措施的配置上存在缺陷。如"上截"只强调开沟排水，忽视了植物措施的合理配置，以控制集水坡面水土流失，即重工程轻植物，未另对崩岗侵蚀的主要泥沙来源地——崩壁的整治予以重视，即重局部轻整体；在沟壁边缘植物措施的配置上，忽视了因沟壁边缘乔木树种的存在而给沟壁稳定带来的威胁，即重治标轻治本。

（2）整治理念上缺乏资源化的思想

传统的治理方法往往只把崩岗作为灾害来看，缺少从资源的视角来考虑崩岗治理。传统的崩岗治理方式多以工程和生物措施为主，重视生态效益，而忽视了合理开发利用崩岗侵蚀区土地资源带来的经济效益。应将崩岗侵蚀区土地资源的整治与开发利用有机结合起来，更新治理理念，兼顾、平衡生态效益与经济效益，采用崩岗资源化的理念，实现崩岗整治生态、社会和经济三大效益的"共赢"。

（3）行动上缺少社会公众参与

目前，崩岗整治多属政府行为，政府出资、政府组织、政府实施，缺少社会公众的主动参与。崩岗治理需要寻找一条农民大众主动参与的治理路线，经济开发型治理模式就是一种能推动公众主动参与治理的有益探索。社会公众主动参与崩岗治理，可以降低政府成本，增加农民收入，保护治理成果的持续性。

7.3.2.2 崩岗综合防治新理念

（1）区划优先

崩岗防治区划是在崩岗综合调查的基础上，根据崩岗侵蚀的发育状况、侵蚀特点、形成过程以及侵蚀地貌等，并考虑崩岗防治现状与社会经济发展对生态环境的需求，在相应的区域划定有利于崩岗侵蚀治理与水土资源合理利用的单元，为崩岗治理措施的布设提供重要依据。根据崩岗的侵蚀特点、发展规律和侵蚀地貌，可以将崩岗防治区划分为沟头集水区、崩塌冲刷区和堆积冲积区。沟头集水区地表径流和泥沙向崩岗沟汇集，产生跌水，加速沟底侵蚀和边坡失稳；沟头或沟壁崩塌下来的泥沙或土体堆积在崖脚。由于径流的冲刷，崩塌疏松的物质很快被带到沟口堆积而形成冲积扇，部分随洪流带到下游（图 7-30）。

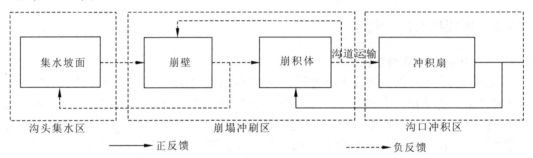

图7-30 崩岗系统物质能量输送及其反馈机制模式（孙波等，2011）

（2）以崩岗口为单元的"三位一体"综合治理

针对传统崩岗治理方法的不足，提出"治坡、降坡、稳坡"的崩岗侵蚀综合治理新思路。即在崩岗治理的过程中，将崩岗作为一个系统整体，以崩岗口为单元，采取生物、工程等措施分区综合治理沟头集水区、崩塌冲刷区、沟口冲积区等各个子系统，疏导外部能量，治理集水坡面，稳定崩壁，固定崩积体，同时在沟道修筑谷坊与拦砂坝，抬高侵蚀基准面，稳定坡脚，全面控制崩岗侵蚀。

①沟头集水区 主要包括集水坡面和崩岗沟头。该区的侵蚀主要是集水坡面的面蚀、沟蚀以及沟头溯源侵蚀。集水坡面汇集径流流向崩壁，形成跌水，加速崩岗沟底侵蚀与崩壁失稳。该区的防治要点是有效地拦截降雨，增加土壤入渗、崩岗上方坡面的径流，防止径流流入崩塌冲刷区，控制集水坡面的跌水动力条件。

②崩塌冲刷区 包括崩壁和崩积体。该区的侵蚀主要是崩壁的下切侵蚀、崩积体的重力坍塌和径流冲刷侵蚀。该区的防治要点是结合削坡开级，快速绿化崩壁，减少径流对崩壁的冲刷，防止其重力坍塌，同时用植物措施固定崩积体，减少崩积体的再侵蚀过程。

③沟口冲积区 包括沟道和冲积扇两部分地貌单元。该区的侵蚀主要是沟道的下切

侵蚀和径流对冲积扇的冲刷。防治要点是通过修筑植物谷坊、土谷坊、石谷坊等各类谷坊和拦砂坝，提高侵蚀基准面，降低溯源侵蚀，阻止泥沙向下游移动并汇入河流；同时，用生物措施固定冲积扇，有效减少径流侵蚀，减少向下游河道的泥沙输送。

7.3.3 经济开发型崩岗综合治理

7.3.3.1 经济开发型崩岗综合治理定义

经济开发型崩岗治理即用系统论原理、系统工程的方法，把崩岗分成沟头集水区、崩塌冲刷区、沟口冲积区，分别采取治坡、降坡、稳坡三位一体的措施，用合理、经济、有效的方法与技术，分区实施治理，全面控制崩岗侵蚀，达到转危为安、化害为利的目的。通过工程措施与植物措施相结合，坡面治理与沟底治理相结合，局部与整体相协调的治理方法，配置经济类作物(如果、茶、竹、经济林、用材林、农作物等)在产生生态效益的同时形成经济效益，并具一定规模，从而实现崩岗规模经济(图7-31)。

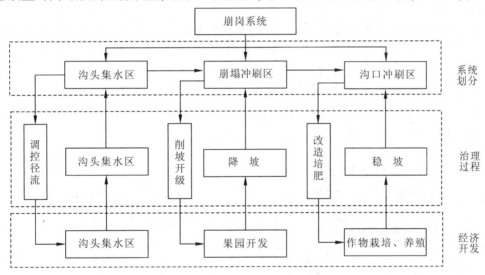

图7-31 经济开发型崩岗综合治理总体思路(孙波等, 2011)

7.3.3.2 经济开发型崩岗综合治理模式

(1)沟头集水区治理——治坡

治坡，就是对沟头集水坡面进行开发性治理，以生物措施为主，辅之必要的工程措施。首先，应结合工程整地，运用径流调控理论，在沟头集水坡面，开挖水平竹节沟、鱼鳞坑或大穴整地等，排除和拦蓄地表径流，科学调控和合理利用地表径流，控制水土流失，做到水不进沟。其次，由于沟头集水区表土剥蚀严重，心土十分贫瘠，工程整地时，在立地条件较好的地方，还应回填表土或施放基肥，实施土壤改良措施，以快速恢复植被；或种植水土保持效果好、抗逆性强的经济林果木，高效利用水土资源。对于处于发育晚期、沟头已溯源侵蚀至分水岭的崩岗，可根据当地的地形特点，因地制宜地进行削坡开级或就地平整，然后，再合理开发利用土地资源，达到生态效益和经济效益双丰收的目标。

（2）崩塌冲刷区治理——降坡

降坡就是采用机械或人工的方法，对地形破碎的崩岗群的坡地，进行削坡降级并修整成平台。一般自上而下开挖，分级筑成阶梯式水平台地，即削去上部的失稳土体，逐级开成水平台地，俗称削坡开级。这样不仅可降低原有临空面的高度，促进沟头和沟壁的稳定，防止沟头溯源侵蚀，而且可为生物措施的实施创造有利条件。另外，在水平台地上，还可种植经济林、茶叶或果树。

（3）沟口冲积区治理——稳坡

稳坡就是在沟底平缓、基础较实、口小肚大的地方，因地制宜地选择植物、土地、石块、水泥等修建各类谷坊和拦砂坝等工程措施，以拦蓄泥沙，滞缓山洪，抬高侵蚀基准面，稳定坡脚，降低崩塌的危险，做到沙不出沟。在冲积扇下游，可改良土壤，培肥地力，种植经济作物，增加经济收入。

（4）培育崩岗经济

通过实施治坡、降坡和稳坡三位一体的整治技术，把难利用的崩岗侵蚀劣地改造成农业用地和经济果木园地。这种崩岗经济治理模式，集成了各种崩岗最佳治理技术要素，使崩岗治理的生态和经济效益得以充分发挥，是促进农民增收和建设新农村奔小康的重要途径，群众也容易接受。但投入较大，多用于混合型崩岗、大型的瓢形崩岗、爪形崩岗和崩岗群的治理。对位于交通便利、经济条件较好区域的中型崩岗也可以采用这种模式（图7-32）。

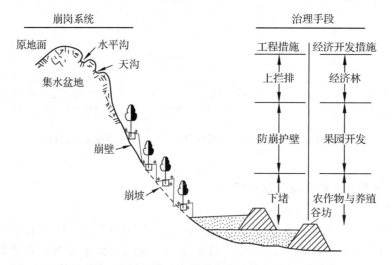

图7-32 基于系统工程的经济开发型崩岗治理模式示意（孙波等，2011）

7.3.3.3 经济开发型崩岗综合治理技术

（1）沟头集水区治理

沟头集水区的治理措施主要包括坡面工程措施和植物措施。工程措施包括斜坡固定工程、护坡工程等，通过实施工程措施增强坡体稳定性。植物措施主要通过种植作物、实施封禁来稳定集水坡面，增加雨水入渗、降低流水对坡面冲刷的作用。

（2）崩塌冲刷区治理

崩塌冲刷区治理原则在于提高沟壁—崩积体负反馈机制作用并减小正反馈机制作用，传统方法是：首先对崩积体进行整治，采用机械或人工的方法降级整地成平台。自上而下开挖宽阶梯水平台地，减小了原有临空面高度，有利于沟头和崩壁的稳定，防止沟壁溯源侵蚀。同时也为水平台地内挖穴配置种植经济类作物提供了条件，为保证这些经济类作物生态群落的稳定性与多样性，可在崩积体较稳定的地表培育果园。

（3）沟口冲积区治理

沟口冲积区的治理主要采取工程措施与农作物措施相结合，提高其与崩积体之间的负反馈机制。工程措施主要是在沟道建立谷坊拦截崩岗内泥沙；农作物措施是在山脚种植树种、草灌以及经济型农作物。这样不仅可以快速覆盖、阻止洪积扇泥沙，更重要的是与沟头集水区的经济林以及崩塌冲刷区的果园开发形成了一套立体式的崩岗系统经济开发型治理模式，三者互为补充、互相依存。

7.3.4 生态恢复型崩岗治理技术

7.3.4.1 生态恢复型崩岗治理定义

生态恢复是指恢复被损害的生态系统并使之接近被损害前自然状况的管理过程，即重建该系统干扰前的结构与功能及有关的物理、化学和生物学特征的过程。生态恢复型崩岗侵蚀治理的思路和目标就是发挥生态自我修复能力，配合人为的预防监督、强化保护，使生产建设与防治水土流失同步，使受损的生态系统恢复或接近被损害前的自然状况，恢复和重新建立一个具有良好结构和功能且具有自我恢复能力的健康的生态系统。

7.3.4.2 适用条件与确定原则

崩岗不同的发育形态、发育阶段、发生规模等，决定了治理崩岗的措施必须有所差异。在崩岗发生的初期主要是以条形崩岗为主，然后再慢慢发展成其他类型的崩岗（爪形、瓢形等）。对于发生初期的条形崩岗，生态恢复型治理具有广泛的适用性。同时由于目前的社会经济发展状况，崩岗治理主要还是以经济开发型治理为主，对于交通不便、经济条件差的地区，可以选择人工强度干预加生态恢复治理的模式治理崩岗。

根据以上适宜性条件，生态恢复型崩岗治理模式应用原则为：主要适用于崩岗区条形、弧形、小型瓢形崩岗以及规模较小的崩岗，或者在交通不便、劳动力缺乏、立地条件不适合进行经济开发型治理的各类型规模较大的崩岗，也可以根据土地利用规划和经济社会条件选择使用。生态恢复治理措施分为轻微人工干预治理和强度人为干预治理。治理过程需要考虑崩岗的规模、类型、集水坡面面积大小等因素。

7.3.4.3 生态恢复型崩岗综合治理技术

（1）沟头集水区治理

沟头集水区的治理主要包括截、排水沟工程和集水区植被生态恢复工程两部分。其中截、排水沟是集水区重要的防护工程之一，其作用在于拦截坡面径流，防止坡面径流进入崩岗口造成侵蚀。而沟头集水区的生态恢复工程则是对崩岗集水区进行生态恢复治理，通过恢复集水区的生态系统功能，增大集水区土壤、植被对水分的吸收，从而减缓集水区径流的产生而加剧崩岗侵蚀。

①沟头集水区工程治理　主要是针对崩岗沟头集水区的水土流失问题，特别是径流汇入给崩塌区稳定带来的危害。沟头集水区治理采用在崩岗顶部距沟头5 m处坡面沿等高线挖2条截水沟，沟间距2 m，沟埂夯实，埂壁拍实、拍光。崩口顶部已到分水岭的，或由于其他原因不能布设截水沟的，应在其两侧布设"品"字排列的竹节沟。同时根据不同立地条件，选择有效的坡面水土保持工程措施，构建生物与工程相结合的水土保持技术，有效控制沟头集水区水土流失。

②沟头集水区生态恢复治理　沟头集水区生态恢复治理包括生态自然恢复和人工辅助恢复两种治理方式。生态自然恢复主要利用生态系统(森林、灌木、草地等)具有自我繁衍后代的能力，在自然环境中，配合少量人工措施，促使植物群落由简单到复杂，由低级向高级发展，最后达到恢复生态系统功能的一种生态自然恢复方式。在封育期间禁止采伐、砍柴、放牧、割草等一切不利于集水区植物生长繁育的人为活动。特别是在靠近村庄、人为活动比较强烈的区域应该加强监管力度。同时及时进行森林培育，郁闭前，通过割草、松土、补植、补播等为天然下种创造适生条件。对于过密地方的幼苗，采用间苗定植，而对过稀处或林中空地，则进行补植补播；郁闭后一般采用修枝、平茬复壮、幼林抚育等措施以促进林木生长以及培育目的树种。

人工辅助恢复是指在土壤侵蚀严重的区域，由于土壤肥力低下、生态系统功能脆弱，必须配合一定的辅助人工措施，促使植物群落在较快的时间内由简单到复杂，由低级向高级发展，最后达到恢复生态系统功能的恢复方式。

沟头集水区人工辅助恢复生态时应遵循群落演替、群落结构、适地适树、生物多样性、生态系统、群落稳定性等原则，对于自然条件恶劣地方，可选择由草类到乔木的逐步培育过程，具体可因立地条件、原有植被状况而异。

对于人工辅助恢复后的崩岗沟头集水区采取长期全面封育的方式进行生态修复。需人工恢复时，要根据不同立地条件，筛选合适的草树品种，研发配套的栽培和管理技术，选择有效的坡面水土保持工程措施，构建生物与工程相结合的水土保持技术，有效控制沟头集水区水土流失。

(2)崩塌冲刷区治理

崩壁侵蚀是崩岗产沙的重要来源。针对不同崩岗类型，需要使用不同的控制技术，对较陡峭的崩壁，在条件许可时削坡开级，从上到下修成反坡台地(外高里低)或修筑成等高条带，使之成为缓坡、台阶地或缓坡地，同时配套排水工程，减少崩塌，为崩岗的绿化创造条件。

①修筑反坡台地(梯田)　包括定线、清基、筑坎、平整、修排水沟5道工序。

②修筑缓坡地　将崩壁修筑成坡地后，根据坡度大小可依次采用草皮护坡、香根草护坡、编栅护坡、轮胎护坡进行治理。

(3)堆积冲积区治理

崩岗的堆积区是崩塌区侵蚀产生的泥沙堆积在崩岗底部的松散土体。通过二次侵蚀，大量泥沙被输送出崩岗，从而造成危害。而沟头和沟壁崩坍下来的风化壳堆于崖脚，减小了原有临空面高度，利于沟头和沟壁的稳定。控制崩积体的再侵蚀是防止沟壁不断向上坡崩坍的关键。崩积体土体疏松，抗侵蚀力弱，侵蚀沟纵横，立地条件差，特别是土壤养分缺乏且阴湿。一般情况下，对于小崩岗，只要坡面治理得当，崩积体就相对稳定。如崩岗面积大，崩积体坡度大，可采取以下治理措施：先对崩积体进行整地，填平侵蚀沟，崩积体土体疏松，抗侵蚀性弱，种植根系发达的牧草，可在短时间内覆盖崩积体表面，防止降水侵蚀和切沟产生，但因其根系较浅，一旦小侵蚀沟产生，牧草控制土壤侵蚀作用将减弱，因此，同时种植深根系草本植物，能有效抑制侵蚀沟发育和崩岗扩张。如果崩岗已发育到中后期，崩积体面积较大，且坡度较缓，可以开发性治理为主。

(4) 沟口泥沙控制工程

通过对崩岗沟头集水区、崩塌区和堆积区的综合治理，崩岗的输沙特征发生了明显的变化。在此基础上，可于沟底平缓、基础较好、口小肚大的地段修建谷坊，以拦蓄泥沙，节制山洪，改善沟道立地条件。由于修建谷坊工程量大，须动用大型机械，因此只在关键部位修建谷坊，沟底的治理应以生物措施为主。谷坊按 10 年一遇 24 h 暴雨标准设计，生态型治理崩岗一般选用土谷坊，设计高度为 1 ~ 5 m。建好谷坊后，可在其上种植香根草等根系较发达的植被，以稳固谷坊。在崩岗沟底种植植物，均需客土，以增加有机质，提高成活率。

思 考 题

1. 重力侵蚀的概念及其类型是什么？
2. 滑坡、泥石流的形成因素有哪些？
3. 我国滑坡、泥石流的分布及其分布规律是什么？
4. 滑坡、泥石流防治的目的及原则是什么？
5. 滑坡、泥石流预警和预报有哪些主要方法？
6. 泥石流生态工程措施有哪些？
7. 滑坡与崩塌、泥石流工程治理的主要措施及其作用有哪些？

推荐阅读书目

山洪泥石流滑坡灾害及防治. 国家防汛抗旱总指挥部办公室，中国科学院成都山地灾害与环境研究所. 科学出版社，1994.

滑坡减灾理论与实践. 乔建平. 科学出版社，1997.

泥石流及其综合治理. 吴积善，田连权，康志成，等. 科学出版社，1993.

滑坡分析与防治. 徐邦栋. 中国铁道出版社，2001.

泥石流防治指南. 周必凡，李德基，罗德富等. 科学出版社，1991.

中国泥石流. 中国科学院水利部成都山地灾害与环境研究所. 商务印书馆，2000.

参考文献

陈光曦，王继康，王林海，1983. 泥石流防治[M]. 北京：中国铁道出版社.

陈忠达，2000. 公路挡土墙设计[M]. 北京：人民交通出版社.

滑坡研究与防治编辑委员会，1996. 滑坡研究与防治(1)[M]. 成都：四川科学技术出版社.

唐邦兴，柳素清，刘世建，等，1991. 中国泥石流分布及其灾害危险区划图[M]. 成都：地图出版社.

王礼先，于志民，2001. 山洪泥石流灾害预报[M]. 北京：中国林业出版社.

王礼先，朱兆金，2005. 水土保持学[M]. 2 版. 北京：中国林业出版社.

殷坤龙，2004. 滑坡灾害预测预报[M]. 北京：中国地质大学出版社.

吴积善，田连权，康志成，等，1993. 泥石流及其综合治理[M]. 北京：科学出版社.

徐邦栋，2001. 滑坡分析与防治[M]. 北京：中国铁道出版社.

周必凡，李德基，罗德富，等，1991. 泥石流防治指南[M]. 北京：科学出版社.

中国科学院水利部成都山地灾害与环境研究所，2000. 中国泥石流[M]. 北京：商务印书馆.

第 8 章

生态退化区水土流失综合防治

【本章提要】本章主要介绍了生态退化区水土流失的综合防治，包括石漠化治理、盐碱化治理、冻融侵蚀防治以及海岸侵蚀防治。

8.1 岩溶石漠化防治

8.1.1 石漠化概念与内涵

喀斯特作为一种特殊地貌过程和现象，原是克罗地亚西北部伊斯特拉半岛石灰岩高原的地名，意为岩石裸露的地方，那里有各种奇特的石灰岩地形。19 世纪末，克罗地亚学者司威治(J. Cvijic)研究了喀斯特高原的各种石灰岩地形，采用喀斯特一词称呼碳酸盐岩地区的一系列特殊地貌过程和水文现象，之后喀斯特一词成了世界地学上的专门术语，在我国将喀斯特与岩溶等同使用。石漠化概念的形成和提出是我国在西南岩溶地区自然环境经历破坏、生态环境日益严重的背景下产生的。但关于石漠化的概念，不同学者有不同的定义。目前关于石漠化的定义存在两种不同认识，第一种观点认为石漠化是一种退化土地或土地退化现象；第二种观点则认为石漠化是一种土地退化过程，所形成的土地称为石漠化土地。这两种观点都认为石漠化的本质是土地退化，但第二种观点更有利于人们从形成机制角度认识石漠化，使石漠化的研究突破水土流失研究的桎梏而上升到一个新高度，因而为越来越多的人们所接受。

一般将发生在喀斯特和非喀斯特地区的石漠化称为广义石漠化，它包括了南方湿润地区人类活动和自然因素所导致的地表出现岩石裸露的过程和景观，既包括喀斯特地区的石漠化，还包括花岗岩石漠化、红色岩系石漠化、紫色砂页岩石漠化等。

狭义的石漠化指在南方(特别是滇、黔、桂)湿润地区碳酸盐岩(石灰岩、白云岩等)形成的生态环境脆弱的喀斯特区，由于人类不合理活动造成植被破坏、水土流失、岩石逐渐裸露、土地总体生产力衰退或丧失、土地利用率低、地表在视觉上呈现石漠景观的演变过程，是自然因素和人为因素共同作用的结果。随着石漠化防治研究的发展，也有学者认为需要重新界定石漠化的定义。主要原因有二：一是从我国石漠化发生区域和灾害分布情况来看，不仅在湿润区存在土地石漠化，而且在半湿润区也存在石漠化土地和地貌景观，如安徽淮北石质山地、山西太行山喀斯特景观、北京十渡喀斯特地质地貌景观等，均处于我国干湿状况分区中的半湿润区。二是从全球喀斯特地貌的分布来看，世界三大连片喀斯特区包括了中国西南喀斯特地区、地中海沿岸、北美东海岸，从热带到寒带、由南到北都有喀斯特地貌发育和石漠化现象。综合考虑石漠化发生区域、发生原因、过程与现象等多方面因素，可将石漠化定义为：在岩溶极其发育的自然背景下，受人为活动干扰，使地表植被遭受破坏，导致土壤严重流失，基岩大面积裸露或砾石堆积的土地退化现象，也是岩溶地区土地退化的极端形式。

8.1.2 石漠化类型与分布

8.1.2.1 石漠化类型划分

世界其他国家对于石漠化的类型划分，尚无明确的界定，一般将喀斯特极其发育的地区与非喀斯特地区进行类型区分，也有一些国家主要将土壤母岩为石灰岩的地区与非石灰岩区域进行类型区分。

我国将岩溶地区土地类型划分为未石漠化土地和石漠化土地两大类，前者又分为非石漠化土地和潜在石漠化土地，后者分为不同等级的石漠化土地，包括轻度、中度、重度和极重度石漠化土地。具体分类方法如下：

（1）非石漠化土地

符合下列条件之一的为非石漠化土地：①基岩裸露度（或石砾含量）<30%的有林地、灌木林地、疏林地、未成林造林地、无立木林地、宜林地；②苗圃地、林业辅助生产用地；③基岩裸露度（或石砾含量）<30%的旱地；④水田；⑤基岩裸露度（或石砾含量）<30%的未利用地；⑥建设用地；⑦水域。

（2）潜在石漠化土地

基岩裸露度（或石砾含量）≥30%，且符合下列条件之一的：①植被为乔灌草型、乔灌型、乔木型和灌木型，植被综合盖度≥50%的有林地、灌木林地；②植被为草丛型，植被综合盖度≥70%的牧草地、未利用地；③梯土化旱地。

（3）石漠化土地

基岩裸露度（或石砾含量）≥30%，且符合下列条件之一者为石漠化土地：①植被为乔灌草型、乔灌型、乔木型和灌木型，植被综合盖度<50%的有林地、灌木林地，以及未成林造林地、疏林地、无立木林地、宜林地、未利用地；②植被为草丛型，植被综合盖度<70%的牧草地、未利用地；③非梯土化旱地。依据评定因子及指标又将石漠化程度分为：轻度、中度、重度和极重度4个等级。评定石漠化程度的因子包括基岩裸露程度、植被综合盖度、植被类型和土层厚度，各评定因子及指标评分见表8-1至表8-5。

表8-1 基岩裸露度评分标准

基岩裸露度	程度	30%~39%	40%~49%	50%~59%	60%~69%	≥70%
	评分	20	26	32	38	44

表8-2 植被类型评分标准

植被类型	类型	灌木型	草丛型	旱地作物型	无植被型
	评分	8	12	16	20

表 8-3 植被综合盖度评分标准

植被综合盖度	程度	50%~69%	30%~49%	20%~29%	10%~19%	<10%
	评分	5	8	14	20	26

注：旱地农作物植被综合盖度按 30%~49% 计。

表 8-4 土层厚度评分标准

土层厚度	程度	Ⅰ级(<10cm)	Ⅱ级(10~19cm)	Ⅲ级(20~39cm)	Ⅳ级(>40cm)
	评分	1	3	6	10

表 8-5 石漠化程度评分标准

综合评分	程度	轻度	中度	重度	极重度
	评分	≤45	46~60	61~75	>75

8.1.2.2 石漠化分布

（1）全球喀斯特分布

由岩溶作用（或喀斯特作用）所形成的地下形态和地表形态，称为岩溶地貌或喀斯特地貌。喀斯特地貌在地球表面广泛分布，全世界陆地上岩溶分布面积接近 $2\,200 \times 10^4\ km^2$，约占地球陆地表面积的 15%，居住着约 10 亿人口，主要集中在低纬度地区，包括东南亚、中国西南、中亚、地中海、南欧、加勒比、北美东海岸、南美西海岸和澳大利亚的边缘地区等。集中连片的喀斯特主要分布在欧洲中南部、北美东部和中国西南地区。

（2）中国石漠化分布

我国岩溶地貌分布广泛，除了南方喀斯特区外，华北、东北、蒙新及青藏高原等区域也发育有岩溶地貌，但其中以西南岩溶地貌面积最大也最为典型。包括贵州、云南、广西、湖南、湖北、重庆、四川、广东 8 省（直辖市、自治区）的 457 个县，碳酸盐岩出露面积超过了 $50 \times 10^4\ km^2$，是全球喀斯特集中分布区中面积最大、岩溶发育最强烈的典型地区。

根据 2018 年 11 月国家林业局公布的中国石漠化状况公报，我国岩溶地区石漠化土地总面积为 $1\,007 \times 10^4\ hm^2$，占岩溶面积的 22.3%，占区域国土面积的 9.4%。其中，贵州省石漠化土地面积为 $247 \times 10^4\ hm^2$，占石漠化土地总面积的 24.5%，是 8 个省份中面积和占比最大的；云南、广西、湖南、湖北、重庆、四川和广东石漠化土地面积分别为 $235.2 \times 10^4\ hm^2$、$153.3 \times 10^4\ hm^2$、$125.1 \times 10^4\ hm^2$、$96.2 \times 10^4\ hm^2$、$77.3 \times 10^4\ hm^2$、$67 \times 10^4\ hm^2$ 和 $5.9 \times 10^4\ hm^2$。石漠化程度以中、轻度为主，轻度石漠化土地面积为 $391.3 \times 10^4\ hm^2$，占石漠化土地总面积的 38.8%；中度石漠化土地面积为 $432.6 \times 10^4\ hm^2$，占 43%；重度石漠化土地面积为 $166.2 \times 10^4\ hm^2$，占 16.5%；极重度石漠化土地面积为 $16.9 \times 10^4\ hm^2$，占 1.7%。

石漠化分布集中在长江、珠江等流域，其中，长江流域石漠化土地面积为 $599.3 \times 10^4\ hm^2$，占石漠化土地总面积的 59.5%；珠江流域石漠化土地面积为 $343.8 \times 10^4\ hm^2$，占 34.1%；红河流域石漠化土地面积为 $45.9 \times 10^4\ hm^2$，占 4.6%；怒江流域石漠化土地

面积为 12.3×10^4 hm^2，占 1.2%；澜沧江流域石漠化土地面积为 5.7×10^4 hm^2，占 0.6%。

潜在石漠化土地面积较大，总面积达 $1\,466.9 \times 10^4$ hm^2，占岩溶面积的 32.4%，涉及湖北、湖南、广东、广西、重庆、四川、贵州和云南 8 省 463 个县，占区域国土面积的 13.6%。

8.1.3 石漠化的危害

岩溶石漠化加速了生态环境的恶化，吞噬了人们生存空间，导致自然灾害频发，加剧了喀斯特地区的贫困，严重影响了区域经济的发展，并危及我国长江、珠江流域等人口密集区域的生态安全。主要体现在以下几个方面：

(1)生态系统遭受严重破坏

石漠化的最初表现为土层变薄、土壤养分含量降低、耕作层粗化、农作物产量降低，继而导致以森林植被为主体的岩溶生态系统的功能逐渐削弱和退化。石漠化区域的植被群落结构从高大乔木向乔灌林、灌丛、草地和裸地退化，群落密度下降，生物量急剧减少。土地石漠化导致了岩溶生态系统减弱或退化，失去了森林水文效应，丧失了调蓄地表水和地下水的能力，可有效利用的水资源逐渐枯竭，缺水问题日益严重。土地石漠化同时加剧了岩溶生态系统的退化，环境容量降低，岩溶生态系统内植物种群数量下降，植被结构简单化，生物种群多样性受到严重破坏。当环境逐渐恶化，温度变幅加剧，土壤总量快速减少，水分和养分迅速流失，土地生产力急剧下降，石漠化末期阶段的群落生物量仅为未退化阶段的 1/200。

(2)水土流失、耕地丧失严重

石漠化与水土流失互为因果关系，即水土流失会产生石漠化，而石漠化的出现又会加剧水土流失。岩溶石漠化形成过程中，导致水土流失严重，地表土层逐渐变薄、养分含量降低、岩石裸露度加大、土地生产力下降到丧失耕作的价值、生态功能退化。据测算，贵州省石漠化地区每年大约流失表土 1.95×10^8 t，致使大面积耕地因土壤流失而废弃。

(3)加剧岩溶区旱涝灾害

石漠化生态系统的承灾阈值弹性较小，缺乏森林植被来调节缓冲地表径流，致使这类地区一旦遇到大雨，地表径流便快速汇聚于岩溶洼地、谷地等低洼处，造成暂时局域性涝灾。如云南省西畴县岩溶洼地，因水土流失导致落水洞堵塞，地表水排水不畅，常年就有 375 个易涝洼地，雨季常被淹没，淹没期达 3～15 d，长则 1～5 个月不等。另一方面，石漠化地区的岩溶漏斗、裂隙及地下河网发育，是峰丛洼地、谷地的主要泄水通道，当降水量较小时，地表径流较快地渗入地下河系而流走，就会导致地表干旱。

(4)激化人水矛盾

土地石漠化地区的一个显著生态特征就是缺水少土。加之岩溶地区地表、地下景观的双重地质结构，渗漏严重，其入渗系数较高，一般为 0.3～0.5 mm/min，裸露峰丛洼地区可高达 0.5～0.6 mm/min。这导致地表水资源涵养能力更低，保持水土能力更弱，使河溪径流减少，出现非地带性干旱和人畜饮水困难，造成"地下水滚滚流，地表水贵如油"的现象，特别是对于降水严重分布不均的云南省，其石漠化的危害尤其严重。

（5）区域社会发展受限、人民生活水平受影响

在西南岩溶石漠化区，贫困县与岩溶县、石漠化严重县具有很大的一致性。石漠化区域是我国少数民族主要聚居区，也是经济欠发达区域和边疆区域，其中国家级贫困县的石漠化土地面积占岩溶地区石漠化土地总面积的 59.3%。石漠化加剧了这些地区的贫困。

8.1.4 石漠化的成因

石漠化的形成以强烈的人为活动为主导，人为因素与自然、环境、生态和地质背景共同作用的结果，其成因包含自然因素和人为因素两个方面。

8.1.4.1 自然因素

（1）可溶性的基岩特征

碳酸盐岩是石漠化形成的物质基础。碳酸盐岩以石灰岩和白云岩为主，主要成分是 $CaCO_3$ 和 $CaMg(CO_3)_2$，形成土粒的主要成分 SiO_2、Al_2O_3、Fe_2O_3 的含量极低，石灰岩仅占 1.52%，白云岩也只有 2.02%，即使是所有酸不溶物，其平均含量也仅为 4% 左右。因此，碳酸盐岩石的风化是以强烈的化学溶蚀为主，绝大部分物质如 CaO、MgO 都在溶蚀过程中形成重碳酸钙、碳酸镁随水流失，极难残留，致使碳酸盐岩分布区岩溶十分发育，基岩大面积裸露，土被零星浅薄，可供侵蚀的土壤总量较少，土壤层次发育不全，母质层（C 层）常缺失，土体构型多为 A－D 型，土壤与岩面直接相连，雨水渗入后形成摩擦力极小的较光滑的接触面，易于形成土壤整体移动，从而加大了侵蚀量。另一方面，强烈的溶蚀作用与节理裂隙发育叠加，形成较多的溶沟、孔隙、漏斗及暗河，渗漏十分强烈。

（2）强烈的岩溶侵蚀过程

强烈的岩溶化学侵蚀过程从两个方面促进石漠化的形成和发展：一方面，较快的溶蚀速度不仅溶蚀母岩全部的可溶组分，也带走大部分不溶物质，降低碳酸盐岩的造土能力；另一方面，强烈的岩溶化学侵蚀过程，有利于地下岩溶裂隙和管道发育，形成地表、地下双层结构，不利于表层水土的保持，加速石漠化的形成和发展。

（3）湿润多雨的气候条件

降水的动力作用是石漠化形成的又一主要因素。西南地区年降水量在 800～1 800 mm 之间，绝大部分地区在 1 000～1 400 mm 之间，且降水时空分布不均，降水多集中在 5～9 月，丰沛而集中的降水为石漠化形成提供了强大的侵蚀动能，尤其酸雨为碳酸盐岩溶蚀提供了丰富的溶解介质，并抑制了岩溶地区林草植被的生长，破坏了岩溶地表植被，加速了岩溶地表的土壤侵蚀。

（4）陡峻的地形与地貌

西南喀斯特地区陡峻而破碎的地貌，为石漠化形成提供了侵蚀势能，高山低地、崎岖不平、切割深的地形轮廓利于降水的流失，且加大了降水对土壤的侵蚀。大坡度的地形为石漠化的拓展起到促进作用。地形坡度直接控制堆积土层的厚度及土壤侵蚀量，在坡度较大的地区不利于土壤堆积，水土流失较快，植物难以生长，致使大面积基岩裸露。

(5)易于流失的土壤

石漠化是土壤侵蚀长期作用的结果，土壤侵蚀是石漠化过程中某一阶段作用强度的体现，两者在成因上互为因果关系。强烈的土壤侵蚀导致土壤丧失、植被退化、岩石裸露，从图8-1可以看出水土流失与石漠化之间的内在联系(引自中国水土流失防治与生态安全·西南岩溶区卷，2010)，最终形成土地石漠化。

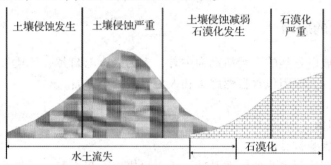

图8-1　水土流失与石漠化发生的关系

(6)脆弱的植被生长环境

喀斯特山区是一种典型的钙生性环境，组成其生态环境基底的化学元素具有富钙亲石特性，而且风化淋溶的成土速率极慢，但植物生长所需的营养元素则相对匮乏，尤其是钾含量非常低，且容易溶解流失，因而这种钙生性环境对植物具有强烈的选择性。而且该区域土层浅薄，岩体裂隙、漏斗发育，地表严重干旱，环境严酷，对植物生长具有极大的限制作用，大多数植物则在生理上表现出耐旱、喜钙、抗酸、抗贫瘠及石生等特点。许多喜酸、喜湿、喜肥的植物在这里难以生长，即使能生长也多为长势不良的"小老头树"。因此，我国喀斯特地区适应生存的物种较其他地区少，存在的主要是一类耐贫瘠喜钙的岩生性植物群落，群落结构相对简单，生态系统稳定性差，容易遭受破坏。

8.1.4.2　人为因素

(1)人口快速增长及其连锁反应

自明清以来，我国西南岩溶地区人口快速增长，尤其是清雍正时期的人口迁移政策使得贵州等地区的人口暴增。到21世纪初期，南方岩溶区8省(自治区、直辖市)的人口达4.4亿，占全国总人口的33.8%，人口密度达226人/km²，高出全国平均水平58.6%。岩溶区单位面积上可耕地仅占20%~30%，难利用的石质山地却达50%以上，土地生产潜力不高或很低，能供养的人口比较少，多数地区的人口密度已大大超出理论人口容量，多数土地超出其承载能力1~2倍以上。

(2)不合理的土地利用

西南岩溶地区目前仍然存在广泛的不合理不科学的耕作方式和作物布局，如"刀耕火种"、陡坡耕作、广种薄收、单一种植模式等，这些都造成耕作区的地表土壤极易流失，导致生产力逐年下降，直至土地丧失耕作价值，最终形成石漠化。

(3)乱砍滥伐与过度放牧

由于历史原因和地域差异，有些岩溶山区至今还保留了一些不合理的生活习惯，如樵采、集群放牧、放火烧山等，在某些地区造成了植被的毁灭性破坏。根据国家石漠化监测报告，西南地区因过度樵采造成的石漠化土地面积达到 $302.6 \times 10^4 hm^2$，占人为因素诱发石漠化土地总面积的31.4%。山区农牧民习惯散养山羊、黄牛、猪等牲畜，牲畜啃食植物时常破坏根系而毁坏林草植被，使土壤层缺乏保护而被侵蚀。

此外，一些工矿区建设工程缺乏科学规划，监督管理和保护不到位，随意开采挖掘、乱堆乱放废弃碎石等，也会导致植被遭到破坏，水土流失严重，基岩裸露，也最终导致石漠化。

8.1.5 石漠化的治理

岩溶石漠化综合治理历年以来均受到国家高度重视，已列为政府工作的重要内容，石漠化综合治理对于我国的经济社会发展、生态文明建设和精准扶贫具有重要意义。

8.1.5.1 防治目标

石漠化防治总目标是保护和改善生态环境，协调人类活动影响，消除贫困，实现石漠化地区环境、经济、社会的可持续发展。石漠化的防治要全面贯彻可持续发展的战略思路，采取"预防为主、全面规划、综合防治、因地制宜、加强管理、注重效益"的方针。其综合治理模式目标必须由扶贫型向质量型转变，发展生态产业是石漠化综合治理的趋势，强调自然恢复与社会、人文的耦合，要实现经济效益、社会效益与生态效益三者的有机结合和综合利益的最大化。

8.1.5.2 防治原理

(1)石漠化防治的实质是解决岩溶地区人与资源的矛盾

石漠化的形成和发展是过度人为干扰在脆弱环境上的最终结果，环境的脆弱性是内在的，本质原因是自然存在的客观事实，是目前人力所不可控制因素。干扰是直接原因和外在动力，是人类改造和利用自然不符合自然规律的表现，为人类主观可控因素。因此，停止干扰和改变干扰方式是石漠化治理的前提，石漠化防治的实质就是解决岩溶地区人与资源的矛盾，土地退化是矛盾的表现，这是石漠化土地系统治理的核心问题。

(2)保护现有植被和促进植被恢复是石漠化防治的根本途径

从石漠化形成过程和各种干扰类型特征分析可知，尽管干扰目的多种多样，但植被是干扰的直接对象，土地系统因植被子系统的退化而引起土壤子系统、环境子系统的退化而最终退化，植被系统是岩溶土地系统最根本的子系统，它维系了整个土地系统物质和能量的平衡。因此，保护现有植被和促进植被恢复是石漠化防治的根本途径。

(3)因地制宜，分区治理

由于导致石漠化形成、演变的自然因素和社会经济因素在空间分布上存在着差异，从而决定了石漠化特征的区域性。为提高治理成效，需要根据区域内岩溶生态环境特征、自然气候条件、石漠化成因、社会经济状况、石漠化的可治理性，以及治理措施的差异性和生态功能定位，对治理区进行分区，根据分区科学合理地确定治理工程布局、因地制宜地安排治理模式和技术措施。

（4）坚持以小流域为单元进行综合治理

岩溶山区受地质、地貌条件的制约，被分割成许多在短距离内气候、水文、生态等方面有较大差距的单元小流域。每个单元流域相对独立，且单元流域是岩溶山区生态系统和经济系统相互耦合而成的复合系统，石漠化防治必须从这两方面同时进行。生态系统以植被恢复和生态重建为目标，通过封山育林、人工更新等手段，增加植被覆盖率，改善生态环境，提高植被的数量和质量，努力发挥其生态功能。经济系统以减少或停止负干扰为目标，在遵循自然规律的基础上，对自然资源加以改造和利用，与工程项目相结合，开展多种经营和科学种植，提高生产力，调整农村产业结构，开发和推广生态能源，发展经济，缓解人与资源之间的矛盾。

8.1.5.3　石漠化治理分区

《岩溶地区石漠化综合治理规划大纲（2006—2015 年）》提出了我国南方石漠化治理工程分区，将我国南方喀斯特地区分为 8 个石漠化综合治理区，并根据不同治理分区的特点，确定了具体的治理方向与关键技术措施（表 8-6）。

表 8-6　石漠化综合治理工程分区

分区名称	区域位置	石漠化与水土流失特点	区域问题	综合治理方向	技术措施
中高山	滇东北和川西盆地西部周边	石漠化面积不大但程度较高；水土流失面积较大，程度较高	自然条件差，人口贫困，水资源能源短缺，草地退化	发展草食畜牧业	合理配置牧草品种，优化牲畜结构，大力开发旅游产业
断陷盆地	滇东至四川攀西（昌）盐源地区、贵州西部	石漠化程度低；水土流失严重	农村能源短缺，盆地内水资源短缺	大力发展林果、中草药等特色产业	封山育林，人工造林，草地改良，水资源开发利用
岩溶高原	贵州中部长江与珠江流域分水岭地带的高原面上	石漠化、水土流失面积不大，但严重程度高	地表水资源短缺，中低产田比例高，人口密度大	集雨灌溉型高效生态农业	天然植被保护，坡改梯，水源工程，沼气能源
峰丛洼地	贵州高原向广西盆地过渡的斜坡地带	基岩大面积裸露，石漠化非常严重，治理难度大	缺水、少土，耕地资源匮乏，环境恶劣，人地矛盾突出	以人工草地为特色的替代型草食畜牧业	封山育林，开发岩溶水资源，牧草种植，易地扶贫搬迁
岩溶峡谷	南盘江、北盘江、金沙江、澜沧江等两岸	基岩大面积裸露，石漠化强度较大；水土流失严重	人口压力大，地表水资源短缺，生态承载力低	发挥光热资源优势的特色林草果蔬	水土资源保护，植被封育，特色农林复合产业
岩溶槽谷	黔东北、川东、湘西、鄂西、渝东	石漠化面积较大；水土流失面积大，流失强度较高	石漠化趋势加重，岩溶水资源渗漏，农业生产结构不合理	发挥水土资源优势的竹果产业	保护开发岩溶水资源，加强水土保持，调整农业生产结构
峰林平原	桂中、桂东、湘南、粤北等地	重度石漠化；水土流失面积小，强度不大	地表水资源漏失严重，耕地干旱缺水，地面塌陷	合理开发水资源，注重林草建设	封山育林，人工造林，合理开发地下水
溶丘洼地（槽谷）	湘中、鄂东、鄂中等地	石漠化和水土流失面积不大，强度不高	水资源短缺，季节性干旱严重，地面塌陷	封山育林，提高植被覆盖度	联合开发地表、地下水资源，农村能源建设，调整产业结构

8.1.5.4 综合治理技术

石漠化综合治理包括生物治理技术、工程治理技术以及其他技术，详见表8-7。

表8-7 石漠化治理技术分类

技术类型	技术措施	适用石漠化类型	适用地类	主要建设内容或要求
生物治理技术	植被管护	非石漠、潜在石漠化土地	有林地、灌木林地、牧草地以及符合天保管护或中央森林生态效益补偿基金的林地	设立管护标牌落实管护人员，制定管护制度
	封山育林育草	潜在石漠化、石漠化土地	疏林地、宜林地、无林地、有林地、灌木林地、牧草地、未利用地	设立管护标牌、落实管护人员、制定管护制度与封育措施，补植树种以乡土阔叶树种为主
	人工造林	轻度、中度石漠化土地为主	宜林地、无立木林地、未利用地、疏林地等	以生态林建设为主，适度发展生态经济林与薪炭林，加速岩溶植被恢复；树种以乡土、喜钙、耐旱树种为主，严禁全面整地，加强水肥管理和管护
	人工种草与草地改良低效林改造	轻度、中度石漠化土地为主	牧草地适宜林下种草的林地等	选择优质牧草，强化林下种草，加强水肥管理，严禁放养，根据牧草数量，合理确定养殖品种与规模
			灌木林地、有林地	遵循自然规律，通过合理的疏伐、抚育、补植、改造与管护等措施，提高林分质量定向培育成用材林、防护林或经济林
	生态农业技术	潜在石漠化、石漠化土地	耕地	要选择保持水土培肥地力等现代耕种技术，实现石漠化土地的永续经营
工程治理技术	坡改梯植树植草	石漠化土地	旱地、宜林地、无立木林地	对石漠化土地进行简单坡改梯，配套蓄水池等小型水保工程，发展高效经济林(药材经果林等)
	退耕还林还草	石漠化土地	旱地	严格执行退耕还林条例，按计划有序实施
	工矿石漠化治理技术	石漠化土地	工矿废弃地	针对工矿石漠地的边坡开采平地峭壁和弃土区分别治理，防止次生灾害或新的石漠化土地发生
	坡耕地——坡改梯	石漠化土地	坡耕地(轻度、中度石漠化)	按国家坡改梯的相关规定执行，梯地宽度与坎高要依据石漠化程度、坡度等灵活确定，坎高比土面高 5cm 以上，土层深度不低于 30cm，修筑排水沟、生产作业道等配套设施
	弃石取土造田(土)沃土工程	石漠化土地	旱地(石旮旯地或轻度石漠化)	炸除坡度平缓地段的裸露石头，客土改良，增肥高标准的旱地或农田
		石漠化土地、潜在石漠化土地	旱地	实施客土改良，增加有机肥料，改变农业耕作方式等，实现增肥地力的目的
	小型水利水保设施建设	减轻土地的压力，改善岩溶地区农民生产、生活条件		引水渠、防涝渠、蓄水池、拦砂坝、谷坊坝、沉沙池等
	人畜饮水工程			水窖、地下水(泉水)开发等

（续）

技术类型	技术措施	适用石漠化类型	适用地类	主要建设内容或要求
其他治理技术	农村清洁能源建设、草食、畜业发展		减轻土地的压力，改善岩溶地区农民生产、生活条件	畜牧业品种改良、棚圈建设、草食机械等；沼气池建设、节能灶、小水电、太阳能等
	人口控制与生态移民			计划生育、劳务输出和生态移民等
	扶贫开发			技术、资金、政策等引导与扶持
	生态产业发展			生态旅游、林药、林果、生物质能源、畜牧业等
	生态保护技术			石漠公园、自然保护区、自然保护小区等生物多样性保护建设、有害生物防治、森林防火等
	生态意识培育			宣传、文化教育、技能培训等

1) 生物治理技术

生物治理技术主要针对石漠化区的植被恢复，并不断发展形成的技术体系。主要包括封山护林、封山育林(草)、人工造林(种草)、低效林改造及生态农业建设。

(1)封山护林(植被管护)

封山护林是一种投资最少，见效快，且预防土地石漠化最直接、最有效的方法之一。在西南岩溶地区石漠化治理中，可结合我国天然林资源保护、重点生态公益林建设等生态工程实施。技术要点是需设立管护机构，安排管护人员，落实管护经费，制定管护措施，设立管护标牌，采用全封、半封和轮封方式。

(2)封山育林(草)

封山育林(草)是一种遵循自然规律，以封禁为基本手段，充分利用自然恢复能力，模拟利用自然规律的技术措施。该项技术以自然恢复为主，辅之以人工措施，具体是指有计划、有步骤地采用各种强制性封禁手段，尽可能减少人类活动，利用森林植被的自身发展规律适当采取人工促进恢复措施，逐步恢复自然植被，达到扩大林草资源，提高森林(草地)质量的经营手段，具有投资少、效果好、易掌握、可操作性强等特点。

(3)人工造林(种草)适生性物种优化配置与仿自然群落构建

西南喀斯特地区生物多样性极为丰富且极具特色，不同物种的生态适应性也千差万别。在群落恢复演替过程中，随着群落内部环境的变化，物种组成也会发生相应的变化和替代。另外，不同植物群落还具有不同的生态或生产功能。人工干预的石漠化治理与植被恢复，首先要解决的就是根据基岩性质、气候特征、地貌部位、植被退化状况等生态条件的特点和群落恢复演替的自然规律，并针对植被恢复的目标，选择适生的物种进行优化配置，提高成效。同时，为了使退化的植被得到快速恢复，并兼顾当地群众的利益，还要尽可能地构建对当地生态条件最为适应的仿自然群落。

(4)低效林改造

对于潜在石漠化或轻度石漠化土地，如果坡度较为平缓、林分生态防护效果较差、林分生长缓慢或经济价值较低，但同时又具备进行定向培育的条件，可在保证其生态效益的条件下，遵循自然规律，通过合理的疏伐、抚育、补植或采伐改造等措施，提高林分质量，定向培育用材林、防护林和经济林，实现生态效益与经济效益的有机统一。对于林分生长缓慢，防护与经济效益差，且不符合培育目的的林分，在尽量保护好下层灌木、草本，保证生态环境不恶化的前提下，对乔木树种进行采伐，选择生态效益、经济效益好的目的树种进行更新，培育符合经营目标的林分。

（5）生态农业

在农业生产过程中，采用优良品种，改变传统经营方式，加强水土保持措施，实施生态环境良好的高效农业，实现岩溶地区群众的增产增收，加速区域农民脱贫致富的步伐。为了增加生态系统的稳定性，可改变传统的粗放经营和顺坡耕种方式，采用等高耕种，按照现代农业的耕种模式，实施节水保水技术、地膜覆盖技术、保墒技术、修建生物篱等一系列的防治水土流失、防止石漠化扩展的技术与措施，并大力推广优良抗旱高产高效的新品种，推广农林、农药、农牧混合经营模式。实现降坡、平整土地，进行客土改良，大力推广农家有机肥和生物农药，提高土地生产力，增加单位面积产量。提高土地的复种指数和覆盖度，减少土地裸露时间，防止雨水冲刷。

2）工程治理技术

主要包括基本农田建设、水资源开发利用、农村能源建设和水保基础设施建设，以下分别论述各技术的内容和效用。

（1）基本农田建设

以土地整理、水土保持为中心任务，结合坡改梯、中低产田改造、兴修小水利、推广节水灌溉和水土保持工程。其基本思路是：工程、生物、化学和农耕农艺措施结合，山水田林路综合治理，建立健全农田排灌渠系和坡面水系，控制和减少水土流失。

由于坡耕地是石漠化形成的主要原因之一，因此可利用当地丰富的石料来砌筑梯田坎并人工种植生物地埂，对15°~25°坡土进行梯化则成为防治坡耕地水土流失的主要模式。深山区的耕地较为匮乏，也可将一定数量坡度大于25°的陡坡耕地进行坡改梯建设。岩溶地区的石灰土有别于地带性土壤，其影响土壤资源发挥功效的主要制约因素有土层薄、零星分散和营养元素有效态含量低且供给不平衡等。在石灰土土壤改良时，除了注意土壤的"三改一配套技术"的应用，即坡（15°~25°）改平，薄改厚（>40cm）、瘦改肥、配套水系工程外，还要注意土壤定向培育营养元素供给的平衡。

（2）水资源开发利用

西南喀斯特山区水资源其实是很丰富的，但因流失严重且常积涝成灾，造成工程性缺水。西南岩溶地区的地表地下为二元结构，表现在虽然降雨不少，但地表水系不发育，地表水漏失严重，蓄水条件差，而地下水较丰富，岩溶石漠化区水资源的开发要采取地表水—地下水综合利用的措施。利用有利的坡面径流、结合岩溶表层带降水的调蓄功能及发育的岩溶表层泉，在合适的部位修建水池、水窖，解决人畜饮水和部分灌溉用水，如地下水深埋的峰丛洼地地区和岩溶峡谷区。

（3）农村能源建设

石漠化地区燃料缺乏，群众生活普遍贫困，取暖做饭所需燃料常常要破坏山林植被，为此要通过农村能源建设解决农民的燃料，杜绝上山砍柴打草以遏制石漠化发展。新能源建设包括：沼气池、节能灶、太阳能与小型水电等。石漠化地区的沼气能源主要靠养殖和种植获得，因此，发展沼气要和发展林果业和养殖业配套发展，把发展沼气同退耕还林、封山育林、植树造林和发展养殖业结合起来，施行"养殖—沼气—种植"三位一体的发展模式。同时，要配套实施"一池三改"工程，即改厕、改圈、改灶和建池同时进行。

（4）水土保持基础设施建设

西南岩溶区水土保持工程设施较少，远不能满足石漠化治理的需要，需加大力度进行建设。特别是要加强地下水河水系统的水保基础设施建设，其中，主要包括落水洞口沉砂工程、落水洞疏通排洪工程、地下河拦沙工程等基础设施。

3）其他治理技术

（1）加大生态移民力度

石漠化产生的根本原因在于石漠化地区的人口远超其土地合理生态承载力，导致人地矛盾、人水矛盾突出。西南喀斯特石漠化山区进行生态移民主要是指由于资源匮乏、生存环境恶劣、生活贫困，不具备现有生产力诸要素合理结合条件，无法吸收大量剩余劳动力而引发的人口迁移。此举既可有效减轻石漠化地区土地及生态承载压力，又可帮助搬迁人口逐步摆脱贫困，所以又称"异地扶贫搬迁"。加强岩溶地区的人口调控，以及合理控制岩溶地区人口的自然增长，同时对石漠化程度特别严重、生活条件极端恶劣、生存状况严重恶化地区，加强人口控制力度，有计划、有步骤地实施异地生态移民，有效降低石漠化土地上的人口压力。除了将石漠化地区的人口进行异地搬迁，还要考虑搬迁人口的劳动就业意愿，可对搬迁的人口进行专业技能培训，提高农民素质与就业能力，降低对石漠化土地的依赖度与扰动，促进岩溶地区的植被恢复。

（2）开展人工种草养畜，减少野外放养

石漠化区域农村有自由放牧习俗，过牧现象严重，林草植被和土壤结构遭受破坏，导致土壤抗侵蚀能力减弱，加剧土地石漠化。但目前岩溶石山地区的牛羊养殖基本都是在对天然草地的掠夺式利用下发展的，仅有极少部分进行人工种草养殖。因此，在岩溶地区推进草地畜牧业的发展，规范牲畜放养制度，是解决岩溶地区农村贫困与生态退化的有效途径，如采取人工植树和林下种草、选择高产牧草品种、科学施肥和管理等措施，提高土地牧草产量和质量。

（3）合理利用岩溶景观资源，加大旅游开发力度

岩溶地貌是自然环境中一类独特的地理景观，在中国西南地区分布广泛。常见的喀斯特地貌包括地上和地下两种，地上的喀斯特地貌如石芽、石林、峰林等，地下的喀斯特地貌如溶沟、落水洞、地下河等。除此之外，还包括与地表和地下密切相关联的竖井、芽洞、天生桥等喀斯特地貌。各种石钟乳、石笋、石瀑布、莲花盆等各种钙质沉积也是形态各异。同时，岩溶地区往往也是瑶族、侗族、苗族等少数民族聚集区，具有浓郁的少数民族风情，旅游开发价值较高。通过整合岩溶地区的自然资源和人文景观资源，采取招商引资、承包经营等途径，在岩溶地区发展第三产业，开拓旅游市场，转变当地直接依赖土地生产的发展模式，实现区域的可持续发展，同时对促进当地经济发展也大有益处。

（4）扶贫开发及产业建设

在保护岩溶地区生态状况的前提下，充分发挥岩溶地区资源优势，国家在政策、资

金、技术等方面进行扶持，加快产业调整步伐，促进当地经济社会发展，实现农村的脱贫致富。岩溶地区具有丰富的自然景观、人文景观等旅游资源优势，通过招商引资、承包经营等途径加大旅游资源开发力度，壮大旅游产业（如广西桂林，贵州黄果树、织金洞，四川九寨沟，云南石林等）；通过大力推广优良种质资源，培育种养业及相关的加工企业等，如金银花产业、茶叶产业、水果产业、纸浆材产业等；岩溶地区矿产资源丰富，可加大矿产资源开发力度；利用岩溶地区的水力资源，加快水利水电建设。

（5）自然保护技术

我国岩溶石漠化地区具有复杂多样的自然环境、丰富的种质资源、多样的植被类型、珍贵的古树名木及珍稀野生动植物资源，为生物多样性保护和自然保护区建设提供了良好的条件。建立自然保护区不但是我国生态建设和保护事业的需要，也是我国石漠化种质资源保存和石漠化防治的需要。结合岩溶地区自然、社会经济状况，在岩溶生态严重退化地区，或植被保存较为完好的地区，选择原生性、典型性相对较高的珍稀野生动植物原生地及天然林区等特殊功能区，抢救性地建立各种类型自然保护区。

（6）生态意识培育

加大对国家生态建设相关的法律法规和石漠化防治目的意义的宣传，提高群众的生态环保意识和对石漠化防治紧迫性、必要性的认识；巩固岩溶地区的义务教育成果，提高学校教育水平，开办农民夜校，提高区域群众的文化与生态素质，消除文盲；举办各类技术培训班，提高群众的种养技术水平，防治水土流失，减缓土地退化。

8.2 盐碱化治理

8.2.1 土地盐碱化

8.2.1.1 盐碱地分布

据 Szabolcs 1989 年调查，全球盐碱地面积已达 9.5×10^8 hm²，从寒带、温带到热带均有分布，遍及美洲、欧洲、亚洲、大洋洲的100多个国家和地区。约占世界土地面积的10%，其中90%是由于自然因素形成，10%是由于人类不合理的灌溉方式造成。不合理地施用化肥与土壤改良剂、不科学的灌溉制度以及砍伐森林均会形成次生盐碱地。盐碱地在沿海国家，尤其是美国、中国、澳大利亚和秘鲁等国的部分地区正成为日趋严重的环境与社会问题，伊拉克有1/2水灌地、埃及和巴基斯坦有1/3土地受盐渍化影响。

（1）世界盐碱地分布

Szabolcs(1989)和 Gupta 等(1987)调查了世界各地区盐碱地分布情况（表8-8）和世界分布前10名的国家和地区（表8-9）。

表8-8 盐碱土在全球各地区的分布

地区	面积（$\times 10^4$ hm²）	比率（%）
北美洲(指美国、加拿大)	155.5	1.65
墨西哥和中美洲	196.5	0.21
南美洲	1 296.3	13.53

（续）

地区	面积(×10^4 hm^2)	比率(%)
非洲	8 053.8	8.43
南亚	8 760.8	9.17
北亚和中亚	21 168.6	22.17
东南亚	1 998.3	2.09
大洋洲及周边地区	35 733.0	37.42
欧洲	5 080.4	5.32
合计	95 483.2	100

表 8-9　盐碱地面积前 10 名的国家和地区

国家和地区	面积(×10^4 hm^2)	国家和地区	面积(×10^4 hm^2)
澳大利亚	35 724.0	印度	700.0
俄罗斯	17 072.0	伊朗	672.6
中国	3 665.8	沙特阿拉伯	600.2
印度尼西亚	1 321.3	蒙古	407.0
巴基斯坦	1 045.6	马来西亚	304.0

（2）中国盐碱地分布

根据中华人民共和国农业部第二次全国土壤普查资料统计，我国盐碱地面积为 $3\ 490 \times 10^4$ hm^2（不包括滨海滩涂）。其中盐土 $1\ 600 \times 10^4$ hm^2，碱土 87×10^4 hm^2，其他各类盐碱化土壤达 $1\ 800 \times 10^4$ hm^2。

中国盐碱地主要分布在淮河—秦岭—昆仑山一线以北的准噶尔盆地、吐鲁番—哈密盆地、塔里木盆地、柴达木盆地、河西走廊、银川平原、河套灌区、忻定—运城盆地、黄淮海平原、松嫩平原以及沿海地区。

西北地区的盐碱地主要分布在新疆、甘肃的河西走廊、青海的柴达木盆地、内蒙古的河套平原、宁夏的一些低洼地区，这些地区远离海洋，蒸发强烈，多属于内陆河湖流域。在强烈的蒸发作用下，盐分积累在地表。沿中国 3.2×10^4 km 的海岸线分布有 100×10^4 hm^2 的滨海盐碱地。由于灌溉措施不当造成的次生盐碱地 670×10^4 hm^2。我国地域辽阔，气候多样，盐碱地分布于辽宁、吉林、黑龙江、河北、山东、河南、天津、山西、新疆、陕西、甘肃、宁夏、青海、江苏、浙江、湖南、福建、广东、海南、内蒙古及西藏等 21 个省（自治区、直辖市），可以划分为 5 个区。

①西北内陆盐碱区　包括新疆大部分地区、青海的柴达木盆地、甘肃的河西走廊和内蒙古西部。该区属大陆性气候，年降水量 100 ~ 300 mm，地下水矿化度 3 ~ 5 g/L，最高达 10 g/L，盐分含量 1%~4%，表层土壤可高达 20%。其中新疆 14.57×10^4 km^2，内蒙古 12.3×10^4 km^2，青海省 2.7×10^4 km^2，甘肃省 3×10^4 km^2。

②黄河中游半干旱盐碱区　包括青海、甘肃东部、宁夏、内蒙古的河套地区以及陕西、山西的河谷平原，该区地形复杂、干旱多风，年降水量 150 ~ 400 mm，排水条件差。盐碱土在黄河冲积平原和黄土高原呈旱带状分布，盐渍土连片分布，盐土面积大，含盐量高，积盐层厚，盐分组成复杂。

③黄淮海平原干旱、半干旱洼地盐碱区 包括长城以南、淮河以北、太行山及河南西部山地以东的黄淮海平原，是中国农作物的主产区，包括黄河下游、海河平原，淮河平原，地跨北京、天津、河北、河南、山东以及安徽北部和江苏北部平原。该区降水量由北向南从 400 mm 递增到 800 mm，降水集中在 6~9 月。地下水矿化度 2~5 g/L，最高达 10 g/L。

④东北半湿润半干旱低洼盐碱区 包括松嫩平原、辽西盆地、三江平原和呼伦贝尔地区。该区年降水量 500~700 mm，地下水矿化度 2~5 g/L。最高达 10 g/L。辽宁、吉林、黑龙江三省的盐碱地共 319.7×10⁴ hm²，其中 140×10⁴ hm² 已经被开垦利用。

⑤沿海半湿润盐碱区 包括华东、华南及江北沿海地区，该区主要为季风性气候，年降水量由北向南从 600 mm 递增到 1 000 mm，地下水水矿化度大于 10 g/L，最高达 50 g/L，盐分含量一般在 0.4% 以上。

8.2.1.2 盐碱化的成因

土壤盐碱化形成的因素很多，包括自然因素和人为因素。自然因素包括气候、地质、地貌、水文及水文地质等。气候因素是导致土壤盐碱化的根本原因，由于强烈的地表蒸发，土壤表层会迅速积盐。地质因素主要反映在土壤母质上。地貌因素是由于在盆地等低洼地区有利于水、盐汇集。水文因素主要是地下水位和矿化度高。人为因素表现在人类改造自然和适应自然的活动。盐碱化是气候干旱，排水不良，地下水位高、矿化度大，以及地形、母质、植被等自然条件综合作用以及人为活动共同作用下形成。气候干旱、排水不畅和地下水位过高，是形成盐碱化的重要原因。

我国为季风气候，春秋干旱，蒸发量大于降水量，盐分在地表积累。夏季降雨集中，在雨水淋洗作用下表层土壤季节性脱盐。

地形通过影响径流对盐碱化产生作用，坡度较大的地形条件下自然排水通畅，地下水位深，不易形成盐碱地。而洼地是径流汇集区域，地下水位高，排水不畅，盐碱地分布较多。一般情况下盐分随径流由高处向低处汇集，含盐量也由高处向低处逐渐加重。但在低洼地区的局部高凸部位，由于蒸发快，盐分反而由低处向高处移动积累。

盐碱地中的盐分主要是通过地下水运动带到地表积聚的，因此，地下水位的深浅和地下水的矿化度直接影响土壤盐碱化的程度，一般而言地下水位埋藏越浅，地下水越容易通过毛管孔隙上升到地表，蒸发损失的水量越多，留给表土的盐分就越多，尤其是地下水矿化度高时，地表盐分积累更为严重。

有些植物的耐盐力很强，能够在盐碱地上生长，这些植物根系深长，在从深层土壤或地下水中吸收水分的同时，将水溶性盐类带入植物体内积累，这些植物的盐分含量可达 20%~30%，死亡后通过分解把盐分残留在地表，更加加重了表层土壤的盐碱化。

不合理的灌溉方式和灌水量经常会造成次生盐碱化，大水漫灌，导致地下水位升高，极易引发土壤盐碱化。我国东部沿海地区，干旱年份大量开采地下水，使地下水位下降，打破了淡水层与咸（海）水层之间的平衡，海（咸）水从地下入侵，海水入侵区域的形成盐碱化土地，同时地下水含盐量提高，提水灌溉时过量的盐分进入农田，引起土壤盐碱化。

森林植被蒸腾量大，能够使地下水位保持在一定深度，防止盐分通过毛管孔隙聚集在地表。砍伐森林后，会破坏土壤与地下水位之间的平衡森林，一方面水分蒸腾量减少，地下水位上升；另一方面，地表蒸发加大，盐分在地表积聚导致土壤盐碱化。

8.2.1.3 盐碱化危害

盐碱化的危害主要体现在影响植物的正常生长，使经济作物减产或绝收；使生态环境恶化，腐蚀损坏工程设施。

(1) 影响土壤的理化性质

形成盐碱化后土壤的理化性质会发生很大变化。温带地区春季干旱时土壤表层出现白色的盐结皮或盐结块，颗粒细密，降低了土壤孔隙度，易于板结，发生地表径流和水土流失的可能性增大。土壤物理性状的改变也会影响其化学性状。土壤溶液中离子浓度增大，pH 值升高，电导率与可交换性钠比率提高，碳、氮的矿化度下降，土壤中酶活性受抑制，进而影响土壤微生物的活性和有机质的转化，导致土壤养分利用率降低、有机质含量和土壤肥力下降。

(2) 影响植物生长

盐碱化会对植物的生长发育造成不良影响，不论是耐盐的盐生植物还是避盐植物，这种影响的程度取决于土壤中盐离子的种类、浓度以及植物的生长阶段。主要体现在以下几个方面：

①影响植物气孔关闭　在高浓度盐分作用下，气孔保卫细胞内的淀粉形成受到阻碍，导致细胞不能关闭，通过气孔散失的水量增加，植物失水枯萎。

②引起植物生理干旱　盐碱土中含有过多的可溶性盐类，导致土壤溶液的渗透压高于植物根系的渗透压，即使土壤含水量较高，植物根系也很难从土壤中吸收水分，造成生理干旱，甚至还会导致水分从根细胞向土壤外渗，造成植物失水萎蔫甚至死亡。

③影响植物正常营养和生长　由于钠离子的竞争，植物对钾、磷和其他营养元素吸收减少，磷的转移也会受到抑制，从而影响植物的营养状况，进而抑制植物正常的营养生长和繁殖。试验表明，盐分含量影响种子的发芽率下降，生长减缓，开花提前或滞后，结实量下降。

④离子毒害　植物体内盐分集聚过多，导致原生质受害，蛋白质的合成受阻，含氮的中间代谢物积聚，造成细胞伤害。盐离子如 Na^+、Cl^- 可以直接对植物产生毒害作用，过量的 Cl^- 使植物叶片黄化，提早脱落。盐类集聚地表会伤害胚轴，高 pH 值下氢氧根离子对植物会产生直接伤害。

⑤导致植物的形态和结构发生变化　盐生植物的叶片小，叶片加厚，以增大细胞体积或液泡容量，保证吸收更多的水分，稀释盐分浓度，还能减少蒸散，以减少对盐分的吸收。盐生植物生长期短。有些盐生植物具有盐腺，能将吸收的盐分排出体外。

8.2.2 盐碱地水盐运动规律与调控

8.2.2.1 盐碱地水盐运动规律

水盐运动规律是指水与可溶性盐分在土体中随时间、环境条件而变化的特征。水盐动态是指土壤含水量、含盐量随时间和空间的变化过程，它是认识盐碱地形成、演变和防治土壤次生盐碱化的理论基础。在盐碱地的发育和形成过程中，水作为盐分的溶剂和运输介质，对盐碱化的发生和演变起着极其重要的作用。土壤质地和结构、剖面构造和土壤肥力等对土壤水盐运动也有着重要的影响。正确认识水盐关系及其运动规律是调控土壤水盐运动的关键，是进行盐碱化预防、预报和治理的依据。水是生态环境中最活跃、最积极的因素，旱、涝、盐、碱的治理主要是对土壤中水盐的水平运动和垂直运动进行合理控制和管理，以利于盐碱地的改良和开发利用，因此，掌握土壤水盐动态和运动规律是十分重要。

土壤中的盐分溶解在水中随水分一起运动。在蒸发过程中盐分随水分沿毛管孔隙上升到地表，水分蒸发后盐分积聚在表层土壤中，为积盐过程。灌溉和降雨时入渗的水分又将表层的盐分带向深层，为淋盐过程。如果蒸发带到表层土壤的盐分多于入渗淋洗带到深层的盐分，则土壤处于积盐状态；反之，则处于脱盐状态。土壤中的水盐动态还与灌溉条件、排水条件和农业技术措施有关。在干旱和半干旱地区，如果灌水量过多，又缺乏排水设施，将导致地下水位升高，从而加大蒸发，使盐分在表层土中不断积累，形成次生盐碱化。

土壤中水盐的运动主要是在蒸发、入渗和冻融这三种条件下发生的，土壤水分处于蒸发、入渗和冻融这三种状态的时间长短及其作用强度，决定土壤发生积盐过程还是淋盐过程，以及积盐或淋盐的强度。气候条件决定了大气蒸发能力和降水量，是土壤水盐运动的上边界条件和驱动力，直接接影响土壤水盐运动过程。

(1) 湿润气候条件下的土壤水盐动态

我国滨海盐碱地主要分布在热带、亚热带和暖温带，气候条件湿润，年降水量大于或接近于蒸发量，土壤剖面上盐分在降水的作用下向下淋洗的过程大于在蒸发作用下向表层的积累过程，土壤剖面的含盐量表现为逐渐脱盐和淡化过程。由于长期降水的入渗补给作用，浅层地下水也趋于不同程度地淡化，但这一淡化过程十分缓慢。湿润气候条件下，虽然年降水总量大于蒸发量，但由于降水和蒸发量在年内分配不均，形成了季节性的水盐动态。一般情况下，冬季、春季蒸发量大于降水量，水盐在土壤剖面上向表层的积累运动强于向下的淋洗运动，土壤表层的盐分有所增高，而在夏季、秋季存在显著的向下淋洗过程。如苏北滨海盐碱地雨季土壤表层土壤和1m土层的含盐量均减少，而冬春又有所增加，但这种季节性的变化较半干旱和干旱地区要小得多。

(2) 半湿润、半干旱气候条件下的土壤水盐动态

半湿润、半干旱区的降水量小于或等于蒸发量，在季风影响下降水量年内分配不均，年际变化大，因此土壤水盐动态有明显的季节变化。由于蒸发量大于降水量，当地下水位埋深较浅时，表层土壤含盐量逐年增加。在春季蒸发量远大于降水量，表层土壤的含盐量增长迅速，为强烈的积盐过程。在夏季由于降水入渗的影响，表层土壤含盐量明显减少，为淋洗过程。在秋季重复积盐过程，但不如春季强烈。在冬季土层冻结，土壤剖面中的水盐运动微弱。但在冻层较厚的地区，由于冻层形成过程中下层水盐向冻层聚集，因此伴有隐蔽的积盐过程。

在半湿润、半干旱气候条件下，因降水量年际变化很大，导致土壤水盐动态的年际

变化也不尽相同。丰水年由于降水量大而产生较强的淋盐作用、表层土壤盐分大为减少，但大量降水入渗补给地下水，抬高地下水位，来年春季土壤水及地下水的蒸发量增加，导致表层土壤强烈的积盐过程。而在连年少水年的情况下，地下水位下降，蒸发减弱，土壤剖面中水分上升运动减少，盐分向地表积累过程也随之减弱。但在地下径流量较大，连年干旱不足以使地下水位产生明显下降的地区(如黄河两岸的洼地)，即使在气候干旱的情况下，土壤仍然会产生强烈积盐。

半湿润、半干旱季风气候区，干湿季节分明，水分和盐分在垂直方向上的蒸发与入渗、积盐与脱盐呈现有规律的更替，具有明显的季节性。如黄淮海平原区在季风气候影响下，土壤水盐运动主要表现为，蒸发—积盐、淋溶—脱盐和相对稳定 3 种形式，年内土壤水盐动态可划分为 4 个阶段。

①春季强烈蒸发—积盐阶段(3~6 月)　本阶段降水量约占全年降水量的 11%，水面蒸发量可达降水量的 10 倍左右，潜水蒸发量是降水量的 2 倍多。在强烈蒸发作用下地下水沿毛管上行，补给上层土壤，土体和潜水中的盐分随之向地表积累。同时地下水位下降，到 6 月达到最低，而表层(0~30 cm)土壤含盐量达到最高值，为积盐状态。

②夏季降雨—淋盐阶段(7~8 月)　本阶段降水量约占全年降水量的 70%。雨水入渗形成的重力水补给地下潜水，可使潜水位升高 1.5~2.0 m，达到一年中的最高值，同时雨水入渗使土壤盐分得到淋洗，表层土壤的含盐量处于低值，为淋盐状态。

③秋季蒸发—积盐阶段(9~11 月)　从 9 月开始，气温逐渐降低，降雨也明显减少，但蒸发量仍然较大，且由于雨季刚过，潜水位较高，在土壤蒸发和潜水蒸发的作用下，盐分在土壤上层逐渐积累，为积盐状态。

④冬季相对稳定阶段(12 月至翌年 2 月)　冬季为一年中气温最低的时期，月平均气温在零下 10 ℃左右。降水很少，土壤冻结，土壤蒸发停止，潜水蒸发主要以气态形式由深层向上转移，凝结在冻土层底部并加厚冻土层，土壤盐分变化不大，处于相对稳定阶段。

(3)干旱气候条件下的土壤水盐动态

内蒙古、宁夏、甘肃、青海和新疆等干旱地区，降水量不足 400 mm，有些地区只有几十毫米，而蒸发量却高达 1 800 mm 以上，土壤中的水盐运动以向表层积累过程占绝对优势。在地下水位埋深较浅的情况下，强烈的蒸发导致土壤几乎全年处于积盐状况，土壤的积盐强度随地下水位埋深减小而增加，随干燥度的增加而增加。在干旱气候条件下土壤盐分的淋洗过程十分微弱，表层土壤积盐强度的差异主要受不同季节蒸发强度控制。特别是在冬季如果形成深厚的冻结层，将会发生土壤冻融过程中所特有的隐蔽积盐现象和春季解冻后"暴发"性的积盐现象。干旱地区降水量年际变化虽然也较大，但较半干旱地区要小得多，因而土壤水盐动态的年际变化不明显。

8.2.2.2　土壤水盐运动的调控

土壤水盐运动调控的关键是控制和降低两个积盐高值期的土壤含盐量。根据土壤中水盐运动规律，通过旱季有灌，雨季有排，积盐期洗盐脱盐，其他时期排盐等人为措施，实现对土壤水盐运动的调控。

（1）春季积盐期的调控

春季降雨稀少，气候干旱，地下水位高，潜水补给蒸发强烈，土壤积盐严重。在浅层地下水为淡水或矿化度较低的地区，采取以开采利用浅层地下水灌溉（井灌）为主的措施，既灌溉抗旱、压盐又降低地下水位。在地下咸水区应采取机井抽排、降低地下水位的措施，并适当引地面水抗旱灌溉压盐，减轻盐害。农业措施采用加强土壤耕作管理，增施有机肥料和地面覆盖，以减少土壤蒸发，蓄水保墒，抑制积盐过程。

（2）雨季淋盐期的调控

雨水入渗有利于土壤盐分的淋洗，应采取水土保持措施和田间管理，提高雨水的入渗能力，增加上层土壤的脱盐。但大量的雨水入渗补给潜水，抬高了地下水位，将会加重秋季的积盐过程，为此，应该加强田间排水工程建设，修建排水沟等水利工程措施，排水排盐，降低地下水位。在对降水偏少的年份，采用井灌，既补充降水的不足，又降低地下水位，以保证雨季土壤的淋洗效果，促进土壤脱盐。

（3）秋季积盐期的调控

秋季气温回落，干燥度和蒸发量均低于春季，而雨季过后使地下水位处于较高的位置，是引起土壤积盐的主要因素。应采取排水措施降低地下水位，秋旱时要取水灌溉，同时加强农田土壤管理，抑制土壤蒸发，减少土壤盐分的积累。

（4）冬季稳定期的调控

冬季土壤开始封冻，潜水蒸发缓慢，上行的水分主要凝结在冻土层下部，使冻土层不断加厚，而土壤上层的盐分运动基本停止。到春季天气回暖后，冻结层解冻，水分蒸发造成春季返盐。因此，在封冻初期应采取措施，降低地下水位，减少冻结层水分凝结，以减弱春季积盐强度。

8.2.2.3 土壤水盐运动的影响因素

土壤中水盐运动受多种因素的综合影响，在一定的环境条件下，土壤水盐动态有其相应的运动规律。

（1）气候条件

气候是影响土壤水盐运动的重要因素，在不同的气候条件下，形成不同的水盐运动规律。如黄淮海地区位于我国东部，为西北高东南低的大平原，属暖温带半湿润季风气候，降水量由北向南、由内陆向沿海逐渐增加，干燥度逐渐降低，降水季节分配不均，冬、春两季降水量只占全年降水量的15%左右，降雨主要集中在夏季，6~8月降水量占全年降水量的55%~70%。这种气候特点造成了春季土壤蒸发强烈，春旱严重。夏季雨涝，地下水位抬高，是促使土壤积盐的重要原因。

（2）地形与地貌

从大地形上看，盐碱土多分布在地势低平的内陆盆地、山间洼地和排水不畅的平原地区。从小地形上看，地表水集中于洼地，洼地积水会补给坡地的地下水，而坡地上蒸发强烈，因而紧邻洼地的坡地上盐碱化较为严重。从微小起伏的地形上看，当降雨或灌水时，低处积水较多，淋洗作用强，高处接受的水分少，但蒸发作用强，水分由低处向高处不断补给，盐分在高处积聚形成盐斑。在透水性不良的土壤上，含盐分的水从高处流向低洼处积聚，水分蒸发后盐分便在低洼处积累，形成盐碱化。

（3）土壤质地与土体构型

在土壤水分不断蒸发损失的条件下，地下水中的盐分将随支持毛管水不断补给表层土壤，随着水分的蒸发，盐分逐渐积累。可见毛管孔隙度及毛管孔隙的形状对水盐动态有显著影响。不同的土壤质地有着不同的毛管孔隙度和毛管性状，即土壤质地决定着土壤毛管水上升高度和上升速度，以及水的入渗性能，从而直接影响潜水蒸发的速率和水盐动态特征。可见，土壤质地对水盐运动有很大影响。

按照毛管理论，毛管水上升高度与毛管半径呈反比。但是实际上，由于土粒间的孔隙极不规则，孔隙中还常有封闭的气泡干扰，因此，毛管水实际上升高度往往与理论计算的数据不符，尤其是土粒中极细孔隙中的水分，为相当强的吸附力所影响，黏滞度高，很难移动。事实上只有沙质土和砂壤土及轻壤土才符合这个规律，而在中壤、重壤土、黏土中反而是质地越黏，毛管水上升高度越低，因此，从轻壤土到黏土，质地愈越重，土壤盐渍化越轻。

土体构型对水盐运动也有影响，有研究表明，在有黏土夹层的土壤中毛管水上升速度比沙质土和黏壤质土中均慢，且上升速度随黏土夹层厚度的增加而减慢；黏土夹层的厚度相同时，毛管水上升速度随黏土层位的升高而减慢。黏土夹层厚度相同，层位越高，即距地下水面越远，离地表越近，其隔盐作用越大；若黏土层位相同，厚度越大，隔盐效果越明显，而且黏土夹层的厚薄对土壤水盐运动的影响超过了黏土层位的影响。

（4）地下水位

地下水位是在气候、地形、特别是灌溉和排水活动影响下，能够迅速发生变化的因素，是人工调控水盐运动的主要体现形式，更是水盐均衡的重要指标。

在不同的地下水位条件下，潜水补给土壤水及蒸发的形式与蒸发量不同。地下水位越低，潜水补给蒸发量越小，上层土壤的积盐过程越弱。地下水位越高，潜水补给蒸发量越大，盐分在土壤中积累越多。地下水位为1 m时，在一个月之内耕层土壤含盐量增加10倍，而地下水位为1.5 m和2.0 m时，耕层土壤含盐量分别增加2倍和1倍。

地下水位的变化主要受降水量和蒸散量、灌水量和排水量的影响，地下水位的升降与水量平衡密切相关。一般而言雨季地下水位较高，旱季地下水位较低。如果来水量（灌溉引水和降水）大于失水量（排水和蒸散）时，地下水位升高，如来水量小于失水量，则地下水位下降。当来水量与失水量处于相对平衡的条件下，地下水位也处在动态平衡之中。地下水位的动态变化与土壤盐分的变化密切相关，但并不同步。当降雨或灌溉时，地下水位被抬高，但土壤盐分却被淋洗，含盐量降低，此后随着排水和蒸发，地下水位开始回落，土壤因蒸发而开始积盐，即土壤积盐过程发生在地下水位从高到低的回落过程中，直至地下水位降至临界深度以下。水位回落速度越慢，土壤积盐越多。因此，在降雨或灌溉之后，迅速降低地下水位，缩短回落时间和减轻土壤蒸发的措施，是减少土壤积盐的关键。

（5）地下水矿化度

地下水中的易溶盐分是强电解质，对水分子有较强的亲和力和吸附力。当水中含有盐分后可使水的表面张力增大。即地下水矿化度升高时，溶液浓度增大，水的表面张力和密度也随之增加，但密度的增加远超过毛管表面张力的增加。在毛管半径相同的条件下，地下水矿化度的增加会使毛管水上升高度降低，从而减少潜水蒸发量。但潜水蒸发减少的速率常常小于因水溶液浓度增加而使土壤含盐量增加的速率，因此，在地下水位相同的条件下高矿化度地下水导致的上层土壤盐分积累量大于低矿化度地下水。

地下水中的可溶盐是土壤盐分的重要来源，地下水矿化度的高低直接影响土壤的含盐量，在地下水位和土壤质地基本相同的条件下，地下水矿化度越高，土壤积盐也就越多。地下水盐分的化学组成与土壤中盐分的化学组成有着密切关系，两者基本上是一致的

(6)土壤有机质

土壤有机质中的胡敏酸、富里酸都是表面活性物质，能够增加水的密度，减少水的表面张力，水密度的增加率远远大于水的表面张力的增加率，因此有机质能够降低毛管水上升的高度。土壤有机质中的蔗糖也是表面活性物质，也能降低毛管水的上升高度。试验表明，毛管水上升速度随有机质含量的增加而减慢，潜水蒸发量和表土含盐量随之降低。有机质含量越高，其抑制水盐上移的作用越强。增施有机肥料具有促进土壤脱盐的明显效果。试验表明，连续 5 年施有机肥地块，土壤有机质含量由 $5 \sim 6$ g/kg 增加到 10 g/kg，$0 \sim 30$ cm 和 $0 \sim 100$ cm 土层的脱盐率分别为 $12\% \sim 23\%$ 和 $8\% \sim 13\%$。

(7)地表覆盖和翻耕

地表覆盖包括植被覆盖、塑料薄膜覆盖和积雪覆盖等。植被覆盖直接影响蒸发蒸腾强度、降雨入渗量、根系对土壤孔隙状况的改良以及养分的吸收情况等，从而影响土壤中的水盐运动过程。

塑料薄膜覆盖通过减少土壤蒸发量防止潜水通过毛管作用向上层土壤的运移，从而防止盐分在上层土壤的积累，其他的植物秸秆覆盖、砾石覆盖等具有同样的作用，都可以直接影响了土壤水盐运移过程。

雪是热的不良导体，在冬季它对土壤具有保温作用，雪盖越厚保温作用越强。新雪的密度小、导热性差，因此对土壤的保温性更佳。而冬季土壤表面的温度直接影响着土壤的冻结深度、冻结速度，进而影响土壤在冻结过程中深层水盐向冻结层运移过程——土壤的隐蔽性积盐过程。

农业耕作措施通过改变土壤表面状况而影响土壤蒸发和雨水入渗，进而对土壤水盐运动状况产生影响。免耕、留茬保持了地表植物对土壤表面的覆盖，减少了土壤蒸发。松土除草切断了毛管孔隙的联通状况，减少了水分向地表的输送，也能起到减少土壤蒸发的作用。旋耕、深耕后，表层土壤的粗糙度、疏松程度发生改变，降雨时入渗率状况、蒸发状况均会发生改变，土壤水盐运动状况也会发生相应的变化。

8.2.2.4　盐碱地改良的基本原理

(1)控制盐分的来源

控制盐分进入土壤耕作层，为植物正常生长提供无盐或微盐的环境。土壤中盐分来源有地表水、地下水，或二者兼而有之。控制盐分的来源就是采取措施控制含盐的地表水和地下水进入土壤。例如，在干旱地区有第三纪含盐地层出露的地带，这些地带的地

表径流将高矿化度的水流导出下游灌区会造成盐碱化。滨海地带高含盐的海水入侵会造成土地盐碱化，需通过修筑海堤和防潮闸，防止海潮的进入。对于不符合灌溉水质要求的河水、井水，要谨慎使用。要采取排水措施，控制灌区的地下水位在临界深度以下，防止盐分由地下沿毛管上升进入上层土壤。

（2）消除过多的盐分

采用冲洗、淋洗和排水措施，消除土壤中过多的盐分。亦可通过利用种植水稻排水，消除土壤中过量盐分。还可采用刮盐的方法，即将表土几厘米或十几厘米的盐结皮、盐结壳刮走。客土、换土的方法也是除过多盐分，为植物生长创造适宜生长环境的有效途径。

（3）调控盐量

调控盐量是指利用灌溉或农业技术稀释盐分浓度，防治蒸发引起的耕作层盐分积累。例如，采用滴灌、喷灌措施使耕作层土壤含水量保持在适宜范围、控制土壤盐分浓度，既节约用水，又不会提高地下水位，保障作物能在含盐碱的土地上正常生长。通过种植水稻，淹灌淋洗土壤盐分，利用水旱轮作调控土壤盐分，减少土壤蒸发也是调控土壤含盐量、避免盐分积累的重要手段。中耕松土、雨后松土，可以破坏耕作层与下层毛管的联系，减少返盐。在地表覆盖杂草、砾石、塑料薄膜也是减少地面蒸发，减轻盐分累积有效措施。

（4）生态修复原理

生态修复是通过生物、生态、工程的技术和方法，人为地改变和切断生态系统退化的主导因子或过程，调整、配置优化系统内部及外界的物质、能量和信息等流动过程和时空次序，使生态系统的结构、功能和生态的潜力尽快成功地恢复到一定的或原有的乃至更高的水平。生态修复的理论基础是恢复生态学和土壤学相关的理论。恢复生态学研究在自然灾变或人类活动干扰下受到破坏的自然生态系统的恢复和重建的基本原理和技术途径。生态修复理论基础是生态环境发展演变与遵循自然规律，人与自然和谐相处，搞好生态修复与经济发展协调的保障，为国土综合治理提供了强有力的理论支撑。

具体来讲，盐碱地的生态修复是依据限制因子原理、种群密度制约及分布格局原理、生物多样性原理、生态适应性理论、演替理论、植物入侵理论、景观生态学理论等调整和控制盐碱地向有利于人类的方向发展。盐碱地也是一个受损的生态系统，对这个受损的生态系统进行人为修复，其调控步骤主要包括：①停止或减缓使生态系统受损的干扰；②对受损生态系统受损程度、受损等级、可能修复前景等进行调查和评价；③根据对受损生态系统的调查结果，提出生态修复措施的规划和设计；④根据规划设计方案，实施受损生态系统的修复措施，恢复和提高其生态功能。

不同的盐碱地的自组织能力，生态系统的抵抗力、恢复力和持久性，以及盐碱地上植被群落演替的规律性各不相同，人类可以根据盐碱地的自身特征，采用自然干扰和人为干扰相结合的措施，对盐碱地这一受损生态系统进行恢复或修复。生态恢复或修复的结果主要有：①恢复到它原来的状态；②重新获得一个既包括原有特性，又包括了对人类有益的新特性的状态；③由于管理技术等的使用，形成一种改进的和原来不同的状态；④因干扰不能及时移去，或适宜条件不断损失，生态系统保持受损状态。

8.2.3 盐碱地改良措施

8.2.3.1 工程措施

（1）台田排盐技术

台田是改良盐碱地的主要措施，它是通过调控地下水位实现盐碱地改良。台田系统由台田、排水沟渠、坑塘组成。通过开挖排水沟渠和坑塘，营造高于排水沟渠的台田。一方面，开挖坑塘可以增加地下水位与台田耕种表层的相对距离，使地下水位相对深度大于土壤返盐临界深度；另一方面，排水沟渠可以排除台田渗透的雨水，并控制地下水位高度。在排水沟渠和坑塘共同作用下保证台田表层土壤在旱季时不致引起积盐。另外，还可以依靠自然降水或定期人工灌水起到淡水淋洗盐分的作用，台田表层的盐分随淡水排到排水沟渠，进而降低土壤含盐量。

修筑台田时要按照埂坡稳定、占地少要求，综合分析土体的内摩擦角、抗剪切强度等影响因子，合理确定台田地埂规格，一般情况下要求台田高度大于返盐的临界深度。排水沟渠宽度、深度、比降也要因地制宜，以能快速排水和有效降低台田地下水位为原则。明沟排水系统工程简易，投资较少，维修管理也比较方便，但最大缺点是占用土地多。

台田开挖技术简单，易于操作，维护简单。但是排水沟渠布设间距大，排盐速率慢，土地损失率较高，不利于大型农业机械的实用化。同时为了保障台田间的交通，还需要修建桥梁和闸涵，成本较高。排水沟渠边坡易坍塌，维持费用高。

（2）暗管排盐技术

暗管排盐技术的基本原理是遵循"盐随水来，盐随水去"的水盐运动规律，将溶解了土壤盐分并渗入地下的水通过管道排走，从而达到降低土壤含盐量的目的。

暗管排盐工程的实施首先要对盐碱地进行土壤钻孔调查和地表勘察，以掌握土层构造、渗透性、地下水位、土壤盐碱度及矿物含量。根据调查和勘察的结果进行管网设计，确定吸水管和集水管的走向与埋深，观察井和集水井的布设位置等。排盐暗管采用PVC打孔波纹管和塑料滤水管，管径通常采用 80 mm 和 110 mm 两种，为防止土壤细颗粒进入管道造成淤堵和增加管道周围土壤的渗水性，要将暗管包裹一定厚度的滤料，根据不同土壤类型，选作滤料的材料包括砂石料或土工布等。

暗管排盐工程通常只设一级吸水管，或加设一级集水管后排入明沟。吸水管是埋设在田间的透水暗管，具有良好地吸聚地下水流和输水的能力。渗入吸水管（暗管）的含盐水分，通过集水管、集水明沟、泵站提水或重力自流排入河道。吸水管（暗管）的埋设方向、间距、管径选择和埋深，应根据田间土壤的特性及田间排水情况进行分析设计，使其在设计深度的平面上形成具有一定间距的、平行的、相互联系的排盐管网系统，从而有效降低农田的地下水位，以防止盐分沿毛细管升于地表；同时，利用灌溉和降雨对暗管上部的含盐土层进行淋洗脱盐，通过地下暗管排出土体，经过暗管排盐系统长期不断地发挥作用，就能从根本上解决土壤的盐碱化问题。但暗管容易堵塞，现在已经有冲洗暗管内壁及孔隙的自动推进喷嘴，可自动以高压水流冲开堵塞的管壁渗孔，从而使暗管排盐设施能够长期使用。

暗管可深埋密设，排盐效率高，调制效果好，无土地损失，对农业机械化没有影响，无需桥梁、闸涵和许多排水沟。适于大规模机械化施工，但需引进专业机械。大规模应用比台田成本低，小规模应用成本高。

8.2.3.2 农业措施

施用厩肥、秸秆覆盖还田和疏松表土是最为常用的农业措施。使用优质厩肥和秸秆还田，不仅使土壤营养条件变好，土壤生物和理化性质也能得到改善，直接和间接地促使土壤盐分向脱盐和降低毒性的方向变化，从而实现肥—水—盐—作物系统的良性循环。实验结果表明，轻壤土在地下水埋深 2.0 m 时，采取施用厩肥 5 000 kg/亩、秸秆覆盖和疏松表土三种措施的土壤耕作层积盐量比对照分别减少 33%、27% 和 14%。一般情况下，轻壤土要求地下水埋深不小于 2.2~2.5 m 时，才有利于土壤脱盐。而当采取土壤培肥措施后，地下水埋深在 2.0 m 左右时，土壤盐分便开始减少。若地下水埋深大于 2.0 m 时，施用厩肥、秸秆覆盖和疏松表土的土壤耕作层脱盐率分别比对照提高 47%、54% 和 17%。水肥结合条件下，周年内地下水位可调节在 1.5 m（夏季）~2.0 m（秋季）~2.2 m 以下（春季）。因此，以培肥为中心的土壤生态建设是调节水盐运动、改良盐渍土不可缺少的重要措施。

平整土地是土壤耕作管理的首要措施，如果地面高低不平，在干旱季节，较高部位比较低部位的土壤蒸发量增加 1 倍左右。在半径 5~10 m 范围内，微地形高出周围地面 2.5 cm 时，其表层 0~5 cm 土层的盐分是低处的 2 倍以上。

对盐碱地采用深耕，并结合翻压绿肥，加厚活土层，能提高土壤的渗透性和蓄水性，有利于淋盐和抑盐，改土效果显著。测试结果表明，盐碱荒地深耕后第二年 0~60 cm 土层的脱盐率可达 45%。

在黄淮海内陆平原上采取起垄沟播的耕作措施，根据垄台蒸发量大、水盐往垄台运行的规律，可以在垄沟播种，躲盐保苗。测定结果表明，垄台比垄沟的蒸发量高 22%~25%，其含盐量是垄沟的 1 倍以上。

在盐碱地上覆盖地膜可使蒸发强度大大减弱，也有效抑制地表盐分积累。根据中国科学院地理资源研究所在山东禹城的试验结果，每年春季在覆盖地膜条件下 0~40 cm 土层的平均积盐量为 8.1%，而未覆盖地膜的平均积盐量为 20.1%。虽然单纯地膜覆盖不能改变土壤盐渍化的性质，但可以使盐分在土壤剖面的垂直分布重新分配。

8.2.3.3 生物措施

植树造林建立农田防护林网是改善农田生态环境、调控水盐平衡的重要举措，有利于盐碱地的改良。树木能吸收土壤下层的水分，经蒸散进入大气，改变了土壤水分和地下水散失的途径，起到生物排水的作用，既可以使地下水位下降，又可以调节空气湿度，同时树木本身的遮阴和防风作用，可减少土壤表层的蒸发散。

在盐碱地上分布着不同程度的盐碱荒地，一般情况下荒地的土壤物理性状都比较差，不利于有机质积累和盐分淋洗，土壤蒸发强烈，盐分不断积累，所以摞荒地越摞越荒。而根据盐渍化程度，选种耐盐植物、增施有机肥料，可实现盐碱地改良。

在盐碱地的开发利用过程中，很多盐生植物可能成为食物、燃料、饲料、纤维及其他产品。如美国沿海滩涂的盐角草和我国滩涂的碱蓬，因其茎叶肉质多液，籽粒营养丰富，已成为色拉等味美可口的佐餐佳肴。随着研究开发的深入，有一些盐生植物的利用潜力不断凸显。如三角叶滨藜是口感颇佳、营养丰富的蔬菜，而海滨锦葵则是既可作油料，又可作饲料，地下部分还可以药用，因其花朵美丽全株还可以美化环境的多用途耐盐植物。

（1）植物耐盐性分类

土壤中过量的盐碱对植物的危害，一是影响根系吸收环境，阻碍或破坏根系对水分和矿质元素的吸收；二是盐碱对植物根系产生直接毒害作用，侵害植物组织，妨碍其正常的生理活动。

植物对盐分的适应能力称为耐盐性，也称为抗盐性。抗盐性是植物对盐胁迫的对抗能力，其大小取决于盐胁迫的强弱。耐盐性是指有些植物虽无法阻止盐分进入体内或排出盐分，但可以通过一些生理途径降低或抵消盐分的伤害，在盐环境下维持生长的能力。避盐性是指有些植物既没有去除或减少盐分胁迫的能力，可能在体内建立某种屏障、机能避免盐分的伤害。如对盐分产生分隔效应，使盐分积累于液泡中、延迟发芽或在母株上发芽，提早或延迟成熟，在有利条件下完成生活史。

植物长期在盐环境下生长，会形成各自的特定耐盐机制。根据植物对盐环境的适应特点将耐盐植物划分为拒盐、聚盐、泌盐或排盐、稀盐和避盐型五类。

拒盐型植物借助细胞膜对离子的选择吸收能力以及根部的双层或三层内皮结构，拒绝过量有害离子进入体内。

聚盐型植物为了适应外界溶液的低渗透势，在细胞内大量积累无机盐离子（主要是Na^+），提高细胞的渗透压以保持体内的水分。这类植物又具有离子区域化功能，将吸收的大量有害离子输送到液泡中贮存，细胞质中盐分含量仍不高，保持酶活性和生理代谢功能，维持在高盐环境中生存。

泌盐型或排盐型植物在高盐环境中不能阻止大量的盐离子进入体内，往往在短时间内植物中会积累高浓度的盐分，但植物形成了泌盐系统，能有效地将高盐离子不断排出体外，从而减少或避免盐分的伤害。

稀盐型植物既不能有效地阻止盐离子进入体内，又不具有特殊结构将盐离子有效地排出体外，而是通过吸收水分降低体内的盐分浓度，维持正常生长。

避盐型植物并不是通过特殊的耐盐机制和生理代谢功能减轻盐分危害，而是以独特的生物学特性避开盐分的伤害，如生长期极短，提早成熟或延迟发育，以保证盐敏感时期处于土壤含盐量较低的季节。有的植物将根扎得很深，透过岩层吸水，甚至有的植物种子在母体上就发芽，避开盐分对种子萌发的影响。

（2）提高植物耐盐的途径

① 耐盐锻炼和定向选择　植物耐盐性是长期对盐环境适应的结果，也有人认为非盐生植物是由盐生植物进化而来的。来自盐碱地区品种多数对盐碱的适应性较强，这是长期锻炼、自然选择的结果。育种学家普遍认为，要选出耐盐性强的作物品种，必须在环境中筛选并让其适应。美国的 E. Epstain 的全海水大麦品系，就是通过世界 6 000 多份大

麦资源的耐盐筛选，而后进行复核杂交，定向培育而获得的。

② 有性杂交　一般耐盐的植物，其经济性状都不太理想，生产性能好的品种往往耐盐性又不强。为此可以通过杂交获得耐淹性强和经济价值高的品种。国际上已把目标转向利用近缘野生物种的耐盐基因改造栽培品种的耐盐性。美国 E. Epstain 等利用海边生长的野生西红柿和栽培种杂交，获得能用 70% 海水灌溉的耐盐西红柿品种，商品性价值很高。D. R. Dewey 提出以该小麦祖先及近缘野生种的天然抗性改造生产品种的耐盐性。M. Kazi 和 B. Jorstor 协作已获得 *T. bessarabicum* 和中国春小麦的双二倍体杂交种，耐盐性强于公认的耐盐小麦品种 Kharchia。利用黑麦的耐盐性与小麦杂交，已选出耐盐性强的小黑麦品种。

③ 诱变育种　物理诱变、化学诱变技术已在育种上普遍采用。中国海洋大学生物系将福建的农家水稻品种用钴源处理，已初步选出成熟早、较耐盐的后代。山东德州市农业科学研究所用辐射的方法选出的小麦品系，在 0.5% 土壤环境中能较好地生长。

④ 生物工程　在当代的作物育种工作中，除了采用有性杂交和诱变方法外，生物工程技术引起了育种学家的广泛重视，也有可能将其用于耐盐品种的选育研究。

⑤ 种子处理　一般情况下种子萌发时具有较强的耐盐性，而幼苗期对盐分极其敏感。通过处理种子提高品种的耐盐性，是人们普遍接受的措施。处理种子所选用的盐类一般都是盐渍土的主要成分，如氯化钠或当地含盐地下水。也有用激素和生理活性物质处理种子，如吲哚乙酸、赤霉素、萘乙酸、矮壮素均能提高小麦在盐渍土中的生活能力。

8.2.3.4　盐碱化综合防治原则

（1）以防为主、防治并重

次生盐碱化的灌区，要全力预防。已经形成次生盐碱化的灌区，在治理的同时必须采取预防措施。治理后的盐碱地应坚持以防为主，巩固、提高改良效果。开荒地区应该预防开垦后发生土壤次生盐碱化。

（2）水利先行、综合治理

土壤盐碱化的基本矛盾是土壤积盐和脱盐的矛盾，而土壤盐碱化的基本矛盾则是钠离子

在土壤胶体表面上的吸附和释放的矛盾。上述两类矛盾的主要原因都在于含有盐分的水溶液在土体中的运动。水是土壤积盐或碱化的媒介，也是土壤脱盐或脱碱的动力。没有大气降水、田间灌水的上下移动，盐分就不会向上积累或向下淋洗；没有含钠盐水在土壤中的上下运动，就不会有代换性钠盐在胶体表面吸附而使土壤盐化；没有含钙水的存在，就不会有钙置换出代换性钠的关键。土壤水的运动和平衡是受地面水、地下水和土壤水分蒸发所支配的，因而防止土壤盐碱化必须水利先行，通过水利改良措施达到控制地面水和地下水，使土壤中的下行水流大于上行水流使土壤脱盐，并为采用其他改良措施做好基础工作。

盐碱化的综合治理：一是在治理的对象上，不仅要消除盐碱本身的危害，同时必须兼顾与盐碱有关的其他不利因素或自然灾害，把改良盐碱与改变区域自然面貌和生产条

件结合起来；二是在治理上，要采取综合治理措施，不能只片面地注重某一个单方面的措施。防治土壤盐碱化的措施很多，概括起来可分为水利改良措施、农业改良措施、生物改良措施和化学改良措施四个方面，每一个单项措施的作用和应用都有一定的局限性。总之，脱盐—培肥—高产这样的盐碱地治理过程看，只有实行农、林、水综合措施，并把改土与治理其他自然灾害密切结合起来，才能彻底改变盐碱地的面貌。

（3）统一规划、因地制宜

土壤水的运动是受地表水和地下水支配的。要解决好灌区水的问题，必须从流域着手，从建立有利的区域水盐平衡着眼，对水土资源进行统一规划、综合平衡，合理安排地表水和地下水的开发利用。建立流域完整的排水、排盐系统，分区分期治理。

（4）用改结合、脱盐培肥

盐碱地治理包括利用和改良两个方面，二者必须紧密结合。首先要把盐碱地作为自然资源加以利用，根据发展多种经营的需要，因地制宜、多途径地利用盐碱地。除用于发展作物种植外，还可以发展饲草、燃料、木材和野生经济作物。争取做到先利用后改良，在利用中改良，通过改良实现充分有效地利用。

盐碱地治理的最终目的是收获高产稳产，把盐碱地变成良田。为此必须从两方面入手：一是脱盐去碱；二是培肥土壤。不脱盐去碱就不能有效地培肥土壤和发挥土壤的潜在肥力；不培肥土壤，土壤理化性质就不能进一步改善，脱盐效果不能巩固，也不能高产。可见两者密不可分，也是垦区建设高产稳产农业用地的必由之路。

8.2.3.5 盐碱地治理优化措施

在盐碱地治理过程中，往往不能单独依靠一项改良措施，需结合土壤培肥、生物覆盖、优化灌溉等措施来综合调控土壤水肥盐动态，在对各种水肥盐调控措施进行优势互补、配合使用的同时，需结合利用深耕深翻、土壤性状改良、开沟排水排盐等农艺和水利措施来促进土壤脱盐脱碱，最终达到盐碱耕地综合质量提升和次生盐渍害防控的优化调控效果。

8.3 冻融侵蚀防治

8.3.1 冻融侵蚀概述

土壤冻融侵蚀大多发生在冬春季节，作为侵蚀形式的一种，它是指土壤在冻融交替作用下发生的侵蚀现象。冻融侵蚀的发生一方面是由于土壤在反复的冻融作用下，其理化性质、结构和质地等发生改变，从而降低了土壤的抗蚀性和土体的稳定性；另一方面，冻融作用常与其他侵蚀营力复合作用使土壤发生侵蚀。

目前，国内外学者对于冻融侵蚀的定义与研究范畴尚无全面、统一的认识，但从冻融侵蚀研究的主要发展轨迹来看，人们对它的定义与研究范畴的界定已越来越清晰。大部分学者趋向于将由于温度的频繁变化造成的冻融交替所引起的土壤、岩石性质发生变化，进而造成的侵蚀作用定义为冻融侵蚀。地球上中纬度大部分地区都经受季节性冻融过程，而解冻期是土壤季节性冻融过程发生强烈的时期。这一时期，除土壤本身在经受若干次冻融循环作用后抗蚀性降低外，冻融作用还常与其他侵蚀营力复合形成种类多样的侵蚀形式。如冻融作用与重力作用复合可形成寒冻石流、冻融泥流、沟壑边壁崩塌等侵蚀形式，进而形成石海、石川、冻融泥流台阶等现象。冻融作用与融雪径流复合作用可形成融雪侵蚀。融雪侵蚀的发生是在表土融化而下部土体尚处于冻结状态，融雪水不能正常下渗，致使已经解冻的表层土壤水分含量过多，融雪水极易产生地表径流，进而加剧的土壤侵蚀。当冻融作用与降雨复合作用时，冻融作用一方面降低地表土壤抗蚀能力，又在表层土壤下形成弱透水冻土层，进而加剧了降雨的侵蚀能力，形成特殊的侵蚀形式。另外，冻融作用对表土抗蚀性的降低，也可为风蚀提供更多的侵蚀物质来源。据第二次全国土壤侵蚀遥感调查资料统计，我国可发生冻融侵蚀的面积超过 $126.98 \times 10^4 \mathrm{km}^2$，约占全国国土面积的 13.4%。绝大部分的冻融侵蚀分布在东北地区、西北高山区和青藏高原区。虽然冻融侵蚀在我国以轻度、中度为主，强度侵蚀相对较少，但目前冻融侵蚀对人类生存与发展的影响已经表现得越来越明显。已有研究结果表明，冻融作用可以改变土壤的性质，进而影响土壤可蚀性。同时，土壤冻融作用还具有时间和空间的不一致性，进而影响坡面土体的稳定。部分冻融侵蚀区，春季融雪径流侵蚀量占全年水土流失量的很大部分。

8.3.2 冻融侵蚀防治措施

目前，以水土保持为目的的冻融侵蚀防治研究主要集中在农用地水土流失的防治上。农业用地也是春季解冻期遭受侵蚀最为严重的土地利用形式，因为解冻期农地中缺少植被覆盖，积雪量相对于林草地少，因此农地中冻土层厚度最大，冻融作用也最为强烈，降低了土壤抗侵蚀的能力。

已有研究表明，耕作方式不同、作物残余物存在与否及对作物残余物的管理不同，可以极大地影响土壤的性质、结构、地表水入渗及冻融侵蚀的发生与发展。K. E. Saxton 等的研究表明，将耕作残余物放置于垄沟等处进行条带覆盖可以减少地表径流和土壤侵蚀的发生，同时，有利于减少土壤冻结深度、增加土壤渗透性。G. R. Benoit 等在美国北部对不同耕作指数翻耕后没有种植作物的耕地、种植作物并进行土壤深松的耕地和免耕的耕地进行对比试验。结果表明，在耕作指数较小，并且保留了作物残余物的试验小区内雪的累积量较大，土壤冻结深度较浅，解冻较早，春季土壤温度升高较早；在耕作指数较大的试验小区内情况则截然相反。试验还表明，对耕作残余物的适当处理在一定程度上可以增加作物的产量。也有学者针对不同类型作物覆盖减缓冻融作用带来的侵蚀做了一系列研究，例如，春季苜蓿草、大豆残茬覆盖比起其他草类作物覆盖更有助于融水入渗，对土壤温度、含水率控制有一定积极的影响。值得注意的是，不同地区的耕作方式、管理方式差别较大，所以，在选择具体的耕作方式及作物残余物管理方式时应根据具体情况进行选择。同时，恶劣的天气条件、不良的播种条件、作物疾病等都会影响残余物的数量，进而影响其对土壤侵蚀的控制作用。

在冻融侵蚀区减小地表径流、增加地表径流入渗的研究中，一些研究人员先后应用了截流沟、水窖、等高犁沟、等高耕作及梯田等措施。J. L. Pikul 等在 Oregon 地区的研究表明，截流沟在春季融雪过程中能够对减少融雪径流、增加径流入渗起到较好的作用。但对于不同的土壤，其减流效果有所不同。同时，如果土壤冻结深度超过截流沟的深度，其减流效果将受到较大的影响。J. L. Pikul 等还将作物留茬与改变微地貌等措施结合起来进行考虑，综合分析其在影响雪的累积、融雪水渗透及土壤侵蚀量大小等方面的作用。目前，大多数的学者都认为将各种措施因地制宜、综合应用将更加有效。

除以上相应措施在解冻期对侵蚀的控制外，也有人通过增施有机肥、土壤改良剂等方式进行解冻期侵蚀控制。增施有机肥是农地冻融侵蚀防治的措施之一，有机肥不但可以提高地力，而且能够有效地改良土壤结构，增强土壤的胶结能力，提高土壤抗蚀抗冲性能。试验表明，土壤有机质含量越高，缓冲系数越大，土壤抵抗径流冲刷的能力也越强。

一些研究人员还对冻融侵蚀区耕作及进行保土蓄水、增加入渗时使用的工具进行了开发研究，但无论是工具的使用还是防治措施的应用，都要结合当地具体的自然与社会条件，注意其一定的区域适用性问题。

在非农地区域，增加地表植被是冻融侵蚀防治的有效措施。林草植被及枯枝落叶层一方面可以减弱冻融作用，减小冻融过程对土壤结构的破坏作用；另一方面具有很好的保护作用，可使土壤免受融雪或降雨的冲刷。植被根系紧紧固结土壤颗粒，并使冻融作用减弱，从而使融雪或降雨侵蚀变得极小甚至不发生。同时，枯枝落叶层腐熟后可以增加土壤有机质含量，提高土壤胶结能力，增强土壤抵抗冻融侵蚀的性能。有效控制冬季人为与动物活动也是防止解冻期土壤被破坏的有效方式。动物践踏对土壤造成了较大的机械破坏，放牧区域的植被盖度较低，加之土壤经受冻融作用改变了土壤孔隙大小、粒径分布等性质，进而加剧土壤侵蚀。因此，减少冬季人为、动物活动，对减轻冻融侵蚀、达到植被的恢复和改良有着重要意义。

8.4 海岸侵蚀防治

8.4.1 海岸侵蚀规律

8.4.1.1 我国沿海海岸类型

我国东南接邻辽阔的海域，大陆海岸线北起辽宁的鸭绿江口，南到广西的北仑河口，长达 16 124.8 km。沿海分布着大小岛屿 6 500 多个，岛屿海岸线长达 11 659.4 km。概括起来，我国海岸地貌可分为岩质海岸、沙质海岸、淤泥质海岸、生物海岸和人工海岸几种类型。其中，海岸侵蚀主要集中发生在岩质、沙质和淤泥质海岸。

岩质海岸又称基岩港湾海岸，我国岩质海岸线占全国海岸线总长的28%，主要由比较坚硬的基岩组成，并同陆上的山脉或丘陵毗连，分布范围较广，其主要特点是岸线曲折，岛屿众多，水深湾大，风急浪高，地形起伏，土层浅薄，立地条件差，生态环境脆弱，植被恢复困难，降水时会形成大量地表径流并引起土壤侵蚀。

堆积粗粒的砂砾物质形成的海滩称为沙质海岸，我国沙质岸线绵长，沿海各省（自治区、直辖市）都有沙质海岸的分布，主要分布在辽东半岛、山东半岛和华南海岸 3 个区域。除了堆积型岩质海岸常出现沙滩、形成沙质海岸外，平原淤泥质海岸中因为临近丘陵山地，发育的河流夹杂着较粗的物质输出河口，在波浪的作用及海流的运送下堆积在岸边也会形成局部的沙质海岸。

淤泥质海岸按其形成过程和组成物质的差异，又可分为河口三角洲海岸、平原淤泥质海岸和港湾淤泥质海岸。淤泥质海岸主要以粉砂、细砂和粉砂淤泥质为主，占全国大陆海岸线的20%以上，约达4 000 km，主要分布在长江、黄河、珠江、钱塘江、海河等河流入海口的三角洲冲积平原，以及浙、闽、粤沿海局部的港湾地区。

8.4.1.2 海岸侵蚀分布特征

我国海岸侵蚀主要有2种类型：一是长周期趋势性的海岸侵蚀现象，它主要由河流改道、三角洲废弃或流域来沙减少所引起，海岸的侵蚀强度由河岸夷平作用及海滩剖面调整过程加以调节；二是短周期的暴风浪现象，如台风、暴潮等。

中国海岸侵蚀比较严重，岸线所占比例较大，侵蚀海岸分布广泛。据统计，目前已有近70%的沙质海岸和几乎全部开阔水域的淤泥质海岸处于侵蚀后退状态，侵蚀岸线长度已占全国大陆岸线总长度的1/3以上。其中，沙质海岸的侵蚀速率多在1~3 m/a(表8-10)，淤泥质海岸侵蚀速率比沙质海岸快得多，二者几乎是数量级上的差异。海南文昌地区的沙质海岸侵蚀后退速率高达10~15 m/a(夏东兴等，1993；丰爱平等，2003；盛静芬等，2002)。

表8-10 我国沿海某些岸段侵蚀速率

地区	岸段	海岸类型	侵蚀速率(m/a)	地区	岸段	海岸类型	侵蚀速率(m/a)
辽宁	新金县皮口镇	沙质	0.5~1	福建[3]	霞浦	沙质	4
	大窑湾	沙质	>2		闽江口以东	沙质	4~5
	旅顺柏岚子	沙质	1~1.5		莆田	沙质	6~8
	营口鲅鱼圈	沙质	2		湄洲岛	沙质	1
	大凌河口	淤泥质	50		澄瀛	沙质	0.9~1.5
	兴城	沙质	1.5		白沙—塔头	沙质	3
河北	北戴河浴场	沙质	2~3		高歧	沙质	1
	饮马河	沙质	2		东山岛	沙质	1
天津	滦河口至大清河口	淤泥质	>2.5	海南[4]	文昌	沙质	10~15
	歧口至大口河口	淤泥质	10		三亚湾	沙质	2~3
山东	黄河口三角洲	淤泥质	30~1 200[1]		海口湾西部后海	沙质	2~3
	刁龙嘴—蓬莱	沙质	2		南渡江口	沙质	9~13
	蓬莱西海岸	沙质	5~10		沙湖港—东营港	沙质	3~6
	文登—乳山白沙口	沙质	1~2	上海	芦潮港—中港	淤泥质	约50
	鲁南[2]	沙质	1.1	浙江	漱浦东—金丝娘桥	淤泥质	3~5
	棋子湾—绣针河口	沙质	1.3~3.5	广东	漠阳江口北津	淤泥质	8
江苏	赣榆县北部	沙质	10~20	广西	北仑河口	淤泥质	10
	团港—大喇叭口	淤泥质	15~45				
	东灶港—篙枝港沙质	淤泥质	10~20				

注：引自丰爱平等，2003。

①数据来源于李凤林，1998；李元芳，1995；苗丰民等，1995；王颖等，1995；夏东兴，1999。②数据来源于庄振业，2000。③数据来源于罗章仁，1995。④数据来源于夏东兴，1993。

　　20世纪50年代末以来，由于全球海平面上升，河流入海泥沙的减少和海岸工程等许多因素的影响，很多海岸的岸线发生了不同程度的侵蚀后退，侵蚀范围呈不断扩大的趋势。

8.4.1.3　海岸侵蚀成因

　　海岸侵蚀是指海岸在海洋动力作用下，沿岸供沙少于沿岸失沙而引起的海岸后退的破坏性过程。

　　海岸侵蚀原因众多，究其根本，导致海岸侵蚀的直接原因是海岸的泥沙亏损与动力增强，而引起泥沙亏损和动力增强的根本原因主要是自然因素和人类活动的影响。

　　(1)自然因素影响

　　自然因素的影响主要包括河流改道和海平面的相对上升。

　　①河流改道的影响　河流改道必然减少或断绝泥沙来源，使原来淤涨而突出于海的海岸，海洋动力相对加强，为寻求平衡，从淤积转为冲刷，海岸迅速后退，原河口越突出，海岸侵蚀就越强烈。黄河三角洲海岸即属此种情况(洪尚池等，1984)。1960年8月，黄河由神仙沟流路改走汊河入海，到1963年年底，神仙沟口附近岸段蚀退面积达56 km²，蚀退率为16.0 km²/a；1964年年初由汊河改走钓口河入海，1964—1975年神仙沟口至汊河口岸段蚀退面积166 km²，平均15 km²/a；1976年黄河由钓口河改走清水沟，1976—1980年，钓口河口岸段蚀退面积65 km²，年均13 km²/a。

　　②海平面的相对上升的影响　近百年来全球海平面上升，已为世界学者所公认，并且被各国海洋验潮站所证实。美国P·布容(1986)列出了6项侵蚀因素，其中自然因素有海平面上升、地面沉降和潮汐港湾3项，人为诱发因素有人海航道、海岸垂直向人工建筑和开采沙石3项。他研究了40个国家的海岸侵蚀实例，指出海平面上升是各国海岸侵蚀的共同因素。根据我国9个和世界102个验潮站的记录分析，过去100年来全球海平面上升15 cm，我国南海海平面上升20 cm。根据对广东珠海淇澳岛东澳湾、高栏岛飞沙、福建晋江深沪湾等地海岸地貌与海滩沉积特征的野外观察与实验分析，确认闽粤沿海存在明显的海岸侵蚀后退现象，具体表现为：海岸线向陆迁移，海湾内早期陆相冲积物遭受波浪侵蚀，岬角岸段早期海蚀龛被现代海滩沉积物掩埋，海岸沙丘被海水吞蚀，古海岸沙丘遭受波浪侵蚀并被现代海滩沉积物覆盖，海滩沉积物呈现粗化和角砾化特征等。这些地貌与沉积现象是海岸地貌对海平面上升的响应，它们的存在说明海平面上升是引起海岸侵蚀后退的主要原因，同时也是海平面上升的地貌与沉积标志。

　　由于全球气候变暖引起的海平面上升和人类活动的负面影响，海岸带的侵蚀越演越烈，由此诱发的海岸侵蚀、坍塌及岸线后退等地质灾害逐渐成为威胁海岸带人类生存和生活环境的主要因素。

　　(2)人类活动影响

　　现代海岸侵蚀加剧的原因是三分天灾、七分人祸。我国从20世纪70年代，由于人类不合理的开发活动，各种类型的海岸侵蚀均有所加剧，其中无限制的掠夺性挖沙对沙质海岸造成的影响最大。尤其是近年来，海岸侵蚀的范围急剧增大，侵蚀程度也越发严重，已给沿岸人民的生产和生活带来严重影响或构成潜在的威胁，造成巨大经济损失的海岸侵蚀灾害时有发生。人们主要通过沿岸挖沙、修筑海岸工程、修建水库等造成局部海岸泥沙亏损而导致岸滩侵蚀。

①沿岸挖沙　自全新世海平面基本稳定以来，多数海岸已经相对稳定，动力与岸滩趋于平衡，仅河口地区因泥沙供给充盈而有所淤进。如果人们从海滩取沙，海洋动力势必重新塑造自己的岸滩平衡剖面，造成海岸侵蚀。全国海岸年挖沙总量尚无精确统计。过去只有城市建筑用沙，而随着农村经济的发展，农村建筑也大量用沙，挖沙现象已难以遏制。

②海岸工程的影响　沿岸漂沙遇突堤式海岸工程会在其上游一侧形成填角淤积，而在下游一侧形成侵蚀。如岚山头港1970年建成700 m垂直于海岸的突堤式码头，四年内已使堤南侧海滩消失，大片岩滩裸露，低潮线后退10 m，其侵蚀范围可达鲁苏交界的绣针河河口。可以说，几乎沿岸任何突堤都会造成一侧侵蚀。虽然这种侵蚀是局部的，但如果发生在具有重要开发价值的岸段，其危害也颇为严重，如青岛汇泉浴场因东部突堤的兴建而受到威胁。

海岸带是海陆交界的地带，地表环境由巨大的水体到陆地发生突然变化，因而，影响到形成气候的巨变带。台风和风暴潮常常在由海岸登陆时，冲破海堤，造成严重灾害；经常性的海风、波浪、潮汐和海流都对海岸进行着冲淘并发生重要的影响。海岸带生态系统十分脆弱，一旦遭到破坏，随即引起生态环境的巨变。例如，海岸沙地的植被遭到破坏，很容易引起沙粒流动形成沙丘；一次海潮破堤常使堤内的耕地产生盐渍化现象，以至于多年内都不能耕种。

海岸侵蚀对社会经济和海岸生态环境带来严重后果（王玉广等，2005）。海岸侵蚀引发近岸波能增强，造成岸边民宅被毁，海滨公路中断，临岸旅游设施坍塌，海岸建筑物毁坏，大片土地水土流失，土壤次生盐渍化加重，尤其是20世纪五六十年代兴造的海防林大片丧失、近岸海水水质趋劣和渔场地质性状改变，给当地人民的生产和生活造成严重危害。

海岸侵蚀不仅破坏沿海的动力系统，引起海岸重塑，还会危及滩后的生态环境，导致海水入侵，破坏沿海工程建筑，给沿海地区的社会经济带来巨大损失（李震等，2006）。以福建东山岛为例，为了固定流动沙丘，曾在西北海岸营造了一条长30 km、宽50~100 m的防护林；但是近些年，人们大量开采海沙引起海岸侵蚀后退，海岸防护林也遭到破坏，据1994年《中国海岸灾害公报》，该岛的马銮湾和金銮湾因为海岸后退，现已无海湾，涨潮时海水直接冲入，破坏林区生态环境，风沙满天的现象重现。青岛流清河一带，因为海岸后退波及公路桥梁安全，迫使公路内迁，而我国唯一的黄土海岸也因为海滩开挖加剧海岸侵蚀几近消失。

8.4.2　海岸侵蚀防治目标

我国海岸带有着不同的类型，所处的地质环境各异，各有利弊和长短。在调查研究的基础上，明确产生海岸侵蚀的主要因素，总结有效的防治措施手段，因地制宜，因害设防，兴利除弊，扬长避短，建立各具特色的海岸带防侵蚀模式，减缓或遏制海岸侵蚀速率，使海岸侵蚀的危害降到最低。

8.4.3 海岸侵蚀综合防治措施

国外海岸侵蚀的调查研究和立法工作始于 20 世纪初，美、英、法、日、荷等国现已有相关法规及措施来治理海岸侵蚀。1972 年国际地理学会成立了专事海岸侵蚀研究的"海岸侵蚀动态工作组"，1974 年澳大利亚 Bird 教授撰写的报告认为，在过去的 100 年里各国海岸普遍发生侵蚀（BIRD，1984）。1984 年国际地理学会海岸环境委员会的一份报告进一步指出，当时的世界沙质海岸约有 70% 以上处于侵蚀后退状态，平均蚀退速率约为 10 cm/a，其中约有 20% 甚至超过 1 m/a。

我国在 20 世纪 60 年代以前，海岸的主要防护措施是建造海堤。这是一种被动的海岸防护形式，虽然使海岸加固，但对今后海岸带的开发利用带来不便。为改变这种古老的防护形式，早在 60 年代曾经提出"保堤必须保滩"的积极海岸保护原则。在不同地区建造丁坝、潜坝、离岸堤以及其组合形式。这些方法的一个共同点，就是使造成海岸侵蚀的动力在远离海岸之前就消能，使以往的全线防护变成线段防护，既可节省经费又可美化海岸，也有利于今后的海岸开发。

目前，现有的沙质海岸防御措施主要分为两大类：一是修筑硬质海岸工程抵制岸线后退或消减沿岸波浪能量，如防浪墙、突堤、丁坝、潜堤、离岸堤等；二是构建软质海岸环境，模拟海岸系统特征抵消海岸侵蚀，如构建后滨沙丘、人工滋养海滩、建造防护林带和生物护滩等。

8.4.3.1 构建硬质海岸工程

（1）海堤

由整体的或块状的混凝土、钢板、木料或者天然石料构成；可以分为直立式和倾斜式。海堤对其背后的陆地有防护功能，但与其毗邻的无防护的海岸地区依然会遭受侵蚀。

（2）丁坝

丁坝是与海岸相垂直的一种防护建筑，主要的功能是拦流拦沙，对入射波也起着一定的掩护作用，是当前我国海岸防护采用较多的一种保滩保淤工程。从江苏海岸丁坝防护效益看，丁坝的促淤效果取决于其方向、高度、长度以及它们的间距。丁坝的高度相当于最高水位时，从坝顶越过的波浪对邻近海滩不再起冲刷作用，可达到较好的淤积效果。一般丁坝轴线与主波向线交角以 100°~120° 最佳。丁坝垂直于海岸，或与主波向线平行，消浪能力较差。

（3）突堤

突堤建造在河湾、海湾或港湾，主要是为了稳定航道，防止航道被沿岸输沙淤浅。

（4）离岸堤

离岸堤是距海岸线有一定距离又平行于海岸的防护工程，堤后拦截输沙，防护海岸侵蚀，但是也会造成下游地区的侵蚀，因此多采用离岸堤群的形式保护大面积的海岸。

（5）水力插板桩坝

水力插板桩坝技术是针对黄河三角洲海岸蚀退的特点发展起来的一种新型堤坝建设

专利技术。即先制成水泥板，用放在水泥板下的水枪搅起泥沙把水泥板插入地下。这种堤坝插入地层深度大、抗水毁能力强、施工速度快、投资少、维护工作量小(程义吉等，2003；丁东等，2000)。

工程护滩为许多国家所使用，我国沿海地区也多使用工程护岸，但海岸工程却会引起更为严重的破坏，只是在短时间内不明显，如丁坝、离岸堤等靠拦截泥沙输移来保护海滩，却造成下游泥沙亏损(图8-2)。

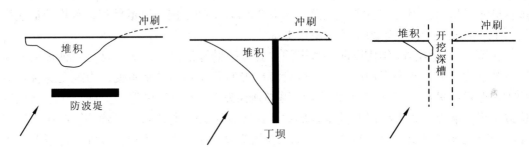

图8-2　海岸工程对下游产生侵蚀(李兵，2008)

8.4.3.2　构建软质海岸环境

(1)生物护滩措施

恢复、重建退化的滨海湿地以抵抗海岸侵蚀，是靠在潮滩或水下栽种或培育某种植物，以达到消能、促淤而防止侵蚀的目的。上海市水利部门经常在潮滩上种植芦苇，当其发展成为群落后能有效地削减到达岸边的波浪能量。还有，自20世纪60年代以来，南京大学的仲崇信教授等在江苏等淤泥质海岸引种的互花米草有效地减轻了滩面的侵蚀，收到了良好的促淤效果；黄河三角洲胜利油田在桩104、桩12、桩303海域试验性种植互花米草，目前最高处已淤高约0.5 m，总淤积面积近10×10^4 m²，且该淤积部分经过1997年风暴潮的袭击，损失最小(左书华等，2006)。

(2)海岸(堤)防护林带

沿岸防护林带可使海岸风能降低，风速减缓，从而使风的起沙作用减弱。同时，由风从滩面上带来的泥沙可在林带中减速并沉降，不断提高岸后高程，形成防护林地带的风积阶地。防护林的存在还可降低林内的蒸发，使地表潮湿、泥沙不易被风扬起，从而起到固沙的作用。防护林还能通过其根系固持海沙，防止海沙被海浪淘蚀。

自20世纪50年代以来，全国的沙质海岸先后都营造过海岸防护林带，有的保存较好，有的几经砍伐更新，林相参差不齐。淤泥质海岸多建有海堤，有的在海堤上营造了防护林带，有的未造林，情况不一。岩质海岸50年代以来有的进行过人工成片造林，有的进行过封山育林。沿海岸种植耐盐碱植物，构建沿海防护林带，达到抵抗海岸侵蚀的目的。例如，山东、江苏、浙江、福建、海南等沿海防护林带，较好地保护了海岸，防止了海水的入侵，并且还能起到改善环境、美化环境的作用。

(3)构建后滨沙丘

沙丘是防止海水冲刷后滨海岸的天然屏障，因此为保护海岸，更要保护沙丘免遭破坏；已经破坏的沙丘可以进行人工重建，方法主要有两种：利用沙障拦沙和种植植物固沙。

（4）人工海滩补沙

把附近海底或陆地的沙石运来填补海滩蚀掉的沙石，恢复原来的自然海滩剖面，可以减轻海岸侵蚀。它是一种有效防止海岸侵蚀的"软"措施，且对附近岸滩的影响比其他防护措施小。发达国家多采用此方法，此方法造价高，因此被看作"国家发达的标志"。

8.4.3.3 防治措施布局与综合优化

海岸防护按照"因地制宜、因害设防"的原则，根据沿海地区的侵蚀类型和自然灾害频次及发生程度，确定海岸防护的基本措施。

从防护措施的方式这一角度来分类，海岸侵蚀防治主要分为两类，即工程措施和生物措施。总结以上防护措施，从长远出发，应将工程措施和生物措施有机结合在一起，提高土壤的抗侵蚀能力，使防侵蚀效果达到最佳。

海岸侵蚀防护工作不仅应该注重实际防护措施，更应该加强人们的海岸保护意识，树立防灾观念，使人们深切意识到海岸侵蚀对人们生产、生活以及经济发展的严重危害。制定合理的海岸开发利用规划和严格的保滩护岸法规，加大执法力度，保证各种规章制度的顺利执行。对于非法占用海滩、海岸采沙以及各种违章海岸工程等进行严厉禁止。

思 考 题

1. 石漠化成因有哪些？
2. 试论述石漠化分布区的地形和典型地貌。
3. 论述石漠化治理的植被恢复技术。
4. 分析石漠化生态修复的工程措施及原理。
5. 分析当前石漠化研究的热点问题。
6. 冻土地表类型有哪些？
7. 冻融侵蚀的特征是什么？
8. 简述海岸侵蚀的成因及其危害。
9. 简述海岸侵蚀的综合防治措施。
10. 简述盐碱地改良的主要工程与植物措施。

推荐阅读书目

岩溶地区石漠化防治实用技术与治理模式. 祝列克. 中国林业出版社, 2009.

中国石漠化. 但新球, 屠志方, 李梦先等. 中国林业出版社, 2014.

中国岩溶石漠化—现状、成因与防治. 刘拓, 周光辉, 但新球等. 中国林业出版社, 2009.

石漠化治理树种选择与模式. 胡培兴, 白建华, 但新球. 中国林业出版社, 2016.

石漠化植被恢复科学研究. 姚小华, 任华东, 李生等. 科学出版社, 2013.

现代岩溶学. 袁道先，蒋勇军，沈立成. 科学出版社，2018.

岩溶水文地质学. 韩行瑞. 科学出版社，2016.

西南岩溶石山地区重大环境地质问题及对策研究. 袁道先. 科学出版社，2014.

参考文献

Jiang Z, Lian Y, Qin X, 2014. Rocky desertification in southwest china：impacts，causes，and restoration[J]. Earth-Science Reviews，132(3)：1-12.

Williams P W, 2007. Karst hydrogeology and geomorphology[M]. New Jersey，Wiley.

Yuan D X, 1997. Rock desertification in the subtropical karst of south china[J]. Ieitschrift für Geomorphologie N. F.，108：81-90.

蔡品迪，喻理飞，付邦奎，等，2012. 退化喀斯特森林近自然度评价指标体系的构建——以贵州省修文县示范区为例[J]. 中南林业科技大学学报，32(6)：87-91.

曹建华，袁道先，章程，等，2004. 受地质条件制约的中国西南岩溶生态系统[J]. 地球与环境，32(1)：1-8.

陈洪松，聂云鹏，王克林，2013. 岩溶山区水分时空异质性及植物适应机理研究进展[J]. 生态学报，33(2)：317-326.

陈伟华，宋建波，苏孝良，2007. 矿山石漠化——与喀斯特石漠化并存的一种石漠化类型[J]. 矿业研究与开发，27(5)：39-41.

但新球，屠志方，李梦先，等，2014. 中国石漠化[M]. 北京：中国林业出版社.

邓菊芬，崔阁英，王跃东，等，2009. 云南岩溶区的石漠化与综合治理[J]. 草业科学，26(2)：33-38.

国家林业局，2018. 中国石漠化状况公报[K].

蒋忠诚，罗为群，童立强，等，2016. 21世纪西南岩溶石漠化演变特点及影响因素[J]. 中国岩溶，35(5)：461-468.

解天，2007. 云南的石漠化土地及其治理思路[J]. 中国国土资源经济，20(11)：22-23.

李安定，2010. 喀斯特石漠化区植物群落结构配置评价及优化配置[D]. 贵阳：贵州大学.

李森，王金华，王兮之，等，2009. 30a来粤北山区土地石漠化演变过程及其驱动力——以英德、阳山、乳源、连州四县(市)为例[J]. 自然资源学报，24(5)：816-826.

李森，魏兴琥，黄金国，等，2007. 中国南方岩溶区土地石漠化的成因与过程[J]. 中国沙漠，27(6)：918-926.

李明军，2006. 喀斯特农村参与式社区发展与石漠化综合防治[D]. 贵阳：贵州师范大学.

李阳兵，王世杰，周梦维，等，2009. 不同空间尺度下喀斯特石漠化与坡度的关系[J]. 水土保持研究，16(5)：70-72.

李新委，2015. 典型石漠化地区油茶种植效益研究[D]. 重庆：西南大学.

刘玄启，唐小翠，等，2007. 石漠化治理与新农村建设[J]. 广西民族大学学报(哲学社会科学版)，29(s2)：61-63.

刘丛强. 2007. 生物地球化学过程与地表物质循环：西南喀斯特流域侵蚀与生源要素循环[M]. 北京：科学出版社.

刘丛强. 2009. 生物地球化学过程与地表物质循环：西南喀斯特土壤—植被系统生源要素循环[M]. 北京：科学出版社.

刘建刚，谭徐明，万金红，等，2011. 2010年西南特大干旱及典型场次旱灾对比分析[J]. 中国水利(9)：17 – 19.

刘拓，2009. 中国岩溶石漠化：现状、成因与防治[M]. 北京：中国林业出版社.

龙健，李娟，江新荣，等，2006. 喀斯特石漠化地区不同恢复和重建措施对土壤质量的影响[J]. 应用生态学报，17(4)：615 – 619.

龙健，李娟，滕应，等，2003. 贵州高原喀斯特环境退化过程土壤质量的生物学特性研究[J]. 水土保持学报，17(2)：47 – 50.

马俊，2008. 生态景观林树种选择与结构配置定量研究[D]. 临安：浙江林学院.

马文瀚，2003. 贵州喀斯特脆弱生态环境的可持续发展[J]. 贵州师范大学学报(自然科学版)，21(2)：75 – 79.

莫剑锋，符如灿，罗雪梅，等，2013. 桂西南岩溶生态敏感区石漠化演变及治理经验[J]. 广东农业科学，40(10)：166 – 170.

苏孝良，2005. 贵州喀斯特石漠化与生态环境治理[J]. 地球与环境，33(4)：20 – 28.

沈杉，2014. 云南省文山州石漠化问题研究[D]. 昆明：云南财经大学.

王德炉，朱守谦，黄宝龙，2004. 石漠化的概念及其内涵[J]. 南京林业大学学报(自然科学版)，28(6)：87 – 90.

王德炉，2003. 喀斯特石漠化的形成过程及防治研究[J]. 南京：南京林业大学.

王立，贾文奇，马放，等，2010. 菌根技术在环境修复领域中的应用及展望[J]. 生态环境学报，19(2)：487 – 493.

王明云，陈波，容丽，2010. 普定喀斯特石漠化地区森林植被恢复示范研究[J]. 地球与环境，38(2)：202 – 206.

王瑞江，姚长宏，蒋忠诚，等，2001. 贵州六盘水石漠化的特点、成因与防治[J]. 中国岩溶，20(3)：211 – 216.

王世杰，李阳兵，李瑞玲，2003. 喀斯特石漠化的形成背景、演化与治理[J]. 第四纪研究，23(6)：657 – 666.

王世杰，2002. 喀斯特石漠化概念演绎及其科学内涵的探讨[J]. 中国岩溶，21(2)：101 – 105.

王宇，杨世瑜，袁道先，2005. 云南岩溶石漠化状况及治理规划要点[J]. 中国岩溶，24(3)：206-211.

王英，2009. 喀斯特石漠化地区旅游扶贫开发研究[D]. 贵阳：贵州师范大学.

魏源，王世杰，刘秀明，等，2012. 丛枝菌根真菌及在石漠化治理中的应用探讨[J]. 地球与环境，40(1)：84 – 92.

文卫元，刘维湘，2013. 隆回县石漠化治理措施与成效[J]. 湖南林业科技，40(2)：56 – 59.

吴协保，孙继霖，林琼，等，2009. 石漠化综合治理中林业建设思路与内容探讨[J]. 山地农业生物学报，28(4)：346 – 350.

吴协保，屠志方，李梦先，等，2013. 岩溶地区石漠化防治制约因素与对策研究[J]. 中南林业调查规划，32(4)：68 – 72.

姚长宏，杨桂芳，蒋忠诚，2001. 贵州省岩溶地区石漠化的形成及其生态治理[J]. 地质科技情报，20(2)：75 – 78.

余新晓，等. 2015. 水土保持学[M]. 北京：科学出版社.

喻理飞，朱守谦，叶镜中，2002. 喀斯特森林不同种组的耐旱适应性[J]. 南京林业大学学报(自然科学版)，26(1)：19 – 22.

喻理飞，朱守谦，叶镜中，等，2002. 退化喀斯特森林自然恢复过程中群落动态研究[J]. 林业科学，38(1)：1 – 7.

喻理飞，朱守谦，祝小科，等，2002. 退化喀斯特森林恢复评价和修复技术[J]. 贵州科学，20 (1)：7-13.

詹奉丽，2016. 典型小流域石漠化治理工程的"3S"优化决策与工程治理推广适宜性评价[D]. 贵阳：贵州师范大学.

张殿发，王世杰，李瑞玲，等，2002. 土地石漠化的生态地质环境背景及其驱动机制——以贵州省喀斯特山区为例[J]. 生态与农村环境学报，18(1)：6-10.

张冬青，林昌虎，何腾兵，等，2006. 贵州喀斯特环境特征与石漠化的形成[J]. 水土保持研究，13(1)：220-223.

张光辉，张新平，张丽，2008. 草地畜牧业是改变岩溶地区贫穷面貌的首选产业[J]. 草业科学，25(9)：83-86.

张学俭，陈泽健，2007. 珠江喀斯特地区石漠化防治对策[M]. 北京：中国水利水电出版社.

周忠发，黄路迦，2003. 喀斯特地区石漠化与地层岩性关系分析——以贵州高原清镇市为例[J]. 水土保持通报，23(1)：19-22.

水利部，中国科学院，中国工程院，2010. 中国水土流失与生态安全——西南岩溶区卷[M]. 北京：科学出版社.

张建锋，2008. 盐碱地生态修复原理与技术[M]. 北京：中国林业出版社.

陈晓飞，王铁良，谢立群，等，2006. 盐碱地改良——土壤次生盐渍化防治与盐渍土改良及利用[M]. 沈阳：东北大学出版社.

第 9 章

生产建设项目水土保持

【本章提要】本章介绍了生产建设项目水土流失的发生特点、生产建设项目水土保持工作内涵、生产建设项目水土流失防治技术和生产建设项目水土保持方案编制与管理。

9.1　生产建设项目水土保持概述

9.1.1　生产建设项目水土流失

9.1.1.1　生产建设项目水土流失的基本概念与专用名词

（1）生产建设项目水土流失的基本概念

生产建设项目水土流失是以人类生产建设活动为主要外营力形成的水土流失类型，是人类生产建设活动过程中扰动地表和地下岩土层、堆置废弃物、构筑人工边坡以及排放各种有毒有害物质而造成的水土资源和土地生产力的破坏和损失，是一种典型的人为加速侵蚀。其形式主要体现为建设项目主体工程建设区和直接影响区的水资源、土地资源及其环境的破坏和损失（包括岩石、土壤、土状物、泥状物、废渣、尾矿、垃圾等的流失）。

（2）与生产建设项目水土流失有关的专用名词

生产建设项目水土流失面积：包括因生产建设项目生产建设活动导致或诱发的水土流失面积，以及项目建设区内尚未达到容许土壤流失量的未扰动地表水土流失的面积。

生产建设项目的土壤流失量：是指项目区验收或某一监测时段，防治责任范围内的平均土壤流失量。

扰动土地：是指生产建设项目在生产建设活动中形成的各类挖损、占压、堆弃用地，均以垂直投影面积计。

弃土弃渣量：是指项目生产建设过程中产生的弃土、弃石、弃渣量，也包括临时弃土弃渣。

9.1.1.2　生产建设项目水土流失的发生特点

（1）流失地域的扩展性和不完整性

生产建设项目水土流失的发生地域已由山丘区扩展到平原区，由农村扩展到城市，由农区扩展到牧区、林区、工业区、生产区、草原、黑土地区等原本流失轻微的区域。

生产建设项目水土流失常以"点状"或"线形"、单一或综合的形式出现。以"点状"

为主的矿业生产项目、石油生产的钻井、水利水电工程等生产建设项目，其特点是影响区域范围相对较小或影响区域较为集中，但破坏强度大，防治和植被恢复难度大。以"线形"为主的铁路、公路、输油气管道、输变电及有线通信等项目建设，受工程沿线地形地貌限制及"线形"活动方式的影响，其主体、配套工程建设区涉及破坏范围少则几公顷、数十公顷，多则达几平方千米，甚至数十平方千米。

（2）流失规律与流失强度的跳跃性

生产建设项目建设及其生产运行，使原有的土壤侵蚀分布规律发生了变化。原来水土流失不太严重的地区，局部却产生了剧烈的水土流失，而且土壤侵蚀强度较大，原有的侵蚀评价和数据在局部地区已不适应。土壤侵蚀过程也发生了变化。过去一个地区的水土流失产生、发展过程呈规律性，现在局部地区打破了原有的规律，可能从微度侵蚀迅速跳跃到剧烈侵蚀。

（3）流失形式的多样性

由于生产建设项目的组成、施工工艺和运行方式多样，且因地表裸露、土方堆置松散、人类机械活动频繁等，造成水蚀、风蚀、重力侵蚀等侵蚀形式时空交错分布。一般在雨季多水蚀，且溅蚀、面蚀、沟蚀并存，非雨季大风时多风蚀。

（4）流失的潜在性

生产建设项目在建设、生产运行过程中造成的水土流失及其危害，并非全部立即显现出来，往往是在多种侵蚀营力共同作用下，首先显现其中一种或者几种所造成的危害，经过一段时间后，其余侵蚀营力造成的危害才慢慢显现出来。另外，由侵蚀营力造成的水土流失危害有一个不确定时段的潜伏期，而且结果无法预测。

（5）流失物质成分的复杂性

生产建设中的工矿企业、公路、铁路、水利电力工程、矿山开采及城镇建设等，在施工和生产运行中会产生大量的废渣，除部分被利用外，尚有许多剩余的弃土、弃石、弃渣。对于生产建设项目的弃渣来说，其物质组成成分除土壤外，还有岩石及碎屑、建筑垃圾与生活垃圾、植物残体等混合物。

（6）流失的突发性和灾难性

生产建设项目造成的水土流失，往往在初期阶段呈现突发性，并且具有侵蚀历时短、强度大的特点。一些大型的生产建设项目对地表进行大范围及深度的开挖、扰动，破坏了原有的地质结构，造成了潜在的危害。随着时间的推移，在生产运行过程中遇到一定外来诱发营力的作用时，便会造成大的地质灾害。

9.1.2 生产建设项目水土保持

预防水土流失就是通过法律的、行政的、经济的、教育的手段，使人们在生产活动、生产建设中，尽量避免造成水土流失，更不能加剧水土流失。主要措施可归纳为：①坚决禁止严重破坏水土资源的行为，如禁止毁林开荒等；②严格控制可能造成水土流失的行为，并达到法定的条件，如实行水土保持方案报告审批制度等；③积极采取各种水土保持措施，如植树造林等，防止新的水土流失的产生。

治理水土流失就是在已经造成水土流失的区域，采取并合理配置生物措施、工程措施和蓄水保土耕作措施，因害设防，综合整治，使水土资源得到有效保护和永续利用。

9.1.2.1 生产建设项目水土流失防治责任范围

《开发建设项目水土保持技术规范》(GB 50433—2008)规定：水土流失防治责任范围是项目建设单位依法应承担水土流失防治义务的区域，由项目建设区和直接影响区组成。

(1)防治责任范围的意义

水土流失防治责任范围(以下简称防治责任范围)是指依据法律法规的规定和水土保持方案，生产建设单位或个人(以下简称建设单位)对其生产建设行为可能造成水土流失必须采取有效措施进行预防和治理的范围，即承担水土流失防治义务与责任的范围。科学界定防治责任范围是合理确定建设单位水土流失防治义务的基本前提，也是水行政主管部门对建设单位进行监督检查和验收的范围。

(2)防治责任范围的内涵

水土流失防治责任范围，主要有3个方面的内涵。

①确定了空间范围 在此范围内的水土流失，不管是否由生产建设行为造成，均需对其进行治理并达到水土流失防治标准规定的治理要求或当地的治理规划；在此范围内，建设单位应根据地形、地貌、地质条件和施工扰动方式，有针对性地设置预防及治理措施，避免或减轻可能造成的水土流失灾害或影响。

②明确了防治责任的时间期限 因防治责任与土地利用权属直接相关，在永久征地范围内建设单位具有土地使用权，毫无疑问要承担全过程的水土流失防治义务；在通过水土保持专项验收前，临时占地范围内的水土流失防治义务也归建设单位，通过验收、土地移交后建设单位不再具有土地使用权，无法再设置防治措施，即超出了责任期限。

③明确了责任主体 为落实具体的防治责任，需明确承担该空间和时间范围内水土流失防治义务的责任主体；在生产建设期间，责任主体为建设单位。当主体工程完工、临时占地归还地方时，需在土地交还前完成水土流失防治义务并经水行政主管部门验收后，将防治责任归还土地使用权的接收者，即通过水土保持验收后，建设单位或运行管理单位的水土流失防治责任范围仅为项目的永久占地范围。

(3)防治责任范围的划分

生产建设项目防治水土流失的责任范围包括项目建设区和直接影响区。

①项目建设区 项目建设区主要指生产建设扰动的区域，它包括生产建设项目的征地范围、占地范围、用地范围及其管辖范围。具体范围应包括建(构)筑物占地，施工临时生产、生活设施占地，施工道路(公路、便道等)占地，料场(土、石、砂砾、骨料等)占地，弃渣(土、石、灰等)场占地，对外交通、供水管线、通信、施工用电线路等线型工程占地，水库正常蓄水位淹没区等永久和临时占地面积。改建、扩建工程项目与现有工程共用部分也应列入项目建设区。

项目建设区的项目永久征地、临时占地、租赁土地、管辖范围等土地权属明确，所有权属范围均需项目法人对其区域内的水土流失进行预防或治理。其主要特点是必然发生、与建设项目直接相关。项目建设区需根据整个项目的施工活动来确定，不得肢解转移。由于建设单位一般不会直接参与施工，所有的施工均需向外委托或承包，但防治责任均应由建设单位负责，不能无限转包最终至个人。在外购土、石料时，合同中应予明确水土流失防治责任，并报当地(县级)水行政主管部门备案。

在此范围内，应根据因害设防的原则，根据以往经验，提前设置水土流失防治措施以减轻水土流失灾害和影响。规模较小、集中安置的移民(拆迁)安置区应列入项目建设区，在方案中进行相应深度的设计；规模较小且分散安置时，列为直接影响区，在水土保持方案中明确水土流失防治责任、提出水土流失防治要求，建设单位承担连带责任，验收技术评估时应对该范围进行问卷调查。若规模较大(如超过1000人)，须由地方政府集中安置，应该另行编报水土保持方案。移民安置工程通过水土保持验收移交地方后，不再属于建设单位运行期的防治责任范围。

②直接影响区　直接影响区指在项目建设区以外，由于工程建设扰动土地的范围可能超出项目建设区(征占地界)并造成水土流失及其直接危害的区域。具体应包括规模较小的拆迁安置和道路等专项设施迁建区，排洪泄水区下游，开挖面下边坡，道路两侧，灰渣场下风向，塌陷区，水库周边影响区，地下开采对地面的影响区，工程引发滑坡、泥石流、崩塌的区域等。应依据区域地形地貌、自然条件和主体工程设计文件，结合对类比工程的调查，根据风向、边坡、洪水下泄、排水、塌陷、水库水位消落、水库周边可能引起的浸渍，排洪涵洞上、下游的滞洪、冲刷等因素，经分析后确定。

直接影响区的主要特点是由项目建设所诱发、可能(也可能不)会加剧水土流失的范围，如若加剧水土流失应由建设单位进行防治的范围。在此范围内，如果发生水土流失灾害或影响，建设单位应负责治理，并应根据工程经验，在项目建设区采取有效措施进行预防。直接影响区一般包括不稳定边坡的周边、排水沟尾段至河沟的顺接区、地下施工作业范围、再塑地形与周边立地条件的衔接区、工程导致侵蚀外营力发生变化的区域等。对直接影响区，应针对具体情况进行调查分析，方案中应附详细的调查资料，不能简单外推；线型工程的直接影响区应根据地貌和施工特点分段计算。

直接影响区一般不布设措施，也不估列水土保持设施补偿费，但可作为主体工程方案比选分析评价(水土流失影响分析)的重要依据。直接影响区越大，说明主体工程设计的合理性越差，方案中应做充分的分析，明确直接影响区的范围，以作为监督执法的依据。水库淹没造成的直接影响区主要是指塌岸区域，应调查可能发生塌岸的地段，合理估算确定坍塌的范围，如必须采取措施，应商移民和施工组织设计专业，经协商确需采取措施进行防治的，其范围应列入项目建设区。

(4)防治责任范围的基本特征

①相对性　防治责任范围相对固定，即责任范围相对固定、责任期间相对明确。在该范围发生的水土流失，须由建设单位负责预防和治理，是水土保持监督检查和专项验收的范围；超出该范围和期间的水土流失，一般不由建设单位负责治理，也不作为水土保持专项验收的范围。

②可变性　在实践中，工程所处的阶段不同，防治责任范围也不同。

③系统性　水土流失防治责任范围包括项目建设区和直接影响区两部分。直接影响区一般不单独存在，总是伴随项目建设区而存在，如果附近没有施工扰动，就不会导致

或诱发水土流失，也无必要设置直接影响区。一般情况下，直接影响区不单独进行水土流失防治分区，而是就近并入相应的防治分区；在设计阶段也无必要进行措施设计，只需提出相应的处理原则和规划措施类型，根据经验估列如果遭受扰动后所需的防治费用。

（5）项目建设区的判别准则

①导致或诱发水土流失的必然性　项目建设过程中，必将破坏原有植被，在施工期出现大量的地表裸露、土壤疏松或失去水分，同时使地貌、水文等条件发生很大变化，遇降雨、大风等外力甚至在自身重力下不可避免地造成土壤侵蚀；施工形成的边坡面积较大，遇暴雨、大风或地表径流可诱发大量的水土流失。尽管在项目完工后，大量地表被硬化或覆盖，水土流失可能较项目建设前要轻些，但在施工期间水土流失是必然的，是不可避免的。

②水土流失与生产建设存在因果关系　生产建设期间，防治责任范围内的水土流失量将增大，水土流失强度较施工扰动前的原地貌要高一至几个等级，由于地表裸露和植被等水土保持设施损毁不可避免，直接造成的水土流失量必然增加，即项目建设区的水土流失增加与生产建设活动存在因果关系。

③建设单位有土地利用的支配权　项目建设区一般指建设单位为项目生产建设而征用、占用、使用和管辖的土地范围，为生产建设必不可少的场地，在责任期间内建设单位可以在该范围内进行施工生产，可以提前采取措施对水土流失进行预防和治理，即建设单位对项目建设区的土地使用有支配操纵权，可以随时设置水土流失防治措施而不需经其他人同意。

（6）直接影响区的判别准则

①诱发或导致水土流失的不确定性　直接影响区的主要特征是可能造成水土流失的增加，也可能不造成水土流失的增加，即诱发或导致水土流失具有不确定性。当施工范围或施工工艺发生变化、防护不当或遇到超出工程防护标准的自然力时，可导致水土流失的增加或灾害事故的发生，如果没有扰动，该区域的水土流失仍处于相对稳定的状态，即事先无法确认是否会发生水土流失。如果一个区域因生产建设行为必然导致水土流失增加，则应将其纳入项目建设区。

②水土流失与生产建设有因果关系　水土流失的增加与生产建设活动有因果关系是界定直接影响区的重要原则。因生产建设行为和外营力的不利组合，才导致了水土流失的增加。如果水土流失的增加不是由生产建设活动造成的，则建设单位不应承担此区域的水土流失防治责任；如果在工程验收前没有发生大的水土流失，且经技术评估后认为不存在水土流失灾害的隐患，则无须承担该区域水土流失的防治义务。

③建设单位无土地利用的支配权　尽管存在水土流失增加的可能性，但建设单位没有征用、占用、使用或管辖该土地范围，没有土地利用的支配权，无权主动地、大范围地采取水土流失防治措施。如果有土地利用的支配权，即应纳入项目建设区，提前设置相应的水土流失防治措施。只有直接影响区内确实已经或即将发生水土流失，且由生产建设活动直接导致，建设单位才有义务提前预防和治理水土流失，并采取措施消除水土流失隐患。在水土保持方案中，应在项目建设区提前设置必要的防护措施。在施工过程

中，如果真的发生了扰动，应该及时清除泥土，进行修补或恢复原状，并对土地使用权属人进行赔偿，提出防治水土流失的建议措施。

④可转换性 在项目前期阶段，根据一定的分析方法确定的直接影响区具有不确定性，在实际施工中可能对该区域产生扰动，也可能不产生扰动。确定的直接影响区是项目建设前确定的关联责任边界，在施工中须对其进行监督检查，并在验收时检查其水土保持状况及水土流失隐患。但是，在实际施工过程中，如果确实对其产生了扰动，则应将此部分看作项目建设区，布设相应的防治措施，排除水土流失隐患。

9.1.2.2 生产建设项目水土流失防治特点

①落实法律规定的水土流失防治义务。

②水土保持列入了生产建设项目的总体规划，具有法律强制性。

③防治目标专一，工程标准高。

④方案实施有严格的时间限制。

⑤与项目工程相互协调。

⑥水土流失防治有科学规划和技术保证。

⑦有利于水土保持执法部门监督实施。

9.1.2.3 生产建设项目水土保持专用术语

①扰动土地整治面积 是指对扰动土地采取各类整治措施的面积，包括永久建筑物面积。不扰动的土地面积不计算在内，如水工程建设过程不扰动的水域面积不统计在内。

②扰动土地整治率 是项目建设区内扰动土地的整治面积占扰动土地总面积的百分比。

③水土流失防治面积 是指对水土流失区域采取水土保持措施，并使土壤流失量达到容许土壤流失量或以下的面积，以及建立良好排水体系，并不对周边产生冲刷的地面硬化面积和永久建筑物占用地面积。

④水土流失总治理度 是项目建设区内水土流失治理达标面积占水土流失总面积的百分比。

⑤土壤流失控制比 是项目建设区内，容许土壤流失量与治理后的平均土壤流失强度之比。

⑥拦渣率 是项目建设区内采取措施实际拦挡的弃土（石、渣）量与工程弃土（石、渣）总量的百分比。

⑦可恢复植被面积 是指在当前技术经济条件下，通过分析论证确定的可以采取植物措施的面积，不含国家规定应恢复农耕的面积，以批准的水土保持方案数据为准。

⑧林草植被恢复率 是项目建设区内，林草类植被面积占可恢复林草植被（在目前经济、技术条件下适宜恢复林草植被）面积的百分比。

⑨林草面积 是指生产建设项目的项目建设区内所有人工和天然森林、灌木林和草地的面积。其中森林的郁闭度应达到0.2以上（不含0.2）；灌木林和草地的覆盖率应达

到 0.4 以上(不含 0.4)。零星植树可根据不同树种的造林密度折合为面积。

⑩林草覆盖率 是林草类植被面积占项目建设区面积的百分比。

9.1.3 生产建设项目水土保持的任务和内容

9.1.3.1 项目建议书阶段

在项目建议书阶段应有水土流失及其防治的内容,并说明可行性研究阶段重点解决的问题。

本阶段水土保持章节(或专章)主要分析是否存在影响工程任务和规模的水土流失影响因素,以及不同比选方案可能产生的水土流失影响情况。对水土流失做出初步估测,提出水土流失防治的初步方案并估算投资。建议书经批准后,可以进行详细的可行性研究工作,但并不表明项目非上不可,项目建议书不是项目的最终决策。

9.1.3.2 可行性研究阶段

在可行性研究阶段必须编制水土保持方案,预测主体工程不同比选方案引起的水土流失及其采取的措施,论证并确定水土流失防治的标准等级,以作为下一阶段设计的依据。

本阶段水土保持方案主要关注的焦点是总体布置、施工组织设计,特别是弃渣场、取料场等的布置方案。水土保持方案不仅要对主体工程设计提出约束条件,而且应提出解决的方案和建议,应对采挖面、排弃场、施工区、临时道路、生产建设区的选位、布局,生产和施工技术等提出符合水土保持的要求,对工程优化设计作出贡献,供建设项目初设时考虑。各设计专业则应充分吸纳水土保持的意见,并在各专业协商基础上取得一致。

9.1.3.3 初步设计阶段

初步设计的主要作用是根据批准的可行性研究报告和必要准确的设计基础资料,对设计对象进行通盘研究、概略计算和总体安排,目的是为了阐明在指定的地点、时间和投资内,拟建工程技术上的可能性和经济上的合理性。

在初步设计、施工图设计阶段,应根据批准的水土保持方案和工程设计规程规范,设专章进行水土保持工程设计。

9.2 生产建设项目水土流失防治技术

9.2.1 拦渣工程

拦渣工程是为专门存放生产建设项目在基建施工和生产运行中造成的大量弃土、弃石、弃渣、尾矿(砂)和其他废弃固体物而修建的水土保持工程。主要包括拦渣坝、拦渣墙、拦渣堤、围渣堰和尾矿(砂)坝等。

9.2.1.1 设计原则

①生产建设项目在基建施工期和生产运行期造成大量弃土、弃石、弃渣、尾矿和其他废弃固体物质时，必须布置专门的堆放场地，将其集中堆放，并修建拦渣工程。

②拦渣工程应根据弃土、弃石、弃渣的堆放位置和堆放方式，结合堆放区域的地形地貌特征、水文地质条件和建设项目的安全要求，在设计时妥善确定与其相适宜的拦渣工程形式。

③拦渣工程主要有拦渣坝、挡渣墙、拦渣堤3种形式，其防洪标准及建筑物等级，应按其所处位置的重要程度和河道的等级分别确定，并应进行相应的水文计算、稳定计算。

④拦渣工程布设应首先满足《开发建设项目水土保持技术规范》，并应符合《挡土墙设计规范》和《堤防工程设计规范》等技术标准的要求。对在防洪、稳定、防止有毒物质泄漏等方面有特殊要求的生产建设项目，如冶炼系统的尾矿(砂)库、赤泥库等，应详细参照有关行业部门的设计规范，在分析论证的基础上，相应提高设计标准。

⑤拦渣工程在总体布局上必须考虑河(沟)道行洪和下游建筑物、工厂、城镇、居民点等重要设施的安全，应根据国家标准，结合当地的具体情况确定适当的防洪标准。拦渣工程选址、修建，应少占耕地，尽可能选择荒沟、荒滩、荒坡等地。

⑥对于含有有害元素的尾矿(灰渣等)，拦挡设施的设计必须符合其特殊要求，尾水处理必须符合有关废水处理的规定，以防废水下泄给下游带来危害。

9.2.1.2 设计要求

(1)可行性研究阶段设计要求

①在调查项目区水土流失和水土保持现状的基础上，结合项目主体工程可行性研究报告，预测生产建设过程中的弃土、弃石、弃渣量及其物质组成，分析论证可能出现的水土流失形式、原因及危害。

②确定主要的水文参数和地质要素，对影响项目本身及其周围地区安全的重大防洪、稳定等问题，应进行必要的勘测，掌握可靠的基础资料。

③从技术、经济、社会等多方面分析论证，明确拦渣工程的任务，比选拦渣工程类型、形式、规模、数量、位置、布局及建筑材料来源、场所和运输条件。

(2)初步设计阶段设计要求

①明确拦渣工程初步设计的依据和技术资料。

②确定弃渣种类、名称、数量和排放方式，复核拦渣工程的任务和具体要求。

③依据资料进行分析论证，核查确定拦渣工程的类型、规模、数量、布局及设计标准。

④确定拦渣工程的位置、结构、形式、断面尺寸、控制高程和工程量。

⑤确定修建工程所需的建筑材料来源、位置和运输方式及必要的附属建筑物。

9.2.1.3 拦渣坝

拦渣坝是在沟道中修建的拦蓄固体废弃物的建筑工程。目的是避免淤塞河道，减少入河入库泥沙，防止引发山洪、泥石流。修建时应妥善处理河(沟)道水流过坝问题，可允许部分或整个坝体渗流和坝顶溢流。

(1)坝址选择

①坝址应位于渣源附近，其上游流域面积不宜过大，废弃物的堆放不会影响河道的行洪和下游的防洪，也不增加对下游河(沟)道的淤积。

②坝址地形要口小肚大，沟道平缓，适合布置溢洪道、竖井等泄水建筑物，且有足够的库容拦挡洪水、泥沙和废弃物，库区淹没和浸没损失相对较小。

③地质条件良好，坝基和两岸有完整的岩石或紧密的土基地层，无断层破碎带，无地下水出漏，库区无大的断裂构造。尽量选择岔沟、沟道平直和跌水的上方，坝端不能有集流洼地或冲沟。

④坝址附近筑坝所需土、石、砂料充足，且取料方便，风、水、电、交通、施工场地条件能满足施工要求。

(2)防洪标准

拦渣坝防洪标准可参照工矿企业的尾矿库来确定，根据库容或坝高的规模分为5个等级，各等级的防洪标准参照《防洪标准》(GB 50201—1994)的规定确定。

(3)拦渣坝上游洪水的处理

①拦渣坝上游洪水较小时，设置导洪堤或排洪渠，将区间洪水排泄至拦渣坝的溢洪道或泄洪洞进口，将洪水安全排泄至下游。

②拦渣坝坝址上游有较大洪水，并对拦渣坝构成威胁时，应在拦渣坝上游修建拦洪坝。在此情况下，拦渣坝溢洪道、泄洪洞的溢洪、泄水总量应与其上游拦洪坝的排洪、泄水建筑物的泄洪总量统一考虑，即由拦洪坝下泄流量与两坝之间的区间洪水流量组合调节确定。

③拦渣坝上游来洪量较大且无条件修建拦洪坝时，应修建防洪拦渣坝，该坝同时具有拦渣和防洪双重作用。经技术经济分析之后，择优确定可靠、经济、合理的设计和施工方案。

(4)拦泥库容的确定

与上述3种情况相对应，根据坝址控制区的水土流失情况，拦渣坝本身应有一定的拦泥库容。

拦泥库容 V_s 由拦渣坝上游汇水面积 F，年侵蚀模数 S，平均拦泥率 K_s 和使用年限 n 来决定。即：

$$V_s = n \cdot K_s \cdot S \cdot F \tag{9-1}$$

拦泥率应根据上游综合治理面积占流域面积的百分比确定，可参照《水土保持综合治理 技术规范》(GB/T 16453.1~6—2008)。

(5)坝型选择

坝型分为一次成坝与多次成坝。根据坝址区地形、地质、水文、施工、运行等条件，结合弃土、弃石、弃渣、尾矿等排弃物的岩性，综合分析确定拦渣坝(尾坝库)的坝型。

拦渣坝坝型主要根据拦渣的规模和当地的建筑材料来选择。一般有土坝、干砌石坝、浆砌石坝等形式。选择坝型时，应进行多方案比较，做到安全经济。

9.2.1.4　挡渣墙

挡渣墙是为了防止固体废弃物堆积体被冲蚀或易发生滑塌、崩塌，或稳定人工开挖形成的高陡边坡，或避免滑坡体前缘再次滑坡而修建的水土保持工程。挡渣墙可行性研究和初步设计的关键是稳定性问题，为此，必须做详尽的调查及必要的勘测。对于拦渣墙下部有重要设施的，应提高设计标准，其稳定性应采用多种方法分析论证。

（1）挡渣墙选线选址

为充分发挥挡渣墙拦挡废渣的作用，保证挡渣墙在使用期间的稳定与安全，应合理选线，尽量减小挡渣墙的设计高度与断面尺寸。

（2）挡渣墙上部洪水处理

①当挡渣墙及渣体上游集流面积较小，坡面径流或洪水对渣体及挡渣墙冲刷较轻时，可采取排洪渠、暗管、导洪堤等排洪工程将洪水排泄至挡渣墙下游。

②当挡渣墙及渣体上游集流面积较大，坡面径流或洪水对渣体及挡渣墙造成较大冲刷时，应采取引洪渠、拦洪坝等蓄洪引洪工程，将洪水排泄至挡渣墙下游或拦蓄在坝内有控制地下泄。

（3）挡渣墙形式

挡渣墙按墙断面几何形状及受力特点一般分为重力式、悬臂式和扶壁式3种形式。根据拦渣数量、渣体岩性、地形地质条件、建筑材料等因素选择确定墙型。选择墙型应在防止水土流失、保证墙体安全的基础上，按照经济、可靠、合理、美观的原则，进行多种设计方案分析比较，选择确定最佳墙型。

9.2.1.5　拦渣堤

拦渣堤是指修建于沟岸或河岸的，用以拦挡建设项目基建与生产过程中排放的固体废弃物的建筑物。由于拦渣堤一般同时兼有拦渣与防洪两种功能，堤内拦渣，堤外防洪，故拦渣堤可行性研究和初步设计的关键是选线、基础和防洪标准，对于下游有重要设施的拦渣堤，应充分论证分析，提高防洪标准和稳定系数。

9.2.1.6　围渣堰

堰顶高程：围渣堰的防洪水位必须高于堰外河道防洪水位，堰顶超高应按照《水利水电工程等级划分及洪水标准》的相关规定来具体确定。

堰顶宽度：根据交通、施工条件、拦渣量、筑堰材料和稳定分析等，确定堰顶宽度。土石围堰顶宽一般为4~5 m，堰顶有其他要求时，按其要求确定。

9.2.1.7　尾矿(砂)库

为妥善存放和处理大量的尾矿(砂)而修建的挡拦建筑物，称为尾矿(砂)坝，它和尾矿(砂)存放场地，统称为尾矿(砂)库。

9.2.2 斜坡防护工程

斜坡防护工程就是为了稳定开挖地面或堆置固体废弃物所形成的不稳定高陡边坡，有时也要对局部非稳定自然边坡进行加固，或对滑坡危险地段采取水土保持护坡措施。常用的防护措施有挡墙、削坡开级、工程护坡、植物护坡、综合护坡、坡面固定、滑坡防治等。

9.2.2.1 设计原则

①斜坡防护工程应根据开挖、回填、弃土(石、砂、渣)形成的非稳定边坡的高度、坡度、岩层构造、岩土力学性质、水文条件、施工方式、行业防护要求等因素，分别采取不同的护坡措施。

②不同的斜坡防护工程，防护功能不同，造价相差很大，必须进行充分的调查研究和分析论证，做到既符合实际，又经济合理。

③稳定性分析是斜坡防护工程设计的关键性问题，大型斜坡防护工程应进行必要的勘探和试验，并采用多种分析方法比较论证，实现工程稳定、技术合理。

④斜坡防护工程应在满足护坡要求的前提下，充分考虑植被恢复和重建，特别是草灌植物的应用，尽力把工程措施和植被措施很好地结合起来。

9.2.2.2 设计要求

(1)可行性研究阶段

①实地调查非稳定边坡周围的地形、地质、气象、水文、地震等状况，收集有关资料。重点掌握边坡周边地形变化、上方和坡脚上游的汇水面积及汇流量、地质裂隙、岩土风化状况、原生植被及水土保持状况等。

②重点勘察非稳定边坡的坡度、坡长、坡型、岩层构造、岩土力学性质、坡脚环境等，特别是岩层走向及节理，坡脚地下水情况，老滑坡体的稳定性，坡体有无裂隙、软弱滑动面和崩滑活动的存在等。

③根据调查和勘测资料分析边坡的稳定性，对特殊重要的地段，进行必要的地质钻探和岩土力学试验，并列专题进行研究。

④根据调查、勘察和研究资料，明确防护要求，提出多种护坡方案，并进行分析论证，选择经济合理、安全可靠的方案。初步确定斜坡防护工程的类型、形式，并估算工程量。

⑤调查适于坡面生长的植物种，调查斜坡防护工程所需的建筑材料来源和运输情况。

(2)初步设计阶段

①明确斜坡防护工程初步设计的依据和技术资料。

②对防护边坡的地理位置、地形地貌、地质、坡高、坡比、气象、水文等资料进行分析研究，说明结果。

③研究防护边坡的各项特征，核对有关稳定性的资料，对特别重要的防护地段应进

行详细的钻探和勘测，验算边坡稳定性，提出结论性意见。

④明确防护目的和要求，对斜坡防护工程措施的具体布设、结构形式、断面尺寸、建筑材料、种植植物种及种植方法等作出详尽设计说明，并计算工程量。

⑤明确斜坡防护工程措施所需材料的料场位置和运输条件及必要附属建筑设施。

9.2.2.3 削坡开级

削坡是削掉非稳定边坡的部分岩土体，以减缓坡度，削减助滑力，从而保持坡体稳定的一种护坡措施；开级则是通过开挖边坡，修筑阶梯或平台，达到相对截短坡长，改变坡型、坡度、坡比，降低荷载重心，维持边坡稳定目的的又一护坡措施。二者可单独使用，亦可合并使用，主要用于防止中小规模的土质滑坡和石质崩塌。当非稳定边坡的高度大于 4 m，坡比大于 1:1.5 时，应采用削坡开级措施。

削坡开级措施应重点研究岩土结构及力学特性、周边暴雨径流情况，分析论证边坡稳定性，然后确定工程的具体布设、结构形式、断面尺寸等技术要素。在采取削坡工程时，必须布置山坡截水沟、平台截水沟、急流槽、排水边沟等排水系统，防止削坡坡面径流及坡面上方地表径流对坡面的冲刷。大型削坡开级工程还应考虑地震问题。根据岩性将削坡分为土质边坡削坡、石质边坡削坡两种类型。

9.2.2.4 工程护坡

对堆置固体废弃物或山体不稳定的地段，或坡脚易遭受水流冲刷的地方，应采取工程护坡，其具有保护边坡，防止风化、碎石崩落、崩塌、浅层小滑坡等功能。工程护坡省工、速度快，但投资高。

斜坡防护工程应重点考察和勘测与坡体稳定性有关的各项特征因子，详细进行稳定分析；并根据周边防护设施的安全要求，确定合理的稳定性设计标准；坡脚易遭受洪水冲刷的应进行水文计算。然后比选斜坡防护工程方案，明确工程布设、结构形式、断面尺寸及建筑材料。

工程护坡主要包括砌石护坡、抛石护坡、混凝土护坡和喷浆护坡等几种形式。

9.2.2.5 植物护坡

对于一切稳定和非稳定的人工边坡及自然裸露边坡，都应在工程防护的基础上，尽可能创造条件恢复植被，这不仅能控制水土流失，维护坡面稳定，保养斜坡防护工程，而且对生态环境改善具有重要意义。但植被护坡具有一定的局限性，对于坡度较陡（>50°）的边坡，必须与工程措施相结合。采用植物防护，就是利用植物比较发达的根系，深入土层，使表土固结，植物也覆盖坡面，可以调节表土的湿润程度，防止扬尘风蚀；同时地表植被还可阻断地面径流，减缓冲刷。对于边坡坡度或削坡开级后坡度缓于 1:1.5 的土质或砂质坡面，可采取植物护坡措施，主要分为种草护坡和造林护坡 2 种类型。

9.2.2.6 综合护坡措施

综合护坡措施是在布置有拦挡工程的坡面或工程措施间隙上种植植物，其不仅具有增加坡面工程强度、提高边坡稳定性的作用，而且具有绿化美化的生态功能。综合护坡措施是植物和工程有效结合的护坡措施，适于条件较为复杂的不稳定坡段。

综合护坡措施应在稳定性分析的基础上，比选工程与植物结合布局的方案，确定使用工程物料的形式、重量，并选择适宜的植物种，在特殊地段布局上还应符合美学要求。常见的综合护坡形式有砌石草皮护坡、格状框条护坡、蜂巢式网格护坡等。

9.2.2.7 滑坡地段的护坡措施

对于开挖和人工扰动地面，致使坡体稳定失衡，形成的滑坡潜发地段，应采取固定滑坡的护坡措施。主要有削坡反压、排除地下水、滑坡体上造林、抗滑桩、抗滑墙等措施，这些措施也可结合使用。

滑坡地段护坡措施的可行性研究和初步设计，应重点调查和勘测滑坡潜发地段的人为挖损破坏情况及地下地表水、岩层构造、塑性滑动层状况。分析影响滑坡的主要因素，验算坡体稳定性，科学地预测滑坡的危险性及防治的重点区域，比选确定护坡措施的形式、组合、布局、结构、断面尺寸等，确定工程材料、适宜栽种的树种及草种。

9.2.3 土地整治工程

土地整治是指对被破坏或压占的土地采取措施，使之恢复到所期望的可利用状态的活动或过程。生产建设项目水土保持方案中所指的土地整治工程，是指对因生产、生产和建设损毁的土地，进行平整、改造、修复，使之达到可生产利用状态的水土保持措施。土地整治的重点是控制水土流失，充分利用土地资源，恢复和改善土地生产力。

土地整治工程包括3个方面：一是坑凹回填，一般应利用废弃土石回填整平，并覆土加以利用，也可根据实际情况，直接改造利用；二是渣场改造，即对固体废弃物存放地终止使用以后，进行整治利用；三是整治后的土地根据其土地质量、生产功能和防护要求，确定利用方向，并改造使用。

9.2.3.1 基本原则

土地整治工程在不同设计阶段，均应体现以下原则：

（1）整治土地与蓄水保土相结合

土地整治工程应根据坑凹和弃土（砂、石、渣）场的地形、土壤、降水等立地条件，以"坡度越小，地块越大"为原则划分土地整治单元。立地条件好的，尽量整治成地块大小不等的平地、平缓坡地或水平梯田；条件稍差的，也应尽可能整治成窄条梯田或台田。同时，搞好覆土、田块平整和打畦围堰等蓄水保土工作，达到保持水土、恢复和提高整治土地的生产力的目的。

（2）土地整治与生态环境建设相协调

土地整治须确定合理的农林草用地比例，并尽可能地扩大林草面积。在有条件的地方布置农林草各种生态景点，改善并美化项目区的生态环境，使项目区建设与生态环境有机地融合起来。土地整治应明确目的，以林草措施为主，改善和优化生态环境，也可以改造成农业用地、生态用地、公共用地、居民生活用地等，并与周边生态环境相协调。

（3）土地整治与防排水工程相结合

坑凹回填物及弃土（砂、石、渣）场实际上都是人工开挖形成的松散堆积体，遇降水或地下水渗透后很容易产生沉陷，并间接增大产流汇流面积，遭遇暴雨时则可能造成剧烈水土流失、滑坡、泥石流等灾害。所以，必须把土地整治与坑凹或渣场本身及其周边的防排水工程结合起来，才能保障土地的安全。

（4）土地整治与水土污染防治相结合

生产建设项目特别是矿山开采选矿和冶炼，对水土的污染是一个十分重要的问题。应尽可能把土地整治与水土污染防治结合起来。首先按照国家有关排污标准，对项目排放的流体污染物和固体污染物采取净化处理，然后采取包埋、填压等处置方式进行土地整治，防治有毒物质毒化污染土壤、地表水和地下水，影响农作物生长。

9.2.3.2 设计要求

①对于无法回填利用的外排弃土（石、砂、渣）和尾矿（砂、渣）等固体物质，应合理布置排土（石、砂、渣）场、贮灰场、尾矿场，采取挡土（石、砂、渣）墙、拦渣坝、拦渣堤等拦挡工程。

②弃置场地应有排水工程（包括地表排水和地下排水工程）、上游来水的排导工程。

③对终止使用的弃土（石、砂、渣）场表面，采取平整和覆土措施，改造成为可利用地，并应采取植物措施。

④根据整治后土地的立地条件和项目区生产建设或环境绿化需要，采取深耕深松、增施有机肥等土壤改良措施，并配套灌溉设施，分别改造成农林草用地、水面养殖用地或其他用地。

9.2.3.3 坑凹回填

坑凹是基建和生产过程中挖掘形成的，主要可分为两种情况：一是剥离坑凹，如取土场、取石场、取沙场、路基两侧取土后未回填的基坑、小型浅层露天采场和大型深层露天采场等；二是塌陷凹地，如井巷开采产生塌陷地等。包括以下类型：

（1）剥离坑凹

剥离坑凹的土地整治主要是回填（填埋）、推平或垫高，适应新的地形，形成新的合适坡度，并尽可能覆土。实施程序是回填—整平—覆土。

（2）塌陷凹地

采空塌陷与矿产地质、开采工艺、地下水等条件有着密切的关系，对于拟建矿应准确预测塌陷的范围、深度和危害的程度，并提出相应的对策。已形成的塌陷凹地，根据其深度，分别采取整治利用措施。塌陷深度小于1 m的，推土回填平整，然后作为农业用地。对深度大于1~3 m的，可采取挖深垫高的方法，挖深段可蓄水养鱼、种藕，垫高段进行农业利用。必须注意塌陷凹地在我国南北方差异很大，应因地制宜，采取相应的措施。

9.2.3.4 渣场改造

渣场是指固体废弃物的存放场所，如排土场、矸石山、贮灰场、尾矿库、拦渣坝及各类弃渣弃土堆放的场地。排土场、矸石山及堆放弃土、弃石、弃渣、尾砂等的场地，在采取拦渣工程的基础上，终止使用后，应进行改造。渣场改造包括整治和覆土两部分内容。

9.2.3.5 整治后的土地利用

整治后的土地应根据其地理区位条件、坡度、土地生产力及所在区域的人口、经济和社会状况等，进行土地适宜性评价，确定土地利用方向，并提出恢复土地生产力的措施。

整治后的土地利用方向应符合下列规定：

①土地恢复 经整治后的土地应恢复其生产力，根据整治后土地的位置、坡度、质量等特点确定用途。土质较好，有一定水利条件的，可恢复为农地、林地、草地、水面和其他用地，但需作进一步的加工处理。

②农业利用 经整治形成的平地和缓坡地（15°以下），土质较好，有一定水利条件的，可作为农业用地。

③林业和草业利用 整治后地面坡度大于等于15°或土质较差的，可作为林业和草业用地；乔、灌、草合理配置，以尽快恢复植被，保持水土。

④水面利用 有水源的坑凹地和常年积水较深、能稳定蓄水的沉陷地，可修成鱼塘、蓄水池等，进行水面利用和蓄水发展灌溉。蓄水池位置应与地下采矿点保持较远的距离，以免对地下开采作业造成危害。

⑤其他利用 根据项目区的实际需要，土地经过专门处理后，可进行其他利用。

9.2.4 植被建设工程

生产建设项目水土保持中的植被建设工程包括对弃渣场、取土场、取石场及各类开挖破坏面的林草恢复工程，也包括项目建设区范围内的裸露地、闲置地、废弃地、各类边坡等一切能够用绿色植物覆盖的地面所进行的植被建设和绿化美化工程，如生活区、厂区、管理区、道路等植被绿化。

9.2.4.1 基本原则

①生产建设项目应通过选线、选址、工程总体布置等的方案比选，尽量避让人工片林、天然林以及自然保护区、草原保护区、湿地区等自然植被；应尽量减少征占、压埋地表和植被的范围。对具有特殊功能的植被应采取局部保护措施加以保护。

②对各类开挖破损面、堆弃面、占压破损面及各类边坡，在安全稳定的前提下（含采取一定的工程措施），应尽可能采取植物防护措施，恢复自然景观。并对含有害物质（指对植被生长有害）的渣场或其他地面，如高陡裸露岩石边坡等特殊场地，采取特殊措施恢复植被。

③植被建设工程的设计必须与景观设计、土地整治工程设计紧密结合，通盘考虑、统一布局，从生态学要求和美学要求出发。不同区域和不同建设项目类型，应分别确定植被建设目标。城区的植被建设应以观赏型为主，偏远区域应以防护型为主。

④在南方地形较缓或边坡稳定的地方，可采取封育管护措施恢复自然植被。北方干旱地区，在当前技术经济条件下无法人工恢复的，应采取相应的土地整治措施，创造条件，进行自然恢复。

⑤植被建设工程应考虑与主体工程设计相衔接，特别要考虑地下埋设的管线工程和地上的供电通信工程的特殊要求。

9.2.4.2 设计要求

（1）可行性研究阶段

①在调查的基础上，初步确定水土保持植被恢复与绿化范围、任务、规模。对主体工程提出植被保护的相关建议。

②分析预测植被恢复与建设可出现的限制因子和需采取的特殊措施。

③结合主体工程设计分区，基本确定植被恢复与绿化的标准，比选论证植被恢复与绿化总体布局方案。应根据项目主体建设的要求，研究项目对绿化的特殊要求，并比较论证提出可行的绿化方案。

④初步确定植被恢复与绿化的立地类型划分、树种选择、造林种草的方法，做出典型设计，并进行工程量计算和投资估算。

（2）初步设计阶段

①根据水土保持方案和主体工程可行性研究调整与复核植被恢复与绿化方案，确定分区绿化功能、标准与要求。

②划分植被恢复与绿化的小班（地块），分析评价各小班的立地条件。对特殊立地需要改良的，提出相应的改良方案。

③根据林草工程的设计要素与要求，对每一地块做出具体设计。

9.2.4.3 弃渣场、取土场、采石场等造林种草

（1）弃渣场

具体设计时应根据弃渣组成采取相应的土地整治措施，然后按确定的土地利用方向进行植被恢复。在土石山区明挖、隧洞开挖形成的弃渣场，煤炭开采形成的矸石场（山）、铁矿开采形成的排石场、铜矿开采形成的毛石堆等，均以弃石为主。这类渣场需覆土（河泥、风化碎屑）或实施客土措施才能恢复植被。

（2）取土场

平原区取土场不能恢复成农田或鱼塘的，可种植耐水湿的速生树种；山区、丘陵区可根据整治后的立地条件进行林草恢复；取土场植被恢复应与附近的植被和风景等相适应。

（3）采石场

①40°以下石壁的治理　一般采用直接挂网喷草技术。

②40°~70°石壁的治理　一般采用喷混植生技术。

③70°以上陡壁的治理　应在石壁上开凿人工植生槽，加填客土，栽植藤本植物，以接力的方式绿化石壁。

9.2.4.4　项目区道路和周边绿化

项目区道路绿化是指项目区内的永久性道路的绿化，包括工业场地和生活区内的道路绿化和与项目有关的运输道路专用线的绿化。前者与城市的街道绿化基本相似；后者与一般道路绿化的要求基本一致。

①道路绿化应与主体工程布局和设计紧密配合，根据不同道路的宽度、周边的条件及项目的生产工艺、防护要求等采取不同的布局。

②专用线道路绿化，两侧行道树应选择主干通直、高大（高度不小于2.5 m）、抗病虫害的树种。转弯处不得遮挡司机视线，保证车辆正常运行。周围一定范围内与之相关的闲置地应与行道绿化统一布局，全面绿化。专用线绿化还应考虑两侧的附属建筑物和供电通信线路的要求。

③工业场地和生活区内的道路绿化应根据不同工业企业生产性质和防护要求，统一安排，合理布局，应把道路绿化看作工业场地和生活区绿化的一部分，充分考虑与周围绿化的协调和美学要求，如植物种的外形、色彩、季相等。

④工业场地和生活区道路绿化还应考虑采光、吸尘、隔噪等防护要求及对地上、地下管线的影响，一般行道树距管线的间距应大于1.5~2.0 m，离高压线的距离大于5 m。

⑤公路绿化包括护路林带、中央分隔带、停车场绿化、交叉道口绿化、路旁建筑物绿化、路堤路堑边坡绿化及公路周围闲置地绿化。公路绿化布局，应采取点、线、面结合，乔、灌、草、花结合。切忌树种单一、规格统一的布局，应把绿化与美化结合起来。

高速公路和一级公路绿化要求标准高，路堤两侧排水沟外缘、路堑坡顶排水沟外缘（无排水沟和截水沟者为路堤或护坡道坡脚外缘，或坡顶外缘）征占地范围（1~3 m或更宽）应种植一行或多行乔木或灌木林带，局部亦可考虑草坪。中央隔离带一般宽1~1.5 m，应种植常绿灌木、花卉或可修剪的针叶树，并与草坪结合，路堤、路堑边坡应与斜坡防护工程相结合，种植草坪或攀缘植物。周围闲置地、路旁建筑物如收费站、停车场、进出路口、交叉桥梁周围等也应全面绿化。二、三、四级公路可根据情况在路旁适当位置（一般不在路堤中部种植）种植乔灌相结合的护路林带，有闲置空地应考虑草坪、灌木和花草。路堤路堑边坡根据实际情况结合斜坡防护工程进行绿化。

公路绿化树种要求形态美观、抗污染（尾气）、耐修剪、抗病虫害。树种选择应多样化，特别是长距离公路上，每隔一定距离（2~3 km）可更换主栽树种，并注意常绿与落叶、阔叶和针叶、速生和慢生结合，以控制病虫害，同时也使公路绿化景色有变化之美。

⑥铁路绿化是为了防止风、雪、沙、水对铁路的危害，保护路基，但绿化首先要考虑火车的安全运行。

9.2.5 防风固沙工程

9.2.5.1 基本原则

（1）北方风沙区

北方风沙区主要分布在三北地区大部分省区沙漠、沙化土地和风蚀严重（极易沙化）的地区。区内存在着流动沙丘、半固定沙丘、固定沙丘及易风蚀的沙化土地。防风固沙应以植被措施为主，同时结合人工沙障；特别重要的地段，又无法恢复植被的，可采用化学固沙；有条件的地区可平整沙丘和引水拉沙造地。

（2）黄泛沙区

黄泛区古河道沙地及河流沿岸沙地或次生沙地，应研究沙地的成因，在害风方向设置防风林带，堵截风源，并采取翻土压沙、植被固沙等措施。

（3）东南沿海风沙区

风沙危害主要发生在海水潮涨的海岸线，风源是沿海大风，故应顺海岸线选择抗风性强的树种，采用客土造林法，营造防风林带。

9.2.5.2 设计要求

（1）可行性研究阶段

①根据项目总体可行性研究，预测项目破坏地表和植被的面积及引起的风沙危害，预测周边风沙对项目构成的威胁，从保障生产建设安全与防风固沙、改善环境出发，进行多方案比较，提出防风固沙工程的总体方案。

②根据项目所在区域气候条件、下伏地貌和下伏物的性质、沙地的机械组成、地下水埋深及矿化程度、风蚀程度（沙化、沙丘类型、沙丘高度、沙丘部位）、植被覆盖及破坏程度等，结合施工工艺，提出防风固沙应采取的措施，并论证其可行性。

③对于植物固沙，应分析立地条件，比选采用的树种和草种、种植方法等；对于机械固沙，应比选分析沙障类型、沙障材料、取材地点、材料运输路线，对于化学固沙，应论证分析比选化学胶结物料及来源、胶结方法。

④在风沙危害严重的地区，机械固沙和化学固沙是为植物固沙创造良好的环境，因此各类措施的先后顺序，如何合理配合，应合理论证。防风固沙工程，特别是机械和化学固沙费用较高，应论证其经济合理性，并提出初步方案。

（2）初步设计阶段

①在可行性研究的基础上，确定防风固沙的总体方案，结合项目总体初步设计，做必要的分析论证，特殊情况可对原方案进行再次比选论证（机械固沙和化学固沙措施）。

②设计确定植被防护距离、沙障物料种类、沙障高度、沙障间距、沙障铺设或修筑的方法、沙障与其他措施的结合等。

③根据可行性研究比选化学胶结物料，设计确定固沙面积、化学物料用量、覆盖或喷涂方式、化学固沙与其他措施的结合等。

④对于植物固沙，应划分立地条件类型，根据适地适树的原则选择合适的树种草种，确定种植方法、种植密度、种植时间等，将树种落实到小班上。若植物措施与其他

措施结合，应设计确定施工顺序、结合方式、特殊的施工要求等。

9.2.6　泥石流防治工程

生产建设项目由于本身特点或地理条件限制，项目建设在泥石流易发的沟道或坡面下游，受泥石流危害的危险性增大；或项目在生产建设期大量弃土弃渣，加剧泥石流的潜在危险，应采取泥石流防治工程。泥石流防治应以保护建设项目、保障项目区下游安全的措施为主，结合流域综合治理。应根据泥石流分区，采取不同的措施。

9.2.6.1　基本原则

（1）坚持以预防为主

泥石流的防治方案应与生产建设项目的主体设计结合，应在选址时尽量避开泥石流危险区；在生产和建设工艺设计中，尽量采用弃土弃渣量小、开挖量小的方案。项目必须建在或通过泥石流易发区，应首先把泥石流的预测预报系统作为项目设计的重要内容。

（2）统筹兼顾，重点防护

应根据项目区所在沟道或坡面的状况和项目的主体设计方案，对泥石流易发区进行分区，判别不同区域对项目的危害程度，做到统筹兼顾，重点防护。

（3）注重以工程为主体的泥石流防治措施

大型建设项目的泥石流防治，应以工程措施，如拦渣工程、防洪工程、排导工程为主体，达到应急性保障的目的。

（4）综合防治，除害兴利

从长远利益出发，泥石流防治应根据地表径流形成区、泥石流形成区、泥石流流通区和泥石流堆积区的特征，分别采取不同的措施，进行综合防治，并与流域水土资源利用结合起来，做到除害兴利。

（5）经济安全兼顾

泥石流危害大，极易造成重大经济损失，但其防治工程造价高、投资大。因此，设计应十分慎重，充分论证，做到经济合理、安全可靠。

9.2.6.2　设计要求

（1）基本要求

泥石流的防治应以小流域为单元，可根据泥石流发生规律在不同的类型区采取不同的措施，开展全面综合防治，做到标本兼治、除害兴利。

①地表径流形成区　主要分布在坡面，应在坡耕地修建梯田，或采取蓄水保土耕作法；荒地造林种草，实施封育治理，涵养水源；同时配合坡面各类小型蓄排工程，力求减少地表径流，减缓流速。有条件的流域可将产流区的洪流另行引走，避免洪水沙石混合，削减形成泥石流的水源和动力。

②泥石流形成区　主要分布在容易滑塌、崩塌的沟段，应在沟中修建谷坊、淤地坝和各类固沟工程，巩固沟床，稳定沟坡，减轻沟蚀，控制崩塌、滑塌等重力侵蚀的

产生。

③泥石流流过区 在主沟道的中、下游地段，应修建各种类型的格栅坝和桩林等工程，拦截水流中的石砾等固体物质，尽量将泥石流改变为一般洪水。

④泥石流堆积区 主要在沟道下游和沟口，应修建停淤工程与排导工程，控制泥石流对沟口和下游河床、川道的危害。

（2）可行性研究阶段设计要求

①考察和调查项目建设泥石流易发区的分布、形成原因、危害及潜在危险性，明确防治的方针和重点。

②收集与泥石流发生密切相关的地质、地形、气象和水文资料。重点调查泥石流沟道松散固体物质的风化、剥离、堆积情况，沟道径流和汇流情况及植被状况。对重要区域应进行必要的勘测。

③根据主体设计，预测项目对沟道自然地貌和植被的破坏，弃土弃渣量及对泥石流发生的影响；预测泥石流对项目的潜在危害。

④比较选定泥石流防治方案，选定所采取的措施，明确各项措施在泥石流防治中的任务，初步确定其形式、规模、位置、布局及建筑材料来源、场所和运输条件。

⑤对投资高、规模大的泥石流防治工程要反复论证，应根据具体情况，做专题研究，如大型泥石流排导工程。

⑥企业治理和地方综合治理相结合。泥石流沟道往往需要修筑大量工程才能达到预期效果。除企业征地范围内或直接影响区的治理由企业业主负责外，大面积泥石流沟道的谷坊建设应考虑与地方综合治理密切结合。在当前中国山区经济尚不发达的情况下，就地取材修筑谷坊最为经济。

（3）初步设计阶段设计要求

①明确泥石流防治工程初步设计的依据和技术资料。

②详细调查和勘测径流形成区的汇流资料，形成泥石流的固体物质来源，流通区的沟道水文地质状况和沉积区的沉积现状和条件。

③确定泥石流防治工程的性质、类型、规模，复核其防护任务和具体要求。

④确定泥石流工程的位置、形式、断面尺寸和材料及其运输路线，其中生物措施应明确植物种类、配置方式和典型设计。

9.2.6.3 地表径流形成区

坡面是泥石流发生过程中地表径流的主要策源地。因此，防治措施主要是针对坡面，本区的防治工程主要有坡耕地治理、荒坡荒地治理、小型蓄排工程和沟头沟边防护工程等，具体包括修建梯田、保土耕作、造林种草、封山育林育草和坡面小型蓄排工程等，目的是减少坡面的地表径流，减缓流速，削弱形成泥石流的水源或动力。这些措施大部分也适用于坡面泥石流的防治。

9.2.6.4 泥石流形成区

泥石流形成区主要是指滑坡和崩塌严重的沟道，它是泥石流固体物质产生的策源地。故应在沟道中修建谷坊、淤地坝，营造沟底防冲林，在坡面上修筑斜坡防护工程。目的是巩固沟床，稳定沟坡，减轻沟蚀，控制和减少崩塌、滑塌等重力侵蚀产生的固体物质。

9.2.6.5　泥石流流通区

泥石流流通区分布在沟道的中、下游，应在适宜的位置修建各种类型的格栅坝和桩林等工程，拦截水流中的石砾、漂石等固体物质，使泥石流中固体物质含量降低，以减小泥石流的冲击力。

9.2.6.6　泥石流堆积区

泥石流堆积区主要分布在沟道的下游和沟口，应修建停淤工程与排导工程。两类工程互相配合，控制泥石流对沟口和下游河床、川道及生产建设项目的危害。

（1）停淤工程

根据不同地形条件，选择修建侧向停淤场、正向停淤场或凹地停淤场，将泥石流拦阻于保护区之外，同时，减少泥石流的下泄量，减轻排导工程的压力。

在泥石流活跃，沿主河一侧堆积扇有扇间凹地的，可修建凹地停淤场。布设要点如下：

①在堆积扇上部修导流堤，将泥石流引入扇间凹地停淤。凹地两侧受相邻两个堆积扇挟持约束，形成天然围堤。

②根据凹地容积及泥石流的停淤场总量，确定是否需要在下游出口处修建拦挡工程，以及拦挡工程的规模。

③在凹地停淤场出口以下，开挖排洪道，将停淤后的洪水排入下游主河。

（2）排导工程

在需要排泄泥石流或控制泥石流走向和堆积的地方，修建排导工程。根据不同条件，分别采用排导槽或渡槽等形式。

9.2.7　防洪排水工程

生产建设项目在基建施工和生产运行中，由于破坏地面或排放大量弃土、弃石、弃渣，极易造成水流失和引发洪灾害，对项目区本身或下游构成危害。为此，必须修建防洪排水工程，以防害减灾。防洪排水工程主要包括拦洪坝、排洪渠、排洪涵洞、防洪堤、护岸护滩、清淤清障等工程。

9.2.7.1　基本原则

①根据项目生产建设的总体布局、施工与生产工艺、安全要求等，按照经济安全的原则，确定应采取的工程类型。

②防洪排水工程应把防洪减灾、保障安全放在首位，研究确定合理的防洪标准和稳定性要求。为了保护特殊重要的生产和民用设施，应根据国家标准，通过论证分析，提高防洪设计标准。

③防洪排水工程应处理好防洪与综合利用、占地和造地的关系，尽量少占耕地，并结合工程修建和运行特征，把防洪与蓄水利用、拦泥与淤地造地结合起来，充分发挥其综合效益。

④防洪排水工程涉及一定的汇水面积，为了减少来水来沙量，控制面上水土流失，延长其工程寿命，其应与流域综合治理协调配合。

9.2.7.2　设计要求

（1）基本要求

①防洪排水建筑物与其他建筑物应尽量做到统一规划，统筹兼顾，合理布局。

②依据《防洪标准》和行业规范正确确定防洪排水设施的洪水标准。

③根据地形、地质、建筑材料、交通、施工等条件选择经济、适用、可靠的防洪排水建筑物形式。

④进行必要的水文、水力学等计算，合理确定建筑物主要尺寸。

⑤对于生产建设类项目在布置建筑物时既要考虑生产过程中（如灰库使用期间）的防洪排水，同时也要考虑生产结束、转场（如灰库贮满封场）、暂停期间的排水。

⑥防洪排水体设计应给后期留有余地。

⑦防洪排水建筑物设计应使用成熟的新技术；排水建筑物应根据气候条件优先使用生物技术，如我国南方可考虑选用生物排水渠。

（2）可行性研究阶段

①调查项目区及周围影响区的地质、地貌、水文、气象、水土流失、水土保持等基本情况；重点勘察河（沟）道及工程所涉地方的地形、水文、地质状况；对特殊重要的地段，进行必要的地质勘探、水文分析和试验。

②初步拟定防护和综合利用任务，提出可能采用的防洪排水工程类型、布局方案及相应位置、规模、结构形式、建筑材料等。

③根据基础资料，对防洪排水工程的多种可选方案，从技术、经济、社会等多方面进行全面分析论证，初步确定可行方案。

（3）初步设计阶段

①明确防洪排水工程初步设计依据和技术资料。

②对工程所涉区域的位置、面积、地形、气象、水文、泥沙、水质及地下水等情况，进行分析论证，说明分析结果。对主要的水文和工程地质问题提出结论性意见。

③核对工程的防护和综合利用任务，明确工程类型、位置、规模和布局；确定结构形式、坝顶高程、断面尺寸及筑坝材料的采料场位置和运输路线。

④大型防洪排水工程应对可行性研究阶段的方案比选，进一步复核研究，切实做到经济合理、安全可靠。

9.2.7.3　拦洪坝

拦洪坝是横拦在沟道或河道的挡水建筑物，用以拦泥蓄水、防洪减灾、保障项目区生产建设安全的工程措施。它主要布置在项目区上游洪水集中危害的沟道内，除防洪功能外，还应根据具体情况，考虑综合利用。

防洪坝大多数为土坝或堆石坝，有特殊防护要求，根据具体情况选用重力坝、拱坝等形式。

拦洪坝设计应明确防洪任务，重点分析论证防洪标准，选取合理的防洪标准和符合实际的洪水计算方法，同时，也应考虑拦蓄洪水的综合利用。这对工程的安全、造价和效益至关重要。

9.2.7.4 排洪渠

排洪渠是为了保证项目区生产建设安全而兴建的排除周边坡面及区域内的洪水危害的工程设施。排洪渠一般修建在项目区周边，项目区内各类场地、道路和其他地面排水，应结合排洪渠，进行统一布置。

排洪渠设计应首先调查排洪渠周边下垫面情况及气象和水文资料，做必要地质勘探、水文分析；确定产流场地的面积和产流参数，生产运行排出的各类水量；明确其防护和综合利用任务。然后，根据基础资料，选定排洪渠的线路、规模和布局，提出其结构形式和布置方式。

9.2.7.5 排洪涵洞

排洪涵洞是从地面以下排除洪水的建筑物，适于当坡面或沟道洪水与项目区的道路、建筑物、堆渣物等发生交叉时采用。涵洞由进口、洞身和出口3个部分组成，其顶部往往填土，一般不设闸门。

排洪涵洞应在调查、勘测的基础上，明确排洪涵洞的任务，综合排洪、过水、交通等因素，比选确定涵洞的线路、布局和形式。通过水文水力计算，确定涵洞具体的断面形式、排洪量和构造；明确建筑材料的采料场位置及运输路线。

9.2.7.6 防洪堤

防洪堤是沿沟岸、河岸布设的，避免项目区遭受洪水危害，保障生产安全的防洪建筑物。

防洪堤设计应重点考察和勘测河(沟)道、河(沟)岸的地形、地质、水文情况，结合项目的防洪要求，明确其防护和综合利用任务；进行必要深度的地质勘探、水文分析，比选确定堤线、规模、结构形式、布置方式、断面尺寸及筑堤材料的采料场位置和运输路线。

9.2.7.7 护岸护滩

护岸护滩是为了防止项目区因洪水冲淘沟岸、河岸，而导致沟(河)岸坍塌、加剧洪水危害所修建的工程。护岸护滩应尽量与淤滩造地等综合利用相结合。

护岸护滩工程设计，应详细考察河岸、沟岸地形、地质、气象及水文情况和防护要求，明确采取护岸护滩措施的地段；做必要深度的地质勘探、水文分析，比较选定布置线路、规模，提出其结构形式、布置方式、断面尺寸。

9.2.7.8 清淤清障

清淤清障是将已建和在建项目区内河(沟)道原来已倾倒的弃土、弃石、弃渣清除,并搬运至采取防护措施的堆置场的一项措施,目的是防止弃土、弃石、弃渣冲刷下泄下游,或淤塞河道,阻碍行洪,造成危害。

9.2.8 降水蓄渗工程

降水蓄渗工程是指针对建设屋顶、地面铺装、道路、广场等硬化地面导致区域内径流量增加,所采取的雨水就地收集、入渗、储存、利用等措施。该措施既可有效利用雨水,为水土保持植物措施提供水源,也可以减少地面径流,防治水土流失。

生产建设活动对原地貌的坡面产流和河槽汇流均产生较大影响。在坡面汇流方面,因基本建设施工活动和生产运行,土壤性状、土壤湿度、土层剖面特性、植被、地形、土地利用等下垫面条件发生变化,硬化地面、开挖裸露面等使地面糙率和入渗系数降低,入渗减少,冲刷能力加剧,地下水补给减少,破坏了局部地区水文循环。同时施工期间的回填土方、堆置土方等因排水不良,对边坡稳定产生不利影响。在河槽汇流方面,由于坡面产流大大增加,排洪量加剧,河流汇流量暴涨,加剧防洪压力。因此,降水蓄渗工程应用于大型生产建设项目以及城镇建设或生产区建设,具有改善局部地区水循环、节约用水、减免雨洪灾害等重要作用。

9.2.8.1 基本原则

①对于因生产建设项目建设和生产运行引起的坡面产流和河槽汇流增大等问题,采取降水蓄渗措施,如渗水方砖、框格种草、集雨工程等,并与其他工程相结合,形成完整的防御体系,有效防止径流损失,并对雨水加以利用。

②硬化面积宜限制在项目区空闲地总面积的1/3以下,地面和人行道路的硬化结构宜采用透水形式。

③应恢复并增加项目区林草植被覆盖率、植被恢复面积,以达到项目区空闲地总面积的2/3以上。

9.2.8.2 设计要求

(1)可行性研究阶段设计要求

①结合工程总体布置,进行相应水文计算,初步确定硬化面积、入渗产流数等,收集资料,对项目区及周边降水来水情况进行调查,计算径流损失量及可能的集水量。

②进行降水蓄渗工程的总体规划,初步确定工程总体布置。

③对不同形式的降水蓄渗工程进行分类典型设计,初步确定断面尺寸,计算工程量。

(2)初步设计阶段设计要求

①根据雨水集蓄利用有关规范,复核调整总体布置及水文计算。

②确定各种不同形式的降水蓄渗工程位置,查明地质条件,确定断面尺寸及基础处

理方式，做出施工组织设计。

9.2.8.3　雨水集蓄利用方式

对产生径流的坡面，应根据地形条件，采用水平阶、窄条梯田、鱼鳞坑等蓄水工程；对径流汇集的局部坡面，应根据地形条件，采用水窖、涝池、蓄水池、沉沙池等径流拦蓄工程；项目区位于干旱、半干旱地区及西南石质山部分地区，应结合项目工程供水排水系统，布置专用于植被绿化的引水蓄水、灌溉工程。雨水集蓄工程总体上有两种类型，一是就地入渗，二是储存利用。常见方式如下：

(1)地面硬化利用类型为建筑物屋顶的

其雨水应集中引入地面透水区域(如绿地、透水路面等)形成蓄渗回灌，也可引入储水设施蓄存利用。

(2)地面硬化利用类型为建设工程场地的

庭院、广场、停车场、人行道、步行街和自行车道等场地，应首先按照建设标准选用透水材料铺装，直接形成蓄渗回灌；也可设计构筑汇流设施，将雨水引入透水区域实现蓄渗回灌，或引入储水设施蓄存利用。

(3)地面硬化利用类型为城市主干道、交通主干道等基础设施的

路面雨水应结合沿线的绿化灌溉，设计构筑雨水利用设施。

建设工程的附属设施应与雨水利用工程相结合；景观水池应设计为雨水储存设施，草坪绿地应设计为雨水滞留设施。用于滞留雨水的绿地须低于周围地面，但与地面高差最大不应超过20 cm。

9.2.8.4　降水渗透利用工程

降水渗透利用工程便于在城区及生活小区设置。降水渗透利用工程，既可补充地下水，又可以减少泄洪径流、减轻城市防洪压力。降水雨水渗透利用工程在设计方面尚处于初级阶段，目前有渗水管、渗水沟、渗水地面、渗水洼塘、渗水浅井等类型。

9.2.9　临时防护工程

生产建设项目从动工兴建到建成投产正常运行，其间往往历时较长，如不及时落实"三同时"制度和采取有效措施，可能会造成严重的水土流失。临时防护工程是生产建设项目水土保持措施体系中不可缺少的重要组成部分，在整个防治方案中起着非常重要的作用。

9.2.9.1　基本原则

①施工建设中，临时堆土(石、渣)必须设置专门堆放地，集中堆放，并应采取拦挡、覆盖等措施。

②对施工开挖、剥离的地表熟土，应安排场地集中堆放，用于工程施工结束后场地的覆土利用。

③施工中的裸露地，在遇暴雨、大风时应布设防护措施。如裸露时间超过一个生长

季节，应进行临时种草加以防护。

④施工建设场地、临时施工道路应统一规划，并采取临时性的防护措施，如布设临时拦挡、排水、沉沙等设施，防止施工期间的水土流失。

⑤施工中对下游及周边造成影响的，必须采取相应的防护措施。

9.2.9.2 设计要求

（1）可行性研究阶段设计要求

在可行性研究阶段，初步拟定临时防护工程的类型、布置、断面，并估算工程量。

（2）初步设计阶段设计要求

在初步设计阶段，应结合主体工程设计，确定临时防护工程的类型、布置、结构、断面尺寸等，明确防护工程量、建筑材料来源及运输条件。

9.2.9.3 适用范围

①临时防护工程是主要适用于工程项目的基建施工期，为防止项目在建设过程中造成水土流失而采取的临时性防护措施。

②临时防护工程一般布设在项目工程的施工场地及其周边、工程的直接影响区范围。

③防护的对象主要是各类施工场地的扰动面、占压区等。

9.2.9.4 类型

（1）临时工程防护措施

临时工程防护措施主要有挡土墙、护坡、截（排）水沟等。临时工程防护措施不仅工程坚固、配置迅速、起效快，而且防护效果好，在一些安全性要求较高和其他临时防护措施不能尽快发挥效果时，则必须采取这种防护措施。

（2）临时植物防护措施

临时植物防护措施主要有种树、种草或树草结合，或者种植农作物等。临时植物防护措施不仅成本低廉、配置简便，宜农则农、宜林则林、宜草则草，时间可长可短，而且防护效果好、经济效益高、使用范围广。

9.3 生产建设项目水土保持方案编制

9.3.1 水土保持方案主要内容

9.3.1.1 编制总则

生产建设项目水土保持方案的编制总则一般设置为第一章，旨在明确方案编制的主要原则，主要包括下列内容：

（1）方案编制的目的与意义

说明编制水土保持方案的目的和必要性，以及水土保持方案的用途和意义。

（2）方案编制的依据

如前所述，编制方案时所依赖的依据主要包括法律、法规、规章、规范性文件、技术规范与标准、相关资料等。

（3）水土流失防治的执行标准

水土流失防治的执行标准按《开发建设项目水土流失防治标准》的规定，确定方案设计的最低标准。实际上，方案确定防治目标时，还应结合当地的自然条件和项目的特点，分析确定水土流失防治的防治等级和具体指标。

（4）方案编制的指导思想与原则

说明方案编制的指导思想，根据工程建设可能导致的水土流失特点，论述水土流失防治应遵循的主要原则。

（5）设计深度和设计水平年

根据主体工程设计所处的设计阶段，确定方案编制的设计深度。一般在立项前编报水土保持方案，确定为可行性研究深度。当主体工程达到初步设计深度或已经开工时，方案须达到初步设计深度。

9.3.1.2 项目概况

（1）基本情况

项目内容主要包括建设项目名称、项目法人单位、项目所在地的地理位置（应附地理位置图）、建设目的与性质、工程任务、等级与规模，说明在规划中的地位和项目的立项进展情况。若与其他项目有依托关系，还应做出说明。对矿山类项目，除了介绍项目区的面积、资源与可采储量、开采年限、开采方式及接替计划等，还要介绍首采区的情况。

（2）项目组成及布置

以主体工程推荐方案为基础，介绍各单项工程的平面布置、工程占地、建设标准等主要技术指标，附平面布置图。介绍与水土保持相关的施工工艺、生产工艺和水量平衡图，简要叙述项目特点及原材料和产品的运送方式。采矿类项目应有综合地质柱状图；公路、铁路项目应有工程平纵（断面）缩图；扩建项目还应说明与已建工程的关系。

根据主体设计情况，说明项目附属工程的建设内容，并对项目建设所需的供电系统、给排水系统、通信系统、对外交通等予以说明。

（3）工程占地

工程占地情况包括永久征（占）地和临时用地，应按项目组成及县级行政区划（大型的线型建设项目可用地市级行政区域代替）分别说明占地性质、占地类型、占地面积等情况。

（4）土石方平衡

分项（或分段）说明工程土石方挖方、填方、借方、弃方量，还应对弃方的综合利用情况做出说明。土石方平衡应根据项目设计资料、地形地貌、运距、土石料质量、回填利用率、剥采比等合理确定取土（石）量、弃土（石）量和开采地点、堆弃地点、形态等，并附土石方平衡表、土石方流向框图。对线型建设项目，应根据施工条件按自然节点

(河流、隧道等)分段进行土石方平衡。土石方平衡须以主体工程为参照对象，汇总土石方开挖、填筑情况(包括表土剥离与回填工程量)，并说明与其他分区或分段之间的调入、调出情况，以及所需的取料和弃渣数量。不应将专设的取料场、弃渣场参与土石方平衡计算。

（5）工程投资

工程投资应说明主体工程总投资、土建投资、资本金构成及来源等。

（6）施工组织

施工组织的介绍主要包括以下内容：①介绍主体工程施工布置、施工工艺与时序要求等，说明主要工序。分段施工的工程应列表说明，重点介绍施工营地、材料堆放场地、施工道路、取土(石、料)场、贮灰场、尾矿库、排土场、弃渣场等布置情况。②介绍施工用水、电、通信等情况。③说明土、石、沙、砂砾料等建筑材料的数量、来源及其相应的水土流失防治责任。对自采加工料，应说明综合加工系统，料场的数量、位置、可采量等及取料场、弃渣场的确定情况。

（7）拆迁安置

拆迁安置主要包括拆迁(移民)安置、专项设施复建等内容，包括拆迁(移民)规模、搬迁规划、拆迁范围、安置原则、安置方式、专项设施复建方案，生产、拆迁和安置责任。

（8）进度安排

应说明主体工程总工期，包括施工准备期开始时间、主体工程开工时间、主体土建工程完工时间、项目投产时间、建设进度安排等。对于分期建设的项目，还应说明前期和后续项目的情况，并附施工进度表及主体工程进度横道图。

9.3.1.3 项目区概况

项目区概况介绍应满足水土流失预测与水土保持措施设计的需要，根据不同项目特点，按以下内容描述。

（1）自然环境

①地质 简述区域地质和工程地质概况，重点说明项目区岩性、地震烈度、地下水埋深、不良地质工程地质情况。

②地形地貌 主要包括项目建设区域的地形、地面坡度、沟壑密度、海拔高程、地貌类型、地表物质组成等。

③气象 介绍与工程、植物措施配置相关的气候因子，主要指项目区所处的气候带、气候类型、年平均气温、大于等于10℃的活动积温、无霜期、最大冻土深度，多年平均的降水量、年蒸发量、降水量年内分配、年平均风速、主导风向、年大风日数及沙尘天数等，给出资料的来源和序列长度。此外，还应介绍典型设计中用到的设计频率降水特征值。

④水文 主要包括项目建设区及周边区域水系情况、地表水状况、河流平均含沙量、径流模数、洪水(水位、水量)与建设场地的关系等情况，并附水系图。线型工程的水文特征值可分段论述。

⑤土壤　主要包括项目区土壤类型、土层厚度、土壤质地、土壤的抗蚀性等。必要时，还应给出土壤的机械组成和土壤肥力情况。

⑥植被　介绍项目区在全国植被分区中的区属，当地林、草植被类型、乡土树(草)种、主要群落类型、林草植被覆盖率、生长状况等基本情况。

⑦其他　主要包括可能被工程影响的其他环境资源，项目区内的历史上多发的自然灾害。

（2）社会经济概况

社会经济概况应说明资料的来源和时间，主要说明社会经济情况和土地利用情况，还应说明当地的支柱产业和产业结构调整方向。点型工程按项目所在乡(县)、线型工程以县(地市)为单位进行调查统计。

①社会经济概况　建设地点在农村的可按表9-1统计，建设地点在城镇的应做相应调整。

表9-1　项目区社会经济概况统计表样式

行政区划	总面积 (hm²)	耕地面积 (hm²)	总人口 (人)	农业人口 (人)	GDP (万元)	农业总产值 (万元)	农民人均耕地(hm²)	农民人均纯收入(元)

②土地利用概况　主要指项目区(乡或县)的土地类型、利用现状、分布及其面积、基本农田、林地等情况，还应说明人均耕地、人均基本农田等情况，说明不同用途的用地所占比例。

（3）水土流失及水土保持现状

①项目区水土流失现状　定量介绍项目区内水土流失的类型和强度，确有困难时可用项目所在地的县级行政区域的有关数据代替。还应说明项目所在地的水土流失类型区划情况，给出容许土壤流失量和项目占地范围内水土流失背景值及取值依据。

②水土流失防治情况　给出项目所在地的国家级和省级、县级水土流失重点防治区划分情况，并说明是否属于国家或省级水土流失治理的重点项目区。

③项目区内的水土保持现状　介绍项目区内现有的水土保持设施现状，水土流失治理的成果等情况。

④水土流失防治经验　主要介绍当地成功的水土流失防治工程的类型和设计标准，植物品种和管护经验等。同时介绍同类生产建设项目的工程措施的布设及标准，当地适宜的林草品种，临时防护措施布设等经验，扩建工程还应详细介绍上一期工程的水土保持工作开展情况和存在的问题。

9.3.1.4　主体工程水土保持分析与评价

（1）主体工程设计的水土保持制约因素分析评价

从主体工程的选址(线)及总体布局、施工工艺及生产工艺、土石料场选址、弃渣场选址、主体工程施工组织设计、主体工程施工和工程管理等方面分析是否有水土保持制约因素，并按点型建设类项目、点型建设生产类项目、线型建设类项目的限制性规定和不同水土流失类型区的限制性规定进行复核，同时根据各类限制性规定的强制约束力说明水土保持可行性。不能排除绝对限制类行为的，水土保持方案中应有明确的结论并有与主体设计单位共同协调处理的说明，审查会上专家须给出明确的意见。对严格限制行为，项目建设确定无法避免时，方案中应提高防治要求，并与周边环境和其他要求相适应，专家审查时应评价防治措施的可能效果，可提出补充专题论证的要求。对普遍要求行为，专家审查时应检查符合情况并评价其解释的理由。

（2）主体设计比选方案的水土保持意见

对主体工程选线、选址、总体布局、施工及生产工艺、土石料场选址、弃渣场选址、占地类型及面积等，从水土资源占用、水土流失影响、景观、土石方平衡和对主体工程土建部分的安全性等方面对不同的比选方案进行评价。要从保护生态、保护自然景观，从水土保持的角度论证主体工程设计的合理性，并对主体设计提出有利于水土保持的建议，以达到最大限度地保护生态、控制扰动范围、减少水土流失的目的。

（3）主体设计推荐方案的分析评价

①主体工程的选址（线）要求。

②主体工程占地类型、面积和占地性质的分析与评价，应尽量减少永久征地面积，工程永久占地不宜占用农耕地（基本农田），特别是水田等生产力较高的土地。

③主体工程土石方平衡，弃土（石、渣）场、取土（石、料）场的布置。

④施工组织、施工方法与工艺等评价，分析施工方法与工艺中水土流失的主要环节及防治措施。

⑤主体工程施工管理的水土保持分析与评价，从施工道路、临时防护、堆料场、周转场地、施工时序等方面对包括施工准备在内的整个施工过程进行水土保持分析与评价。

⑥工程建设与生产对水土流失的影响因素分析，主要指施工和生产所需的原材料供应、废弃物处理、招投标、合同管理等方面的分析评价。

（4）水土保持工程界定与主体设计的评价

在主体工程占地区域内，许多防护措施的设置既是出于主体工程安全稳定的需要，同时也兼有水土保持功能，在水土流失防治措施体系中须加以区分。对以主体设计功能为主或为主体工程的安全稳定服务的防护措施，进行水土保持分析与评价，即分析主体设计的防护措施是否满足水土保持要求，否则还需提出需补充完善的措施，纳入水土流失防治措施体系。

（5）生产运行对水土流失的影响因素分析

①对生产运行期的排矸、排灰、排渣、尾矿等进行分析。

②对矿山采掘的沉陷区进行分析。

（6）结论性意见、要求与建议

①明确建设项目是否可行，明确推荐方案的水土保持可行性。

②明确取土场、弃渣场是否合理。对主体工程的后续设计、施工组织和施工管理等

提出水土保持要求。

③明确对主体工程设计的建议。对可能诱发次生崩塌、滑坡、泥石流灾害的灰场、弃渣场、排土场、排矸场、高陡边坡等提出在初步设计阶段进一步复核安全稳定的要求。

9.3.1.5 防治责任范围及防治分区

（1）防治责任范围

生产建设项目的水土流失防治责任范围，应根据工程设计资料，通过现场查勘和调查研究确定。

（2）防治分区

主要依据主体工程布局、施工扰动特点、建设时序、地貌特征、自然属性、水土流失影响等进行分区。

9.3.1.6 水土流失预测

（1）水土流失预测的基础

①土壤流失量预测基础　按生产建设项目正常的功能设计，不采取任何水土保持工程条件下可能产生的土壤流失量与危害；

②水损失量预测基础　生产建设项目按设计规模建成后，可能引起的水量损失及危害情况。

（2）工程可能造成的水土流失因素分析

侧重于工程选址（线）、料场和弃土（渣）场选址、工程征（占）地及土地类型、施工的工艺、进度与时序安排和工程占压及地形再造等方面可能造成水土流失分析。

（3）土壤流失预测的范围及单元

土壤流失预测的范围即各防治分区的扰动面积；预测单元应为工程建设扰动地表的时段、形式总体相同，扰动强度和特点大体一致的区域。

（4）土壤流失预测时段

①项目预测时段　为施工准备期、施工期和自然恢复期（包括设备安装调试期）。生产类项目还应包括运行期（方案服务期）。

②各预测单元预测时段　应根据相应单项工程的施工进度，结合产生土壤流失的季节，按最不利条件确定，即超过雨（风）季长度的按全年计，未超过雨（风）季长度的按占雨（风）季长度的比例计（单位为年）。

③自然恢复期　指单项工程完工后不采取水土保持措施条件下，植被自然恢复或在干旱、沙漠等无法自然恢复林草植被区域的地面自然硬化（结皮）、土壤侵蚀强度减弱并接近原背景值所需的时间（单项工程完工后即进入自然恢复期，同一地区的自然恢复期长度相同，但各预测单元自然恢复期的起止时间可不同）。一般降水量600 mm以下或高寒地区按2年计，其余地区以1年计。

（5）土壤流失预测的内容和方法

①扰动原地貌、损坏土地和植被的面积　通过查阅生产建设项目技术资料，利用设

计图纸,结合实地查勘,对开挖扰动地表、占压土地和损坏林草植被的面积分别进行测算。

②弃土(石、灰、渣)量 通过查阅项目技术资料及现场实测,了解其开挖量、回填量、剥采比、单位产品的弃渣量等,预测各时段的主体工程、临建工程、附属设施(如交通运输、供水、供电、生活设施等)、取土(石、砂)料场等生产建设过程中的弃土(石、渣)及建筑垃圾的数量。

③损坏水土保持设施的面积和数量 根据当地水土保持设施的界定标准,对因生产建设而损坏的水土保持设施数量进行测算,并列表给出。

④可能造成土壤流失量的预测 应根据项目区土壤流失类型,进行水蚀或风蚀预测。

(6)水损失量的预测

位于大中城市及周边地区、南方石漠化、西北干旱地区和沿海淡水缺乏地区的生产建设项目,应进行水损失量的预测,可采用径流系数法进行年水量损失计算。

(7)水土流失预测参数的确定

①土壤侵蚀模数的确定

——土壤侵蚀模数背景值可直接引用项目区"水土流失现状"中所确定的数据,通过采用收集资料、专家咨询等方法分单元确定背景值。

——扰动后土壤侵蚀模数,应根据工程的施工工艺和时序、扰动方式和强度、地面物质组成、汇流状况及相关试验、调查等综合确定。

——对于既无实测资料,也难以找到借用资料的项目,可在对比分析基础上,结合专家经验为各地类赋予一定量值[如旱平地≤水地≤林地≤1 000 t/(km² · a)≤荒地≤坡耕地],并用加权平均计算出预测单元的土壤侵蚀模数。

②径流系数的确定

——原始径流系数可从全国、流域和省的水资源评价成果或径流系数等值线图中获得,或参考相关试验资料和科研成果,并结合实地调查和专家估判来确定。

——项目建成后的径流系数,其值的大小应与工程占压、硬化和非透水物质覆盖的总面积正相关[一般取值在原状径流系数与0.9(或0.85)之间],鼓励通过相关试验或小区监测来确定。

(8)水土流失危害预测

应针对工程实际,预测水土流失对水土资源、项目区及周边生态环境和下游河道淤积及防洪的影响,分析导致土地沙化、退化,以及水资源供需矛盾加剧和地面下陷的可能性(所指危害应切合实际,不可夸大)。

(9)预测结论及综合分析

①预测结论 列表给出不同分区、不同时段的土壤流失总量和新增流失量。对于进行水损失量预测的项目,还应列表给出各分区及项目区可能造成的水损失量。

②综合分析及指导意见 在预测水土流失总量和强度的基础上,明确产生水土流失(量或危害)的重点区域或地段,提出防治措施布设的指导性意见,指出重点防治和监测的区段。

9.3.1.7 防治目标及防治措施布设

(1)水土流失防治标准选取和防治目标确定

根据《开发建设项目水土流失防治标准》,确定水土流失防治目标,并应注意:

①同一区域项目出现两个等级时,采用较高等级。

②应根据项目区降水量、土壤侵蚀强度、地形特点进行修正。

③对于线型工程,应分段确定防治目标,并按各段长度加权平均计算综合防治目标。

④应确定施工期拦渣率、土壤侵蚀控制比。

⑤生产建设类项目除了明确施工期、设计水平年的防治目标外,还应确定运行期的防治目标。

(2)水土流失防治措施布设原则

①结合工程实际和项目区水土流失现状,因地制宜、因害设防、防治结合、总体设计、全面布局、科学配置。

②减少对原地貌和植被的破坏面积,合理布设弃土(石、渣)场、取料场,弃土(石、渣)应集中堆放。

③项目建设过程中应注重生态环境保护,设置临时性防护措施,减少施工过程中造成的人为扰动及产生的废弃土(石、渣)。

④注重吸收当地水土保持的成功经验,借鉴国内外先进技术。

⑤树立人与自然和谐相处的理念,尊重自然规律,注重与周边景观相协调。

⑥工程措施、植物措施、临时措施要合理配置、统筹兼顾,形成综合防护体系。

⑦工程措施要尽量选用当地材料,做到技术上可靠、经济上合理。

⑧植物措施要尽量选用适合当地的品种,并考虑绿化美化效果。

⑨防治措施布设要与主体工程密切配合,相互协调,形成整体。

(3)水土流失防治措施体系和总体布局

通过对主体工程设计的分析与评价,提出主体工程设计中具有水土保持功能的工程,并将以水土保持功能为主的工程界定为水土保持工程,在此基础上提出需要补充、完善和细化的防治措施和内容,经综合分析,统筹安排,提出水土流失防治措施体系和总体布局。

(4)工程量计算及汇总

①水土保持措施工程量的计算按工程措施、植物措施和临时措施划分。

②按防治分区分列措施类型、规模和工程量。

③水土保持工程措施和临时措施的工程量根据典型设计的单位工程量推算,工程量统计项目为工程定额的计量项目。

④水土保持植物措施的工程量按乔木、灌木、草皮、撒播植草、园林小品统计,并说明植物措施防护面积及材料数量。

⑤工程量汇总表无误,与典型设计、投资估算前后一致。

(5)水土保持工程施工要求

对典型设计进行施工的方法进行描述,应包括施工条件、施工材料来源及施工方法与质量要求。

（6）水土保持措施进度安排

①遵循"三同时"制度，按照主体工程施工组织设计、建设工期、工艺流程，坚持积极稳妥、留有余地、尽快发挥效益的原则，对水土保持分区措施的施工季节、施工顺序、措施保证、工程质量和施工安全，进行分期实施、合理安排，保证水土保持工程施工的计划性、有序性以及资金、材料和机械设备等资源的有效配置，确保工程按期完成。

②拦挡措施应符合"先拦后弃"的原则，植物措施的实施应根据项目区气候特点安排。

③安排方案实施进度。水土保持方案实施进度双线横道图应与主体工程进度相匹配；植物措施应考虑当地适宜采取栽、种植的季节。

9.3.1.8 水土保持监测

（1）基本要求

生产建设项目水土保持监测应按照《水土保持监测技术规程》（SL 277—2002）的规定进行，水土保持方案应明确监测的项目、内容、方法、时段和频次，初步确定监测点位，估算所需的人工、设施、设备和物耗。

（2）监测范围、时段、内容和频次

①监测范围 水土流失防治责任范围。

②监测时段 从施工准备期至设计水平年。建设生产类项目运行期提出监测技术要求。

③监测的内容 水土保持生态环境的变化；水土流失动态；水土保持措施防治效果（植物措施的监测重点是成活率和保存率，以及工程的完好率）；施工准备期前应首先监测背景值；水土流失危害。

④监测频次 应满足6项防治目标测定的需要；土壤流失量的监测，在产生水土流失季节里每月至少一次；应根据项目区造成较强土壤流失的具体情况，明确水蚀或风蚀的加测条件；其他季节土壤流失量的监测频次应适量减少；除土壤流失量外的监测项目，应根据具体内容和要求确定监测频次。

（3）监测站点的选址与布设

①监测点要有代表性。

②不同监测项目应尽量结合。

③监测小区应根据需要布设不同坡度和坡长的径流小区进行同步监测。

④对弃土（渣）场、取料场及大型开挖面等宜布设监测控制站（或卡口站）。

⑤项目区内类型复杂、分散的工程宜布设简易观测场。

（4）监测方法

①采取定位监测与实地调查监测相结合的方法，有条件的建设项目可同时采用遥感监测方法。

②监测方法应具有较强的可操作性，同时给出明确监测内容、方法、点位和频次的

监测计划表。

(5)监测成果

①监测成果应包括监测报告、监测数据、相关监测图件及影像资料。

②至少每季度向建设单位和当地水行政主管部门上报一次监测成果。

③监测报告中应给出6项防治目标达到值的计算表格。

9.3.1.9 投资估算及效益分析

(1)编制依据及原则

①概(估)算编制的项目划分、费用构成、编制方法、概(估)算表格等依据有关规定执行,水土保持方案投资概(估)算的编制依据、价格水平年、工程主要材料预算价格、机械台时费、主要工程单价及单价中的有关费率标准应与主体工程相一致。

②概(估)算所采用的工程量要与典型设计、图纸及措施设计的最终结果相一致。

③采用与主体工程相一致的基础单价、取费标准、工程措施和植物措施单价,应说明编制的依据和办法。

④投资总表中不包括运行期(方案服务期内)水土保持投资;运行期的水土保持投资另行计列。

⑤主体工程土建投资包括:煤炭工程为可行性研究报告中的井工投资和土建费;火电、输变电工程为建筑工程费;水电、核电工程为建安工程费中的建筑工程费;有色项目为建设工程费(钢结构建筑物不包括基础以上部分投资);水利项目为建安工程费中的建筑工程费;公路包括建筑工程费(不含设备购置及安装费)和交通工程费。

(2)独立费用

独立费用包括:建设管理费、质量监督费、科研勘测设计费、水土保持监理费、水土保持监测费、水土保持设施验收技术评估报告编制费、水土保持技术文件技术咨询服务费。

(3)水土保持设施补偿费

水土保持设施补偿费采用各省(自治区、直辖市)标准计列,应列明计算依据,按县级行政区列表计算。

(4)防治效益预测

水土流失防治效益预测就是根据方案设计的水土保持工程措施、植物措施和临时防护措施的布局与数量,对照方案编制目的和所确定的水土流失防治目标,采用定性及定量相结合的方法,对于其中的6项防治目标值还需应用计算公式,分别列表计算并分析水土保持措施实施后,预期由于控制人为水土流失而产生的保水、保土、改善生态环境和保障工程安全运行等方面的作用与效益。

(5)水土保持损益分析

方案实施后,对于项目区及周边地区在水、土资源合理利用,以及恢复和改善生态环境、恢复土地生产力、保障建设项目安全、促进地区经济发展的作用和效益等方面进行较为全面的分析。逐步完善对损益分析指标的分析,确定水土流失影响指数:以损益分析的关键因子构建水土流失影响指数,评价项目对水土流失的影响。

9.3.1.10 实施保障措施

水土保持方案是建设单位向政府呈交的一项承诺,因生产建设项目不可避免地造成地表扰动、土石方流转、破坏植被,可能产生大量的水土流失,建设单位向政府申请建设并承诺将采取一系列措施限制施工扰动,保护水土资源,减少和控制水土流失,水行政主管部门依据其可能产生的水土流失、当前防治技术以及防护不当时可能产生的水土流失危害等进行批复、否决或提出调整意见。因此,水土保持方案是一个具有强制效力的法律文件。水土保持方案批复的前提是项目建设方案是可行的,在满足其他条件后,水行政主管部门应根据国家相关法律法规及技术规范,检查项目占地和损坏水土保持设施的情况,复核土石方量和可能造成的水土流失量,论证防治措施体系和典型设计的合理性和可行性,审核水土保持投资,评价建设单位的信誉和方案实施的保障措施,进而做出是否批准的行政许可。

9.3.1.11 结论及建议

(1)总体结论

明确有无限制工程建设的制约因素,并明确项目的可行性。

(2)下阶段水土保持要求或建议

主要对下阶段应重点研究的内容和下阶段设计提出建议。根据项目的特点对主体工程施工组织提出水土保持要求,对水土保持工程后续设计、施工单位的施工管理、水土保持专项监理、监测等方面提出要求,并明确下阶段需进一步深入研究的问题。

9.3.1.12 综合说明

综合说明作为水土保持方案的简要说明,放在第一章之前,叙述应简练,并说明主要问题。简要说明方案各部分的主要内容。主要包括:

①明确主体工程的地理位置、建设内容、建设性质和规模,还须说明在规划中的地位和项目的立项进展情况;明确生产工艺和土石方施工工艺的形式,简要叙述项目特点及原材料和产品的运送方式;摘录工程建设的永久占地、临时占地、挖方总量、填方总量、取土总量和取土场数量、弃渣总量和弃土场的数量;说明工程建设的建设单位及总投资、土建投资、开工时间和完工时间。

②明确项目所在地的地貌、土壤、植被和气候类型,简要说明项目区的自然条件和水土流失重点防治区划分情况。

③明确主体工程不同比选方案的水土保持意见,明确水土保持分析评价的结论。

④明确水土流失防治责任范围及分区,说明执行的水土流失防治等级及综合的水土流失防治目标。

⑤说明水土流失预测结果,主要包括损坏水土保持设施数量、建设期水土流失总量及新增量,明确水土流失防治的重点区段及时段。

⑥汇总各分区的水土保持工程项目,给出施工组织的设计原则。

⑦说明水土保持投资估算的总体情况及效益分析,给出不同分区的防治措施及独立

费用的投资、比例。

⑧说明方案编制的结论与建议。

⑨列出水土保持方案特性表。

9.3.2　水土保持方案管理

9.3.2.1　资质管理

国家规定，建设项目的水土保持方案编制工作实行资质管理，承接方案编制的单位需具有相应的资质，参加编制的人员需持有相应的上岗证书。

9.3.2.2　审批程序

①建设单位或个人委托具备水土保持方案编制资质的单位编制相应的水土保持方案。

②建设单位或个人向相应水行政主管部门报送方案送审稿及审查申请。

③水行政主管部门批转给水土保持专业机构进行技术评审，按照国家关于水土保持的法律法规及技术规范和要求，现场查勘和技术文件评审，并形成专家评审意见。

④根据专家评审意见，由建设单位组织编制单位进行修改、补充和完善，形成水土保持方案(报批稿)，送技术评审组织单位进行复核。

⑤技术评审机构对水土保持方案报告书(报批稿)进行复核，符合有关规定和要求的出具《水土保持方案报告书》技术评审意见，并报送水行政主管部门。对不符合规定和要求的《水土保持方案报告书》(报批稿)退回建设单位重新修改、补充和完善。

⑥建设单位或个人向水行政主管部门报送《关于报批×××水土保持方案报告书(报批稿)的请示》以及经技术评审机构核审同意后的《水土保持方案报告书》(报批稿)，申请批复《水土保持方案报告书》(报批稿)。

⑦水行政主管部门核查有关文件后作出受理决定，并在受理后 20 个工作日内(或经机关领导同意后 30 个工作日内)完成批复或退回工作。

水土保持方案报告表的报批程序，可省去③~⑤的要求。

9.3.2.3　技术审查

①技术评审机构初步审核方案报告书后，组织有关流域机构、行业和地方水行政主管部门、主体工程土建专业、项目建设等单位的代表，并从方案咨询专家库中邀请水土保持、资源与环境、技术经济、工程管理和土木工程等专业的专家，勘察项目区现场，进行技术咨询与技术审查。

②参加评审的专家，需在会前对方案报告书的质量进行评价，会前提交会议汇总，以便形成专家组意见，也可作为考核编制单位的重要依据。

③技术评审主持人和评审专家应对水土保持方案报告书的编制质量、技术合理性、经济合理性和是否满足控制水土流失、减轻水土流失灾害等要求承担技术责任，评审专家应对相应的专业领域承担技术与质量的把关责任。

④对没有达到相应技术要求、不具备召开评审会议条件的水土保持方案报告书(送

审稿），技术评审机构应退回建设单位并提出书面修改意见。其书面修改意见应同时抄送水行政主管部门，作为水土保持方案编制资格证书考核的内容。对一年内发生一次退回的水土保持方案编制单位提出批评，二次退回的提出警告并要求整改。

⑤对达到相应技术要求的《水土保持方案报告书》（送审稿），技术评审机构应提前1周发出技术评审会议通知并抄送水行政主管部门，在技术评审会议3天前将水土保持方案送达评审专家和项目所在地流域机构及地方水行政主管部门。

⑥《水土保持方案报告书》（送审稿）通过技术评审后，技术评审机构应及时提出《水土保持方案报告书》（送审稿）评审意见，并送达建设单位，由建设单位组织水土保持方案的修改、补充、完善，形成《水土保持方案报告书》（报批稿），送技术评审机构复核。

⑦技术评审机构应在5个工作日内完成《水土保持方案报告书》（报批稿）的复核工作。对通过复核的《水土保持方案报告书》（报批稿）出具技术评审意见，报送水行政主管部门，同时抄送项目建设单位。

9.3.2.4 技术评审的条件

《水土保持方案报告书》（送审稿）有下列情况之一的，应考虑不具备召开技术评审会议条件：

①对主体工程基本情况把握不准，现场查勘深度不足，工程项目组成、规模、布置及施工工艺等表述不清楚。

②对主体工程水土保持功能评价、工程建设可能造成的水土流失预测及可能发生的灾害评价深度不足，分析结果不能为方案批复提供可靠的技术支撑。

③水土流失防治体系过于笼统，防治措施设计缺乏针对性和可操作性，临时防护措施安排不到位，不能有效减少和控制人为水土流失及可能引发的水土流失灾害。

④水土保持监测的目标、任务、内容、要求等总体安排和设计不具体，操作性不强，对水土保持监测的实施缺乏指导和控制作用。

⑤水土保持投资概（估）算不准确，图纸、工程量和概算不一致，独立费用明显不能满足开展相关工作。

⑥不符合国家水土保持方针政策和技术规范、规程的要求，文字、数据、图表等非技术性错误较多。

9.3.2.5 技术评审的标准

生产建设项目水土保持方案须以相应的规范作为审查尺度，达到相应要求的才能通过评审。不能达到以下要求的，技术评审应不予通过：

①水土保持方案中没有主体工程的比选方案，比选方案水土保持评价缺乏水土保持有关量化指标的。

②在山区、丘陵区、风沙区的生产建设项目，对原自然地貌的扰动率超过70%，或对林草植被的破坏率超过70%的。

③工程的土石方平衡、废弃土石渣利用达不到规范要求的。

9.3.2.6 方案审批的条件

为贯彻落实科学发展观，保护生态环境，建设资源节约型、环境友好型社会，促进经济发展与人口、资源、环境相协调，根据国家产业结构调整的有关规定，生产建设项目水土保持方案将从严审批。生产建设项目符合下列情况之一的，水土保持方案不予批准：

①《促进产业结构调整暂行规定》、国家发展和改革委员会发布的《产业结构调整指导目录》中限制类和淘汰类产业的生产建设项目。

②《国民经济和社会发展第十一个五年规划纲要》等确定的禁止生产区域内不符合主体功能定位的生产建设项目。

③违反《水土保持法》第十四条，在25°以上陡坡地实施的农林生产项目。

④违反《水土保持法》第二十条，在县级以上地方人民政府公告的崩塌滑坡危险区和泥石流易发区内取土、挖沙、取石的生产建设项目。

⑤违反《中华人民共和国水法》第十九条，不符合流域综合规划的水工程。

⑥根据国家产业结构调整的有关规定精神，国家发展和改革主管部门同意后方可开展前期工作，但未能提供相应文件依据的生产建设项目。

⑦分期建设的生产建设项目，其前期工程存在未编报水土保持方案、水土保持方案未落实和水土保持设施未按期验收的。

⑧同一投资主体所属的生产建设项目，在建及生产运行的工程中存在未编报水土保持方案、水土保持方案未落实和水土保持设施未按期验收的。

⑨处于重要江河、湖泊以及跨省(自治区、直辖市)的其他江河、湖泊的水功能一级区的保护区和保留区内可能严重影响水质的生产建设项目，以及对水功能二级区的饮用水源区水质有影响的生产建设项目。

⑩在华北、西北等水资源严重短缺地区，未通过建设项目水资源论证的生产建设项目。

思 考 题

1. 生产建设项目对水资源有哪些危害？
2. 生产建设活动引发的水力侵蚀与正常土壤水力侵蚀的联系与区别有哪些？
3. 哪些生产建设活动可加剧或诱发重力侵蚀和混合侵蚀？
4. 一般多风区的生产建设活动是否可能造成土地荒漠化？
5. 为什么要在可行性研究阶段编制审批水土保持方案？

推荐阅读书目

开发建设项目水土保持. 贺康宁. 中国林业出版社, 2009.

开发建设项目水土保持. 赵永军. 中国水利水电出版社, 2007.

矿区水土保持. 李文银, 王治国等. 科学出版社, 1996.

参考文献

安保昭，1988. 坡面绿化施工法[M]. 北京：人民交通出版社.

白中科，王治国，等，1995. 现代化大型露天矿排土场岩土侵蚀时空变异规律的研究[G]//安太堡露天煤矿土地复垦协作组. 黄土高原地区露天煤矿土地复垦研究论文集(第一集). 北京：中国科学技术出版社.

高速公路丛书编委会，2001. 高速公路路基设计与施工[M]. 北京：人民交通出版社.

工程地质手册编委会，1992. 工程地质手册[M]. 3 版. 北京：中国建筑工业出版社.

江玉林，张洪江，2008. 公路水土保持[M]. 北京：科学出版社.

姜德文，2000. 论水土保持规划设计的规范化[J]. 中国水土保持(3)：20 - 21.

姜德文，2003. 水土保持学科在实践中的应用与发展[J]. 中国水土保持科学，1(2)：88 - 90.

姜德文，2005. 以科学发展观建立生产建设项目水土保持损益评价体系[J]. 中国水土保持(6)：5 - 7.

焦居仁，姜德文，王治国，等，1998. 生产建设项目水土保持[M]. 北京：中国法制出版社.

金德镰，等，1988. 柘溪水库塘岩光滑坡[C]//中国典型滑坡. 北京：科学出版社.

李文银，王治国，蔡继清，1996. 工矿区水土保持[M]. 北京：科学出版社.

刘震，2003. 我国水土保持的目标与任务[J]. 中国水土保持科学，1(4)：1 - 5.

刘震，2004. 水土保持监测技术[M]. 北京：中国大地出版社.

钦佩，安树青，颜京松，1998. 生态工程学[M]. 南京：南京大学出版社.

任海，2001. 彭少麟恢复生态学导论[M]. 北京：科学出版社.

王礼先，朱金兆，2005. 水土保持学[M]. 2 版. 北京：中国林业出版社.

王治国，李文银，蔡继清，1998. 生产建设项目水土保持与传统水土保持比较[J]. 中国水土保持(10)：16 - 18.

杨航宇，2002. 公路边坡防护与治理[M]. 北京：人民交通出版社.

杨俊平，1999. 景观生态植被建设工程设计与管理[M]. 北京：人民交通出版社.

尹公，2001. 城市绿地建设工程[M]. 北京：中国林业出版社.

张洪江，2000. 土壤侵蚀原理[M]. 北京：中国林业出版社.

赵方莹，2007. 水土保持植物[M]. 北京：中国林业出版社.

赵永军，2007. 生产建设项目水土保持[M]. 郑州：黄河水利出版社.

周必凡，等，1991. 泥石流防治指南[M]. 北京：科学出版社.

第 10 章

水土保持生态修复

【本章提要】 本章介绍了水土保持生态修复的由来、概念、意义、成效以及实施以来的主要经验，水土保持生态修复的分区及其依据，生态修复的目标和布局，水土保持生态修复的理论和技术。

10.1 水土保持生态修复概述

我国是世界上水土流失最严重的国家，调查成果表明，全国水土流失面广量大，不论山区、丘陵区，还是农村、城市，都存在土壤侵蚀问题。显然，按照目前的投入机制和治理速度，已远远不能适应形势发展的需要。按照水利部党组新时期治水新思路，必须树立人与自然和谐共处的理念，在加强人工重点治理的同时，高度重视生态修复，充分依靠大自然的力量，发挥生态的自我修复能力，促进大面积生态恢复，加快水土流失治理步伐，改善生态环境。

10.1.1 水土保持生态修复的概念

生态修复研究和实践的历史可以追溯到 19 世纪 30 年代，但将生态修复作为生态学的一个分支进行系统研究，则是从 1980 年 Cairns 主编的《受损生态系统的恢复过程》一书出版以后才开始的。在生态修复的研究和实践中，涉及的概念有生态修复、生态恢复、生态重建、生态改建等。30 多年来，国内外不同学者从不同的角度对这些概念有不同的理解和认识，尚未形成统一的看法。

生态恢复（ecological restoration）的称谓主要应用于欧美国家，在我国也有应用，具有代表性的界定主要有：Diamond（1987）认为，生态恢复就是再造一个自然群落，或再造一个自我维持并保持后代具持续性的群落。Harper（1987）认为，生态恢复是关于组装并试验群落和生态系统如何工作的过程。国际恢复生态学会（Society for Ecological Restoration）先后提出 3 个定义：生态恢复是修复被人类损害的原生生态系统的多样性及动态的过程（1994）；生态恢复是维持生态系统健康及更新的过程（1995）；生态恢复是帮助研究生态整合性的恢复和管理过程的科学，生态整合性包括生物多样性、生态过程和结构、区域及历史情况、可持续的社会实践等广泛的范围（1995）。第三个定义是该学会的最终定义。Jordan（1995）认为，使生态系统恢复到先前或历史上（自然的或非自然的）的状态即为生态恢复。Cairns（1995）认为，生态恢复是使受损生态系统的结构和功能恢复到受干扰前状态的过程。美国自然资源委员会(The US Natural Resource Council, 1995)认为,使一个生态系统恢复到较接近其受干扰前的状态即为生态恢复。Egan(1996)认为,生态恢复是重建某区域历史上有的植物和动物群落,而且保持生态系统和人类的传统文化功能的持续性的过程。

不难看出,上述界定的共同点是生态恢复既可以依靠生态系统本身的自组织和自调控能力,也可以依靠人工调控能力,但均未强调生态系统本身的自组织、自调控能力和人工调控能力对生态系统恢复作用的主次地位。

生态修复(ecological remediation)的说法主要应用于我国和日本。日本学者多认为,生态修复是指通过外界力量使受损生态系统得到恢复、重建或改进(不一定完全与原来的相同),这与欧美学者"生态恢复"概念的内涵类似。

水土保持生态修复一词是 2000 年以后在我国出现的,并且逐渐被人们广泛认识。该名词是独具中国特色的概念,国外并没有这样的提法。水土保持生态修复一词的出现标志着中国治理水土流失的理念有了重大突破。水土保持生态修复是具有普遍意义的生态修复的一种类型,但也具有其独有的特征,即水土保持生态修复概念的界定应符合中国的土壤侵蚀面积广、强度大,经济落后、人口众多等国情。据此,对水土保持生态修复作如下界定:

水土保持生态修复有广义和狭义之分。广义水土保持生态修复,是指在特定的土壤侵蚀地区,通过解除生态系统所承受的超负荷压力,根据生态学原理,依靠生态系统本身的自组织和自调控能力的单独作用,或依靠生态系统本身的自组织和自调控能力与人工调控能力的复合作用,使部分或完全受损的生态系统恢复到相对健康的状态。狭义水土保持生态修复,是指在特定的土壤侵蚀地区,通过解除生态系统所承受的超负荷压力,根据生态学原理,依靠生态系统本身的自组织和自调控能力的单独作用,或辅以人工调控能力的作用,使部分受损的生态系统恢复到相对健康的状态。广义水土保持生态修复和狭义水土保持生态修复的区别在于,前者不强调恢复作用力的主次,并且恢复的生态系统既可以是部分受损的,也可以是完全受损的;而后者则强调必须以生态系统本身的自组织和自调控能力为主,以人工调控能力为辅,恢复的生态系统只能是部分受损的。目前,通常所说的水土保持生态修复指的是狭义的概念。

10.1.2 水土保持生态修复的内涵

依靠生态自然修复能力,促进大面积植被恢复,是水土保持生态建设中的一次重大战略调整。通过近些年的试点,初步探索了一条"小治理、大封禁,小开发、大保护,建、改、还、封、退等多种措施并举"的生态修复技术路线,取得了显著成效。

生态修复是指自然生态系统在遭受破坏的情况下,在破坏因素被解除以后,依靠大自然自身的作用,逐步发展或恢复原有的生态群落,或生成新的生态群落,从而重建生态功能的过程。

生态修复战略核心是发挥自然生态系统的自然修复功能和自我更新能力,在不耗费或耗费很少经济成本的条件下,使生态生产力得以恢复、发展。从长远和全局来看,生态生产力是无限的,但是从短期和局部看,生态生产力是有限的。也就是说,具体的生态生产力有一个上限，即生态生产力的阈值，不同类型的生态系统，其生产力的阈值是各不相同的。对于失去更新能力的生态系统，当务之急是使其生产力恢复到阈值的下限以上，并把人们对水土资源的收获量控制在阈值以内。

生态修复的战略关键是对脆弱的生态系统进行抢救性重点保护和强制性休养生息，彻底停止人类对生态系统的掠夺式开发，逐步偿还"生态债务"，维护生态与经济发展之间的平衡，使人类的经济活动始终约束在自然生态的承载力之内。

近几年，水土保持生态修复的普遍做法是：充分发挥大自然的力量，在生态薄弱、地广人稀、水土流失相对较轻的地方，加大封育保护力度，并辅以人工措施，取得了明显效果。不仅促进了大面积的植被恢复，减轻了水土流失，加快了水土流失治理的步伐，还促进了当地农牧业生产方式的转变和区域经济的协调发展。生态修复不仅在雨水丰沛的南方地区是成功的，而且在干旱少雨的北方地区也是可行的。实践证明，在开展水土流失重点治理的同时，实施大面积的封育保护和生态修复，可以取得事半功倍的效果。

10.1.3 水土保持生态修复的基础理论

10.1.3.1 恢复生态学理论

恢复生态学是研究生态系统退化的原因、退化生态系统恢复与重建的技术与方法、生态学过程与机理的科学。恢复生态学包括基础理论和应用技术两大研究领域。

（1）基础理论研究

包括：①生态系统结构（包括生物空间组成结构、不同地理单元与要素的空间组成结构及营养结构等）、功能（包括生物功能，地理单元与要素的组成结构对生态系统的影响与作用，能流、物流与信息流的循环过程与平衡机制等）以及生态系统内在的生态学过程与相互机制；②生态系统的稳定性、多样性、抗逆性、生产力、恢复力与可持续性研究；③先锋与顶极生态系统发生、发展机理与演替规律研究；④不同干扰条件下生态系统的受损过程及其响应机制研究；⑤生态系统退化的景观诊断及其评价指标体系研究；⑥生态系统退化过程的动态监测、模拟、预警及预测研究；⑦生态系统健康研究。

（2）应用技术研究

包括：①退化生态系统的恢复与重建的关键技术体系研究；②生态系统结构与功能的优化配置与重构及其调控技术研究；③物种与生物多样性的恢复与维持技术；④生态工程设计与实施技术；⑤环境规划与景观生态规划技术；⑥典型退化生态系统恢复的优化模式试验示范与推广研究。

10.1.3.2 演替理论

生物群落的发展变化中有演替现象与规律。演替可以在地球上几乎所有类型的生态系统中发生。由于自然地理过程本身（如冰川退缩）而导致的演替称为原生演替。次生演替指因火灾、污染、耕耘等而使原先存在的植被遭到破坏的地区的演替。有些生物群落受人为活动的影响而退化或损坏后，可以模仿次生演替采取封育的措施而恢复。如果生物群落破坏严重，仅靠天然次生演替则无法使生物群落恢复。但是生物群落演替的理论仍可指导进行人工的生态重建而逐步演替恢复。无论原生演替还是次生演替，都可以通过人为手段加以调控,从而改变演替速度或改变演替方向。

基于上述理论,生态修复工程获得了认识的基础,即生态修复工程是在生态建设服从于自然规律和社会需求的前提下,在群落演替理论指导下,通过物理、化学、生物的技术手段,控制待修复生态系统的演替过程和发展方向,恢复或重建生态系统的结构和功能,并使系统达到自维持状态。

10.1.3.3 限制因子理论

生物的生存和繁殖依赖各种生态因子的综合作用,其中限制生物生存、生长、繁殖或扩散的关键因子就是限制因子。任何一种生态因子只要接近或超过生物的耐受范围,就会成为这种生物的限制因子。系统的生态限制因子强烈地制约着系统的发展,在系统的发展过程中往往同有多个因子起限制作用,并且因子之间也存在相互作用。当一个生态系统被破坏之后,要进行恢复会遇到许多因子的制约,如水分、土壤、温度、光照等,生态恢复工程也是从多方面设计与改造生态环境和生物种群。但是在进行生态恢复时必须找出该系统的关键因子,找准切入点,才能进行恢复工作。

10.1.3.4 生态系统结构理论

生态系统是由生物组分与环境组分组合而成的具有一定结构的有序的系统。生态系统的结构是指生态系统中的组成成分及其在时间、空间上的分布和各组分间能量流动、物质循环、信息传递的方式与特点,主要包括时空结构、营养结构和物种结构三个方面。从时空结构的角度,应充分利用光、热、水、土资源,提高光能的利用率。从营养结构的角度,应实现生物物质和能量的多级利用与转化,形成一个高效的、无“废物”的系统。从物种结构上,提倡物种多样性,有利于系统的稳定和持续发展。

10.1.3.5 生态适宜性和生态位理论

生态适宜性是指生物由于经过长期与环境协同进化,对生态环境产生了生态上的依赖,其生长发育对环境产生了要求。如果生态环境发生变化,生物就不能较好地生长,因此产生了对光、热、温度、水、土等方面的依赖性。根据生态适宜性,在生态修复工程设计时要先调查修复区的自然生态条件,如土壤性状、光照特性、温度等,根据生态环境因子来选择适当的生物种类,使得生物种类与环境生态条件相适宜。

生态位的定义是随着研究的不断深入而进行补充和发展的,其表述为:生物完成其正常生命周期所表现的对特定生态因子的综合位置,即用某一生物的每一个生态因子为一维(X_i),以生物对生态因子的综合适应性(Y)为指标构成的超几何空间。根据生态位理论,要避免引进生态位相同的物种,尽可能使各物种的生态位错开,使各种群在群落中具有各自的生态位,避免种群之间的直接竞争,保证群落的稳定。

组建由多个种群组成的生物群落,充分利用时间、空间和资源,更有效地利用环境资源,维持长期的生产力和稳定性。

10.1.3.6 生物多样性理论

生物多样性是指生命形式的多样化(从类病毒、病毒、细菌、支原体、真菌到植物界与动物界），各种生命形式之间及其与环境之间的多种相互作用，以及各种生物群落、生态系统及其生境与生态过程的复杂性。一般地讲，生物多样性包括遗传多样性、物种多样性、生态系统与景观多样性。保护生物多样性，首先是保护了地球上的种质资源，同时恢复生物多样性会增加生态系统功能过程的稳定性。

生态修复工程中应最大限度地采取技术措施，通过引进新的物种、配置好初始种类组成、种植先锋植物、进行肥水管理等，加快恢复与地带性生态系统（结构和功能）相似的生态系统。同时利用就地保护的方法，保护自然生境里的生物多样性，有利于人类对资源的可持续利用。

10.1.3.7　斑块—廊道—基质理论

景观的结构单元为斑块、廊道和基质。斑块泛指与周围环境在外貌和性质上不同，并具有一定内部均质性的空间单元。具体地讲，斑块可以是植物群落、湖泊、草原、农田或居民区等。廊道是指景观中与相邻两边环境不同的线性或带状结构。常见的廊道包括农田间的防风林带、河流、道路、峡谷、输电线路等。基质则是指景观中分布最广、连续性最大的背景结构。常见的有森林基质、草原基质、农田基质、城市用地基质等。

景观生态学的理论能广泛地应用于恢复生态工程中。生态系统的恢复在大、中尺度上，必须考虑土地利用的整体规划，考虑生境的破碎化，恢复与保持景观的多样性和完整性。在进行保护区的规划设计时，应用岛屿生物地理学理论，在物种保护时考虑它们所生存的生态系统和景观的多样性和完整性。

10.1.4　水土保持生态修复的意义

随着科技进步和社会生产力的极大提高，人口剧增、资源过度消耗、环境污染、生态破坏等问题日益突出，生态环境问题成为世界各国普遍关注的一个严重问题。跨进21世纪，我国已经进入加快推进社会主义现代化建设的新阶段。加强生态环境建设，优化人居环境，实现可持续发展，已成为我们需要研究的重大课题。

我国是世界上自然生态系统退化和丧失很严重的地区，土地荒漠化、沙尘暴、洪水灾害、水资源短缺等，已严重威胁我国的社会经济发展和国民福利。为此我国采取了一系列措施，如植树造林、自然保护区建设、退耕还林等，但总体上我国的生态环境问题还是相当严峻。

生态和谐是落实科学发展观、实现可持续发展的基石。我们必须站在构建和谐社会的高度去考虑生态建设、生态恢复、环境保护问题。构建和谐社会离不开统筹人与自然和谐发展；统筹人与自然和谐发展的基础和纽带是生态建设；加强生态建设是构建社会主义和谐社会极为重要的条件。

生态自我修复能力要比一般建设活动有力得多、强大得多。生态自我修复是加快水土流失防治步伐的有效途径和现实选择。它不仅大大促进了植被恢复，改善了生态环境，而且有效促进了区域经济的协调发展，走出了一条粮多、草多、肥多、钱多的良性循环致富之路。

（1）生态修复可以使遭受掠夺式开发的自然生态系统得到休养生息，有效地降低水土流失的强度和危害

水土流失是自然生态恶化的集中表现，换句话说，只要自然生态恢复或好转，水土流失的强度就会减弱，危害就会大大降低。千百年来，由于自身繁衍和生存发展的需求，人类对大自然的索取大大超出了其承受能力，特别是工业文明之后。实施生态修复战略，可以有效地限制和减少人类对自然生态的过多干扰和破坏，给自然生态创造一个休养生息的环境，使其依靠自我修复功能，恢复和重构系统链条，从根本上减轻水土流失。

（2）生态修复可以依靠生态系统强大的自我修复功能，有效地加快生态恢复和治理步伐

我国地域辽阔，水土流失遍及全国。局部的、重点区域的人工集中治理，是面对水土流失危害采取的应急之策，是一种抢救式保护和恢复，其成效也是局部的、有限的，远远不能达到治理的最终目标。而受制于目前的国情和生产力发展水平，我们不能也不可能有更多的资金用于大面积的水土流失治理。要加快水土流失的治理步伐，使我国的生态状况在较短时间内实现根本好转，最现实的选择就是实施生态修复，依靠自然的自我修复能力，大面积恢复植被，增加地表覆盖，减缓和降低水土流失。

（3）生态修复可以用更小的经济成本，换取更大的生态效益，费省效宏

改革开放以来，我国综合国力有了极大地提高，人民生活得到极大地改善。但是，由于我国底子薄，地区发展不平衡，需要资金的建设很多，国家一时还难以拿出更多的资金投向生态建设。国家投资的重点项目地方政府很少能按照要求完全配套。面对这一问题，必须采取积极有效的应对之策，以求用最小的投入换取最大的生态效益。从经济学的角度讲，成本和效益决定着投资主体的意向和力度。由于水土保持是社会公益事业，其效益更多地体现在生态效益和社会效益上，经济效益只是其很小的一部分，所以对社会资金的吸引力很弱。在此情况下，既不能要求国家财政拿出更多的资金，也无法筹集到更多的社会资金，务实的选择就是少花钱、多办事，花小钱、办大事。而生态修复主要是依靠生态系统的自我修复功能恢复和重构生态系统，可以在一定程度上缓解投资少与治理面积大的矛盾，加快治理步伐。

10.1.5　水土保持生态修复的成效与经验

10.1.5.1　水土保持生态修复的成就

实践证明，实施水土保持生态修复具有多方面的积极效应，促进了生态修复区生态环境、社会经济、农牧业生产经营方式和人们思想观念的一系列变化。

（1）森林覆盖率增加，水土流失减轻

实施生态自我修复后，修复区灌草萌生的速度明显加快，裸地自然郁闭、植被覆盖度大幅度提高，土壤蓄水保土、涵养水源能力提高，水土流失减轻，生态环境明显改善。黄土高原、长城内外农牧交错区的广大草原，在连续 3 年大旱的情况下，林草植被得到了恢复，其长势是近年来从未有过的。宁夏盐池县实施生态修复 3 年后，全县植被覆盖率由 25% 提高到 50% 以上，草场亩均产草量由 68 kg 提高到 150 kg。内蒙古、青海

等一些地方实行的季节性休牧、轮牧效果也十分明显，锡林浩特市休牧区牧草平均高度比非休牧区增加4~9 cm，平均盖度提高10%~30%，亩均产量提高18~40 kg。江西赣州市通过生态修复，全区水土流失得到初步控制，土壤侵蚀量每年下降100×10^4~150×10^4 t，中轻度水土保持面积基本降为轻度或无明显流失，许多河道的河床以每年2~5 cm的速度下降。同时，实施生态修复后动植物群落发生了明显的变化，植物种类向高级演替，野生动物增加，草原区一年生牧草比重大幅度减少，适口性好、营养价值高的多年生优质牧草比重提高。福建永泰县封育治理后，植物种类增加30%，森林覆盖率由23%增加到43%。

（2）蓄水保水，分洪抗旱

生态系统的蓄水保水功能是由地上植被和土壤共同作用实现的。实验证明，在有林地区，日降水量30 mm无出水；日降水量55~100 mm，3d后才可见细水流出。年降水量1 200 mm时，有林地区水分损失量仅50 mm，而同样环境条件的无林地区可达600 mm，0.07 hm²林地比无林地至少能多蓄水20 m³。生态系统的蓄水保水能力主要表现在雨季能蓄水、分洪，旱季则能抗御干旱。水土保持生态修复措施能大面积增加植被，恢复生态系统功能，同时也增加了下垫面的蓄水保水能力。据黄河水利委员会研究，黄土高原现有水土保持工程每年减少入黄径流10×10^8 m³，规划中的黄土高原淤地坝建设工程每年将减少入黄水资源量40×10^8~50×10^8 m³，单就确保黄河不断流来说，它是不利的影响，但是从满足整个流域经济社会发展的需求来分析，它所减少的这部分水量是水土保持工作区经济社会发展、人民生产生活和生态建设所必需的，因此是有利的。

（3）改善地区或流域的小气候

在有林地区，日间35%~75%的太阳辐射被林冠吸收，20%~25%被树冠叶面反射回大气中，仅有5%~40%射入林中。绿色植物中森林能防风，植物蒸腾可保持空气湿度，林木可以调节湿度，从而改变局部地区小气候。如四川蓬安县青溪河小流域在实施生态修复工程进行封禁后，山变绿了，水变清了，植物群落良性发展，许多动物重归故里。四川巴中市坚持10年封山禁牧，林草茂盛，山清水秀，人居环境优美。内蒙古在连续3年遭受罕见大旱的情况下，封育保护仍然发挥了巨大作用，草原生态恶化的势头得到了有效地遏制，部分地区再现绿草如茵、风吹草低、蓝天碧野的秀美景色。

（4）农村产业结构调整，经济收入增加

结合生态修复，各地采取了一系列配套的对策和措施，改善农业生产条件，调整了农村经济结构，发展舍饲圈养，调整畜牧业生产经营方式，有力地促进了生态环境和畜牧业发展的良性互动，为水土资源的合理利用和畜牧业可持续发展奠定了基础，很多地方出现了土地增绿、农业增效、农民增收的良好发展局面。内蒙古自治区在大规模推行生态修复、舍饲半舍饲牲畜比重达71%的情况下，畜牧业不但没有滑坡，而且实现了稳步发展，其中农区、半农区牲畜头数平均比禁牧前增加70%以上，牲畜由过去的一季出栏变为四季出栏。鄂尔多斯市实施舍饲养殖后，羊的出栏率由28%提高到44%，平均出栏时间由21个月缩短为9个月。不少群众反映，过去放牧养羊，草原越牧越荒，羊越放越瘦，现在禁牧圈养，草原恢复，养羊效益提高了。有的地方在封禁初期牲畜数量出现一定地下降，但随着植被的恢复，土地生产力的提高，畜牧业很快回升。

（5）生产经营方式转变，生态意识增强

生态修复正潜移默化地影响着人们的思想观念，改变着农牧业生产经营方式。从黄土高原到内蒙古草原，传统广种薄收的粗放经营正逐步向精耕细作和集约经营转变。许多地方的牧民告别了游牧习惯，走上了草原承包和定居生活，并大力实行围栏、休牧轮牧、舍饲半舍饲，逐步走出了"超载放牧，越牧越荒"的怪圈。相当一批农牧民已经树立起"市场、效益"和"立草为业、引种入牧、引草入田、为养而种、以种促养"的新观念，大力发展家庭草库伦，在原来的粮田地上种植优质牧草，生产的粮食全部作牲畜饲料，利用秸秆来发展青贮或氨化饲料，有效地解决了牲畜饲草料问题，支撑了畜牧业的快速发展。宁夏海原县明确提出了"以草为业，草畜转化"的发展思路，全县紫花苜蓿种植面积现已达到 6.67×10^4 hm^2。

10.1.5.2　水土保持生态修复的经验

多年来，各地在开展水土保持生态修复中创造性地开展工作，取得了很多好的经验，概括起来主要有以下几方面：

（1）出台政策，建章立制

许多地方以政府名义出台了相关政策性文件，从制度上保证生态修复工作的顺利推进。内蒙古、青海、宁夏、河北等地配合禁牧政策的推行，全面推行草原承包责任制，采取以户承包或联产承包的形式，将所有草场落实到户，承包期 30~50 年，使草原资源的建管用、责权利有机结合起来。宁夏还规定"自治区境内的草原和林地全面实行禁牧封育，严禁任何单位和个人饲养的牲畜进入草原、林地放牧。"陕西规定"在封山禁牧区内严禁放牧、采石、采矿和取土，严禁非法砍伐林木、侵占林地，严禁毁林开荒、毁林采种、挖根等。"所有这些政策措施，为生态修复的顺利推行提供了坚实的法律后盾。同时各地反映，目前开展生态修复的大部分县市都出台了关于实行封育保护、舍饲禁牧的地方性政策法规，多数乡村制定了相应的乡规民约和管护制度，极大地增强了生态修复的操作性。

（2）政府统筹，协同作战

各地在实施生态修复工作中，十分重视政府的组织和协调，成立了以政府主要领导为组长，农业农村、自然资源、水利、公安、环境生态等部门为成员的生态修复组织领导机构，明确职责和任务，建立起"政府协调、部门协作"的管理运行体制。各部门发挥各自特长，相互配合，优势互补，有效地推动了生态修复工作的顺利开展。

（3）多措并举，创造条件

在推进生态修复过程中，各地因地制宜，采取了许多行之有效的措施。这些措施概括起来，主要有 5 大类：一是以建促修。通过加强基本农田、小流域治理、水源工程、饲草料基地等建设，变广种薄收为集约经营，以建促修。二是以草定畜。从控制载畜量入手，采取多种手段降低草场载畜量，实现草畜平衡。如内蒙古锡林郭勒盟在落实草原责任制的基础上，根据不同类型草场产草量和载畜能力，科学核定休牧户牲畜饲养规模，以村为基本单位推行草畜平衡。三是以改促修。通过改变饲养方式和畜群种类，扩大饲草料种植面积，为大范围生态修复提供保证。四是以移促修。把生活在生态条件异常恶劣地方的农牧民和他们的牲畜，迁往小城镇和条件好的地方异地安置，减少生态压力和人为破坏，为生态休养生息创造条件。如山西省 3 年间共有 2 700 个村庄的 23 万人实现了异地安置，近 10 000 km^2 的土地得到封禁保护。五是能源替代。在烧柴问题相对突出的地区，通过沼气、节柴灶等途径，解决群众能源问题，促进生态修复。黑龙江、辽宁、吉林 3 省多年来大力对农户的灶台进行改造，生态修复区使用节柴灶的比例显著提高，有效缓解了群众向山要柴的问题。

（4）严格执法，加强管护

各地在加强生产建设项目水土保持监督执法的同时，把生态修复纳入水土保持监督执法的日常管理工作，制定相关管理办法，组建管护队伍，落实管护责任，取得很好的效果。许多地方建立健全了县、乡、村 3 级宣传与管护服务网络，落实了专门管护人员，布设了标志牌、碑，重点地段还增设了封育围栏等设施，有力地保证了管护措施落到实处。山西中阳县专门成立了由 76 人组成的"封禁监察大队"，由护林员专职承包管理，一包到底，绩酬挂钩，奖惩分明，杜绝了散牧偷牧现象。宁夏盐池县高沙窝镇大疙瘩村还制定了"禁牧跟踪"10 条管理办法，每周六村干部对全村草原进行全面跟踪，周日到村委会汇总，周一反馈到各自然村，发现羊只上山情况严重者停止草原以粮代赈补助。

（5）示范带动，广泛宣传

几年来，各地从生态修复试点工程入手，从法规政策制定、规划编制与实施、政府组织领导与协调、群众参与等方面全力推动生态修复工作，取得很好效果。在开展生态修复过程中，各地水利部门针对生态修复工作实施中的难点问题，利用报纸、电视等媒介，设立宣传碑、牌，开展了多层次、丰富多彩的宣传教育活动，使生态修复逐渐深入人心，使群众从思想上接受生态修复。鄂尔多斯市还抽调专业技术干部组成"生态修复"宣讲团，深入乡村巡回宣传，向农民耐心讲解国家政策，引导农牧民调整结构，走舍饲养畜的路子。

10.2 水土保持生态修复分区与布局

我国幅员辽阔，地跨 30 多个纬度，自然条件、社会经济状况和水土流失情况差异较大。从制约自然修复能力的主导因子——水分情况来看，由东南至西北，从湿润带、半湿润带到半干旱带、干旱带，多年平均降水量从逾 2 000 mm 到几十毫米，甚至十几毫米，干燥指数从小于 1.0 到大于 100 不等，其变化极大。从人口密度情况来分析，除了城市之外，东部人口密度高的地方大于 400 人/km^2，而西部人口密度稀的地方小于 1 人/km^2。面对如此大的差异，要因地制宜地防治水土流失，必须根据自然规律和社会经济情况，对全国水土保持生态修复进行科学的分区、分类指导。

10.2.1 水土保持生态修复分区依据

1) 以干燥指数为主导因子划分生态修复一级类型区

降水代表水分收入，蒸发代表水分支出，多年平均蒸发量与降水量之比，称为干燥指数，又叫干燥度。其表示式的基本形式为地面支出水分（如蒸发、径流）与收入水分（如降水）之比，比值越大则气候越干燥。如果干燥指数大于 1，即表示降水量不敷蒸发之所需，则气候干旱。如副热带地区气温高，蒸发旺盛，降水量远小于蒸发量，故形成干旱气候带。由于表示水分支出（特别是表示蒸发）的形式不同，因而有多种干燥指数的表示法。由于水分条件与农业生产关系很大，故往往以干燥指数作为气候区划的重要指标之一（表 10-1）。

表 10-1 以干燥指数作为主导因子划分生态修复一级类型区

干燥指数	多年平均降水量（mm）	植被状况	干湿类型区
>5	<200	植物乔、灌、草生长困难	干旱区
2~5	<400	仅利于灌、草生长，不宜乔木生长	半干旱区
1~2	>400	适宜乔、灌、草生长	半湿润区
<1	>800	利于乔、灌、草生长	湿润区

2) 按照全国水土流失一级类型区划分生态修复二级类型区

依据全国水土保持工作分区，划分生态修复二级类型区。全国水土保持工作分区为东北黑土区、北方风沙区、北方土石山区、西北黄土高原区、南方红壤区、西南紫色土区、西南岩溶区、青藏高原区 8 个大区。水土保持工作分区反映了各区的水土流失状况、特点及其防治对策，据此划分生态修复二级类型区。

（1）东北黑土区

东北黑土区呈东、西、北三面被中低山环抱、平原中开的"簸箕状"地貌特征。总面积 109×10^4 km²，其中水土流失面积占总面积的 23.32%。该区属于温带大陆性季风气候，但气候南北差异较大。黑土为该区域的优势地面组成物质，其上主要植被类型包括寒温带针叶林、温带针阔混交林、暖温带落叶阔叶林，且植被种类有自东南向西北减少的趋势。东北黑土区特有的气候、土体、地貌等自然因素是水土流失的潜在因子，人类不合理的社会生产活动是引起和加速水土流失的主导因子。目前该区水土流失强度以轻中度为主，主要侵蚀形式为水力侵蚀和风力侵蚀，分别占水土流失总面积的 65.19% 和 34.81%，此外还存在少量冻融侵蚀。东北黑土区有侵蚀沟 29.57 万条，主要分布在松嫩平原周围的漫川漫岗中。

（2）北方风沙区

北方风沙区位于大兴安岭以西、阴山—祁连山—阿尔金山—昆仑山以北的广大地区，总面积约 239×10^4 km²，其中水土流失面积占总面积的 60.32%。该区大部分地区属于温带大陆性气候，仅昆仑山地区属于高原山地气候，区域气温年较差和日较差属全国最大。该区土壤类型以栗钙土、棕钙土、灰钙土、风沙土和棕漠土为主，土壤较为瘠薄，且土壤的分布随海拔高度呈现出垂直带性。区域内植被类型以温带荒漠灌木及半灌木、典型草原、疏林灌木草原、山地草原及高寒草甸为主，局部高山地区分布森林。受自然和人为因素影响，北方风沙区水土流失以轻中度为主，主要侵蚀形式为风力侵蚀，占水土流失总面积的 91.89%，其次为水力侵蚀和冻融侵蚀分别占水土流失总面积的 8.11% 和 4.01%。

(3) 北方土石山区

北方土石山区位于中国东部地区，浑善达克沙地—吕梁山—中条山一线以东，桐柏山—大别山以北，北抵大兴安岭南端，东部抵辽东半岛、山东半岛，总面积约 81×10^4 km²，其中水土流失面积占总面积的 23.77%。该区属于温带季风气候，南北气温差异较大，土壤类型在水平分布上自北向南主要为褐土、黄棕壤和潮土三大类，土质松散、砂性强。北方土石山区除西部和西北部山地丘陵有森林分布外，大部分为农业耕作区，整体林草覆盖率低，植被类型主要为温带落叶阔叶林、温带落叶灌丛和温带草原。受自然和人为因素影响，北方土石山区水土流失以轻中度为主，主要侵蚀形式为水力侵蚀和风力侵蚀，分别占水土流失总面积的 87.48% 和 12.52%，其中沂蒙山及胶东低山丘陵、太行山燕山以及伏牛山区都是侵蚀最为严重的地区。

(4) 西北黄土高原区

西北黄土高原区位于阴山以南，贺兰山—日月山以东，太行山以西，秦岭以北地区，总面积约 56×10^4 km²，其中水土流失面积占总面积的 42.25%。该区域属于大陆性季风气候，冬春季寒冷干燥，夏秋季炎热多雨，域内河流大多属黄河流域，是黄河泥沙的主要来源区域。西北黄土高原区是世界上黄土母质分布最集中、覆盖厚度最大的区域，随气候、植被和海拔等地带性变化，黄土高原土壤具有水平和垂直地带性分布特征。该区域地带性植被随着降水量自东南向西北而变化，依次为森林带、森林草原带、典型草原带、荒漠草原和草原化荒漠带等，现有人工林草植被主要为中华人民共和国成立以来所营造。受自然和人为因素影响，西北黄土高原区水土流失以轻度为主，主要侵蚀形式为水力侵蚀和风力侵蚀，分别占水土流失总面积的 78.26% 和 20.74%，此外还存在少量冻融侵蚀。黄土丘陵沟壑区和黄土高塬沟壑区是水力侵蚀最为严重的地区，而内蒙古、陕西北部和宁夏境内是风力侵蚀最为严重的地区。

(5) 南方红壤区

南方红壤区位于淮河以南，巫山—武陵山—云贵高原以东，总面积约 124×10^4 km²，其中水土流失面积占总面积的 12.65%。南方红壤区属于热带、亚热带季风气候区，冬季温暖干旱，夏季炎热潮湿。南方红壤区发育于热带和亚热带雨林、季雨林或常绿阔叶林下，红壤成土母质不同，其物质组成和风化状态亦不相同，对土壤的理化性质、土壤发育厚度、植被立地条件以及土壤保持等都会产生重大影响。该区域内气候适宜植物生长，且受第四纪冰期气候影响较小，形成的植被种多量大，既有大量的自然乔、灌、草植物，同时也有众多的人工培育作物。虽然该区域水热资源丰富，但集中而大量的降雨极易破坏植被而导致严重的水土流失，南方红壤区水土流失以轻中度为主，全部为水力侵蚀。从宏观区域的分布上来看，该区中的赣南山地丘陵区、湘西山区、湘赣丘陵区、闽粤东部沿海山地丘陵区，是红壤区水土流失较为严重的区域。

(6) 西南紫色土区

西南紫色土区位于秦岭以南、青藏高原以东、云贵高原以北、武陵山以西地区，总面积约 51×10^4 km²，其中水土流失面积占总面积的 31.77%。西南紫色土区属于亚热带季风性大陆气候，东部和西部、南部和北部气候以及气候的垂直变化都较大，多种气候类型利于农、林、牧综合发展，但气象灾害种类较多，频率高，范围大，主要为干旱，暴雨、洪涝和低温时有发生。该区域土壤类型多样，富含多种营养元素，是我国最肥沃的自然土壤之一，此外在秦岭大巴山等地区还广泛分布着黄棕壤和黄壤，呈现明显的垂直地带性。四川盆地内地带性植被是亚热带常绿阔叶林，边缘山地从下而上是常绿阔叶林、常绿阔叶与落叶混交林；寒温带山地则为针叶林，局部有亚高山灌丛草甸。受自然和人为因素影响，西南紫色土区水土流失以轻中度水力侵蚀为主，水力侵蚀主要分布在四川盆地丘陵区、秦巴山地和邛崃山—岷山地区，此外还存在少量冻融侵蚀。

(7) 西南岩溶区

西南岩溶区位于横断山脉以东，四川盆地以南，雪峰山及桂西以西广大地区，总面积约 70×10^4 km²，其中水土流失面积占总面积的 29.31%。西南岩溶区属于亚热带季风气候，存在较为明显的山地垂直气候特征，降水的年内、年际间变化大，导致干旱和内涝的频繁发生。该区土壤类型多样，但由于土壤多由碳酸盐岩风化形成，其理化性质表现为富钙、偏碱性，有效营养元素供给不足和不平衡，岩溶区土层很薄，特别在重度和极重度石漠化多发育的正地形突出部位，土壤零散分布，在降雨过程中整个土块顺流而下，极易造成水土流失。西南岩溶区植被类型多，生物多样性指数高，区域地带性植被是亚热带常绿阔叶林，属于常绿阔叶林生态系统。受自然和人为因素影响，西南岩溶区水土流失以轻中度水力侵蚀为主，从区域分布上来看，四川南部及云南北部的金沙江流域地区、贵州北部山地区、南北盘江及右江上游地区、云南南部的澜沧江地区，是西南岩溶区水土流失较为严重的区域，也是较为典型的水土流失区。

(8) 青藏高原区

青藏高原区位于昆仑山—阿尔金山以南，四川盆地以西的高原地区，总面积约 219×10^4 km²，其中水土流失面积占总面积的 14.69%。青藏高原区属于高原气候，空气稀薄，日照充足，太阳辐射强，气温低，日较差大，年变化较小。该区域是多条大河的发源地，高原东部、南部和东南部河流属外流水系，西北部的河流多为内流水系，水资源总量为 5463.4×10^8 m³。该区土壤类型繁多，主要包括高山草甸土、高山寒漠土、亚高山灌丛草原土、高山草原土和高山荒漠土。青藏高原的植被从东南到西北依次出现森林、草甸、草原和荒漠，由于高原内部生态条件差异悬殊，植物种类数量的区域变化十分明显，整体分布呈东南植物种类多，西北少，并呈明显递减趋势。受自然和人为因素影响，青藏高原区水土流失以轻中度为主，主要侵蚀形式为水力侵蚀和风力侵蚀，分别占水土流失总面积的 40.97% 和 59.03%，此外冻融侵蚀占区域总面积的 24.01%。青藏高原区水蚀主要集中在西藏南部、东南高山河谷和青海东部等降水量较多地区；风蚀主要集中在昆仑山以南、申扎—曲麻莱一线以西，海拔在 4000 m 以上的广大地区；冻融侵蚀是青藏高原区土壤侵蚀的主要类型，全区基本有分布。

10.2.2 水土保持生态修复分区结果

以影响水土保持生态修复中植物生长的控制性因素——水、全国水土保持工作分区情况以及人口密度等因素对水土流失地区进行生态修复适宜性分析，划分出水土保持生态修复分区，将全国划分为 4 个一级水土保持生态修复类型区和 13 个二级水土保持生态修复类型区(表 10-2)。

表 10-2　全国水土保持生态修复类型分区

分区代号	一级类型区	二级类型区	年降水量(mm)	干燥指数	干湿类型区
I	长白山区及东南部湿润带	长白山黑土漫岗区	>800	<1.0	湿润区
		长江以北土石山区			
		长江以南红壤丘陵区			
II	华北、东北部分及青藏高原东部半湿润带	哈沈一线黑土漫岗区	>400	1.0~2.0	半湿润区
		北方土石山区			
		太(原)兰(州)以南黄土高原区			
		西南石质山区			
III	内蒙古高原、黄土高原、青藏高原半干旱带	内蒙古高原风蚀区	<400	2.0~5.0	半干旱区
		太兰以北黄土高原区			
		青藏高原区			
IV	新疆、内蒙古西部、青藏高原西北部荒漠干旱带	内陆河流域风蚀区	<200	>5.0	干旱区
		"三化"草原区			
		戈壁沙漠区			

10.2.2.1 长白山区及东南部湿润带

本区分布在长白山脉和淮河以南、云贵高原以东的大部分地区，包括广东、广西、湖南、湖北、江西、浙江、福建、海南、上海、重庆，以及云南、贵州、四川、安徽、河南、江苏 6 省的部分和长白山脉以东一带，总面积为 $236.47 \times 10^4 \ km^2$。

本区大部分地区降水量充沛且蒸发能力弱。多年平均降水量 800 mm 以上且湿热同季，有利于植物生长和自然生态修复。除长白山区外，秦岭以南，原生植被为南亚热带、亚热带季风雨林，干燥指数小于 1.0。但季节性干旱时有发生，有的地方 50 年一遇连续干旱天数超过 6 个月。

本区水土流失类型，除福建等沿海省份有少部分风蚀外，其余均为水蚀。水土流失按发生地类，主要发生在以下 3 类地：一是耕地中的坡耕地；二是林地中的稀疏林地，包括幼林和管理粗放的经济林地；三是未利用地中的半裸露荒地。大部分地区的流失强度在中轻度或者以下，少数地区有强度流失。本区重力侵蚀发育，重力侵蚀类型有崩岗、滑坡、泥石流等。崩岗主要发生在花岗岩区；滑坡、泥石流灾害主要发生在变质岩区，如云南东川泥石流区、三峡库区滑坡等。广西、贵州等省(自治区)的岩溶地貌发育，土地石漠化现象严重。

本区东部省份的社会经济较发达，生态修复有一定的经济基础；但人口密度较大，土地资源相对较缺乏，生态修复空间受到一定的限制。本区人口密度 100 ~ 400 人/km²。四川大部、长江三角洲以及沿海地带的人口密度大于 400 人/km²，而长白山区的人口密度 1 ~ 50 人/km²。

针对本区水土流失发生的土地类型，确定本区水土保持生态修复的对象为以下 3 类：一是稀疏林地，包括管理粗放的经济林果地、竹林地等；二是灌草植被覆盖度较差的荒山、荒坡，这类地一般远离村庄，原始植被破坏已有较长时间；三是坡耕地，结合坡改梯，理顺水系，并绿化山顶地边，实现林网化。应根据不同的自然地理条件因地制宜采取不同的措施。

长白山区以保护天然林资源为中心，重点强化对山麓坡地次生稀疏林地的封禁管育；宜昌以下长江段的湖北部分、安徽部分、江苏部分，多丘陵荒山的长江以北土石山区，生态修复的主要措施是强化封禁，配合必要的水利工程措施，尽快提高荒山丘陵的森林覆盖率，并补植乔灌木，改造林相；湖南、江西、广东、广西、湖南、浙江、福建的全部和湖北、安徽、江苏、重庆、云南、贵州、四川部分地区的长江以南红壤丘陵区的生态修复措施：一是要优先绿化稀疏林地和荒山荒坡，以封禁为主，适当补植乔、灌木。同时要采取相应的辅助措施，如开发农村新能源，多种能源互补，多途径解决农村能源，包括以煤代柴、以电代柴、以气(沼气、液化气)代柴等，充分利用本区丰富的水力资源，发展农村小水电。二是要对管理粗放的果园，采取更新改造措施，尽快改善果树的长势，以提高果园的植被覆盖度，并推广旱地果园绿肥新技术，培育果园土壤，提高土壤抗蚀强度，减轻果园水土流失；同时要理顺果园路渠水系，大力推广果园喷灌、滴灌技术，提高果品产量和质量。三是要在坡耕地推广农作保土技术，同时要搞好坡面水系工程，建设林网化，为旱作农业创造良好的农业生态环境。四是要巩固退耕还林(草)和综合治理成果，全面改善长江中上游生态环境。五是要加快城市化过程和基本建设中遗留的裸露山体缺口和边坡的生态修复工程建设。六是要结合红壤开发，实施水利水保工程，全面改善红壤丘陵区的生态环境。

10.2.2.2　华北、东北部分及青藏高原东部半湿润带

本区呈东北至西南斜轴线走向，以哈尔滨、长春、北京、拉萨为一线，包括山东、河北、北京、河南以及宁夏、山西、陕西、甘肃、四川、西藏等省(自治区)的部分和东北三省部分，总面积 239.22 × 10⁴ km²。

本区大部分地方属于半湿润区，多年平均降水量大于 400mm，干燥指数 1 ~ 2。原生植被西部为亚热带季风雨林、中东部为温带森林和典型温带森林草原。本区大部分地区的光热资源充沛，有利于乔灌木生长。但降水量偏小，部分地方的造林成活率不高。

本区水土流失主要发生在东北的黑土地、黄土高原、华北的半裸石质山地、云贵高原干热河谷区以及西南丘陵山地的坡耕地。

本区长江流域上游自然植被破坏严重，少数民族聚居，耕作方式落后。有的地方仍沿用刀耕火种，"烧一山，种一坡，收一箩，煮一锅"，导致严重的水土流失。长江流域

上游严重的水土流失，同时也影响三峡工程的安全运行。此外，东北肥沃的黑土地资源也因为不合理的开发，导致地力急剧衰退，部分地区已露出黄土层，土地生产力严重丧失。

本区还包括含大兴安岭部分地区的水蚀和冻融侵蚀交错区，以及青藏高原部分冻融侵蚀区。区内社会经济发展差距较大，大城市和平原区的经济较发达，而偏远山区的经济相对落后。水土保持生态修复的重点在丘陵山区。本区人口密度，西安至哈尔滨一线以东大部分地区 $100 \sim 400$ 人/km²。其中，黄淮海平原的人口密度大于 400 人/km²；西安至哈尔滨一线以西大部分地区 $1 \sim 50$ 人/km²。

针对本区水土流失特点和水土流失所发生的地类，水土保持生态修复的对象选择在已退化的黑土地，半干旱石质山地，稀疏灌、草、林地和坡耕地上部，其中黑土漫岗区水土保持生态修复措施应主要针对退化黑土地。非耕地实施封禁管育，坡耕地实施水利土壤改良措施，一方面要合理灌水用水，防止土壤盐碱化；另一方面要改进坡面水系，防止水土流失；北京、河北、山西大部和陕西、甘肃两省部分的北方土石山区土层浅薄，部分地区降水量不足，造林成活率不高。本区水土保持生态修复的重点是半石质山地，加强封育，补植乔灌木耐旱品种，并采取适当的拦洪排水措施，防止水土流失。农、牧业交错的地方，应加强围栏禁牧，变放养为圈养。秦岭以北的陕西、甘肃部分黄土高原区，则应修复以灌、草为主要植被群落的温带生态系统；太原、兰州以南黄土高原区生态修复以建设淤地坝为中心，做好生态移民，降低生态脆弱区人口密度；四川大部及云南部分的西南山区多石化山地和紫色岩系山地，土层浅薄，土壤干燥缺水。本区水土保持生态修复主要措施：一是对稀疏灌草林地，首先必须理顺水系，预防滑坡、泥石流发生。同时，以封禁为主，适当补植适于当地生长的乔、灌木品种，因地制宜，乔、灌、草结合，多品种结合，合理搭配，以形成良好的林分结构，提高生态系统的效能。二是在立地条件差的石化地和土层浅薄的紫色岩系山地，修复要以灌、草为主体的植物群落，适当点植乔木。三是改善少数民族地区的生产生活条件，退出不宜耕种的山地。

10.2.2.3 内蒙古高原、黄土高原、青藏高原半干旱带

本区分布在大、小兴安岭至呼和浩特、银川、西宁、喜马拉雅山一线，呈东西走向，包括辽宁、吉林、内蒙古、山西、陕西、甘肃、宁夏、青海、四川、西藏、新疆等省(自治区)的部分或大部分地区，总面积 349.84×10^4 km²。

本区大部分地区降水稀少，多年平均降水量小于 400 mm，而蒸发能力强，干燥指数 $2 \sim 5$，属半干旱区，自然植被为温带灌木林或乔灌林，自然特点是水资源缺乏。水土流失历史长，强度大，水土流失异地危害特别严重。荒漠化现象也很严重，且每年以数万公顷的速度扩展。草地"三化"(沙化、碱化、退化)，农地沙化，生态环境恶化的势头仍未被遏制。因此，本区是全国水土流失治理的重点区，也是全国水土保持生态修复的重点区。由于本区水资源缺乏，降水量不足，需要加大生态修复过程中的人为参与力度。

本区大部分地方社会经济欠发达，生产方式较落后。

本区水土保持生态修复的重点：一是内蒙古高原东侧、沿长城一线，农牧交错区的

中低覆盖度草地、荒地和部分沙地边缘;二是黄土高原稀疏乔灌林地或稀疏灌草地;三是长江上游部分荒山荒坡;四是三江源区。总面积 49.51 × 10⁴ km²。其中内蒙古高原风蚀区包括内蒙古大部、吉林、辽宁、山西、河北部分和环京津地区,水土保持生态修复措施:一是要强化农牧业交错区的水土保持措施,改变放养制,实施圈养制,围栏禁牧。二是要加强牧区水利建设,提高灌、草生长量。三是要改良"三化"草场,建设牧草基地。四是要改变畜种结构,提高畜牧业生产效益;同时要引进和推广地面松土固结技术,在沙地周边和风沙源区,用生物的、化学的方法,固结地表细颗粒,大力减少风沙的异地危害。太原、兰州以北黄土高原区包括陕西大部、山西部分、宁夏部分、甘肃部分,水土保持生态修复的措施:一是要加强对野生植物资源的管理,严禁乱采滥挖(如滥挖发菜、甘草等)。二是要巩固退耕还林(草)和生态移民的成果。三是要大力推广灌木林建设,在梁顶、峁边营造灌木带(片)。四是要在部分农牧交错区,加强对放养牲畜的管理。五是结合小流域综合治理和淤地坝建设,拦截入黄泥沙,以减轻水土流失的异地危害。六是要搞好牧区水利,修复受损草原生态系统。此外,包括青海、西藏两省(自治区)的青藏高原区主要是保护现有高寒生态系统,尽量减少人为干扰。

10.2.2.4　新疆、内蒙古西部、青藏高原西北部荒漠干旱带

本区在我国西北部,包括内蒙古、宁夏、甘肃、青海部分和新疆。总面积 123.19 × 10⁴ km²。本区绝大部分地方降水稀少,多年平均降水量小于 200 mm,个别地方甚至小于 50 mm,如吐鲁番盆地多年平均降水量仅 15.2 mm。而蒸发特别强烈,干燥指数大于 5,有的地区甚至高达 100 以上,属于温带大陆性干旱区。

本区水土流失类型以风蚀为主。主要发生在退化草原和宁夏、甘肃、青海等省(自治区)的部分牧区。乱开滥挖野生资源(如甘草、发菜等)和草原鼠害、虫害,是加剧本区水土流失的重要原因。雪山高原区为冻融侵蚀区。人口稀少,人口密度小,大部分地方 1~50 人/km²,西部偏远地方大部分不到 1 人/km²,区内油、气资源丰富。

针对水土保持生态修复目标,以内陆湿地生态系统恢复为主要对象。其中,"三化"草原区要以牧区水利为中心,以建设草原基地为重点,采取围栏、圈养、轮牧、调整畜种等措施,修复受损草原生态系统;内陆河流域风蚀区根据水资源条件,以调水为中心,采取节水措施,修复部分内陆河湿地生态系统;戈壁沙漠区水土保持生态修复以维持现状为主的,强化沙漠地区油、气资源开发过程中的管理,控制因此而造成的风蚀危害。

10.3　水土保持生态修复技术

10.3.1　水土保持生态修复措施类型

(1)自然封育

自然封育指充分利用生态系统的天然恢复能力,逐渐恢复并实现生态系统的各种功能。

（2）人工促进封育

人工促进封育是指采用人工促进的方法修复生态系统的各种功能。

（3）生态重建与人工生态工程

当自然生态系统的组织结构和功能受到严重干扰和破坏，依靠自然演替恢复或生态修复不可能使生态系统恢复到原始状态时，就必须进行人工生态工程建设，以进行生态重建。

（4）生态修复保障工程

进行水土保持生态修复区的基本农田、水利基础设施建设，改善农村生产生活条件，发展集约高效农业，增加农民的经济收入，为生态修复创造条件并提供保障。

10.3.2　退化森林生态修复技术

10.3.2.1　封山育林技术

封山育林是对具有天然下种或萌蘖能力的疏林、无立木林地、宜林地、灌丛实施封禁，保护植物的自然繁殖生长，或辅以人工促进手段，促使恢复形成森林或灌草植被；以及对低质、低效有林地、灌木林地进行封禁，辅以人工促进经营改造措施，以提高森林质量的一项技术措施。封山育林的方式有3种：全封、半封和轮封方式。

封山育林应做到以下几点：①做好规划设计，划定封山育林的界限、林种的区划；②设计合理的封禁方式；③确定封禁的年限；④采用适当的育林措施；⑤做好封山育林的管理等。

规划内容主要包括封育范围、封育条件、经营目的、封育方式、封育年限、封育措施及封育成效预测等。根据不同的封育类型、当地的封育条件和封育目的，因地制宜地确定封育年限（表10-3）。

封山育林要充分利用天然更新，在更新缺乏的地段，要施以人工更新或人工促进更新。在具有更新种源和可萌芽的伐桩，以及一定数量的幼苗、幼树的地段，依靠天然更新自然恢复成林；在种源、可供萌芽更新的伐桩缺乏的地段，要及时补播、补植一些阔叶树种；对更新幼树生长密集的地段，要进行抚育间伐，促进幼树旺盛生长。同时，封山育林也要加强管护，避免人为干扰而达不到封育目的。

表10-3　封育年限

封育类型	封育年限（年）	
	南方	北方
乔木型	6～8	8～10
乔灌型	5～7	6～8
灌木型	3～5	4～6
灌草型	2～4	3～5
竹林型	2～3	—

封山育林技术投资少，见效快，尤其在高山陡坡、交通不便等地方，采用封山育林的方式恢复森林资源具有独特的优越性。从自然条件看，封山育林摆脱了人为对植物的干扰和破坏，可为树种创造适宜的生态条件，形成了多树种、多层次、结构复杂的具有自我保护性质的地带性森林生态系统，可有效防止森林病虫害、森林火灾的发生，同时也可有效控制水土流失，提高土壤的透水性，改善生态环境等，确保农林牧副渔业全面发展。

10.3.2.2　低效林生态修复技术

低效林是指在人为因素或自然因素的影响下，林分结构和稳定性失调，林木生长发育衰竭，系统功能退化或丧失，导致森林生态功能、林产品产量或生物量低的林分。低效林分为低效次生林和低效人工林。

低效林改造是为改善林分结构，开发林地生产潜力，提高林分质量和效益水平，对低效林采取的各种营林措施，是森林经营过程中所面临的必须解决的一个重要问题。低效林改造的一般原则是：改无林(林中空地)为有林；改灌丛为乔林；改疏林为密林；改萌生为实生；改杂木阔叶林为针阔混交林。低效林的生态修复技术非常广泛，如前述的封山育林、营造混交林；林中空地的造林或补植、补播；低产林改造；定株定向培育技术等。

(1)全面改造

全面改造适用于非目的树种占优势而无培育前途且立地条件较好，林地生产潜力较高的林分。这种模式是将林地上的绝大多数林木采伐，只保留少数小径级的珍贵树种与目的树种的幼树，再迹地更新，进行全面造林。一般在地势平坦的山下部、土壤肥沃的河流两岸及坡麓地区可采用这种改造模式。全面改造必须遵循的原则：①对天然次生林坚决不采取皆伐作业，只采取择伐和渐伐作业，并且做到利用与保护相结合；②如必须皆伐天然次生林，必须控制面积，因立地条件区别对待；③对皆伐的天然次生林和人工林迹地更新，采取补植与促进相结合的方法，充分利用自然力和林地上丰富的原生物种资源，并根据树种间的关联特性，选择补植及保留树种。选择适宜的树种是改造成功的关键。树种的选择要与立地条件相适应，以速生的或珍贵的针阔叶树种为主。改造后既可以充分发挥林缘优势，为林木创造较好的生长环境，促使林分速生丰产，又可以较长时间地形成乔灌混交林，提高森林生长，维持土壤肥力。采用全面改造的模式要慎重，不宜盲目推广。

(2)林冠下造林改造法

林冠下造林改造法又称伐前造林改造法，它是一种在林冠下补植、补播或促进天然更新的改造方法。它一般用于林分郁闭度小，但林分分布均匀的次生林。其补植、补播或天然更新的树种，应当是幼年期耐阴的树种，因为只有这类树种才能在林冠的庇荫和保护下生长。当幼树不需保护时，再清除全部上层林木，如果不及时伐除上层大树，将会影响新造幼树的生长。在郁闭度较大的林分内应用此法时，应事先在林木层均匀疏伐并适当修枝后再进行。

(3)带状改造

带状改造最常采用，以带状皆伐为主，适用于郁闭度 0.5 以上的次生林地。将要改造的林分作带状伐开，形成廊状空地，再在带状空地用目的树种造林，等幼林长成后，再根据引进树种生长发育的需要，逐步伐去保留带上的立木，最终形成针阔混交林或针叶纯林。

改造效果与采伐带和保留带的宽度、方向都有密切的关系。实践证明，带宽 5 m 栽植生长最好。大密度的造林可以提高单位面积上的保存株数，减少补植工作量，并能提早使幼林郁闭。在林分郁闭后，要及时抚育间伐，一般林分 12~15 年胸径生长量开始下降，此时应第一次间伐，以调节株间竞争。18 年后进行第二次间伐，重点调节行间竞争，变宽带状结构为窄带状结构，充分发挥林缘效应，加速林木生长。带的方向，一般东西向的山地采用横山带，其他以顺山带为主，以利于幼树的成活和生长发育。带状改造可利用保留带的阔叶树与引进的针叶树自然形成针阔混交林，以利于水源涵养和水土保持。

（4）择伐改造

择伐改造适用的树种组成复杂多样，既有目的树种，也有非目的树种，林木生长潜力不一，林龄和径级分布差异较大且不连续分布或散生的林分，以及疏密度不均，甚至郁闭度很大的林分。择伐改造模式就是择伐上层具有不同郁闭度的近熟、成熟、过熟林木；抚育保留有生长前途的中径、小径目的树种。

伐除一切不合经营要求的成熟木、过熟木、霸王木、分叉木、弯曲木、折损木、病虫害木、生长衰弱木以及其他非目的树种，清理采伐迹地后因地制宜地引进目的树种。抚育改造后林分能充分利用现有的保留木作为培养对象与人工引进目的树种形成复层混交林，提高林地生产力。若属于商品林，则应选定培育目标树种或引进目的树种，在兼顾生态效益的前提下，通过补植、疏伐、间伐、重新造林和加强管护等技术措施进行集约经营，形成优质、高产、速生的混交林。

（5）抚育间伐

抚育间伐在具有培养前途、郁闭度 0.7 以上的幼、壮龄林中进行。在林分郁闭后直至主伐期间，对未成熟林分定期而重复地采伐部分林木。其目的有 4 个：一是改善林分品质，提高木材利用等级；二是调整林分组成，加速林木生长，缩短培育期，去掉非目的树种，扩大目的树种的生存空间；三是获得中小径材，提高木材利用量；四是改善林分的生长状况。即在育林过程中既疏间了林木，促进了保留木生长，又可得到部分中、小径材及薪材。

抚育间伐的核心问题是根据林分的演替动向确定采伐木，从而影响间伐强度、森林环境、林分的发展方向和抚育质量。森林群落可根据树种的生态动态地位划分为主林层、演替层和更新层。更新层的高度与当地林内的灌木层高度基本一致，在 1~2 m 以下；自 1~2 m 开始至主林层的冠层下限为演替层；最上面为主林层。主林层、演替层和更新层的树种分布和数量，是区分进展种和衰退种的依据，然后据此确定采伐木。不同树种与不同年龄阶段的林分，抚育间伐的目的不同，主要分为透光伐和疏伐两种。

（6）栽针保阔

在已经进行过天然更新或促进天然更新，但目的树种的数量和质量未达到更新标准，而次生阔叶树种已获得了良好更新的林地，以及郁闭度在 0.3 以下的各种强度采伐迹地都适于栽针保阔改造方式。栽针保阔是遵循森林自然演替规律，充分利用天然更新的次生阔叶树所构造的生态环境，人为地栽植耐阴的针叶树种，以形成群落合理的林分，从而加速森林向地带性顶极群落演替的进程。栽针保阔的树种必须是幼龄期需要庇荫的树种（如红松等）；在更新迹地的选择上，要求立地条件适于耐阴性树种的生长；栽针保阔更新的幼林适应环境的能力比较弱，初期必须加强管理，及时进行除草割灌，以增强人工栽植幼树的竞争能力。

温带针阔混交林由于红松强度择伐而形成多种阔叶混交林，由水曲柳、核桃楸等组成。这类阔叶林还保留着一定原生生境，由于缺乏红松种源，难以恢复成红松阔叶混交林。根据演替规律，以人工促进自然恢复，采取栽针保阔的措施，也就是在阔叶混交林内，隔一定距离呈带状伐去阔叶树，补植红松，使原有的阔叶树与后补植的红松呈带状分布，逐步发展为红松阔叶混交林，这一措施已取得成功的经验，并在东北林区推广。

10.3.3　黄土高原生态修复技术

10.3.3.1　退耕还林工程与技术

退耕还林是改善生态环境的重大措施，也是促进农村结构调整、改变不合理的生产方式的有效途径。实施退耕还林工程，不仅具有重要的现实意义，而且具有深远的历史意义。

针对退耕还林工程的主要建设任务，应大力推广提高造林成活率和乔灌草高效配置等造林技术。退耕还林实用技术主要包括：适于不同退耕区的优良树种配置和营造技术、低山丘陵生态脆弱区植被恢复技术、黄土丘陵沟壑区退耕坡地乔灌草护坡生物工程营建技术、陕北黄土高原典型造林模式技术等，为退耕还林和增加农民收入提供技术服务。主要介绍下面 3 种技术。

(1)植物篱营造技术

等高植物篱20 世纪50 年代起源于美国，目前，已成为坡地农林复合经营中最重要的方式之一。该技术即沿等高线一定间距，混种一行或多行速生、萌生力强的多年生灌木、灌化乔木或草本植物篱，植物篱间为作物耕作带。在我国，将由灌木带组成的植物篱称为生物地埂，由乔灌草组成的植物篱称为生物坝。通过植物篱的拦截作用，在植被带上方泥沙经拦蓄过滤沉积下来，一段时间后，植物篱就会高出地面，泥埋树长，逐渐形成垄状。梯田地坎易受冲蚀，导致埂坎坍塌，为了防止梯田地埂的冲蚀破坏、改善耕地小气候条件，应当依据坡度、田面宽度和梯田高度建立相应的梯田地坎防护林。同时为增加农民收入，可选择经济树种。植物篱树种的选择原则是：能固氮，生长迅速，根系深，萌芽快，耐割，能满足当地的实际需求，既有良好的水土保持作用，又能用作燃料、饲料和绿肥。推荐使用的植物种类有茶树、桑树、紫穗槐、黄荆树、马桑、银合欢、刺槐、杜仲、金荞麦、黄花、香根草、麻等。

坡耕地上每隔4 ~ 6 m，沿等高线细致整地，宽0.4 ~ 0.6 m，深0.3 m，便于播种植物篱树种种子或栽植幼苗。播种前，要对种子进行处理，通常使用的方法是浸种，时间应根据不同种子而定，有的需要几分钟，有的需要一天或更长时间，浸种采用冷水或热水。由于坡耕地保水性能差，土壤比较干燥，有些植物篱树种直接播种培植植物篱比较困难，可采用植苗造林；有些植物篱用苗则必须通过建立苗圃来培育所需要的苗木。播种或栽植均为2 行，行距0.2 ~ 0.3 m，株距0.15 ~ 0.2 m，三角形配置，有的树种株行距必须更宽一些。栽植时，根据树种不同，有的可以丛植，丛植对外界环境条件的长期抵抗力强，特别是与杂草竞争能发挥群体作用。植物篱之间的土地，可种植高效经济林树种、药材等。

后期的抚育管理主要是除草、松土、补植、修剪、平茬等。定时对植物篱进行修剪，剪下的枝叶覆于坡面，能减轻溅蚀等作用，在合适的时间将植物残体埋入土壤，有利于增加土壤有机质。植物篱营造技术是治理水土流失的一项生物技术工程措施，不但能保持水土，还可提供大量绿肥、饲料和薪柴，在退耕还林工程中具有广阔的应用前景。

（2）覆膜造林技术

覆膜略大于穴面，于四周压土。覆膜方法为，从地膜一边划破至中心，再以树干为中心覆盖栽植穴，用土将四周和划破的缝隙压实，压土宽度及厚度约 4 cm。苗根茎与地膜之间用湿土封严压实，压土直径 5 cm，做到无空隙、无透气孔。否则，当土壤表面温度增高到一定程度时，热气流集中顺着幼苗根茎蒸发而出，会直接灼伤苗木茎部输导组织和形成层组织，致使幼苗茎皮形成环状腐烂枯死。若造林前浇底水，栽后再浇一遍水，然后覆膜，成活率更高，一般可达 95%~100%。

（3）整地技术

不同地类的立地条件差异很大，必须在充分调查、分析退耕还林的条件后确定合理的整地方式。如河北省根据当地条件、选用树种等情况确定整地方式：

①鱼鳞坑整地 在水蚀、风蚀严重的荒山荒地、退耕地（坡耕地）一般采用鱼鳞坑整地方式。鱼鳞坑为半月形坑穴，外高内低，长径 0.5~1.2 m，短径 0.5~1.0 m，埂高 0.2~0.3 m。坡面上坑与坑排列成三角形，以利蓄水保土。

②水平沟整地 适于土层浅薄的丘陵、沟壑荒地或退耕地。沿等高线布设，品字形或三角形配置。沟长 4~6 m，沟底宽 0.2~0.4 m，沟口宽 0.5~1.0 m，深 0.4~0.6 m。沟内留挡，挡距 2 m。种植点设在沟埂内坡的中部。

③反坡梯田 适于地形破碎程度小、坡面平整的造林地。田面为向内倾斜 3°~15°的反坡；宽 1~3 m，长度不限，每隔一定距离修筑土埂，预防水流汇集；横向比降保持在 1% 以内。

④穴状整地 用于平原地区杨树及经济林树种造林、山区易发生水土流失的荒山、荒地或退耕地。品字形配置，平原地区整地规格为长、宽、深 0.5~1.0 m；山区整地规格为长、宽、深 0.3~0.5 m。

10.3.3.2 陕北黄土高原近自然植被建造技术

陕北半干旱黄土区地形破碎，干旱少雨，水土流失严重，自然条件严酷，林草覆盖率低，水分条件已成为该地区植被恢复及造林的关键限制因素。2007—2009 年，通过大比例尺卫星影像资料分析调研和大量野外调查、测量、规划工作，在吴起县退耕还林森林公园生态修复区造林规划设计，重点试验示范微地形植物群落结构配置近自然植被建造技术，根据不同造林立地条件坡面中的浅沟、切沟、塌陷、缓台、陡坎 5 种微地形分布规律及其土壤水分、养分等理化性质和微生境条件，设计配置造林的乔木树种、灌木树种和草本植物，解决困难立地造林树种结构配置问题，实现水资源合理利用，以提高黄土区干旱阳坡困难立地林分的保存率和群落稳定性。

小班造林技术是针对部分现有生长较差或缺乏抚育管理的林分，在无须改造和重新造林的情况下，可以采取封护的营林方式，而不需要人工造林。

宜林荒山和可补植的小班，均采用人工植苗或直播造林方式，在坡度大于45°的地段，采用自然封育恢复方式。

在陡坡和极陡坡各立地条件类型中，采取微生境植被结构配置模式，即根据黄土坡面中由于浅沟、小切沟、陷穴、滑塌等现代侵蚀而形成的微地形起伏不平条件，在陡坡坡面上选择土壤水分条件较好的微地形低洼处栽植乔木树种，并配置2行灌木带生物篱，灌木带间保留较宽的天然草带，以有效地防治坡面水土流失，调节坡面径流和土壤水分平衡；而在侵蚀沟中坡度大于35°的极陡坡面，选择土壤水分条件较好的微地形较低洼处栽植灌木树种，保护原有植被，以有效控制极陡坡土壤侵蚀，保障水资源供需平衡。

由于主要宜林造林地和疏林改造地以陡坡和极陡坡等困难立地为主，为满足景观要求和提高防护林的水土保持功能，主要采用行间或带状乔灌、针阔混交及林草带状复合模式。

为保证流域和林地水资源供需平衡，提高林草植被的水土保持功能，并为境内牧业发展提供后备饲草资源，采用灌林带密植形成沿坡面等高线的生物篱，乔木树种多采用稀植方式，以形成与该区域自然条件相适宜的疏林草原景观。

柠条采用直播造林，小叶杨和旱柳采用当地传统的插干造林，其余树种全部采用植苗造林方式。种苗要求选用吴起县自产或就近调配的Ⅱ级以上优质无病虫害、生长健壮的优质壮苗。并且出圃时要及时对苗木的根系进行包装、假植，有效保护苗木根系。

苗木栽植时必须做到深埋、踩实、扶正，统一按照"三埋两踩一提苗"的方法栽植，坚持随挖坑随栽树。有条件的尽量使栽植施工人员每人一桶，在桶中放少许水，将要栽植的苗木放在桶中，以保障苗木根系不裸露在阳光下和受风吹失水。大规格苗木栽后要设支撑保护桩，防止风倒，严把每个环节，提高造林成活率。春季造林一般应于3月底前完成，最晚不得迟于4月10日。

造林后的第一个生长季结束以后应及时组织人员检查验收，大规格乔木树种苗木成活率必须达到100%，灌木等成活率达到85%以上，40%以下的要重造，41%~84%按原设计要求进行补植，补植工作应于下一个造林季节进行，补植苗木的苗龄应与补植时幼林年龄相同或相近。

在栽植时施肥、施保水剂。具体方法是：将保水剂与植树穴2/3左右土壤均匀混合后，植苗，沿苗根土坨周围环状回填，浇足水，待充分入渗后，覆干土和枯枝落叶或覆盖地膜。具体用量：大穴种植乔木树种，每穴施用保水剂10 g；小穴每穴施用保水剂5 g。亦可将干保水剂充分吸水呈凝胶状后再与植树穴2/3左右土壤混合均匀，植苗回填。

造林后应对幼林加强管理，促进幼树生长、树冠及早郁闭，每年进行1次或2次松土除草、扩穴培土以及病虫害防治工作，抚育工作需持续3年。

10.3.4 荒漠化与盐渍化土地生态修复技术

10.3.4.1 沙化土地生态修复技术

沙化是荒漠化的最主要类型，不仅面积大，分布广，而且危害也最严重。目前我国土地沙化以平均每年 2 460 km² 的速度扩展，相当于一年损失一个中等县的土地面积。我国现有的沙漠及沙化土地面积达 174 × 10⁴ km²，占国土面积的 18.1%，主要分布在北纬 35°~50° 的内陆盆地、高原，形成一条西起塔里木盆地，东至松嫩平原西部，东西长 4 500 km，南北宽约 600 km 的沙漠带。严重威胁着整个北方的生态环境安全，甚至对长江以南的地区造成影响。

（1）沙化土地生态修复工程技术

沙化土地生态修复工程技术是指采用各种机械工程手段，通过固、阻、输、导等方式在沙面上设置沙障或覆盖沙面，以防治风沙危害的技术体系，通常又称机械固沙。常用的机械沙障有立式沙障、平铺式沙障、半隐式沙障等。其中活沙障是一种值得推广的固沙方式，即采用易生根的黄柳、油蒿、沙蒿、杨柳枝条等作为沙障材料，由于流动沙丘水分较好，这些枝条往往能够成活。

（2）生物结皮治沙新技术

土壤生物结皮是由细菌、真菌、藻类、地衣和苔藓等形成的一种混合体，作为干旱半干旱地区生态系统的组成部分，它对生态系统镶嵌格局和生态过程有不可忽视的影响；同时，土壤生物结皮通过影响局部水分条件，可以起到稳定土壤表层、减少土壤侵蚀、增加土壤氮养分的作用，因此土壤生物结皮能够为土壤表层提供一种天然保护，对干旱半干旱地区退化生态系统的恢复具有非常重要的作用。

随着人们对生物结皮在荒漠化治理中重要作用的认识不断深入，20 世纪 90 年代以来，生物结皮已经成为国内外荒漠化研究的热点问题之一。生物结皮的固沙作用主要体现在增加了荒漠土壤表面的抗侵蚀能力，生物结皮中细菌、真菌、地衣和苔藓植物的地下菌丝和假根能够黏结土壤颗粒，并形成结构稳定的有机、无机复合层，从而改变荒漠化土壤表面单一、匀质、松散的原始状态，使土壤表面趋于固定化。生物结皮有效地减小了风和水对荒漠地表的侵蚀，从而在一定程度上遏制了荒漠化进程。同时生物结皮还能显著改变土壤的养分条件，如生物结皮中的某些种类如蓝藻、细菌等，能够固定大气中的氮素，对土壤理化性质的改变和增加土壤有机质含量起着重要作用。在低等植物和微生物的作用下，生物结皮中存在大量水稳性土壤团聚体，有机质含量也大大增加，土壤的吸湿性、可塑性明显提高，这些结构特点可降低土壤水分挥发速率，有利于保墒和充分利用水分。

多年来，我国在荒漠生物结皮的结构和机理研究方面取得了进展，采用荒漠地表蓝藻、地衣、苔藓和高分子固沙剂在沙漠表面产生人工结皮，建立了荒漠化生物结皮综合治理的新模式，并利用生物结皮与草、灌、乔相配合的最新方法构建结构优良、防风固沙、增肥效果好的防护生态系统。

（3）化学治沙技术

化学治沙是指在风沙环境下，利用化学材料与工艺，对易发生沙害的沙丘或在流沙表面建造一层具有一定结构和强度，既能够防止风力吹蚀又可保持下层水和改良沙地性质的固结层，以达到控制流沙和改善环境的目的。近年来，随着现代科学技术和化学工业的发展，许多国家把高分子化合物应用到沙漠治理上，一些新型有机—无机复合化学固沙材料的开发和应用技术得到了快速发展。主要固沙材料有多功能液膜固沙剂、土壤保水调理剂、多孔状硅酸盐复合材料、稀土抗旱保水材料和木质素固沙剂等。化学固沙与植物固沙有机结合,在水资源贫乏的干旱半干旱沙区有明显的效果。

10.3.4.2 盐渍土地生态修复技术

土壤盐渍化是影响农业生产与生态环境的一个重要因素。随着人口、粮食、土地、能源矛盾的加剧,对盐渍土地的开发及防止次生盐渍的问题受到各国政府和科学界的高度重视。利用植物和微生物的生命活动累积土壤有机质,可改善土壤理化性质,增加覆盖,减少蒸发,调节气候,降低地下水位,达到延缓土壤积盐和改良盐碱地的作用。

(1)植树造林

植树造林对改良盐碱地有良好的作用。林带可以改善农田小气候,减低风速,增加空气湿度,从而减少地表蒸发,抑制返盐。林木根系不断吸收土壤深层水分,进行叶面蒸腾,可以显著降低地下水位。因此,林带就像竖井排水一样,起到了生物排水的作用。盐碱地造林要选择耐盐树种,乔木有刺槐、杨、柳、榆、臭椿、桑、沙枣等;灌木有紫穗槐、柽柳、杞柳、白蜡、沙棘、宁夏枸杞等。种植时还要因地制宜,如高栽刺槐、洼栽柳、平坦地上栽榆树,杨宜选弱碱性土壤,重碱沟坡栽柽柳。

(2)种植绿肥、牧草

种植绿肥、牧草能起到培肥地力和改良盐碱的双重作用。尤其是绿肥牧草具有茂密的茎叶覆盖地面,可减少地面水分的蒸发,抑制土壤返盐。又由于根系大量吸收水分,净叶面蒸腾,使地下水位下降,有效地防止盐分向表层积聚。据新疆地区实验测定,紫花苜蓿整个生长期叶面蒸腾达 395 m^3,约占总耗水量的 67%,种植 3 年后,地下水位下降 0.9 m,土壤脱盐率大大提高。同时,种植绿肥还可增加土壤有机质,达到培肥改土、防盐改碱的目的。绿肥的种类很多,要因地制宜。在较重的盐碱地上,可选择耐盐碱强的田菁、紫穗槐等;轻至中度盐碱地可以种植草木樨、紫花苜蓿、苕子、黑麦草等;盐碱威胁较小的土地,则可种植豌豆、蚕豆、金花菜、紫云英等。

(3)化学改良盐碱地

化学改良盐碱地的主要途径和原理可以归纳为两个方面:一是改变土壤胶体吸附性阳离子的组成,如以钙离子取代土壤胶体吸附的钠离子,使亲水胶体变成疏水胶体,从而促进团粒结构的形成,改善土壤的通透性,加速土体脱盐,防止返盐。二是调节土壤的酸碱度,改变土壤溶液反应,改善营养状况,防止碱害。

总之,土壤盐渍化的形成是气候、地形、母质、人为等多种因素共同作用的结果。因此,盐碱地的生态修复必须水利、农业、生物、化学等多种措施密切配合,进行综合治理,方可达到彻底脱盐、培肥土壤、稳定高产的目的。

10.3.4.3 石漠化土地生态修复技术

林业生态工程作用的实质是森林对环境的影响,林业生态工程不仅可以保护现有的自然生态系统,而且可以使已破坏的生态系统重建、更新和复壮。

(1)天然林保护工程

原有森林植被的生长条件是极其艰难的,一旦被破坏,难以恢复。因此,岩溶森林的保护是第一位的，保护好现有岩溶森林，治理才能取得效果。

（2）退耕还林工程

对25°以上陡坡耕地实行还林还草，以改变不合理的土地利用和耕作方式，可恢复和扩大林草植被，有效遏制水土流失和石漠化。

（3）封山育林

封山育林是恢复和建设植被最省钱、省工的方法。封山育林形成的森林结构是由乔木、灌木、草本组成的立体结构，其根系也在地下组成立体结构，深根、浅根合理分布于不同的土层，能充分利用不同土层中的水分和养分，故有利于植被的恢复和生长。而且，封山形成的林分生态功能最全，生态效益最高。因此，在石山、半石山和白云质砂石山等人工造林困难的地段，应大规模采取封山育林技术。

（4）人工造林

要大力推广先进适用的科技成果，因地制宜，适地适树，选择适应性强、生长较快的优良乡土树种造林；应用切根苗、容器苗造林，采用生根粉、抗旱保水剂等提高造林成活率。石漠化地区造林树种搭配原则是：喜光和耐阴、速生与慢生、针叶与阔叶、常绿与落叶、深根与浅根、吸收根密集型与吸收根分散型以及冠形不同的树种相互搭配，并且伴生树种与主要树种矛盾小，且无共同病虫害，以株间、行状混交效果最佳。结合石漠化地区的特点，坚持生态效益优先，兼顾经济效益和社会效益，可适当发展一些经济作物，可选择树种有：滇柏、华山松、云南松、楸树、女贞、桤木、花椒、南酸枣、大叶栎、顶果木、任豆、降香黄檀、肥牛树、香椿、菜豆树、新银合欢、茶条木、墨西哥柏等以及金银花、何首乌、葛藤等藤本植物。

（5）农业修复技术

农业修复技术主要是针对坡耕地水土流失所采用的保水保土耕作栽培措施，主要有间作套种、沟垄种植、草田带状间作、轮作、少耕免耕、立体种植等。目前在石漠化农业区大力提倡发展节水农业、畜牧业、农村沼气工程、太阳能工程和小水电工程等，改变传统的农业耕作制度和生活燃材习惯。

石漠化治理是一项复杂而艰巨的系统工程，涉及农、林、水等各个方面，因此应山、水、林、田、路综合治理。治理措施还应包括发展木材替代品，兴修水利，解决人畜饮水、农耕用水以及造林绿化等生态用水，在生态环境特别恶劣、生存条件丧失的个别石漠化区，还应当移民搬迁。条件好的地方，应当实施混农林业，逐步减少人对岩溶环境的破坏。

10.3.5　退化草原生态修复技术

草原生态系统是一个自组织系统，具有一定的自我调节能力，对于轻度、中度退化的草原依靠自然植被的内部机制能够达到自然修复。在生产实践中，人为施加物质和能量是草原生态修复的必要保障，同时也能够有效地促进草原生态修复的进程。

10.3.5.1　草原封育技术

一般应根据当地草原面积状况及草原退化的程度进行逐年逐块轮流封育。如全年封育、夏秋季封育、春秋两季两段封育，留作夏季和冬季利用。封育草原的管理主要是防止家畜进入封育的草原。封育草原应设置保护围栏，围栏要因地制宜，以简便易行、牢固耐用为原则。小面积草原采用垒石墙、围篱笆等防护措施；大面积草原，则宜采用围栏方法。

单纯的封育措施只是保证了植物正常生长发育的机会，而植物生长发育能力还受到土壤透气性、供肥能力、供水能力的限制。因此，在草原封育期内需要结合如松耙、补播、施肥和灌溉等培育改良措施。此外，草原封育以后，牧草生长势得到一定的恢复，生长很快，应及时利用，以免植物变粗老，品质下降，营养价值降低。

10.3.5.2 草原松耙技术

草原土壤变得紧实，土壤通气和透水作用减弱，微生物活动和生物化学过程降低，直接影响牧草水分和营养物质的供应。为了改善土壤的通气状况，加强土壤微生物的活动，促进土壤中有机物质分解，应适时对草原进行松土改良。

在地势平坦的草原，小面积可以用畜力机具划破草皮，而面积较大的应用拖拉机牵引的特殊机具(如无壁犁、燕尾犁)进行划破。在缓坡草原上，应沿等高线进行划破，以防止水土流失。划破草皮的深度，一般以 10～20 cm 为宜，行距以 30～60 cm 为宜。划破的适宜时间，一般在早春或晚秋。早春土壤开始解冻，水分较多，易于划破。秋季划破后，可以把牧草种子掩埋起来，有利于来年牧草的生长。

耙地是改善草原表层土壤空气状况、进行营养更新的常用措施。一般认为，根茎状或根茎疏丛状草类为主的草原，耙地能获得较好的改良效果，因为这些草类的分蘖节和根茎在土中位置较深，耙地时不易拉出或切断根茎，松土后因土壤空气状况得到改善，可促进其营养更新，形成大量新枝。耙地最好在早春土壤解冻 2～3 cm 时进行，此时耙地一方面起保墒作用；另一方面春季草类生长需要大量氧气，耙地松土后土壤中氧气增加，促进植物分蘖。秋季虽可耙地，但改良效果不如春耙明显。同时，耙地的机具和技术对耙地效果影响较大，常用的耙地工具有两种，即钉齿耙和圆盘耙。钉齿耙的功能在于耙松生草土及土壤表层，耙掉枯死残株，在土质较为疏松的草原上多采用钉齿耙松土机进行松土。圆盘耙耙松的土层较深(6～8 cm)，能切碎生草土块及草类的地下部分，因此在生草土紧实且厚的草原，使用缺口圆盘耙耙地的效果更好。

同样，耙地最好与其他改良措施如施肥、补播配合进行，可获得更好的效果。

10.3.5.3 草原补播技术

草原补播是在不破坏或少破坏原有植被的情况下，一般可选择地势稍低的地方，如盆地、谷地、缓坡、河漫滩以及农牧交错带的退耕还草地上，播种一些适应当地自然条件的、有价值的野生牧草或经驯化栽培的生长发育能力强的优良牧草，以增加草群中优良牧草种类成分和草地的覆盖度，达到提高草地盖度和改善草群结构的目的。在生产实践中，有时对补播牧草种子进行一些特殊处理，如包衣、丸衣化等，以提高种子出苗率。为了提高草地生产力，促进牧草优质和高产，对退化草地进行人工补播是一项重要的改良措施。

在不同地带补播选用的牧草种类不尽相同。如北方农牧交错带东段可以补插羊草、无芒雀麦、鸭茅、猫尾草、草地早熟禾等，北方农牧交错带中段可以补播羊茅、碱草、冰草、硬质早熟禾、杂花苜蓿等。

补播时期要根据草原原有植被的发育状况和土壤水分条件确定。原则上应选择原有植被生长发育最弱的时期进行补播，这样可以减少原有植被对补播牧草幼苗的抑制作用。牧草在春、秋季生长较弱，所以一般在春、秋季补播。确定补播时期后，要先将播床松土和施肥，然后通过飞机、人工等撒播或用机具条播的方法进行补播。种子播种量取决于牧草种子的大小、轻重、发芽率和纯净度，以及牧草的生物学特性和草原利用的目的；其播种深度应根据草种大小、土壤质地决定，在质地疏松、较好的土壤上可深些，黏重的土壤上可浅些，牧草种子大的可深些，种子小的可浅些。最后，补播后要使种子与土壤紧密接触，以利于种子吸水发芽。但对于水分较多的豁土和盐分含量大的土壤不镇压，以免返盐和土层板结。

10.3.5.4　草原灌溉技术

草原灌溉是为满足植物对水的生理需要，提高牧草产量的重要措施。不同的植物种类或同一植物，不同生长期需水量是不同的。草原灌溉，不仅对草原有调节水分的生理学意义，更重要的是有生产意义。

该技术是通过挖水平沟和鱼鳞坑，修筑土埂、涝池等利用地表径流水和打井、水窖、掏泉、截流等利用地下水的灌溉水源，采用漫灌、沟灌和喷灌的方式实现草原灌溉。

10.3.5.5　草原施肥技术

施肥是促进草原恢复、提高草原牧草产量和品质的重要技术措施。在牧草需要养分的时期，依据土壤供给养分的能力和水分条件进行合理施肥，才能发挥肥料的最大效果。草原上施用的肥料有有机肥料、无机肥料和微量元素肥料，应根据肥料的性质在不同类型的草原上科学施肥。

施肥的方法包括基肥、种肥和追肥。基肥是在草原播种前施入土壤中的厩肥、堆肥、人粪尿、河湖淤泥和绿肥等有机肥料，目的是供给植物整个生长期对养分的需要。种肥是以无机磷肥、氮肥为主，采取拌种或浸种方式在播种同时施入土壤，其目的是满足植物幼苗时期对养分的需要。追肥是以速效无机肥料为主，在植物生长期内施用的肥料，其目的是追加补充植物生长某一阶段出现的某种营养的不足。

10.3.6　海岸沙丘生态修复技术

固沙是沙丘生态系统修复的首要步骤，只有沙丘固定，才能进行植物的重建和恢复。否则，植物会被沙丘沙掩埋而死亡，使沙丘修复失败。固沙有非生物固沙和生物固沙两种，生物固沙需要和生物修复计划结合进行。

10.3.6.1 非生物固沙技术

可通过使用泥土移动装置，或建造固定沙子的沙丘栅栏来实现沙丘重建。使用沙丘栅栏比用泥土移动设备更经济，尤其是在比较偏远的地区。利用沙丘建筑栅栏形成沙丘的速度取决于从沙滩吹来的沙子的数量。栅栏的材料应当是经济的、一次性的并能进行生物降解，因为栅栏会被沙子掩盖。使用一种适宜的 50% 有孔的材料制造栅栏能促进沙子的积累，此种栅栏在 3 个月内可以积累 3 cm 高的沙子。

化学泥土固定器被用于修复场所暂时固定表面沙子，减少蒸发，并且降低沙子中的极端温度波动。通常在种子和无性繁殖体被移植之后使用。泥土固定器包括有浆粉、水泥、沥青、油橡胶、人造乳胶、树脂、塑料等。用泥土固定器的缺点是它可能引起污染或对环境有害，且花费高，施用困难，下雨时流失物增加，有破裂的趋向，以及在大风天气易飞起，可溶解有害的化学物质。

覆盖物可用来暂时固定沙丘表面，使其表面保持湿润，且分解时增加土壤的有机物含量。可利用的覆盖物有碎麦秆、泥炭、表层土、木浆、树叶。覆盖物尤其适用于大面积修复，可用机械铺垫。

10.3.6.2 生物固沙技术

在进行沙丘修复之前需要了解沙丘土壤的性质，因其决定植被类型。对被挖掘的沙子进行海滩供给是长期维护受侵蚀海岸的一种方法。通过海滩供给而增加的沙子需要在恢复进行之前处置。对沙丘土壤的处置包括脱盐作用、添加化学物质以改变酸度以及添加营养物质。

沙丘修复应使用本地种，避免外来种。外来种由于在本土生境中通过缺少捕食者和病原体来限制其生长，会改变本地生态系统功能，阻碍本地种的生长。对修复场点的长期管理包括控制和根除外来种。

使用快速生长的植物来固定沙丘是合理的，但是这也会引起对本地植物种的竞争或促进本地种的建立。这就需要工作人员对用于修复的本地植物种有深入地了解，如种子的形成、发芽、幼苗的生长以及成熟体的相关问题等。

进行海岸沙丘生态恢复时通常需要考虑如下因素：沙子的可用性(场点是否有足够的沙子，或是否需要运输)，所需沙子的类型，原来沙丘系统的位置和形状，前沙丘(fore dones)的位置，残余沙丘的性质，可用资金。同时，在修复之前评价各种沙丘植物种对肥料的吸收能力很重要。选用肥料的类型取决于物种，添加氮肥对沙丘草很重要，添加磷肥的反应则有所不同。施肥的时间选择很重要，一般与无性繁殖体的移植或种子的播种同时进行或紧随其后，从而实现高成活率和植物的繁茂生长。因为沙丘保持营养的能力很差，快速释放的肥料会很快流失。而慢速释放的肥料具有在一段时间内逐渐释放的优点，但是它通常没有普通的快速释放的肥料经济。过度施肥会导致生物多样性下降，促进外来种建立，还会使草生物量的生产率增加。因此，在对沙丘的长期管理中，应该考虑肥料对物种间的作用以及演替过程的影响。

10.3.6.3 使用繁殖体

应在实施恢复之前确定使用繁殖体(种子或者无性繁殖的后代)的优势和适宜性。

(1)使用种子

因为沙丘植物生产的种子很少,并且群落也总是通过无性繁殖得以保持,所以种子的实用性经常成为一个限制因素。沙丘植物种子产量低主要是由于花粉亲和性差、胚胎夭折以及花穗的密度低,施肥可增加花穗密度。

大面积修复时使用本地沙丘植物的种子很有效,尤其是在能够机械播种且沙子的增长不是很快的地方。但是当种子的发芽不稳定或幼苗生长很慢时使用种子是不利的。被沙子埋没是危害沙丘植物的一个主要因素,因此应紧贴沙子表层播种,这样种子发芽后,幼苗能够从沙子中露出。种植的最佳位置应使种子能很容易吸收水分,并能感觉到日气温变化。沙丘草的种类不同,植物体的潜能也不太一样。机械播种可用普通的种子钻孔来实现,播种通常在春天或秋天完成,播种之后要用履带式拖拉机使恢复场点加固。

快速发芽对修复很有益。沙丘草的种子通常表现出休眠状态。对种子进行一段时间低温预处理能够缩短种子休眠。促进休眠种子发芽的其他方法涉及对种子进行激素处理等。

(2)使用无性繁殖后代

无性繁殖后代衍生自根茎的最小片段,它可以长成一个新个体。使用无性繁殖后代的优势除了实用性还有能够用在沙子迅速增长以及可能发生泛滥的场点,尤其是在前沙丘上。沙丘草的无性繁殖后代可以从附近的沙丘上机械或手工挖掘。无性繁殖后代的供应场点应当尽可能邻近修复场点以减少运输费用,同时要对整个场点施肥,以保证无性繁殖后代能够生长。挖出的无性繁殖后代可以直接移植到修复场点,或是在移植前在苗圃生长1~2年。

一个能生育的无性繁殖个体至少要包括叶子,并连有15~30 cm的根茎。移植时注意不要破坏无性繁殖个体的叶子。运输过程中要将其保存在潮湿沙子中。修复场点要事先挖好深23~30 cm的沟渠。播种完成后,沟渠应填满沙子。

10.3.7 废弃地与道路交通生态修复技术

10.3.7.1 废弃地生态修复技术

废弃地指曾为工业生产用地和与工业生产相关的交通、运输、仓储用地,后来废置不用的地段。如废弃的矿山、采石场、工厂、铁路站场、码头、工业废料倾倒场等。

废弃地生态修复技术有很多种,按照生态修复利用技术,可以分为工程(物理)修复技术、化学修复技术和生物修复技术。

(1)工程修复技术

工程修复技术是生态修复的基础技术,广泛应用于各类生态修复工程中。它主要通过改变废弃地的地形、地貌和土壤本底进行修复,建立利于植物生长的表层和生根层。在实践中,主要的技术有表土处理技术与堆置、平整等,矿坑修复技术如矿坑充填、积水坑疏排、建造人工湖泊等，还包括一些如强夯、疏松、淋溶以及表土更换等土壤改良技术措施。一些工程修复技术往往是生态修复的开端，为生态修复提供一个较好的土壤基质层，以利于植被的恢复。

(2)化学修复技术

化学修复技术在生态修复中的利用相对较少，一般只应用于小范围的生态修复，其主要目的有两个：一是和工程修复技术结合，改良土壤的本底，以适合植物生长；二是在生态修复的过程中提高植物的成活率和生长速度。目前使用的化学方法包括酸化(添加炼铁残渣或有机质)、碱化(添加碱石灰)、去除盐分(添加石膏)、去除毒物(EDTA 配合)、添加营养物(合适的化肥、有机质)等。

(3)生物修复技术

生物修复技术是目前应用比较广泛的一种，在工程修复进行之后，普遍地采用生物修复技术对生态系统进行修复。其目的是恢复土壤肥力和生物生产能力，建立稳定的植被层以构建生态系统。根据生态修复的阶段，初期的生物修复技术包括微生物土壤改良、特种植物栽种、植物引种等；生态修复后期的生物修复技术包括个体、种群、群落各个层次的生物修复、控制技术。

10.3.7.2 道路交通工程生态修复技术

目前，国内外已形成的有关道路交通生态修复技术有土地复垦、生物环境工程技术(综合生物工程技术)等。

(1)土地复垦技术

土地复垦系指将修路中被破坏的土地因地制宜，采取综合整治措施，使其按预定的目标恢复到可供利用的状态。

土地复垦技术包括工程复垦和生态复垦。

①工程复垦 设计阶段考虑在取土前，对取土场的土壤类别、矿物成分及肥力特性进行检验和分析，确定表层种植土的分布情况及厚度，在取土前将表层种植土有计划地采集、堆存及标志，工程上不得使用，以便复垦时用该土来恢复被破坏的可耕作层，使其接近取土前的土壤肥力。

②生态复垦 生态复垦在工程复垦之后进行，主要是根据复垦后的土壤状况及肥力情况，采取不同的方式对复垦后的土地进行土地熟化和植被恢复，根据复垦后土壤的熟化程度，宜耕则耕、宜林则林，并对取土场的边坡、排水沟等采取植树、植草等措施恢复植被，避免水土流失，保护生态环境。

刚复垦的土地由于肥力、土壤构成等原因，所形成的生态植被系统还十分脆弱，在各种自然因素的综合作用下，很容易发生水土流失，对植物的生长起到严重的破坏作用，影响复垦效果。所以在公路运营的一定时间内，应加强对复垦土地的后期管理工作，待复垦土地新建立的生态植被系统达到基本稳定，植物自身表现出较强的生命力并能茁壮生长后，复垦工作方可视为结束。

(2)生物环境工程技术(综合生物工程技术)

所谓生物环境工程技术，是将生物措施与传统的工程措施有机地结合起来。其技术体系包括 3 个部分：一是环境基础工程，利用工程措施或土壤侵蚀控制技术等为植物修复创造生长的环境条件；二是植被营建工程，根据立地条件，正确选择植物品种，这是整个技术体系中的关键，应选择多年生、根部发达、茎叶低矮、水源涵养能力强、抗旱、耐瘠和可粗放管理的植物品种，尽可能选取当地品种栽植或直接播种，以便达到快速修复植被的目的；三是植被养护工程，对营造的植被进行相应的后续管理，确保植物的正常生长。植物能有效防止水土流失、保护道路边坡，还可调节气温、提高湿度、净化空气、减少空气污染与噪声等，所以在清理后的区域和边坡尽快恢复植被是减少土壤侵蚀和边坡不稳定问题的重要措施。

发达国家对道路建设中受损的坡面，多采用以柔性护坡为主体的生物环境工程技术，我国道路建设中路基坡面的生态修复与防护也常采用这一技术。先用工程措施如水泥网格、浆砌石网格或由空心砖建成的多孔挡护结构等防护技术稳定边坡，并为下一步种植植物创造条件，然后在坡面铺草皮、植物种草等。将传统的边坡工程措施与生物措施有机地结合起来，形成具有一定力学、水文学、环境学和美学功能的防护结构，既加强了边坡的稳定性，又恢复和改善了道路沿线的生态环境和景观环境。

思 考 题

1. 概述水土保持生态修复的基础理论。
2. 试述沙化土地生态修复技术。
3. 试述盐渍化土地生态修复技术。
4. 试述石漠化生态修复技术。
5. 简述黄土高原近自然植被建造技术。

推荐阅读书目

生态工程理论基础与构建技术．范志平等．化学工业出版社，2006.
生态学基础．孔繁德．中国环境科学出版社，2006.
恢复生态学导论．任海等．科学出版社，2001.
林业生态工程学（2 版）．王礼先．中国林业生态工程，2000.
陕北黄土高原植被恢复及近自然造林．朱清科等．科学出版社，2012.

参考文献

水利部，中国科学院，中国工程院，2010. 中国水土流失防治与生态安全·总卷［M］. 北京：科学出版社.

冯雨峰，等，2008. 生态恢复与生态工程技术［M］. 北京：中国环境科学出版社.

朱清科，等，2012. 陕北黄土高原植被恢复及近自然造林［M］. 北京：科学出版社.

王礼先，等，2005. 水土保持学［M］. 2 版. 北京：中国林业出版社.

全国勘察设计注册工程师水利水电工程专业管理委员会，等，2009. 水利水电工程专业知识［M］. 郑州：黄河水利出版社.

任海，2002. 恢复生态学导论[M]. 北京：科学出版社.

蔡建勤，张长印，陈法杨，2004. 全国水土保持生态修复分区研究[J]. 中国水利(4)：166 - 170.

冯伟，丛佩娟，袁普金，等，2009. 全国水土保持生态修复类型分区研究[J]. 水土保持通报，29 (5)：216 - 218，223，247.

全国水土保持生态修复研讨会论文汇编编委会，2004. 全国水土保持生态修复研讨会论文汇编 [C]. 北京：[出版者不详].

杨爱民，刘孝盈，李跃辉，2005. 水土保持生态修复的概念、分类与技术方法[J]. 中国水土保持 (1)：11 - 13.

刘国彬，杨勤科，陈云明，等，2005. 水土保持生态修复的若干科学问题[J]. 水土保持学报，19 (6)：126 - 130.

第 11 章

水土保持工程材料与施工

【本章提要】本章介绍了水土保持工程材料与施工，工程材料包括石材与石灰、水泥、混凝土和砌体材料，工程施工包括基础工程、土方工程、砌筑工程、钢筋混凝土工程、土石坝、混凝土坝和生态护坡工程的施工。

11.1 水土保持工程材料

11.1.1 水土保持工程材料的基本性质

11.1.1.1 物理性质

（1）材料的体积密度、密度、表观密度、堆积密度

①体积密度 材料在包含实体积、开口和密闭孔隙的状态下单位体积的质量称为材料的体积密度。在不同构造状态下又可分为真密度、表观密度和堆积密度，而表观密度又根据其开口孔分为体积密度和视密度。

②密度（比重） 材料在绝对密实状态下单位体积的质量称为密度，也叫真密度。计算公式如下：

$$\rho = \frac{m}{V} \tag{11-1}$$

式中 ρ——密度（kg/m³）；

V——在绝对密实状态下材料的体积（m³）；

m——材料的质量（kg）。

③表观密度 指材料在自然状态下单位体积的质量。计算公式如下：

$$\rho_0 = \frac{m}{V_0} \tag{11-2}$$

式中 ρ_0——材料的表观密度（kg/m³）；

m——材料的质量（kg）；

V_0——材料在自然状态下的体积（m³）。

④堆积密度 指粒状、粉状及纤维状材料在堆积状态下（包含颗粒内部的孔隙和颗粒之间的空隙）单位体积的质量。计算公式如下：

$$\rho_0' = \frac{m}{V_0'} \tag{11-3}$$

式中 ρ_0'——材料的堆积密度(kg/m^3);

     m——材料的质量(kg);

     V_0'——材料在堆积状态下的体积(m^3)。

(2)材料的密实度与孔隙率

①密实度 指材料体积内被固体物质充实的程度,即固体物质体积占总体积的比例。计算公式如下:

$$D = \frac{V}{V_0} = \frac{\rho_0}{\rho} \times 100\% \qquad (11\text{-}4)$$

②孔隙率 指材料体积中,孔隙的体积与总体积的比值。计算公式如下:

$$P = \frac{V_0 - V}{V_0} = \left(1 - \frac{V}{V_0}\right) = \left(1 - \frac{\rho}{\rho_0}\right) \times 100\% \qquad (11\text{-}5)$$

材料的密实度和孔隙率之和为1。

(3)材料的填充率与空隙率

①填充率 指散粒材料在堆积体积内颗粒所填充的程度。计算公式如下:

$$D' = \frac{V_0}{V_0'} = \frac{\rho_0'}{\rho_0} \times 100\% \qquad (11\text{-}6)$$

②空隙率 指散粒材料在堆积体积内,颗粒之间空隙体积所占的比例。计算公式如下:

$$P' = \frac{V_0' - V_0}{V_0'} = \left(1 - \frac{V_0}{V_0'}\right) = \left(1 - \frac{\rho_0'}{\rho_0}\right) \times 100\% \qquad (11\text{-}7)$$

填充率和空隙率之和为1。

11.1.1.2 力学性质

(1)材料的强度和比强度

①材料强度 指材料在外力(荷载)作用下抵抗被破坏的能力,以材料受外力破坏时,单位面积上所承受的力来表示。

材料抵抗拉力、压力、弯矩及剪力的能力分别称为抗拉强度、抗压强度、抗弯强度及抗剪强度。计算公式如下:

$$f = \frac{P}{A} \qquad (11\text{-}8)$$

式中 f——材料抗压、抗拉或抗剪强度(MPa);

     P——材料破坏时的最大荷载(N);

     A——受力截面面积(m^2)。

②比强度 是按单位质量计算的材料强度,其值等于材料的强度与其表观密度的比值。

(2)材料的弹性与塑性

①弹性 材料在外力的作用下产生变形,当外力取消后,能完全恢复原来形状的性质称为弹性。完全恢复的变形称为弹性形变。

②塑性　材料在外力作用下产生形变，除去外力以后，材料能保持变形后的形状尺寸，并且不产生裂缝的性质称为塑性。不能恢复的变形称为塑性形变。

（3）材料的脆性和韧性

①脆性　材料在外力作用下，当外力超过一定限度，材料突然破坏而无明显塑性变形的性质称为脆性。具有这种性质的材料称为脆性材料。脆性材料抵抗冲击和振动荷载的能力很差，其抗压强度比抗拉强度高得多，如混凝土、砖、玻璃等。

②韧性　材料在冲击和振动荷载作用下，能承受很大的变形也不致被破坏的能力称为韧性。具有这种性质的材料称为韧性材料，如建筑钢材、木材。

（4）材料的硬度及耐磨性

①硬度　是材料抵抗较硬物体压入或刻画的能力。木材、钢材、混凝土及矿物材料等可用钢球或钢锥压入的方法来测定硬度，矿物材料也可用刻画法测定硬度。

②耐磨性　是指材料表面抵抗磨损的能力。用磨损前后单位表面的质量损失来表示。

11.1.2　石材与石灰

11.1.2.1　石材

按地质可将天然岩石分为岩浆岩、沉积岩及变质岩三大类。

（1）岩浆岩

①花岗岩　是岩浆岩中分布最广的一种岩石，它由长石、石英及少量云母组成，具有致密的结晶结构和块状构造。花岗岩呈白色、微黄色、淡红色。花岗岩具有吸水率低、抗炎强度高、表观密度大、耐磨性能及耐风化性能好的特点。

②辉长岩　是岩浆岩的一种，属于晶质等粒结构，块状构造，具有强度高、韧性好、耐磨性及耐久性好的特点。

③玄武岩　是喷出岩中最普通的一种，颜色较深，强度变化较大，表观密度大，硬度高，脆性大，耐久性好。

（2）沉积岩

①石灰岩　又称灰石、青石。主要矿物成分是方解石，还有少量的黏土、白玉石、菱镁矿、石英及一些有机杂质，属于晶质结构，层状构造。石灰岩常呈白色、灰色、浅红色等，当有机杂质含量多时呈褐色至黑色。由于所含化学成分、矿物组成、致密程度不同，物理性能差异较大。

②砂岩　石英砂粒经天然胶结物胶结而成。根据其胶结物的不同可分为硅质砂岩、钙质砂岩、铁质砂岩及黏土质砂岩等。砂岩的主要矿物成分为石英及少量长石、方解石等，性能差异较大。

（3）变质岩

①大理岩　又称大理石，是由石灰岩和白云岩变质而成的岩石，具有等粒和不等粒结构，块状构造。

②石英岩　硅质砂岩变质而成，结构致密，强度高，硬度大，难加工，非常耐久，耐酸性好。

11.1.2.2 石灰

（1）石灰的种类

①根据石灰中氧化镁百分含量分类 可分为钙质石灰（MgO≤5%）、镁质石灰（MgO>5%）。

②根据产品的加工方法分类 可分为块灰、消石灰粉、石灰膏、石灰乳、磨细生石灰。

（2）石灰的特性

①可塑性好。

②硬化慢、强度低。

③硬化时体积收缩大。

④耐水性差。

⑤生石灰吸湿性强。

（3）石灰的应用

①制作石灰乳涂料和砂浆。

②配制灰土与三合土。

③生产硅酸盐制品。

④生产碳化石灰板。

⑤配制无熟料水泥。

11.1.3 水泥

（1）水泥的组成

凡由硅酸盐水泥熟料、0~5%石灰石或粒化高炉矿渣、适量石膏磨细制成的水硬性胶凝材料称为硅酸盐水泥，也称波特兰水泥。硅酸盐水泥分为不掺加混合材料的Ⅰ型硅酸盐水泥（代号P·Ⅰ）和掺加混合材料（石灰石或粒化高炉矿渣）不超过水泥质量5%的Ⅱ型硅酸盐水泥（代号P·Ⅱ）。

（2）水泥的技术性质

①细度 水泥颗粒粒径一般在7~200 μm，粒径小于40 μm时活性较高，大于100 μm的颗粒近乎惰性。水泥磨得越细，水泥水化速度越快，强度越高。

②凝结时间 指水泥从加水拌和开始到失去流动性，即从可塑态发展到固体状态的时间。水泥凝结时间分为初凝时间和终凝时间，从加水拌和至水泥浆开始失去可塑性的时间称为初凝时间，从加水拌和至水泥浆完全失去可塑性并开始具有一定结构强度的时间称为终凝时间。

现行国家标准规定，硅酸盐水泥初凝时间不得早于45 min，终凝时间不得迟于6.5 h。

③体积安定性 指水泥在凝结硬化过程中，体积变化的均匀性。若水泥凝结硬化后体积变化不均匀，水泥混凝土构件将产生膨胀性裂缝，降低建筑物质量，甚至引起严重事故。体积安定性不良的水泥不能用于工程结构中。

④标号　水泥的标号是按照水泥强度的等级划分的，水泥强度是评定其质量的重要指标。各强度等级硅酸盐水泥各龄期的强度值不得低于表11-1中的数值。

表 11-1　各强度等级硅酸盐水泥各龄期的强度值(GB 175—2007)　　　　MPa

强度等级	抗压强度		抗折强度	
	3 d	28 d	3 d	28 d
42.5	17.0	42.5	3.5	6.5
42.5R	22.0	42.5	4.0	6.5
52.5	23.0	52.5	4.0	7.0
52.5R	27.0	52.5	5.0	7.0
62.5	28.0	62.6	5.0	8.0
62.5R	32.0	62.5	5.5	8.0

11.1.4　混凝土

11.1.4.1　混凝土的分类与特点

(1)混凝土的分类

按其表观密度、胶凝材料、使用功能、施工工艺等不同，可将混凝土分为以下几类：

①按照表观密度的大小分类　可分为重混凝土(表观密度≥2 600 kg/m³)、普通混凝土(表观密度1 900~2 500 kg/m³)、轻质混凝土(表观密度<1 900 kg/m³)。

②按凝胶材料分类　可分为：无机胶凝材料混凝土，如水泥混凝土、石膏混凝土、硅酸盐混凝土、水玻璃混凝土等；有机胶结料混凝土，如沥青混凝土、聚合物混凝土等。

③按使用功能分类　可分为结构混凝土、保温混凝土、装饰混凝土、防水混凝土、耐火混凝土、水工混凝土、海工混凝土、道路混凝土、防辐射混凝土等。

④按施工工艺分类　可分为离心混凝土、真空混凝土、灌浆混凝土、喷射混凝土、碾压混凝土、挤压混凝土、泵送混凝土等。

⑤按混凝土拌和物的和易性分类　可分为干硬性混凝土、半干硬性混凝土、塑性混凝土、流动性混凝土、高流动性混凝土、流态混凝土等。

⑥按配筋方式分类　可分为素混凝土、钢筋混凝土、钢丝网水泥、纤维混凝土、预应力混凝土等。

(2)混凝土的特点

混凝土的优点是，具有较高的强度和耐久性；混凝土拌和物具有可塑性，便于浇铸成各种形状的构件和整体结构；能与钢筋牢固地结合成坚固、耐久、抗震且经济的钢筋混凝土结构；组成材料均为地方性材料，可以最大限度地就地取材；可以根据不同要求，通过调整混凝土配合比配置成不同性能的混凝土。

其缺点是，自重大、比强度低；抗拉强度低、脆性大、受力变形小、易产生裂缝；硬化速度慢，生产周期长，强度波动因素多等。

11.1.4.2 混凝土的组成材料

（1）水泥

①水泥品种的选择 水泥品种的选择主要根据工程结构特点、工程所处环境及施工条件确定。如高温车间结构混凝土有耐热要求，一般宜选用耐热性好的矿渣水泥等。

②水泥强度的选择 水泥强度等级的选择应与混凝土的设计强度等级相适应。若用低强度等级的水泥配制高强度等级混凝土，不仅会使水泥用量过多，还会对混凝土产生不利影响；反之，用高强度等级的水泥配制低强度等级混凝土，若只考虑强度要求，会使水泥用量偏少，从而影响耐久性能；若水泥用量兼顾了耐久性等要求，又会导致超强而不经济。因此，根据经验一般以选择的水泥强度等级标准值为泥土强度等级标准值的 1.5～2.0 倍为宜。

（2）骨料

普通混凝土所用骨料按粒径大小分为 2 种，粒径大于 5 mm 的称为粗骨料，粒径小于 5 mm的称为细骨料。细骨料一般是由天然岩石长期风化等自然条件形成的天然沙，天然沙可分为河沙、海沙、山沙 3 类。粗骨料有碎石和卵石 2 种。

（3）水

混凝土用水的基本要求是：不影响混凝土的凝结和硬化，无损于混凝土强度发展及耐久性，不加快钢筋锈蚀，不引起预应力钢筋脆断，不污染混凝土表面。凡饮用水和清洁的天然水，都可用于混凝土拌制和养护。

11.1.4.3 混凝土的技术性质

（1）和易性

混凝土的和易性也称工作性，是指拌和物易于搅拌、运输、浇捣成型，并获得质量均匀密实的混凝土的一项综合技术性能。通常用流动性、黏聚性和保水性 3 项内容表示。

流动性是指拌和物在自重或外力作用下产生流动的难易程度；黏聚性是指拌和物各组成材料之间不产生分层离析现象；保水性是指拌和物不产生严重的泌水现象。

通常情况下，混凝土拌和物的流动性越大，则保水性和黏聚性越差，反之亦然，相互之间存在一定矛盾。和易性良好的混凝土是指既具有满足施工要求的流动性，又具有良好的黏聚性和保水性。因此，不能简单地认为流动性大的混凝土和易性好，或者流动性减小则和易性变差。良好的和易性既是施工的要求也是获得质量均匀密实混凝土的基本保证。

（2）强度

普通混凝土一般用作结构材料，故强度是其最主要的技术性质。混凝土的抗拉、抗压、抗弯、抗剪强度中，抗压强度最大，故混凝土主要用来承受压力作用。

①混凝土的强度等级 我国把普通混凝土划分为 C7.5、C10、C15、C20、C25、C30、C35、C40、C45、C50、C55 和 C60 12 个等级。强度等级中的"C"为混凝土强度符号，后面的数值为混凝土立方体抗压强度标准值。

②影响混凝土强度的主要因素

水泥强度等级和水灰比：是影响混凝土抗压强度的最主要因素，也可以说是决定因素。混凝土的强度主要取决于水泥石的强度及其与骨料间的黏结力，而水泥石的强度及其与骨料间的黏结力，又取决于水泥的强度等级和水灰比的大小。由于拌制混凝土拌和物时，为了获得必要的流动性，常需要加入较多的水，多余的水所占空间在混凝土硬化后成为毛细孔，使混凝土密实度降低，强度下降。

骨料：骨料本身的强度一般都比水泥石的强度高(轻骨料除外)，所以不会直接影响混凝土的强度，但若骨料经风化等作用而强度降低时，则用其配制的混凝土强度也较低。骨料表面粗糙，则与水泥石黏结力较大，但达到同样流动性时，需水量大，随着水灰比增大，强度降低。因此，在水灰比小于0.4时，用碎石配制的混凝土比用卵石配制的混凝土强度约高38%，但随着水灰比增大，两者差别就不显著了。

龄期：混凝土在日常养护条件下，强度将随龄期的增长而增长。在标准养护条件下，混凝土强度与龄期的对数成正比(龄期不小于3d)。

养护湿度及温度：为了获得质量良好的混凝土，混凝土成型后必须进行适当的养护，以保证水泥水化过程的正常进行。养护过程需要控制的参数为湿度和温度。由于水泥的水化反应只能在充水的毛细孔内发生，在干燥环境中，强度会随水分蒸发而停止发展，因此养护期必须保湿。养护温度对混凝土强度发展也有很大影响。混凝土在不同温度的水中养护，强度的发展规律是养护温度高时，可以加快初期水化速度，使混凝土早期强度得以提高。

(3)耐久性

①抗渗性　是指其抵抗水、油等压力液体渗透作用的能力。它对混凝土的耐久性起着重要的作用，因为环境中的各种侵蚀介质只有通过渗透才能进入混凝土内部产生破坏作用。

抗渗性以抗渗标号表示，如S4、S8等，即表示混凝土能抵抗0.4 MPa、0.8 MPa等的水压力而不渗水。

②抗冻性　是指混凝土含水时抵抗冻融循环作用而不破坏的能力。混凝土的冻融破坏原因是混凝土中水结冰后发生体积膨胀，当膨胀力超过其抗拉强度时，混凝土便产生微细裂缝，反复冻融裂缝不断扩展，导致混凝土强度降低直至破坏。

抗冻性以抗冻标号表示，抗冻标号是以龄期28 d的石块在吸水饱和后于-15~20 ℃反复冻融循环，用抗压强度下降不超过25%，且重量损失不超过5%时，所能承受的最大冻融循环次数来表示。混凝土分以下9个抗冻等级：D10、D15、D25、D50、D100、D150、D200、D250、D300，分别表示混凝土能够承受反复冻融循环次数不小于10、15、25、50、100、150、200、250和300次。

③抗侵蚀性　环境介质对混凝土的化学侵蚀主要是对水泥石的侵蚀，提高混凝土的抗侵蚀性主要在于选用合适的水泥品种，以及提高混凝土的密实度。

④碳化　是指环境中的二氧化碳和混凝土内水泥石中的氢氧化钙反应，生成碳酸钙和水，从而使混凝土的碱度降低(也称中性化)的现象。

⑤碱—骨料反应　是指混凝土中含有活性二氧化硅的骨料与所用水泥中的碱氧化钠和氧化钾在有水的条件下发生反应，形成碱—硅酸凝胶，此凝胶吸水肿胀并导致混凝土

胀裂的现象。水泥中含碱量高、骨料中含有活性二氧化硅及有水存在是碱—骨料反应的主要原因。

（4）变形性

①化学减缩 混凝土体积的自发化学收缩是在没有干燥和其他外界影响下的收缩，其原因是水泥水化物的固体体积小于水化前反应物（水和水泥）的总体积。因此，混凝土的这种体积收缩是由水泥的水化反应所产生的固有收缩，也称为化学减缩。

②温度变形 混凝土与通常固体材料一样呈现热胀冷缩。一般室温变化对于混凝土没有太大影响。但是温度变化很大时，就会对混凝土产生重要影响。

③干缩湿胀 当处于空气中的混凝土水分散失时，会引起体积收缩，称为干缩；受潮后体积又会膨胀，即为湿胀。

④荷载作用下的变形

混凝土在短期荷载作用下的变形：混凝土在短期荷载作用下的变形可分为4个阶段：第一阶段是混凝土承受的压应力低于30%极限应力时，混凝土内部产生基本稳定的微裂缝，混凝土的受压应力应变曲线近似直线状。第二阶段是混凝土承受的压应力为30%~50%极限应力时，裂缝缓慢伸展，但仍很独立，混凝土的受压力应变曲线随界面裂缝的演变逐渐偏离直线，产生弯曲。第三阶段是混凝土承受的压应力为50%~75%极限应力时，裂缝逐渐增生发展，并相互搭接。第四阶段是混凝土承受的压应力超过75%极限应力时，裂缝逐渐扩展为连续的裂缝体系，此时混凝土产生非常大的应变，其受压应力应变曲线明显弯曲，直到达到极限应力。

混凝土在长期荷载作用下的变形：混凝土承受持续荷载作用时，随时间的延长而增加的变形，称为徐变。混凝土的徐变在加荷早期增长较快，然后逐渐减慢，当混凝土卸载后，一部分变形迅速恢复，还有一部分要过一段时间才恢复，称徐变恢复。剩余不可恢复部分称残余变形。混凝土的徐变对混凝土及钢筋混凝土结构物的应力和应变状态有很大影响。徐变可能超过弹性变形，甚至达到弹性变形的2~4倍。在某些情况下，徐变有利于削弱由温度、干缩等引起的约束变形，从而防止裂缝的产生。但在预应力结构中，徐变将产生应力松弛，引起预应力损失，造成不利影响。因此在混凝土结构设计时，必须充分考虑徐变的有利和不利影响。影响混凝土徐变大小的主要因素是水泥用量和水灰比，水泥用量越多，水灰比越大，徐变越大。

11.1.5 砌体材料

11.1.5.1 铺地砖

铺地砖是用黏土压制成型、干燥后经过焙烧而成的组织紧密的板状铺地建筑材料。其种类繁多，应用广泛，水土保持工程中渗水型铺地砖应用较多。

渗水型铺地砖是一种生态型新型铺地产品，它是用混凝土制成的能够形成均匀分布排水孔铺面的功能型铺地砖。除具备普通混凝土铺地砖承载能力强、施工和维护方便、装饰效果好等特点外，还增加了表面渗水的特殊功能。

①渗水型铺地砖种类 渗水型铺地砖分为陶瓷透水砖和非陶瓷透水砖。

②适用范围 渗水型铺地砖多用于停车场、行车道、广场、码头、堆场及周边有绿

化的各种铺地。

11.1.5.2 护坡砖

护坡砖是以保护坡面不受外界损害为目的的特殊砖块，不仅在水利、水土保持工程中得到广泛应用，而且还可用于广场、码头、人行道等工程。具有利废、环保、防滑、保持水土不易流失和整体美观优雅等特点。在水土保持工程中应用较多的是连锁式护土砖、杰克型滨水砖、铰接式护土砖等。

（1）连锁式护土砖

连锁式护土砖水土保持系统是一种可人工安装，适于中小水流情况下土壤水侵蚀控制的连锁型预制混凝土块铺系统。采用独特连锁设计的连锁式护土砖，每块与周围 6 块产生超强连锁，铺面在水流作用下具有良好的整体稳定性；高开孔率渗水型柔性结构铺面能够降低流速，减少流体压力和提高排水能力。连锁式护土砖铺设在铺有滤水土工布的基面上，随着植被在砖孔和砖缝中生长，铺面的耐久性和稳定性将进一步提高，开孔部分既能起到渗水、排水的作用，又能增加植被，美化环境。

（2）杰克型滨水砖

杰克型滨水砖是一种高稳定性、高透水性、超强连锁的特殊造型滨水工程用混凝土构件。每组杰克型滨水砖由两个独立的插接式构件组装而成，组合后形成 6 个对称的支角，任意方式放置均形成稳定的三角形支架结构，并可伸入松软的土壤中。各种规格的杰克型滨水砖可随机码放形成交叉连锁的矩阵。每一独立块体与周围 6 块实现插入式接合，所以该系统的稳定性远远超过一般单体构件。杰克型滨水砖矩阵有高达 40% 的间隙，间隙允许高速水流迅速通过，同时起到减小流速、降低水压的作用。根据工程需要，杰克型滨水砖可制成各种规格，安装应用时可在施工现场或工厂将各个独立的滨水砖组装在一起形成杰克型组合。

（3）铰接式护土砖

铰接式护土砖水土保持系统是一种由缆索穿孔连接的连锁型预制混凝土块土壤侵蚀控制系统。该系统是由一组尺寸、形状和重量一致的预制混凝土块用若干根缆索相互连接在一起而形成的连锁型矩阵。铰接式护土系统的连锁护土砖主要有 2 种类型：开孔式和闭孔式。两种类型的护土砖均有不同的规格和厚度，分别适用于不同的水流情况。

11.1.5.3 挡墙砖

挡墙砖是垒砌挡土墙用的材料，即干垒块。目前在水土保持工程中应用较多的有钻石系列、嵌锁式、砌块配筋砌体挡土墙。

（1）钻石系列

钻石系列干垒挡土墙具有以下特点：美观自然，风格独特；无砂浆砌筑，施工简便快捷；可适于垒筑圆、弧和各种转角；高墙或有附加荷载的挡土墙可结合聚合物拉接网片组成加筋干垒挡土墙，结构稳定；无须维护，无污染，美化环境。可广泛用于园林、护坡、护堤、高速公路和立交桥等。

钻石系列干垒挡土墙是重力式柔性结构，主要依靠结构自身重量达到稳定的目的。

一般干垒挡土墙高，靠块体自重即可起到防止滑动和倾覆失稳的作用。对于较高或有附加荷载的干垒挡土墙，通常可在干垒块之间放置柔性编织拉接网片延伸到填土中，通过挡土块和加筋土的共同作用来增大墙体结构有效重量，从而形成稳固的挡土结构墙体。

无须砂浆黏结而逐层摆放在碎石集料垫层上的干垒块挡土墙，其特有的施工方法使墙体成为柔性的重力式结构，能适应较大的整体沉降和一定程度的不均匀沉降（一般允许1%）。干垒挡土墙受到地震荷载或其他动力荷载的作用时，结构稳定，力学性能卓越。

（2）嵌锁式

嵌锁式干垒挡土墙是加筋土干垒挡土墙的一种。由塑料压杆和嵌锁式干垒挡土块组成的连锁结构极大地加强了拉接网片与墙体之间的连接，偏斜式键槽和键销在导引块体准确安装错台就位的同时也起到了块体自稳定的作用，墙体抗倾覆、拉接网片抗拉拔和抗滑移能力、抗剪切、抗震和抗附加荷载能力强，尤其适用于挡土高墙和附加荷载较大的挡土墙。

嵌锁式连接能够充分保证土工布类拉接网片在安装和使用过程中不会被拔出或移拉，检测实验证明了这一点。实验表明这种连接系统完全能够承受 3 倍于土工拉接网片的允许设计强度。限定条件实验分析结果还证明这种连接系统能够抵抗超大荷载和严峻的外界环境。

嵌锁式干垒挡土墙由混凝土砌块制成，锁扣压杆可由一般的工程塑料制成，制作简单，并可采用工业废料作为原材料。拉接网片也是市面上常见易购的工程材料，如聚酯（涤纶）、聚丙烯（丙纶）土工格栅或编织网等。

（3）砌块配筋砌体

砌块配筋砌体挡土墙是刚性挡土结构，设计和计算方法与直立板式和现浇钢筋混凝土结构相似，结构性能相当。悬臂式结构较适于配筋砌体挡土墙。相对现浇钢筋混凝土结构，混凝土砌块横向和纵向配筋操作简单，无须模板灌，施工快捷，更适用于悬臂式挡土墙结构。

当土体压力较大、有附加荷载作用于墙体前端或墙趾时，悬臂式砌块配筋砌体挡土墙常采用倒"T"形截面；在某些情况下无须结构墙趾时，可采用"L"形截面构造。悬臂式挡土墙一般具有较好的稳定性，适用于各种高度和荷载的场所。

无论是倒"T"形还是"L"形截面，砌块孔均须用一定强度的混凝土满灌，砌块起到模板和装饰的作用，挡土宜与墙体高度齐平或略低。刚性基础与挡土墙主体是一个结构整体，基础上的回填土能起到增加挡土墙自重、稳定结构的作用。为抵抗土压力，配筋一般靠土体一侧固定。延伸基础的作用是稳定墙干、抵抗来自墙干的力的作用（滑动、倾覆和附加荷载），并将其传递给土基。

11.2 水土保持工程施工

11.2.1 基础工程施工

建筑物在地面以下并将上部结构自重和所承担的荷载传递到地基上的构件或部分结构即为建筑物的"基础"（图 11-1），形象地说，基础是建筑物的根脚。

11.2.1.1　基坑开挖

基坑是指为进行建筑物(包括构筑物)基础与地下室的施工在基础设计位置按基底标高和基础平面尺寸所开挖的地面以下空间。一般来说,开挖深度大于等于 5 m 的基坑是深基坑,小于 5 m 的是浅基坑。

基坑开挖前应根据地质水文资料,结合现场附近建筑物情况,决定开挖方案,并做好防水排水工作。开挖不深者可用放边坡的办法,使

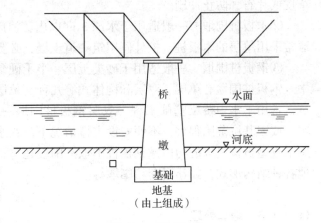

图 11-1　基础示意

土坡稳定,其坡度大小按有关施工规程确定。开挖较深及邻近有建筑物者,可用基坑壁支护方法、喷射混凝土护壁方法,大型基坑甚至采用地下连续墙和钻孔灌注桩连锁等方法,防护外侧土层坍入;在附近建筑无影响者,可用井点法降低地下水位,放坡明挖;在寒冷地区可采用天然冷气冻结法开挖等。

(1)陆地基坑开挖

基础开挖前应准确测定基础轴线,边线位置及标高,并根据地质水文资料及现场具体情况,决定坑壁开挖坡度或支护方案,做好防水、排水工作。基坑开挖的深度一般稍大于基础埋深,视对基底处理的要求而定。坑底应在基础的襟边之外每边各增加 30 ~ 60 cm 的富余量,为基坑的支护和排水留出必要的空间。

范围较小的桥梁基础施工,常用位于坑顶的吊机操纵抓斗;开挖面很大的基坑,常用各类铲式挖土机、铲运机、推土机和自卸式汽车等。但离基底设计标高 20 ~ 40 cm 厚的最后一层土仍要须人工挖除修整,以保证地基土结构不受破坏。土质较好、开挖不深、周围无邻近建筑物的基坑有可能采用局部或全深度的放坡开挖方法。其坡度(高宽比)根据岩土类别及其物理状态和坡高等因素而定。

坡高大于 5 m 时应分级放坡并设置过渡平台。坡顶有堆积荷载、坡高和坡度大、地层情况不利于边坡稳定时,应进行稳定验算。放坡开挖宜对坡面采取保护措施,如水泥砂浆抹面、塑料薄膜覆盖、挂铁丝网喷浆等。放坡开挖基坑必然增加土方量,多占场地。如基坑较深、土质较差或邻近有须保留建筑物,则应采用坑壁支护的方案。

(2)水下基坑开挖

围堰的顶面要高出施工期可能出现的最高水位 0.7 m;还要考虑因修筑围堰使河流过水断面减小,流速增大,而引起河床的集中冲刷;围堰的断面应满足强度和稳定(防止滑动、倾覆)的要求;渗漏应尽量减少;堰内应有适当的工作面积。

①土围堰　一般适用于水深在 2 m 以内,流速缓慢,基底不渗水的情况。土围堰的厚度及其四周斜坡应根据使用的土质(宜使用黏性土)、渗水程度及围堰本身在水压力作用下的稳定性而定:堰顶宽不应小于 1.5 m,外坡不宜陡于 1:2,内坡不宜陡于 1:1,内坡脚距基坑顶缘不小于 1 m。修筑时,尽可能使填土密实,必要时需在外坡上铺设树枝、

草皮或片石，防止冲刷。

②木板桩围堰　一般适用于水深 3 m 以内，河床为砂类土、黏性土等地层中。围堰通常采用单层的木板桩，桩外侧填筑一道土堤，必要时可用夹土双层木板桩。

③钢板桩围堰　一般适用于砂类土层、半干硬黏性土、碎石类土以及风化岩等地层中。钢板桩围堰有单层、双层和构体式等几种。单层钢板桩围堰适合于修筑中小面积基坑，常用于水中桥梁基础工程。双层钢板桩围堰一般应用在水深而需要确保围堰不漏水，或因基坑范围很大，不便安设支撑情况下。在水深坑大、无法安设支撑时，也可采用平直型板桩组成的构体式钢板桩围堰。围堰还可根据具体的施工条件和要求，采用其他各种结构形式，如浮运套箱围堰等。

11.2.1.2　地基处理

地基按照地层性质可分为岩基和软基。由于天然地基的性状复杂多样，各种类型的水工建筑物对地基的要求又各不相同，因而在实际工程中，形成了各种不同的地基处理方案和措施。水土保持工程施工中常用的方法有开挖、灌浆、防渗墙、桩基础、排水、挤实、锚固等。

（1）岩基处理

对于表层岩石存在的缺陷，可采用爆破开挖处理。当基岩在较深的范围内存在风化、节理裂隙、破碎带以及软弱夹层等地质问题时，应采用专门的处理方法。

①断层破碎带处理　断层是岩石或岩层受力发生断裂并向两侧产生显著位移而出现的破碎发育岩体。有断层破碎带和挤压破碎带两种。一般情况下，破碎带的长度和深度比较大，且风化强烈，岩块极易破碎，常夹有泥质填充物，强度、承载能力和抗渗性不能满足设计需求，必须予以处理。

对于较浅的断层破碎带，通常可采用开挖和回填混凝土的方法进行处理。处理时将一定深度范围内的断层及其两侧的破碎风化岩石清理干净，直到露出新鲜岩石，然后回填混凝土。

对于深度较大的断层破碎带，可开挖一层，回填一层。回填混凝土时预留竖井或斜井，作为继续下挖的通道，直到预定深度为止。

对于贯通建筑物上下游宽而深的断层破碎带或深厚覆盖层的河床深槽，处理时，既要解决地基承载能力，又要截断渗透通道。为此可以采用支承拱和防渗墙法。

②软弱夹层处理　软弱夹层是指基岩出现层面之间的强度较低，已泥化或遇水容易泥化的夹层，尤其是缓倾角软弱夹层，处理不当会对坝体稳定带来严重影响。

对于倾角陡的夹层，如不与水库连通，可采用开挖和回填混凝土的方法处理。如夹层和库水相通，除对基础范围内的夹层进行开挖回填外，还必须在夹层上游水库入口处，进行封闭处理，切断通路。

对于缓倾角夹层，埋藏不深，开挖量不太大时最好彻底挖除。如夹层埋藏较深，或夹层上部有足够厚度的支撑岩体，能维持基岩的深层抗滑稳定，可以只挖除上游部位的夹层，并进行封闭处理。如果夹层埋藏得很深，且没有深层滑动的危险，处理的目的主要是加固地基，可采用一般灌浆方法进行处理。

③岩溶处理 岩溶是指可溶性岩层(石灰岩、白云岩)长期受地表水或地下水溶蚀作用产生的溶洞、溶槽、暗沟、暗河、溶泉等现象。这些地质缺陷削弱了地基承载能力,形成了漏水的通道,危及水工建筑物的正常运行。对岩溶处理的目的是防止渗漏,保证蓄水,提高地基承载能力,确保建筑物的稳定安全。

对岩溶的处理可采取堵、铺、截、围、导、灌等措施。堵就是堵塞漏水的洞眼;铺就是在漏水地段做铺盖;截就是在漏水处修筑截水墙;围就是将间歇泉、落水洞围住;导就是将下游的泉水导出建筑物;灌就是进行固结灌浆和帷幕灌浆,对于大裂隙破碎岩溶地段,采取群孔水汽冲洗,高压灌浆;对于松散物质的大型溶洞,可对洞内进行高压旋喷灌浆。

(2)软基处理

①挖除置换法 是指将建筑物基础底面以下一定范围内的软土层挖除,换填无侵蚀性及低压缩性的散粒材料,这些材料可以是粗砂、砾(卵)石、灰土、石屑、煤渣等。通过置换,减小沉降,改善排水条件,加速固结。

当地基软土层厚度不大时,可全部挖除,并换以砂土、黏土、壤土或砂壤土等回填夯实,回填时应分层夯实,严格控制压实质量。

②重锤夯实法 适用于带有自动脱钩装置的履带式起重机,将重锤吊起到一定的高度脱钩让其自由下落,利用下落的冲击能把土夯实。

当地基软土层厚度不大时,可以不开挖,利用重锤夯实法进行处理。当夯锤重为5~7 t,落距在5~9 m时,夯实深度为2~3.5 m;当夯锤重为8~40 t,落距在14~40 m时,夯实深度为20~30 m。此法可以省去大开大挖,节省成本,能耗少,机具简单;只是机械磨损大,振动大,施工不易控制。

③震动水冲法 是用一种类似插入式混凝土振捣器的振冲器,在土层中振冲造孔,并以碎石或砂砾填成碎石或砂砾桩,达到加固地基的一种方法。这种方法不仅适用于松沙地基,也可用于黏性土地基,因碎石承担了大部分传递载荷,同时又改善了地基排水条件,加速了地基的固结,提高了地基的承载能力。一般碎石桩的直径为0.6~1.1 m,桩距视地质条件在1.2~2.5 m范围内选择。

④排水法 是指采取相应的措施如砂垫层、排水井、塑料多孔排水板等,使软基表层或内部形成水平或垂直排水通道,然后在土壤自重或是外荷作用下,加速土壤中水分的排除,使土壤固结,从而提高强度的一种方法。排水法又可分为水平排水法和垂直排水法。

⑤桩基础 是由若干个沉入土中的单桩组成的一种深基础,在各个单桩的顶部再用承台或梁联系起来,以承受上部建筑物重量的地基处理方法。按桩的传力和作用性质不同,可分端承桩和摩擦桩两种。按桩的施工方法又可以分为预制桩和灌注桩两种。

桩基础的作用就是将上部建筑物的重量传到地基深处承载力较大的土层中,或将软弱土挤密实以提高地基的承载能力。在软弱土层上建造建筑物或上部结构载荷很大,天然地基的承载能力不满足时,采用桩基础可以取得较好的经济效果。

此外,在处理松散饱和的沙土地基时,也可以采用深孔爆破加密法,人工进行深层爆破,使饱和松沙液化,颗粒重新排列组合成为结构紧密、强度较高的砂。

11.2.2　土方工程施工

（1）土方开挖

在施工过程中常见的土方开挖机械有挖掘机械和挖运组合机械两大类。挖掘机械按照工作机构及工作特点可分为循环作业的单斗式和连续作业的多斗式挖掘机两类；挖运组合机械能综合完成挖土运土和铺土等工作程序，常用的有装载机、铲运机、推土机等。土方开挖机械的选择应根据工程规模、工期要求、地质条件以及施工现场条件等确定。

（2）土方运输

①人工运输　有人工挑抬、独轮车运输、架子车运输和小型翻斗车运输。

②机械运输　有无轨运输、有轨运输、带式运输等。其中无轨运输主要包括自卸汽车运输和拖拉机运输；有轨运输包括窄轨运输、标准轨道运输；带式运输主要是指皮带机运输。

（3）土方的填筑与压实

①土方的填筑　级配良好的砂土或碎石土、爆破石渣、性能稳定的工业废料及含水量符合压实要求的黏性土可作为填方土料。淤泥、冻土、膨胀性土及有机物含量大于5%的土，以及硫酸盐含量大于5%的土均不能做填土。含水量大的黏土不宜做填土用。

以粉质黏土、粉土作填料时，其含水量宜为最优含水量，可采用击实试验确定；挖高填低或开山填沟的土料和石料，应符合设计要求。

填方应尽量采用同类土填筑。填方中采用两种透水性不同的填料时，应分层填筑，上层宜填筑透水性较小的填料，下层宜填筑透水性较大的填料。各种土料不得混杂使用，以免填方内形成水囊。

填方施工应接近水平地分层填土、分层压实，每层的厚度根据土的种类及选用的压实机械而定。应分层检查填土压实质量，符合设计要求后，才能填筑土层。当填方位于倾斜的地面时，应先将斜坡挖成阶梯状，然后分层填筑，以防填土横向滑移。压实填土的施工缝各层应错开搭接，在施工缝的搭接处，应适当增加压实遍数。

②土方的压实　土方压实方法有碾压法、夯实法及振动压实法。

11.2.3　砌筑工程施工

11.2.3.1　砌砖

砌砖工程是指砌筑工程中使用普通黏土砖、承重黏土空心砖、蒸压灰砂砖、粉煤灰砖等各类砖块为主要材料进行的工程种类。

（1）施工准备

①砖的准备　砖的品种和强度等级必须符合设计要求，并应规格一致。砌筑砖砌体时，砖应提前 1~2 d 浇水湿润。一般要求砖处于半干湿状态（将水浸入砖 10 mm 左右），含水率为 10%~15%。

②机具的准备　砌筑前，必须按施工组织设计要求组织垂直和水平运输机械、砂浆

搅拌机进场、安装、调试等。同时，还应准备脚手架、砌筑工具等。

（2）砖砌体的组砌形式

①一顺一丁 这种砌法是一皮中全部顺砖与一皮中全部丁砖相互间隔砌成，上下皮间竖缝相互错开 1/4 砖长。

②三顺一丁 这种砌法是三皮中全部顺砖与一皮中全部丁砖间隔砌成，上下皮顺砖与丁砖间竖缝错开 1/4 砖长，上下皮顺砖间竖缝错开 1/2 砖长。

③梅花丁 这种砌法是每皮中丁砖与顺砖相隔，上皮丁砖坐中于下皮顺砖，上下皮间竖缝相互错开 1/4 砖长。

（3）施工工艺

砖砌体的施工过程一般包括：抄平、放线、摆砖、立皮数杆、挂线、砌砖和勾缝清理等。

①抄平 砌墙前应在基础防潮层或楼面上定出各层标高，并用 M7.5 水泥砂浆或 C10 细石混凝土找平，使各段砖墙底部标高符合设计要求。

②放线 根据龙门板上给定的轴线及图纸上标注的墙体尺寸，在基础顶面上用墨线弹出墙的轴线和墙的宽度线，并定出门洞口位置线。

③摆砖 是指在放线的基面上按选定的组砌方式用干砖试摆。摆砖的目的是核对所放的墨线在门窗洞口、附墙垛等处是否符合砖的模数，以尽可能减少砍砖。

④立皮数杆 是指在其上画有每皮砖和砖缝厚度以及门窗洞口、过梁、楼板、梁底、预埋件等标高位置的一种木制标杆。

⑤挂线 为保证砌体垂直平整，砌筑时必须挂线，一般二四墙可单面挂线，三七墙及以上的墙则应双面挂线。

⑥砌砖 砌砖的操作方法很多，常用的是"三一"砌砖法和挤浆法。砌砖时，先挂上通线，按所排的干砖位置把第一皮砖砌好，然后盘角。盘角又称立头角，指在砌墙时先砌墙角，然后从墙角处拉准线，再按准线砌中间的墙。砌筑过程中应三皮一吊，五皮一靠，保证墙面垂直平整。

⑦勾缝及清理 清水墙砌完后，要进行墙面修正及勾缝。墙面勾缝应横平竖直，深浅一致，搭接平整，不得有丢缝、开裂和黏结不牢等现象。砖墙勾缝宜采用凹缝或平缝，凹缝深度一般为 4~5 mm。勾缝完毕后，应进行墙面、柱面和落地灰的清理。

11.2.3.2 砌石

砌石工程是指砌筑工程中使用石材作为主要材料进行施工的工程种类。常见的有干砌石工程和浆砌石工程。

（1）干砌石工程

干砌石是砌筑工程中最为常用的砌筑方式之一，是指不用胶结材料而将石块砌筑起来。宜用于护坡、护底等部位。

①砌筑方法 干砌石常用的砌筑方法有两种，即平缝砌筑法和花缝砌筑法。

平缝砌筑法：这种砌筑方法适用于干砌石施工，石块宽面长向与坡面方向垂直，水平分层砌筑，同一层仅有横缝，但竖向纵缝必须错开(图 11-2)。

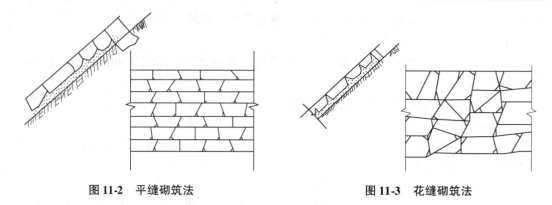

图 11-2 平缝砌筑法   图 11-3 花缝砌筑法

花缝砌筑法：这种砌筑方法多用于干砌毛石施工，砌石水平向不分层，大面朝上，小面朝下，相互填充挤实砌成（图 11-3）。

②施工要求

——不得使用有尖角或薄边的石料砌筑；石料最小边尺寸不宜小于 20 cm。

——砌石应垫稳填实，与周边砌石靠紧，严禁架空。

——严禁出现通缝、叠砌和浮塞；不得在外露面用块石砌筑，而中间以小石填心；不得在砌筑层面以小块石、片石找平；堤顶应以大石块或混凝土预制块压顶。

——承受大风浪冲击的堤段，用粗料石钉扣砌筑。

（2）浆砌石工程

浆砌石工程宜采用块石砌筑，如石料不规则，必要时可采用粗料石或混凝土预制块作砌体镶面；仅有卵石的地区，也可采用卵石砌筑。其中砌体强度均必须达到设计要求。此外，在施工过程中应注意：

①砌筑前，应在砌体外将石料上的泥垢冲洗干净，砌筑时保持砌石表面湿润。

②应采用座浆法分层砌筑，铺浆厚宜 3~5 cm，随铺浆随砌石。砌缝需用砂浆填充饱满，不得无浆直接贴靠，砌缝内砂浆应采用扁铁插捣密实；严禁先堆砌石块再用砂浆灌缝。

③上下层砌石应错缝砌筑；砌体外露面应平整美观，外露面上的砌缝应预留约 4 cm 深的空隙，以备勾缝处理；水平缝宽应不大于 2.5 cm，竖缝宽应不大于 4 cm。

④砌筑因故停顿，砂浆已超过初凝时间，应待砂浆强度达到 2.5 MPa 后才可继续施工；在继续砌筑前，应将原砌体表面的浮渣清除；砌筑时应避免震动下层砌体。

⑤勾缝前必须清缝，用水冲净并保持槽内湿润，砂浆应分次向缝内填塞密实；勾缝砂浆标号应高于砌体砂浆；应按实有砌缝勾平缝，严禁勾假缝、凸缝；砌筑完毕后应保持砌体表面湿润，做好养护。

⑥砂浆配合比、工作性能等，应按设计标号通过试验确定，施工中应在砌筑现场随机制取试件。

11.2.4 钢筋混凝土工程施工

11.2.4.1 模板工程

模板工程指新浇混凝土成型的模板以及支承模板的一整套构造体系，其中，接触混凝土并控制预定尺寸、形状、位置的构造部分称为模板，支持和固定模板的杆件、桁架、联结件、金属附件、工作便桥等构成支承体系，对于滑动模板、自升模板则增设提升动力以及提升架、平台等构成。模板工程在混凝土施工中是一种临时结构。

（1）模板分类

模板按其功能常分为五大类。

①定型组合模板　包括定型组合钢模板、钢木定型组合模板、组合铝模板以及定型木模板。目前我国推广应用量较大的是定型组合钢模板。

②墙体大模板　有钢制大模板、钢木组合大模板以及由大模板组合而成的筒子模等。

③飞模（台模）　是用于楼盖结构混凝土浇筑的整体式工具式模板，具有支拆方便、周转快、文明施工的特点。

④滑动模板　是整体现浇混凝土结构施工的一项新工艺，广泛应用于工业建筑的烟囱、水塔、筒仓、竖井和民用高层建筑剪力墙、框剪、框架结构的施工。

⑤一般木模板　其板面采用木板或木胶合板，支承结构采用木龙骨、木立柱，连接件采用螺栓或铁钉。

（2）模板荷载

设计模板首先要确定模板应承受的荷载。

①荷载标准值　包括模板及其支架自重标准值、新浇筑混凝土自重标准值、钢筋自重标准值。

②活荷载标准值　包括施工人员及设备荷载标准值。

③风荷载标准值　计算模板及支架结构或构件的强度、稳定性和连接的强度时，应采用荷载设计值（荷载标准值乘以荷载分项系数）。计算正常使用极限状态的变形时，应采用荷载标准值。

（3）荷载组合

按极限状态设计时，其荷载组合应按 2 种情况分别选择：一是对于承载能力极限状态，应按荷载效应的基本组合采用；二是对于正常使用极限状态应采用标准组合。

（4）模板的安装与拆除

①模板安装　应按设计与施工说明书循序安装。根据安装部位及安装方法的不同，模板常用的安装方法有起重机具吊装和人工架立等。

②模板拆除　模板的拆除对混凝土质量、工程进度和模板重复使用的周转率都有直接影响。因此应准确掌握拆模时间，拆完后应妥善管理。

11.2.4.2　钢筋工程

在施工过程中钢筋工程是保证结构安全的主要工序，也是主体质量控制的重点。

（1）施工准备

①开始施工前根据钢筋材料计划准备材料，分批组织钢筋进场，钢筋进场时附带原材料质量证明书（钢筋出厂合格证，炉号和批量等），钢筋进场时现场材料员核验（材料员应在规定的时间内将有关资料归档到资料员处）。

②钢筋进场后，现场试验人员立即通知项目技术负责人及监理，现场按规范规定的要求取样送试，进行拉伸试验(包括屈服点、抗拉强度和伸长率)及冷弯试验。试验不合格的钢筋及时清运出场外。钢筋复试合格后，方可使用。

(2)钢筋加工工艺

①材料准备　钢筋表面应洁净，黏着的油污、泥土、浮锈使用前必须清理干净，可结合冷拉工艺除锈。

②钢筋调直　可用机械或人工调直。调直后的钢筋不得有局部弯曲、死弯、小波浪形，其表面伤痕不应使钢筋截面减小 5%。

③钢筋切断　应根据钢筋号、直径、长度和数量，长短搭配，先断长料后断短料，尽量减少和缩短钢筋短头，以节约钢材。

④钢筋弯钩或弯曲　钢筋弯钩的形式有 3 种，分别为半圆弯钩、直弯钩及斜弯钩。钢筋弯曲后，弯曲处内皮收缩、外皮延伸、轴线长度不变，弯曲处形成圆弧，弯曲后尺寸不大于下料尺寸，应考虑弯曲调整值。

(3)钢筋绑扎施工方法

①所有钢筋交叉点用20#或22#铁丝绑牢。

②22#铁丝绑扎直径 12 mm 以下的钢筋，20#铁丝绑扎其他直径的钢筋；梁、柱绑扎铁丝丝尾朝向梁柱心，板、墙绑扎铁丝丝尾与受力筋弯钩一致。

③梁柱箍筋应与受力筋垂直，弯钩叠合处应沿受力筋错开设置绑扎，箍筋要平、直，开口对角错开，规格间距依照图纸，丝尾朝向梁、柱心。梁两端箍筋距柱筋外皮50 mm开始绑扎。

④梁、板钢筋先弹线后绑扎，上层钢筋弯钩朝下，下层钢筋弯钩朝上，丝尾部与弯钩一致，保护层垫块到位。弯矩较大钢筋放在较小钢筋的外侧。

⑤基础钢筋的绑扎，应根据图纸设计要求画出基础筋的间距线，并用墨线弹出，将钢筋按设计要求摆放，靠外两根钢筋的交叉点，必须满绑，中间的交叉点可相隔交错绑扎，但必须保证网片牢固。

11.2.4.3　混凝土工程

混凝土工程施工过程中最为重要的环节是混凝土的制备、混凝土的运输、混凝土的浇筑、混凝土的养护等几方面。

(1)混凝土的制备

混凝土的制备就是根据混凝土的配合比，把水泥、砂、石、外加剂、矿物掺和料和水通过搅拌的手段使其成为均质的混凝土。

(2)混凝土的运输

混凝土的运输是指混凝土拌和物自搅拌机中出料至浇筑入模这一段运送距离以及在运送过程中所消耗的时间。

混凝土运输分为地面运输、垂直运输和楼地面运输3种情况。运输预拌混凝土，多采用自卸汽车或混凝土搅拌运输车。混凝土如来自现场搅拌站，多采用小型机动翻斗车、双轮手推车等运输。混凝土垂直运输多采用塔式起重机、混凝土泵、快速提升架和井架等。混凝土楼地面运输一般以双轮手推车为主。

（3）混凝土的浇筑

①基础面处理 在地基或基土上浇筑混凝土时，应清除淤泥和杂物，并应有排水和防水措施。对干燥的非黏性土，应用水湿润；对未风化的岩土，应用水清洗，但表面不得留有积水。在降雨雪时，不宜露天浇筑混凝土。

②施工缝处理 由于技术上的原因或设备、人力的限制，混凝土的浇筑不能连续进行，中间的间歇时间若超过混凝土的初凝时间，则应留置施工缝，施工缝的位置应在混凝土浇筑前按设计要求和施工技术方案确定。由于该处新旧混凝土的结合力较差，是结构中的薄弱环节，因此，施工缝宜留置在结构受剪力较小且便于施工的部位。

③混凝土浇筑 应由低处往高处分层浇筑。每层的厚度应根据捣实方法、结构的配筋情况等因素确定。在浇筑竖向结构混凝土前，应先在底部填入与混凝土内砂浆成分相同的水泥砂浆；浇筑中不得发生离析现象；当浇筑高度超过 3 m 时，应采用串筒、溜管或振动溜管使混凝土下落。

为保证混凝土的整体性，浇筑混凝土应连续进行。当必须间歇时，其间歇时间宜缩短，并应在前层混凝土凝结前将次层混凝土浇筑完毕。混凝土运输、浇筑及间歇的全部时间不应超过混凝土的初凝时间。

④混凝土的捣实 就是使入模的混凝土完成成型与密实的过程，从而保证混凝土结构构件外形正确，表面平整，混凝土的强度和其他性能符合设计的要求。

混凝土浇筑入模后应立即进行充分的振捣，使新入模的混凝土充满模板的每一角落，排出气泡，使混凝土拌和物获得最大的密实度和均匀性。

混凝土的振捣分为人工振捣和机械振捣。人工振捣是利用捣棍或插钎等用人力对混凝土进行夯、插，使之成型。只有在采用塑性混凝土，而且缺少机械或工程量不大时才采用人工振捣。采用机械振实混凝土，早期强度高，可以加快模板的周转，提高生产率，并能获得高质量的混凝土，应尽可能采用。

（4）混凝土的养护

混凝土的凝结与硬化是水泥与水产生水化反应的结果，在混凝土浇筑后的初期，采取一定的工艺措施，建立适当的水化反应条件的工作，称为混凝土的养护。养护的目的是为混凝土硬化创造必要的湿度、温度等条件。常采用的养护方法有：标准养护、热养护、自然养护，根据具体施工情况采用相应的养护方法。对高耸构筑物和大面积混凝土结构不便于覆盖浇水或使用塑料布养护时，宜喷涂保护层（如薄膜养生液等）养护，防止混凝土内部水分蒸发，以保证水泥水化反应的正常进行。

11.2.5 土石坝施工

土石坝包括各种碾压式土石坝、堆石坝和土石混合坝。按施工方法可以分为干填碾压、水中填土、水力充填以及定向爆破筑坝等类型。目前国内外仍以机械压实土石料的施工方法为多。

11.2.5.1 碾压式土石坝施工

碾压式土石坝是在坝基清理之后将开挖合格的土石料装运上坝，卸载在指定部位，按规定的厚度铺平，经过碾压密实而逐层填筑到坝体设计断面筑成的土石坝。

(1)碾压式土石坝的作业内容

包括准备作业、基本作业、辅助作业和附加作业。

①准备作业 平整场地、通车、通水、通电；架设通信线路；建房；排水清基。

②基本作业 土石料开采、挖、装、运、卸；坝面铺平、压实、质检。

③辅助作业 清除施工场地和料场的覆盖；从上坝土料中剔除超径石块、杂物；坝面排水；层间刨毛和加水。

④附加作业 坝坡修整；铺砌护面石块；铺植草皮。

(2)坝面作业的基本要求

坝面作业施工程序包括铺料、整平、洒水、压实(对于黏性土料采用平碾，压实后尚须刨毛以保证层间接合的质量)、质检等工序。为了避免各工序之间相互干扰，可将流水作业进行组织单位压实遍数的压实厚度最大者，即在满足设计干容重的条件下，压实厚度同压实遍数的比值最大者视为最经济合理的组合。

(3)铺料与整平

铺料宜平行坝轴线进行，铺土厚度要均匀，超径不合格的料块应打碎，杂物应剔除。进入防渗体内铺料，自卸汽车卸料宜用进占法倒退铺土，使汽车始终在松土上行驶，避免在压实土层上开行，造成超压，引起剪力破坏。汽车穿越反滤层进入防渗体，容易将反滤料带入防渗体内，造成防渗土料与反滤料混杂，影响坝体质量。

一般采用带式运输机或自卸汽车上坝卸料，采用推土机或平土机散料平土。

(4)碾压

①进退错距法 操作简便，碾压、铺土和质检等工序协调，便于分段流水作业，压实质量容易保证。

②圈转套压法 要求开行的工作面较大，适合于多碾滚组合碾压。其优点是生产效率较高，但碾压中转弯套压交接处重压过多，易超压。

(5)接头处理

在坝体填筑中，层与层之间分段接头应错开一定距离，同时分段条带应与坝轴线平行布置，各分段之间不应形成过大的高差。接坡坡比一般缓于1:3。

坝体填筑中，为了保护黏土心墙或黏土斜墙不至于长时间暴露在大气中受到影响，一般都采用土、砂平起的施工方法。

对于坝身与混凝土结构物(如涵管、刺墙等)的连接，靠近混凝土结构物部位不能采用大型机械压实时，可采用小型机械夯实或人工夯实。填土碾压时，要注意混凝土结构物两侧均衡填料压实，以免对其产生过大的侧向压力，影响其安全。

11.2.5.2 堆石坝施工

用堆石或砂砾石分层碾压填筑成坝体，用钢筋混凝土面板作为防渗体的坝，称为钢筋混凝土面板堆石坝。该坝型主要由堆石体和防渗体组成，其中堆石体从上游向下游依次主要由垫层区、过渡区、主堆区和次堆石区组成；防渗体由钢筋混凝土面板、趾板、趾板地基的防渗帷幕、周边缝和面板间的接缝止水组成。

（1）坝体填筑施工工艺

①施工准备　坝体填筑原则上应在坝基、两岸岸坡处理验收以及相应部位的趾板混凝土浇筑完成后进行。但有时考虑到来年度汛要求，填筑工期较紧，所以在基坑截流后，一般前期除趾板区和坝后有量水堰施工区等有施工干扰外，其他区域覆盖层依照设计要求清理后即可考虑先组织施工。采用流水作业法组织坝体填筑施工，将整个坝面划分成若干施工单元，在各单元内依次完成填筑的测量控制、坝料运输、卸料、洒水、摊铺平整、振动碾压等各道工序，使各单元所有工序能够连续作业。各单元之间应采用石灰线等作为标志，以避免超压或漏压。

②测量控制　基面处理验收合格后，按设计要求测量确定各填筑区的交界线，撒石灰线进行标志，垫层上游边线可用竹桩吊线控制，两岸岩坡上标写高程和桩号；其中垫层上游边线、垫层与过渡层交界线、过渡层与主堆石区交界线上升每一层均应进行测量放样，主次交界线、下游边线可放宽到 2/3 层测量放样一次，施工放样以预加沉降量的坝体断面为准，考虑沉陷影响后的外形尺寸和高程，以设计要求的坝顶高程为最终沉降高程，坝体填筑时需预留坝高的 0.5%~1.0% 为沉降超高。填筑过程中每上升一层必须对分区边线进行一次测量，并绘制断面图，施工期间定线、放样、验收等测量原始记录全部及时整理成册，提交归档，竣工后按设计和规范要求绘制竣工平面图和断面图。

③坝料摊铺　坝体填筑从填筑区的最低点开始铺料，铺料方向平行于坝轴线，砂砾料、小区料、垫层料、过渡料及两岸接坡料采用后退法卸料，主堆石、次堆石和低压缩区料全部采用进占法填筑，自卸汽车卸料后，采用推土机摊料平整，摊铺过程中对超径石和界面分离料采用小型反铲挖土机配合处理，垫层料、过渡料由人工配合整平，每层铺料后采用水准仪检查铺料厚度，确保厚度满足要求。

④洒水　一般采用坝面加水和坝外加水等方式，具体应根据不同施工条件选择。洒水主要是为了能充分湿润石料，以便在振动碾强烈激振力的作用下，块石相互接触部分棱角被击碎，从而减少孔隙率，细料充填空隙，以增加碾压的密实度。洒水量以碾压试验结果确定，对于有风化岩的掺配料，应适当增加洒水量，以便使掺配的风化岩料提前湿润软化。

⑤压实　垫层料和过渡料多采用自行式振动碾进退错距法碾压，主、次堆石料和砂砾石料多采用牵引式振动碾碾压，振动碾一般沿平行坝轴线方向行进，靠近岸坡、施工道路边坡处除增加顺向碾压外，多采用液压振动夯加强碾压；主、次堆石料碾压采用进退错距法，错距由振动碾碾子宽度和碾压遍数控制，当振动碾碾子宽度为 2 m，碾压遍数为 8 遍时，错距一般为 25 cm。坝坡接触带等大的碾压设备无法到位的区域采用小型手扶式振动碾或液压振动夯加强碾压。

（2）坝体填筑应注意的问题

①大坝各区料的界面处理　大坝填筑各区料的交接界面必须注意防止大块石集中，特别是垫层料与过渡料之间、过渡料与主堆石料之间，填筑料的粒径差距较大，采用后

退法卸料，填筑时不能有超径石集中现象。界面上有大块石时，及时采用 1 m³ 反铲挖土机或推土机清除，保证主堆石区不侵占过渡区、过渡区不侵占垫层区。

②坝体与岸坡接合部的填筑　坝体地基要求不能有"反坡"现象，因此对边坡的反坡部位先进行削坡或回填混凝土处理。坝料填筑时，岸坡接合部位易出现大块石集中现象，且碾压设备不容易到位，造成接合部位碾压不密实。因此在接合部位填筑时，应减薄填筑铺料厚度，清除所有的大块石，采用过渡层料填筑。

11.2.6　混凝土坝施工

混凝土坝是以水工混凝土为筑坝材料修筑的坝体。包括重力坝、拱坝等主要坝型，是最常用的坝型。施工方法有现浇混凝土和预制混凝土两种。当前世界上的混凝土坝，绝大多数是常态混凝土法施工的。

现浇混凝土施工分为常态混凝土和碾压混凝土两种。常态混凝土施工一般是以一定配合比的砂、石、水泥、掺和料和外加剂加水拌和成流态混合物，在施工现场浇入按建坝程序和大坝施工要求所组立的浇筑分块模板内。经过养护，混合物凝结成具有相当强度的固体大块(大坝混凝土浇筑块)。经分坝段逐层逐块浇筑并按设计要求进行坝段间和分块间的接缝灌浆等措施，使各分块连成整体，即构成混凝土坝。碾压混凝土施工法是不分块、不分层整坝体浇筑，用类似土石坝工程的施工工艺，分层铺干硬性混凝土。用振动碾压实，全断面连续浇筑到顶(详见碾压混凝土坝施工)。

混凝土坝施工程序主要包括施工准备、施工导流、地基开挖与处理、混凝土制备、混凝土浇筑、接缝灌浆等。

(1)施工准备

主要包括修建下基坑道路；大型施工机械的布设与安装；修建专用混凝土供应线；设置制冷及制热系统(针对高坝及不良气候地区特殊要求的施工工艺设施)。

(2)施工导流

由于混凝土坝施工期间坝面过水对工程的损失和风险较小，故采用的导流标准较土石坝低，并且尽可能采用枯水期导流。汛期利用坝体缺口或设置底孔、梳齿等泄水。如果一个枯水期坝体不可能抢出枯水位，可以考虑布置过水围堰，汛期围堰过水，汛后恢复基坑再接着施工。

(3)地基开挖与处理

坝基要求有一定的抗压强度和限定的压缩变形值，坝体要与基础接合紧密，胶结良好，因此坝基表层及风化软弱岩层应按设计要求挖除。为防止地基渗漏和加强地基承载力，还要将断层、软弱夹层和熔岩等不良地质构造挖除并处理好。为将地基的节理、裂缝胶结起来，使坝基达到坚固、密实与稳定，常用基础灌浆方法处理。在软基上建混凝土坝，要解决地基侵蚀、沉陷、渗漏等问题。

(4)混凝土制备

坝体使用的水工混凝土，除了一般普通混凝土质量要求外，在不同的坝体部位还有低热、抗渗、抗冻、抗冲耐磨等不同性能要求，故其品种与标号繁多。混凝土质量控制严格，尤其是混凝土温度控制方面。为限制出机温度(混凝土由拌和机中卸出时的温度),要对混凝土原材料和拌和过程采取升温或降温措施。高坝或宽河床的长坝往往受混凝土运输条件的限制而在不同高程或左、右岸分散布置混凝土拌和系统。

(5)混凝土浇筑

坝体常分成许多坝段,各坝段又分层、分块进行浇筑。分层的高度,在基础约束区内常采用0.75~1.5 m,脱离约束区后常采用1.5~3 m,也有采用更高的。各分块尺寸都按整坝段宽度,一般不设横向施工缝。分块沿坝段纵向,要考虑混凝土浇筑能力和温度控制件的限制而设置垂直施工缝。至于薄拱坝或其他坝型,如混凝土浇筑能力强,又能满足混凝土温度控制要求,则可通仓浇筑不设垂直施工缝。浇筑块分缝方式很多,主要有错缝、纵缝(包括宽缝)及斜缝等。

近代大坝施工倾向于大仓面、薄层短间歇浇筑,以通仓最为先进。通仓浇筑即整坝段浇筑,不设垂直施工缝。由于不分缝,仓面准备工作量少,连续浇筑机械效率高,坝体升高速度快,同时没有纵缝灌浆问题,成为混凝土坝快速施工的一项主要措施。通仓浇筑面临的困难是仓面浇筑强度大,混凝土温度控制要求高。

(6)接缝灌浆

坝体混凝土在降温后体积收缩,浇筑块间接缝会张开,破坏了坝的整体性。因此,施工后期进行接缝灌浆。灌浆时间宜选择在冬季浇筑块体积收缩,接缝张开时。为加快混凝土冷却,缩短大坝施工期,常采取人工冷却坝体混凝土的措施。

11.2.7 生态护坡工程施工

11.2.7.1 生态植生袋护坡

生态植生袋护坡是把纤度为3~50丹尼尔的纤维纺织成孔隙率达70%~90%的纤维棉,把灌草种子和其生长所需养分定植在纤维棉内形成多功能绿化植生袋,并将其应用于边坡的生态护坡技术。该技术具有运输方便、操作简单、播种均匀、抗冲力强、水土流失治理效果好等特点,可以在植生袋中添加保水剂、肥料、土壤改良剂等,将土壤改良与植被建设一次完成。

(1)材料选用

植生袋由针刺法和喷胶法生产,所需的原材料包括无纺布、高孔隙纤维棉、种子、有机肥料及强化尼龙方格编织网等。

①纤维棉的单位重量为50 g/m^2 左右,厚度为5~20 mm,幅宽102 cm,每卷50~200 m。

②强化尼龙方格编织网宽度102~105 cm。

③灌草植物种按适地适树选取根系发达、管理相对粗放的植物种合理混配。

④绿化辅料选用有机质、保水剂、岩溶剂和肥料等按一定比例选配。

(2)施工要点

①清理场内的石块瓦砾、杂草和渣土等,在表层撒施加入泥炭土、腐殖土或有机复合肥做底肥,以改善土质,提高肥力。

②自上而下铺设植生袋,将相邻植生袋重叠1~2 cm,用"U"形铁丝卡或者直径15~20 cm小木桩按1.0~1.5 m间距交错固定。

③植生袋上均匀覆土 1 cm 后碾平。

（3）养护管理

①植生袋铺设完毕立即洒水，保持地表湿润，上、下午各洒水 1 次。

②旱季应适时洒水。植生袋中含足够底肥，养护期间不需要施肥。

（4）适用范围

① 适用于城市景观河道、公路、铁路、矿山、电力等建设项目边坡。

②适用于土质或泥质边坡。

③适用坡比范围为 1:3 ~ 1:0.5。

11.2.7.2 厚层基材喷射植被护坡

厚层基材喷射植被护坡是针对坡度大于 60° 的高陡岩石边坡（混凝土边坡、硬岩边坡）防护和绿化的新技术。是以水泥为黏结剂，加上混凝土绿化添加剂，有机物（纤维 + 有机质或腐殖质）含量小于 20%（体积比），并由土壤、植物种子、肥料、水等组成喷射混合料进行护坡绿化的技术（图 11-4）。

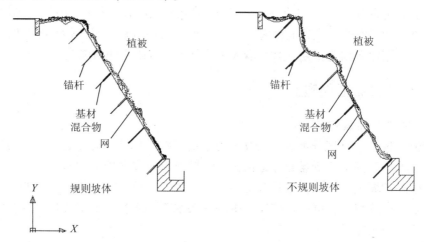

图 11-4　厚层基材喷射植被护坡基本结构

厚层基材喷射植被护坡技术机械化程度高，生产能力大，采用干式喷播，喷射距离远，喷射层有一定强度且不易产生龟裂，抗冲刷能力强，特别适用于陡峭岩石边坡。由于它具有一定的强度和整体性能（能抵御 120 mm/h 的强暴雨的冲刷，不产生龟裂），又是良好的植物生长基材，所以能够达到边坡浅层防护、修复坡面营养基质、营造植被生长环境、促进植被良好生长的多重功效。

植被混凝土生态护坡施工工艺如下：

（1）坡面整治

清除坡表面的杂草、落叶枯枝、浮土浮石等；坡面修整处理。对于明显存在危岩的凸出易脱落部位，进行击落，可先用电锤或风镐在凸出部位沿坡面钻出孔洞，然后用锤击落。对于明显凹进的地段，进行填补，可用风镐将需填补处凿出麻面，其深度不宜小于 1 cm，然后用高压风、水将其冲洗干净，最后用 M7.5 砂浆将其填平。

(2) 铁丝网和锚钉的铺设安装

采用电锤垂直于坡面钻孔，击入锚钉。锚钉间距1 m×1 m。孔深20~50 cm，锚杆外露10 cm。坡体顶部为加强稳定，可用长60 cm锚钉进行加密加长处理。锚钉稍上倾，于坡面夹角95°~100°坡体部分岩石风化严重处，视情况用锚钉进行加长，以锚钉击入坡体后稳定为准。按设计的锚钉规格、入岩深度、间距垂直于坡面配置好锚钉后，铺设加14#镀锌勾花铁丝网（网目5 cm×5 cm）。网片从植被接合部顶由上至下铺设，加筋网铺设要张紧，网间上下需进行不小于5 cm的搭接，网间左右不需搭接，但所有网片之间应用18#铁丝绑扎牢固，在锚钉接触处也一并用18#铁丝与锚钉绑扎牢固。网片距坡面保持7 cm的距离，否则用垫块支撑。

(3) 植被混凝土基材配制

植被混凝土基材由砂壤土、水泥、有机质、植被混凝土绿化添加剂混合组成，各组分材料的选择要求如下：

①砂壤土　选择工程所在地原有的地表土壤经风干粉碎过筛而成，要求土壤中砂粒含量不超过5%，最大粒径应小于8 mm，含水量不超过20%。

②水泥　采用P32.5普通硅酸盐水泥。

③腐殖质　有机质一般采用酒糟、醋渣或新鲜有机质（稻壳、秸秆、树枝）的粉碎物，其中新鲜有机质的粉碎物在基材配置前应进行自然发酵处理。

植被混凝土绿化添加剂：添加剂能中和因水泥添加带来的严重碱性，调节基材 pH 值，降低水化热；增加基材空隙率，提高透气性；改变基材变形特性，使其不产生龟裂；提供土壤微生物和有机菌，有利于加速基材的活化；含有缓释肥和保水剂。

植被混凝土基材的配制（分基层和表层）分别按不同配比配制，具体见表11-2。

表 11-2　植被混凝土基材的配比

配比（质量比）	砂壤土	水泥	有机质	植被混凝土添加剂
基材基层	100	10	5	5
基材表层	100	6.5	5	5

按配比制备各组分材料，利用搅拌机充分搅拌后待用。表层基材搅拌时应按设计要求加入植物种子。

(4) 植被混凝土喷植

喷植所用设备为一般混凝土喷射机，基层和表层分别进行。从坡面由上至下进行喷护，先基层后表层，每次喷护单块宽度4~6 m，高度3~5 m。

基层喷植：基层喷射混凝土可一次喷至设计厚度，不需分层喷植；喷射过程中，喷嘴距坡面的距离控制在0.6~1.0 m，一般应垂直于坡面，最大倾斜角度不能超过10°；喷浆中，喷射头输出压力不能小于0.1 MPa；喷射自上而下进行，先喷凹陷部分，再喷凸出部分；喷射移动可采用"S"形或螺旋形移动前进。

表层喷植：基层施工结束8 h以内进行表层喷护，一般控制在3~4 h；表层的喷护厚度为1~2 cm；表层喷护之前在坡面上喷1次透水，保证基层和表层的黏结；近距离实施喷播，以保证草籽播撒的均匀性；喷播自上而下进行，单块宽度按4~6 m进行控制。

(5)前期养护

喷射施工后的 45 d 内，早晚各 1 次对坡面喷水湿润，其深度由开始时的 3 ~ 5 cm 逐渐向 5 ~ 15 cm 过渡，确保种子发芽和幼苗成长。

11. 2. 7. 3　码石扦插柳条(干)护坡

码石扦插柳条(干)护坡是在土质边坡上顺坡码放块石或卵石，石块缝隙扦插柳条进行植被恢复的一种护坡技术，该技术简单易行，柳条(干)来源丰富，易获得，易成活，复绿快，保土效果明显。

(1)材料选用

①块石规格 20 ~ 40 cm。

②护坡植物为较易扦插成活的柳条(干)，柳条(干)顺直，直径不小于 2 cm。

③柳条(干)选取当地生长状况良好的品种，不宜从外地运苗，以确保出苗后适应当地生长环境。

④草种选择当地适生的乡土植物种。

(2)施工要点

①坡脚设透水挡墙，坡顶设排水沟。用于河道护坡时，应设反滤层。

②自下而上码放块石。

③施工中可以用钢钎打孔后预留扦插孔或直接扦插，孔深大于 1 m，间距 50 cm，柳条露出地面高度小于 30 cm，顶端以油漆封口，减少水分蒸发。

④插条应选在春季柳树发芽前进行，若在生长期进行扦插，则因地上部分发芽后抽条过快，消耗根系生长的养分，影响成活率。

⑤块石码放及柳条扦插完成后，用掺有经过催芽处理的植物种子的土壤填充块石间隙，每立方米土壤掺干种子 250 ~ 400 g。

⑥为草类生长而在码石表面进行的覆土，应使之完全进入码石间的缝隙，码石表面无浮土存在，以减少因浇水、降雨而可能产生的土壤流失。

(3)养护管理

①施工结束后及时浇水，以利于种子顺利发芽，确保苗齐苗壮。

②柳条(干)生命力旺盛，不需要特别养护，用于草种养护的浇灌可以有效增强柳条(干)的生根和发芽能力，只需要对发现枯死的柳条及时补换新柳条即可。

③用于草类生长的浇水不宜过勤，否则会冲刷柳条新发根系，致使根系过浅，不利于后期生长。

④护坡块石间隙的野草，应予以保留，以加快和增强坡面绿化效果。

(4)适用范围

①适用于郊野河道整治、库滨带等建设项目边坡。

②适用于土层厚度大于 30 cm 的土质边坡。

③适用于坡比缓于 1 : 1.5 的边坡。

11.2.7.4 三维植被袋护坡

三维植被袋护坡是将三维金属网格的围固能力和植被袋植物培育能力相结合的一种植被护坡技术。该技术能为植物生长创造良好的环境条件，在绿化初期能有效地防止坡面土壤侵蚀，可实现坡面快速绿化。

(1) 材料选用

① 三维金属网选用直径 5 mm 铁丝，高 45 cm，围挡网格大小为 1.0 m×1.0 m。三维网高度和围挡网格大小也可根据坡面实际情况进行调整。

② 在网格交叉处，用直径 12 mm 螺纹钢进行固定，单根钢筋长不小于 50 cm。金属网最好采用不锈钢材料，防止长期使用生锈。

③ 植被袋内填充土壤、肥料等混合物，按一定比例配置，植被袋填充后尺寸一般为 55 cm×30 cm×20 cm。

④ 植物种选择适应性强的乡土物种，一般选乔木 1~2 种，灌木 2~3 种，草本 2~3 种。

(2) 施工要点

① 放线　施工前平整坡面，按设计要求放线。

② 钻孔　在边坡上用风钻钻孔，孔距 100 cm×100 cm，孔深 30 cm，孔径 15 mm，插入直径 12 mm 螺纹钢，用注浆机注入 1:1 膨胀水泥砂浆固定锚杆。

③ 挂网　在锚杆上固定三维金属网，网高出地面不少于 25 cm。

④ 植被袋码放　从下往上按顺序在网格内平铺码放植被袋，为了使坡面与植被袋不产生空隙，应用黏土填充。植被袋顶面低于三维金属网上沿。

⑤ 上层三维金属网铺设　植被袋码放完成后，其上再铺设一层三维金属网，并用火烧丝捆绑固定，防止植被袋滑落。

(3) 养护管理

① 施工后立即浇水，使水均匀地润湿地面，保持坡面湿润直至种子发芽。

② 根据植物生长情况和土壤水分条件，适时适度合理补充水分，养护 2 年左右，直至植被利用雨水能够实现自养。

③ 植被覆盖形成后，对灌草植被组成加以适当人工调控，使乔灌草保持合适比例，以利于向稳定的目标群落发展。

(4) 适用范围

① 适于难以恢复植被且对生态景观要求较高的公路路堑、铁路路堑、城镇建设等开发建设项目开挖边坡。

② 适用于土质、土石、岩石稳定边坡。

③ 适用于坡比 1:1.5~1:1 的边坡。

11.2.7.5 框架植被护坡

框架植被护坡，是指在高速公路路基边坡上现场浇注钢筋混凝土框架或将预制件铺设在坡面上形成框架，并在其内充填客土，然后在框架内植草以达到护坡绿化的目的。

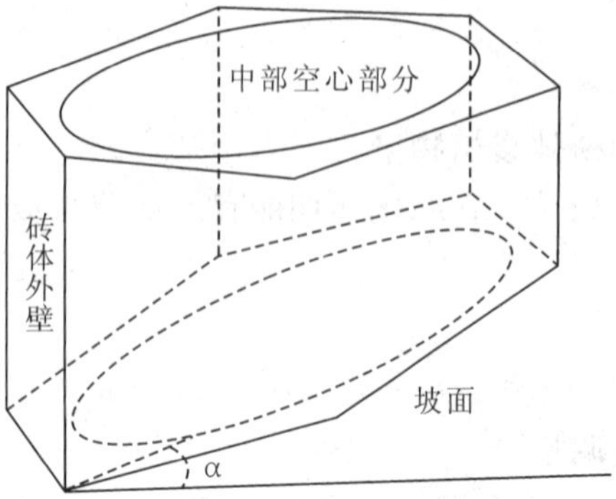

图 11-5 空心六棱砖示意

框架植被护坡与浆砌片石骨架植草护坡的区别在于它对边坡的加固作用更大。但由于造价高，多用于浅层稳定性差且难以植草绿化的高陡岩坡。采用此工艺时，框架内固土方法有填充空心六棱砖(图 11-5)、铺设土工格室和加筋固土等。

现以框架内加筋固土植草护坡为例，介绍其施工方法。

①整理坡面。按一定的纵横间距固定锚杆框架梁(固定方法视边坡具体情况而定)。

②预埋用作加筋的土工格栅于横向框架梁中，然后浇注水泥混凝土，留在外部的用作填土加筋。

③自下而上地向框架内填土。根据填土厚度要求，可设 2 道或 3 道加筋格栅，以确保加筋固土效果。当斜坡率(坡度)陡于 1∶0.5 时须挂三维植被网，要求网与坡面紧贴，不能悬空或褶皱。

④采用液压喷播机，将混有草种、肥料、土壤改良剂和水等的混合料均匀喷撒在坡面上(厚 1~3 cm)。此后视情况覆盖一层薄土，以覆盖三维网或土工格栅为宜。

⑤覆盖土工膜并及时洒水养护边坡，直到植草成坪为止。

11.2.7.6 坡改平生态砖护坡

坡改平生态砖护坡是通过新型护坡砖"下面斜，上面平"的特别结构设计，将坡面转换为若干小的水平面，从而实现整个坡面土体的稳定，并实现乔灌草综合护坡的一项新型护坡技术。护坡砖容积大、坡面土壤易于留存，更易于护坡植物生长，可有效增加护坡体系的蓄水保墒能力。景观效果好，后期管护成本低。

(1)材料选用

①护坡砖可以现场预制，砖体为正六边形空心结构，边长 20 cm，壁厚 3 cm，砖下部倾角应与所护坡面坡度相匹配，加阻滑齿稳定性更好，齿深 1~3 cm。

②护坡植物以当地适宜的灌草或攀缘植物为主，并可配置部分小乔木。

(2)施工要点

①坡脚应根据坡长设置趾墙，自下而上铺设护坡砖，相邻护坡砖挤紧，做到横、竖、斜线对齐。护坡砖规格为：砖外边长 20 cm，壁厚 3 cm；阻滑齿 1~3 cm；砖下部倾角应与坡面坡度相匹配；砖内种植土平面距砖上沿 1~2 cm。

②护坡砖铺设完成后，砖内填充种植土，栽植灌木、小乔木或攀缘植物，植株间距视所选植物冠幅而定。

③栽植乔灌、藤蔓植物后，将砖内土壤整平，使土壤上表面低于砖上沿 3~4 cm，再将草籽均匀撒播于砖内(每块砖内种子 50~100 粒)，然后覆土 2 cm，轻轻拍压，砖内土壤上表面低于砖上沿 1~2 cm 为宜。

④草类种植以撒播草籽为宜。

(3)养护管理

①施工后立即洒水，保持砖内土壤湿润直到草种发芽，一般 15 d 后可适当减少洒水

次数。

②施工后一个月内视天气和植物生长状况适当补充水分，注意保苗。

③如无特殊景观要求，砖内野生草本植物应予以保留，不必拔除，以增强复绿和防护效果。

（4）适用范围

①适用于公路、景观河道整治以及公园等建设项目的边坡。

②适用于土质稳定边坡。

③适用坡比范围为1:3~1:1的边坡。

11.2.7.7 土工格栅植灌草护坡

土工格栅植灌草护坡是利用土工格栅作为固土材料，并以灌木及草本植物为主，在坡面上构建植物群落，以利用坡面防护和绿化的一项技术措施。该技术具有较好的抗冲性以及成本低、施工方便等特点。

（1）材料选用

①选择方形孔状结构的双向拉伸土工格栅（GSL）作为护坡材料。土工格栅的网孔尺寸一般不小于 40 mm × 40 mm，每延米极限抗拉强度不小于 30 kN/m，延伸率不大于10%。

②根据项目区气候条件和土壤情况，选择抗性强、根系发达的植物种类。采用混播的方式，以利于形成坡面稳定的植物群落。

（2）施工要点

①施工应在春季、夏季或秋季进行，尽量避开雨天。

②土工格栅下承层平整度小于 15 mm，表面严禁有可能损坏格栅的碎石、块石等坚硬凸出物。

③土工格栅铺设时应拉直、平顺、紧贴下承层，相邻两幅土工格栅叠合宽度不小于10 cm，搭接位置用"U"形钉固定，间距 1.0 m，坡顶固定间距为 50 cm。地形局部有变化应注意保持格栅平整，并增加"U"形钉密度。"U"形钉用直径 8 mm 以上钢筋制作。

④土工格栅在坡面铺设后坡顶及坡脚必须锚固。坡顶锚固可采取挖槽嵌固或深埋的方式，坡脚锚固可采取压于护脚下或深埋的方式。

⑤为免受阳光长时间暴晒，土工格栅材料摊铺到位后应及时覆种植土，覆土厚度约为 8~10 cm。

⑥灌草种植时以播种为宜。播种后表面应加盖无纺布或稻草、草片等。

（3）养护管理

①出苗管理

浇水：播种后应及时浇水，浇水时间应选择早晚，次数和水量视天气状况而定，以保持土壤湿润为准，浇水时注意避免浇水量过大，防止土壤和种子流失。

揭除覆盖物：当灌草基本出齐后，应及时揭去覆盖物，为防止烈日灼伤幼苗，应选择在阴天或傍晚进行。

②苗期管理

浇水：生长期幼苗生命力已经比较旺盛，可不用每天浇水，浇水时间和浇水次数根据天气状况和土壤墒情而定，时间宜选择早晚。

补苗：草本和灌木基本出苗稳定后，对出苗不均匀和稀疏部位，进行补播。

间苗：注意观察灌木与草的分布情况，若分布情况与设计种植目标不一致，及时实施针对性间苗、移苗等人工调控。

③越冬管理 11 月中旬视天气情况浇越冬水，做好灌草越冬防寒工作。

（4）适用范围

①适用于公路、城市河道常水位以上边坡。

②适用于各类稳定的土质边坡。

③适用于坡比缓于 1:1.5 的边坡，每级坡长不超过 10 m。

思 考 题

1. 试述材料的密度、表现密度、体积密度、堆积密度的区别？

2. 何谓材料的耐久性？包括哪些内容？如何确定不同类材料的耐久性？

3. 试分析引起水泥石腐蚀的内因是什么？如何防止？

4. 水泥的细度表示方法有哪些？细度确定有何意义？

5. 确定骨料的粗细程度和颗粒级配有何意义？为什么？

6. 在施工现场，有人采用随意加水的方法来改善混凝土的和易性，这样做是否可以？为什么？

7. 混凝土配合比设计时，应使混凝土满足哪些基本要求？而这些基本要求在混凝土配合比设计时是靠什么来满足的？并简述确定原则。

8. 混凝土在下列情况下，均能导致裂缝的产生，试解释产生裂缝的原因，并指出防止措施。

（1）水泥水化热大；（2）水泥安定性不良；（3）碱骨料反应；（4）混凝土干缩；（5）混凝土碳化。

9. 不同的地基性质在处理方法和方式上有何不同？

10. 土方工程冬雨季施工时的注意事项有哪些？

11. 干砌石及浆砌石的工艺流程及砌筑方法有哪些异同？

12. 土石坝的主要分类及施工工艺有哪些？

13. 常见的生态护坡工程种类有哪些？各有哪些优缺点？

推荐阅读书目

结构工程材料．覃维祖．清华大学出版社，2011.

建筑工程材料．任福民等．中国铁道出版社，1999.

建筑材料．符芳．东南大学出版社，2000.

参考文献

李克钏，罗书学，赵善锐，2000. 基础工程[M]. 2 版. 北京：中国铁道出版社.

李志新，2006. 地基与基础工程施工[M]. 北京：中国建筑工业出版社.

孙邦丽，2010. 水利水电工程施工员培训教材[M]. 北京：中国建筑工业出版社.

王柏乐，2004. 中国当代土石坝工程[M]. 北京：中国水利水电出版社.

苏娜，2006. 土方工程施工安全技术[M]. 北京：中国劳动社会保障出版社.

赵绍华，2010. 土石方工程施工[M]. 北京：中国水利水电出版社.

王柏乐，刘瑛珍，吴鹤鹤，2005. 中国土石坝工程建设新进展[J]. 水力发电，31(1)：65-67.

北京土木建筑学会，2009. 混凝土工程现场施工处理方法与技巧[M]. 北京：机械工业出版社.

文梓芸，钱春香，杨长辉，2004. 混凝土工程与技术[M]. 武汉：武汉理工大学出版社.

周月鲁，郑新民，2006. 水土保持治沟骨干工程技术规范应用指南[M]. 郑州：黄河水利出版社.

北京市水务局，2010. 建设项目水土保持边坡防护常用技术与实践[M]. 北京：中国水利水电出版社.

周德培，张俊云，2003. 植被护坡工程技术[M]. 北京：人民交通出版社.

第 12 章

水土保持工程概预算

【本章提要】本章介绍了工程概预算的概念、分类与作用，水土保持概预算管理，水土保持工程项目划分与造价构成，水土保持工程定额，基础单价与工程单价编制，水土保持工程概估算编制。

12.1 概述

12.1.1 基本建设概述

12.1.1.1 基本建设的概念

基本建设是指利用国家预算内基建拨款、自筹资金、国内外基本建设贷款以及其他专项资金进行的、以扩大生产和再生产能力(或增加工程效益)为主要目的的新建、扩建、改建、迁建、恢复项目以及有关工作。基本建设就是固定资产的建设，即建筑、购置和安装固定资产的活动及与之相关的工作。

12.1.1.2 建设项目的分类

(1)按建设性质划分

建设项目分为新建项目、扩建项目、改建项目、迁建项目和恢复项目。

(2)按经济用途划分

建设项目分为生产性建设项目和非生产性建设项目。

(3)按投资规模划分

建设项目分为大型建设项目、中型建设项目和小型建设项目。

(4)按建设阶段划分

建设项目分为预备项目、筹建项目、施工项目、建成投产项目和收尾项目。

(5)按隶属关系划分

建设项目分为国务院各部门直属项目、地方投资国家补助项目、地方项目和企事业单位自筹项目。

(6)按资金来源划分

建设项目分为国家预算内拨款项目、国内贷款项目、企事业单位自筹资金项目、外资项目、其他资金项目。

12.1.1.3 基本建设的程序

基本建设程序是指基本建设项目从决策、设计、施工、竣工验收到后评估的全过程，即分为决策、设计、实施、竣工验收和后评估5个阶段。

(1)决策阶段

决策阶段的主要任务是编报项目建议书和可行性研究报告。项目建议书由建设单位组织专门人员或委托具有相应资质的单位进行编制，项目建议书经主管部门批准就表明建设项目已经列入建设计划；可行性研究报告是在项目建议书被批准后进行编报的，同样由建设单位组织专门人员或委托具有相应资质的单位进行编制，可行性研究报告经主管部门批准后就表明建设项目已经立项。

(2)设计阶段

建设项目立项后，建设单位直接委托或通过招投标方式选定具有相应资质的设计单位编制设计文件，设计文件通常包括工程图样、设计说明、设计概算书或设计预算书及其他有关资料。

一般建设项目设计阶段分为2个步骤，即初步设计和施工图设计；大型复杂建设项目设计阶段分为3个步骤，即初步设计、技术设计和施工图设计。

(3)实施阶段

实施阶段的主要任务是施工准备、组织施工和生产准备。施工准备的主要内容包括征用土地、房屋拆迁、三通一平(水、电、道路通，场地平整)、施工材料设备订货、准备施工图纸和技术资料、选定施工单位和监理单位；组织施工的主要内容包括办理开工许可证、签订承发包合同和监理合同、组织施工；对于生产性建设项目，竣工投产前要进行各种生产准备，如购置机器设备、培训生产人员等。

(4)竣工验收阶段

竣工验收分为初步验收和竣工验收。初步验收是由建设单位组织设计单位、施工单位、监理单位及其他人员进行的验收，初步验收合格后，由建设单位向主管部门提交竣工验收报告，再由主管部门组织建设单位、设计单位、施工单位、监理单位及其他人员进行竣工验收，并签发竣工验收报告。竣工验收合格后，建设单位编制竣工决算。

(5)后评估阶段

后评估是在建设项目投产使用后，对建设项目的立项决策、设计、施工、竣工投产、生产运营等全过程进行系统评价的一项技术经济活动，是基本建设投资管理的一项重要内容。

12.1.2 工程概预算概述

12.1.2.1 工程概预算的概念

工程概预算是指在工程建设的各个阶段，通过利用现有资料编制各类价格文件，对拟建工程造价进行的预先测算和确定的过程。通过工程概预算所确定的工程造价，实质上是相应工程的计划价格。

12.1.2.2 工程概预算的分类与作用

根据工程建设阶段、编制目的、编制依据、编制方法及精度要求的不同，工程概预算通常可以分为投资估算、设计概算、修正概算、施工图预算、招投标合同价、施工预算、工程结算和竣工决算。

(1)投资估算

投资估算是在项目建议书和可行性研究阶段，由建设单位或其委托的工程造价咨询机构，根据项目建议书或可行性研究报告、投资估算指标或概算定额、概算指标和类似工程的有关资料，对拟建工程所需投资进行的预先测算和确定的过程。

投资估算的作用：决策阶段确定拟建工程投资的依据，编制设计概算的依据。

(2)设计概算

设计概算是在初步设计阶段，在投资估算的控制下，由设计单位根据初步设计图纸及其说明，工程量计算规则，概算定额或概算指标和人工、材料、机械、设备预算价格及各项取费标准等资料，对拟建工程所需投资进行的预先测算和确定的过程。设计概算是确定和控制拟建工程投资的最高限额，如果设计概算超过投资估算10%以上，必须重新报批项目可行性研究报告。

设计概算的作用：确定和控制拟建工程投资的最高限额，编制修正概算或施工图预算的依据，工程承包、编制招标标底和报价的依据，国家编制建设计划的依据，国家制定和控制建设投资的依据，银行核定贷款额度的依据，考核设计方案经济合理性的依据，考核和评价工程建设成本和投资效果的依据。

(3)修正概算

对于采用三阶段设计的工程，在技术设计阶段，设计概算的控制下，由设计单位根据技术设计与初步设计内容的差异，对拟建工程的设计概算进行修正。

修正概算的作用：技术设计阶段确定拟建工程造价的依据，编制施工图预算的依据，工程承包、编制招标标底和报价的依据，国家编制建设计划的依据，国家制定和控制建设投资的依据，银行核定贷款额度的依据，考核设计方案经济合理性的依据，考核和评价工程建设成本和投资效果的依据。

(4)施工图预算

施工图预算是在施工图设计阶段，在设计概算或修正概算的控制下，由设计单位根据已经批准并经会审后的施工图纸及其说明，工程量计算规则，预算定额和人工、材料、机械、设备预算价格及各项取费标准等资料，对拟建工程所需投资进行的预先测算和确定的过程。

施工图预算的作用：建设单位编制招标标底的依据，投标单位编制投标报价的依据，编制施工预算的依据，进行"两算"对比的依据，施工单位与建设单位结算工程价款的依据，施工单位编制施工进度计划的依据，施工单位实行经济核算和进行成本管理的依据。

(5)招投标合同价

招投标合同价是在施工准备期的招投标阶段，根据工程预算价格和市场竞争情况等，由建设单位或委托相应的造价咨询机构编制招标标底，由投标单位编制投标报价，再通过开标、评标、定标而确定的中标价。我国招标投标法及相关法规规定，不允许投标人以低于工程成本的报价竞标。

招投标合同价的作用：建设单位与施工单位签订施工合同的依据，施工单位与建设单位结算工程价款的依据。

（6）施工预算

施工预算是在施工准备阶段，由施工单位根据施工定额（包含劳动定额、材料消耗定额、机械台班使用定额）、施工组织设计及降低工程成本的技术组织措施等资料，对拟建工程所需投资进行的计算和确定的过程。

施工预算的作用：进行"两算"对比的依据，施工单位编制施工作业计划的依据，施工企业向班组签发施工任务书和限额领料单的依据，促进施工技术节约措施的有效办法。

（7）工程结算

工程结算是在工程实施过程中，依据承包合同中关于付款条件的规定和已经完成的工程量及规定的程序，施工单位（承包商）向建设单位（业主）收取工程价款的一项经济活动。

工程结算的作用：加速资金周转的重要手段，反映工程进度的主要指标，考核经济效益的重要指标，建设单位编制竣工决算的依据。

（8）竣工决算

竣工决算是在竣工验收阶段，由建设单位编制的工程从筹建到竣工验收，交付使用全过程中实际支付的全部建设费用。竣工决算是整个建设项目的最终价格。

竣工决算的作用：建设单位确定新增固定资产价值的依据，设计概算、施工图预算和竣工决算对比的依据，加强工程投资管理的依据。

12.1.3 水土保持工程概预算概述

12.1.3.1 水土保持工程的含义与分类

水土保持工程有狭义和广义之分。从狭义上讲，水土保持工程是指为了预防和治理水土流失而采取的各种工程措施，如坡面防护工程、防洪排导工程、降水蓄渗工程、拦挡工程、土地整治工程等。从广义上讲，水土保持工程是指为了预防和治理水土流失而采取的各类措施的总称，包括工程措施、植物措施、封育治理措施等。本章指广义的水土保持工程。

依据《水土保持工程概（估）算编制规定》（水利部水总〔2003〕67号），水土保持工程分为水土保持生态建设工程和开发建设项目水土保持工程；新《水土保持法》（2011年3月24日发布）将开发建设项目重新定义为生产建设项目。

12.1.3.2 水土保持工程概预算管理

水土保持工程概预算是指通过利用现有资料编制各类价格文件对拟建水土保持工程造价进行的预先测算和确定的过程。

根据水土保持工程前期工作管理程序,水土保持工程经历项目建议书、可行性研究、初步设计和施工图设计 4 个阶段,但不同工程项目又有所不同。目前,水土保持工程只在可行性研究阶段和初步设计阶段编制投资估算和设计概算。

此前,水土保持工程造价一直参照《水利建筑工程概(预)算定额》《水利工程施工机械台时费定额》和《水利水电设备安装工程概(预)算定额》进行编制。2003 年,包括《开发建设项目水土保持工程概(估)算编制规定》《水土保持生态建设工程概(估)算编制规定》和《水土保持工程概算定额》3 个重要规定的水利部水总〔2003〕(67 号)颁布实施,标志着水土保持工程概预算真正实行严格管理。

12.2 水土保持工程项目划分与造价构成

12.2.1 水土保持工程项目划分

水土保持工程分为水土保持生态建设工程和生产建设项目水土保持工程。二者在项目划分、费用构成、计算标准上存在较大差异。

12.2.1.1 水土保持生态建设工程项目划分

水土保持生态建设工程由工程措施、林草措施、封育治理措施和独立费用 4 个部分组成。工程措施、林草措施和封育治理措施各部分通常下设一、二、三级项目,独立费用下设一、二级项目,一般不得合并。

(1)工程措施

工程措施由梯田工程,谷坊、水窖、蓄水池工程,小型蓄排、引水工程,治沟骨干工程,机械固沙工程,设备及安装工程,其他工程 7 项组成(表 12-1)。

表 12-1 工程措施项目划分

序号	一级项目	二级项目	三级项目	技术经济指标
一	梯田工程	1. 人工修筑梯田	人工土坎梯田	元/km²
			人工石坎梯田	元/km²
			人工土石坎梯田	元/km²
			人工修植物坎梯田	元/km²
		2. 机械修筑梯田	机修土坎梯田	元/km²
			机修石坎梯田	元/km²
			机修土石坎梯田	元/km²
		3. 客土		元/m³
二	谷坊、水窖、蓄水池工程	1. 谷坊	土谷坊	元/10m 谷坊
			干砌石谷坊	元/10m 谷坊
			浆砌石谷坊	元/10m 谷坊
			柳桩编篱植物谷坊	元/10m 谷坊
			多排密植植物谷坊	元/10m 谷坊

（续）

序号	一级项目	二级项目	三级项目	技术经济指标
二	谷坊、水窖、蓄水池工程	2. 水窖	水泥砂浆薄壁形水窖	元/座
			钢筋混凝土盖碗形水窖	元/座
			混凝土肋拱盖碗形水窖	元/座
			混凝土拱底顶拱圆柱形水窖	元/座
			混凝土球形水窖	元/座
			砖拱形水窖	元/座
			平窖形水窖	元/座
			崖窖形水窖	元/座
			传统瓶式水窖	元/座
			混凝土弧形水窖	元/座
		3. 水池	沉砂池	元/座
			涝池	元/座
			开敞式矩形蓄水池	元/座
			封闭式矩形蓄水池	元/座
			开敞式圆形蓄水池	元/座
			封闭式圆形蓄水池	元/座
三	小型蓄排、引水工程	1. 淤地坝	土方开挖	元/m³
			土方填筑	元/m³
			砌石	元/m³
			混凝土	元/m³
		2. 截水沟、排水沟	土方开挖	元/m³
			土方填筑	元/m³
			砌石	元/m³
			混凝土	元/m³
		3. 排洪（灌溉）渠道	土方开挖	元/m³
			石方开挖	元/m³
			土石方回填	元/m³
			砌石	元/m³
			混凝土	元/m³
			其他工程	元/m³
		4. 扬水（灌溉）泵站	土方开挖	元/m³
			石方开挖	元/m³
			土石方回填	元/m³

（续）

序号	一级项目	二级项目	三级项目	技术经济指标
三	小型蓄排、引水工程	4. 扬水（灌溉）泵站	砌石	元/m³
			混凝土	元/m³
			钢筋混凝土管	元/m³
			泵房建筑	元/m³
			其他工程	元/m³
四	治沟骨干工程	1. 土石坝	土方开挖	元/m³
			石方开挖	元/m³
			土料填筑	元/m³
			反滤体填筑	元/m³
			坝体（趾）堆石	元/m³
			其他工程	元/m³
		2. 砌石坝	土方开挖	元/m³
			石方开挖	元/m³
			干砌石	元/m³
			浆砌石	元/m³
			混凝土	元/m³
			其他工程	元/m³
		3. 混凝土坝	土方开挖	元/m³
			石方开挖	元/m³
			土方回填	元/m³
			石方回填	元/m³
			干砌石	元/m³
			浆砌石	元/m³
			混凝土	元/m³
			固结灌浆	元/m³
			钢筋	元/m³
			其他工程	元/m³
五	机械固沙工程	1. 压盖	黏土压盖	元/m²
			泥幔压盖	元/m²
			卵石压盖	元/m²
			砾石压盖	元/m²
		2. 沙障	防沙土墙	元/m³
			黏土埂	元/m

（续）

序号	一级项目	二级项目	三级项目	技术经济指标
五	机械固沙工程	2. 沙障	高立式柴草沙障	元/m
			低立式柴草沙障	元/m
			立杆串草把沙障	元/m
			立埋草把沙障	元/m
			立杆编织条沙障	元/m
			防沙栅栏	元/m
六	设备及安装工程	1. 排灌设备	设备费	元/台
			安装费	元
		2. 监测设备	设备费	元/台
			安装费	元
七	其他工程	1. 供电线路		元/km
		2. 通信线路		元/km
		3. 房屋建筑		元/m²
		4. 其他		

（2）林草措施

林草措施由水土保持造林工程、水土保持种草工程及苗圃 3 项组成（表 12-2）。

表 12-2　林草措施项目划分

序号	一级项目	二级项目	三级项目	技术经济指标
一	水土保持造林工程	1. 整地	水平阶整地	元/hm²
			反坡梯田整地	元/hm²
			水平沟整地	元/hm²
			窄梯田整地	元/hm²
			水平犁沟整地	元/hm²
			大、小鱼鳞坑整地	元/hm²
			穴状整地	元/hm²
			换土	元/m³
		2. 假植	假植乔木	元/株
			假植灌木	元/株
		3. 栽（种）植	条播	元/hm²
			穴播	元/hm²
			撒播	元/hm²
			飞播造林	元/hm²
			植灌苗木	元/株
			植乔苗木	元/株
			插条	元/株

（续）

序号	一级项目	二级项目	三级项目	技术经济指标
一	水土保持造林工程	3. 栽（种）植	插干	元/株
			高杆造林	元/株
			栽植经济林	元/株
			栽植果林	元/株
		4. 苗木（种子）	乔木、灌木	元/株
			经济林	元/株
			果林	元/株
			种子	元/kg
		5. 抚育工程	幼林抚育	元/hm²
二	水土保持种草工程	1. 栽（种）植	条播	元/hm²
			穴播	元/hm²
			撒播	元/hm²
			飞播造林	元/hm²
			栽植草	元/hm²
			铺草皮	元/m²
		2. 草（种子）	草皮	元/m²
			种子	元/kg
三	苗圃	1. 树种子、树苗		元/kg，元/株
		2. 草种子、草皮		元/kg，元/m²
		3. 育苗棚		元/m²
		4. 围栏		元/m
		5. 管护房屋		元/m²
		6. 水井		元/眼
		7. 其他		

（3）封育治理措施

封育治理措施由拦护设施，补植、补种，苗木、种子 3 项组成（表 12-3）。

表 12-3　封育治理措施项目划分

序号	一级项目	二级项目	三级项目	技术经济指标
一	拦护设施	1. 木桩刺铁丝围栏		元/m
		2. 混凝土刺铁丝围栏		元/m
二	补植、补种	1. 栽植树苗		元/株
		2. 栽植经济林苗		元/株
		3. 栽植果树苗		元/株
		4. 栽植草		元/hm²
		5. 铺草皮		元/m²

（续）

序号	一级项目	二级项目	三级项目	技术经济指标
三	苗木、种子	1. 树苗		元/株
		2. 经济林苗		元/株
		3. 果树苗		元/株
		4. 草皮		元/m²
		5. 树种子		元/kg
		6. 草种子		元/kg

（4）独立费用

独立费用由建设管理费、工程建设监理费、科研勘测设计费、征地及淹没补偿费、水土流失监测费及工程质量监督费6项组成（表12-4）。

表 12-4　独立费用项目划分

序号	一级项目	二级项目	三级项目	技术经济指标
一	建设管理费	1. 项目经常费		
		2. 技术支持培训费		
二	工程建设监理费			
三	科研勘测设计费	1. 科学研究试验费		
		2. 勘测费		
		3. 设计费		
四	征地及淹没补偿费	1. 土地		
		2. 房屋		
		3. 树		
		4. 其他		
五	水土流失监测费			
六	工程质量监督费			

12.2.1.2　生产建设项目水土保持工程项目划分

生产建设项目水土保持工程项目划分为工程措施、植物措施、施工临时工程和独立费用4个部分，各部分下设一、二、三级项目。

（1）工程措施

工程措施是指为减轻或避免因开发建设造成植被破坏和水土流失而兴建的永久性水土保持工程，包括拦渣工程、护坡工程、防洪工程、泥石流防治工程、土地整治工程、机械固沙工程、设备及安装工程等（表12-5）。

表 12-5 工程措施项目划分

序号	一级项目	二级项目	三级项目	技术经济指标
一	拦渣工程	1. 拦渣坝	土方开挖	元/m³
			石方开挖	元/m³
			土石方回填	元/m³
			砌石	元/m³
			混凝土	元/m³
			钢筋	元/t
			固结灌浆孔	元/m
			帷幕灌浆孔	元/m
			排水孔	元/m
		2. 挡渣墙	土方开挖	元/m³
			石方开挖	元/m³
			土石方回填	元/m³
			砌石	元/m³
			混凝土	元/m³
			钢筋	元/t
		3. 拦渣坝	土方开挖	元/m³
			石方开挖	元/m³
			土石方回填	元/m³
			砌石	元/m³
			混凝土	元/m³
			钢筋	元/t
二	护坡工程	1. 削坡开级	土方开挖	元/m³
			石方开挖	元/m³
		2. 工程护坡	土方开挖	元/m³
			石方开挖	元/m³
			土石方回填	元/m³
			砌石	元/m³
			灰浆抹面	元/m²
			混凝土	元/m³
			钢筋	元/t
			喷混凝土	元/m³
			锚杆	元/根
		3. 滑坡整治工程	抗滑桩	元/m³
			喷混凝土	元/m³
			锚杆	元/根
三	防洪工程	1. 拦洪坝	土方开挖	元/m³
			石方开挖	元/m³
			混凝土	元/m³
			砌石	元/m³
			土料填筑	元/m³

（续）

序号	一级项目	二级项目	三级项目	技术经济指标
三	防洪工程	1. 拦洪坝	砂砾料填筑	元/m³
			固结灌浆孔	元/m
			帷幕灌浆孔	元/m
			排水孔	元/m
		2. 排洪渠	土方开挖	元/m³
			石方开挖	元/m³
		3. 排洪涵洞	土方开挖	元/m³
			石方开挖	元/m³
			砌石	元/m³
			混凝土	元/m³
			钢筋	元/t
		4. 防洪堤	土方开挖	元/m³
			石方开挖	元/m³
			土石方回填	元/m³
			砌石	元/m³
			混凝土	元/m³
			钢筋	元/t
四	泥石流防治工程	1. 隔栅坝(拦砂坝)	土方开挖	元/m³
			石方开挖	元/m³
			土石方回填	元/m³
			砌石	元/m³
			混凝土	元/m³
			钢筋	元/t
			钢材	元/t
		2. 桩林	钢管桩	元/t
			型钢桩	元/t
			钢筋混凝土桩	元/m³
五	土地整治工程	1. 坑洼回填	土方开挖	元/m³
			石方开挖	元/m³
			土石方回填	元/m³
		2. 渣场改造	土方开挖	元/m³
			石方开挖	元/m³
			土石方回填	元/m³
		3. 复垦工程	土方回填	元/m³
			石渣回填	元/m³
六	机械固沙工程	1. 压盖	黏土压盖	元/m²
			泥幔压盖	元/m²
			卵石压盖	元/m²
			砾石压盖	元/m²

（续）

序号	一级项目	二级项目	三级项目	技术经济指标
六	机械固沙工程	2. 沙障	防沙土墙	元/m³
			黏土埂	元/m
			高立式柴草沙障	元/m
			低立式柴草沙障	元/m
			立杆串草把沙障	元/m
			立埋草把沙障	元/m
			立杆编织条沙障	元/m
			防沙栅栏	元/m
七	设备及安装工程	1. 排灌设备	设备费	元/台
			安装费	元
		2. 监测设备	设备费	元/台

（2）植物措施

植物措施是指为防治水土流失而采取的植物防护工程、植物恢复工程及绿化美化工程等，包括植物防护工程、植物恢复工程及绿化美化工程3项（表12-6）。

表 12-6 植物措施项目划分

序号	一级项目	二级项目	三级项目	技术经济指标
一	植物防护工程	1. 种草（籽）	整地	元/m²
			草籽	元/kg
			种植	元/m²
		2. 植草	整地	元/m²
			草（皮）	元/m²
			栽植	元/m²
		3. 种树（籽）	整地	元/m²
			树籽	元/kg
			种植	元/m²
		4. 植树	整地	元/m²
			换土	元/m³
			支撑	元/株
			绑扎草绳	元/m
			铁丝网	元/m
			苗木	元/株
			假植	元/株
			栽植	元/株
二	植物恢复工程	1. 种草（籽）	整地	元/m²
			草籽	元/kg
			种植	元/m²

（续）

序号	一级项目	二级项目	三级项目	技术经济指标
二	植物恢复工程	2. 植草	整地	元/m²
			草（皮）	元/m²
			栽植	元/m²
		3. 种树（籽）	整地	元/m²
			树籽	元/kg
			种植	元/m²
		4. 植树	整地	元/m²
			换土	元/m³
			支撑	元/株
			绑扎草绳	元/m
			铁丝网	元/m
			苗木	元/株
			假植	元/株
			栽植	元/株
三	绿化美化工程	1. 植草	整地	元/m²
			草（皮）	元/m²
			栽植	元/m²
		2. 植树	整地	元/m²
			换土	元/m³
			支撑	元/株
			绑扎草绳	元/m
			铁丝网	元/m
			苗木	元/株
			假植	元/株
			栽植	元/株

（3）施工临时工程

施工临时工程是指辅助主体工程施工所必须修建的生产和生活用临时工程。包括临时防护工程和其他临时工程（表 12-7）。临时防护工程是指为防止施工期水土流失而采取的各项临时防护措施。其他临时工程是指施工期的临时仓库、生活用房、架设输电线路、施工道路等。

表 12-7　施工临时工程项目划分

序号	一级项目	二级项目	三级项目	技术经济指标
一	临时防护工程			
二	其他临时工程			

（4）独立费用

独立费用由建设管理费、科研勘测设计计费、工程建设监理费、水土流失监测费、工程质量监督费、水土保持设施验收技术评估报告编制费、水土保持技术文件技术咨询服务费 7 项组成（表 12-8）。

表 12-8 独立费用项目划分

序号	一级项目	二级项目	三级项目	技术经济指标
一	建设管理费			
二	科研勘察设计费	1. 科研试验费 2. 勘测费 3. 设计费		
三	工程建设监理费			
四	水土流失监测费			
五	工程质量监督费			
六	水土保持设施验收技术评估报告编制费			
七	水土保持技术文件技术咨询服务费			

12.2.2 水土保持工程造价构成

12.2.2.1 工程总投资与工程造价

工程总投资是指投资主体为获取预期收益而进行一个工程建设所投入的全部资金。对于生产性建设项目，工程总投资包括固定资产投资和流动资金投资；而对于非生产性建设项目，工程总投资只有固定资产投资。

工程造价是指拟建工程从筹建到竣工交付使用所投入的全部资金，即固定资产投资。工程造价按费用构成包括建筑安装工程费用、设备工具器具购置费用、工程建设其他费用、预备费(含基本预备费和价差预备费)、建设期贷款利息、固定资产投资方向调节税(自 2000 年 1 月 1 日起，新发生的投资额暂停征收固定资产投资方向调节税)。

工程静态投资包括建筑安装工程费、设备工具器具购置费、工程建设其他费、基本预备费；工程动态投资包括建筑安装工程费、设备工具器具购置费、工程建设其他费、基本预备费、价差预备费、建设期贷款利息、固定资产投资方向调节税。

12.2.2.2 水土保持生态建设工程造价构成

水土保持生态建设工程造价由工程费[包括工程措施费(含设备及安装费)、林草措施费和封育治理措施费]、独立费用和预备费 3 个部分组成。

(1)工程费

工程费由直接费、间接费、企业利润和税金 4 部分组成。

直接费由基本直接费和其他直接费组成，基本直接费由人工费、材料费和施工机械费组成。间接费由企业管理费、财务费用和其他费用组成。税金由营业税、城市维护建设税和教育费附加组成。

(2)独立费用

独立费用由建设管理费、科研勘测设计费、工程建设监理费、征地及淹没补偿费、水土流失监测费和工程质量监督费 6 项组成。

（3）预备费

预备费包括基本预备费和价差预备费。

12.2.2.3 生产建设项目水土保持工程造价构成

生产建设项目水土保持工程造价由工程费[包括工程措施费（含设备及安装费）、植物措施费和施工临时工程费]、独立费用、预备费和建设期融资利息4个部分组成。

（1）工程费

工程费由直接工程费、间接费、企业利润和税金4个部分组成。

直接工程费由直接费、其他直接费、现场经费组成，直接费由人工费、材料费和施工机械费组成。间接费由企业管理费、财务费用和其他费用组成。税金由营业税、城市维护建设税和教育费附加组成。

（2）独立费用

独立费用由建设管理费、科研勘测设计费、工程建设监理费、水土流失监测费、工程质量监督费、水土保持设施验收技术评估报告编制费、水土保持技术文件技术咨询服务费7项组成。

（3）预备费

预备费包括基本预备费和价差预备费。

（4）建设期融资利息

建设期融资利息指根据国家财政金融政策规定，工程在建设期内需偿还并应计入工程总投资的融资利息。

12.2.3 水土保持工程造价计算

12.2.3.1 水土保持生态建设工程造价计算

（1）工程措施费

①工程费

$$工程费 = \sum 工程量 \times 工程单价$$

②设备费

$$设备费 = \sum 设备数量 \times 设备预算价格$$

③设备安装费

$$设备安装费 = \sum 设备费 \times 设备费费率$$

（2）林草措施费

①栽（种）植费

$$栽（种）植费 = \sum 栽（种）植林草面积 \times 工程单价$$

②苗木草及种子费

$$苗木草及种子费 = \sum 苗木草及种子数量 \times 苗木草及种子预算价格$$

③抚育管理费 根据设计需要的抚育内容、数量、次数及时间，按《水土保持工程

概算定额》有关规定进行编制。

④苗圃中的育苗棚、管护房、水井按扩大单位指标进行编制。

(3)封育治理措施费

①补植(补种)费

$$补植(补种)费 = \sum 补植(补种)林草面积 \times 工程单价$$

②苗木草及种子费

$$苗木草及种子费 = \sum 苗木草及种子数量 \times 苗木草及种子预算价格$$

③拦护设施费

$$拦护设施费 = \sum 工程量 \times 工程单价$$

(4)独立费用

①建设管理费　包括项目经常费和技术支持培训费。

项目经常费：按工程措施费、林草措施费、封育治理措施费之和的0.8%~1.6%计算。

技术支持培训费：按工程措施费、林草措施费、封育治理措施费之和的0.4%~0.8%计算。

②工程建设监理费　按国家及建设工程所在省(自治区、直辖市)的有关规定计算。

③科研勘探设计费　包括科学研究试验费和勘测设计费。

科学研究试验费：按工程措施费、林草措施费、封育治理措施费之和的0.2%~0.4%计算。一般不列此项目。

勘测设计费：按国家计委、建设部计价格〔2002〕10号《工程勘察设计收费标准》计算。

④征地及淹没补偿费　按工程建设、施工占地和地面附着物等的实物量乘以相应的补偿标准计算。

⑤水土流失监测费　按工程措施费、林草措施费、封育治理措施费之和的0.3%~0.6%计算。

⑥工程质量监督费　按国家及建设工程所在省(自治区、直辖市)的有关规定计算。

(5)预备费

①基本预备费　按工程措施费、林草措施费、封育治理措施费、独立费用之和的3%计算。

②价差预备费　根据工程施工工期，以分年度的静态投资为计算基数，按国家规定的物价上涨指数计算。

$$E = \sum_{1}^{N} F_n \left[(1 + p)^n - 1 \right] \tag{12-1}$$

式中　E——价差预备费；

N——合理建设工期；

n——施工年度，$n = 1, 2, \cdots, N$；

F_n——建设期间第 n 年的分年投资；

p——年物价指数。

12.2.3.2　生产建设项目水土保持工程造价计算

（1）工程措施费

①工程费

$$工程费 = \sum 工程量 \times 工程单价$$

②设备费

$$设备费 = \sum 设备数量 \times 设备预算价格$$

③设备安装费

$$设备安装费 = \sum 设备费 \times 设备费费率$$

（2）植物措施费

①栽（种）植费

$$栽（种）植费 = \sum 栽（种）植林草面积 \times 工程单价$$

②苗木草及种子费

$$苗木草及种子费 = \sum 苗木草及种子数量 \times 苗木草及种子预算价格$$

③抚育管理费　根据设计需要的抚育内容、数量、次数及时间，按《水土保持工程概算定额》有关规定进行编制。

（3）施工临时工程费

$$施工临时工程费 = \sum 工程量 \times 工程单价$$

（4）独立费用

①建设管理费　按工程措施费、林草措施费、施工临时工程费之和的 1%~2% 计算。

②工程建设监理费　按国家及建设工程所在省（自治区、直辖市）的有关规定计算。

③科研勘探设计费　包括科学研究试验费和勘测设计费。

科学研究试验费：遇大型、特殊水土保持工程可列此项，按工程措施费、林草措施费、施工临时工程费之和的 0.2%~0.5% 计算。一般不列此项目。

勘测设计费：按国家计委、建设部计价格〔2002〕10 号《工程勘察设计收费标准》计算。

④水土流失监测费　按工程措施费、林草措施费、施工临时工程费之和的 1%~1.5% 计算。不包括主体工程中具有水土保持功能项目的水土流失监测费用。

⑤工程质量监督费　按国家及建设工程所在省（自治区、直辖市）的有关规定计算。

⑥水土保持设施验收技术评估报告编制费　参照保监〔2005〕22 号《关于开发建设项目水土保持咨询服务费用计列的指导意见》计算。

⑦水土保持技术文件技术咨询服务费　参照保监〔2005〕22 号《关于开发建设项目水土保持咨询服务费用计列的指导意见》计算。

(5)预备费

①基本预备费 按工程措施费、林草措施费、封育治理措施、独立费用之和的3%计算。

②价差预备费 根据式(12-1)计算。一般不列此项目。

(6)建设期融资利息

根据国家有关规定计算。一般不列此项目。

(7)水土保持设施补偿费

根据建设工程所在省(自治区、直辖区)颁布的水土保持设施补偿有关规定征收的费用。水土保持设施补偿费属行政性收费项目,不列入水土保持工程造价。

12.3 水土保持工程定额

工程定额是指在正常合理的施工条件下,完成单位合格产品所必需的人工、材料和施工机械消耗量及其价值的数量标准。工程定额具有法令性、科学性、群众性、先进性、稳定性和时效性等特性。

12.3.1 施工定额

施工定额是在正常合理的施工条件下,完成一定计量单位的某一施工过程或工序所必需的人工、材料和施工机械消耗量的数量标准。

施工定额具有以下作用:

①施工定额是施工企业编制施工预算,进行工料分析和"两算"对比的依据。

②施工定额是编制施工组织设计、施工作业设计的依据。

③施工定额是施工企业向班组签发生产任务单和限额领料单的依据。

④施工定额是计取工人劳动报酬,实行按劳分配的依据。

⑤施工定额是编制预算定额的基础。

12.3.2 预算定额

预算定额是指在正常合理的施工条件下,完成一定计量单位的分项工程或结构构件和建筑配件所必需的人工、材料、施工机械消耗量及其货币价值的数量标准。

预算定额具有以下作用:

①预算定额是编制施工图预算的依据。

②预算定额是编制招标标底和投标报价的依据。

③预算定额是进行工程结算和编制竣工决算的依据。

④预算定额是施工企业编制人工、材料、机械台班需要量计划的依据。

⑤预算定额是进行"两算对比"的依据。

⑥预算定额是编制单位估价表、概算定额和概算指标的依据。

12.3.3 概算定额

概算定额也称扩大结构定额，是指在相应预算定额的基础上，根据有代表性的设计图纸、通用图、标准图和有关资料，确定完成一定计量单位的扩大分项工程或扩大结构构件所需的人工、材料、机械台班消耗量和货币价值的数量标准。

概算定额具有以下作用：

①概算定额是初步设计阶段编制设计概算、技术设计阶段编制修正概算的依据。

②概算定额是进行设计方案技术经济比较和选择的依据。

③概算定额是施工图设计之前编制主要材料需用量的依据。

④概算定额是编制概算指标的基础。

12.3.4 水土保持工程概算定额

《水土保持工程概算定额》是 2003 年由水利部颁布的（水利部水总〔2003〕67 号），是水土保持行业的计价标准，适用于水土保持生态建设工程和生产建设项目水土保持工程。

12.3.4.1 定额目录

《水土保持工程概算定额》包括土方工程、石方工程、砌石工程、混凝土工程、砂石备料工程、基础处理工程、机械固沙工程、林草工程、梯田工程、谷坊水窖蓄水池工程和附录（附录一 施工机械台时费定额、附录二-1 土石方松实系数、附录二-2 一般工程土类分级表、附录二-3 岩石分级表、附录二-4 水力冲挖机组土类分级表、附录二-5 松散岩石的建筑材料分类和野外鉴定、附录二-6 冲击钻钻孔工程地层分类与特征、附录二-7 混凝土砂浆配合比及材料用量）。

12.3.4.2 定额使用

①熟悉定额有关内容。仔细阅读定额的总说明和分章说明，熟悉定额目录、子目及附录内容。

②根据定额子目进行工程项目划分，且计量单位要一致。

③套用定额时注意适用范围、工作内容和定额调整。

④工程定额要与费用定额配套使用。

12.4 基础单价与工程单价编制

12.4.1 基础单价编制

12.4.1.1 水土保持生态建设工程基础单价编制

（1）人工预算单价

①工程措施 人工工资按 1.5~1.9 元/工时（地区类别高、工程复杂取高限，地区类

别低、工程不复杂取低限)计算。

②林草措施 人工工资按1.2~1.5元/工时(地区类别高、工程复杂取高限,地区类别低、工程不复杂取低限)计算。

③封育治理措施 人工工资按1.2~1.5元/工时(地区类别高、工程复杂取高限,地区类别低、工程不复杂取低限)计算。

(2)材料预算价格

①主要材料价格 按当地供应部门材料价或市场价加运杂费及采购保管费计算。

②砂石料价格 按当地购买或自采价计算。购买价超过70元/m³的部分计取税金后列入相应部分之后。

③电价 按0.6元/(kW·h)计算,或根据当地实际电价计算。

④水价 按1.0元/m³计算,或根据实际供水方式计算。

⑤风价 按0.12元/m³计算。

⑥采购及保管费费率 工程措施按材料原价、包装费、运杂费三者之和的1.5%~2.0%计取,林草措施、封育治理措施按1.0%计取。

(3)施工机械使用费

施工机械使用费按《水土保持工程概算定额》附录中的施工机械台时费定额计算。

(4)林草(籽)预算价格

林草(籽)预算价格按当地市场价加运杂费及采购保管费计算。

12.4.1.2 生产建设项目水土保持工程基础单价编制

(1)人工预算单价

①工程措施的人工预算单价计算方法

基本工资:

基本工资(元/工日)=基本工资标准(元/月)×地区工资系数×12月÷年有效工作日

辅助工资:

地区津贴(元/工日)=津贴标准(元/月)×12月÷年有效工作日

施工津贴(元/工日)=津贴标准(元/天)×365d×95%÷年有效工作日

夜餐津贴(元/工日)=(中班津贴标准+夜班津贴标准)÷2×20%

节日加班津贴(元/工日)=基本工资(元/工日)×3×10d÷年有效工作日×35%

工资附加费:包括职工福利基金、工会经费、养老保险费、医疗保险费、工伤保险费、职工失业保险基金、住房公积金。

职工福利基金(元/工日)=[基本工资(元/工日)+辅助工资(元/工日)]×费率

工会经费(元/工日)=[基本工资(元/工日)+辅助工资(元/工日)]×费率

养老保险费(元/工日)=[基本工资(元/工日)+辅助工资(元/工日)]×费率

医疗保险费(元/工日)=[基本工资(元/工日)+辅助工资(元/工日)]×费率

工伤保险费(元/工日) = [基本工资(元/工日) + 辅助工资(元/工日)] × 费率

职工失业保险基金(元/工日) = [基本工资(元/工日) + 辅助工资(元/工日)] × 费率

住房公积金(元/工日) = [基本工资(元/工日) + 辅助工资(元/工日)] × 费率

人工预算单价:

人工工日预算单价(元/工日) = 基本工资 + 辅助工资 + 工资附加费

人工工时预算单价(元/工时) = 人工工日预算单价(元/工日)/日工作时间(工日/工时)

②植物措施的人工预算单价计算方法

基本工资:

基本工资(元/工日) = 基本工资标准(元/月) × 地区工资系数 × 12 月 ÷ 年有效工作日

辅助工资:

地区津贴(元/工日) = 津贴标准(元/月) × 12 月 ÷ 年有效工作日

施工津贴(元/工日) = 津贴标准(元/天) × 365d × 95% ÷ 年有效工作日

夜餐津贴(元/工日) = (中班津贴标准 + 夜班津贴标准) ÷ 2 × 10%

节日加班津贴(元/工日) = 基本工资(元/工日) × 3 × 10d ÷ 年有效工作日 × 20%

工资附加费:包括职工福利基金、工会经费、养老保险费、医疗保险费、工伤保险费、职工失业保险基金、住房公积金。

职工福利基金(元/工日) = [基本工资(元/工日) + 辅助工资(元/工日)] × 费率 × 0.5

工会经费(元/工日) = [基本工资(元/工日) + 辅助工资(元/工日)] × 费率 × 0.5

养老保险费(元/工日) = [基本工资(元/工日) + 辅助工资(元/工日)] × 费率 × 0.5

医疗保险费(元/工日) = [基本工资(元/工日) + 辅助工资(元/工日)] × 费率 × 0.5

工伤保险费(元/工日) = [基本工资(元/工日) + 辅助工资(元/工日)] × 费率 × 0.5

职工失业保险基金(元/工日) = [基本工资(元/工日) + 辅助工资(元/工日)] × 费率 × 0.5

住房公积金(元/工日) = [基本工资(元/工日) + 辅助工资(元/工日)] × 费率 × 0.5

人工预算单价:

人工工日预算单价(元/工日) = 基本工资 + 辅助工资 + 工资附加费

人工工时预算单价(元/工时) = 人工工日预算单价(元/工日)/日工作时间(工日/工时)

③人工预算单价计算标准

基本工资标准:基本工资标准平均(六类地区)为 190 元/月。六类以上工资区的工资系数见表12-9:

辅助工资标准:见表12-10。

工资附加费标准：见表12-11。

其他：年有效工作日按241 d计，日工作时间为8 h。

表12-9 六类以上工资区的工资系数

序号	工资区	地区工资系数	序号	工资区	地区工资系数
1	七类工资区	1.0261	4	十类工资区	1.1043
2	八类工资区	1.0522	5	十一类工资区	1.1304
3	九类工资区	1.0783			

表12-10 辅助工资标准

序号	项 目	标 准
1	地区津贴	按各省、自治区、直辖市的规定计算
2	施工津贴	3.5元/工日
3	野餐津贴	2.5元/夜(中)班

表12-11 工资附加费标准

序号	项 目	费率标准(%)	序号	项 目	费率标准(%)
1	职工福利基金	10	5	工伤保险费	1
2	工会经费	1	6	职工失业保险基金	2
3	养老保险费	15	7	住房公积金	3
4	医疗保险费	4			

（2）材料预算单价

①主要材料预算价格

材料预算价格 =（材料原价 + 包装费 + 运杂费）×（1 + 采购保管费率）+ 运输保险费

材料原价：按工程所在地就近的材料公司、材料交易中心的市场价或选定的生产厂家的出厂价计算。

包转费：按实际情况计算。

运杂费：铁路运输按铁道部现行《铁路货物运价规则》及有关规定计算运杂费，公路及水路运输按工程所在省(自治区、直辖市)交通部门现行规定计算。

运输保险费：按工程所在省(自治区、直辖市)或中国人民保险公司的有关规定计算。

采购及保管费率：按材料运到工地仓库价格的2%计算。

②其他材料预算单价 可执行工程所在地区就近城市建设工程造价管理部门颁发的工业民用建筑安装工程材料预算价格或信息价格加上运到工地的运杂费用来确定。

③电、水、风预算单价

施工用电价格:

电网供电 供电价格 = 基本电价 × 1.06

柴油发电机 供电价格 = (柴油发电机台时总费用 ÷ 柴油发电机额定容量之和) × 1.4

施工用水价格:

施工用水价格 = (水泵台时总费用 ÷ 水泵额定容量之和) × 1.45

施工用风价格:施工用风价格按 0.12 元/m³ 计算。

(3)施工机械台时费

施工机械使用费按《水土保持工程概算定额》附录一中的施工机械台时费定额计算。对于定额缺项的施工机械,可参考有关行业的施工机械台时费定额。

(4)砂石料单价

由施工企业自行采购时,砂石料单价应根据料源情况、开采条件和工艺流程计算。

外购砂、碎石(砾石)、块石、料石等预算价格超过 70 元/m³ 的部分计取税金后列入相应部分之后。

(5)混凝土材料单价

根据设计确定的不同工程部位的混凝土标号、级配和龄期,分别计算出每立方米混凝土材料单价(包括水泥、掺和料、砂石料、外加剂和水),计入相应的混凝土工程单价内。

其混凝土配合比的各项材料用量,应根据工程试验提供的资料计算,无试验资料时,可参照《水土保持工程概算定额》附录中的混凝土材料配合比表计算。

(6)植物措施材料预算价格

苗木、草、种子的预算价格以苗圃或当地市场价加运杂费、采购及保管费计算。

苗木、草、种子的采购及保管费率按运到当地价的 0.5%~1.0% 计算。

12.4.2 工程单价编制

12.4.2.1 水土保持生态建设工程单价编制

(1)工程单价编制

工程单价的编制程序及计算方法见表 12-12。

(2)安装工程单价编制

安装工程单价编制指构成固定资产的全部设备的安装费。安装费包括直接费、间接费、企业利润和税金。

排灌设备安装费按占排灌设备费的 6% 计算;监测设备安装费按占监测设备费的 10% 计算。

(3)取费标准

其他直接费费率:工程措施为 3%~4%,林草措施为 1.5%,封育治理措施为 1%。工程措施中的梯田工程取基本直接费的 2.0%,设备及安装工程不再计其他直接费。

表 12-12 工程单价的编制程序与计算方法

编号	费用名称	计算方法
一	直接费	(一)+(二)
(一)	基本直接费	1+2+3
1	人工费	定额劳动量(工时)×人工预算单价(元/工时)
2	材料费	定额材料用量×材料预算单价
3	机械使用费	定额机械使用量(台时)×施工机械台时费(元/台时)
(二)	其他直接费	(一)×其他直接费费率
二	间接费	一×间接费费率
三	企业利润	(一+二)×企业利润率
四	税金	(一+二+三)×税率
五	阶段扩大	(一+二+三+四)×扩大系数
	工程单价	一+二+三+四+五

注：①对于林草措施和封育治理措施，材料费不包含苗木、草及种子费。

②设计概算不进行阶段扩大，投资估算的扩大系数为5%。

间接费费率：工程措施为5%~7%，林草措施为5%，封育治理措施为4%。

企业利润率：工程措施为3%~4%，林草措施为2%，封育治理措施为1%~2%。设备及安装工程、其他工程及林草措施中的育苗棚、管护房、水井等均不再计利润。

税率：税金的计算基础为直接费、间接费、企业利润之和，税率取3.22%。

12.4.2.2 生产建设项目水土保持工程单价编制

(1)工程单价编制

工程单价的编制程序及计算方法见表12-13。

表 12-13 工程单价的编制程序与计算方法

编号	费用名称	计算方法
一	直接工程费	(一)+(二)
(一)	直接费	1+2+3
1	人工费	定额劳动量(工时)×人工预算单价(元/工时)
2	材料费	定额材料用量×材料预算单价
3	机械使用费	定额机械使用量(台时)×施工机械台时费(元/台时)
(二)	其他直接费	(一)×其他直接费费率
(三)	现场经费	(一)×现场经费费率
二	间接费	一×间接费费率
三	企业利润	(一+二)×企业利润率
四	税金	(一+二+三)×税率
五	阶段扩大	(一+二+三+四)×扩大系数
	工程单价	一+二+三+四+五

注：①对于林草措施和封育治理措施，材料费不包含苗木、草及种子费。

②设计概算不进行阶段扩大，投资估算的扩大系数为10%。

（2）安装工程单价编制

安装工程单价编制指构成固定资产的全部设备的安装费。安装费包括直接费、间接费、企业利润和税金。排灌设备安装费按占排灌设备费的6%计算。监测设备安装费按占监测设备费的10%计算。

（3）取费标准

①其他直接费费率

A. 冬雨季施工增加费

——西南、中南、华东区按基本直接费的0.5%~0.8%计算，华北区按基本直接费的0.8%~1.5%计算，西北、东北区按基本直接费的1.5%~2.5%计算。

——西南、中南、华东区按规定不计算冬季施工增加费的地区取小值，计算冬季施工增加费的地区可取大值；华北区，内蒙古地区取大值，其他地区取中值或小值；西北、东北区，陕西、甘肃地区取小值，其他地区取中值或大值。

——植物措施、机械固沙、土地整治工程取下限。

B. 夜间施工增加费　按基本直接费的0.5%计算。植物措施、机械固沙、土地整治工程不计此项费用。

C. 特殊地区施工增加费取费标准　特殊地区是指高海拔和原始森林地区。按工程所在地有关规定计算，没有规定的不计此项费用。

D. 其他　按基本直接费的0.5%~1.0%计算。植物措施、机械固沙、土地整治工程取下限。

②现场经费费率　见表12-14。

表 12-14　现场经费费率

序号	工程类别	计算基础	现场经费费率（%）		
			合计	临时设施费	现场管理费
一	工程措施				
	1. 土石方工程	基本直接费	3~5	1	2~4
	2. 混凝土工程	基本直接费	6	3	3
	3. 基础处理工程	基本直接费	6	2	4
	4. 机械固沙工程	基本直接费	3	1	2
	5. 其他工程	基本直接费	5	2	3
二	植物措施	基本直接费	4	1	3

注：土地整治工程取下限。

③间接费费率　见表12-15。

④企业利润率　工程措施按直接工程费和间接费之和的7%计算。植物措施按直接工程费和间接费之和的5%计算。

⑤税率　税金的计算基础为直接费、间接费、企业利润之和，税率标准为：建设项目在市区的为3.41%，在城镇的为3.25%，在市区或城镇以外的为3.22%。

表 12-15　间接费费率

序号	工程类别	计算基础	间接费费率(%)
一	工程措施		
	1. 土石方工程	直接费	3~5
	2. 混凝土工程	直接费	4
	3. 基础处理工程	直接费	6
	4. 机械固沙工程	直接费	3
	5. 其他工程	直接费	4
二	植物措施	直接费	3

12.5　水土保持工程概估算编制

根据《水土保持工程概(估)算编制规定》，水土保持工程的投资估算和设计概算均套用《水土保持工程概算定额》(水利部水总〔2003〕67 号)进行编制，但编制过程中对某些工程单价的扩大系数要求不同，与设计概算相比，水土保持生态建设工程投资估算的工程措施、林草措施及封育治理措施的工程单价的扩大系数为 5%，生产建设项目水土保持工程投资估算的工程措施、林草措施的工程单价的扩大系数为 10%。

12.5.1　编制依据

①国家和上级主管部门颁发的有关法令、制度、规定；
②设计图纸与说明书；
③《水土保持工程概算定额》《水土保持施工机械台时费定额》《水土保持工程概(估)算编制规定》及有关指标采用的依据；
④国家或各部委、省(自治区、直辖市)颁发的设备、材料出厂价格，有关合同协议；
⑤其他有关资料。

12.5.2　编制方法

采用单位工程估价法编制。主要依据《水土保持工程概算定额》《水土保持施工机械台时费定额》和《水土保持工程概(估)算编制规定》。

对于生产建设项目水土保持工程概估算的编制，可以参照相关行业的定额和有关规定。

12.5.3　编制步骤

①了解工程概况及项目区概况；
②收集相关资料、现场勘探调查；
③进行工程项目划分；

④编制基础单价和工程单价；

⑤计算工程量；

⑥编制分部工程设计概算；

⑦编制各种概估算表及概估算附件；

⑧编制说明。

12.5.4　概估算表格及附件

（1）概估算表格

概估算表格包括水土保持工程总概估算表、分部工程概估算表、分年度投资概估算表、工程单价汇总表、主要材料价格预算表、次要材料价格预算表、施工机械台时费汇总表、工程量汇总表、主要材料汇总表、工时汇总表。

（2）概估算附件

概估算附件包括人工预算价格计算表、主要材料预算价格计算表、主要材料运杂费计算表、混凝土材料单价计算表、工程措施单价表、植物措施单价表。

12.5.5　编制说明

（1）水土保持工程概况

水土保持工程建设地点、工程布置形式、工程措施工程量、植物措施工程量、主要材料用量、施工总工期、施工平均人数等。

（2）水土保持工程投资主要指标

投资指标主要包括工程总投资、静态总投资、年度价格指数、预备费及其占总投资百分比等。

（3）编制原则和依据

①概估算编制原则和依据；

②人工预算单价，主要材料预算价格，施工用电、水、风、砂石料、苗木、草、种子等预算价格的计算依据；

③主要设备价格的编制依据；

④其他有关指标采用的依据；

⑤费用计算标准及依据。

（4）其他事项

概估算编制中存在的应说明的问题。

思　考　题

1. 简述基本建设项目的分类与作用。
2. 简述基本建设程序及其主要内容。
3. 简述工程概预算的分类与作用。
4. 如何进行水土保持工程项目划分？

5. 水土保持工程造价由哪些费用构成？

6. 简述施工定额、预算定额、概算定额、概算指标的作用。

7. 水土保持工程概算定额包含哪些定额目录？

8. 定额使用中应注意哪些问题？

9. 简述人工预算单价、主要材料预算价格的编制方法。

10. 简述水土保持工程单价的编制方法。

11. 简述水土保持工程概估算编制依据、方法与步骤。

12. 水土保持工程概估算包括哪些表格及附件？

13. 水土保持工程概估算的编制说明包括哪些内容？

推荐阅读书目

水土保持工程概预算. 王治国，贺康宁，胡振华. 中国林业出版社，2009.

开发建设项目水土保持. 贺康宁. 中国林业出版社，2009.

参考文献

王治国，贺康宁，胡振华，2009. 水土保持工程概预算[M]. 北京：中国林业出版社.

中华人民共和国水利部，2003. 水土保持工程概(估)算编制规定[M]. 郑州：黄河水利出版社.

丁玉，2011. 开发建设项目水土保持工程概(估)算编制问题探讨[J]. 山西水土保持科技(1)：28-30.

刘晓路，孙厚才，张平仓，2009. 开发建设项目水土保持投资概(估)算若干问题探讨[J]. 水土保持通报(2)：206-208，218.

陆清华，2007. 浅析开发建设项目水土保持工程概(估)算编制[J]. 山西建筑(19)：251-252.

齐实，肖永强，周利军，等，2006. 水土保持工程概(估)算软件及应用[J]. 中国水土保持科学(3)：78-82.

吴丽萍，2005. 浅析开发建设项目水土保持工程与生态建设项目水土保持工程概(估)算编制要点[J]. 甘肃农业(12)：194.

向修明，杨远平，2005. 关于修订水土保持工程概(估)算编制规定和定额的建议[J]. 水土保持科技情报(4)：33-34.

郑凤，2005. 对开发建设项目水土保持投资概(估)算编制有关问题的探讨[J]. 中国水土保持(1)：27-29.

刘月琦，2004. 对水电工程水土保持工程概(估)算编制的几点看法[J]. 中国勘察设计(6)：56-59.

徐建昭，张国亮，2004. 开发建设项目水土保持投资文件的编制[J]. 河南水利(6)：59-60.

韩沛，2003. 浅析开发建设项目水土保持工程概(估)算的编制[J]. 甘肃水利水电技术(3)：51，53.

董强，朱党生，李明强，2001. 水土保持生态建设概(估)算的编制[J]. 中国水土保持(12)：46-47.

林勇，2000. 浅谈水土保持投资概(估)算编制方法[J]. 中国水土保持(11)：35-37.

郭锐，赵安成，1999. 开发建设项目水土保持方案投资概(估)算有关问题探讨[J]. 人民黄河(1)：19-21.

第 13 章

水土流失监测与水土保持效益评价

【**本章提要**】本章阐述了水土保持监测的意义，我国水土保持监测网络及其建设现状；水蚀、风蚀、重力侵蚀、混合侵蚀、冻融侵蚀以及水土保持治理措施的监测指标和监测方法；水土保持综合效益的计算原则、计算方法以及效益评价技术和方法。

13.1 水土流失监测

水土保持监测是水土流失预防、治理和监督执法的重要基础和基本手段，是社会公众了解和参与水土保持的重要途径，是国家生态保护与建设、保护水土资源、促进可持续发展的重要基础。只有将连续、定位、定量的监测活动和严格、稳定、持续的管理制度相结合，才能客观、准确地反映水土流失及其防治动态，才能保证及时、科学地提供相关信息，才能有针对性地加强监督管理，为政府、社会和公众服务，为国家宏观决策提供科学依据。目前全国水土保持监测网络已经建成，涵盖了水土保持监测中心，大江大河流域水土保持中心站，省、自治区、直辖市水土保持监测总站，省(自治区、直辖市)重点防治区水土保持监测分站，以及水土保持监测点(目前全国共有 738 个监测点)。

13.1.1 水蚀监测

13.1.1.1 坡面水土保持监测

坡面(特别是坡耕地)是侵蚀泥沙的主要来源，对坡面水土流失的准确监测，是认识水土流失规律、建立坡面土壤侵蚀预报模型、坡面水土保持措施优化配置、坡面水土保持措施效益分析的基础。

1) 监测内容

(1)坡面水土流失影响因素监测

主要包括气候因素、地貌因素、土壤与地面组成物质因素、植被因素和人为因素监测 5 个方面。

①气候因素　主要包括降水量、降雨强度与雨型、雨滴动能与降雨侵蚀力等指标。降雨量是影响侵蚀的主要气候因子，降水量监测的设施和方法有多种，常用的有自记雨量计和量雨筒，其中自记雨量计有虹吸式、翻斗式、浮子式和综合记录仪等。降雨强度

常用指标包括平均降雨强度和瞬时降雨强度。降雨强度多是通过分析计算出来的。降雨侵蚀力是雨滴动能和降雨强度两个特征值的乘积，是表达雨滴溅蚀、扰动薄层水流、增加径流冲刷和挟带搬运泥沙的能力。

②地貌因素　主要包括坡度、坡长与地形因子(SL)、坡形、坡向等指标。坡度是影响坡面侵蚀的重要因素。地貌因素监测主要采用测量法和图面量算法等方法获取或提取。

③土壤与地面组成物质因素　主要包括土壤质地、分类、土壤结构、土层厚度、土壤容重、孔隙度、土壤有机质、主要养分、土壤水分、土壤渗透速率、土壤可蚀性指标等指标。土壤理化性质多采用《土壤理化性质分析》中的常规方法测定；土壤可蚀性指标是反映坡面土壤对侵蚀的易损性或敏感性，即土壤对侵蚀抵抗力的倒数，目前土壤可蚀性指标尚无统一的计算方法，一般采用土壤理化性质测定指标综合分析计算或以某个(某类)指标代表。

④植被因素　主要包括植被类型、植被结构特征、覆盖度、郁闭度等指标。多采用实地调查或测量等方法获取。

⑤人为因素　主要包括土地利用情况、水土保持措施现状、耕作管理方式与水平等指标，一般采用调查或量算等方法获取。

(2)坡面水土流失状况与危害监测

①坡面水土流失状况　包括侵蚀方式、数量特征及动态变化 3 个方面。侵蚀方式有雨滴溅蚀，薄层水流冲刷，细沟及浅沟、切沟侵蚀。监测要阐明侵蚀方式及组合，重点说明沟蚀的部位、特征和发展；水土流失数量特征主要有流失的径流量、泥沙量及依此推算出的侵蚀强度、径流系数和模数等。对一些重点监测坡面，还应有流失泥沙的颗粒分析、土壤力学性质和水理性质分析、养分流失、有毒有害污染物的分析等；侵蚀动态变化是指坡面侵蚀过程的时空变化，它既与侵蚀动力有关，也与坡面特征有关，在一个相对较长的时期内还受人为活动的制约，需要重点监测。

②坡面水土流失危害　坡面水土流失危害存在于多个方面，就目前水土保持工作而言，监测的重点是流失的径流泥沙危害、土壤恶化及减产危害、水源污染与生态安全危害等方面。径流泥沙危害有洪水灾害、泥沙淤积等；土壤恶化及减产危害有土层厚度减薄、渗透持水等性质变化、肥力降低、作物生长势减弱及产出量减少和经济收入减少等；水源污染与生态安全危害有水质污染、土壤污染、大气污染，包括固体颗粒悬浮物、有害有毒重金属含量高，水体富营养化及生化性质等带来的生物多样性减少，环境组成单一，脆弱性增大等。

(3)水土保持措施及其实施效益监测

①水土保持措施　坡面水土保持措施包括工程措施、林草措施和耕作措施三大类。工程措施中主要有各类梯田、小型集流蓄水工程；林草措施主要有造林、种草、增加植被覆盖；耕作措施主要有深耕、施肥、水平耕作、合理轮作等，以拦截径流、增加入渗。对于各措施监测的主要内容有各措施的数量、质量，以及保存状况、完好情况等。

②水土保持措施实施效益　包括蓄水保土效益、增产增收效益、生态社会效益等方面。蓄水保土效益是水土保持措施的直接效益，可由减少水土流失量得出。增产增收效益又称经济效益，可通过产量计算和折现对比说明。生态社会效益也可以分为生态环境改善效益和促进社会和谐发展效益，统称间接效益。如生物多样性恢复、生物群落复杂等监测，以及区域国民经济收入、产业组成、恩格尔系数、人均产值等都反映社会经济发展状况。

2) 监测方法

(1) 径流小区

径流小区是坡面水土保持监测的传统方法，也是奠定土壤侵蚀作为独立学科的基础。

①径流小区分类　根据小区的大小划分为微型小区、中型小区和大型小区。微型小区的面积通常在 $1 \sim 2 \ m^2$ 之间，当简单地比较两种措施的差异，而其差异又不受监测面积大小影响时，可以优先使用微型小区。中型小区的面积一般在 $100 \ m^2$ 左右，通常用于作物管理措施、植被覆盖措施、轮作措施和一些可以布设在小区内，且与大田没有差异的其他措施的水土保持效益监测。大型小区的面积在 $1 \ hm^2$ 左右，适于不能在小型和中型小区内布设的水土保持措施效益的评价或在微型和中型小区内无法监测的项目，如坡面细沟发育。

根据不同地区小区间的可比性的高低，可将小区划分为标准小区和非标准小区。所谓标准小区指对实测资料进行分析对比时所规定的基准平台，规定了标准小区以后，在进行资料分析时，可以把所有资料首先订正到标准小区，然后再统一分析其规律性。在我国，标准小区的定义是选取垂直投影长 20 m、宽 5 m、坡度 5° 或 15° 的坡面，经耕耙整理后，纵横向平整，至少撂荒 1 年，无植被覆盖的小区。与标准小区相比，其他不同规格、不同管理方式下的小区都为非标准小区。

②径流小区组成　坡面径流泥沙测验小区由一定面积的小区、集流分流设施和保护设施等部分组成(图 13-1)。

边埂及小区：在一定土地面积周边设置的隔离埂即为边埂。简易的边埂为三角形土质埂；当观测历时较长时，可由水泥板、金属板等材料制作。边埂的地面以上高度为 $20 \sim 30 \ cm$，以防土粒飞溅，埋深一般为 20 cm 以上，以便稳固防冲。边埂所围面积即小区，它是形成径流、产生侵蚀和泥沙的源地，即测验地(区)。

集流分流设施：包括集流槽和导流管。设置在小区底端，用以收集上部坡面产生的径流泥沙的槽状设施，称集流槽。该槽长与小区宽一致，宽 $10 \sim 15 \ cm$，平面上为一长方形[图 13-2(a)]，长方形的一条长边水平并与小区坡面底端高度一致，保证坡面侵蚀不受影响。槽的纵剖面，上口水平，下底为向中部倾斜的陡坡，坡比 $1:4 \sim 1:5$(图 13-2)。坡的最低处设有孔口，连接导流管，目的是将坡面的径流泥沙收集并经导流管排出。集流槽一般为砖、石浆砌，亦可用金属板或硬塑板拼接。要求槽体内壁光滑，无坑凹，保证径流泥沙顺利通过，不产生淤积。导流管多为直径 $100 \sim 150 \ mm$ 的铸铁管或硬

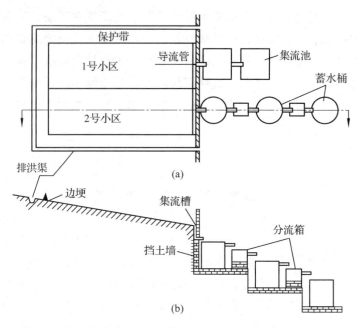

图 13-1 小区组成与布设

(a)平面图 (b)剖面图

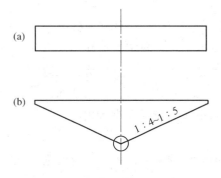

图 13-2 集流槽大样示意

(a)平面图 (b)剖面图

塑管,出口稍低,为了避免泥沙中杂草什物堵塞,管径应大些。

蓄水池(桶):是蓄积导流管排出的径流、泥沙的设施。当为砖石浆砌的方形(或矩形)时,称蓄水池;为金属制作的圆桶状时,为蓄水桶。无论是蓄水池还是蓄水桶,其容积一般应超过小区面积一次最大降水的产流产沙量(体积),不使径流泥沙溢出(除了有分流设施外)。在池或桶的砌筑或安装时,底面应水平,形状要规整,内表面应光滑,且底部应设排水闸阀,以保证量测精度和减少工作强度。

分流箱(桶):在蓄水池(桶)的容积不能达到设计要求时,就要加设分流箱(桶)。它是一个金属材料制作的箱或桶,其一侧设有 5 个或 7 个、9 个极为标准的分流孔,水平安装在一个蓄水池(桶)的前方,使分流孔中间一孔的出流收集在蓄水池(桶)中,其他分流孔的出流排走不再收集。由此可知,蓄水池中收集的径流泥沙,约是坡面产出的 1/5 或 1/7,1/9。

③保护设施 包括保护带和排洪渠系以及集流桶箱的防护罩等。

④径流小区布设原则 设置径流小区或建立径流观测场,应遵循以下原则:具有典型区域的代表性;保持坡面的自然状态;小区设置与监测内容要求相一致;坚持重复性

与对比性原则。此外，在设置径流场和小区时，还需注意安全可靠及交通便利等条件以保证观测工作正常进行。

⑤径流泥沙测验设备与观测 小区径流泥沙观测的测验设备包括体(容)积测验、泥沙测验及其他测验设备3个部分。

体(容)积测验设备：体积测验也称容积测验。测验的基本设备为测尺和一定体积(容积)的量筒。用测尺直接量测各收集器中的浑水深、长、宽，计算体积；后者用于采集不同收集器中的浑水样，作处理用。若收集器有蓄水池、分流箱或几个蓄水池、分流箱时，量积时一一量取，采样也需一一采样，并注意采样的均匀性。

泥沙测验设备：包括量筒、漏斗、滤纸、烘箱、天平等，以求得不同收集器中的泥沙数量。

其他测验设备：主要包括土样理化性质分析设备和侵蚀过程测流设备。

⑥径流观测与计算 径流观测是坡面小区测验中基本的测验项目，目的是通过径流观测与计算，定量说明其产生径流的多少，并依此计算径流深、系数和径流模数等。

利用径流设备检验与量测时，观测前需对集流、分流和蓄水设备仔细检查，查验这些设备是否完好，工作是否正常，有无漏水或溢出，有无堵塞或淤积，检查防护罩是否遮盖严密等。每次降雨后，将收集于分流箱、蓄水池(桶)或溢出到坑洼中的浑水径流量进行量积，测量每一收集器中的径流深、宽、长度(包括泥沙)，并逐一取水样，容积一般不少于1 L，至少取两个重复样，供分析用。

⑦泥沙观测与计算 泥沙观测是坡面小区测验又一基本项目，目的通过测验与计算，定量说明坡面侵蚀产生泥沙的数量特征，并依此计算侵蚀深、侵蚀模数等。泥沙观测通常与径流观测同步进行，即采集含泥沙的浑水样(每一样品不少于2个)，进行分析和计算。

(2)核素示踪技术

核素示踪技术是通过比较没有发生侵蚀地块土壤中核素含量与侵蚀地块土壤核素含量的差异，进而利用核素流失量与侵蚀量间的定量关系，推求坡面水土流失量的技术方法。根据核素来源，可以将常用示踪核素分为人为放射性核素、天然放射性核素和宇宙射线产生的放射性核素3种。

①人为放射性核素 主要来源于核武器试验时释放的核尘埃，经过干、湿沉降进入环境。其中^{137}Cs常被用于坡面水土保持监测。在测定了^{137}Cs背景值的基础上，测定其他坡面不同部位土壤中的^{137}Cs浓度，进一步与背景值进行比较，基于已经建立的土壤流失量与^{137}Cs流失量间的定量模型，推出监测坡面多年平均的侵蚀速率。

②天然放射性核素 包括三大系列，其中^{210}Pb常被用于坡面水土保持监测。^{210}Pb的来源包括通过大气沉降而被土壤吸附的外源性^{210}Pb和由土壤中^{222}Rn衰变得到的补偿性^{210}Pb。^{210}Pb沉降量与海拔有关，同时与降水量密切相关。

③宇宙射线产生的放射性核素 由宇宙射线与大气中原子核相互作用产生的，经过输送沉降到地表，并与地表物质结合。宇宙射线产生的放射性核素主要有^{7}Be、^{14}C等。其中^{7}Be被常用于坡面水土保持监测。

（3）插钎法

插钎法是坡面水土保持监测的传统方法，具有悠久的历史。它的基本原理是在选定的具有代表性的监测坡面上，按照一定的间距将直径为 5 mm 的不锈钢钎子布设在整个坡面上，钎子上刻有刻度，一般以 0 为中心上下标出 5 cm 的刻度，最小刻度值为 1 mm。监测时将测钎垂直插入地表，保持零刻度与地面齐平，在监测期内监测测钎的读数，将本次读数与上次读数相减，差值为负值则表明在监测期内发生了侵蚀，侵蚀强度可以用平均差值计算得到。当差值为正值时，说明监测坡面发生了泥沙沉积，沉积量的大小也可以通过平均差异计算得到。

（4）全球定位系统（GPS）

全球定位系统可以用于坡面水土保持的监测，特别是对坡面切沟的长期定位监测。利用高精度 GPS 在坡面上进行水土保持监测，作业速度快，精度高，测量不受恶劣天气的影响。目前使用比较多的是 Trimble 4700 双频差分 GPS。

对测量数据在地理信息系统（GIS）中进行相关处理，从而生成监测切沟的规则格网的数字高程模型（DEM）。GPS 测量数据为离散的点数据，在数据处理时需要根据切沟的形态特征，将所测量的切沟沟沿线及沟底特征线连接起来形成隔断线，对隔断线和实测点进行带约束的三角网剖分，得到不规则的三角网（TIN），进一步对 TIN 进行线性采样，得到规则网格 DEM。通过对比分析不同时期切沟的 DEM，即可判断一定时期内切沟的变化动态。

（5）三维激光扫描仪法

是目前国际上先进的地面空间数据测量技术，它将传统的点测量扩展到面测量，可对复杂的地面特征进行扫描，形成地表的三维坐标数据，而每一个数据（点）都带有相应的 X、Y、Z 坐标数值，这些数据（点）集合起来形成的点云，就能构成物体表面的特征。经后续的计算机处理，可以进行多种分析和计算。

地面型三维激光扫描仪是目前应用最多的激光扫描仪，它包括三维激光扫描仪、数码相机、扫描仪旋转平台、软件控制平台、电源及其他附件。

13.1.1.2 小流域水土保持监测

1）监测内容

（1）自然环境监测

自然环境主要包括地质地貌、气象、水文、土壤、植被等自然要素。

①地质地貌监测　包括地质构造、地貌类型、海拔、坡度、沟壑密度、主沟道纵比降、沟谷长度等。

②气象要素监测　包括气候类型、年均气温、≥10 ℃积温、降水量、蒸发量、无霜期、大风日数、气候干燥指数、太阳辐射、日照时数、寒害、旱害等。

③水文监测　包括地下水水位、河流径流量、输沙量、径流模数、输沙模数、地下水埋深、矿化度等。

④土壤监测　包括土壤类型、土壤质地与组成、有效土层厚度、土壤有机质含量、

土壤养分(N、P、K)含量、pH值、土壤阳离子交换量、入渗率、土壤含水量、土壤密度、土壤团粒含量等。

⑤植被监测　包括植被类型与植物种类组成、郁闭度、覆盖度、植被覆盖率等。

(2)社会经济状况监测

主要包括土地面积、人口、人口密度、人口增长率、农村总人口、农村常住人口、农业劳动力、外出打工劳动力、基本农田面积、人均耕地面积、国民生产总值、农民人均产值、农业产值、粮食总产量、粮食单产量、土地资源利用状况、矿产资源开发状况、水资源利用状况、交通发展状态、农村产业结构等。

(3)水土流失监测

主要包括水土流失面积、土壤侵蚀强度、侵蚀性降雨强度、侵蚀性降水量、产流量、土壤侵蚀量、泥沙输移比、悬移质含量、土壤渗透系数、土壤抗冲性、土壤抗蚀性、径流量、径流模数、输沙量、泥沙颗粒组成、输沙模数、水体污染(生物、化学、物理性污染)等。

(4)水土保持措施监测

按照其措施的不同分为：梯田监测、淤地坝监测、林草监测、沟头防护工程监测、谷坊监测、小型引排水工程监测、耕作措施监测等。

(5)水土保持效益监测

主要监测水土保持的基础效益，包括治理程度、达标治理面积、造林存活率、造林保存率等。根据不同监测需要，有些小流域还监测生态修复、生物多样性等内容。

2)监测方法

目前，小流域水土保持监测主要有控制站监测和小流域侵蚀量调查两种方法。

(1)小流域控制站监测

小流域由于面积小、汇流迅速，所以其径流泥沙变化幅度比较大，一般通过对建设在流域出口处控制站次降雨水位监测，获得小流域次降雨径流资料，在径流测量的同时采集水沙样，进一步分析得到含沙量，获得小流域次降雨泥沙资料。在次降雨径流泥沙资料基础上，经过资料汇总分析，得到该流域逐月、逐年的径流泥沙资料。

控制站位置的选择十分重要，选址的基本要求是水流流动顺畅，无弯道和宽窄变化的沟道，沟道比降相对均一，保证水流流动时无明显的冲淤发生，岸边杂草不影响水流运动，控制站下游不存在回水。为了监测全流域的水沙特征，控制站的位置应尽量选择在流域出口处，当流域出口处确实不具备建设控制站的条件时，应将控制站的位置适当上移。

①径流监测　小流域水土保持监测中的控制站多采用巴塞尔量水槽(图13-3)或薄壁堰型(堰顶厚度小于堰上水头的0.67倍)量水堰(图13-4、图13-5)。

在选定了量水堰的形式后，即可根据各类流量堰的流量计算公式计算流量。流量计算公式中的未知变量只有流量系数和堰上水头，流量系数可根据经验公式计算得到或者根据率定试验确定。利用流量堰测定流量的关键是堰上水头(水深)的监测。

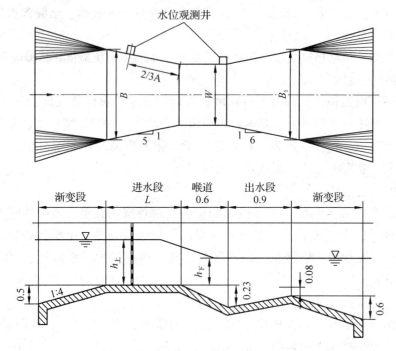

图 13-3 巴塞尔量水槽

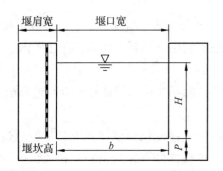

图 13-4 矩形堰示意

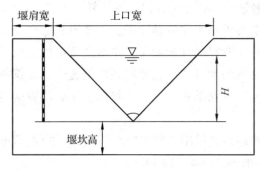

图 13-5 三角堰示意

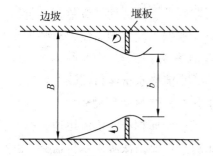

　　根据监测设备的不同，水深的监测可以分为水尺和自记水位计两类。按照水尺的构造形式不同，可分为直立式、倾斜式、矮桩式与悬锤式等，直接读取水尺上的读数即可。自记水位计有浮子式、压力式、气泡式和超声波。

　　②泥沙测定　小流域泥沙的测定可以分为采样法和自动监测法两类。根据取样的自动化程度不同，采样法也可以分为人工采样和自动采样两种方法，人工采样是在测定水位的同时，采集径流泥沙样

品，然后带回实验站，分析泥沙含量。具体步骤包括样品转移、泥沙沉淀、烘干、称重、含沙量计算等。

目前，应用比较多的悬移质采样器有横式采样器(图13-6)和瓶式采样器(图13-7)等；推移质采样器有沙质推移质采样器(图13-8)和卵石推移质采样器(图13-9)等。

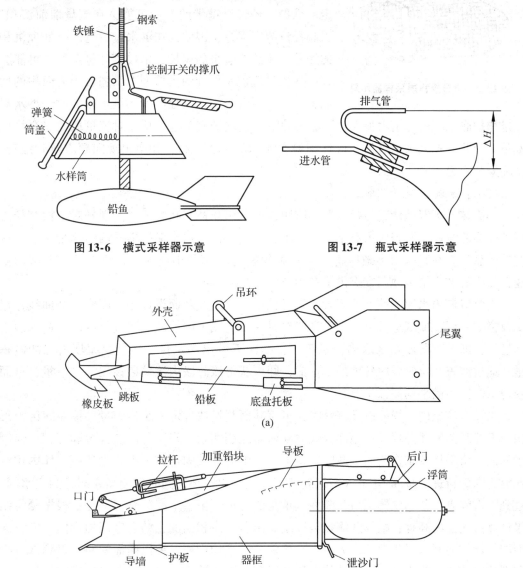

图 13-6　横式采样器示意　　　　图 13-7　瓶式采样器示意

(a)

(b)

图 13-8　沙质推移质采样器示意

(a)黄河59型沙质推移质采样器　(b)长江大型沙质推移质采样器

小流域泥沙的自动监测，目前应用比较多的是各种不同型号的浊度仪。使浊度仪发出光线穿过一段样品，并从与入射光呈90°的方向上检测有多少光被水中的颗粒物所散射。这种测量散射光的方法称作散射法。浊度仪可以和自记水位计配合使用。浊度仪和水位计监测的数据，均需要数据采集器来储存，整个系统的运作需要微型计算机控制，动力可以由太阳能板提供。

控制站是小流域径流泥沙监测的主要设施，需要一定的维护。径流里携带的泥沙可能会在流量堰前沉积，引起径流测定误差，因此，在洪水过后应及时处理沉积的泥沙。径流中携带的树枝、枯枝落叶等杂物，可能会缠绕在流量堰前水位计的支撑架上，随着受力面积的增加，可能会冲毁水位计支撑架。当洪水较大时，洪水对

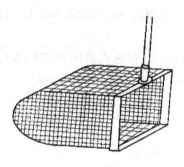

图 13-9　卵石推移质采样器示意

流量堰护底工程的冲击力很大，可能会冲毁流量堰护底工程，从而对流量堰的安全构成威胁，因此，在大洪水过后，应仔细检查流量的护底工程，如果出现问题应及时处理，排除安全隐患。

（2）小流域侵蚀量调查

小流域土壤侵蚀调查与径流泥沙监测，可以相互补充和验证，特别是对于没有径流泥沙监测的流域，调查成果对于小流域水土流失评价、水土保持措施的优化配置，具有重要的意义。在我国很多地区都建有各种规模的水库和小塘坝，这些水库和塘坝的修建，为小流域土壤侵蚀调查提供了有利条件。

当有流域内水库或塘坝库区大比例尺地形图、库坝断面设计图、库容特征曲线、建库及拦蓄时间、库坝运行记录等设计资料时，小流域土壤侵蚀的调查就可以根据水沙平衡进行，即某时段库坝来水来沙量等于该时段下游出库水量、沙量及库坝内泥沙淤积量。通过调查一定时段内各项的定量值，即可获得该时段内流域侵蚀泥沙的总量，进而获得该时段内的平均侵蚀状况。

当没有流域内库坝的设计资料时，可用断面测量法确定流域侵蚀量。按照库区地形图，设置观测断面并埋桩；用经纬仪对断面做控制测量，确定各基点位置和高程，绘制平面图；将经纬仪架在断面一端固定桩上，对准另一端固定桩定出观测断面，库内用测船沿着断面行进，每隔 10 m 左右用经纬仪测定一次距离，同时用测绳或测杆测定水深，直到断面终点。移动仪器到另一断面，重复测定，直至整个库区全部测完；根据测定结果计算各测点的高程；根据各测点高程绘制出蓄水淤积断面，结合库区地形图，完善断面图；计算各断面淤积面积；分别求出相邻断面平均面积，乘以断面间距，得到部分淤积泥沙的体积；将部分淤积泥沙体积累加得到总的泥沙淤积量，除以淤积年限及流域面积，即可得到该流域年均侵蚀量和侵蚀模数。

13.1.1.3　区域水土保持监测

1）监测内容

（1）区域土壤侵蚀与环境特征分析

①区域水土流失类型分析　包括基于土壤侵蚀形态的分类和基于土壤侵蚀强度的分

级两个方面。

②区域水土流失区域特征分析　在了解土壤侵蚀的区域分异和土壤侵蚀的区域划分基础上，进行区域水土流失区域特征分析。

土壤侵蚀的区域分异是由于导致土壤侵蚀的主要外营力类型及其组合方式不同，经常使工作区发生侵蚀的空间分异。以全国为例，土壤侵蚀明显地分异为 3 个土壤侵蚀区：东部水力侵蚀地区，西北部风力侵蚀地区，青藏高原冻融侵蚀地区。土壤侵蚀强烈的地段，大多位于三大地形阶梯、地质构造带或平原和山地丘陵的过渡地带。

土壤侵蚀的区域划分是在认识土壤侵蚀区域分异规律基础上进行土壤侵蚀区域划分，是科学高效实施土壤侵蚀监测，编制治理规划的基础。在全国土壤侵蚀区域特征研究中，拟定了一个 3 级分区单位系统。第一级，土壤侵蚀大区，是根据占主导作用的地表侵蚀营力类型划分。第二级，土壤侵蚀地区，是一组在地质地貌和水热条件的组合上大致相似的地区。第三级，土壤侵蚀类型区，指土壤侵蚀地区中地表外营力作用方式（侵蚀、堆积）、新构造运动的性质（升或降）、地貌类型和土地利用方向一致的地域类型单元。完成编制分区后，需从土壤侵蚀基本原理出发，进行土壤侵蚀区域特征分析。

③区域水土流失治理状况分析　可用的方法有 3 种：一是利用水土保持统计数据，以县为单元进行分析；二是利用中低分辨率遥感数据进行植被措施的提取与分析；三是利用高分辨率遥感数据进行梯田等小面积措施的提取与分析。

（2）资料收集整理及侵蚀因子数据库建设

①区域水土流失因子数据收集　水土流失受到诸多自然和人为因子的影响。自然因子包括气候、土壤、植被、地形等；人为因子包括土地利用、治理措施等。

②区域水土流失因子数据管理　目的是高效组织数据，安全管理数据。由于区域土壤侵蚀监测所用数据量较大，分析运算多，因而数据库的管理强调以下 3 个方面：

数据分类：为了安全高效管理数据，一般将数据归纳为专题数字矢量、专题数字栅格、专题记录表格、专题文本资料和专题声像资料 5 个方面。

投影与坐标系统：常用投影有两种，针对面积量算的数据采用高斯投影；针对较大面积的成果显示分析，我国一般采用 Albers，第一、第二标准纬线分别为 25°和 47°，中央经线为 105°。

数据文件管理与数据库建设：ArcGIS 提供了 GeoDatabase 数据格式。可采用 GeoDatabase 方式进行水土保持监测数据管理。同时可采用文件管理方式管理数据。

（3）区域土壤侵蚀综合评价

以水利部标准为基础进行水蚀和风蚀强度等级评价《土壤侵蚀分类分级标准》（SL 190—2007）。该方法的优点是所需要的参数（土地利用、植被覆盖度、坡度）较少，评价过程简单，在基层水土保持监测单位应用较多。缺点是不能直接反映气候、土壤和水土保持措施的作用。

以中国土壤流失方程式进行水蚀强度评价（刘宝元，2006），优点是所需要的部分参数(气候、土壤)计算比较简单或已有现成数据资料,模型运行也容易控制。缺点是模型所需要的关于水土保持措施方面的数据难以获取或者精度难以控制,同时有关的因子值(BET)计算还没有十分成熟的方法。

以区域水土流失模型为基础进行水蚀强度评价,优点是充分考虑了区域土壤侵蚀的过程,可以完成水沙物质汇集运算,可分别分析各种因素对侵蚀的影响,为水土保持提供详细的数据支持。缺点是模型所需要的参数(包括土壤抗冲系数、土壤稳渗系数、叶面积指数、植被盖度)要进行专门的野外测试,同时模型目前还不十分完善和稳定。

(4)区域土壤侵蚀综合评价结果分析

土壤侵蚀评价完成后,须对评价结果进行分析评估。通常都是通过与水文数据比较的方法完成的。但实际上,土壤侵蚀模数与输沙模数之间存在一个输移比的问题,因而严格说来两者是不能比较的。在实际中主要应用土壤侵蚀学分析、专题制图学分析、空间格局分析、工作程序分析和历史资料对比分析等方法进行土壤侵蚀评价结果分析评估。

2)监测方法

目前,国内外区域水土保持监测主要有遥感调查和抽样调查两种方法。

(1)遥感调查

借用现代航天、航空遥感技术,按照统一的方法和规范,在国家或区域水平上,对影响水土流失的主要因子、水土流失和水土保持及其效益进行连续或定期监测,并对所取得的数据进行综合分析,以掌握国家或地区的水土流失及其防治动态和发展趋势,为国家和区域防治水土流失,保护、改良和合理利用水土资源,优化产业结构,改善生态环境条件,实现可持续发展提供决策依据。

遥感监测是以监测区的遥感影像为基础资料源,借助计算机图像处理和光谱分析技术,通过各种形式的人机对话,解译不同时相遥感影像的土地资源利用现状,土壤类型变化,土壤侵蚀的类型、特征及其危害,地貌及地形坡度分布,河道、水体和水系调查,牧草地类型及分布,林地类型及森林分布,农田水利工程调查及其效益,水利技术措施及效益调查,水土保持工程和生物防治设施及其效益,居民区分布及道路交通网的状况等基础数据。它具有适时性强、地面光谱资料丰富并可获得多时相资料、覆盖范围大、准确度高、成本低、更适合大范围监测需要等优点。

(2)抽样调查

区域水土流失抽样调查方法主要应用于美国。1977 年美国开始了第一次国家层面的水土流失抽样调查。在全国范围内采集了 70 000 个单元的相关数据,利用通用土壤流失方程和风蚀预报方程计算了每个单元的侵蚀量,并进行了区域汇总。1982 年美国将调查单元扩大到了 321 000 个,1987 年又将调查单元调整到108 000个,1992 年的调查单元为300 000 个,1997 年也沿用了这些调查单元,基本包括了美国 3 300 个县,共 844 000 个调查点,每个单元面积在 0. 16 ~ 2. 59 km²,从 2000 年开始,调查周期由原来的 5 年一次变成每年一次。

在国家"十一五"科技支撑计划的支持下，北京师范大学在区域水土流失抽样调查方面做了大量的探索，在借助美国相关经验的基础上，逐步建立了适合我国具体情况的抽样调查法。

区域水土流失分层抽样调查按照4个层次进行，第一级为县级抽样区，将该级的网格大小确定为50 km×50 km；第二级为乡级抽样区，是将县级抽样区进一步划分为25个10 km×10 km的网格；第三级为抽样控制区，是将乡级抽样区进一步划分为4个5 km×5 km的网格；第四级为抽样单元，是将抽样控制区进一步划分为25个1 km×1 km的网格。基本抽样单元就是这25个网格的中心网格，也就是要进行野外调查的对象。

调查大体上包括室内准备阶段、野外调查阶段和室内数据处理分析3个阶段。室内准备阶段主要包括根据抽样单元中心点的公里网坐标和地理坐标勾绘抽样单元边界、扫描1:10 000地形图进行抽样单元等值线及边界数字化、打印底图、制作调查信息表等过程，同时准备野外调查需要的相关设备(如GPS、数码相机等)。野外调查阶段是以抽样单元内的地块为单位，调查土地利用、覆盖度、水土保持措施等信息，同时进行景观拍照和土壤样品采集。室内数据处理分析包括输入照片、输入GPS数据、输入信息表、制作地块文件。

在上述调查的基础上，结合气象资料和流域DEM，分别计算小流域的降雨侵蚀力、土壤可蚀性、坡长坡度、植被覆盖、水土保持农业措施、水土保持工程措施和水土保持生物措施，以CSLE土壤侵蚀模型为基础，计算小流域土壤侵蚀量。以小流域土壤侵蚀量计算结果为基础，根据小流域的空间分布状况，分别计算乡级、县级及区域水土流失量。

13.1.2 风蚀监测

13.1.2.1 监测内容

(1)风蚀影响因子

包括风向、风速、降水、植被、土壤水分及人为活动。

(2)风蚀量

包括风蚀类型、强度及变化规律。

(3)风蚀危害

包括土壤表层粗化、生产力下降、流沙入侵等。

(4)风蚀防治

包括植被降低风速、植被减少输沙率、植被的固沙作用、植被的阻沙作用、防护林带的积沙、植被对风沙土的改良等(表13-1)。

表 13-1　风蚀监测的主要内容

监测内容		监测指标	测定方法
风蚀影响因子	侵蚀性因子	风速/大风日数	气象观测及野外风向风速仪测定
		干燥度	气象数据分析
	可蚀性因子	土壤质地	粒度分析
		土壤有机质含量	养分分析
		植被盖度	植被调查和遥感影像解译
	粗糙度因子	土壤水分	土壤水分测定方法
		地形起伏	GPS 测量
		人类活动(开垦、放牧、樵采、土地利用方式的改变、耕作制度)	调查/实地测量
风蚀量		风蚀量	集沙仪等方法
		风蚀强度/模数	经验模型
风蚀危害	直接(本地)	土壤表层粗化	机械组成分析
		水分耗损	土壤水分测定
		植被受损	生物量等测定
		生产力下降	土壤肥力
	间接(外地)	流沙入侵量(沙丘移动危害)	沙丘移动观测
		入库、入河(水质、库容变化)	泥沙入库观测
		大气环境(降尘)	沙尘暴观测
风蚀防治效益	直接效益	固土效益	土壤改良/粗糙度监测
		防风效益	风速/输沙率监测
	间接效益	生态环境效益	小气候改善
		经济效益	受保护效益价值(增产价值)

13.1.2.2　监测方法

1) 风蚀影响因子监测

(1) 风的测定

采用风速风向仪获取的风速和风向数据是风沙运动的基本要素,用以计算风蚀力的大小,确定地表流场的分布。风沙观测关注的重点是大于起沙风的风速(一般为 5 m/s)及其风向和持续时间。在常规气象观测中,整点前 10 min 平均风速、瞬时最大风速以及风向频率等也可以作为风沙观测的基础数据。风的观测分为瞬时观测和长期观测。瞬时观测结合风沙运动观测,获取沙粒的启动风速和输沙率的对应风速。长期观测一般设置在特定的风沙观测场中,获取长期的风速风向数据。

采用风速梯度观测,获取风速沿高度变化的风速剖面,是计算摩阻流速和地表粗糙度的重要参数。通常以 2 m 作为观测高度,应用风速梯度仪测定不同高度的风速。

测量风速和风向的仪器多种多样,依照其原理,可以分为机械型仪器、静力型仪器和物理型仪器。

（2）土壤水分测定

主要方法包括物理法、化学法和放射性法等。土壤含水量的测定方法中最经典的方法是烘干法，也是国际上公认的标准方法。

①烘干法　包括经典烘干法和快速烘干法。经典烘干法是目前国际上仍在沿用的标准方法。其测定的简要过程是：先在野外选择代表性取样点，按所需深度分层取土样，将土样放入铝盒，并立即盖好盒盖（以防水分蒸发影响测定结果），称重，然后打开盒盖，置于烘箱，在 105～110 ℃条件下，烘至恒重（需 6～8 h），再称重，据此计算出土壤水分。

快速烘干法包括红外线烘干法、微波炉烘干法、酒精燃烧法等。这些方法虽可缩短烘干和测定的时间，但需要特殊设备或消耗大量药品，同时各有缺点，也不能避免由于每次取出土样和更换位置等所带来的误差。

②中子仪法　此法是把一个快速中子源和慢中子探测器置于套管中，埋入土内。其中的中子源（如镭、镅、铍）以很高的速度放射出中子，当这些快中子与水中的氢原子碰撞时，就会改变运动的方向，并失去一部分能量而变成慢中子。土壤水分越多，氢原子越多，产生的慢中子也就越多。慢中子被探测器和一个容器量出，经过校正可求出土壤水的含量。

③时域反射仪（TDR）法　在测定土壤含水量时，主要依赖电缆测试器。时域反射仪通过与土壤中平行电极连接的电缆，传播高频电磁波，信号从波导棒的末端反射到电缆测试器，从而在示波器上显示出信号往返的时间。只要知道传输线和波导棒的长度，就能计算出信号在土壤中的传播速度。介电常数与传播速度呈反比，而与土壤含水量成正比，可通过预先率定的土壤—水介质的介电常数，求出土壤的体积含水量。

（3）地表物质监测

主要是可蚀性指标的监测。土壤可蚀性是土壤对侵蚀作用的敏感性，风蚀中土壤可蚀性可以通过测定土壤的理化性质和风洞试验测定。研究颗粒的机械组成主要是进行粒度分析，确定沉降物中不同大小颗粒含量。粒度分析的方法依样品的粗细而异。沙粒级用成套的金属筛进行分析（筛分法），粉沙和黏粒则常用吸管法、液体比重计法等方法测定。近年来已出现自动、半自动粒度分析仪，大大提高了测试效率。

（4）植被监测

在风蚀区，植被调查的主要内容有草本和灌木的个体、群落特征、地上生物量测定、根茎叶描述及植被覆盖度。目前，植被的调查方法主要为野外调查与室内植被遥感图像判读。

①群落特征调查　在植物群落的野外调查中，适用的方法主要有样方法、样线法、点样法及点—四分法。

②地上生物量测定　对于干旱区草本群落生物量的测定，常用收割法，直接将植物体地上枝叶及繁殖器官全部刈割下来进行烘干称重。

③植被覆盖度　目前，植被覆盖度的监测方法有地面测量和遥感测量。其中，地面

测量方法又分为目估法(相片目估、网格目估等)、采样法(样方法、样线法、点样法等),遥感监测方法主要是植被指数法。

(5)人为因子监测

主要监测人为活动对地表的破坏以及恢复治理措施的效果。对采取措施的区域,风向、风速、土壤水分、植被等的监测与上述各项指标一致,监测积沙、风蚀量变化。

2)风蚀量监测

风蚀监测是指监测某一地表类型在特定气候条件下,一定时段内单位面积风蚀量及其影响因子,通常采用插钎法、风蚀桥法和集沙仪法等。

(1)插钎法

在野外观测中,插钎法适用于测量土壤风蚀及沉积动态变化,钎子一般由直径 5 mm的不锈钢制成,在测点上垂直于主风向等距离插钎,在钎子上标刻度。在观测试验开始前(间距根据试验者需要而定)布置一列标有刻度的钎子。在观测期内,固定时间读数,然后平均,用前一次余量减去后一次余量,如果结果为负数,表示吹蚀,正数表示堆积,最后换算成单位面积的土壤风蚀量。

(2)风蚀桥

风蚀桥是由断面监测仪改进后用于测定某一区域风蚀深度的桥形仪器。要求桥细小光滑,尽可能保持风沙流以原状掠过桥下,桥面刻有测量用控相距离(10 cm),在每一控相距离线上测定风蚀前后两次桥面到地面点的高度差,就能得出平均风蚀深,若再测出桥腿打入该地面物质的容重,就能算出当地风蚀模数。

(3)风蚀圈

赵沛义等(2008)利用差减法原理研制出风蚀圈。该圈由高 2 cm、口径 25 cm 的铁圈及其等面积透水、通气性良好的尼龙圆布套两部分组成。该方法是通过测定风蚀前后土样重量的变化来实现土壤风蚀量测定。

(4)集沙仪

在野外观测中,为适应不同的采样需要,集沙仪有不同的结构形状,可分为两种:一是进沙口按水平方向排列,二是进沙口按垂直方向排列。国内外已有的集沙仪主要有兹氏集沙仪、单管式集沙仪、台阶式集沙仪、刘氏集沙仪、Ames 集沙仪、Arhus 集沙仪、BSNE 旋转式集沙仪、遥测式集沙仪等(图 13-10)。这些集沙仪虽然对气流有干扰,影响集沙效率,而且野外操作也不太便利,但由于尚未研制出成熟的适用于风沙环境下的自动集沙仪,这些常规的集沙仪仍然是风沙运动观测的主要仪器。

野外使用集沙仪,在不同的下垫面上进行大量的集沙仪测定工作,然后把所得到的数据用数学方法进行分析处理,得出某种地表条件下,输沙率的计算公式,从而为估算总输沙量提供依据。

近年来,国内外开始研制一些可以替代集沙仪的自动传感仪器,如日本的 He-Ne 激光计测装置、法国的光电子集沙仪以及美国的 Sensit(压电晶体计数器)和 Saltiphone(声感计数器)等,这些仪器的校准和稳定性尚待进一步的研究和实验。

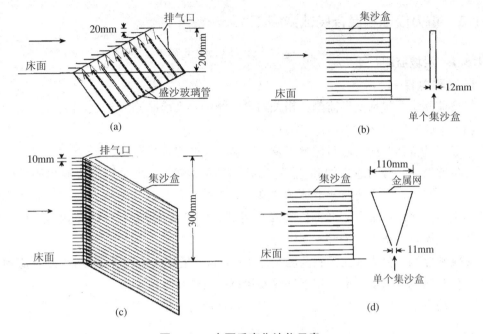

图13-10 主要垂直集沙仪示意

（a）台阶式集沙仪 （b）Arhus集沙仪 （c）刘氏集沙仪 （d）Ames集沙仪

（5）扫描摄影

近年来国外已经通过对地貌扫描，测量出地表高程的细微变化，进而监测地表土壤风蚀状况。三维激光扫描可以对沙丘移动过程中及沙障内不同部位形态变化过程，以及蚀积量的变化进行研究（丁连刚等，2009）。

3）风蚀危害与防治监测

降尘监测通常使用的是集尘缸测验方法。集尘缸是一个特制的收集大气悬浮尘土等固相微粒的容器。我国目前使用的集尘缸为一个平底圆柱形玻璃缸，内口径150 mm ± 5 mm，高300 mm。集尘缸使用前必须清洗，再加入少量蒸馏水，以防尘粒飘出，用玻璃盖遮盖移至观测场，放置后拿去玻璃盖开始收集沙尘，并记录时间。此外，在同一收集点应有3个重复，即将3个集尘缸同时安置在约1.0 m²的方形架板上，排列成边长为50 cm的正三角形。

风蚀测量系统用于监测自然界的风沙运动趋势和风蚀作用，是一种带有自动风向控制的集沙系统，该系统可以自动记录沉淀物侵蚀的起始时间和强度以及沉淀物随时间变化的累计量，同时还可以记录风速、风向、温湿度、辐射等气象因子。

风蚀监测站主要由风蚀质量通量传感器、集沙仪、风速传感器、风向传感器、数据采集器、防护机箱、太阳能供电系统及安装支架组成。风沙粒子传感器可以记录撞击其上粒子的数量和力量，并转化成可记录的电信号，配合其他一些相关参数的测量，可以计算并绘制风沙运动和风蚀作用分布图。风沙粒子监测站与风沙粒子计数系统，可用来监测自然界的风沙运动趋势和风蚀作用。

13.1.3 重力侵蚀和混合侵蚀监测

13.1.3.1 滑坡监测

1) 监测内容

滑坡监测主要包括变形监测、相关因素监测和宏观前兆监测3个方面。

(1) 变形监测

一般包括位移监测、倾斜监测以及与变形有关的物理量监测。

①位移监测　分为地表的和地下(钻孔、平硐内等)的绝对位移监测和相对位移监测。其中,绝对位移主要监测滑坡的三维(X、Y、Z)位移量、位移方向与位移速率。相对位移主要监测滑坡重点变形部位裂缝、崩滑面(带)等两侧点与点之间的相对位移量,包括张开、闭合、错位、抬升、下沉等。

②倾斜监测　分为地面倾斜监测和地下(平洞、竖井、钻孔等)倾斜监测,监测滑坡的角变位与倾倒、倾摆变形、切层蠕滑及滑移—弯曲型滑坡。

与滑坡变形有关的物理量监测:一般包括地应力、推力监测和地声、地温监测等。

(2) 形成和变形相关因素监测

①地表水动态监测　包括与滑坡形成和活动有关的地表水的水位、流量、含沙量等动态变化,以及地表水冲蚀作用对滑坡的影响,分析地表水动态变化与滑坡内地下水补给、径流、排泄的关系,进行地表水与滑坡形成、稳定性的相关分析。

②地下水动态监测　包括滑坡范围内钻孔、井、洞、坑、盲沟等地下水的水位、水压、水量、水温、水质等动态变化,泉水的流量、水温、水质等动态变化,土体含水量等的动态变化。分析地下水补给、径流、排泄及其与地表水、大气降水的关系,进行地下水与滑坡形成与稳定性的相关分析。

③气象变化监测　包括降雨量、降雪量、融雪量、气温等,进行降水等与滑坡形成、稳定性的相关分析。

④地震活动监测　监测或收集附近及外围地震活动情况,分析地震对滑坡形成与稳定性的影响。

⑤人类活动监测　主要是与滑坡的形成、活动有关的人类工程活动,包括洞掘、削坡、加载、爆破、振动,以及高山湖、水库或渠道渗漏、溃决等,并据以分析其对滑坡形成与稳定性的影响。

(3) 变形破坏宏观前兆监测

一般监测以下4个方面:

①宏观形变监测　包括滑坡变形破坏前常常出现的地表裂缝和前缘岩土体局部坍塌、鼓胀、剪出,以及建筑物或地面的破坏等。测量其产出部位、变形量及变形速率。

②宏观地声监测　监听在滑坡变形破坏前常常发出的宏观地声及其发声地段。

③动物异常监测　观察滑坡变形破坏前动物(鸡、狗、牛、羊等)常常出现的异常活动现象。

④地表水和地下水宏观异常监测　监测滑坡地段地表水、地下水水位突变（上升或下降）或水量突变（增大或减小），泉水突然消失、增大、混浊、突然出现新泉等。

2）监测方法

（1）常规大地测量法

利用高精度测角、测距光学仪器和光电测量仪器，包括经纬仪、水准仪、测距仪等，采用两方向或三方向前方交会法、双边距离交会法、视准线法、小角法、测距法、几何水准和精密三角高程测量法等方法，对滑坡变形的绝对位移进行监测。该方法可监测滑坡二维（X，Y）、三维（X，Y，Z）绝对位移量。量程不受限制，能大范围全面控制滑坡的变形，技术成熟，精度高，成果资料可靠。但受地形、通视条件限制和气象条件（风、雨、雪、雾等）影响，外业工作量大，周期长。该方法适用于所有滑坡不同变形阶段的监测，是一切监测工作的基础。

（2）全球定位系统（GPS）测量法

利用单频、双频 GPS 接收机等，构建用于监测滑坡变形的由若干个独立的三角观测环组成的 GPS 控制网，并采用国家 GPS 测量 WGS-84 大地坐标系统，对岩体的变形与滑坡位移进行监测。

观测滑坡的 GPS 控制网中相邻点最小距离为 500 m，最大距离为 10 km。点与点之间不要求通视。

观测的有效时段长度不小于 150 min；观测值的采样间隔应取 15 s；每个时段用于获取同步观测值的卫星总数不少于 3 颗；每颗卫星被连续跟踪观测的时间不得少于 15 min；每个测段应观测 2 个时段，并应日夜对称安排。

该方法适用于所有滑坡不同变形阶段的监测，是一切监测工作的基础，可实现与大地测量法相同的监测内容，能同时测出滑坡的三维位移量及其速率，且不受视通条件和气象条件影响，精度不断提高。缺点是价格较高。

（3）简易监测法

主要用于监测滑坡变形相对位移，在此仅介绍排桩法。

①选址　应布设于滑坡频繁发生且危害较大、有代表性的地方；同时，选择站址时应考虑已有的基础和条件，且交通便利。

②监测设施与布设　监测设施主要包括测桩、标桩和觇标。

测桩：依据性质，测桩分基准桩、置镜桩和照准桩。基准桩设置在滑体以外的不动体上固定不变，要求通视良好，能观测滑体的变化。置镜桩设在不动体上，能观测滑体上设置的照准桩。置镜桩一般在观测期不变，若有特殊预料不到的事情发生，也可重设。照准桩设置在滑体上，用以指示桩位处的地面变化，所以要牢靠、清晰。桩距一般为 15～30 m，最大不超过 50 m。

标桩：为监测滑体地面破裂线的位移变化而设置的。由于破裂面在滑坡发育过程中变化灵敏，且不同位置变化差异很大。所以，标桩设置密度较大，桩距一般为 15 m 左右，并成对设置，即一桩在滑动体上，另一桩在不动体上，两者间距以不超过 5 m 为好，以提高测量精度。

觇标：用以监测大型滑体上建筑物破坏变形的小设施，为一个不大于 20 cm×20 cm 的水泥片。上有锥形小坑 3 个，呈正三角形排列。觇标铺设在建筑物破裂隙上（墙上或地面上），使其中 2 个小坑连线与裂缝平行（在破裂面一侧），另一个小坑在破裂面另一侧。设置密度可随建筑物部位不同而变化，无严格限定。

③观测要求

测桩与标桩观测：由于滑体运动是三维的，所以观测既要有方位（二维）变化，还要有高程变化。一般观测程序是：先确定测桩的设置方案；布设基准桩、置镜桩、照准桩和标桩（标桩一般有明显裂隙出现后设置）；由基准桩作控制测量，再由置镜桩精测照准桩和标桩的方位和高程，并用直尺测标桩对的距离；用大比例尺绘制已编号的各桩位置及高程图，作为观测的基础。然后，定期观测照准桩位置和高程变化，与前期观测值比较后可知变形位移量。一般初期可每月测一次，随变形加快可 5～10 d 或 1～5 d 测一次，具体观测限期需视实际情况而定。

觇标观测：一般只作二维观测，即由每一个锥形坑测量到裂缝边缘距离和该处裂缝开裂宽度的变化量。观测期限可按排桩法同期进行，也可依据实际情况确定观测期限。

滑坡发生后的测量：通常用经纬仪测量该滑坡体未滑前的大比例尺地形图，作为对比计算的基础。当滑坡发生后，再精测一次，用同样的比例尺绘图。根据两图作若干横断面图，并量算断面面积及高程变化，分别计算部分体积和总体积。

（4）其他监测方法

其他监测方法包括近景摄影测量法、遥感（RS）法、地面倾斜法、机测法和电测法等。

滑坡监测方法很多，应根据滑坡特点，本着少而精的原则选用。目前，滑坡监测方法和仪器在实际应用中已十分成熟，但普遍存在的问题是数据的采集需要人工定期到现场进行，使得滑坡监测缺乏实时性。在很多情况下，不稳定边坡处于边远地区，人员很难到达，尤其是在滑坡的临发阶段，人员到现场监测可能存在危险。相比之下，基于光纤传感的滑坡监测系统可以让观测人员远离现场，具有突出的优势。

13.1.3.2　泥石流监测

1）监测内容

（1）固体物质来源监测

固体物质来源是泥石流形成的物质基础，应在研究其地质环境和固体物质、性质、类型、规模的基础上，进行稳定状态监测。固体物质来源于滑坡、崩塌的，其监测内容按滑坡、崩塌规定的监测内容进行监测；固体物质来源于松散物质（含松散体岩土层和人工弃石、弃渣等堆积物）的，应监测其在受暴雨、洪流冲蚀等作用下的稳定状态。

（2）气象水文条件监测

重点监测降水量和降水历时等；水源来自冰雪和冻土消融的，监测其消融水量和消融历时等。当上游有高山湖、水库、渠道时，应评估其渗漏的危险性。在固体物质集中分布地段，应进行降水入渗和地下水动态监测。

（3）动态要素监测

包括泥石流爆发时间、历时、龙头、龙尾、过程、类型、流态、流速、泥位、泥面宽、泥深、爬高、阵流次数、测速距离、测速时间、沟床纵横坡度变化、输移冲淤变化和堆积情况等，并取样分析，测定输沙率、输沙量或泥石流流量、总径流量、固体总径流量等。

（4）动力要素监测

包括泥石流流体动压力、龙头冲击力、石块冲击力和泥石流地声频谱、振幅等。

（5）流体特征监测

包括固体物质组成（岩性或矿物成分）、颗粒组成和流体稠度、容重、重度（重力密度）、可溶盐等物理化学特性，研究其结构、构造和物理化学特性的内在联系与流变模式等。

2) 监测方法

（1）降雨观测

在泥石流沟的形成区或形成区附近设立雨量观测站点，固定专人进行观测。主要监测和分析降水量和降水过程，及时掌握雨季降水情况，在一次降雨总量或雨强达到一定指标时，根据当地泥石流发生的临界雨量，立即发出预警信号。

（2）源区观测

主要观测泥石流形成区和固体物质储量及其动态变化状况、滑坡、崩塌的发育、数量、稳定性等，以及形成区岩石风化、破解程度、植被覆盖、生物状况、类型、坡耕地等的动态变化状况。

（3）泥石流观测

泥石流观测的基本方法是断面测流法，在形成区和堆积区也可用测钎法和地貌调查法。以下主要阐述断面测流法。

①观测断面的布设　根据泥石流运动时特有的振动频率、振幅，在沟道顺直、沟岸稳定、纵坡平顺、不易被泥石流淹没的流通段区域布设泥石流观测断面，一般选择在流通区段的中下部，观测断面2~3个，上、下断面间的距离一般为20~100 m，需要布设遥测雨量装置、土壤水分测定仪、水尺等水文气象监测设施设备。

②流态观测　泥石流运动有连续流，也有阵流，其流态有层流也有紊流；泥石流开始含沙量低，很快含沙量剧增，后期含沙量减少，过渡到常流量，因而观测其运动状态和演变过程，对于正确分析和计算是不可缺少的。

泥石流这一过程的观测是由有经验的观测人员，手持时钟，在现场记录泥石流运动状况，并配合以下观测内容作出正确判断：

——泥位观测。由于泥石流的泥位深度能直观地反映泥石流的暴发与否、规模大小和可能危害程度，因而，可以利用泥位对泥石流活动进行监测。泥位用断面处的标尺或泥位仪进行观测，要求观测精度为 0.1 m。

——流速和过流断面观测。流速观测必须和泥位观测同时进行，其数值记录要和泥位观测相对应。通常有人工观测和仪器测定两种方法，前者有水面浮标测速法，后者有传感流速法、遥测流速仪、测速雷达法等。

——动力观测。采用压力计、压电石英晶体传感器、遥测数传冲击力仪、泥石流地声测定仪等方法。

——其他观测。包括容重、物质组成等，主要利用容重仪、摄像机等仪器设备。

（4）冲淤观测

①沟道冲淤观测 沿泥石流沟道，每隔 30～100 m 布设一个断面，并埋设固定桩，每次泥石流过后测量一次，要同时测量横断面及纵断面。可采用超声波泥位计、动态立体摄影等方法观测。

②扇形地冲淤变化观测 泥石流扇形地，除测绘大比例尺地形图外，还应布置 10 m×50 m 的监测方格网，每次泥石流过后，用经纬仪、全站仪、INSAR 技术或"3S"技术和 TM 影像等的一种或几种测定淤积或冲刷范围，并用水准仪测量各方格网点的高程，以了解高程变化和冲淤动态变化状况。

3）观测设备

MEA 自动气象站、遥测自记雨量计、土壤水分测定仪、雷达测速仪、UL-1 型超声波泥位计、NCH-1 型数传泥石流冲击力设备、泥石流地声仪、泥石流采样器、SHL-1 型砂浆流变仪、DET-1 型无线泥位报警器、NJ-2A 型泥石流地声警报器等。

4）观测资料整理

泥石流通过后，应及时整理观测资料，发现错误及时调查改正。

资料整理内容，包括泥石流流态、泥位及过流断面（宽度、深度）、浆体运动速度、容重、输沙量等内容。

虽然传统的常规手段和方法也能获取泥石流相关信息，但它是建立在费时、费力、不经济的基础上的，耗费的工期之长很难满足实时监测的要求。与之相比，依靠遥感技术（RS）和全球卫星定位系统（GPS）获取和提取的信息具有准确、高效、实时、快速、周期性、动态性、全天候等诸多优点。

13.1.3.3 泻溜监测

1）监测内容

（1）侵蚀量监测

泻积物顺坡下落进入收集槽，可于每月、每季或每年清理收集槽中泻积物称重（风干重）；然后加总得年侵蚀量，用收集坡面面积去除得到单位面积侵蚀量，最后将坡面侵蚀量换算为平面侵蚀量。

（2）泻积物粒级分析

在有分析条件的观测场，若设有不同组成质地的坡面泄溜观测场，就需要分析坡面物质组成对侵蚀的影响，这时采用一般的筛分法就能实现。

（3）气象因子观测

影响泻溜侵蚀的重要气象因子有气温、降水和风3个方面。气温的变化引起组成颗粒的热胀冷缩，导致表层土（岩）体结构破坏。降水使一些矿物颗粒吸水膨胀和失水干缩，促进裂隙发展，形成脱离母体的碎屑；若是寒冷季节，进入裂隙的水体会冻结膨胀，产生很大的侧压力，导致脱离体的进一步崩解和离体，加上风的作用会很快落下。因而，气象因子观测多在观测场附近设立气象园，以距离不宜超过100 m和不影响泻积坡为好。

2）监测方法

泻溜侵蚀有两种基本监测方法：一是集泥槽法，二是测针法。

（1）集泥槽法

集泥槽法是在要观测的典型坡面底部，紧贴坡面用青砖砌筑收集槽，收集泻溜物，算出泻溜剥蚀量的方法。因而槽体容积以能收积泻溜面一定时段最大泻溜量为准。槽体长度主要依据可能而定，长度越长观测精度越高，长度越小观测精度越低，一般应不小于5 m。

（2）测针法

测针法是将细针（通常用细钉代替）按等距布设在要观测的裸露坡面上，从上到下形成观测带（岩性一致也可以从左到右），带宽1 m；若要设置重复，可相邻布设两条观测带，通过定期观测测针间坡面，到两测针顶面连线距离的大小变化，计算出泻溜剥蚀的平均厚度。

13.1.3.4　崩塌监测

1）监测内容

（1）形态特征监测

单个崩塌体的平面形态单一，多是半圆锥体形（或扇形）；在同一岸坡，有多个崩塌体前缘两侧彼此相接（或叠置），称为崩积裙。崩塌体的表部大多呈沿中轴线"拱""凸"的半圆锥形态，由大小不等、杂乱无章的岩土散铺堆积，且没有明显的平台、洼地、槽、沟之分。

①崩塌体结构及剖面特征　崩塌体的内部结构与表部结构几乎完全一致，是杂乱无章的散铺状结构，特征是堆积块体的大小从锥底到锥尖逐渐减小；先崩塌的岩土块堆积在下面，后崩塌的盖在上面；从剖面上可明显地区分出崩塌的次数和时间的先后。

②崩塌的运动特征　崩塌体从地面开裂—向临空面倾倒—瞬间撕裂脱离母体高速运动，整个运动过程表现出自由落体、滚动、跳跃、碰撞和推动等多种方式并存的复合过程。

（2）影响因素监测

①地形条件　崩塌发生的最佳地形坡度是45°~60°。

②地层岩性条件　坚硬且呈脆性的岩体容易发生崩塌，巨厚层的沉积岩（如巨厚层砂岩）与下伏软弱层（泥岩、页岩等）所构成的高陡斜坡容易发生大规模的崩塌。

③地质构造与地震的作用　大地构造单元与区域性断裂地区，地层岩性破碎，斜坡形态、坡度和沟床纵比降较大处，更利于崩塌的发育。地震瞬间的剧烈振动能使坡体内不连续结构面上的强度急剧降低，致使抗滑力减少，直到崩塌发生。

④人类活动的影响　人类不合理的工程活动，如房屋建筑开挖平整塌地、道路建设开挖边坡、城镇排水设施建设、工矿建设中的弃土弃渣、乱砍滥伐、毁林开荒、农业灌水、农田水利建设对加快崩塌的发生起了重要的作用。

2) 监测方法

有关崩塌侵蚀的观测，常用相关沉积法进行。相关沉积法是测量崩塌发生后的塌积物体积估算出的。由于塌积物中存在大块岩土体构架的空洞，量算的体积往往偏大。因此，还要在坡面上依据两侧未崩塌坡面露出的宽度(厚度)、崩塌坡面长度和高度计算出体积予以校核。

崩塌侵蚀还不能计算到单位面积上，多通过典型调查，以单位长度(km)发生的崩塌数量表示该地区崩塌强度。

目前，崩塌预报研究还未成熟，人们通过大量野外调查发现，当斜坡分离岩土体的张裂隙深度超过沟深(坡面高)的1/2后，崩塌有随时发生的可能。

13.1.3.5　崩岗监测

1) 监测内容

(1) 形态特征监测

包括类型、面积、规模、发育阶段、发生部位与位置等。

(2) 影响因素监测

包括基岩风化物、地表径流、地下水、人为活动影响等。

2) 监测方法

在裸露花岗岩强风化的低山丘陵，由于强降水，崩岗侵蚀发展很快，也比较严重。一场暴雨可使崩岗发展到分水岭或形成崩岗群。崩岗的监测一般采用排桩法，即在崩岗区设置基准桩和测桩。应该注意，测桩设置间距应该规整，因为发生崩岗后部分测桩一并被毁，需要根据定位测量其高程变化。布设测桩还要根据该区崩岗的发展，从坡脚布设到坡顶，宽度按一般崩岗宽度确定。

13.1.4　冻融侵蚀监测

13.1.4.1　监测内容

1) 冻融侵蚀影响因子

(1) 气候因子

①气温和地温　冻融侵蚀要求监测气温的年平均值、年变化和日均值、日变化，以及消融期 0～15 cm 地表的温度及变化。其中气温变化是指极端最高温度和最低温度及其变化过程。

②风　既是外部动力，又影响气温和地温变化。冻融侵蚀要求监测风发生的日期、风期天数、风速大小及风向等。

③降水 降水下渗后参与冻融侵蚀，因而需要监测年平均降水量及月分配，以及消融期次降水和强度变化。

④其他因子 在一些季节冻融侵蚀区，还需要监测日照时数及分配、地面蒸发量等因子。

（2）地貌地质因子

①地形坡度、坡向 凡是坡度大的陡峭地形，缺乏植被覆盖，冻融侵蚀强烈；反之，坡度变缓，侵蚀减弱。坡向，尤其是阳坡和阴坡，可通过影响地温的变化而影响冻融侵蚀。

②构造与岩性 在地质构造变化复杂地区，岩层较破碎，易遭侵蚀。岩石的抗风化性能决定于侵蚀强度，一般胶结松散的陆源碎屑岩易风化，坚硬的花岗岩等难风化。

③地震 地震能破坏岩体的完整性和改变地形，给冻融侵蚀创造条件，尤其是震级高、烈度大的地震。

（3）植被、土壤及其他因子

①植被类型与覆盖度 一般森林植被、灌丛植被类型区冻融侵蚀不易发生；草类植被限于根系发育较浅，在覆盖度低的情况下，易于发生冻融侵蚀，覆盖度高的地区，影响土壤含水量较低，不易发生。

②土壤及地表物质组成 地表土壤组成颗粒细小，易吸水饱和，在其他条件具备的情况下易发生冻融侵蚀；若地表物质组成颗粒粗大，则容易排水而变干，不易发生冻融侵蚀。因此需监测其厚度、组成、含水量等特性。

③人为活动 人为活动改变地形、破坏植被、堆积松散物，或采伐、开矿、放牧等都会影响冻融侵蚀，需监测其方式、范围、强度等。

2）冻融侵蚀特征与危害

（1）侵蚀方式与分布调查

①侵蚀方式 目前查清的冻融侵蚀方式有寒冻侵蚀、热融侵蚀和冰雪侵蚀等，需根据其特点对照实地情况调查确定。

②地理位置 包括侵蚀区的行政归属、地理坐标（经、纬度）以及海拔高度等。

③分布特征 侵蚀发生的微地貌特征，分布面积及占调查区面积的百分比等。

（2）侵蚀状况相关参数、侵蚀发生日期及频数

调查侵蚀区域大小，次侵蚀深（厚）度、宽度、长度及平均值，以及年侵蚀平均深度、宽度、长度值和侵蚀面积；侵蚀物质容重（密度）、含水量及机械组成等；当在小流域采用量水建筑物测验时，除了测验悬移质，还要测验推移质。

（3）危害及水土保持调查

冻融侵蚀发生区多地广人稀，危害较轻。随着我国各项建设的发展，也出现了一些冻融侵蚀危害，如破坏土地资源、淹埋道路、泥石流灾害等。对已发生的灾害需进行实地调查，包括灾害区受损面积，受灾人口、牲畜数量、受损设施及折价等；对于冻融侵蚀区的风沙活动与危害，调查内容详见第8章。

冻融侵蚀多属自然侵蚀范围，尚未开展水土保持工作，仅在一些建设项目区实施冻融侵蚀防治措施，可以调查措施名称、规格、布局及防治效果等，以积累防治资料和

经验。

13.1.4.2 监测方法

(1)寒冻剥蚀监测

多采用容器收集法或测钎法。容器收集法用于本项观测,需要在观测的裸岩坡面坡脚设一收集器(池),定期收集称重该容器内的剥蚀坠积物,并量测坡面面积和坡度,即可获得剥蚀强度。需要注意的是,收集器(池)边缘砌筑围墙(或设围栏)要可靠,以免洪水冲走或坠积物落出池外。当坡面岩石变化大,剥蚀差异明显或作其他分析研究时,可采用测钎法,也可两法同时使用。由于岩坡风化坠积物可能有石块,所以测钎不能细小且要有较高强度,以免毁坏。布设时,尽量利用岩层裂缝或层间裂缝,使测钎呈排(网)状,间距可控制在 1.5~2.0 m,量测钎顶连线到坡面的距离,并比较两期的测量值,即可知剥蚀厚度。

(2)热融侵蚀监测

热融侵蚀从形式上可看作是地表的变形与位移,可应用排桩法结合典型调查来进行。在要观测的坡面布设若干排测桩及几个固定基准桩,由基准桩对测桩逐个定位和测量高程并绘制平面图,然后定期观测。当热融侵蚀开始发生或发生后,通过再次观测,并量测侵蚀厚度,由图量算面积,即可算出侵蚀体积。应该注意,测桩埋深要以不超过消融层为准,一般控制在 30 cm 以内,否则将影响侵蚀。在不同典型地区作抽样调查,可以估算出热融侵蚀面积比或侵蚀强度。

(3)冰雪侵蚀监测

借鉴国外已有经验,可采用水文站观测径流、泥沙(含推移质)的方法,结合冰碛垄的形态测量来实现冰雪侵蚀监测。形态测量实质是大比例尺高精度地形测量,通过年初和年终的测量成果比较,计算出堆积变化量。

冰雪侵蚀受降水、气温及地质、地形因素影响较大,限于观测条件比较严酷、危险,通常在雪线以下沟道有条件的断面设站观测,并配备气象园观测气候因子;而对流域乃至源头,仅在近雪线不同高程设一处或几处气象观测点,由这些观测值进行推算。

13.1.5 生产建设项目水土保持监测

13.1.5.1 生产建设项目水土保持监测基本特点

生产建设项目水土保持监测的特点是基于生产建设项目水土流失的特点提出的。尽管生产建设项目水土流失因建设项目的不同,所处地形地貌千姿百态,但仍具有以下显著的共同特点。

(1)监测复杂多样

生产建设项目水土保持监测的复杂多样是指项目监测的对象、监测的条件、监测点的布设、监测的指标以及必需的设施设备复杂多样而带来的监测工作复杂多样。复杂多样性的特点源于建设项目的类型及其特性,项目分布区域的自然环境与社会经济条件、水土保持监测对象不断变化的特点。

（2）监测时间短暂

生产建设项目水土保持监测的时间短暂包括监测年限短和监测过程短两个方面的时间概念，前者受项目建设工期制约，后者受项目建设工程特征影响。受生产建设项目施工范围、建设进度和施工工艺的阶段性制约，由于水土保持监测对象不断变化，水土保持监测将随工程进展而向前推进，难以设置重复试验，更难反复性地进行监测。

（3）监测受扰强烈

生产建设项目水土保持监测的干扰是指监测工作过程及监测实施等受到来自工程建设各个方面的干涉和扰动，这种干扰涉及监测范围、监测对象、监测点及其设施设备等各个方面。

13.1.5.2　生产建设项目水土保持监测的任务与过程

生产建设项目水土保持监测的主要任务和一般过程为：首先，根据项目区水土流失的区域性、时间性特点，确定监测的空间范围；其次，对整个监测范围进行合理分区，确定代表性地段和典型的地段，布设监测点；再次，对监测点（样区）、某个分区和整个监测范围等不同尺度的空间对象，进行水土流失及其防治情况数据采集；最后，分析监测点和各个分区的监测数据，评价项目区的水土流失及其防治成效的动态变化。

（1）监测范围

生产建设项目水土保持监测范围，是指工程建设和（或）生产活动而产生水土流失及其危害的区域范围，包括工程建设和（或）生产活动过程中扰动原地貌、损坏土地、损坏植被、损坏水土保持设施的范围，以及由于这些扰动和损坏可能造成水土流失及其危害的范围等。范围的大小和具体界定方法，是在全面分析生产建设项目水土保持方案及其后续设计文件的基础上，通过实地调查确定。

（2）监测范围界定的方法和步骤

生产建设项目水土保持监测范围具体界定的方法和步骤如下。

方法一：依据水土流失防治责任范围界定水土保持监测范围的总体分布和规模。一般地，监测范围应该与生产建设项目水土保持方案报告书确定的水土流失防治责任范围一致。监测范围一般不得小于，也不得偏离水土保持方案确定的防治责任范围；如果在水土保持方案审批后的其他设计过程中，对方案报告书中确定的防治责任范围进行调整并得到方案审批机关确认，可以将调整后的防治责任范围作为监测范围。

方法二：依据项目施工进度界定每个时段的监测范围。监测范围的确定不仅要考虑空间范围，而且要考虑时间因素，即在确定空间范围时，应该充分考虑工程建设和（或）生产运行的进程（或建设阶段）的影响，分别确定不同阶段的监测范围。项目建设初期、期间和竣工期的监测范围有所区别，尤其是重点监测的范围存在较大的差异。

（3）监测范围分区

水土保持监测范围分区是根据水土流失的类型、成因以及影响水土流失发育的主导因素，对整个水土保持监测范围进行划分。分区的目的是为不同区域确定具有特色的水土保持监测主要指标，为采取具有针对性的监测方法提供主要依据，并为分区进行水土流失及其防治效果评价奠定基础。

（4）监测点布局与设计

开发建设项目水土保持监测点是定位、定量、动态采集水土流失及其因子、治理措施状况的监测样地（或样区）。这里所说的监测点，是指有一定面积的空间，而不是几何学中的"点"；既包含定位监测点，也包含定位、定量监测点，还包括不定期巡查的监测点。

（5）监测点类型

按照监测的目的、作用及监测设施设备配置，可以将监测点分为观测样地、调查样地和放弃样地。

①观测样地　指设置在选定的位置，根据监测指标设计并建设安装了水土流失观测设施设备，在监测期内定期采集水土流失影响因子、水土流失方式与流失量、水土保持措施数量与质量的监测点。

②调查样地　指仅仅选定位置、确定面积、设立标志，并不建设和安置水土流失观测设施设备，定期进行水土流失及其相关因素调查的监测点。与观测样地相比，调查样地的监测指标较少，而且可以只调查某一方面或单个指标，并不强求必须调查水土流失量。

③放弃样地　指在某次监测过程中，临时采集相关监测指标，只有样地但并不进行任何设置（包括没有标志），也不确定下次仍然在该样地实施监测的监测点。

（6）监测点布设

水土保持监测点布设，主要指在整个监测范围内科学布局和建设监测点，使每个监测点及其整个监测点总体能够充分反映所在区域（或其一部分）及整个监测范围的水土流失及其防治特征。

生产建设项目水土保持监测点布局，应遵循 4 个方面的原则。第一，监测点要反映项目所在区域（监测范围及其各个分区）水土流失及其影响因素的特点，并具有代表性和典型性；第二，要适应项目的工程特性即功能分区，并具有代表性和典型性；第三，监测点本身应相对稳定，并能完成设计时段的持续观测；第四，监测点的数量足够，能够满足分析和评价水土流失及其治理效果。

监测点上具体的建设设施设备，依据必须监测的指标，参照水蚀、风蚀和其他侵蚀、水土保持措施的监测设施设备，结合监测点的实际情况，进行建设和安装。

（7）监测报告报表

按照《水土保持法》以及相关法规、规范性文件的要求，在生产建设项目水土保持监测的过程中，承担水土保持监测的机构应当遵守国家有关技术标准、规范和规程，保证监测质量，并定期上报监测情况。因此，在水土保持监测工作的不同阶段，承担水土保持监测的机构应当编制并提交相关的报告（或者报表）。

（8）监测实施方案

在接受生产建设项目水土保持监测的任务后，承担监测的机构应组织人员对项目及项目区域进行全面调查，然后充分研究和讨论，编制形成监测实施方案。

生产建设项目水土保持监测实施方案是由承担生产建设项目水土保持监测工作的机构，根据水土保持方案编制的、用于规范和指导监测技术人员开展项目水土保持监测活动的技术文件，其重点是：依据项目水土保持方案及其批复文件，经过一定深度的现场查勘和调查，对监测的内容、时段、监测点布设、主要观测指标及其方法与频率、监测工作组织管理、实施进度和预期主要成果等进行设计。

（9）监测阶段报告（表）

为将水土保持监测数据及其分析所得信息及时提供给相关各单位，以便对生产建设项目水土流失及其防治相关的行为（如设计、施工、监理等）产生积极的指导和有效地控制，防止水土流失，保证工程建设安全，在实施过程中，应定期（如每个季度）及时地提交阶段性监测报告（表），主要内容包括动态监测数据以及基于这些数据分析得出的相关信息（如消息、结论、建议等）。

鉴于项目建设过程中的水土流失及其防治处于较快的、剧烈的变化之中，监测阶段报告（表）的编制、送达应强调及时、便捷，内容应该强调简明、准确；否则，就失去了对建设项目水土流失及其防治相关的行为产生有效控制、保证工程安全建设的意义了。

（10）监测总结报告

在生产建设项目水土保持监测工作总结阶段，应该全面总结监测工作的组织实施、整理全部监测资料，分析水土流失及其防治情况，编制监测总结报告。监测总结报告的主要内容包括项目及项目水土保持工作概况、监测点水土流失及水土保持设施监测结果、水土流失动态与设施效果、主要结论和存在问题等。

为总结监测工作经验、汲取教训，促进监测技术发展，在编制监测总结报告的过程中，应根据项目监测过程中的新发现和新做法，对监测实施方案中提出的监测内容、使用的设施设备、选择的测验方法以及监测工作组织实施等进行全面评价，研究总结改进和完善生产建设项目水土保持监测工作。

13.2 水土保持效益评价

《中国水利百科全书·水土保持分册》中指出，水土保持效益是指在水土流失地区通过保护、改良和合理利用水土资源及其他再生自然资源所获得的生态效益、经济效益和社会效益的总称。

水土保持效益计算、分析与评价是反映水土保持工作整体成效的，水土保持效益评价是通过科学的评价体系和方法，准确计算水土保持工作成绩，认真总结工作经验，全面反映整体工作成效，为各级政府、业务部门和领导提供决策依据。

20世纪80年代中期以后，水利部在总结全国各地几十年科研成果与实践经验的基础上，出台了《水土保持综合治理 效益计算方法》（GB/T 15774—1995），明确了水土保持效益分类与效益指标体系，提出了各项指标的观测、分析与计算方法，规范了水土保持效益的计算工作，并运用此方法进行了《建国40周年全国水土保持效益计算》。2008年对这一方法进行了修订，颁布了新的《水土保持综合治理 效益计算方法》（GB/T 15774—2008），修订的国家标准中将水土保持效益划分为调水保土效益、经济效益、社会效益和生态效益4类。4类效益的关系是：在调水保土效益基础上产生经济效益、社会效益和生态效益（图13-11）。

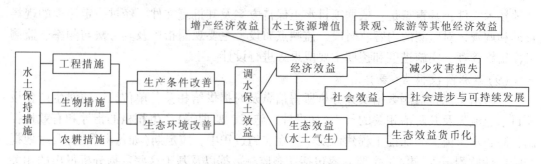

图 13-11　水土保持效益体系(叶延琼等, 2003)

13.2.1　水土保持综合治理效益的计算原则

(1)效益计算的数据资料来源

观测资料由水土保持综合治理小流域内直接布设试验取得；计算大、中流域的效益时，除有控制性水文站进行观测外，还应在流域内选若干条有代表性的小流域布设观测。如引用附近其他流域的观测资料，其主要影响因素(地形、降雨、土壤、植被、人类活动等)应基本一致或有较好的相关性。

水土保持效益计算以观测和调查研究的数据资料为基础，采用的数据资料应经过分析、核实，做到确切可靠。观测资料如在时间和空间上有某些漏缺，应采取适当方法，进行插补。

(2)根据治理措施的保存数量计算效益

水土保持效益中的各项治理措施数量，采用其实有保存量进行计算。对统计上报的治理措施数量，应分不同情况，查清其保存率，进行折算，然后采用。

小流域综合治理效益，根据正式验收成果中各项治理措施的保存数量进行计算。

(3)根据治理措施的生效时间计算效益

造林、种草采用水平沟、水平阶、反坡梯田等整地工程的，其保水保土效益，从有工程时起就可开始计算；没有整地工程的，应在林草成活、郁闭并开始有保水保土效益时开始计算；其经济效益应在开始有果品、枝条、饲草等收入效益时开始计算。

梯田(梯地)、坝地的保水保土效益，从有工程之时起就可开始计算；梯田的增产效益，在"生土熟化"后，确有增产效益时开始计算；坝地的增产效益，在坝地已淤成并开始种植后开始计算。

淤地坝和谷坊的拦泥效益，在库容淤满后就不再计算。修在原来有沟底下切、沟岸扩张位置的淤地坝和谷坊，其减轻沟蚀(巩固并抬高沟床、稳定沟坡)的效益应长期计算。

(4)根据治理措施的研究分析计算效益

有条件的应对各项治理措施减少(或拦蓄)的泥沙进行颗粒组成分析，为进一步分析水土保持措施对减轻河道、水库淤积的作用提供科学依据。

13.2.2　水土保持综合治理效益的计算方法

13.2.2.1　水土保持调水保土效益

水土保持调水保土效益一般用定量指标表示，主要内容涉及改变微地形、植被覆盖、改良土壤性质、增加土壤入渗、拦蓄地表径流、改善坡面排水能力、调节小流域径流、减轻土壤侵蚀、拦蓄沟坡泥沙等几个方面。

水土保持调水保土效益的计算，一般采用水土保持法和水文法两种。

（1）单项措施效益累加法（简称水土保持法）

水土保持法是将各项治理措施的基础效益进行累加。如水土保持措施的年蓄水量就是将各项治理措施的年蓄水量进行累加，即耕作措施的蓄水量加上各种林草措施的蓄水量再加上工程措施的蓄水量。各种耕作措施年总蓄水量可用措施面积乘以径流模数及拦蓄径流指标进行计算；林草措施年总蓄水量计算方法同上；各种工程措施的年总蓄水量，小型工程可用工程个数乘以平均容积计算，较大工程应分别计算。如措施遭到一定破坏，蓄水量应乘以一定的折减系数，系数可用当地实际调查值。

（2）水文资料统计分析法（简称水文法）

水文法是通过流域治理前后的实测或调查对比分析，其差值即为水土保持措施的基础效益。如计算各年水土保持措施蓄水总量，可采用治理流域的河（沟）道出口断面实测流量或通过流域出口控制性工程实测（调查）资料，分析计算出年径流总量。用治理前多年平均径流量减去治理后各年径流量，得出各种水土保持措施的蓄水总量。

水土保持措施的基础效益的各项具体计算方法可参照 GB/T 15774—2008。

13.2.2.2　水土保持经济效益

水土保持的经济效益包括直接经济效益和间接经济效益。直接经济效益包括实施水土保持措施土地上生长的植物产品（未经任何加工）与未实施水土保持措施土地上的产品对比，其增产量和增产值；间接经济效益是在直接经济效益基础上，经过加工转化，进一步产生的经济效益。

（1）直接经济效益

先计算出单项水土保持措施经济效益，然后将各个单项措施算出的经济效益相加，即为综合措施的经济效益。其中，单项措施经济效益的计算步骤如下：

①单位面积年增产量、年毛增产值和年净增产值的计算。

②治理（或规划）末期，有效面积、上年增产量与年毛增产值和年净增产值的计算。

③治理（或规划）末期，累计有效面积、上年累计增产量与累计毛增产值和累计净增产值的计算。

④措施全部充分生效时，累计有效面积、上年累计增产值和年净增产值的计算。

⑤措施全部充分生效时，累计有效面积、上年累计增产量与累计毛增产值和累计净增产值的计算。

（2）产投比与回收年限

通过增产效益的计算成果，与相应的单位面积（或实施面积）基本建设投资作对比，可计算得出产投比。在计算得出单位面积上产投比的基础上，进一步计算基本建设投资的回收年限。

产投比与回收年限的计算可分为单项措施单位面积、措施实施期末、全部措施生效3个不同时段分别计算。其中，单项措施单位面积的产投比与回收年限采取以下2个公式计算：

产投比计算公式：

$$K = \frac{j}{d} \tag{13-1}$$

投资回收年限计算公式：

$$H = m + \frac{d}{j} = m + \frac{1}{K} \tag{13-2}$$

式中　H——基本建设投资回收年限（a）；

　　　m——该项措施生效需时（a）；

　　　j——单项措施生效年单位面积的净增产值（元/hm²）；

　　　d——单项措施单位面积的基本建设投资（元/hm²）；

　　　K——产投比。

（3）间接经济效益

水土保持的间接经济效益主要包括：基本农田（梯田、坝地、引洪漫地等）间接经济效益、种草的间接经济效益、工程蓄水引水的经济效益、土地资源增值的经济效益。

在计算间接经济效益时应遵循以下原则：对于水土保持产品（饲草、枝条、果品、粮食等），在农村当地分别用于饲养（牲畜、蜂、蚕等）、纺织（筐、席等）、加工（果脯、果酱、果汁、糕点等）后，其提高产值部分，可计算其间接经济效益，但需在加工转化以后，结合当地牧业、副业生产情况进行计算；对于建设基本农田与种草，其提高了农地的单位产量和牧地的载畜量，由于增产而节约的土地和劳工，应计算其间接经济效益。

①基本农田（梯田、坝地、引洪漫地等）间接经济效益　主要包括节约的土地面积和节约的劳工两部分。节约的土地和劳工，只按规定单价计算其价值，不再计算用于林、牧等产业的增产值。

②种草的间接经济效益　主要包括以草养畜和提高土地载畜量进而节约土地面积2个方面。

以草养畜：只计算增产的饲草可饲养的牧畜数量以及这些牧畜出栏后的价值，不应再计算畜产品加工后提高的产值。种草养畜的效益，应结合当地畜牧业生产计算。

提高土地载畜量：节约牧业用地面积采取式（13-3）计算：

$$\Delta F = F_b - F_a = \frac{V}{P_b} - \frac{V}{P_a} \tag{13-3}$$

式中　ΔF——节约牧业用地面积（hm²）；

　　　F_b——天然草地总需土地面积（hm²）；

　　　F_a——人工草地总需土地面积（hm²）；

　　　V——发展牧畜总需饲草量（kg）；

P_b——天然草地单位面积产草量（kg/hm²）；

P_a——人工草地单位面积产草量（kg/hm²）。

③工程蓄引水的经济效益　只计算小型水利水保工程提供的用于生产、生活的水的价值，可按人畜饮水及灌溉用水水价分类计算。

④土地资源增值的效益　水土保持治理后生产用地等级提高，导致土地增值，由此而产生的经济效益可根据当地的实际情况，在考虑土地资源情况、人均耕地面积、土地补偿费和征用耕地的安置补助费，以及不同等级的土地价格等情况下，参照《中华人民共和国土地管理办法》的相关规定进行计算。

13.2.2.3　水土保持社会效益

水土保持社会效益主要体现在减轻自然灾害和促进社会进步上。社会效益的计算一般采用定量和定性相结合的方法，有条件的应进行定量计算，不能作定量计算的，可根据实际情况作定性描述。

（1）减轻自然灾害的效益

①水土流失损失的土地　包括沟蚀破坏地面和面蚀使土地"石化""沙化"。保护土地免遭水土流失破坏的年均面积，按式（13-4）计算：

$$\Delta f = f_b - f_a \tag{13-4}$$

式中　Δf——免遭水土流失破坏的年均面积（hm²）；

f_b——治理前年均损失的土地（hm²），调查取得该数据；

f_a——治理后年均损失的土地（hm²），调查取得该数据。

②减轻洪水危害的计算　可按以下步骤进行：a. 计算在基本类似的场（次）暴雨情况下，流域治理后与治理前的洪水总量；b. 分别算出治理后与治理前洪水总量相应的洪峰流量和相应的最高洪水位；c. 分别调查治理前和治理后最高洪水位以下的耕地、房屋等财产，折算为人民币（元），分别计算出治理后与治理前2次不同洪水的淹没损失，从而计算减轻洪水危害的经济损失。

③减少沟道、河流泥沙的计算　可根据观测与调查资料，用水文法与水土保持法分别进行计算。

④在风沙区和其他有严重风蚀和风沙危害的地区，减少风沙危害的效益计算　应包括保护现有土地不被沙化、改造原有沙地为农林牧生产用地、减轻风暴、保护现有耕地的正常生产和减轻风沙对交通的危害等。

⑤减轻干旱危害的效益计算　应在当地发生旱情（或旱灾）时进行调查。用梯田（梯地）、坝地、引洪漫地、保土耕作法等有水土保持措施农地的单位面积产量（kg/hm²）与无水土保持措施坡耕地的单位面积产量（kg/hm²）进行对比，计算其抗旱增产作用。

⑥减轻滑坡、泥石流危害的效益计算　应在滑坡、泥石流多发生区进行调查，选有治理措施地段与无治理措施地段，分别了解其危害情况（土地、房屋、财产等流失，折合为人民币）进行对比，计算治理的效益。

（2）促进社会进步的效益

①提高土地生产率调查　统计治理前和治理后的农地、林地、果园、草地等各业土

地的单位面积实物产量(kg/hm²),进行对比,分别计算其提高土地生产率情况。以整个治理区的土地总面积(km²)为单元,调查统计治理前和治理后的土地总产值(元),进行对比,计算其提高的土地生产率(元/km²)。

②提高劳动生产率调查 统计治理前和治理后的全部农地(面积可能有变化)从种到收需用的总劳工(工日)所获得的粮食总产量(kg),从而求得治理前和治理后单位劳工生产的粮食(kg/工日),进行对比,计算其提高的劳动生产率;以整个治理区为单元,调查统计治理前与治理后农村各业(农、林、牧、副、渔、第三产业等)的总产值(元)和投入的总劳工(工日),从而求得治理前与治理后单位劳工的产值(元/工日),进行对比,计算其提高的劳动生产率。

③改善土地利用结构与农村生产结构调查 统计治理前与治理后农地、林地、牧地、其他用地、未利用地等的面积(hm²)和各类用地分别占土地总面积的比例(%),进行对比,并分析未调整前存在的问题与调整后的合理性;分别调查统计治理前与治理后农业(种植业)、林业、牧业、副业、渔业、第三产业等的年产值(元)和各占总产值的比例(%),进行对比,并分析未调整前存在的问题与调整后的合理性。

④促进群众脱贫致富奔小康调查 统计治理前与治理后全区人均产值与纯收入(元/人),进行对比,并用国家和地方政府规定的脱贫与小康标准衡量,确定全区贫、富、小康状况的变化;根据国家和地方政府规定的标准,调查统计治理前和治理后区内的贫困户、富裕户、小康户的数量(户),进行对比,说明其变化。

⑤提高环境容量调查 统计治理前与治理后全区的人口密度(人/km²),结合人均粮食(kg/人)、人均收入(元/人)进行对比,计算提高环境容量的程度;调查统计治理前与治理后全区的牧地(天然草地与人工草地,面积可能有变化)面积(hm²)、产草量(kg)和牲畜头数(羊单位,每一大牲畜折合5个羊单位),分别计算其载畜量(羊单位/hm²)和饲草量(kg/羊单位),进行对比,计算提高环境容量的程度。

⑥促进社会进步的其他效益 通过调查统计,对治理前和治理后群众的生活水平,燃料、饲料、肥料、人畜饮水等问题解决的程度,以及教育文化状况等,进行定量对比或定性描述,反映其改善、提高和变化情况。

由于社会进步和社会经济发展紧密相连,反映社会进步的方面和指标尚有很多,不同的农村经济发展阶段会采用不同的指标。欠发达地区,可增加适龄儿童入学率、农产品商品率等指标;对于发达地区,可增加家电拥有率、电话普及率等指标。

13.2.2.4 水土保持生态效益

水土保持的生态效益主要体现在改善地表径流状况、改善土壤物理化学性质、改善贴地层小气候、提高地面植物覆被程度以及植物固定 CO_2 量。

(1)减少洪水流量

根据小流域观测资料,用治理前后的洪水年总量(或一次洪水总量)差值表示减少洪水流量。

(2)增加常水流量

根据小流域观测资料,用治理前后的常水年径流量差值表示增加常水流量。

（3）改良土壤效益

水土保持措施（包括梯田、坝地、引洪漫地、保土耕作法、造林、种草等）的改良土壤效益主要包括土壤水分、氮、磷、钾、有机质、团粒结构、空隙率等。其计算的基本方法是：在实施治理措施前、后，分别取土样，进行物理、化学性质分析，将分析结果进行前后对比，取得改良土壤的定量数据。

（4）改善贴地层小气候效益

改善贴地层小气候效益主要包括：农田防护林网内温度、湿度、风力等的变化，减轻霜、冻和干热风危害，提高农业产量等；大面积成片造林后，林区内部及其四周一定距离内小气候的变化。

改善贴地层小气候效益的计算，应利用历年农田防护林网内外治理前后观测的温度、湿度、风力、作物产量等资料，并进行定量计算。

（5）增加地面覆盖度效益

计算人工林、草和封育林育草的地面覆盖度增加量。其计算方法是先求得原有林、草对地面的覆盖度，再计算新增林、草对地面的覆盖度和累计达到的地面覆盖度。

（6）植物固碳量

绿色植物通过光合作用吸收 CO_2。植物固碳量可用式（13-5）计算：

$$W = V \cdot D \cdot R \cdot C_c \tag{13-5}$$

式中　W——植物固碳量；

　　　　V——某种植物类型的单位面积生物蓄积量；

　　　　D——植物茎干密度；

　　　　R——植物的总生物量与茎干生物量的比例；

　　　　C_c——植物中的含碳量。

13.2.3　水土保持综合治理效益评价

水土保持效益评价，是对水土保持措施的生态、经济和社会效益在数量对比的基础上，进行直接的对比和分析。通过效益评价可查明水土保持措施实施过程中存在的问题，认识理解水土保持措施对水土流失的影响机理及其区域适宜性，为制订修编进一步的治理规划方案提供依据。因而水土保持效益评价具有重大的理论和实践意义，也得到了学术界的广泛关注。

水土保持效益评估的正确与否，事关社会各界对水土保持工程的客观评价。正确的水土保持效益评估能充分反映水土保持改善生态环境、促进生产发展、提高人民生活水平、推动社会不断进步的作用（叶延琼等，2006）。但是，如何综合、客观地评价它们成了主要问题。评价是人类社会中一项经常性的、极为重要的认识活动，其目的是决策，没有评价就没有决策。

《水土保持综合治理　效益计算方法》（GB/T 15774—2008）虽然给出了比较详细的效益计算方法，但无法获得一个综合效益值，不便于政府决策；国家标准立足于计算方法的规范化，对计算结果的分析评价略显不足。

进行水土保持综合效益的评价，要求有一定的指标来反映和度量，然后通过适当的评价方法，对其综合效益进行定量评价。

13.2.3.1 评价指标及指标体系

水土保持效益评价指标，是用来度量水土保持技术方案和措施的效益的一种数量尺度，它既是水土保持效益内在含义的表述，又是水土保持效益在数量上的反映。正确运用效益评价指标进行水土保持综合效益评价，是全面、系统、准确评价水土保持效益的基本环节。

水土保持综合效益包含的内容是多方面的，同时又受多种自然因素和人为因素的影响。为了具体计算和全面度量水土保持效益，常常针对不同地区、不同的技术方案和措施的不同评价对象，设置和运用一系列指标，从某一方面、某一局部范围来反映水土保持效益的大小，或全面地、综合地、但只在一定程度上近似地反映水土保持效益的优劣。这些相互联系、相互补充、全面评价水土保持效益的一整套指标，就叫作水土保持效益评价指标体系。

水土保持效益评价指标体系是各种投入资源利用效果的数量表现，它反映出各类生产资源相互之间、生产资源和劳动成果之间的因果关系和函数关系，能够应用统一计量尺度把水土保持效益具体地计算出来，进而为选择最优方案奠定基础。

（1）水土保持效益评价指标体系构建的原则

①指标体系要反映出水土保持综合治理过程中的各种投入和产生的数量关系；

②指标体系的设置要能较全面地反映出水土保持效益的内容，同时，还应反映出目前利益和长远利益，局部效益和全部效益，单项效益和综合效益等；

③指标体系必须反映出水土流失综合治理和各项技术措施的特点；

④指标体系应保证整个体系中的指标容易获得，或能用数学方法计算出来，同时指标的计算力求简单易行；

⑤指标体系中各项指标均应有明确的概念，也就是说水土保持效益指标体系中的各项指标要有明确的内涵和外延，并能确切地反映其内容，而且还可以看出各项指标间的内在联系；

⑥指标体系中各项指标都要无量纲化。

（2）国内外水土保持效益评价指标体系的构成

①国外水土保持效益评价的指标体系 国际上对水土保持效益评价也有一系列研究，主要着眼于当地效益和异地效益两个方面，将所有的效益都价值化并计算综合效益。

当地效益：主要考虑水土保持对土壤性质的影响或对作物产量的影响，除此之外也考虑农业生产成本、牲畜产量、作物营养价值、耕地面积、土地利用价值等。

异地效益：主要考虑水土保持减少水库淤积，从而影响水力发电。Colombo 等采用景观变化、地表水和地下水质量、动植物质量、创造的就业机会、项目实施范围、额外税收 6 项指标评价异地效益。

②国内水土保持效益评价指标体系 目前，国内没有统一和公认的水土保持综合效益评价指标体系，其指标体系的分类大体上有以下几类：

——将评价指标体系分为生态指标类和经济指标类。这种分类法主要考虑到水土保持效益评价的基本原则是生态效益和经济效益的统一，也揭示了生态与经济之间的关系。

——将评价指标体系设置为衡量指标、分析指标和目的指标3类。这种指标体系的特点在于包括指标比较全面，不仅设置了反映系统结构状况的指标，而且还包括了生态、经济、社会3种效益指标(表13-2)。

表13-2　水土保持综合效益评价的衡量指标、分析指标和目的指标

衡量指标	分析指标	目的指标
水土保持效益衡量指标	经济效益比值指标	土地生产率指标
		劳动生产率指标
		资金产出率指标
		成本产出率指标
		投资效益指标
	经济效益差额指标	纯收入指标
		利润指标
水土保持效益分析指标	成果产出资源投入分析指标	产出成果水平及其结构指标
		劳动消耗水平及其结构指标
		资金占用水平及其结构指标
		资源利用水平及其结果指标
	技术效益分析指标	各业技术方案、措施中间效益指标
		各业技术方案、措施最终效益指标
	生态效益分析指标	生态环境保护及其动态指标
		水土流失及其防治动态指标
		土壤肥力水平及其动态指标
		森林覆盖及其增减动态指标
		生态平衡及其动态指标
水土保持效益目的指标	按产品计算	农林牧产量、产值、利润完成率指标
		农林牧产品商品率指标
	按人均计算	人均占有农林牧产品指标
		人均消费农林牧产品指标
		农村人均收入额指标

——根据水土保持经济与系统评价的基本理论，水土保持效益评价指标设置为结构评价指标和功能评价指标(表13-3)。

——按资源投入利用效果分为劳动利用效果指标、土地利用效果指标、资金利用效果指标、生产资源综合利用指标。

此外，按指标本身的性质还可分为价值指标和实物指标，相对经济效益指标与绝对经济效益指标，直接经济效益指标与间接经济效益指标，微观经济效益指标与宏观经济效益指标，当前、近期指标与长期、预测指标，数量指标与质量指标，综合指标与单项指标等。

表 13-3　水土保持综合效益评价的结构评价指标和功能评价指标

水土保持效益评价指标	主要指标	指标内容
结构评价指标	生态结构指标	种群土地结构
		种群数量结构
		种群内部的品种结构和周转结构
	经济结构指标	土地利用构成
		劳动力就业构成
		资金投放结构
		产值(收入)构成
	技术结构指标	各层次技术措施构成
功能评价指标	生态效益指标	内部生态效益指标
		光能利用率
		能量产投比
		饲料转换率
		土壤肥力状况
		渔业资源利用程度
		草场载畜系数
		森林覆盖率
		外部生态效益指标
		水土流失量
		各类生态恶化面积比例
		可更新资源更新系数
		各类环境因子质量指标
		农村能源消耗结构
	经济效益指标	总价值投入产出比
		经济资源利用效率
		劳动生产率
		土地生产率
		资金利用率
		成本利润率
		内部收益率
		总现值
	社会效益指标	物质生活满足程度
		精神生活满足程度

不同的分类方法都有其可取之处。由于在水土保持综合治理过程中技术经济问题的性质各不相同，所以在具体设置指标体系时，应以不同的评价对象和评价要求为出发点，以科学、适用为目的设置评价指标体系。

13.2.3.2 综合指数计算及其综合效益评价

为了方便决策者和社会公众深入了解水土保持效益，急需水土保持工作者和学者提供水土保持效益的综合评价。

设置评价指标体系后，计算各指标的单项指数。单项指数的计算只能帮助了解综合治理效益的各个侧面的水平和动态，而难以直接判断整体效果的优劣，尤其是若干小流域水土保持综合效果的横向比较。综合指数往往根据权重综合各指标获得，如加权求和、加权求积法、层次分析法、主成分分析法，等等。其中加权求和、加权求积法最简单；层次分析法、主成分分析法常用在权重确定上；模糊综合、灰色关联法也常采用。

（1）指标量化与标准化

①指标的量化定量指标　根据基础统计数据查出或计算出指标值。定性指标量化方法是首先给定性指标以明确定义，再根据指标定义和实际情况将其分层后按统一分制及正向约定打分，从而将其定量化。

②指标的标准化　各指标值经过量化以后都是正值，指标值越大，效益越高。指标的标准化本文采用以下两种方法。

方法一：构造每一个指标的评价函数（李祚泳，1992；陈晓剑等，1993），公式如下：

$$f_i(x) = \frac{x - x_i^*}{x_i^\Delta - x_i^*} \quad (i = 1, 2, 3, \cdots) \tag{13-6}$$

式中　x_i^* —— x_i 的不满意值；

x_i^Δ —— x_i 的较满意值。

x_i^*、x_i^Δ 的确定依具体情况而定。设 $f_i(x)$ 是 x 的严格递增函数，且 $0 \leqslant f_i(x) \leqslant 1$。当 $x = x_i^*$ 时，$f_i(x) = 0$；当 $x = x_i^\Delta$ 时，$f_i(x) = 1$。

方法二：利用指标质量离散刻度对各指标进行标准化。指标质量离散刻度是结合国家、地方标准或者比较公认量化值限定指标标准化值，在刻度范围以内插的形式确定指标的标准化值。以往由于一些指标难以确定参照值，标准化比较困难，有的甚至舍弃了一些难以标准化的重要指标，这种方法避免了这种情况，而且易于实现指标的标准化。

（2）指标权重的确定

在评价过程中，各指标要素权重的确定是事关评价成败的关键。目前常用的方法主要有专家评分法、模糊综合评判法、层次分析法、主成分分析法等。

（3）综合指数的计算

假定所选择的各项指标的单项指数和权重分别为 $X_{i,j}$、$P_{i,j}$，则综合指数的计算如图 13-12 所示。

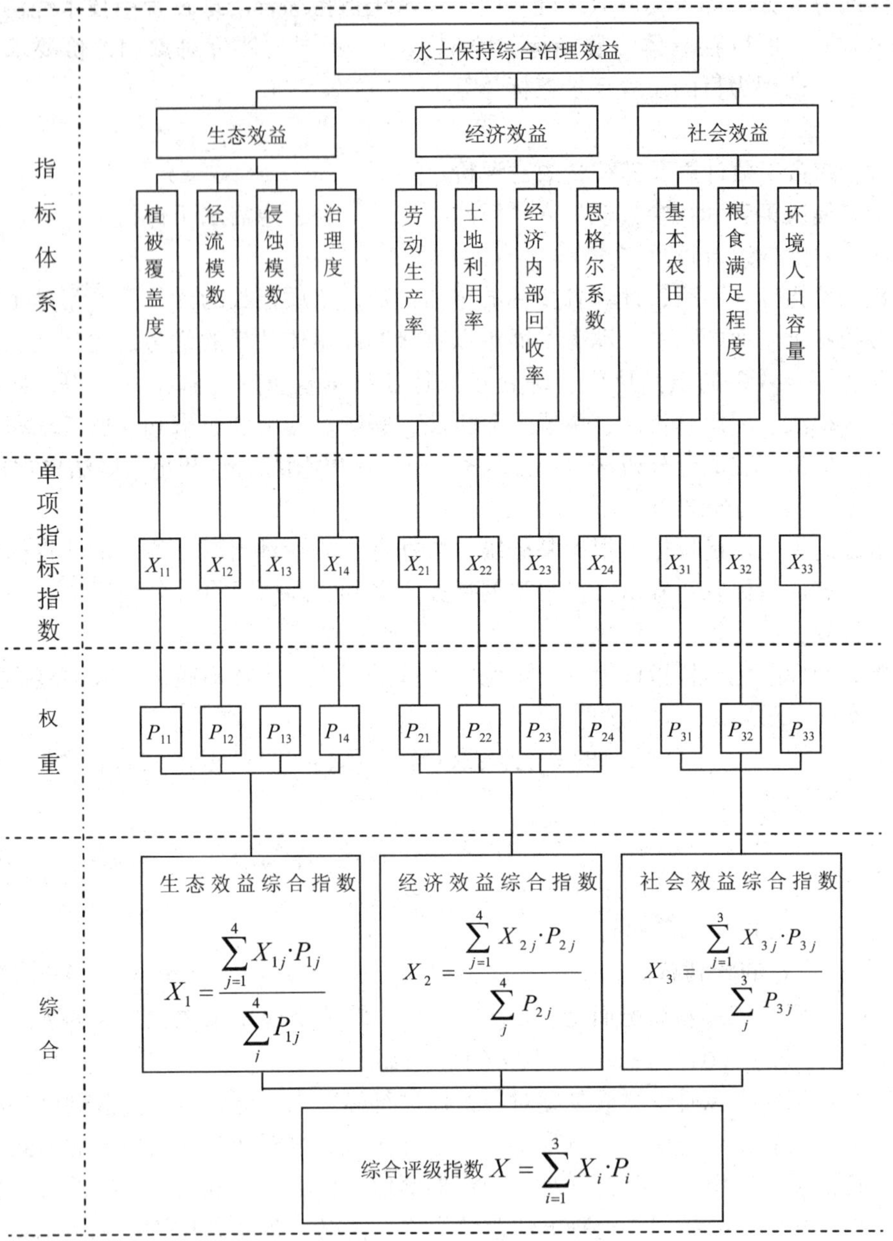

图 13-12 综合指数的计算

13. 2. 3. 3 综合效益的经济评价

随着生态经济学的发展，学者们考虑选择合适的价值化方法，以货币计量各项效益的价值，既易于获得综合效益，又能反映被改善的生态和社会环境因子的稀缺性，有利于开展水土保持项目的经济核算。目前常用的价值化方法有旅游成本法、市场价值法、生产成本法、条件价值法、替代成本法、恢复和保护费用法。但是，迄今国内采用上述方法进行环境效益评价的研究只有个别案例或个别国外科研人员对我国个别地区环境改善的经济价值的评估研究(王琦等,2010)。

(1)直接市场法

直接市场法把生态质量看作是一个生产要素,生态质量的变化会进而导致生产率和生产成本的变化,从而导致产品价格和生产水平的变化,而价格和产出的变化是可以观察到,并且是可测量的,而且是可以用货币价格(市场价格或影子价格)加以测算的。采用直接市场法,不仅需要足够的实物量数据,而且需要足够的市场价格或影子价格数据。

直接市场法主要包括市场价值法、生产率变动法、人力资本法、机会成本法、重置成本法、影子工程法和防护费用法等。

(2)替代市场法(揭示偏好法)

当所研究的对象本身没有市场价格来直接衡量时,可以寻找替代品的市场价格来衡量,这类方法称为替代市场法。替代市场法是一种使用替代品的市场价格来衡量没有市场价格的环境物品价值的方法。

替代市场法主要包括旅行费用法、享乐定价法和替代效益法。

(3)假想市场法(陈述偏好法)

在既无市场又无替代市场的情况下,只能人为地创造假想的市场来衡量生态质量及其变动的价值,这种方法称为假想市场法。假想市场法的主要代表是意愿调查法,即直接询问人们对生态变化的评价。假想市场法是生态评价的最后一道防线,任何不能通过其他方法进行的评价几乎都可以用假想市场法来进行。

意愿调查法(contingent valuation method,CVM,也称条件价值法)是典型的陈述偏好法,是基于调查对象的回答,利用效用最大化原理,让被调查者在假想的市场环境中回答对某物品的最大支付意愿(maximum willingness to pay,WTP),或者是最小接受补偿意愿(minimum willingness to accept,WTA),然后采用一定数学方法进行价值评估。从理论上讲,所得结果应该最接近生态系统的货币价值,但由于所评估的是调查对象本人宣称的意愿,而非他们的市场行为,因而调查结果存在着各种偏差。

意愿调查法主要用于评估生态资源的非使用价值,非使用价值是针对使用者而言的,即生态资源总价值中不依赖"使用"的那一部分价值的总和,主要包括选择价值、遗产价值和存在价值。

意愿调查法可以分为3大类:直接询问支付意愿,包括投标博弈法和比较博弈法;询问选择的数量,包括无费用选择法和优先评价法;征求专家意见,即专家调查法(德尔菲法)(秦艳芳等,2008)。

思 考 题

1. 不同水土流失类型的水土保持监测内容与方法。
2. 水土保持效益评价的指标体系。

推荐阅读书目

水土保持监测技术．刘震．中国大地出版社，2004.

水土流失测验与调查．李智广．中国水利水电出版社，2005.

水土保持监测技术规程：SL 277—2002. 中华人民共和国水利部．中国水利水电出版社，2002.

水土保持监测理论与方法．郭索彦．中国水利水电出版社，2010.

开发建设项目水土保持监测．李智广．中国水利水电出版社，2008.

水土保持综合治理　效益计算方法：GB/T 15774—2008. 国家技术监督局．中国标准出版社，2008.

参考文献

刘震，2004. 水土保持监测技术［M］. 北京：中国大地出版社．

李智广，2005. 水土流失测验与调查［M］. 北京：中国水利水电出版社．

联合国环境规划署，1994. 生态监测手册［M］. 姚守仁，房雪琦，白玲，译．北京：中国环境科学出版社．

郭索彦，2010. 水土保持监测理论与方法［M］. 北京：中国水利水电出版社．

李智广，2008. 开发建设项目水土保持监测［M］. 北京：中国水利水电出版社．

王礼先，朱金兆，2005. 水土保持学［M］. 2 版．北京：中国林业出版社．

陈宜瑜，王毅，李利峰，等，2007. 中国流域综合管理战略研究［M］. 北京：科学出版社．

李智广，2008. 开发建设项目水土保持监测［M］. 北京：中国水利水电出版社．

第14章

水土保持信息化及"天空地一体化"监管

【本章提要】本章主要从我国的信息化发展历程、水土保持信息系统建设现状和发展对策、监督管理子系统与天空地一体化监管以及重点工程管理子系统与图斑精细化监管四个方面介绍了水土保持信息化与天空地一体化监管。

14.1 我国信息化发展历程

信息是对客观世界中各种事物的运动状态和变化的反映，是客观事物之间相互联系和相互作用的表征，表现的是客观事物运动状态和变化的实质内容。信息化的概念起源于 20 世纪 60 年代的日本，而后被译成英文传播到西方，于 80 年代传入我国。赵苹将信息化定义为人们对现代信息技术的应用达到较高的程度，在全社会范围内实现信息资源的高度共享，推动人的智能潜力和社会物质资源潜力充分发挥，使社会经济向高效、优质方向发展的历史进程。

我国的信息化建设大致可划分为准备、启动、展开和发展四个阶段。在准备阶段，1982 年 10 月，国务院成立了计算机与大规模集成电路领导小组，推动电子计算机的广泛应用。1984 年 9 月，更名为国务院电子振兴领导小组，11 月发布了"我国电子和信息产业发展战略"，明确要把电子和信息产业的服务重点转移到发展国民经济、服务社会的轨道上来，必须把电子信息产业在社会各领域的应用放在首位；电子工业的发展要转到以微电子技术为基础、以计算机和通信装备为主体的轨道上来，并确定集成电路、计算机、通信和软件为发展的重要领域。"七五"期间，重点开发了邮电通信、银行业务等12 项应用系统工程。863 计划中，信息技术项目的投资约占三分之二。1988 年 5 月，国家成立机电部，将振兴电子产业的任务交由机电部承担，并将电子振兴领导小组更名为国务院电子信息系统推广应用办公室。1993 年进入启动阶段，相继启动了金卡、金桥、金关等重大信息化工程，拉开了国民经济信息化的序幕。1996 年 1 月，成立了国家信息化工作领导小组。到 1997 年进入展开阶段，提出信息化建设"统筹规划、国家主导；统一标准、联合建设；互联互通、资源共享"的 24 字方针。1998 年将国家信息化工作领导小组整合组建信息产业部，1999 年 12 月恢复国家信息化工作领导小组，推动形成了中国电信、中国移动、中国联通、中国网通、中国铁通等多家电信运营公司形成市场竞争格局，积极推动政府上网、企业上网和电子商务工程。到 2000 年进入发展阶段，"十五"计划中明确信息化为关键环节，把推进国民经济和社会信息化放在优先位置。经过近 20 年的发展，信息化已经融入经济社会发展的各个方面和各个环节。水利信息化也是从简单报汛逐步发展成智慧水利管理平台，步入信息爆炸时代。

在信息时代，每个人、每件事都成为信息的消费者，同时也是新的信息的生产者。这是因为我们在利用经验信息的同时，也在为这个信息之海增添数据。21 世纪，已有信息的数量，已经超出了我们的想象，而信息增长的速率还将越来越快。移动互联网使得我们能随时随地消费和生产信息。20 世纪 50 年代末，计算机的出现和逐步普及，把信息对整个社会的影响逐步提高到一种绝对重要的地位；到 90 年代，互联网的普及让信息更加流通，信息量、信息传播的速度、信息处理的速度以及应用信息的程度等都以几何级数的方式增长，深刻地影响着人们的生活方式和社会变革。信息化是人类社会从工业化阶段发展到一个以信息为标志的新阶段，人类生存的一切领域，在政治、商业，甚至个人生活中都是以信息的获取、加工、传递和分配为基础。

移动互联网的兴起，正在演化成为一场作用广泛、影响深远的颠覆性革命，新的业态和商业模式不断涌现，不少传统行业先后受到冲击，形成传统行业转型升级的倒逼力量，随着移动互联网和智能终端的兴起，信息系统也进入了移动互联网时代，实现业务创新和移动互联网转型是未来信息化建设的重中之重。5G 技术的普及，可将传输速度提高 100 倍，移动互联的原有制约瓶颈将得以解决，甚至弱化移动终端的存储需求，保证了数据的即时性和一致性。未来几年，大数据技术将与云计算融合，深度学习技术将促使人工智能成为现实，基于传感技术的物物互联和基于移动互联网的人人互联及二者的集成，将使业务管理现代化走向更高水平，其发展前景不可估量。

14.2 水土保持信息系统建设现状与发展对策

近年来，全国水土保持信息化工作以应用促发展、以项目为带动，加强顶层设计，加强统筹推进，在信息基础设施、数据库、应用系统开发建设等方面取得了显著进展，有效提升了水土保持预防监督、综合治理和监测评价等业务工作效率和管理水平。但同时，水土保持信息化工作仍然存在重视程度不够、应用水平不高、数据库建设滞后、资源共享程度低和保障条件不足等一些亟待解决的问题。面对新时代、新思路、新战略的需求和挑战，进一步梳理全国水土保持信息化的需求，明确近期目标和任务，加快推进信息化建设，为全国水土保持事业改革发展提供有力的支撑和保障。

14.2.1 水土保持信息化发展现状

14.2.1.1 基础设施建设情况

基础设施主要包括监测站网、信息网络和数据库三部分。机房设在水利部信息中心，外部运行环境的安全由水利部信息中心负责，系统维护和数据管理由水利部水土保持监测中心负责。

自 2002 年开始，通过全国水土保持监测网络和信息系统一期、二期工程的顺利实施，监测站网建设已初具规模。目前已经建成部水土保持监测中心、7 大流域机构监测中心站、30 个省（自治区、直辖市）监测总站和新疆生产建设兵团监测总站、175 个监测分站和 735 个水土流失监测点，初步形成了覆盖我国主要水土流失类型区布局合理、功能较为完备的监测站网体系。为各级网络节点安装配置数据采集、处理、存储传输设备共计 8 500 多台(套)，初步形成了泥沙、径流、降雨、土壤、植被、土地利用等信息采集体系。

依托国家水利信息骨干网、公共网络通信资源，形成了全国水土保持信息网络，实现了水利部、流域机构、省级、市级、县级和监测点的信息交互传输。水土保持监督管理子系统通过国家水利信息骨干网运行，实现部、流域机构、省级共三级存储和包括地市级、县级共五级用户的应用，运行状况较好。重点工程管理子系统利用公网，按集中存储的思路，实现了多级用户信息同步交互。近期，又将三个子系统均通过直接利用公网或映射到公网的方式，实现了多用户在线、交互。

根据水土保持管理工作的需要，结合重大项目，分别组建了水土保持监督管理数据库、国家水土保持重点工程数据库、监测成果数据库等。水利部水土保持监测中心建立了以县为单位的 1∶10 万全国土壤侵蚀空间数据库、连续多年的全国重点水土流失防治区动态监测成果数据库、水土保持方案管理数据库，以及全国水土保持规划基础数据库等。据不完全统计，截至 2018 年年底，水利部水土保持监测中心建成的数据库数据总量已超过 100TB，全国省级以上水利部门建成的水土保持数据库数据总量也超过了 10TB，数据内容涉及土壤侵蚀、综合治理、预防监督、定位观测、法律法规、重要文件等方面，为国家生态文明建设决策提供了重要的数据支撑。

14.2.1.2　顶层设计情况

为加快推进水土保持信息化建设，水利部于 2013 年印发了《全国水土保持信息化规划》，明确了 2013—2020 年全国水土保持信息化发展思路、目标，提出了 7 个方面建设任务和 10 项重点工程，描绘了水土保持信息化发展蓝图。自 2015 年开始，又相继开展了生产建设项目天空地一体化监管试点、重点工程图斑精细化管理等试点工作。

2017 年初，水利部批准在水利部水土保持监测中心组建信息化处，编制 5 人。自此，各省(自治区、直辖市)不断充实水土保持信息化工作人员，并开展了形式多样的技术培训，使信息化工作与业务管理工作深度融合，促进了业务管理的规范化，提高了管理效率和水平。

2018 年，水利部印发《全国水土流失动态监测规划(2018—2022 年)》和《国家水土保持监管规划(2018—2020 年)》，明确了今后 3～5 年水土流失动态监测和水土保持信息化监管的总体目标、主要任务和政策措施，是指导水土流失动态监测和水土保持信息化应用的重要依据。

近年，水利部起草制定了水土保持信息管理、水土保持元数据、水土保持数据表结构与标识符、水土保持小流域划分以及水土保持信息系统建设技术要点等一系列信息化规程规范，有力指导推进了全国水土保持信息系统建设工作。

2018 年，水利部组织编制干旱、水土保持、洪水、水利工程安全运行、水利工程建设、城乡供水、节水等水利方面的九大业务的信息化需求分析工作。水土保持业务信息化坚持以问题为导向的工作方法，按照适度超前、强化共享、加强统筹、突出重点的工作思路，重新梳理业务流程、系统和数据现状，紧密围绕"精准、及时、全面"和"充分利用先进信息技术手段开展监测"要求，根据新技术对业务流程进行再造，形成智慧水利框架下的业务需求，为水利部统一信息管理奠定基础。

14.2.1.3 系统开发与应用情况

依托全国水土保持监测网络一、二期工程和国家水土保持重点工程管理业务，组织北京地拓科技发展有限公司开发了全国水土保持信息管理系统，已在水利部、7 大流域机构、31 个省(自治区、直辖市)和新疆生产建设兵团安装部署。

(1)监督管理系统

按照水利部、流域机构和省(自治区、直辖市)三级部署，水利部、流域机构、省、市、县五个层级共同应用，实现了水土保持方案上报、审查、批复、评估和验收等全过程信息化管理，基本实现了水利部、流域、省三级信息实时交换。

(2)综合治理系统

按照一级部署、三级应用的方式，以国家水土保持重点治理工程为主体，实现了项目规划范围、计划分解、实施进度统计和检查验收全过程管理，将初步设计的措施平面布置图录入系统，实时掌握和监督项目建设情况，有效提高了项目管理的效率和信息化水平，并将竣工验收时的各图斑措施完成情况也录入系统进行对比变化分析。

(3)监测评价系统

以水土保持普查、水土流失动态监测、监测点定点观测信息成果管理为核心，实现监测点数据的传输上报、监测数据数字化管理与查询，为全国水土保持规划编制、水土流失重点防治区划分、重点工程布局等提供了有效支撑。

另外，根据水土保持工作需要，还组织开发了全国水土保持规划协作系统，支持各级水土保持部门协同完成了水土保持规划基础资料收集、任务统计和防治区划分等工作。开发了全国土壤侵蚀空间数据发布系统，面向社会公众、各行各业，提供历次土壤侵蚀、重点防治区等信息，系统自 2008 年投入运行以来，访问量已突破 27 万次。

14.2.1.4 数据库建设

(1)监督管理方面

截至 2018 年 9 月，系统存储了 2001 年以来水利部审查、批复水保方案 3 939 个、省级审批的水土保持方案 35 682 个、地市级审批的水土保持方案 27 719 个、县级审批的水土保持方案 51 882 个。

(2)重点工程管理方面

系统存储了 2011 年以来水利部、财政部、国家发展和改革委员会、国家农业综合开发办公室渠道安排国家财政资金的国家水土保持重点建设工程、坡耕地水土流失综合治理工程、国家农业综合开发水土保持项目、淤地坝除险加固项目等四大类项目。

(3)监测评价方面

主要存储了第一、第二、第三次全国土壤侵蚀普查数据，第一次全国水利普查水土保持普查的 3 万多个土壤侵蚀野外调查单元数据，96 万多条土壤侵蚀沟数据及相应的遥感数据，数据规模达 20T。还有 2007 年以来典型小流域和监测点观测数据、重点防治区、生产建设项目集中区监测数据，共 10G。

此外，还有水利一张图及一些基础数据，如全国水土保持区划、国家级水土流失重点防治区划、土地利用、降水、风速、土壤等，数据形式为文本和矢量等，共 20G。

14.2.1.5 保障能力建设

近年，水利部先后印发了多个规划，制定了部门规章和规范性文件，明确了各级监测机构职责、监测站网建设、监测报告制度和成果发布等要求。在水利信息化标准的基础上，先后颁布了一系列技术标准，初步建成水土保持信息化标准体系，奠定了水土保持信息化工作基础，有效促进了信息资源共享。全国建成一支 5 000 多人的水土保持信息化技术人员队伍，有力地推动了水土保持信息化工作的有序开展。

14.2.2 当前存在的困难和问题

与此同时，全国水土保持信息工作还存在一些亟待解决的问题。

一是信息化建设重视程度不够。水土保持信息化工作专业技术性强、工作任务重，一些地区基层缺乏专业技术人员队伍，对加快推进水土保持信息建设认识还不到位，一些单位还未完全将信息化建设提上当前水土保持事业发展的重要日程，信息化工作存在被动应付的情况，影响了信息化工作开展。

二是缺乏完善的顶层设计。尽管水利部制定了水土保持信息化规划和阶段工作计划，还建成了全国多级用户应用的信息系统和技术标准体系，但仍不能满足各地的需求，导致系统建设各自为政，低水平重复。

三是基础工作薄弱。数据库建设滞后，水土保持小流域及其地块图斑等基础数据库尚未建立，全国一张图的概念尚未得到认同，数据不便共享和使用。业务即时监控尚未实现，基于高分辨率遥感和地面即时监控等技术手段开展水土保持监管尚未推广实施。应用系统在部分业务领域和地区应用层次不高、应用效果不够理想。

四是系统建设与运行经费不足。由于缺乏持续保障的经常性资金渠道，导致长期以来在水土保持信息化建设与运行维护方面的投入严重不足，水土保持信息化工作主要靠零敲碎打、修修补补的方式解决，导致水土保持信息化建设虽然起步早，但信息技术应用水平落后于实际业务发展需求，也落后于水利行业和全国其他行业的进步速度。

五是技术储备不足。水土保持信息化工作，要服从并服务于水土保持主体业务工作，既要服务于主管部门的管理需要，又要满足工程设计、施工、监理、监测等服务单位的技术需要；既要立足于成熟技术，又要适应前沿发展技术。

14.2.3 近期工作安排

14.2.3.1 系统应用

主要包括数据录入与整合、系统运行维护两方面的工作。

（1）在数据录入方面

三个系统分别明确要求，尽早补齐相应数据，减少系统空转，发挥系统功能和效益。对监督管理系统，各级水行政主管部门、流域管理机构和有关生产建设单位，要按照各自分工、组织做好方案、变更、监督检查、设施验收、监理监测等生产建设项目水土保持监督管理数据的收集、整理、核实和录入工作，保证数据全面、规范、真实有效。对国家水土保持重点工程信息系统，各级水行政主管部门和流域管理机构分工负责，组织完成 2011 年以来各类国家水土保持重点工程的相关数据录入。对水土保持监测评价系统，在监测评价管理系统升级完善和安装部署的基础上，开展各省(自治区、直辖市)相关水土保持监测数据入库工作。同时，做好数据整合工作，按照水利部的总体要求，在各业务数据资源建设的基础上，对全国水土保持普查、水土流失动态监测、生产建设项目水土保持、国家水土保持重点工程项目等相关数据进行统一整合，初步建成"水土保持一张图"，促进水土保持信息共享，有效提高水土保持信息服务能力。

(2)在系统运行维护方面

要明确专人负责，完善工作机制，保证本单位负责的相关数据能够及时顺利地收集、审核和录入。各级水土保持管理人员尤其是相关负责人，要结合工作实际，积极做好系统应用，将各信息系统作为水土保持数据上报、管理、共享和利用的主渠道，以信息化为支撑，提高水土保持管理水平。同时，加强对各单位系统应用工作进行检查、指导和考核，加强对系统应用情况的跟踪评估，建立顺畅渠道，及时收集系统使用中发现的问题和反馈的建议，准确把握业务工作需求，为系统优化完善提供可靠依据。

14. 2. 3. 2 系统完善升级

以"边应用、边完善"为原则，对现有系统进行更新维护。对全国水土保持监督管理系统，要基于"水利一张图"的数据平台，围绕在线地图服务、业务数据下发、动态分析等功能，全面实现生产建设项目信息的管理。对国家水土保持重点工程项目管理系统，要基于"水利一张图"，围绕重点项目不同阶段业务图件在线入库、信息对比分析、图表一体化等功能，全面实现水土保持重点工程以"图斑—小流域—项目区—县—市—省—流域—国家"为主线的精细化管理。对水土流失动态监测系统，完善水土保持监测点数据上报与管理系统，实现监测点的网络化、实时化管理，以及观测数据的适时采集、及时存储、分类汇总、数据归档和整编。完善全国水土流失动态监测与公告项目管理系统，对水土流失重点治理区和重点预防区监测数据进行空间管理。

14. 2. 3. 3 生产建设项目"天空地一体化"监管推广应用

在近年示范工作的基础上，为进一步加强事中事后监管技术水平。先期选择北京、浙江、云南等 10 个省(自治区、直辖市)和晋陕蒙接壤地区作为首批"天地一体化"监管区域推广应用试点，利用高分遥感影像，对生产建设项目人为扰动状况开展全面调查，对比监督管理系统的数据库，发现疑似违规项目，及时向相关监督管理部门进行通报，监督管理部门借助手持移动端和无人机开展现场核查，发现问题及时处理，对违法行为依法进行处罚。同时，基于高分辨率影像和无人机影像，选择 30 个在建部管项目开展一次全面遥感调查，依照水土保持方案，核实项目的变更、水土流失防治、设施验收等情况，重点调查弃土弃渣场的水土流失隐患。发现问题及时通告，督促整改。对存在违法违规行为的项目，责成有关水行政主管部门进行处罚。2019年起，由水利部组织省级水行政主管部门对所有生产建设项目实行全覆盖监管，大的图斑由水利部组织流域机构等有关单位进行复核，中小图斑由省级水行政主管部门组织复核并将复核结果入库。省级水行政主管部门依据有关法规规章进行现场执法，保障水土保持方案编报率、落实率和验收率。

14.2.3.4 水土保持重点工程项目"图斑精细化"管理推广应用

在重点治理项目数据入库的基础上，为客观、准确地掌握国家水土保持重点工程实施进展和效果情况，按照"双随机、一公开"的要求，利用移动终端对在建重点工程项目水土保持措施实施位置、数量、质量等情况进行复核记录，各省（自治区、直辖市）复核比例达到半数，各项目措施复核量不低于一半。同时，利用高分辨率卫星影像，对国家水土保持重点工程实施效果进行对比评价。2018年，各省（自治区、直辖市）至少选择1个项目，对2014—2015年实施的范围进行遥感调查，识别水土保持措施类型和数量，评价项目实施效果。2019年开始，逐步加大评价项目的比例，最终达到项目数的25%左右。

14.2.3.5 培训

按照"统一要求、分级负责"的原则，开展系统的应用操作培训，以及生产建设项目水土保持"天空地一体化"监管和水土保持重点工程项目"图斑精细化"管理关键技术培训。水利部负责流域机构技术骨干和省级培训师资的培训，各省（自治区、直辖市）水行政主管部门负责辖区内各市、县技术人员的培训。省级培训要在部级培训后及时开展，并保证培训质量。

14.2.4 系统整合

当前的三个系统，功能和架构模式均有不同。监督管理系统起源于数据表架构，后期增加了防治责任范围上图等功能；国家水土保持重点工程项目管理系统基于GIS架构，实现了地图—数据库联动管理；监测评价系统起源于数据表和Web架构，具有地图展示功能。将三者整合到一起，难度较大。为此，需加强系统顶层设计和总体框架搭建，基于"水土保持一张图"，统筹监督管理、综合治理、监测评价、信息发布等核心业务应用，将生产建设项目"天空地一体化"监管和水土保持重点工程项目"图斑精细化"管理功能需求整合到一起，初步建成国家水土保持综合监管与服务平台，实现信息资源互联互通，提升行业应用体验，加强对外服务体系建设。

14.2.4.1 系统建设原则

系统整合需坚持如下原则：一是统一规划、分步实施，从全国水土保持事业全局出发，统筹各级水土保持信息化发展需要，强化顶层设计，统一规划，明确重点，急用先建，分步多层次协同推进。二是统一标准、分级建设，要遵循国家和行业信息化技术标准，结合水土保持信息化建设任务的需要，各级按照统一的标准规范和库表结构，在全国水土保持信息系统共用平台的基础上，按需补缺，突出特点，开展水土保持信息化建设工作。三是示范带动、全面推进，围绕国家水土保持重点工程图斑精细化管理、生产建设项目水土保持"天空地一体化"监管项目试点情况，进行水土保持信息化集成，形成全国一张图的统一的水土保持信息监管平台；以信息化工作基础好、工作重视的流域、省为示范推广，以点带面，全面稳步推进水土保持信息化建设。四是需求驱动、面向应用，以水土保持业务工作的需求为导向，适应"放管服"改革形势，加强事中事后监管，选择先进实用的信息技术，建立可配置和易扩展的应用系统，全面促进水土保持核心业务的信息化应用体系建设。五是统筹资源、促进共享，充分利用已有的信息资源，积极联络国家有关职能部门数据资源，通过共享、调用等模式，促进资源共享，提高水土保持信息的利用效率，建成信息资源共享的统一工作平台，促进上下联动，横向衔接，避免低水平的重复建设，打通信息孤岛，为数据挖掘奠定基础。六是注重保密，确保安全，严格按国家保密规定和网信安全要求开展系统设计、数据录入和使用、运维管理，涉密项目仍按原渠道管理暂不入库，基础数据经脱密后再入库使用，严格规范操作权限并采用高级密钥，加密有关图层并限制下载权限，积极参加软件攻防演练，确保在服务业务管理的同时做到信息安全、便捷、高效。

14.2.4.2 近期建设目标

全国水土保持信息化建设的近期目标是全面推进水土保持信息化发展，基本实现生产建设项目水土保持"天空地一体化"监管全覆盖、县级行政区域年度水土流失消长变化监测全覆盖；基本实现信息技术在县级以上水土保持部门的应用，推进水土保持传统管理方式向信息化、现代化管理方式的转变。

14.2.4.3 总体构架

根据全国水土保持信息化工作现状和下一步工作需要，全国水土保持信息化建设总体框架是以组织体系、管理体系、人才队伍和经费为保障，基于标准规范体系和安全保障体系，依托全国水利行业信息网络资源，建设水利部、流域机构、省（自治区、直辖市）三级水土保持数据库，开发水土保持应用支撑、业务应用等系统平台，建立有效的水土保持信息服务体系，全面提升政府决策、管理和服务水平。

针对水利部、流域机构、省、市、县和监测点等用户，优化水土保持监督管理、综合治理、动态监测、数据发布4个子系统结构与工作流程，形成全国水土保持信息管理系统高效运行模式和信息化组织结构。将监督管理、综合治理、动态监测、数据发布4个子系统的管理方式、部署方式、用户设置等方面统一设置，由水利部、流域机构、省、市、县五级用户组成，五级系统功能基本一致，可以实现数据自动上下交换；系统部署水利部、流域机构和省（自治区、直辖市）或按两地三中心的模式部署在部水土保持监测中心、水利信息中心和某一流域机构内。

14.2.4.4 服务对象与主要内容

全国水土保持信息管理系统的服务对象总体上分为水利部、流域机构、省、市、县，涉及水土保持方案审批管理、国家水土保持重点工程计划管理、监测信息采集及传输等多类。因 4 个子系统针对的业务范围的差异，各个子系统在服务对象上又有所不同。

监督管理系统主要为水利部、流域机构，省、市、县水行政主管部门服务，用户还涉及水土保持方案技术审查、方案编制、监理单位、监测单位和第三方评估单位等十类。水利部可以通过该系统及时将有关材料传输到相关流域和地方水行政主管部门；流域机构有关信息可以通过该系统传输到水利部和相关地方水行政主管部门。地方水行政主管部门的有关信息可以通过该系统传输到水利部和相关流域机构。水土保持方案技术评审、第三方评估、方案编制、监理、监测等技术服务单位，可以按照用户权限的不同进行相关的操作和使用。

综合治理管理系统主要围绕国家水土保持重点工程项目管理，主要为水利部、省和县三级用户提供项目管理的支撑和服务，同时还供流域机构和地市级水行政主管部门查询统计和监督检查信息填报等使用。部、省、县三级用户在项目规划、计划、实施和检查验收的四个阶段，分别赋予不同的职责和权限；系统可以实现项目规划、实施方案、年度计划、实施进度、资金使用和检查验收等信息的分发、上报、查询和统计等功能；在项目规划和实施方案阶段可以通过系统实现项目区和规划措施上图，实施阶段治理措施落实到地块，检查验收阶段对照图斑和地块开展工作等，逐步实现水土保持综合治理项目的精细化管理。

监测评价系统主要是以全国水土保持情况普查、全国水土流失动态监测与公告、全国水土保持监测站网运行管理等工作为核心，为水利部、流域机构、省和监测点四级用户服务；通过系统可以将各级监测机构采集的水土流失状况、水土保持及其效果的监测数据进行汇总、汇交、分析和评价，为水土保持管理部门管理、决策和服务提供数据和信息。

数据发布系统主要是面向水土保持行业用户和社会公众用户，通过网络提供高效、便捷的数据目录检索、数据查询与统计分析服务等，使水土保持行业用户和社会公众用户了解、掌握水土保持情况、国家水土保持重大活动和工作重点等。

14.2.4.5 近期主要建设任务

近期信息化工作的主要思路是统筹现有信息资源，推进生产建设项目水土保持"天空地一体化"动态监管和国家水土保持重点工程"图斑"精细化管理，监测的即时动态分析与评价，信息的快捷有效服务，初步实现全国水土保持信息资源的大综合、大协作和大集成，初步构架全国水土保持基础信息平台。

在系统软硬件环境方面，根据全国水土保持信息化工作发展的总体部署，全国水土保持信息基础设施主要依托全国水利信息网络资源，建立和完善水土保持数据采集、处理、存储和传输体系，主要依托各级水利信息中心构建水土保持数据中心。

在水土保持信息管理平台方面，以水利部九大业务需求和智慧水利构架为依托，将现有全国水土保持信息管理系统的功能全部并入并进行优化升级，统筹监督管理、综合治理、动态监测三项核心业务应用，建成全国水土保持信息管理服务平台。

在数据库建设方面,依托第一次全国水利普查 50 km² 流域单元划分的成果,利用全国山洪小流域单元划分及基础数据库成果,建立国家级水土流失重点治理区和重点预防区及规划确定的水土流失易发区范围的小流域基础地理、社会经济、土地利用、植被覆盖、水土流失治理的数据库,为实现"图斑→小流域→项目区→县→省→流域→全国"的水土保持工程的精细化管理提供支撑。

14.3 监督管理子系统与"天空地一体化"监管

水土保持监督管理业务,主要包括生产建设项目管理、监督执法、工作督查以及法规与队伍建设等内容。近年,监督管理方面的信息化工作取得不少进展,"天空地一体化"监管模式初步形成,主要是通过高分遥感影像进行筛查,发现疑似未批先建、场外弃渣等行为后,再去现场靶向督查,利用无人机或现场检查处理,提高水土保持监管的覆盖面和准确率。

14.3.1 法定要求与管理分工

修订后的《水土保持法》规定了人为水土流失防治的管理和要求。第二十五条规定了生产建设项目水土保持方案审批制度,对可能造成水土流失的生产建设项目进行过程管理,在工程开工前需编报审批水土保持方案,并要求批准的水土保持方案确定的水土保持措施与主体工程同步进行设计、同时施工和同时投产使用。

水土保持方案是生产建设单位为主动防治因工程建设可能导致的水土流失而事前编报的技术承诺文本,一经批准便具有法定效力。水土保持方案属于事前控制的范畴,是生产建设单位防治水土流失的第一关,已纳入国家基本建设程序管理。国家各级水行政主管部门应根据当地的水土资源禀赋特点、生态环境状况和经济社会发展阶段,规定批准水土保持方案所需具备的主要条件和标准。

水土保持方案审批实行分级审批制,实行与立项管理同级的对应原则,即项目由县级立项则方案由县级水利部门审批,项目由省级立项则方案由省级水利部门审批。近年随着"放管服"改革的持续推进,水利部于 2016 年发出通知,下放部分生产建设项目水土保持方案审批和水土保持设施验收审批权限。原应由水利部审批水土保持方案和验收水土保持设施的生产建设项目中,除国务院审批(核准、备案)项目、跨省(自治区、直辖市)项目和水利项目外,其他生产建设项目的水土保持方案审批和验收权限下放至省级水行政主管部门。同时,水利部将采取一系列配套措施,进一步强化对地方各级水行政主管部门的督促指导,坚持源头严防、过程严管、后果严惩,严格水土保持方案和验收审批,加强水土保持事中事后监管,加大对未批先建、未验先投、擅自变更等违法行为的处罚力度,为保障经济社会可持续发展和推动生态文明建设切实把好水土保持生态环境关。

14.3.2 主要工作流程

监督管理的范畴较广,但主要工作包括两个方面:一是正常项目的管理程序;二是非正常项目的监督执法程序。正常项目，即事前编制水土保持方案，在后续阶段实行水土保持设施与主体工程同时设计、同时施工、同时投产使用等"三同时"制度，预期可主动预防和治理水土流失的生产建设项目，可以指纳入正常管理程序、实行跟踪检查的项目，是监督管理工作的重点。本节只介绍正常项目的管理流程。

14.3.2.1　编报审批水土保持方案

生产建设单位应当在工程开工前报批水土保持方案，否则由县级以上人民政府水行政主管部门责令停止违法行为，限期补办手续；逾期不补办手续的，处5万元以上50万元以下的罚款；对生产建设单位直接负责的主管人员和其他直接责任人员依法给予处分。

编报水土保持方案，需依据《开发建设项目水土保持技术规范》（GB 50433—2018）等技术标准，主要内容包括主体工程设计评价、水土流失预测分析、表土处置安排、土石方平衡分析、弃渣场选址、水土保持措施体系设计及分区布局、主要措施典型设计、水土保持投资等内容。

依据工程的繁简程度，水土保持方案分报告书和报告表两种格式。需编制报告书的，一般需经过技术评审再行审批，编制报告表的，可直接审批。

14.3.2.2　设计落实水土保持方案

依法审批的水土保持方案对指导工程后续设计、施工、管理、运行，都具有约束力，水土保持方案批复文件和方案报告中确定的防治目标、任务、措施等，均应在工程建设的后续阶段得到认真落实。

如若设计文件和施工合同中没有明确的水土保持措施及其投资概算，即使施工单位实施了防治要求，也得不到总监理工程师的计量支付认可，施工队伍仍拿不到施工结算款项。因此，仅靠施工单位自觉来落实水土保持方案是不可靠的，也是难以普及的，须重视设计落实。

14.3.2.3　建设期间水土保持技术监管

水土保持方案批复作为生产建设项目开工的前置条件。也可专门编制局部范围的水土保持方案，报当地水行政主管部门审批后实施，待整个项目正式开工前报批水土保持方案时，将局部范围的水土保持方案包含进来即可。

土石方工程施工资质要求不高，施工队伍参差不齐，还存在大量转包现象，弱化水土流失防治、减少相应支出等趋利倾向将长期存在。因为水土流失防治的第一责任人是生产建设单位，而不是层层分解的各级承包商，为切实做好水土保持、保护生态环境，减少被处罚机会，生产建设单位通常会委托水土保持监理单位协助管理土石方转运和水土流失防治工作，并负责设计复核和施工质量评价工作；委托水土保持监测单位，开展措施实施进度和效果的监测及反馈工作。水土保持监理的主要任务是审核施工图纸、协商确定项目划分、审核施工放样、质量检测、质量评定、工程计量、支付审签等工作，须遵守相应的技术标准和管理要求。水土保持监测的主要任务是背景值监测、土石方工程施工进度监测,各分区水土保持措施实施进度、水土流失影响因子及水土保持效果监测等,核算水土流失防治是否达标。上述两类单位须依据有关规定向水行政主管部门和生产建设单位报送月度、季度成果并接受有关职能部门的监督检查。

14.3.2.4 监督检查

各级水行政主管部门应当对审批水土保持方案的项目进行跟踪检查,发现水土保持方案落实不力、措施变化过大、造成较严重水土流失等现象,应当及时进行纠正处理乃至实施处罚。检查应对照水土保持方案及其设计文件,至少对照方案中每个分区的措施体系和平面布局,现场检查措施量及其防护进度和效果,评价水土流失防治的成效。监督检查多借助移动检查系统,用其配备的红外线定位仪,得出目标点的三维坐标,进而勾勒出圈定范围的面积、体积(方量),还可用移动端拍照、记录。

监督检查前应发布通知,明确相关单位的材料准备要求,按相应的技术标准和水土保持方案进行检查核对,经过听取汇报和现场检查,对小的问题当场与生产建设单位及施工单位交换意见予以改进;较大的问题应当要求限期整改,并明确整改复核人和时间;严重问题应启动立案程序。监督检查工作应当文明规范,并采集图文证据,必要时可邀请第三方进行事实和责任认定;监督检查结束后,应向生产建设单位反馈书面意见,遇小的问题可采用制式表格形式,遇较大的问题应当以文件形式,并要求生产建设单位整改后回复;遇严重问题,应当当场责令停止违法行为尽快送达相应文书,进入执法程序。

监督检查的范围,主要是生产建设项目工地及其堆料场、预制件厂、弃渣场、生产道路等范围,检查对象除了水土流失防治事项外,还包括对技术服务单位的工作稽查。对水土保持监理单位,主要是查阅监理规划、监理日志、检测检验、质量评定、工程计量签证、月报季报等资料,检查现场机构、设备、从业人员的上岗或资格证书等;对水土保持监测单位,主要是查阅监测实施方案、原始记录、整编成果、监测评价分析结论、月报季报等资料,现场查阅驻点机构和人员的有关信息。

14.3.2.5 方案修改和措施变更

生产建设期间,主体建设地点、工程占地、布局、土石方量如若发生较大变化,需根据有关规定进行方案补充或修改,报方案审批机关再行审批。近期,铁路、公路等土石方量较大的线型工程,因方案编制时多在可研阶段,导致土石方量发生较大变化,特别是取土场、弃渣场发生较大变化,使原水土保持方案失去指导设计和施工阶段防治水土流失的作用,不得不进行方案补充或修改。如若真正做到工程开工前报批水土保持方案的要求,编制方案所依据的资料应达到初步设计深度,这样工程变化就会少很多,减少不必要的水土保持相关工作。

在项目建设期间,因实际情况发生变化,水土保持措施需要作出重大变更的,应当经原审批机关批准。因为措施变更导致水土流失防治指标发生变化的,应在变更报告中明确列出。经过审批同意的变更报告连同原批复水土保持方案一并成为验收的重要依据。

14.3.2.6 验收管理

按水土保持法律法规要求，生产建设项目投产或投入使用前，应当同时通过水土保持设施验收。如果未进行水土保持设施验收或验收不通过而投产或投入使用的，一经发现应当予以处罚，直至验收合格。工程建设期间，建成的水土保持设施，在建设期间应当及时进行验收，验收结果为单位工程验收鉴定书，这是水土保持竣工验收中最主要的依据。

工程竣工投产或投入使用前，生产建设单位应当组织水土保持竣工验收。参加验收的单位主要包括水土保持方案编制单位、工程设计单位、水土保持监测单位、水土保持监理单位、水土保持施工单位等。验收的内容包括3个基本方面：一是水土保持法定义务落实情况；二是水土保持设施建设情况；三是水土保持效果。编制方案报告书的，在组织验收前，应当先通过第三方的技术评估。未通过技术评估的，应当进行整改。验收手续办完后，须尽快向方案审批机关报备。报备材料主要包括第三方评估报告、验收鉴定书和监测总结报告等内容。

14.3.3 功能需求与建设目标

14.3.3.1 数据库功能需求

生产建设项目涉及各行各业，需在此模块中强调政策法规和技术标准，以利宣传推广。政策法规分为国家、流域和地方三个层级，内容上划分为法律、法规、规范性文件、规章制度、管理制度和综合管理等6个方面，每个子项分添加、修改、删除、浏览、查询等功能操作，各省用户根据权限进行上述操作。为方便用户查询，还应当设置快速查询框，实现单条件查询和组合查询功能。

方案管理部分应实行全流程管理，内容包括生产建设项目水土保持方案信息、技术评审信息、申请审批材料、审批意见等信息。其中，水土保持方案信息是基础，主要包括可查询的属性字段（如方案特性表）、水土流失防治责任范围矢量图、措施分区布置图、PDF格式的水土保持方案文本等。监督检查部分，主要指跟踪检查，在项目已经选定的前提下，录入相应的检查级别、检查单位、通知要求、检查意见、整改落实情况等内容，相应设置条件查询要求和统计表格。监测监理部分，主要包括主体工程建设进度、水土保持措施实施进度、监测实施方案、现场监测人员、监测月报、监测季报、监理机构、监理人员、监理规划、监理大纲、单位工程验收鉴定书、监理月报、监理季报等内容。并可按项目名称、年度、进度等条件查询统计各类信息。设施验收部分，主要包括第三方评估报告、验收意见、水土保持设施清单、管理维护单位意见、报备资料等内容。规费征收部分，主要包括应征数额、历次征收数额、缴纳单位、征收单位、累计数额等内容。监督执法部分，主要包括信息来源、立案信息、查处信息等内容。此外，还包括应诉信息、行政复议信息、检举举报信息等内容。

为方便用户管理，原按一个项目一个用户的思路进行设计，整合后应将用户拓展。主要增加方案编制单位、社会水平评价等级、项目负责人、联系人等信息，以及水土保持监测单位和水土保持监理单位的上述信息，其他的如社会信用评价等级按改革进程适时添加。

14.3.3.2 图形功能需求

水土保持方案及其设计的图斑应结合主体工程的水土流失防治责任范围合理划定。近几年，许多工程设计单位在工程设计中尚未完全落实水土保持方案确定的措施，暂时可以施工标段为基础，根据方案确定的水土流失防治分区划分设计图斑。设计图斑（各标段的各个防治分区）是按照水土保持方案要求进行设计的，并在地图上连续表示，图上应有图斑编号、分区名称、图斑边界，并在每个图斑中带有水土保持措施信息，录入国家水土保持监督管理子系统。水土保持措施的具体分类与名称见表14-1。

此外，应将水土保持监测设施，如径流小区的位置、简易监测点等录入监督管理子

表14-1 水土保持措施分类及措施量统计

措施分类	措施类型	单位	数量	措施分类	措施类型	单位	数量
拦渣工程	拦渣坝	座		降水蓄渗	水平阶	m²	
	挡渣墙	M			下挖式绿地	m²	
	拦渣堤	M			透水铺装	m²	
	围渣堰	M			蓄水池窖	个	
斜坡防护	坡脚挡墙	M			沉沙池凼	个	
	削坡开级	M		临时工程	临时拦挡	m	
	工程护坡	M			临时苫盖	m²	
	植物防护	M			排水沉沙	M	
	综合护坡	M			临时种草	m²	
	坡面固定	M			洒水抑尘	台/时	
	滑坡防治	处			表土剥离	m²	
	坑凹回填	m²			表土挡护	M	
土地整治	拦挡工程	M		植被建设	行道树	株	
	坡面整治	m²			成片种草	m²	
	回覆表土	m²			成片造林	m²	
	土地开发利用	m²			喷混植生	m²	
防洪排导	拦洪坝	座			攀缘绿化	m²	
	截水沟	M			园林绿化	m²	
	排水沟渠	M			假植移植	株	
	涵洞	座		防风固沙	草方格	m²	
	防洪堤	M			其他沙障	m²	
	护岸护滩	M			防风林	m²	
	泥石流治理	M			固沙种草	m²	
监测设施	径流小区	个			平整沙丘	m²	
	简易观测场	个			密网苫盖	m²	
	控制站	个					
	固定点位	个					
	风蚀监测点	个					

系统，以便于跟踪检查。系统应具有汇总功能，在措施量上图的基础上，在有关表格中列明工程量和投资并进行汇总核对，确保与水土保持方案及其设计文件一致。

当水土保持方案补充或修改、水土保持措施变更手续完成后，应将相应的图件进行修订。当各类水土保持设施的单位工程验收后，应将水土保持设施的平面布置情况及简要的措施量汇总情况制成清单，录入系统以备检查验收和管护检查。

14.3.4　移动端与无人机

为改进检查验收工作，开发了移动端，将显示、导航、辅助记录等功能集于一体。移动端可以是手提电脑、平板电脑，也可以是智能手机。显示就是从系统中导出拟检查的目标项目信息在图上显示并可进行拓扑编辑加工；导航就是将 GPS 信息显示在移动端，在显示位置的同时引导检查人员找到目标项目；辅助记录功能，就是将现场情况记录下来，或用照片或视频记录下来。同时，还可增加外设如激光测距仪，用激光选择目标点位并显示选点的三维坐标信息，进而可以计算一串选定的点之间的面积、体积等内容，用于现场的初步取证。该系统支持生产建设项目水土保持现场监督检查业务，实现了包括遥感影像、防治责任范围、分区措施、疑似违规地点的空间位置获取、面积体积计算以及其他基于空间的统计分析等功能。上述功能可在线实施，也可在线下实施。移动端主要是用于现场检查和验收工作，所获得的成果经审核后及时录入到系统中。以后，也可用于水土保持方案编制中的现场考察、措施布局规划以及项目实施阶段的定位监测记录、监理等工作。

近年来，无人机的普及，给水土保持监督检查提供了极大的便利，应用推广迅速且广泛。针对监督检查意见和方案中确定的高陡边坡、重要取弃土场等存在水土流失隐患的重点部位，可采用无人机航摄成果进行水土保持信息定量采集及调查取证。

根据无人机航摄的项目区高分辨率影像(DOM)、三维实景、数字表面模型(DSM)等数据，提取重点部位扰动范围、水土保持措施工程量、取(弃)土场位置、取(弃)土量、重点区域坡度、坡长、水土流失危害面积等信息；通过与水土保持方案中设计数据对比，判定项目水土保持疑似违规内容。

无人机监测的流程如图 14-1 所示。

由于不同操作者的水平不同，为保障无人机遥测的质量和精度，须将误差控制在一定范围。在小尺度无人机长度测量方面，运用皮尺或卷尺，对措施的长度、宽度及高度进行测量，比对无人机遥测成果测量数据，长度误差在 ±10% 即为验证合格；在大尺度无人机面积测量方面，运用全站仪、GPS 或卫星影像对措施面积或防治责任范围进行测量，比对无人机遥测成果测量数据，面积误差在 ±10% 即为验证合格；对体积测量方面，结合监测总结报告，评估报告及自验报告内容，选择具有代表性的取弃渣场进行验证，无人机遥测方量测量数据与上报数据误差在千立方米范围内即为验证合格。需要注意的是，无人机遥测数据正射影像的解译需在 1:200 比例尺以上解译；无人机遥测数据解译软件的投影坐标系统与原始数据一致；成果数据解译图斑的勾绘应封闭，图形应建立拓扑关系；图斑边界勾绘偏差不超过 2 个像元或 2 个栅格。

对大中型生产建设项目，因为扰动面积大，无论从监测还是监理了解实际的征占地或

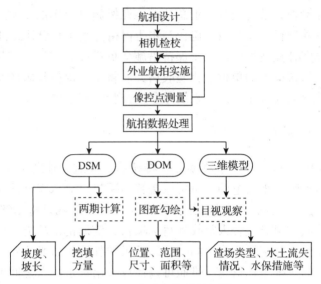

图 14-1 无人机监测的流程

扰动范围，操作实施难度大；取土场、弃土(渣)场、大型临时工程等重点水土流失区域面积、方量等指标较难及时、准确获取。依靠常规的现场调查、人工估算的方法，误差较大，难以令人信服。当利用无人机时，特别是对挖填方、取弃土体为不规则形状时，人工获取的面积和方量不准确，如选用无人机及配套的倾斜射影技术，要快速且容易得多。倾斜摄影技术是在摄影测量技术之上发展起来的，和摄影测量不同的是：倾斜摄影是通过在同一飞行平台上搭载多台传感器(目前常用的五镜头相机)，同时从垂直、倾斜等不同角度采集影像，获取地面物体更为完整准确的信息。垂直地面角度拍摄获取的影像称为正片(一组影像)，镜头朝向与地面成一定夹角拍摄获取的影像称为斜片(四组影像)。经过相应软件，将几组影像换算成每一个点元的立体坐标，进而估算出弃渣的方量。如图 14-2 所示，弃渣场侵占河道且无拦挡，利用倾斜射影技术，便得出堆弃的渣量。

图 14-2 弃渣场侵占河道

　　一般情况下，民用无人驾驶航空器系统驾驶员合格证教员、机长、驾驶员。民用无人机驾驶员应当根据其所驾驶的民用无人机的等级分类，要符合咨询通告《民用无人驾驶航空器系统驾驶员管理暂行规定》(AC – 61 – FS – 2013 – 20)中关于执照、合格证、等级、训练、考试、检查和航空经历等方面的要求。

14.3.5 "天空地一体化"项目监管

　　系统对各类生产建设项目的管理，从开工前的水土保持方案编制与审批，到设计落实(各标段的各类措施量)、过程监管和验收，实行全流程管理。编制水土保持方案的，已经知道总体要求，建设过程中主动预防和治理人为水土流失的积极性就高些，对没有编制水土保持方案的，水土流失防治措施不具体、不系统，可能造成严重的水土流失。为发现未编报水土保持方案的项目，先将已经审批过方案的项目位置入库，再利用高分遥感影像识别在建项目工地，与入库的位置进行对比，查出未批(方案)先建的项目进行处罚，叫做生产建设项目天空地一体化监管，是信息化应用的主要手段，也是近年的工作重点。"天"指高分遥感筛查，"空"指低空无人机调查监测，"地"指地面核实处理，也称生产建设项目信息化监管，是现阶段乃至今后一段时间水土保持方面的重点工作。

14.3.5.1 技术路线

　　根据关注重点和事权划分，将信息化监管分为项目监管和区域监管两类。生产建设项目水土保持信息化项目监管，指以单个已批复水土保持方案的生产建设项目为监管对象，采用卫星遥感识别、无人机航测和移动终端现场信息采集相结合的方法，对该生产建设项目扰动状况和水土保持措施落实情况等开展的多频次、高精度技术监管。项目监管的对象是生产建设项目，以生产建设项目所对应的水土保持方案为基础，对水土保持方案中所设定水土流失责任范围的扰动情况、弃渣场位置和堆置方式以及防治措施的落实情况进行监管，属跟踪检查的工作范畴。需采集的主要信息包括不同时期扰动土地范围及其变化情况，各分区或标段水土保持措施的落实情况，地表裸露范围和林草覆盖情况等。需要说明的是，监管的范围除方案确定的防治责任范围外，还应对扰动的毗连区域和项目周边一定范围的缓冲区进行信息采集。

14.3.5.2 天空地一体化基础信息收集与入库

　　信息化监管的内容是生产建设项目对应的扰动范围与各项水土保持措施。首先需明确水土保持方案确定的范围和措施，通过设计使之落实到各标段各地块，并录入系统中。然后才是在不同时期的遥感影像上解译实际的弃渣场和工程施工扰动图斑及其水土保持措施落实情况。为了保持数据标准的一致性、统一性，各标段、各地块的水土保持措施设计情况入库时需采用与遥感影像一致的坐标投影和参数。正常情况下，这些数据应在工程开工前录入监督管理子系统中。

　　信息化监管就是对生产建设项目水土保持方案及后续设计文件中设计的弃渣场、防治责任范围内的扰动图斑以及图斑对应的措施等通过高分遥感影像、无人机正射影像或现场核查的方式对涉及的位置、范围、边界、措施类型、数量与进度等对比分析，确定防治责任范围是否有变化、位置是否有变化；弃土弃渣场位置有无变化，堆渣是否按照设计要素堆置、防护措施是否到位；各设计图斑的位置、范围是否发生变化、图斑内的措施是否按照设计的位置、数量进行施工，进度是否满足要求，并根据图斑解译情况计算扰动土地整治率、林草覆盖度率水土流失防治指标，并与 GB 50433—2018 中的三个阶段的要求相比较，得出水土流失防治是否达标，措施是否完备有效等结论。

在监管前通过国家水土保持监督管理子系统下载基础数据到移动端，以对弃渣场与工程施工扰动图斑进行现场比对。

14.3.5.3 弃渣监管

弃渣场监管是通过对设计弃渣量、设计弃渣高度、设计占地面积与实际堆渣高度、实际扰动面积、实际堆渣量，设计最大坡度、实际最大坡度、拦挡措施实施情况、截排水措施实施情况、边坡防护措施实施情况、渣面整治及植被恢复措施实施情况进行采集，通过对上述信息的监管综合评判给出弃土弃渣场的监管意见，现场复核信息见表 14-2。

表 14-2 弃渣场信息

项目名称					项目级别	□部管项目 □地方项目
渣场名称			图斑编号		调查日期	
弃渣场类型	□沟谷型 □平地型 □其他				弃渣场状态	□在用 □闭库
设计弃渣量 ($10^4 m^3$)		实际弃渣量 ($10^4 m^3$)		设计弃渣 高度(m)	实际堆渣 高度(m)	
设计弃渣场 面积(hm²)		实际扰动面积 (hm²)		设计最大坡度 (度)	实际最大坡度 (度)	
拦挡措施 实施情况	□好 □较好 □一般 □较差 □差	截排水措施 实施情况	□好 □较好 □一般 □较差 □差	边坡防护措施 实施情况	□好 □较好 □一般 □较差 □差	渣面整治及 植被恢复措 施实施情况	□好 □较好 □一般 □较差 □差
影像及图斑 边界截图			典型照片			
监管意见						
备注						

14.3.5.4 工程施工图斑以及防治措施的监管

主要是对各施工图斑的扰动面积、扰动变化类型、扰动合规性以及扰动图斑内的各项水土保持措施的实施数量、实施时间和实施效果进行监管，在此基础上给出整个图斑的监管意见，图斑属性信息见表 14-3。

表 14-3 图斑属性信息

图斑编号		项目级别	□部管项目 □地方项目	扰动图斑类型	□弃渣场 □其他扰动	行政区域	（以县为单位选择）
经度		纬度		详细地址			
扰动面积 （hm²）		扰动变化类型	□新增 □扩大 □未变	复核状态		□是 □否	
项目名称							
建设单位					所属行业	（36类行业选择）	
建设状态		□施工 □停工 □完工		扰动合规性	□合规 □未批先建 □超出防治责任范围 □建设地点变更		
影像及图斑边界截图				典型照片			

图斑措施情况

措施分类	措施类型	单位	措施量	计划施工年月	完成量	措施完工年月
监管意见						
备注						

注：措施分类与措施类型按照表14-1进行填写。

14.3.5.5 项目核查处置

通过对项目的弃渣场、施工扰动图斑的信息化监管情况进行汇总，对项目的整体情况做出评判，并进行相应处置，填写相关内容，具体内容详见表14-4。

表 14-4 项目信息及核查处置情况

项目名称					
建设单位				联系人及联系方式	
水保方案批复部门、文号及时间				项目级别	□部管项目 □地方项目
所属行业	（36类行业选择）	涉及省		涉及市	涉及县
开工日期		完工日期	防治责任范围面积		实际扰动面积

（续）

现场核查时间		核查单位					
水保后续设计	□开展 □未开展	水保监测	□开展 □未开展	水保监理	□开展 □未开展	水保验收	□通过 □未通过
核查发现的 主要问题	□未批先建 □违法弃渣 □未足额缴纳补偿费 □后续设计不到位 □未依法开展水保监测 □未依法开展水保监理 □水保措施落实不到位 □水保验收滞后	水保工程措施实施情况	□好 □较好 □一般 □较差 □差	水保植物措施实施情况	□好 □较好 □一般 □较差 □差	水保临时措施实施情况	□好 □较好 □一般 □较差 □差
处置方式	□未处置 □下达书面整改意见 □约谈建设单位 □立案查处	处置措施				处置状态	□已完成 □未完成
备注							

14.3.6 "天空地一体化"区域监管

与项目监管不同，区域监管是指以某一区域（如某流域、省、市、县或者某特定区域等）为监管范围，采用遥感调查和现场复核相结合的方法，通过分工协作和上下协同，对区域内所有生产建设项目扰动状况开展的整体性、全局性监管。

监管对象为区域内所有存在开挖、占压、堆弃等扰动或者破坏地表行为的生产建设项目，包括各级已经批复水土保持方案的项目和未批先建的项目，只要影像上可判别为项目扰动的，均应解译出来；根据影像的分辨率，抽取一定比例的图斑进行现场复核，对不属于项目的农事活动等予以剔除。监管指标包括扰动地块边界、扰动地块面积、扰动地块类型、扰动变化类型、建设状态、扰动合规性（合规、未批先建、超出防治责任范围、建设地点变更）等6项。

14.3.6.1 技术路线

监管的流程大致可分为资料准备、遥感判别、成果审核验证三个阶段，如图14-3所示。

14.3.6.2 资料收集与整理

资料主要包括三类：一是水土保持方案（报批稿）及其批复文件；二是防治责任范围图等图件；三是方案有关信息，如特性表、项目地理位置图和有关项目地理位置的描述等。其中，项目图件扫描时放平整，不得扭曲变形。扫描图件要求彩色，分辨率300dpi，以JPG格式存储；文字资料扫描后清晰可辨，以PDF格式存储，并进行空间化和图形化处理，获得具有空间地理坐标信息和属性信息的矢量图，作为监管的基础。矢量化后的防治责任范围图应选取不少于2个特征点进行精度检查，特征点相对于基础控

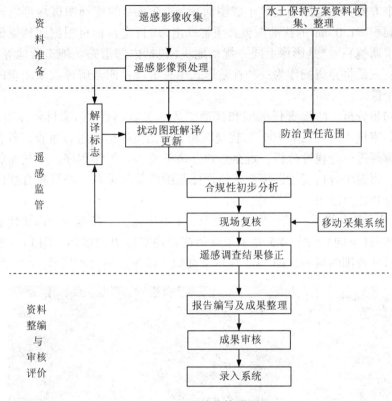

图 14-3 区域监管流程

制数据上同名地物点偏差不应大于 1 个像元。

14.3.6.3 遥感判别

遥感判别的目标是掌握区域内所有生产建设项目扰动状况，并对其合规性进行初步分析。需要的资料是高空间分辨率的遥感影像数据源，当影像分辨率优于 5 m 时，相当于 1:2.5 万的比例尺精度；优于 2.5 m 分辨率时，相当于 1:1 万的比例尺精度；优于 1 m 时，相当于 1:5 000 的比例尺精度。遥感影像的预处理过程包括正射校正、信息增强、融合、镶嵌等，成果要求为相应的几何精度、投影坐标、影像效果、镶嵌接边，还要符合保密要求等。

在正式解译之前，须事先建立解译标志库。根据遥感影像特征和野外现场调查结果，建立不同类型生产建设项目扰动图斑解译标志；选取不同类型典型生产建设项目，开展现场调查；选择现场拍摄的照片，遥感影像上标记照片拍摄的地点；按照要求截取遥感影像和照片，填写生产建设项目解译标志图斑编号、位置、影像特征等信息。解译的成果要求为：解译标志应包含监管区域所有生产建设项目类型；每种类型生产建设项目的解译标志不少于 2 套；弃渣场解译标志不少于 3 套；每套解译标志包含 1 张实地照片和对应的遥感影像，在遥感影像上标注照片拍摄区域。

扰动图斑解译时，根据预处理后的遥感影像，采用人机交互解译或者面向对象分类解译等方法，开展区域内所有生产建设项目扰动图斑勾绘和属性录入工作。解译的成果要求包括四个方面:一是原则上最小成图面积≥4.0 mm²的扰动图斑均可以开展遥感解译,而成图面积≥1.0 cm²的扰动图斑必须解译出来(特定目标可根据遥感影像分辨率与实际应用需求调整);二是影像上同一扰动地块(包括内部道路、施工营地等)应勾绘在同一图斑内;三是将弃渣场作为一种扰动形式单独解译;四是解译扰动图斑的边界偏移应不大于 1 个像元。

合规性初步分析。防治责任范围和扰动图斑的关联属性(如项目名称等)应保持一致、不缺失。审核小组须抽取 10%的扰动图斑和防治责任范围进行审查,若合格率低于90%,则需重新进行合规性分析,直至达到合格率要求。工作程序:先是缩放视图到单个扰动图斑,再逐个分析扰动图斑和防治责任范围图关联关系,最后将合规性分析结果添加到扰动合规性字段中。

图 14-4 显示是合规项目的情形,黑线为水土流失防治责任范围,白线代表的是解译出来的扰动图斑(下同)。图 14-5 显示了疑似建设地点变更的情形。图 14-6 显示超出水土流失防治责任范围的情形。图 14-7 显示了疑似未批先建项目的情形。

图 14-4 合规项目的责任范围与扰动情况

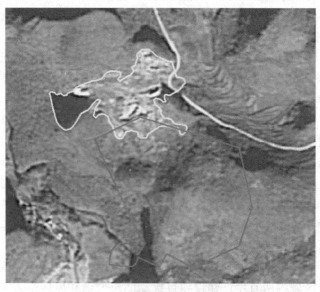

图 14-5 疑似建设地点变更的情形

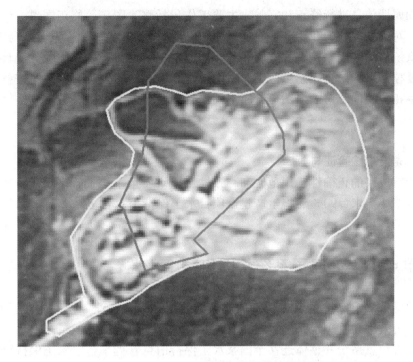

图14-6 超出水土流失防治责任范围的情形

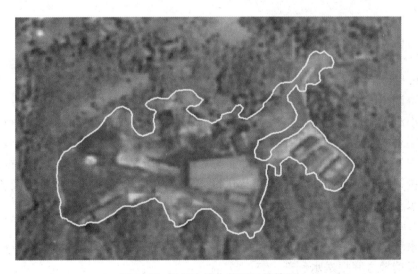

图14-7 疑似未批先建项目的情形

14.3.6.4 现场复核

现场调查复核对象时，合规性初步分析结果为大于 $1hm^2$ 的"疑似未批先建""疑似超出防治责任范围"和"疑似建设地点变更"的全部扰动图斑。现场调查复核内容为：扰动图斑所属生产建设项目名称、建设单位、目前是否编报水土保持方案。

根据现场复核成果，对遥感解译的扰动图斑及上图后的防治责任范围图矢量数据的空间特征和属性信息进行修正和完善。主要工作包括删除图斑、修正图斑、分割图斑并完善属性。对现场复核为非生产建设项目的图斑(裸露荒地、耕地、人工草场等),通过监管信息系统移动端逐一检查并查阅照片,还原现场情形,确认后删除并统计。根据移动端外业复核结果,结合遥感影像,对室内解译有偏差的图斑进行修正,按备注项目信息各自完善相关属性。对1个图斑分属不同项目的情况,进行图斑分割,并修正完善各自属性。

14.3.6.5 成果审核验证与入库

检查所有成果的正确性、规范性和一致性,成果质量审核抽查率要求≥10%,各项检查内容合格率要求≥90%。将生产建设项目水土保持信息化区域监管成果录入全国水土保持信息管理系统。

14.4 重点工程管理子系统与图斑精细化监管

为实现国家水土保持重点工程管理业务的数据标准化、业务统一化、管理一体化,达到提高办公效率和管理水平的目的,有关业务主管部门组织开发了国家水土保持重点工程项目管理信息系统并整体迁移至国家水土保持信息管理平台。水土保持重点工程分布广,建设周期长,涉及多个管理层级,急需开发项目管理系统,以提高办事效率,保障资金效益。

14.4.1 业务管理分工

(1)水利部层面

组织协调全国水土流失治理工作、水利扶贫水土保持项目的实施。组织或会同有关部委编制小流域治理、坡耕地整治、黄土高原淤地坝除险加固等国家水土保持重点工程专项实施规划(实施方案)并审批印发;配合有关部委分解下达年度分省投资及治理任务计划;组织流域机构等单位对水土保持重点工程实施情况进行监督检查;根据工作需要开展中央投资计划、水利扶贫工作执行进度统计,实时掌握项目实施进展及验收情况;统计全国水土流失治理年度完成情况。

(2)流域机构层面

按照水利部要求,对国家水土保持重点工程的实施情况进行监督检查或绩效考核,督查意见反馈地方并报送水利部。

(3)省级层面

组织协调全省水土流失治理工作、水利扶贫水土保持项目的实施。组织编制国家水土保持重点工程省级实施规划(专项建设方案);组织开展水土保持重点工程前期工作并会同有关部门审查审批年度实施方案;分解下达年度投资及治理任务计划;根据工作需要开展中央投资计划、水利扶贫项目执行进度统计,掌握项目实施进展情况并报送水土保持司;开展中央投资计划执行进度和项目实施情况督查;组织项目竣工验收(验收权限下放的另计);统计全省水土流失治理年度完成情况;组织协调淤地坝安全运行管理。

（4）市级层面

一般只负责监督检查或绩效考核，主要工作任务相当于流域机构性质，以监督检查和绩效考核为主。随着近年简政放权政策的实施，部分省（自治区、直辖市）将国家水土保持重点工程的项目审批、资金管理、任务实施和监管责任下放给市级层面，这些地市负责组织开展国家水土保持重点工程前期工作并会同有关部门审查审批年度实施方案；分解或转下达年度投资及治理任务计划；开展中央投资计划执行进度和项目实施情况督查；根据工作需要开展中央投资计划、水利扶贫项目执行进度统计，实时掌握项目实施进展情况并报送省级水利水土保持部门；组织项目竣工验收。

（5）县级层面

组织协调全县水土流失治理工作，组织国家水土保持重点工程项目实施和建设管理。组织编制项目实施方案并按权限进行审查审批；按照下达的年度资金和治理任务计划组织项目实施与建设管理；组织项目实施情况检查；根据工作需要开展中央投资计划、水利扶贫项目执行进度统计，并及时向省级（或市级）报送进展情况；组织项目竣工验收；配合审计、督查、稽查工作开展并落实整改要求，整改情况及时向省级（或市级）报送；负责统计全县水土流失综合治理完成情况。

14.4.2　项目管理程序

为了提高工作效率，便于使用系统管理，需将这几类项目的管理程序进行归并，正常管理流程被划分为五个阶段：一是近期实施规划，由水利部组织相关省（自治区、直辖市）依据国家的水土保持规划和有关政策进行编制，由水利部和相关部委审批后作为项目安排的依据；二是实施方案，由相关省（自治区、直辖市）组织相关县市依据近期实施规划分年度编制，并由省级水利水保部门组织审查审批后进入项目储备库；三是计划下达，相关省（自治区、直辖市）根据水利部给定的资金控制指标和本省（自治区、直辖市）审批的实施方案编报投资建议计划，经水利部批复下达后作为项目实施的依据；四是组织实施阶段，由县级水利水保部门依据资金下达计划结合实施方案组织实施；五是竣工验收阶段，工程实施完毕后经过年度验收和管护后，于规划期末由省级水利水保部门组织竣工验收。

项目管理程序中，县级水利水保部门是项目实施的责任主体，负责项目的选址、设计、实施和初步验收工作。省级水利水保部门是项目管理的主体，负责组织实施规划的编制、项目审批、计划安排和项目检查验收，是最重要的管理层级。

14.4.3　系统功能与阶段建设目标

系统的功能需求主要包括数据库、地图操作和系统管理、统计分析与辅助办公等。数据库功能，包括基础数据录入、存贮、查询与管理等。基础数据涉及项目及项目区的各类基础信息，从规划阶段开始，经立项、实施到竣工验收，数据量很大，需通过系统进行管理。地图操作功能，包括河流水系、行政区划、土地利用、土壤侵蚀、遥感影像等常用图层，还包括结合数据库生成的以项目区位置为主的项目管理图层，需实现图库联调。因项目涉及类型多，地域分布广，不同建设周期、不同年度的项目区应在图上予以区别。同时还应开发导航功能，供项目区检查、验收使用。系统管理功能，实现不同级别用户的权限管理、权限定义、角色分配、日志管理、系统备份等常规功能。为便于查询使用，通常还需对各级用户定制常用查询表格。辅助办公功能，即通过系统实现项目区选取、计划安排、进度统计等全过程管理，并需要按照事权经上级用户确认后方可正式入库。因此，不同任务应安排不同的工作周期，如果超过相应的时段，则该用户登录时自动进行预警，告知已经滞后的工作，督促其尽快补正。同时，还可将有关政策管理、技术标准和会议通知等事项录入系统，供各级用户查询使用。

系统建设需遵循以下3个原则。①坚持档案式存贮原则。为减少数据冗余，避免冲突混乱，只将审定确认的最终数据入库，而将过程往来的数据舍弃。②坚持简洁实用原则。系统建设初期应理清项目管理与日常办公的区别，没有必要将二者全部纳入进来。为突出重点，可暂不考虑日常办公的相关内容，仅涉及项目管理的相关功能。③坚持可扩充原则。为加快系统的建设进度，系统建设时先考虑主要内容，统计查询也只是满足各用户基本的查询表格。因此，系统整合时还需留有适当的接口，供并入智慧水利后进一步扩充。

整合后该子系统具有以下特点。一是用户的有限性。水土保持重点工程参照国家基本建设程序管理，信息和用户相对闭塞，信息系统的初期用户仅包括国家级、省级和县级用户，且有项目管理任务的相关单位方可进入，这样便于系统管理和维护。出于政务信息公开的需要，供社会用户登录、查询的功能均移到信息发布子系统。二是图斑化管理。为强化水土保持的惠民效应，提高资金使用效率，确保资金使用安全，本系统除底层的数据存贮及分析功能外，还实行图斑化管理。将水土保持重点工程项目的规划范围和实施范围通过通用SHP格式录入系统，提高项目建设范围选择的合理性和公信力。通过图库联调，使项目管理工作更直观，现场复核更快捷，提高工作效率。三是共用数据库。采用C/S和B/S相结合的构架，基层录入任务较重的单位使用C/S模式，提高便捷性和批量导入功能，各级用户名及密码通过系统认证后便可使用。管理层级较高的用户，使用B/S模式直接调用底层数据库，不用更新客户端软件便可直接应用。各级用户权限不同，只能进入各自界面，对应各自的行政管理职能完成所管辖区域的数据维护和查询操作。各级用户可直接向系统录入数据，经上级用户在系统上审核确认后便不能再行修改。同样，用户也仅能查询已经录入系统并进行确认的数据。

进入系统登录界面，输入正确的用户名和密码后，可进入系统界面。进入后，先修改密码，选择常用风格。风格中，有项目初期图斑录入、进度填报、管理模式等供选择，例如按月填报进度时，可直接选用进度填报模式，系统可不导入GIS功能，加快填报速度。据测试，一个项目的月进度填报时间，仅需2~5 min。密码丢失之后，需按有关程序重新设置。

地图浏览包括放大、缩小、漫游、全图等功能。用户可按业务管理需求，通过勾按各图层前面的复选框来控制地图上显示的图层信息，也可改变颜色和注记形式。地图编辑功能也是重要的需求，最为常用的是具有拓扑功能的线/环编辑工具，可在地图上任意选取和勾绘线段、多边形，辅助用户提取对应的专题信息。这个工具具有联结添点、图上抓取、移动单点、删除单点、替换局部、截弯取直等功能。图库联调也是系统的基本功能之一。选择数据列表中项目信息，地图上将自动定位到相应要素，并放大、高亮显示选中区域。反之，点按图层上的任一要素，将在下方显示相应的属性要素。

定制查询，系统需设计常用的定制表格并设置为快捷查询方式，还需具备筛选不同的条件组合查询模式。通过依次点取数据列表中列名后的相应按钮，形成相应的筛选条件，可在选定的列中分别定制不同的筛选条件实现单个列名内部查询，也可以实现多个列名的组合查询。同样，也可将查询情况移到统计模块，并选用不同的图表显示模式，也可导出形成 excel 格式表格。系统还具备附件上传、下载和浏览功能，还有格式校验、压缩存储、断点续传等实用功能。

功能需求以水利部相关管理规定为基础，适时更新。这里不再赘述。

14.4.4　形象进度及投资计划执行调度

借助于建筑工程的形象进度概念，将不同项目按完成总工程量的百分比称之为形象进度，用以排序或评比。因每个项目均涉及多项措施，要将各项措施完成情况与计划任务进行对比，难以直接比较形象进度，因此还需对每项措施设置不同的权重方可进行对比。将各项措施按其数量和权重进行累加，得出总体分值即为年度建设目标分值，再用实际完成情况经计算得出施工完成分值，二者之比就是形象进度。当需要汇总某一区域的总任务完成情况时，用某个项目的形象进度乘上其总任务即可汇总得出各项目累加的完成情况。

常见的水土保持重点工程可划分为综合治理、小型水利水保工程和其他措施等三类。其中，综合治理措施多指以面积为统计单位的措施，是计算水土流失治理度的主要指标；小型水利水保工程则是工程本身占地面积不大，但对控制水土流失起重要作用的措施，不以面积为统计单位；其他措施指传统水土流失综合治理之外的新增措施。每一类措施还包括若干类具体措施；每个二级措施还可再进一步细分。实际上，三级措施分类也可以有多种划分方法。为便于大范围的进度统计汇总，需统一措施划分体系，明确进度标识标准。通过走访专家，结合三级划分结果的单项措施的工程量、施工周期及工程造价，分析得出单项措施的统计单位和相对权重，据此就可计算各项措施完成情况对总体工程进度的贡献。经梳理，各类措施的三级划分结果见表 14-5，三级措施后面括号中的数字代表单位措施的权重当量。

表 14-5　水土保持措施划分及权重当量

一级分类	二级分类	单位	三级分类及权重
综合治理措施	坡改梯	hm^2	土坎梯田(5)、石坎梯田(10)
	造林	hm^2	水土保持(1)、经济林(2)、果木林(2)
	种草	hm^2	种草(0.6)
	保土耕作	hm^2	保土耕作(0.2)、等高耕作(0.2)、改垄(0.2)
	封禁治理	hm^2	封禁治理(含围栏等)(0.1)
	风沙治理	hm^2	柴草沙障(2)、土石沙障(6)

(续)

一级分类	二级分类	单位	三级分类及权重
工程措施	淤地坝	座	骨干坝(15)、中小型坝(3)
	崩岗治理	个	大型崩岗(12)、中小型崩岗(1)
	山塘坝堰	处	拦砂坝(12)、塘堰(8)、涝池(6)
	集蓄工程	个	水窖(1)、蓄水池(2)
	排灌沟渠	km	排灌沟渠(3)
	谷坊	处	石谷坊(3)、土谷坊(1)、其他谷坊(0.5)
	沟渠防护工程	处	沟头防护(0.5)、跌水工程(2)、沉沙池或沉沙凼(0.2)
	坡面截流工程	km	水平沟(3)、竹节壕(3)、截水沟(2)
	植物篱	km	等高植物篱(2)
	生产道路	km	生产道路(含机耕道、田间道,2)、过水路面(5)、小型桥涵(10)
	沟河道整治	km	沟(河)道清淤(8)、沟(河)道护岸(9)、缓冲过滤带(7)、堡带(2)
其他措施	水源工程	处	提引工程(10)、机井(15)
	小型污水处理池	个	小型污水处理池(8)
	污水处理设施	套	污水处理设施(10)
	垃圾处置设施	处	收集站(2)、处理站(10)
	隔污栅	处	隔污栅(10)
	节能措施	个	沼气池(1)、节柴灶(0.2)
	苗圃	个	苗圃(15)
	宣传碑牌	个	宣传碑(1)、宣传牌(0.2)、标志碑(1)、标志牌(0.2)

　　除了不同措施赋以不同的权重使之可比之外,对任何一类措施还应明确不同工序的权重,以折算完成总任务,一些常见措施的阶段进度折算比例见表14-6。

表14-6　部分措施的标识阶段及进度折算比例

措施	阶段及进度折算比例
坡改梯	清基0.2,埂坎修筑0.3,田面修建(含表土回覆)0.5
造林	整地0.4,栽植0.5,初期养护0.1
淤地坝	清基0.2,放水建筑物0.2,坝体修筑(含排洪设施)0.6
崩岗治理	截排水0.2,削坡筑阶及挡护0.6,植被恢复0.2
山塘坝堰	基础处理(含清淤)0.3,坝堰修筑0.5,防治与防洪0.2
集蓄工程	基础处理0.3,主体工程砌筑0.6,养护试运行0.1
沟(河)道整治	基础处理0.2,主体砌护0.7,养护试运行0.1
小型污水处理池	基础设施建设0.6,设备安装0.3,养护试运行0.1
污水处理设施	基础设施建设0.4,设备安装0.5,养护试运行0.1

此外，还需同步了解资金支付、前期储备、完工项目验收等各方面的进度，可通过系统直接进行填报和查询，具体的内容和格式要求见水利部有关通知。统计工作的关键是任务完成情况，形象进度就是关键的关键。但措施的权重及其进度折算比例是个相对的概念，既考虑了工序因素，也考虑了水土流失控制面积、措施投资和建设周期的因素，具体的阶段划分、折算比例和措施相对权重的拟定可能因人而异，存在一定的误差。待试用一段时间后，再做相应的调整。

鉴于水土保持工程点多面广的特点，经常出现单项措施的完成任务量超过设计任务量的情况，这样在计算施工进度时，可能出现超过 100% 的情况，造成统计信息失真。因此，应统一规定单项措施、单个项目区的实际完成数量超过设计数量时，应将超过 100% 的进度比例强制改为 100%。在计算单项措施的施工进度时，应按阶段累加措施完成比例，因为完成某一阶段的任务自然也就完成了此阶段之前的所有任务。同时，还可将分阶段的进度折算比例、措施的权重等录入电子表格或镶入系统中相应的子模块，由县级技术人员通过现场检查按图斑录入措施完成进度，由电子表格或管理系统自动计算出各类措施的形象进度和项目区的整体形象进度。上级用户可按措施或治理任务分别进行统计，得出全省、全国的施工进度总体情况。总体任务完成 95% 以上，尾留工程有后续安排的(或某一硬措施超设计工程量但总体设计变动不大、无需变更程序)，可考虑进入验收阶段。

14.4.5　移动端与无人机应用

为强化国家水土保持重点工程检查验收工作，达到"双随机、一公开"的要求，需要开发具备区域导航、现场取证、辅助记录等功能的移动端。系统需具备的功能主要包括三个方面：一是实现现场检查/验收数据本地存储；二是实现检查地点的精准定位；三是实现移动端与管理系统数据共享，资源互通。既可下载目标项目的信息，也可将现场检查验收的信息实时或在网络速度允许的情况下上传至系统服务器。基于国家相关政策法规与技术标准，当前通过在线下载或回传、离线使用为主的模式与系统相连和数据交换。

流域机构、省市级水保部门可以通过移动终端下载项目区资料，代替原纸质图件，直接查看每个项目区实施方案、设计图纸、图斑的属性信息等。竣工验收阶段，县级自验工作也可以将竣工后高分影像导入移动终端，利用移动终端长度和面积量测功能对每一个图斑进行量测评价，实现重点工程信息化监管技术落地，提高从设计到验收全程工作效率。

当前，基础地理数据源自天地图，主要包括行政区划及注记、水系、道路、遥感影像、地形等基本信息，业务数据主要包括前期管理、计划管理、实施管理和验收管理的相关数据，根据不同的使用目的配置相应的业务数据信息。

在去现场前需进行外业准备，主要是下载目标项目对应信息，并进行浏览确认。现场检查时，可录入多个检查人员的检查记录，每条记录包括文字和具备对应关系的照片信息，文字内容由检查验收人员根据具体情况自主选择。为保证查阅速度，可切换平面地图和地形的二、三维模式，还可方便用户根据地形、地物进行检查判断。发现的问题、整改意见可以通过调用系统键盘或手写功能进行记录，通过移动终端的摄像功能进行拍照摄像，根据坐标和时间信息实现自动关联，方便上图显示和对比分析。现场操作完成后，进入数据上传模块，可以批量或单个上传。上传前，可双击进入待上传的项目，查阅现场检查验收信息，并对比照片和图斑，确认无误后再上传。

2017 年 7 月，水利部水土保持监测中心组织调研组到甘肃省进行国家水土保持重点工程"图斑精细化管理"工作调研。图 14-8 ～图 14-11 为加载高分影像后的甘肃省镇原县清水沟小流域项目区，黄色线条为重点工程系统下载的项目区设计图斑。直接选取项目区具体图斑，添加调查点，对图斑进行拍照、录像、手写记录等信息采集文件均保存到当前调查点下。

图 14-8 甘肃省镇原县清水沟小流域项目区工作调研(1)

图 14-9 甘肃省镇原县清水沟小流域项目区工作调研(2)

图 14-10　甘肃省镇原县清水沟小流域项目区工作调研(3)

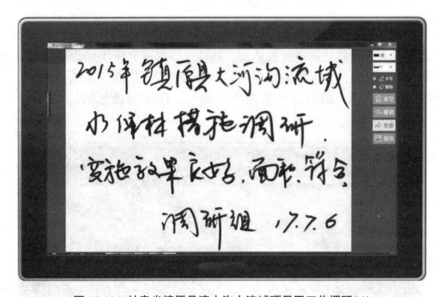

图 14-11　甘肃省镇原县清水沟小流域项目区工作调研(4)

从上述图片可以看出，调研组现场可以按图索骥直接引导到事先选定的项目图斑，对项目区可以进行拍照，也可进行快速记录。通过调研，发现几个优势：通过外业作业平台连接内置 GPS，可以获取坐标信息，省去了手持 GPS 设备的使用；移动终端添加图斑数据，相比较图纸更加方便外业携带和数据对比；图斑叠加到高分影像上，更加明显看出各措施类型图斑在影像上的实际位置，也可以进行距离和面积的量算；选定图斑进行核/抽查后，相机的拍照和录像功能使用比较方便，照片有坐标信息；抓屏和笔记功能也很人性化；野外也可随时上传，省去内业时间。

镇原县航测结果与设计图斑位置基本吻合，存在一定偏移情况，如图 14-12 所示。

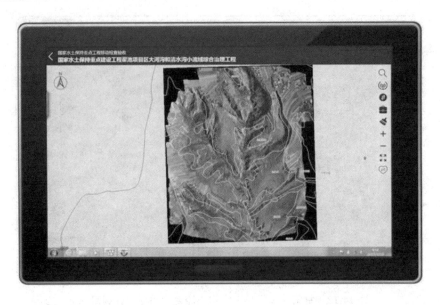

图 14-12 无人机应用(1)

选取水保林、经果林和封禁治理三个图斑进行对比、分析。综合结果来看，三个图斑航测后通过重点工程移动终端面积量测，都较设计图斑有所增加，显示封禁治理面积增加，经果林面积增加，水保林面积增加。封禁治理设计图斑面积为 35 212 m²(图 14-13 正中的白色线)，无人机航测结果为 40 129 m²(图中的黑色线)，较设计图斑增加 12 950 m²，增加 14%。

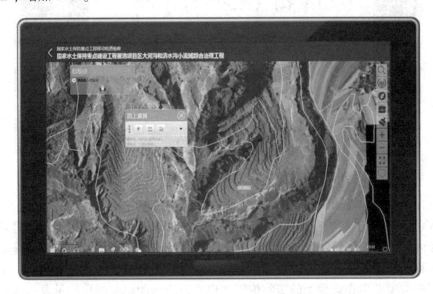

图 14-13 无人机应用(2)

此处，经果林设计图斑面积为 133 057 m²(图 14-14 白色线)，无人机航测结果为 142 787 m²(航测用黑色线标出)，较设计图斑增加 9 730 m²，增加 7.3%。

图 14-14 无人机应用(3)

此处水保林设计图斑面积为 130 141 m²(图 14-15 白色线),无人机航测结果为 145 866 m²(航测图黑色线),较设计图斑增加 15 725 m²,增加 12.1%。

图 14-15 无人机应用(4)

无人机除了航测外,常规功能是航拍和录像,可以近距离观察某个图斑措施实施效果,无论是检查部门,还是实施部门,都能通过无人机快速抵达想要观察的措施位置,通过回传的实时图像判断措施类型、实施效果等,如图 14-16 所示。

图 14-16 无人机应用(5)

14.4.6 高分遥感辅助判别任务完成情况

国家水土保持重点工程主要包括工程措施、林草措施和封禁保护措施等三类。工程措施和种草一般建成当年生效，其他措施一般 3~5 年方可发生明显成效。为评价治理项目类型、所选措施的有效性，一般需在工程竣工验收前后选取一定比例的项目区进行评价，就措施完成情况和保存情况及其效益进行评估，相当于建设工程的后评估工作。

为掌握国家水土保持重点工程的实施效果，选用高分影像对项目实施前后进行对比分析，主要是检查实施范围、措施数量和保存情况、实施效果。针对不同类型的水土流失治理措施，在项目区内基于多期高分辨率遥感影像，通过多尺度影像分割、变化检测、自适应分类、植被生态参数监测等遥感技术，对比项目实施前后的影像特征变化情况，定量提取变化斑块并判别与项目实施的关系，再与设计图斑和竣工验收图斑相比对，分析措施的保存率和效果。

不同措施，在遥感影像上显示出的物候特征不同。对工程类措施，如土坎梯田、石坎梯田、蓄排水工程生产道路，可直接通过影像对比直接解译，并通过野外调查核实确认。对整地造林，可对实施完工当年的影像进行纹理识别，确定措施图斑范围，再叠加后几年的影像，查看植被盖度。种草措施多为一年生，可对完工后当年的影像进行识别，解译出种草的任务完成情况。对封禁管护，因无整地纹理现象，即使补植任务较多，也难以看出措施的边界范围。对坡改梯，高分辨率遥感影像的纹理特征十分明显，甚至仅凭肉眼就能解译。

近年来，水利部组织有关流域机构和省(自治区、直辖市)进行了该项工作的试点示范，取得较好的效果。初步结论是实施范围内硬措施比例较低；工程措施发挥效用快、保存率较高；植物措施发挥效果慢，植被盖度、生物量等与周边变化不显著。

实现图斑精细化管理，关键是系统的架构设计。对基层录入工作量较大的用户，适用 C/S 模式，开发时增加批量导入功能；另外，对层级较高的管理部门，适用 B/S 模式,开发政务公开接口,增加批量导出功能。一张图管理是系统整合的目标,如过分地强调信息多而全,会使信息更新和维护工作成为难题,反倒影响了系统的建设速度。

为使系统得到使用和完善,确保相关数据能及时、准确地录入系统,需行政力量强制推动。各级水行政主管部门应逐步明晰事权,理清水土保持重点工程管理程序,确保资金安全和使用效益,保障财政资金的惠民属性落到实处。开发项目管理系统,就是要提高项目安排的针对性,分解并强化各级管理部门的责任,提高办事效率,同时便于项目实施和检查验收,避免重复投资。

思 考 题

1. 水土保持信息系统建设存在的困难和问题是什么?
2. 监督管理的主要工作包括哪些?
3. "天空地一体化"监管的主要手段有什么?
4. "天空地一体化"的监管范围和内容包括哪些?
5. 简述重点工程项目管理程序。
6. 图斑精细化监管主要应用范围是什么?

推荐阅读书目

生产建设项目水土保持"天地一体化"监管技术研究. 姜德文,亢庆著. 中国水利水电出版社,2018.

参考文献

李智广,王敬贵,2016. 生产建设项目"天地一体化"监管示范总体实施方案[J]. 中国水土保持(2):14-17.

尹华锋,2018. 生产建设项目水土保持天地一体化监管研究[D]. 杭州:浙江大学.

亢庆,姜德文,等,2016. 生产建设项目水土保持"天地一体化"动态监管关键技术体系[J]. 中国水土保持(11):4-9.

姜德文,亢庆,赵永军,等,2016. 生产建设项目水土保持"天地一体化"监管技术研究[J]. 中国水土保持(11):1-3.

李智广,王敬贵,2015. 生产建设项目"天地一体化"监管示范总体实施方案[C]// 中国水土保持学会预防监督专业委员会第九次会议暨学术研讨会论文集.

华娟,2017. 水土保持监管中无人机遥测技术的应用[J]. 低碳世界(28):88-89.

郭索彦,2017. 水土保持监测与信息化管理制度体系建设现状和思路[J]. 中国水土保持(9):1-5.

黄颖伟,王岩松,张野,等,2018. 生产建设项目水土保持"天地一体化"监管技术应用[J]. 中国水土保持(2):11-15.

第 15 章

水土保持监督执法与工程管理

【本章提要】本章介绍了水土保持法律法规体系、水土保持预防保护、水土保持方案管理、水土保持监督与执法、水土保持市场准入、水土保持工程建设管理体制、项目法人及责任主体负责制、项目招标投标制、项目建设监理制、水土保持工程质量控制、水土保持工程建设资金与投劳制度、水土保持工程检查与验收等水土保持监督执法与工程管理。

15.1 水土保持监督执法

15.1.1 水土保持法律法规

我国的水土保持法律法规体系已基本建立，共由 5 个层次构成。根据其地位可划分为 5 个等级。

(1) 法律

即由全国人民代表大会及其常务委员会制定有关水土保持和资源环境保护的法律文件，主要有《中华人民共和国水土保持法》(1991 年 6 月 29 日通过并实施，2010 年 12 月 25 日修订，以下简称《水土保持法》)，以及与水土保持相关的法律，例如，《中华人民共和国水法》《中华人民共和国土地管理法》《中华人民共和国森林法》《中华人民共和国草原法》《中华人民共和国防洪法》《中华人民共和国环境保护法》等。

(2) 行政法规

即由国务院制定或者批准颁布的水土保持有关法规和条例等，主要有《中华人民共和国水土保持法实施办法》《河道管理条例》《土地管理法实施条例》等。

(3) 地方性法规

即由省级人民代表大会及其常务委员会制定、颁布的，或者由省、自治区的人民政府所在地的市和经国务院批准的人民代表大会及其常务委员会制定，并报省、自治区的人民代表大会常务委员会批准后施行的规范性文件。例如，各省、自治区、直辖市制定的《实施中华人民共和国水土保持法办法》。

(4) 规章

即由国务院各部委，省级人民政府及省、自治区人民政府所在地的市和经国务院批准的人民政府制定颁布的规范性文件。例如，水利部制定的《开发建设项目水土保持方案编报审批管理规定》《水土保持生态环境监测网络管理办法》《开发建设项目水土保持设施验收管理办法》等。

(5)规范性文件

由省、自治区、直辖市的水行政主管部门，水土保持主管部门，自然资源、生态环境等主管部门制定的规章，以及县级人民代表大会、政府依据法律、法规、条例、规章等制定的有关水土保持的规范性文件。例如，水利部与国家发展和改革委员会、生态环境部、自然资源部等部门联合制定的贯彻落实《水土保持法》的有关文件，水利部制定的《国家水土保持重点建设工程管理办法》《关于加强大中型生产建设项目水土保持监测工作的通知》等。

15.1.2　水土保持预防保护

水利部2004年印发了《全国水土保持预防监督纲要》，明确了我国水土保持预防监督工作的指导思想、目标任务、总体布局、对策措施。全国水土保持预防监督工作的指导思想是：落实可持续的科学发展观，坚持保护资源和保护环境的基本国策，按照全面建设小康社会的要求，全面实施《水土保持法》，坚持预防为主、保护优先的原则，大力推进分区防治战略，强化预防监督，落实管护责任，遏制水土流失及生态环境恶化的趋势，以控制人为水土流失和维护国家生态安全为目标，不断提高人民群众的生活质量，促进人与自然和谐，以水土资源的可持续利用和维系良好生态环境，保障经济社会的可持续发展。

全国水土保持预防监督管理工作的基本原则是：坚持"预防为主，保护优先"的原则，控制人为水土流失，全面加强预防保护工作，依法保护和合理利用水土资源；坚持"分类指导，分区防治"的原则，依法划定重点预防保护区、监督区、治理区，健全分区防治、分级负责的管理体制；坚持"依法行政，管理规范"的原则，依法建立健全监督机制，实现管理工作规范化；坚持"监测先行，科学管理"的原则，加强监测预报工作，提高水土保持工作的科学性和针对性；坚持"谁开发谁保护，谁造成水土流失谁负责治理"的原则，依法落实人为水土流失防治责任和水土保持"三同时"制度。

全国水土保持预防监督工作的主要任务是：建立全国水土保持监测系统；加强对生态环境良好区域保护工作的力度，制止人为破坏，充分发挥其应有的生态效益和社会效益；有效保护综合治理的成果，落实管护责任，使其经济效益、生态效益和社会效益得到持续发挥，生态环境良性循环；水土保持生态修复工程全面展开并取得实质性进展；加强"四荒"土地开发的管理工作，规范"四荒"土地开发方式；生产建设项目水土保持"三同时"制度得到全面落实，开发建设与水土流失防治同步；有效控制城市开发建设中的水土流失。

15.1.3　水土保持方案管理

水土保持法颁布后，生产建设项目水土保持方案编制、审查、审批、检查、验收等已基本形成一整套制度。

15.1.3.1 水土保持方案编制规定

（1）编制水土保持方案的区域和项目

《水土保持法》规定，需编报水土保持方案的区域主要是"四区"，即山区、丘陵区、风沙区，以及水土保持规划中确定的其他容易产生水土流失的区域。需编报水土保持方案的项目包括各类在建设生产过程中可能产生水土流失的生产建设项目。可能造成水土流失的生产建设项目是指生产建设过程中需要挖填土石方、扰动地表、损坏植被的生产建设项目。

（2）编报水土保持方案的时段

《水土保持法》规定，生产建设项目在项目立项阶段编报水土保持方案。根据项目立项程序的不同分为 3 种情况：一是实行审批制的项目，即项目有国家资本投入的项目，如铁路公路、水利、机场等，在项目报送可行性研究报告前完成水土保持方案报批手续；二是实行核准制的项目，即项目为企业出资本金加银行贷款的项目，如煤矿、电厂、输气输油管道等，在提交项目申请报告前完成水土保持方案报批手续；三是实行备案制的项目，即国家规定以备案方式立项的项目，在办理备案手续后、项目开工前完成水土保持方案的报批手续。其他不需办理立项手续的生产建设项目，在开工前完成水土保持方案报批手续。

（3）编制水土保持方案的类别与技术深度

根据生产建设项目可能造成的水土流失和对生态环境的影响程度，水土保持方案分为报告书和报告表。凡征占地面积在 5 hm^2 以上或者挖填土石方总量在 5×10^4 m^3 以上的，应当编制水土保持方案报告书；其他生产建设项目，应当编制水土保持方案报告表。

实行审批制和核准制的生产建设项目，水土保持方案应按可行性研究深度的要求编制；实行备案制的生产建设项目、不需办理立项手续的生产建设项目，以及须重新报批、补报水土保持方案的，水土保持方案应根据主体工程相应设计阶段的资料和工程进展情况进行编制。

（4）承担水土保持方案编制机构的条件

根据水土保持法的规定，编制水土保持方案的单位应具有相应的技术条件和能力。承担水土保持方案编制的甲级、乙级、丙级机构在规定的范围内开展方案编制工作。

15.1.3.2 水土保持方案技术审查

水利部规定，国务院和省级人民政府水行政主管部门审批水土保持方案，应当进行技术评审；市县级水行政主管部门审批水土保持方案，对生产建设项目可能造成严重水土流失和较大生态影响的，可进行技术评审。技术评审机构应当在 60 d 内（修改时间除外）对水土保持方案提出技术评审意见，并对评审结论负责。生产建设项目水土保持方案由水利部水土保持监测中心进行技术评审，水利项目由水利部水规总院进行技术评审。

水利部规定，生产建设单位应当根据技术评审意见，及时组织水土保持方案编制机构完成水土保持方案的修改工作。修改时间超过 6 个月的，其水土保持方案应重新进行技术评审。

15.1.3.3 水土保持方案行政审批

根据《水土保持法》的规定，审批水土保持方案是各级水行政主管部门的一项独立行政许可制度。水土保持方案实行分级审批制度。县级以上人民政府有关职能部门审批、核准、备案的生产建设项目，其水土保持方案由同级人民政府水行政主管部门审批。不需办理立项手续的生产建设项目，其水土保持方案由县级人民政府水行政主管部门审批。

生产建设单位申请水土保持方案审批时，应当向具有相应审批权的水行政主管部门提交书面审批申请、水土保持方案、项目开展前期工作的相关文件和其他相关材料。

根据水利部规定，国务院和省级人民政府水行政主管部门，对可能造成重大水土流失危害和生态影响的生产建设项目，在审批水土保持方案前，应举行听证。

15.1.4 水土保持监督与执法

15.1.4.1 水土保持监督的意义

水土保持监督执法的意义，一是保障水土资源的永续利用和生态环境的良性循环；二是有效遏制人为活动产生的水土流失和环境影响；三是促进经济社会的全面、协调、可持续发展；四是保障水土保持法规贯彻实施。

15.1.4.2 水土保持监督的依据

（1）法律依据

水土保持法律法规包括水土保持法律、法规、规章等，主要有《中华人民共和国水土保持法》《中华人民共和国水土保持法实施条例》，各省、自治区、直辖市人民代表大会常务委员会制定的水土保持法实施办法，国务院有关部委和省、自治区、直辖市人民政府以及省级直辖市人民代表大会常务委员会制定的水土保持规定、办法等。另外，与水土保持有关的法律、法规，如《水法》《森林法》《草原法》《土地管理法》《环境保护法》《矿产资源法》等法规涉及水土保持方面的条款规定也是水土保持监督执法的法律依据。

（2）政策依据

各级党委、政府以及工作部门制定的水土保持方面的政策性文件可作为水土保持监督的政策依据。

（3）技术依据

国家颁布的水土保持技术标准、规范以及监测数据可作为水土保持监督的技术依据。

15.1.4.3 水土保持监督的对象

①对生产建设项目的监督；

②对陡坡地农业、林业生产活动的监督；

③对林木采伐和林木经营的监督；

④对采挖药材和草木、毁坏植物保护带等活动的监督；

⑤对取土、挖砂、采石等生产活动的监督。

15.1.4.4 水土保持监督管理程序

（1）申报

申报是指在生产建设活动中有可能产生水土流失的公民、法人和其他组织，在生产建设动工之前，向水行政主管部门及其水土保持监督管理机构说明有关情况的过程。这里的情况是指申报人所阐述的自己在生产建设活动中与水土保持有关的一切事实。申报内容包括：申报单位名称(个人姓名)，法定代表人(组织领导人)，地址，经营性质；生产建设项目名称，地理位置，施工时间；占地面积，动用土石方量；可能造成水土流失情况。

（2）登记

登记是指水行政主管部门及其水土保持监督管理机构，对从事与水土保持有关的生产建设项目的公民、法人或其他组织在书面申报或口头报告的基础上，根据申报表及有关资料中所提供的情况，对所有与水土保持有关的生产建设单位和个人分门别类，逐个登记，立档建卡，并制作生产建设项目登记表及分布图的全过程。它是水土保持监督管理必不可少的基础工作。

（3）审批

审批是水行政主管部门及其水土保持监督管理机构，对从事与水土保持有关的生产建设项目的公民、法人和其他组织向本部门申报的水土保持方案进行审查批准的全过程。它是水土保持监督管理的核心部分，其目的是掌握有关生产建设项目事前审批权，通过审批水土保持方案可以在生产建设项目立项时把好关，使生产建设项目开始实施前就考虑到防治水土流失的责任和需采取的防治措施，最大限度地控制水土流失和环境影响。

（4）收费

收费是指水行政主管部门及其水土保持监督管理机构，针对生产建设项目损坏地貌植被、水土保持设施所征收的水土保持补偿费的全过程。补偿费是指生产建设单位在生产建设过程中损坏了原地貌、植被和水土保持设施，从而降低、减弱甚至丧失原有水土保持功能，所应付出的补偿费用。

（5）监督检查

监督检查即水土保持行政监督检查，是监督管理机构为了实现水土保持行政管理的职能，对管理相对人遵守法律、行政处理决定和处罚决定的情况进行的监督和检查。水土保持行政监督检查的对象是被管理人，其目的是直接实现水行政主管部门的职能。水土保持行政监督检查可以分为一般的监督检查与特定的监督检查，事前监督检查与事后监督检查，依职权的监督检查和依授权的监督检查等。水土保持行政监督检查的方式有调阅审查、检查、登记、统计、送达违法通知书等。

根据水利部规定，各级水行政主管部门按照分级负责、县级为主的原则开展水土保持监督检查工作。县级以上人民政府水行政主管部门应当对其审批水土保持方案的生产建设项目开展监督检查。下级部门可对本辖区内上级部门审批水土保持方案的生产建设项目进行监督检查。流域管理机构在其管辖范围内可以行使国务院水行政主管部门的监督检查职责。县级以上人民政府水行政主管部门对其审批水土保持方案的生产建设项目，至少开展一次水土保持监督检查。对可能造成严重水土流失和较大生态影响的生产建设项目，审批机关应当加强监督检查。县级人民政府水行政主管部门对其所辖区域内的生产建设项目，每年至少开展一次水土保持监督检查。

水土保持监督检查应包括以下内容：水土保持方案报批及变更等手续履行情况，水土保持初步设计、施工图设计落实情况，水土流失防治措施落实、监测与监理开展情况，水土保持设施自查初验及验收准备情况，水土保持补偿费缴纳情况，生产建设单位水土保持机构、人员、制度等情况。

(6)验收

验收是指水行政主管部门及其水土保持监督管理机构，对生产建设项目所建设的水土保持设施，按照审批的水土保持方案和水土保持技术标准进行竣工检验的过程。水土保持设施未经验收或者验收不合格的，水行政主管部门应责令停止生产或者使用，直至验收合格。

15.1.4.5 水土保持行政执法

水土保持行政执法程序可分为一般程序和简易程序。一般程序为立案、调查、处理、送达、复议、执行；简易程序主要包括向管理相对人表明身份、提出证据、说明理由、对管理相对人的辩解予以回答、书面处理决定等步骤，简易程序适用于违法情节轻微的情况。

(1)立案

除依法可以当场作出水行政处罚决定的以外，公民、法人或者其他组织有符合下列条件的违法行为的，水行政执法机关应当立案查处：具有违反水土保持法规事实的；依照法律、法规、规章的规定应当给予水行政处罚的；属水行政执法机关管辖的；违法行为未超过追究时效的。

(2)调查

对立案查处的案件，水行政执法机关应当及时指派两名以上水行政监督执法人员进行调查；必要时，依据法律、法规的规定，可以进行检查。水行政监督执法人员依法调查案件，应当遵循下列程序：向被调查人出示水政监察证件；告知被调查人要调查的范围或者事项；进行调查(包括询问当事人、证人，进行现场勘验、检查等)；制作调查笔录，笔录由被调查人核对后签名或者盖章。被调查人拒绝签名或者盖章的，应当有2名以上水政监察人员在笔录上注明情况并签名。证据有以下几种：书证、物证、视听资料、证人证言、当事人的陈述、鉴定结论、勘验笔录、现场笔录。

(3)处理

调查结束后监督执法人员应当就案件的事实、证据、处罚依据和处罚意见等，向水行政处罚机关提出书面报告，水行政处罚机关应当对调查结果进行审查，并根据情况分别作出如下决定：确有应受水行政处罚的违法行为的，根据情节轻重及具体情况，作出水行政处罚决定；违法行为轻微，依法可以不予水行政处罚的，不予水行政处罚；违法事实不能成立的，不得给予水行政处罚；违法行为依法应当给予治安管理处罚的，移送公安机关；违法行为已构成犯罪的，移送司法机关。对情节复杂或者重大违法行为给予较重的水行政处罚，水行政处罚机关负责人应当集体讨论决定。

（4）送达

水行政处罚机关作出水行政处罚决定，应当制作水行政处罚决定书。水行政处罚决定书须载明下列事项：当事人的姓名或者名称、地址；违法事实和认定违法事实的证据；水行政处罚的种类和依据；水行政处罚的履行方式和期限；不服水行政处罚决定，申请行政复议或者提起行政诉讼的途径和期限；作出水行政处罚决定的水行政处罚机关名称和日期。水行政处罚决定书应盖有水行政处罚机关印章。水行政处罚决定应当向当事人宣告，并当场交付当事人；当事人不在场的，应当在 7 d 内按照民事诉讼法的有关规定送达当事人。

（5）复议

水行政处罚决定作出后，当事人应当履行。当事人对水行政处罚决定不服的，可以依法申请行政复议或者提起行政诉讼。复议或者行政诉讼期间，水行政处罚不停止执行。

（6）执行

除依法可以当场收缴罚款的外，决定罚款的水行政处罚机关应当书面告知当事人向指定银行缴纳罚款。银行代收罚款的具体办法，按照国务院《罚款决定与罚款收缴分离实施办法》的规定执行。当事人逾期不履行水行政处罚决定的，作出水行政处罚决定的水行政处罚机关可以申请人民法院强制执行。当事人到期不缴纳罚款的，作出水行政处罚决定的水行政处罚机关可以从到期之日起每日按罚款数额的 3% 加处罚款。

15.2 水土保持市场准入

水土保持的市场准入制度要求水土保持管理机构强化对生产建设项目水土保持方案编制、水土保持生态建设工程设计、水土保持工程施工、水土保持建设监理、水土保持监测等环节的管理，使水土保持工程建设项目管理体制由传统的计划经济管理模式，向社会化、专业化、现代化的管理模式转变。

15.2.1 水土保持方案编制资质管理

编制生产建设项目水土保持方案应当持有相应的资质。证书的申报、颁发、处罚等，在《水土保持方案资质管理办法》中作出了明确规定。

15.2.1.1 资质管理主体

中国水土保持学会负责资格证书的管理工作。资格证书的颁发、降级和吊销等证书管理文件由中国水土保持学会理事长签发。

中国水土保持学会预防监督专业委员会具体承担资格证书的申请受理、审查、颁发、延续、变更等管理工作；省级水土保持学会受中国水土保持学会委托承担甲级资格证书的初审和乙、丙级资格证书的申请受理、延续及变更的审查、日常检查等具体管理工作。没有省级水土保持学会的省(自治区、直辖市)，其乙、丙级资格证书的具体管理工作由中国水土保持学会预防监督专业委员会承担。

资格证书的颁发、延续、处罚等应征求有关水行政主管部门的意见。

15.2.1.2 资质等级与条件

资格证书分为甲、乙、丙3个等级。持甲级资格证书的单位，可承担各级立项的生产建设项目水土保持方案的编制工作；持乙级资格证书的单位，可承担所在省级行政区省级及以下立项的生产建设项目水土保持方案的编制工作；持丙级资格证书的单位，可承担所在省级行政区市级及以下立项的生产建设项目水土保持方案的编制工作。

申请甲级资格证书的单位应当具备下列条件：①在中华人民共和国境内登记的独立法人，有健全的组织机构、完善的组织章程或管理制度，有固定的工作场所，有健全的质量管理体系，注册资本不少于500万元(或开办资金不少于200万元，或固定资产不少于1 000万元)。②水土保持方案编制机构持有上岗证书的专职技术人员达20人以上，其中注册水利水电工程水土保持工程师3人以上，具有高级专业技术职称的6人以上，技术负责人应具有水土保持相关工程类高级专业技术职称。③水土保持方案编制机构的专职技术人员中，所学专业为水土保持的须有3人以上，所学专业为水利、资源环境和其他土木工程专业的须各有2人以上，为概(预)算专业的须有1人以上。④持有乙级资格证书2年以上，近2年内独立完成并通过省级水行政主管部门审批的生产建设项目水土保持方案报告书不少于5个。⑤有与承担大型生产建设项目水土保持方案编制任务相适应的实验、测试、勘测、分析等仪器设备以及计算机绘制图设备等。

申请乙级资格证书的单位应当具备下列条件：①在中华人民共和国境内登记的独立法人，有健全的组织机构、完善的组织章程或管理制度，有固定的工作场所，有健全的质量管理体系，注册资本不少于100万元(或开办资金不少于50万元，或固定资产不少于200万元)。②水土保持方案编制机构持有上岗证书的专职技术人员达12人以上，其中注册水利水电工程水土保持工程师2人以上，具有高级专业技术职称的2人以上，技术负责人应具有水土保持相关工程类高级专业技术职称。③水土保持方案编制机构的专职技术人员中，所学专业为水土保持的须有2人以上，为水利、资源环境和其他土木工程专业的须各有1人以上。④有与承担中型生产建设项目水土保持方案编制任务相适应的实验、测试、勘测、分析等仪器设备以及计算机绘制图设备等。

申请丙级资格证书的单位应当具备下列条件：①在中华人民共和国境内登记的独立法人，专职从事水利、水土保持或相关专业的规划、勘察、设计、咨询及科研等单位，有健全的组织机构、完善的组织章程或管理制度，有固定的工作场所。②水土保持方案编制机构的专职技术人员达6人以上，其中注册水利水电工程水土保持工程师1人以上，持有上岗证书的4人以上，所学专业为水土保持、水利工程的各1人以上，技术负责人须具有中级以上水土保持相关专业技术职称。③近2年内独立完成并已通过县级以上水行政主管部门审批或鉴定的水土保持规划、勘察、设计、咨询以及科研等成果不少于 5 个。④具有与承担小型生产建设项目水土保持方案编制任务相适应的实验、测试、勘测、分析等仪器设备。

15.2.1.3　证书申请、受理、颁发、延续

资质管理单位定期受理资格证书的申请，具体时间提前 3 个月向社会公告。

申请资格证书的单位，在公告确定的受理时间内提出申请，须提交以下材料(一式两份)：①水土保持方案编制资格证书申请表；②法人资格证明材料；③管理制度(包括机构章程和质量认证体系证明材料)；④工作场所证明材料；⑤注册资本、开办资金或固定资产证明材料；⑥法定代表人任命或聘任文件，法定代表人和技术负责人的简历、技术职称和身份证明材料；⑦专职技术人员名单及其专业、职称证书、注册工程师证书和上岗证书复印件；⑧近 2 年内的业绩证明材料；⑨主要实验、测试、勘测、分析设备清单及权属证明材料；⑩资质管理单位要求提供的其他材料。

资格证书实行动态管理，总量控制。中国水土保持学会根据水土保持方案编制业务的需求等情况确定不同时期的持证单位总量，对符合本办法规定条件的申请单位，择优发放资格证书。中国水土保持学会自收到甲级资格证书的初步审核意见之日起 3 个月内，收到乙、丙级资格证书申请的审查结果之日起 2 个月内，进行审查或复核。对通过审查或复核的，在中国水土保持生态环境建设网站和中国水土保持学会网站公示。公示结束后，对同意颁发资格证书的，在 20 个工作日内颁发资格证书。

资格证书有效期为 3 年。有效期满需继续从业的，应在有效期满前 3 个月提出资格证书延续申请。延续申请提供的材料同申请材料。

15.2.1.4　年报制度与日常检查制度

持证单位应每年填写《水土保持方案编制资格证书持证单位年度业绩报告表》(简称"年度业绩报告表")，其中甲级持证单位于次年 2 月底前报中国水土保持学会，乙、丙级持证单位于次年 2 月底前报省级水土保持学会(没有省级水土保持学会的直接报中国水土保持学会)。省级水土保持学会应于每年 3 月底前将本省(自治区、直辖市)乙、丙级持证单位年度业绩汇总表报中国水土保持学会。

中国水土保持学会预防监督专业委员会负责对甲级，省级水土保持学会负责对乙、丙级持证单位进行日常检查。日常检查的主要内容有：①贯彻执行水土保持法律法规情况；②遵循水土保持技术标准规范情况；③单位、编制机构及技术负责人情况；④水土保持方案编制工作开展情况；⑤专业技术人员的专业组成、培训及继续教育情况；⑥设备仪器配置情况。

根据日常检查情况，对存在问题的持证机构分别予以警告、限期整改、降级、吊销等处理。对存在下列情形之一的，对持证单位给予其警告处理：①明显拷贝、抄袭其他水土保持方案技术成果的；②现场勘测不落实或不扎实的；③方案编制质量较差，一次没有通过技术审查的；④水土保持方案与主体工程设计严重脱节的；⑤水土保持方案编制费用明显不符合有关规定的；⑥一次未按规定报送年度业绩报告表的；⑦技术审查后

拖延水土保持方案修改完善时间，无正当理由超过 3 个月以上的。

对存在下列行为之一的，对持证单位予以 3 个月以上、9 个月以内的限期整改，限期整改期间不得使用资格证书：①质量管理和内部管理混乱的；②方案编制质量较差，2 次没有通过技术审查的；③水土保持方案编制过程中弄虚作假的；④技术审查后拖延水土保持方案修改完善时间，无正当理由超过 6 个月以上的；⑤2 次未按规定报送年度业绩报告表的；⑥2 年内被警告 2 次以上的。

对存在下列行为之一的，对持证单位予以降级或降级延续资格证书：①机构、人员发生变化已不符合取得本级证书条件的；②转包、变相转包水土保持方案编制任务的；③方案编制质量较差，3 次没有通过技术审查的；④经过整改仍未达到资质管理要求的；⑤近 2 年内承接的相应水行政主管部门审批的生产建设项目水土保持方案编制任务不足 4 个的；⑥拒绝报送年度业绩报告表的。

对存在下列行为之一的，对持证单位予以吊销资格证书或不予延续资格证书：①在领取资格证书中弄虚作假的；②转借资格证书的；③因水土保持方案编制错误或不当，造成严重水土流失灾害或经济损失的；④丙级持证单位经过整改仍未达到要求的；⑤近两年内持证单位没有承接水土保持方案编制任务的；⑥拒绝接受日常检查的。

15.2.1.5 方案编制人员要求

从事水土保持方案编制工作的人员须具有中专以上学历，参加资质管理单位组织的专业技术培训，取得《水土保持方案编制人员上岗证书》方可开展工作，同时每 3 年至少参加一次知识更新培训。

15.2.2 水土保持监测资质管理

根据水土保持法的规定，从事生产建设项目水土保持监测工作的机构应当具备水土保持监测资质。水土保持监测资质是国家行政许可事项，由水利部实施统一管理。根据《水土保持监测资质管理办法》的规定，组织实施。

15.2.2.1 资质管理主体

国务院水行政主管部门负责水土保持监测资质的审批和监督管理。省、自治区、直辖市人民政府水行政主管部门负责本行政区域的水土保持监测资质申请材料的接收、转报及相关监督管理工作。

15.2.2.2 资质等级与条件

水土保持监测资质分为甲级、乙级两个等级。取得甲级资质的单位，可以承担由各级水行政主管部门审批水土保持方案的生产建设项目的水土保持监测工作；取得乙级资质的单位，可以承担由省级及以下水行政主管部门审批水土保持方案的生产建设项目的水土保持监测工作。

申请甲级资质的单位，应当具备下列条件：①具有独立的法人资格，具有固定的工作场所、健全的组织机构、完善的组织章程和管理制度。②注册资金不少于 500 万元或者固定资产不少于 1 000 万元。③具备水土保持监测相关专业、技术职称和从业经历的专业技术人员不少于 25 人。相关专业为水土保持、水利工程、土木工程、测绘工程、水文和资源环境。其中专业为水土保持的不少于 6 人；具有高级专业技术职称的不少于 6 人，具有中级专业技术职称的不少于 10 人；参与过省部级以上水土保持技术标准拟订、科学研究、规划编制，或者生产建设项目水土保持方案编制、技术设计、监测、设施验收技术评估等水土保持工作的不少于 6 人。④技术负责人具有水土保持监测相关专业的正高级专业技术职称，从事水土保持工作 5 年以上。⑤配备径流、泥沙、降水、测量以及数据分析处理等监测仪器设备。⑥取得乙级资质证书满 3 年，独立完成生产建设项目水土保持监测项目不少于 6 个。⑦申请资质之日前一年内未因存在本办法第二十条规定的情形而受到处罚。

申请乙级资质的单位，应当具备下列条件：①具有独立的法人资格，具有固定的工作场所、健全的组织机构、完善的组织章程和管理制度。②注册资金不少于 100 万元或者固定资产不少于 200 万元。③具备水土保持监测相关专业、技术职称和从业经历的专业技术人员不少于 15 人。其中专业为水土保持的不少于 4 人；具有高级专业技术职称的不少于 4 人，具有中级专业技术职称的不少于 6 人；参与过省部级以上水土保持技术标准拟订、科学研究、规划编制，或者生产建设项目水土保持方案编制、技术设计、监测、设施验收技术评估等水土保持工作的不少于 3 人。④技术负责人具有水土保持监测相关专业的高级专业技术职称，从事水土保持工作 5 年以上。⑤配备径流、泥沙、降水、测量以及数据分析处理等监测仪器设备。

15. 2. 2. 3　证书申请、受理、颁发、延续

水土保持监测资质申请实行集中受理，具体受理时间由国务院水行政主管部门确定并公告。

申请资质的单位应当提交下列材料：①《水土保持监测资质申请表》。②企业法人营业执照或者事业法人证书的复印件。③注册资金或者固定资产证明材料。④专业技术人员的毕业证书、专业技术职称证书、身份证明复印件及参与相关水土保持工作的证明材料，技术负责人还需提供从事水土保持工作经历的证明材料。⑤监测仪器设备清单。⑥申请甲级资质的单位，提交近 3 年内生产建设项目水土保持监测业绩证明材料。

申请人应当在国务院水行政主管部门公告确定的时限内向所在地省级水行政主管部门提交申请材料。省级水行政主管部门应当自收到申请材料之日起 20 个工作日内进行核实并签署意见，连同申请材料转报国务院水行政主管部门。国务院水行政主管部门按照《中华人民共和国行政许可法》第三十二条的规定办理受理手续。

国务院水行政主管部门自受理申请之日起 20 个工作日内作出审批决定。国务院水行政主管部门在作出审批决定前，对拟批准的单位进行公示；作出审批决定后，将审批结果进行公告。

资质证书有效期为 3 年。资质证书有效期届满需要延续的，取得监测资质的单位应当在有效期届满 60 个工作日前向国务院水行政主管部门提出申请。国务院水行政主管部门对申请延续的单位的从业活动进行审核，并在资质证书有效期届满前作出是否准予

延续的决定。

15.2.2.4 业绩上报制度与监督检查制度

取得监测资质的单位应当于每年2月底前将上年度监测业绩报送国务院水行政主管部门和单位所在地省级水行政主管部门备案。

国务院水行政主管部门和省级水行政主管部门应当加强对取得监测资质的单位开展水土保持监测活动情况的监督检查。监督检查的内容包括：①执行水土保持法律法规和技术标准的情况。②专业技术人员在岗和监测技术培训情况。③监测仪器设备使用情况。④监测工作开展情况和监测成果质量状况。

对申请人隐瞒有关情况或者提供虚假材料申请监测资质的，不予受理或者不予批准，给予警告，申请人在一年内不得再次申请。对申请人以欺骗、贿赂等不正当手段取得监测资质的，由国务院水行政主管部门撤销资质，并处3万元以下罚款，申请人在3年内不得再次申请；构成犯罪的，依法追究刑事责任。

对存在下列行为之一的，由国务院水行政主管部门责令改正，给予警告，可并处3万元以下罚款；构成犯罪的，依法追究刑事责任：①涂改、倒卖、出租、出借或者以其他形式非法转让监测资质的。②超出资质证书等级规定范围开展监测的。③发生分立后未及时申请重新核定资质等级的。④未按照有关规定及技术标准开展监测的。⑤监测活动中弄虚作假、编造数据、监测成果存在严重质量问题的。⑥未及时向水行政主管部门报告监测业绩的。⑦拒绝接受监督检查或者在监督检查中隐瞒有关情况、提供虚假材料的。

对水土保持监测资质的审批和监督管理部门及其工作人员，有下列行为之一的，由其上级行政机关或者监察机关责令改正；情节严重的，对直接负责的主管人员和其他直接责任人员依法给予行政处分；构成犯罪的，依法追究刑事责任：①对符合条件的申请不予受理的。②对符合条件的申请不在法定期限内作出审批决定或者不予颁发资质证书的。③对不符合条件的申请颁发资质证书的。④利用职务上的便利，索取或者收受他人财物或者谋取其他利益的。⑤不依法履行监督职责或者监督不力，造成严重后果的。

15.2.2.5 监测人员要求

从事生产建设项目水土保持监测工作的人员应具有一定的专业知识，参加水土保持监测技术培训，取得《水土保持监测人员上岗培训合格证书》方可开展工作，同时应定期参加知识更新培训。

15.2.3 水土保持工程监理资质管理

根据水利部《水利工程建设监理规定》（水利部令第28号，第40号令修订）的规定，水土保持工程总投资在200万元以上的项目，必须实行建设监理。铁路、公路、城镇建设、矿山、电力、石油天然气、建材等开发建设项目的配套水土保持工程，应当按照本规定开展水土保持工程施工监理。

15.2.3.1 资质管理主体

建设监理资质是水利部统一管理的行政许可。监理单位应当按照水利部的规定,取得《水利工程建设监理单位资质等级证书》,并在其资质等级许可的范围内承揽工程建设监理业务。

水利部负责监理单位资质的认定与管理工作。水利部所属流域管理机构和省、自治区、直辖市人民政府水行政主管部门依照管理权限,负责有关的监理单位资质申请材料的接收、转报以及相关管理工作。

15.2.3.2 资质等级与从业范围

水土保持工程施工监理专业资质分为甲级、乙级和丙级 3 个等级。

甲级可以承担各等级水土保持工程的施工监理业务。乙级可以承担Ⅱ等以下各等级水土保持工程的施工监理业务。丙级可以承担Ⅲ等水土保持工程的施工监理业务。同时具备水利工程施工监理专业资质和乙级以上水土保持工程施工监理专业资质的,方可承担淤地坝中的骨干坝施工监理业务。

水土保持工程等级划分标准为:

Ⅰ等:500 km² 以上的水土保持综合治理项目;总库容 100×10^4 m³ 以上、小于 500×10^4 m³ 的沟道治理工程;征占地面积 500 hm² 以上的开发建设项目的水土保持工程。

Ⅱ等:150 km² 以上、小于 500 km² 的水土保持综合治理项目;总库容 50×10^4 m³ 以上、小于 100×10^4 m³ 的沟道治理工程;征占地面积 50 hm² 以上、小于 500 hm² 的开发建设项目的水土保持工程。

Ⅲ等:小于 150 km² 的水土保持综合治理项目;总库容小于 50×10^4 m³ 的沟道治理工程;征占地面积小于 50 hm² 的开发建设项目的水土保持工程。

15.2.3.3 资质条件

监理单位资质一般按照专业逐级申请。

(1)甲级监理单位资质条件

①具有健全的组织机构、完善的组织章程和管理制度。技术负责人具有高级专业技术职称,并取得总监理工程师岗位证书。

②专业技术人员,监理工程师以及其中具有高级专业技术职称的人员、总监理工程师,分别不少于 25 人、5 人、4 人。水利工程造价工程师不少于 3 人。

③具有 5 年以上水利工程建设监理经历,且近 3 年监理业绩承担过 2 项Ⅱ等水土保持工程的施工监理业务;该专业资质许可的监理范围内的近 3 年累计合同额不少于 350 万元。

④能运用先进技术和科学管理方法完成建设监理任务。

⑤注册资金不少于 200 万元。

(2)乙级监理单位资质条件

①具有健全的组织机构、完善的组织章程和管理制度。技术负责人具有高级专业技

术职称，并取得总监理工程师岗位证书。

②专业技术人员，监理工程师以及其中具有高级专业技术职称的人员、总监理工程师，分别不少于15人、3人、2人。水利工程造价工程师不少于2人。

③具有3年以上水利工程建设监理经历，且近3年监理业绩应当承担过4项Ⅲ等水土保持工程的施工监理业务；该专业资质许可的监理范围内的近3年累计合同额不少于200万元。

④能运用先进技术和科学管理方法完成建设监理任务。

⑤注册资金不少于100万元。

（3）丙级监理单位资质条件

①具有健全的组织机构、完善的组织章程和管理制度。技术负责人具有高级专业技术职称，并取得总监理工程师岗位证书。

②专业技术人员，监理工程师以及其中具有高级专业技术职称的人员、总监理工程师，分别不少于10人、3人、1人。水利工程造价工程师不少于1人。

③能运用先进技术和科学管理方法完成建设监理任务。

④注册资金不少于50万元。

15.2.3.4 证书申请、受理、颁发、延续

监理单位资质每年集中认定一次，受理时间由水利部提前3个月向社会公告。

申请人应当向其注册地的省、自治区、直辖市人民政府水行政主管部门提交申请材料。水利部直属单位、流域管理机构直属单位的企业分别向水利部、流域机构提交申请材料。省、自治区、直辖市人民政府水行政主管部门和流域管理机构应当自收到申请材料之日起20个工作日内提出意见，并连同申请材料转报水利部。

首次申请监理单位资质，申请人应当提交以下材料：①《水利工程建设监理单位资质等级申请表》；②《企业法人营业执照》或者工商行政管理部门核发的企业名称预登记证明；③验资报告；④企业章程；⑤法定代表人身份证明；⑥《水利工程建设监理单位资质等级申请表》中所列监理工程师、造价工程师的资格证书和申请人同意注册证明文件（已在其他单位注册的，还需提供原注册单位同意变更注册的证明）、总监理工程师岗位证书，以及上述人员的劳动合同和社会保险凭证。申请晋升、重新认定、延续监理单位资质等级的，除提交上述规定的材料外，还应当提交相应的其他材料。

水利部应当自受理申请之日起20个工作日内作出认定或者不予认定的决定。水利部在作出决定前，应当组织对申请材料进行评审，并将评审结果在水利部网站公示。

资质等级证书有效期为5年。资质等级证书有效期届满，需要延续的，监理单位应当在有效期届满30个工作日前，向水利部提出延续资质等级的申请。水利部在资质等级证书有效期届满前，作出是否准予延续的决定。

15.2.3.5 监督管理制度

水利部建立监理单位资质监督检查制度，对监理单位资质实行动态管理。

县级以上地方人民政府水行政主管部门和流域管理机构发现监理单位资质条件不符

合相应资质等级标准的，应当向水利部报告，水利部按照本办法核定其资质等级。

监理单位被吊销资质等级证书的，3 年内不得重新申请；被降低资质等级的，两年内不得申请晋升资质等级；受到其他行政处罚，受到通报批评，情节严重，被计入不良行为档案，或者在审计、监察、稽查、检查中发现存在严重问题的，一年内不得申请晋升资质等级。

15.2.3.6 监理人员执业条件

监理人员资格管理实行行业自律管理制度。中国水利工程协会负责全国水利工程建设监理人员的行业自律管理工作，负责全国水利工程建设监理人员资格管理工作，并制定了《水利工程建设监理人员资格管理办法》。从事建设监理活动的人员，应当取得相应的资格（岗位）证书。

监理人员分为总监理工程师、监理工程师、监理员。总监理工程师实行岗位资格管理制度，监理工程师实行执业资格管理制度，监理员实行从业资格管理制度。

监理人员资格管理工作内容包括监理人员资格考试、考核、审批、培训和监督检查等。

（1）申请监理员资格

申请监理员资格应同时具备以下条件：①取得工程类初级专业技术职务任职资格，或者具有工程类相关专业学习和工作经历（中专毕业且工作 5 年以上、大专毕业且工作 3 年以上、本科及以上学历毕业且工作 1 年以上）；②经培训合格；③年龄不超过 60 周岁。

（2）申请监理工程师资格

申请监理工程师资格应同时具备以下条件：①取得工程类中级专业技术职务任职资格，或者具有工程类相关专业学习和工作经历（大专毕业且工作 8 年以上、本科毕业且工作 5 年以上、硕士研究生毕业且工作 3 年以上）；②年龄不超过 60 周岁；③有一定的专业技术水平、组织协调能力和管理能力。

（3）申请总监理工程师岗位资格

申请总监理工程师岗位资格应同时具备以下条件：①具有工程类高级专业技术职务任职资格，并在监理工程师岗位从事水利工程建设监理工作的经历不少于 2 年；②已取得《水利工程建设监理工程师注册证书》；③经总监理工程师岗位培训合格；④年龄不超过 65 周岁；⑤具有较高的专业技术水平、组织协调能力和管理能力。

15.2.4 水土保持工程设计与施工管理

根据建设部《工程设计资质标准》，我国设计资质分 21 个行业类型，其中第 19 类别为水利工程设计资质，包括水利工程设计行业甲级、乙级、丙级资质，8 个工程设计专业资质（水库枢纽、引调水、灌溉排涝、河道整治、城市防洪、围垦、水土保持、水文设施）。

15.2.4.1　水土保持工程设计资质管理主体

水土保持工程设计资质由国家住房和城乡建设部(以下简称住建部,原建设部)统一颁发、管理,中国水利工程勘查设计协会协助开展相关工作。

15.2.4.2　水土保持工程设计资质等级与从业范围

(1)行业资质

甲级资质可承担水利行业建设工程项目主体工程及其配套工程的设计业务,其规模不受限制;乙级资质可承担水利行业中、小型建设工程项目的主体工程及其配套工程的设计业务;丙级资质可承担水利行业小型建设项目的工程设计业务。

(2)专业资质

甲级资质可承担水土保持建设工程项目主体工程及其配套工程的设计业务,其规模不受限制;乙级资质可承担水土保持中、小型建设工程项目的主体工程及其配套工程的设计业务;丙级资质可承担水土保持小型建设项目的工程设计业务。

(3)水土保持建设项目设计规模划分标准

大型项目为综合治理面积大于 $500~km^2$,中型项目为综合治理面积 $150\sim500~km^2$,小型项目为综合治理面积小于 $150~km^2$。

15.2.4.3　水利行业工程设计资质条件

(1)甲级资质条件

资历和信誉条件:①具有独立企业法人资格;②社会信誉良好,注册资本不少于600万元人民币;③企业完成过的工程设计项目应满足申请水利行业主要专业技术人员配备对工程设计类型业绩考核的要求,且要求考核业绩的每个设计类型的大型项目工程设计不少于1项或中型项目工程设计不少于2项,并已建成投产。

技术条件:①专业配备齐全、合理,主要专业技术人员数量不少于申请水利行业资质标准中主要专业技术人员配备规定的人数,规定专业总人数43人,其中规划专业注册土木工程师8人、结构专业注册土木工程师12人、地质专业注册土木工程师5人、水土保持专业注册土木工程师2人、移民专业注册土木工程师2人、环境保护专业2人、电气专业2人(其中注册电气工程师1人)、工程造价专业4人、水力机械专业2人、采暖通风专业1人、建筑专业1人、观测专业1人;②企业主要技术负责人或总工程师应当具有大学本科以上学历、10年以上设计经历,主持过申请水利行业大型项目工程设计不少于2项,具备注册执业资格或高级专业技术职称;③在主要专业技术人员配备规定的人员中,主导专业的非注册人员应当作为专业技术负责人主持过申请水利行业中型以上项目不少于3项,其中大型项目不少于1项。

技术装备及管理水平:①有必要的技术装备及固定的工作场所;②企业管理组织结构、标准体系、质量体系、档案管理体系健全。

(2)乙级资质条件

资历和信誉条件:①具有独立企业法人资格;②社会信誉良好,注册资本不少于

300 万元人民币。

技术条件：①专业配备齐全、合理，主要专业技术人员数量不少于申请水利行业资质标准中主要专业技术人员配备规定的人数（规定专业总人数 27 人，其中规划专业注册土木工程师 5 人、结构专业注册土木工程师 8 人、地质专业注册土木工程师 3 人、水土保持专业注册土木工程师 1 人、移民专业注册土木工程师 1 人、环境保护专业 1 人、电气专业 2 人、工程造价专业 2 人、水力机械专业 1 人、采暖通风专业 1 人、建筑专业 1 人、观测专业 1 人）；②企业主要技术负责人或总工程师应当具有大学本科以上学历、10 年以上设计经历，主持过申请水利行业大型项目工程设计不少于 1 项，或中型项目工程设计不少于 3 项，具备注册执业资格或高级专业技术职称；③在主要专业技术人员配备规定的人员中，主导专业的非注册人员应当作为专业技术负责人主持过申请水利行业中型以上项目不少于 2 项，其中大型项目不少于 1 项。

技术装备及管理水平：①有必要的技术装备及固定的工作场所；②有完善的质量体系和技术、经营、人事、财务、档案管理制度。

（3）丙级资质条件

资历和信誉条件：①具有独立企业法人资格；②社会信誉良好，注册资本不少于 100 万元人民币。

技术条件：①专业配备齐全、合理，主要专业技术人员数量不少于申请水利行业资质标准中主要专业技术人员配备规定的人数（规定专业总人数 17 人，其中规划专业注册土木工程师 2 人、结构专业注册土木工程师 4 人、地质专业注册土木工程师 2 人、水土保持专业注册土木工程师 1 人、移民专业注册土木工程师 1 人、环境保护专业 1 人、电气专业 1 人、工程造价专业 1 人、水力机械专业 1 人、采暖通风专业 1 人、建筑专业 1 人、观测专业 1 人）；②企业主要技术负责人或总工程师应当具有大专以上学历、10 年以上设计经历，主持过申请水利行业项目工程设计不少于 2 项，具有中级以上专业技术职称；③在主要专业技术人员配备规定的人员中，主导专业的非注册人员应当作为专业技术负责人主持过申请水利行业项目工程设计不少于 2 项。

技术装备及管理水平：①有必要的技术装备及固定的工作场所；②有较完善的质量体系和技术、经营、人事、财务、档案管理制度。

15.2.4.4　工程设计水土保持专业资质条件

（1）甲级资质条件

资历和信誉条件：①具有独立企业法人资格；②社会信誉良好，注册资本不少于 300 万元人民币；③企业完成过的水土保持专业设计类型的大型项目工程设计不少于 1 项，或中型项目工程设计不少于 2 项，并已建成投产。

技术条件：①专业配备齐全、合理，主要专业技术人员数量不少于申请水利行业资质标准中主要专业技术人员配备规定的人数（规定专业总人数 17 人，其中规划专业注册土木工程师 3 人、结构专业注册土木工程师 4 人、地质专业注册土木工程师 2 人、水土保持专业注册土木工程师 3 人、移民专业注册土木工程师 1 人、环境保护专业 2 人、电气专业 1 人、工程造价专业 1 人）；②企业主要技术负责人或总工程师应当具有大学本科以上学历、10年以上设计经历，且主持过申请水土保持专业设计类型的大型项目工程设计不少于2项，具备注册执业资格或高级专业技术职称；③在主要专业技术人员配备规定的人员中，主导专业的非注册人员应当作为专业技术负责人主持过水土保持专业类型的中型以上项目不少于3项，其中大型项目不少于1项。

技术装备及管理水平：①有必要的技术装备及固定的工作场所；②企业管理组织结构、标准体系、质量体系、档案体系健全。

（2）乙级资质条件

资历和信誉条件：①具有独立企业法人资格；②社会信誉良好，注册资本不少于100万元人民币。

技术条件：①专业配备齐全、合理，主要专业技术人员数量不少于申请水利行业资质标准中主要专业技术人员配备规定的人数（规定专业总人数12人，其中规划专业注册土木工程师1人、结构专业注册土木工程师3人、地质专业注册土木工程师1人、水土保持专业注册土木工程师3人、移民专业注册土木工程师1人、环境保护专业1人、电气专业1人、工程造价专业1人）；②企业的主要技术负责人或总工程师应当具有大学本科以上学历、10年以上设计经历，且主持过申请水土保持专业设计类型的中型项目工程设计不少于3项，或大型项目工程设计不少于1项，具备注册执业资格或高级专业技术职称；③在主要专业技术人员配备规定的人员中，主导专业的非注册人员应当作为专业技术负责人主持过水土保持专业类型的中型以上项目不少于2项，或大型项目不少于1项。

技术装备及管理水平：①有必要的技术装备及固定的工作场所；②有较完善的质量体系和技术、经营、人事、财务、档案等管理制度。

（3）丙级资质条件

资历和信誉条件：①具有独立企业法人资格；②社会信誉良好，注册资本不少于50万元人民币。

技术条件：①专业配备齐全、合理，主要专业技术人员数量不少于申请水利行业资质标准中主要专业技术人员配备规定的人数（规定专业总人数9人，其中规划专业注册土木工程师1人、结构专业注册土木工程师1人、地质专业注册土木工程师1人、水土保持专业注册土木工程师2人、移民专业注册土木工程师1人、环境保护专业1人、电气专业1人、工程造价专业1人）；②企业的主要技术负责人或总工程师应当具有大专以上学历、10年以上设计经历，且主持过申请水土保持专业设计类型的工程设计不少于2项，具有中级及以上专业技术职称；③在主要专业技术人员配备规定的人员中，主导专业的非注册人员应当作为专业技术负责人主持过水土保持专业类型的项目工程设计不少于2项。

技术装备及管理水平：①有必要的技术装备及固定的工作场所；②有较完善的质量体系和技术、经营、人事、财务、档案等管理制度。

15.2.5 水土保持从业人员

水土保持专业技术人员，目前主要从事水土保持生态建设与管理（如各级水土保局处、科、办、站等)、水土保持监督执法(如水土保持处站、水行政执法队等)、水土保持监测(如各级水土保持监测中心、监测站、社会监测机构等)、水土保持规划设计(如各级水行政主管部门水利规划设计院、设计队、设计室等)、生产建设项目水土保持方案编制(如各行业规划设计院、公司等)、水土保持建设监理(如行业、社会监理公司等)、水土保持工程施工(如行业、社会施工企业等)。从业的单位有水土保持国家行政机关、事业单位、企业、科研院所、大专院校等。

15.2.5.1 专业学历要求

水土保持工作面较广,涉及的专业领域多,要求从业机构应当具有多学科、多专业技术人才。从水土保持方案编制、水土保持监测、水土保持监理、水土保持验收等需持证开展工作的资质条件看,主要要求有四大类、十几个专业学科的人员。申请资质的条件中首先要求必须有1~5名水土保持专业毕业的人员,此外还需有水土保持专业(或水土保持与荒漠化防治专业)、水利类专业(主要是水利水电工程专业、农业水利工程专业、水文与水资源工程专业等)、资源环境类专业(主要是资源环境与城乡规划管理专业、地理科学专业、环境科学专业、环境工程专业、农学专业、林学专业、草业科学专业等)、土木工程类专业(主要是土木工程专业、测绘工程专业等)毕业的人员。监测资质还要求有计算机与信息化专业类的人员。

15.2.5.2 从业条件

除了对工程技术人员专业背景的规定要求外,参加某一具体水土保持工作时,对从业人员还有培训和考试的要求。

①先经培训后再上岗类 如水土保持方案编制、水土保持监测,需经资质管理单位的专门技术培训,并经考试合格后,方能取得相应的上岗证书。

②要经考试后再上岗类 如注册水土保持监理工程师、注册土木工程师,需参加全国统一考试,考试合格后取得岗位证书,方能参加相关工作。

15.2.5.3 从业人员培训上岗

①水土保持方案编制培训 主要内容有:水土保持法律法规及方案审查审批规定、水土保持基础知识与方案编制规定、生产建设项目水土流失防治标准与案例分析、生产建设项目水土保持技术规范与方案编制技术、生产建设项目水土保持措施设计、水土保持监测、水土保持工程概(估)算编制、水土保持方案审查要点与常见问题等课程,培训时间5 d。培训结束后进行综合考试,要求学员独立答卷。成绩及格者方能取得水土保持方案编制上岗证书。

②水土保持监测培训 主要内容有:监测概论、水蚀地面观测、风蚀泥石流监测、遥感监测、土壤侵蚀调查、生产建设项目监测等。培训结束后进行综合考试,成绩及格者方能取得水土保持监测上岗证书。

③水土保持监理员培训 取得水土保持监理员资格需参加专门的监理知识培训,结业考试合格方能上岗。培训的课程主要有:监理概论、工程监理的投资控制、工程监理

的进度控制、工程监理的质量控制、合同管理。

15.2.5.4　从业人员全国统一考试上岗

①注册监理工程师　一般每年安排一次全国统一考试,考试内容有基础理论、专业基础、案例等。考试合格,经在监测单位注册后取得注册工程师证书。

②注册土木工程师　由住建部统一安排考试,一般每年一次,考试内容有基础理论、专业基础、专业案例等。考试合格,取得注册工程师证书。

15.3　水土保持工程管理

15.3.1　项目法人及责任主体制

15.3.1.1　项目法人责任制

项目法人过去多称为项目业主。实行项目法人责任制最重要的是明确了由项目法人承担投资风险,强化了投资方、经营管理方的责任感;其次是项目法人还要负责建成后的经营管理和还贷,增强了压力,项目法人在投资控制、质量控制、进度控制、效益产出等方面责、权、利实现了统一。项目法人对项目的前期立项、资金筹措、施工建设、管理经营、资金偿还等全过程负责。1995 年水利部印发了《水利工程建设项目实行项目法人责任制的意见》。

15.3.1.2　水土保持生态工程项目责任主体负责制

水利部文件规定,水土保持工程按国家基本建设程序管理,实行项目法人制或项目责任主体负责制,在项目批准立项时予以明确。根据水土保持的特点,实行项目责任主体负责制,具体形式一般有如下几种:

(1)县级水行政主管部门负责制

我国水土保持生态环境建设是以大江大河为骨干,以县为基本单位,以小流域为单元进行治理。从立项的类型看,大多是以江河的支流作为一个项目区,如长江上游、黄河流域的无定河流域、海河流域的永定河流域国家重点治理工程等,但在具体实施时,都是以县为单位组织,此类项目实行由县级水行政主管部门负责制的建设管理体制较为适宜,由其对项目的领导、组织、建设、管理等负总责。在具体组织机构上,以县为单位组建以县水行政主管部门为主、有关各方参加的项目建设管理局或项目办公室,应相对独立对项目的建设、管理、经营等负总责。

(2)乡村集体组织负责制

此类项目以群众投入劳动力为主,如以户为单位的经济林开发治理、坡耕地改梯田等,其组织和管理方式一般有以下 3 种:一是集体治理,集体管护,集体受益;二是集体治理,分户管理,分户受益;三是先集体治理,后拍卖治理成果,用收回资金开展新的治理,其管理和受益方为卖主。这种治理组织方式实行由乡政府或村民委员会负责制较为适宜,其责任要到人。

（3）成立股份公司形式的项目法人责任制

随着我国社会主义市场经济的不断发展和完善，适应市场经济机制的各种治理方式越来越多。"四荒"地的拍卖治理，使许多未被开发利用的土地重现生机，社会各行各业、机关、企事业单位、城乡工人、农民、私营个体等都投入了水土流失劣地的治理和开发。在投、融资机制方面，有世界金融机构、环境组织、外国政府等多种渠道，国内融资也是多层次、多元化，出现了资金入股、技术入股、物资入股、土地入股、劳动力入股等多种组织形式。此类项目，完全可以组建正规的公司进行治理开发，按公司法人制运作和管理。

（4）专项工程项目法人责任制

有些水土保持生态工程项目，如治沟骨干工程、集中连片的坡改梯工程、种苗基地、水土保持经济开发项目等。由于工程较为单一，可采用类似水利水电工程的项目法人责任制。组建专门的项目建设管理单位，对项目的建设、经营、管理全过程负责。如由县级水行政主管部门、乡集体组织、其他联营体等组建专门的项目建设和经营公司，由公司对项目的投资、施工、建设、管理和经营等负责。

15.3.2 项目招标投标制

15.3.2.1 工程项目招标投标制

招标投标制是适应市场经济规律的一种竞争方式，对维护工程建设的市场秩序，控制建设工期，保障工程质量，提高工程效益具有重要意义。1984 年我国颁布了招标投标规定，1995 年水利部修改完善了《水利工程建设项目施工招标投标管理规定》，1997 年原国家计划委员会颁布了《国家基本建设大中型项目实行招标投标的暂行规定》，1999 年全国人民代表大会通过了《中华人民共和国招标投标法》。

从经常采用的招标方式看，一般有公开招标、邀请招标、邀请议标等几种。公开招标就是向社会上一切有能力的承包商进行无限制竞争性招标。邀请招标则是项目法人根据自己的实践经验以及承包商的信誉、技术水平、质量、资金、技术、设备、管理等条件和能力，邀请某些承包商参加投标，一般为 5～10 家。议标是一种谈判招标或招标，适合工期较紧、工程投资少、专业性强的工程，一般应邀请 3 个以上的单位参加，择优确定。

招标投标程序一般为：①招标准备。招标申请经批准后，首先编制招标文件（也称标书），主要内容包括工程综合说明，投标须知及邀请书，投标书格式，工程量报价，合同协议书格式，合同条件，技术准则及验收规程，有关资料说明等。其次是编制标底，即项目费用的预测数。②招标阶段。主要过程有发布招标公告及招标文件，组织投标者进行现场查勘，接受投标文件。③决标与签订合同阶段。首先是公开开标，由专家委员会评标，择优推荐中标单位，由项目法人与推荐中标单位进行谈判，最后签订合同。

15.3.2.2 水土保持工程项目招标投标制

水土保持生态工程项目的招标投标，主要是在项目施工方面，一些投资规模较大的工程在项目前期的规划设计，主要设备、材料的供应，工程监理等方面也实行招标。根据水利部 2007 年印发的《水土保持工程建设管理办法》，施工单项合同估算价在 200 万元以上以及种苗等重要材料采购单项合同估算价在 100 万元以上的水土保持项目，应通过招标方式择优选择施工或材料供货单位。

（1）规划设计招标

为保证水土保持生态环境建设工程的科学性、经济性、合理性，国家级、省级重点工程项目应实行规划设计的招标制，由项目法人或各级水行政主管部门负责招标，经公开竞争择优选择设计单位。投标单位应具备设计资质，其等级要与项目规模相适应，设计者所属专业主要为水土保持、水利水电、生态工程等行业；以往承担过水土保持生态工程项目的规划设计工作；具有较高的信誉，其技术人员的专业层面较全，高中级人员齐备；具有计算机、测绘、测试等基本设备和仪器；所设计工程在实践中经受了检验，质量有保障；在中标后能按经济合同履行义务，尽职尽责。

（2）设备材料招标

材料供应实行公开招标，特别是国家和省级水土保持生态工程大型项目经招标确定供货商。

（3）工程监理招标

根据国家对基本建设项目建设管理规定，水土保持生态工程项目应实行建设监理制，工程监理协助项目法人对项目的设计、施工招标，负责项目的质量、进度、投资控制。在监理单位的选择上，也应公开进行，选择具备相应监理资质、具有水土保持生态项目监理的能力和经验、社会信誉较好、能按法律规定履行监理职责的单位承担项目的监理。

（4）施工招标

投标单位的条件，一是要有相应施工资质，不能无任何施工资质就参与项目的施工，在以往的施工中能较好地履约；二是要有一定的施工业绩，参与或完成过类似项目的施工，质量合格或优秀；三是具有相应的技术人员和设备，特别是有经验丰富、资历较高的工地管理负责人，有一定的能投入工程施工的机械、设备；四是具有一定的经济实力，要有足够的资金承担工程建设。大型项目的施工招标，投标单位应开具银行的资信证明。

15.3.3 项目建设监理制

15.3.3.1 工程建设监理

监理是受项目法人委托，对工程建设的各种行为和活动如项目论证及决策、规划设计、物资采供、施工等进行监督、监控、检查、确认，并采取相应的措施使建设活动符合行为准则（符合国家的法律、法规、政策、经济合同等），防止在建设中出现主观随意性、盲目决断，以达到项目的预期目标。目前，建设监理已逐步实现社会化，由专门的监理单位负责建设监理，具有公开性、独立性、科学性的特点。

监理的主要任务，一是对工程建设的各阶段，如前期研究和设计、招标投标、施工等阶段的投资进行控制；二是在项目设计和施工中对工程质量进行全面控制；三是对工程整个过程的进度进行控制；四是依据各方签订的合同，对合同的执行进行管理；五是及时了解、掌握项目的各类信息，并对其进行管理；六是在项目实施过程中，对项目法人与承包方发生的矛盾和纠纷组织协调。监理的业务范围，主要包括项目前期可行性研究和论证，组织编制工程设计，协助法人组织施工招标，对项目的施工进行监理。主要工作内容是进行工程建设合同管理，依据合同对建设的投资、质量、工期进行控制。

15.3.3.2 水土保持生态工程监理

经过近 10 年的实践，逐步建立和完善了水土保持生态工程监理制度。2000 年根据国家生态建设需要，水利部以司局文件印发了《关于开展水土保持监理工作的通知》，开始培训水土保持监理人员，组织水土保持监理工程师考试，颁发水土保持监理资质。2003 年水利部印发了《水土保持生态建设工程监理管理暂行办法》(水利部〔2003〕79号)，对全国水土保持生态建设工程开展监理工作做出了明确规定。

(1) 监理组织实施

在确定承建单位前，项目法人或项目责任主体应根据有关规定择优选定监理单位。水土保持工程施工监理，必须由水利部批准的具有水土保持生态建设工程监理资质的单位承担。实施水土保持工程监理前，项目法人或项目责任主体应与监理单位签订书面监理合同，合同中应包括监理单位对水土保持工程质量、投资、进度进行全面控制的条款。监理单位须向工程现场派驻项目监理机构，具体负责监理合同的实施。项目监理机构的设置、组织形式和人员组成，应根据监理工作的内容、服务期限及工程类别、规模、技术复杂程度、工程环境等因素确定。监理人员组成应满足水土保持工程各专业工作的需要。项目法人或项目责任主体应根据监理合同约定，提供满足监理工作需要的办公、交通、通信和生活设施；项目监理机构应妥善使用和保管，在完成监理工作后移交项目法人或项目责任主体。

(2) 监理人员组织

与国家监理人员管理相同，水土保持生态建设工程的施工监理实行总监理工程师负责制。水土保持工程监理人员包括总监理工程师、监理工程师和监理员，必要时可聘用信息员。总监理工程师应由具有 3 年以上水土保持工程监理工作经验的监理工程师担任，由监理单位征得项目法人或项目责任主体同意后任命。监理工程师应由具有 1 年以上水土保持工程监理经验并具备监理工程师资格的人员担任。信息员由经过项目监理机构组织的业务培训的人员担任，协助监理人员工作。总监理工程师、监理工程师、监理员的具体职责按《水利工程建设施工监理规范》的规定执行。

(3) 监理实施

监理机构实施监理一般应按下列程序进行：第一，编制工程监理规划；第二，依据工程建设进度，按单项措施编制工程监理实施细则；第三，按照监理实施细则实施监理，按规定向项目法人或项目责任主体提交监理月报和专题报告；第四，建设监理业务完成后，向项目法人或项目责任主体提交工程监理工作报告，移交档案资料。开工前，总监理工程师应组织监理人员熟悉有关规章、合同文件、设计文件和技术标准。监理工程师应审查承建单位报送的项目开工报审表及相关资料，具备规定条件时，征得项目法人或项目责任主体同意，由总监理工程师签发开工令。监理工程师应对施工放线和图斑界线进行复验和确认。监理工程师应对承建单位报送的拟进场的工程材料、种子、苗木报审表及质量证明资料进行审核，并对进场的实物按照有关规范采用平行检验或见证取样方式进行抽检。对未经监理工程师验收或验收不合格的工程材料、种子、苗木等，监理工程师不予签认，并通知承建单位不得将其运进场。监理人员对治沟骨干工程、淤地坝和坡面水系等工程的隐蔽工程、关键工序应进行旁站监理；对造林、种草、坡改梯、小型的沟道治理和蓄水工程、封禁治理工程等可进行巡视检查。

（4）监理对质量、投资、进度的控制

对不合格的部位或工序，监理工程师不予签认，并提出处理意见，承建单位整改后，经监理工程师检验合格，方可进行下一道工序的施工。监理人员发现施工中存在重大隐患，可能造成质量事故或已经造成质量事故时，总监理工程师应下达工程暂停指令，要求承建单位停工整改。整改完成并符合质量标准要求，总监理工程师方可签署复工通知。对需要返工处理或加固补强的质量事故，总监理工程师应责令承建单位报送质量事故调查报告和经设计等相关单位认可的处理方案，监理工程师应对质量事故的处理过程和处理结果进行跟踪检查和验收。

监理工程师应按有关规定对中央投资、地方配套、群众自筹资金到位和实际投劳情况核实统计，并向项目法人或项目责任主体报告。监理工程师应按规定程序进行工程计量和工程款支付工作、竣工结算。

监理工程师应按下列程序进行进度控制：①总监理工程师审批承建单位编制的年、季（月）施工进度计划；②监理工程师对进度计划实施情况进行指导、检查；③当实际进度滞后于计划进度时，监理工程师应分析原因，提出相应的措施，责成有关方面改进或调整计划；④督促承建单位按调整计划进行施工。

对原设计有重大变更的，应由监理工程师签署意见，报原批准机关同意；对不影响投资规模、建设地点和工程功能的工程变更，须经项目法人或项目责任主体和监理工程师同意，并报原批准机关备案。

监理工程师应对工程的质量等级提出意见，监理工作报告是水土保持工程验收的主要材料之一。监理工程师应参加工程的竣工验收。

15.3.3.3　生产建设项目水土保持工程监理

根据水利部《水利工程建设监理规定》，总投资200万元以上且符合关系社会公共利益或者公共安全的、使用国有资金投资或者国家融资的使用外国政府或者国际组织贷款、援助资金的水利工程建设项目，必须实行建设监理。铁路、公路、城镇建设、矿山、电力、石油天然气、建材等开发建设项目的配套水土保持工程，符合规定条件的，应当按照规定开展水土保持工程施工监理。

2003年水利部印发了《关于加强大中型开发建设项目水土保持监理工作的通知》（水利部〔2003〕89号），对开发建设项目水土保持工程监理工作提出了要求。

根据规定，凡水利部批准的水土保持方案，在其实施过程中必须进行水土保持监理，其监理成果是开发建设项目水土保持设施验收的基础和验收报告必备的专项报告。

同时对地方各级水行政主管部门审批的水土保持方案所涉项目的水土保持监理工作提出了可参照执行的要求。

承担水土保持监理工作的单位及人员根据国家建设监理的有关规定和技术规范、批准的水土保持方案及工程设计文件，以及工程施工合同、监理合同，开展监理工作。从事水土保持监理工作的人员必须取得水土保持监理工程师证书或监理资格培训结业证书；建设项目的水土保持投资在 3 000 万元以上（含主体工程中已列的水土保持投资）的，承担水土保持工程监理工作的单位还必须具有水土保持监理资质。

15.3.4 水土保持工程质量控制

根据国家规定和要求，生态建设工程严格执行基本建设管理程序。从质量管理上看，基本建设项目的质量管理实行的是项目法人负责、监理单位控制、施工单位保证、政府部门监督的管理体制，施工过程的质量监督监控、质量评定、工程竣工验收等都与过去的管理方式有很大的不同，各级行政主管部门及其工作人员，都应掌握新的管理模式和先进的管理手段，不断探索创新，提高管理技能和管理水平，适应国家新形势的新要求。

15.3.4.1 工程质量评定的意义

①工程质量评定是工程项目单项验收、阶段验收和竣工验收的重要依据；
②工程质量评定是对工程质量全过程、系统的监控；
③工程质量评定是施工单位质量控制的重要手段。

15.3.4.2 工程质量评定项目划分和质量等级

（1）项目划分

工程质量的评定必须根据国家和有关行业标准进行。建筑安装工程的质量检验评定方法和标准依据《建筑工程施工质量验收统一标准》（GB 50300—2013）进行，工程质量按分项工程、分部工程和单位工程逐级评定。水利工程质量评定与此基本相同，按单元工程、分部工程和单位工程进行评定，其标准有《水利水电建设工程验收规程》（SL 223—2008）、《水利水电工程施工质量检验与评定规程》（SL 176—2007）、《水电水利基本建设工程单元工程质量等级评定标准》（DL/T 5113.1—2019）、《水利工程施工质量检查评分办法》（水利部〔1995〕339 号）等。

单位工程是指能独立发挥作用或具有独立的施工条件的工程，一般是在若干分部工程完成后才能运行使用或发挥一种功能的工程。对常规的基本建设项目来说，一般是一个独立的建筑物，也可以是独立建筑物的一部分。如一座小型水库由坝体、溢洪道和泄水建筑物 3 个单位工程组成。一项建设项目的整体质量评定，由若干个单位工程质量评定结果决定。分部工程是指组成单位工程的各个部分，多数情况下分部工程是某一建筑物的一个结构部位，也可以是一个不能独立发挥功能的安装工程。如上述坝体单位工程就由基础挖填处理、坝体填筑、坝后反滤体、坝面护坡等分部工程组成。单元工程是指组成分部工程的，由一个或几个工程施工完成的最小综合体，是日常质量考核的最基本单位。如上述坝面护坡分部工程可划分为剥坡、开挖马道、植物护坡或工程护砌等单元工程。

（2）工程质量等级

工程质量分为"合格"与"不合格"2 个等级。达不到合格标准的，不得验收和投入使用，必须重建或返工，直至合格。不合格的单元工程其质量不予评定等级，所在的分部工程、单位工程也不予评定等级。单元工程质量评定要素由保证项目、基本项目和允许偏差项目 3 个部分组成。

保证项目是指在工程质量检验评定中必须全部符合要求的指标内容，无论单元工程质量等级是合格还是优良，这些指标都必须满足规定的质量标准。它是保证工程安全并发挥功能的重要检验项目。基本项目是指在质量检验评定中应基本符合规定要求的指标内容。对于合格、优良不同等级的单元工程，其基本项目在质和量上均有差别，一般用"基本符合"和"符合"来区别"合格"和"优良"。它是保证工程安全或使用性能的基本检验项目。允许偏差项目是指在质量检验评定中允许有一定偏差范围的指标，在单元工程施工工序过程中或工序完成后，实测检验时规定允许的偏差。允许偏差一般用量来检验和说明。

由于单元工程是工程施工质量考核的最基本单位，而且每一个单元工程必须在前一个单元工程的检验项目全部合格后才能进行施工。因此，每一个单元工程的保证项目和基本项目必须全部合格，允许偏差项目的合格率也必须在规定的范围内。

15.3.4.3 工程质量检验

基本建设项目的工程质量是从最基本的施工单元开始的，并按项目划分逐级评定。单元工程质量全部合格，分部工程质量才能评为合格；同样，分部工程质量全部合格，单位工程才能评为合格；所有的单位工程全部合格，整个工程项目才能评为合格。

单元工程的合格条件：保证项目必须符合相应质量检验评定标准的规定；基本项目抽检的处（件）应符合相应的质量检验评定标准的合格规定；允许偏差项目抽检的点数中，建筑工程中有 70% 以上、设备安装工程有 80% 以上的实测值应在相应质量检验评定标准的允许偏差范围内。

分部工程的合格条件：所含分项工程的质量全部合格。

单位工程的合格条件：所含分部工程的质量应全部合格；质量保证资料应基本齐全；外观质量的评定得分率应达到 70% 以上。

15.3.4.4 水土保持工程质量评定项目划分

水利部于 2006 年颁布的《水土保持工程质量评定规程》（SL 336—2006）提出了项目划分参考意见。

（1）水土保持生态建设工程

水土保持生态建设工程可划分为以下单位工程：大型淤地坝或骨干坝，以每座工程作为一个单位工程；基本农田、农业耕地与技术措施、造林、种草、封禁治理、生态修复、道路、坡面水系、泥石流防护等分别作为一个单位工程；小型水利水土保持工程如谷坊、拦砂坝等，统一作为一个单位工程。水土保持生态工程的各项单位工程可划分为以下分部工程：大型淤地坝或骨干坝划分为地基开挖与处理、坝体填筑、排水及反滤体、溢洪道砌筑、放水工程等分部工程；基本农田划分为水平梯(条)田、水浇地水田、引洪漫地等分部工程；农业耕地与技术措施以措施类型划分分部工程；造林划分为乔木林、灌木林、经济林、果园、苗圃等分部工程；种草主要为人工草地分部工程；封禁治理主要为封育林草分部工程；生态修复按照小流域或行政区域划分分部工程；作业道路(含施工便道)划分为路面、路基边坡排水等分部工程；小型水土保持工程划分为沟头防护、小型淤地坝、谷坊、水窖、渠系工程、塘堰、沟道整治等分部工程；南方坡面水系工程划分为截(排)水、蓄水、沉沙、引水与灌水等分部工程；泥石流防治工程划分为泥石流形成区、流通区、堆积区防治等分部工程。

(2)生产建设项目水土保持工程

生产建设项目水土保持工程划分为拦渣、斜坡防护、土地整治、防洪排导、降水蓄渗、临时防护、植被建设、防风固沙8类单位工程。生产建设项目水土保持工程的各项单位工程可划分为以下分部工程：拦渣工程划分为基础开挖与处理、拦渣坝(墙、堤)体、防洪排水等分部工程；斜坡防护工程划分为工程护坡、植物护坡、截(排)水等分部工程；土地整治工程划分为场地整治、防排水、土地恢复等分部工程；防洪排导工程划分为基础开挖与处理、坝(墙、堤)体、排洪导流等分部工程；降水蓄渗工程划分为降水蓄渗、径流拦蓄等分部工程；临时防护工程划分为拦挡、沉沙、排水、覆盖等分部工程；植被建设工程划分为点连植被、线网植被等分部工程；防风固沙工程划分为植被固沙、工程固沙等分部工程。

单元工程应按照施工方法相同，工程量相近，便于进行质量控制和考核的原则划分。不同工程应按下述原则划分单元工程：土石方开挖工程按段、块划分；土方填筑按层、段划分；砌筑、浇筑、安装工程按施工段或方量划分；植物措施按图斑划分；小型工程按单个建筑物划分。

15.3.4.5 水土保持工程施工质量要求与检验评定要素

水土保持工程质量标准应遵循《水土保持综合治理 验收规范》(GB/T 15773—2008)和《生态公益林检查验收规定》等技术标准的规定。

(1)梯田工程

总体布局要求是集中连片，梯田的选位、与村庄道路水源的距离、修筑梯田的田面宽度、田坎的高度和坡度、蓄水埂的高度等规格尺寸要符合小流域综合治理设计的要求。主要检验梯田工程的田坎、田面、排水、修复情况。质量评审中保证项目应包括：田坎高度、边坡符合设计，必须坚固、平直；田面必须水平；蓄水埂高度达到设计；保留表土；田面宽度、长度符合设计；采取深耕、改良土壤措施；南方地区应有排水设施；雨后田坎坍塌率低于规定标准。

(2)保土耕作措施

对改变局部地形的农业技术措施，其布设应沿等高线，雨量较大的地区其沟垄应有一定的排水坡度。耕作的间距、高度等应符合设计。采取深耕、深松耕作措施的，其耕作深度应达到犁底层。增施有机肥的，应使土壤的团粒结构和保水能力显著增加。对增加地面植被的农业技术措施，其种植方式应符合设计要求。主要检验等高耕作、农耕、排水、种植。质量评审中保证项目应包括耕作方式须等高耕作。基本项目应包括采取深耕深松措施；采取增加植被覆盖措施。

(3)造林工程

造林工程质量的基本要求是：总体布局要合理，造林地块选择得当，根据地块的立地条件确定相应的林种、树种，造林的株行距符合设计要求。造林整地工程应与实地情况相符，工程的规格尺寸及施工质量达到设计要求。在树种的选择上，要能够满足当地解决燃料、经济果木、饲草料等需求，所占比例根据当地实际情况确定。水土保持林当年造林的成活率要达到80%以上，即春季造林、秋季达到80%以上或秋季造林、第二年秋季达到80%以上。主要检验造林的整地、造林、抚育管护。质量评审中保证项目应包括整地深度、埂高、季节符合设计，山丘区整地工程应水平，禁止全面整地；苗木规格、质量必须达到标准；种植密度符合设计；成活率达到规定标准；保存率达到规定标准。基本项目应包括整地土埂应平直，宽度和长度符合设计；种植工序符合规定；抚育达到设计要求。

(4)种草工程

种草地的选择，应符合种植各类牧草的地块，草种适合当地及地块的立地条件，种草的密度达到设计要求。所选草种应具有较强的蓄水保土能力，产量高，有较高的经济价值。在干旱、半干旱地区应采用抗旱种植技术措施，如顶凌播种、耙磨保墒等。在质量验收中，种草的当年出苗率和成活率应达到80%以上，3年后的保存率应达到70%以上。主要检验种草的整地、种植、管护。质量评审中保证项目应包括种子质量达到规定标准；出苗率、保存率达到规定标准；整地符合设计。基本项目应包括出苗整齐、均匀；播种季节符合设计。

(5)封禁治理工程

封禁治理工程基本要求为：一是在封育区的明显位置处设立专门标志牌；二是对封禁区采取刺丝、土石、植物围栏等实施封禁；三是健全和落实封禁和管护制度；四是要有专门的护林员进行巡护。主要检验封禁治理的围封、补植、抚育管护。质量评审中保证项目应包括重点封禁区有围封设施；有人工巡护措施、封禁成效达到规定标准。基本项目应包括人工进行补植；森林保护符合设计。

(6)沟头防护工程

沟头防护工程质量基本要求是：一是工程定位应准确，防护工程的规格尺寸及施工质量达到设计要求；二是雨季经暴雨考验后，做到总体完好、稳固，局部受损地方得到及时补强加固；三是侵蚀沟向深、向两侧、向沟头的延伸得到控制。主要检验谷坊、沟头防护、拦砂坝的坝体、围埂、排水、植物措施。质量评审中保证项目应包括沟边埂坚固、高度、长度达到设计要求；坝体规格符合设计，坝体坚固，有排水出路；坝基按设计进行清理。基本项目应包括沟边埂有排水设施；植物措施符合设计；暴雨后稳固完好。

(7)淤地坝、小水库、治沟骨干工程

基本要求是治沟工程在小流域综合治理中按流域和各支沟进行了系统设计和建设，

形成完整的坝系工程。主要检验小水库、淤地坝的坝体基础、筑坝、反滤体、坝面护坡；泄水建筑的进水、输水、出水建筑；溢洪道的溢洪建筑、排洪道、出口。质量评审中保证项目应包括坝体基础处理符合设计，筑坝材料、土密度达到规定要求；反滤体材料、施工符合设计；水工建筑物材料、施工符合规定，坚固、安全；排洪建筑物安全、坚固；工程断面尺寸符合设计。基本项目应包括坝面护坡符合设计；坝体压实质量符合设计；暴雨后完好；对重要工程进行监测。

(8) 小型蓄排引水工程

坡面设置的截水沟、排水沟在布置上应合理，其规格尺寸及施工质量达到设计要求。能有效控制坡上部来水，保护农田和林草地，排水工程有削能处理。在设计频率暴雨条件下，工程总体完好率在 90% 以上。水窖、旱井、蓄水池等工程布设的位置应合理，有地表径流水源保证，其规格尺寸、建筑材料、施工方法等达到设计要求。质量评审中保证项目应包括排水工程断面尺寸符合设计，坚固、安全；蓄水工程规格符合设计，无渗漏；洪水进、出口设施齐全。基本项目应包括排水工程与流域排水系统相连；暴雨后完好。

15.3.5　水土保持工程建设资金与投劳制度

水利部 2007 年印发的《水土保持工程建设管理办法》，对水土保持工程建设与管理提出了新要求。

15.3.5.1　投资计划和资金管理

水土保持工程建设投入由中央、地方和群众共同承担。各地要足额落实地方投资，并根据国家有关政策组织受益区群众投劳参与工程建设。同时，要制定优惠政策，完善建设管理机制，引导与调动社会其他资金投入工程建设。中央水土保持工程投资优先安排地方投资落实、前期工作完善、工程建设质量好、建后管护到位、群众积极性高的地方。

水土保持工程年度建议计划由县级发展改革部门会同县级水利部门逐级上报省级发展改革和水利部门。根据年度计划规模和各项目前期工作情况，由省级发展改革部门和水利部门对建议计划进行审查后，联合编制省级年度项目建议计划，报送国家发展和改革委员会和水利部。报送年度项目建议计划的文件包括：工程年度项目建议计划；所列项目的初步设计审批文件；地方投资承诺文件；上一年度项目建设情况总结，包括工程进度、效益、地方投资到位和中央投资使用情况等。

国家发展和改革委员会会同水利部汇总审核各省上报的年度项目建议计划，编制全国年度项目投资计划并下达。全国年度项目投资计划下达后，各地发展改革部门应商水利部门及时下达。在项目实施过程中，必须严格执行经批准的年度计划，不得擅自变更建设地点、规模、标准和主要建设内容。如因特殊情况确需变更的，需经原审批部门批准。

建立健全资金使用管理的各项规章制度。中央安排的建设投资要严格按照批准的工程建设内容和规模使用，专款专用，严禁截留、挤占和挪用。

15.3.5.2 投劳承诺制

水利部《水土保持重点工程农民投劳管理暂行规定》(水利部〔2004〕665 号),水土保持工程建设推行群众投劳承诺制、施工前和竣工自验后公示制度。工程实施前,要把建设任务、中央投资规模、所需群众投劳数量向项目区群众公开,接受群众和社会监督。

投劳纳入村级"一事一议"范围,接受地方各级农民负担监督管理部门的检查监督。投劳以村为单位统一组织,遵循"谁受益、谁负担","农民自愿、量力而行、民主决策、数量控制"的原则。投劳承诺应作为县级以上水利水土保持部门审查、审批水土保持重点工程前期工作重要依据之一,否则不予受理。县级水利水土保持部门根据水土保持有关政策规定和工程建设需要,协助乡级人民政府指导村民委员会做好投劳承诺工作。投劳原则上不能跨村使用,确需跨村使用投劳的,应采取借工、换工或有偿用工等形式,不得平调农村劳动力。对于跨村受益工程所需的投劳,由乡级人民政府统筹协调。投劳严格按照批准的数额筹集,不得擅自提高标准、扩大范围;不得跨项目或结转下一个项目使用;不得挪作他用。

申报水土保持重点工程前,县级水利水土保持部门和乡级人民政府要在深入调查研究、广泛征求群众意见的基础上,制订切合实际的工程建设方案,并协助村民委员会将拟建工程的建设内容、预期效益和所需投劳数量等,以预案方式在工程受益区范围内向群众张榜公布。预案公布后,经充分酝酿,召开村民大会或村民代表大会征求群众对工程投劳的意见。村民委员会在受益区群众签字认可投劳的基础上,出具投劳承诺书。县级水利水土保持部门根据落实的投资计划,确定工程的投劳任务,报县级人民政府备案,下达到有关乡级人民政府,落实到各行政村。村民委员会根据确定的投劳任务,将其分解到受益区农户,并张榜公布,组织实施。投劳可按面积大小、措施难易、受益多少分担,具体办法由村民大会或村民代表大会、村民小组会议讨论决定。

15.3.5.3 项目公示制

根据水利部《水土保持重点工程公示制管理暂行规定》(水利部〔2004〕642 号)要求,水土保持重点工程公示制由工程实施的县级水利水土保持部门和乡级人民政府联合向工程所在地群众公示,并纳入水土保持工程建设管理的范围,作为工程监督检查与竣工验收的重要内容。

(1)施工前公示

工程正式开工前,项目县根据下达的投资计划、治理任务及批准的初步设计,在项目建设地点显要位置以公告牌形式公示,内容包括工程建设项目法人(或项目责任主体)、设计单位、施工单位和监理单位的名称、责任人、联系人和联系电话,建设地点、建设任务、建设工期、中央补助资金、地方配套资金、群众投劳数量,分项措施资金补助标准等。

(2)竣工自验后公示

工程在县级水利水土保持部门竣工自验后,根据工程验收结果,将完成的各项措施的工程数量、中央补助资金和地方配套资金使用情况、群众投劳数量、群众补助兑现情况、工程管护责任单位(人)等主要内容以标志牌的形式公示。

省级水利水土保持部门负责监督、检查公示制的实施情况，对未实行公示的工程不得进行竣工验收。省级水利水土保持部门要对公示制实施情况进行不定期抽查，并将检查结果上报水利部。

15.3.6 水土保持工程检查与验收

15.3.6.1 水土保持生态建设工程检查与验收

(1)基本规定

根据水利部2007年印发的《水土保持工程建设管理办法》，省级发展改革和水利部门全面负责对本地水土保持项目的监督和检查。检查内容包括组织领导、制度和办法的制定，项目进度，工程质量，资金管理使用情况等。

水利部和国家发展和改革委员会对各地水土保持工程实施情况进行督查，项目所在地的流域机构负责督导和抽查。检查结果作为中央投资计划安排的重要依据之一。

项目建设完成后，由项目审批部门同有关部门共同组织竣工验收。验收按有关规程规范执行，对验收不合格的项目，要限期整改。对地方项目，省级水利部门应及时将验收结果报水利部(水土保持司)及有关流域机构备案。水利部可视情况委托有关流域机构进行抽查复核。

未实行工程建设公示制和工程建设监理制的项目，以及没有提交资金使用审计报告的项目，不得通过验收。

工程竣工验收后，要及时办理移交手续，明确管护主体，落实管护责任，确保工程长期发挥效益。

(2)年度验收与竣工验收

水土保持工程验收分年度验收和竣工验收。年度验收在项目责任主体(或项目法人)自验的基础上进行，由省级水行政主管部门会同省级投资计划主管部门组织进行。自验要对各项治理开发措施的数量、质量，逐项、逐地块进行，并提出年度自验报告。年度验收对各项措施进行抽样验收，抽样比例不少于20%；淤地坝、坡面水系、集中连片的机修梯田等工程要逐个进行验收。项目完成后进行竣工验收。竣工验收是在项目责任主体(或项目法人)自验的基础上，省级水行政主管部门提出申请，由水利部组织进行全面验收。项目验收报告等资料要及时报水利部水土保持司备案。

工程竣工验收后，必须及时办理移交手续，明确运行管护主体，制定管护制度，落实管护责任，确保工程长期发挥效益。各级水行政主管部门负责工程运行管护的监督检查与技术指导。

项目区要积极进行建设管理体制与机制改革，建立水土保持工程良性运行的机制。

淤地坝的防汛工作纳入当地防汛管理体系，实行行政首长负责制，签订责任状。

15.3.6.2 生产建设项目水土保持监督检查

为加强生产建设项目水土保持工作，控制生产建设过程中人为水土流失的发生和发展，减轻可能产生的危害，水利部于2004年印发了《关于加强开发建设项目水土保持监督检查工作的通知》(水利部办公厅〔2004〕97号)。

(1)建立部批水土保持方案实施督察制度

对流域内部批水土保持方案的大型开发建设项目每年至少检查一次,重点督察开发建设单位(业主)水土保持管理机构和管理措施、水土保持后续工程设计、水土保持重大设计变更、施工单位水土流失防治责任、水土保持工程监理、水土流失监测、水土保持工程建设进度、水土保持工程投资落实等情况。加大水土保持监督执法力度,对开发建设过程中不落实水土保持方案、存在严重问题或造成重大水土流失灾害的事件,要严肃查处。

(2)建立汛前水土保持工程检查制度

各流域机构要按照水土流失的特点,在每年汛前对重点开发建设项目组织完成一次全面检查,对存在重大泥沙灾害、滑坡和泥石流灾害的工程提出限期整改措施,加快水土保持工程建设,确保水土保持工程正常发挥作用,确保弃土弃渣得到有效防护,消除水土流失灾害隐患。

(3)建立流域开发建设项目水土保持工作公告制度

每半年公告一次部批开发建设项目水土保持工程实施情况、水土流失监测情况和水土保持监督检查结果。对于落实水土保持方案,水土流失防治成效好的项目提出表扬。对于不落实水土保持方案,造成严重水土流失的开发建设项目,除按法律规定进行处理外,还要向社会公告其建设项目法人、主要投资者、施工单位和监理单位,督促开发建设单位认真履行水土流失防治义务,控制人为水土流失。

(4)建立大型开发建设项目水土保持管理数据库

数据库的主要内容包括:建设单位水土保持管理机构和管理措施、水土保持方案后续设计,施工单位、监理单位、监测单位及其基本情况;水土保持工程进展情况和投资完成情况;重点设计变更情况;水土流失监测情况,造成的主要水土流失事故及其原因;地方水行政主管部门监督检查情况等。

15.3.6.3 生产建设项目水土保持设施验收

根据水土保持法的规定,生产建设竣工验收前,应当完成水土保持设施的专项验收。水土保持设施未经验收或者验收不合格的,该生产建设项目不得投入生产或者使用。水利部制定了《生产建设项目水土保持设施验收管理办法》(水利部令第16号),国家颁布了《开发建设项目水土保持设施验收技术规程》。验收技术标准应符合国家标准《开发建设项目水土流失防治标准》《开发建设项目水土保持技术规范》。

(1)验收基本规定

县级以上人民政府水行政主管部门按照生产建设项目水土保持方案的审批权限,负责生产建设项目水土保持设施的验收工作。水土保持设施验收的主要内容有水土保持方案确定的水土保持措施实施情况,水土流失防治效果,管理维护责任落实情况等。水土保持设施符合下列条件的,方可确定为验收合格:一是生产建设项目水土保持方案审批及变更手续完备,水土保持方案、设计、施工、监理、监测等资料齐全;二是按照水土保持方案和设计的要求建成各项水土保持措施,质量达到有关技术标准规范规定的要求；三是水土流失防治基本目标达到国家标准的规定，各项防治指标满足水土保持方案的要求；四是水土保持设施具备正常运行条件，符合交付使用要求，水土保持设施的管护责任落实。弃渣场水土保持设施位于临时征占使用土地上的，落实了管护责任主体和经费来源；五是需要进行技术评估的项目，通过了技术评估；六是生产建设单位或者个人依法缴纳了水土保持补偿费。

（2）验收程序

生产建设项目水土保持设施完工后，生产建设单位应当进行自查初验，对发现的问题及时处理，达到国家规定条件后，可向水土保持方案原审批机关提出水土保持设施验收申请。并向验收机关提交书面验收申请，自查初验报告或工作总结报告，水土保持监测、监理以及技术评估报告等。水行政主管部门受理生产建设项目水土保持设施验收申请后，在其门户网站等公共信息平台公示15 d，征求社会公众意见，并对公众反映的主要意见进行调查核实。对存在较大问题的，暂缓验收并书面通知申请人。负责验收的水行政主管部门应当召开验收会议，成立由有关单位代表和专家参加的验收组，检查建设现场，形成验收意见。通过验收须经2/3以上验收组成员同意。对通过验收的项目在验收结束后正式印发验收鉴定书。分期建设、分期投入生产或者使用的生产建设项目，水土保持设施可以分期验收。移民安置区水土保持设施不能与生产建设项目水土保持设施同步验收的，可以在完建后单独验收。水土保持设施验收合格后，生产建设单位应当加强对水土保持设施的管护，确保水土保持设施安全、有效运行。

思 考 题

1. 水土保持法律法规由哪几个层次组成？我国的水土保持工作方针是什么？哪些区域、哪些项目在立项建设前须报批水土保持方案？

2. 水土保持方案编制、水土保持监测、水土保持工程监理分为哪几级资质？申请资质分别需要具备哪些条件？从业人员有哪些要求？

3. 实行项目法人、招标投标、建设监理的主要目的和任务是什么？生产建设项目和水土保持生态建设工程的建设管理方式与验收程序有什么区别？

推荐阅读书目

中华人民共和国水土保持法释义. 全国人民代表大会常务委员会法制工作委员会. 法律出版社，2011.

中国水土流失防治与生态安全(总卷、水土流失防治政策卷). 中华人民共和国水利部，中国科学院，中国工程院. 科学出版社，2010.

参考文献

刘震，2011. 谈谈水土保持法修订的过程和重点内容[J]. 中国水土保持，(2)1 - 4.

牛崇恒，2011. 新水土保持法主要制度解读[J]. 中国水利，(12)47 - 57.

姜德文，2011. 解读新中华人民共和国水土保持法的法条体系[J]. 中国水土保持科学，9（5）：26 – 30.

水利部水土保持监测中心，2008. 水土保持工程建设监理理论与实务[M]. 北京：中国水利水电出版社.

姜德文，2002. 生态工程建设监理[M]. 北京：中国标准出版社.

赵廷宁，丁国栋，马履一，2004. 生态环境建设与管理[M]. 北京：中国环境科学出版社.

水利部水土保持监测中心，2010. 生产建设项目水土保持准入条件研究[M]. 北京：中国林业出版社.

刘鑫，姜德文，毕华兴，2007. 我国水土保持市场准入制度初探[J]. 中国水土保持科学，5（3）：109 – 113.

附　录

附录1：中华人民共和国水土保持法

（1991 年 6 月 29 日第七届全国人民代表大会常务委员会第二十次会议通过　2010 年 12 月 25 日第十一届全国人民代表大会常务委员会第十八次会议修订，自 2011 年 3 月 1 日起施行）

第一章　总　则

第一条　为了预防和治理水土流失，保护和合理利用水土资源，减轻水、旱、风沙灾害，改善生态环境，保障经济社会可持续发展，制定本法。

第二条　在中华人民共和国境内从事水土保持活动，应当遵守本法。

本法所称水土保持，是指对自然因素和人为活动造成水土流失所采取的预防和治理措施。

第三条　水土保持工作实行预防为主、保护优先、全面规划、综合治理、因地制宜、突出重点、科学管理、注重效益的方针。

第四条　县级以上人民政府应当加强对水土保持工作的统一领导，将水土保持工作纳入本级国民经济和社会发展规划，对水土保持规划确定的任务，安排专项资金，并组织实施。

国家在水土流失重点预防区和重点治理区，实行地方各级人民政府水土保持目标责任制和考核奖惩制度。

第五条　国务院水行政主管部门主管全国的水土保持工作。

国务院水行政主管部门在国家确定的重要江河、湖泊设立的流域管理机构（以下简称流域管理机构），在所管辖范围内依法承担水土保持监督管理职责。

县级以上地方人民政府水行政主管部门主管本行政区域的水土保持工作。

县级以上人民政府林业、农业、国土资源等有关部门按照各自职责，做好有关的水土流失预防和治理工作。

第六条　各级人民政府及其有关部门应当加强水土保持宣传和教育工作，普及水土保持科学知识，增强公众的水土保持意识。

第七条　国家鼓励和支持水土保持科学技术研究，提高水土保持科学技术水平，推广先进的水土保持技术，培养水土保持科学技术人才。

第八条 任何单位和个人都有保护水土资源、预防和治理水土流失的义务，并有权对破坏水土资源、造成水土流失的行为进行举报。

第九条 国家鼓励和支持社会力量参与水土保持工作。

对水土保持工作中成绩显著的单位和个人，由县级以上人民政府给予表彰和奖励。

第二章 规　划

第十条 水土保持规划应当在水土流失调查结果及水土流失重点预防区和重点治理区划定的基础上，遵循统筹协调、分类指导的原则编制。

第十一条 国务院水行政主管部门应当定期组织全国水土流失调查并公告调查结果。

省、自治区、直辖市人民政府水行政主管部门负责本行政区域的水土流失调查并公告调查结果，公告前应当将调查结果报国务院水行政主管部门备案。

第十二条 县级以上人民政府应当依据水土流失调查结果划定并公告水土流失重点预防区和重点治理区。

对水土流失潜在危险较大的区域，应当划定为水土流失重点预防区；对水土流失严重的区域，应当划定为水土流失重点治理区。

第十三条 水土保持规划的内容应当包括水土流失状况、水土流失类型区划分、水土流失防治目标、任务和措施等。

水土保持规划包括对流域或者区域预防和治理水土流失、保护和合理利用水土资源作出的整体部署，以及根据整体部署对水土保持专项工作或者特定区域预防和治理水土流失作出的专项部署。

水土保持规划应当与土地利用总体规划、水资源规划、城乡规划和环境保护规划等相协调。

编制水土保持规划，应当征求专家和公众的意见。

第十四条 县级以上人民政府水行政主管部门会同同级人民政府有关部门编制水土保持规划，报本级人民政府或者其授权的部门批准后，由水行政主管部门组织实施。

水土保持规划一经批准，应当严格执行；经批准的规划根据实际情况需要修改的，应当按照规划编制程序报原批准机关批准。

第十五条 有关基础设施建设、矿产资源开发、城镇建设、公共服务设施建设等方面的规划，在实施过程中可能造成水土流失的，规划的组织编制机关应当在规划中提出水土流失预防和治理的对策和措施，并在规划报请审批前征求本级人民政府水行政主管部门的意见。

第三章 预　防

第十六条 地方各级人民政府应当按照水土保持规划，采取封育保护、自然修复等措施，组织单位和个人植树种草，扩大林草覆盖面积，涵养水源，预防和减轻水土流失。

第十七条 地方各级人民政府应当加强对取土、挖砂、采石等活动的管理，预防和减轻水土流失。

禁止在崩塌、滑坡危险区和泥石流易发区从事取土、挖砂、采石等可能造成水土流失的活动。崩塌、滑坡危险区和泥石流易发区的范围，由县级以上地方人民政府划定并公告。崩塌、滑坡危险区和泥石流易发区的划定，应当与地质灾害防治规划确定的地质灾害易发区、重点防治区相衔接。

第十八条　水土流失严重、生态脆弱的地区，应当限制或者禁止可能造成水土流失的生产建设活动，严格保护植物、沙壳、结皮、地衣等。

在侵蚀沟的沟坡和沟岸、河流的两岸以及湖泊和水库的周边，土地所有权人、使用权人或者有关管理单位应当营造植物保护带。禁止开垦、开发植物保护带。

第十九条　水土保持设施的所有权人或者使用权人应当加强对水土保持设施的管理与维护，落实管护责任，保障其功能正常发挥。

第二十条　禁止在二十五度以上陡坡地开垦种植农作物。在二十五度以上陡坡地种植经济林的，应当科学选择树种，合理确定规模，采取水土保持措施，防止造成水土流失。

省、自治区、直辖市根据本行政区域的实际情况，可以规定小于二十五度的禁止开垦坡度。禁止开垦的陡坡地的范围由当地县级人民政府划定并公告。

第二十一条　禁止毁林、毁草开垦和采集发菜。禁止在水土流失重点预防区和重点治理区铲草皮、挖树兜或者滥挖虫草、甘草、麻黄等。

第二十二条　林木采伐应当采用合理方式，严格控制皆伐；对水源涵养林、水土保持林、防风固沙林等防护林只能进行抚育和更新性质的采伐；对采伐区和集材道应当采取防止水土流失的措施，并在采伐后及时更新造林。

在林区采伐林木的，采伐方案中应当有水土保持措施。采伐方案经林业主管部门批准后，由林业主管部门和水行政主管部门监督实施。

第二十三条　在五度以上坡地植树造林、抚育幼林、种植中药材等，应当采取水土保持措施。

在禁止开垦坡度以下、五度以上的荒坡地开垦种植农作物，应当采取水土保持措施。具体办法由省、自治区、直辖市根据本行政区域的实际情况规定。

第二十四条　生产建设项目选址、选线应当避让水土流失重点预防区和重点治理区；无法避让的，应当提高防治标准，优化施工工艺，减少地表扰动和植被损坏范围，有效控制可能造成的水土流失。

第二十五条　在山区、丘陵区、风沙区以及水土保持规划确定的容易发生水土流失的其他区域开办可能造成水土流失的生产建设项目，生产建设单位应当编制水土保持方案，报县级以上人民政府水行政主管部门审批，并按照经批准的水土保持方案，采取水土流失预防和治理措施。没有能力编制水土保持方案的，应当委托具备相应技术条件的机构编制。

水土保持方案应当包括水土流失预防和治理的范围、目标、措施和投资等内容。

水土保持方案经批准后，生产建设项目的地点、规模发生重大变化的，应当补充或者修改水土保持方案并报原审批机关批准。水土保持方案实施过程中，水土保持措施需要作出重大变更的，应当经原审批机关批准。

生产建设项目水土保持方案的编制和审批办法，由国务院水行政主管部门制定。

第二十六条 依法应当编制水土保持方案的生产建设项目，生产建设单位未编制水土保持方案或者水土保持方案未经水行政主管部门批准的，生产建设项目不得开工建设。

第二十七条 依法应当编制水土保持方案的生产建设项目中的水土保持设施，应当与主体工程同时设计、同时施工、同时投产使用；生产建设项目竣工验收，应当验收水土保持设施；水土保持设施未经验收或者验收不合格的，生产建设项目不得投产使用。

第二十八条 依法应当编制水土保持方案的生产建设项目，其生产建设活动中排弃的砂、石、土、矸石、尾矿、废渣等应当综合利用；不能综合利用，确需废弃的，应当堆放在水土保持方案确定的专门存放地，并采取措施保证不产生新的危害。

第二十九条 县级以上人民政府水行政主管部门、流域管理机构，应当对生产建设项目水土保持方案的实施情况进行跟踪检查，发现问题及时处理。

第四章　治　理

第三十条 国家加强水土流失重点预防区和重点治理区的坡耕地改梯田、淤地坝等水土保持重点工程建设，加大生态修复力度。

县级以上人民政府水行政主管部门应当加强对水土保持重点工程的建设管理，建立和完善运行管护制度。

第三十一条 国家加强江河源头区、饮用水水源保护区和水源涵养区水土流失的预防和治理工作，多渠道筹集资金，将水土保持生态效益补偿纳入国家建立的生态效益补偿制度。

第三十二条 开办生产建设项目或者从事其他生产建设活动造成水土流失的，应当进行治理。

在山区、丘陵区、风沙区以及水土保持规划确定的容易发生水土流失的其他区域开办生产建设项目或者从事其他生产建设活动，损坏水土保持设施、地貌植被，不能恢复原有水土保持功能的，应当缴纳水土保持补偿费，专项用于水土流失预防和治理。专项水土流失预防和治理由水行政主管部门负责组织实施。水土保持补偿费的收取使用管理办法由国务院财政部门、国务院价格主管部门会同国务院水行政主管部门制定。

生产建设项目在建设过程中和生产过程中发生的水土保持费用，按照国家统一的财务会计制度处理。

第三十三条 国家鼓励单位和个人按照水土保持规划参与水土流失治理，并在资金、技术、税收等方面予以扶持。

第三十四条 国家鼓励和支持承包治理荒山、荒沟、荒丘、荒滩，防治水土流失，保护和改善生态环境，促进土地资源的合理开发和可持续利用，并依法保护土地承包合同当事人的合法权益。

承包治理荒山、荒沟、荒丘、荒滩和承包水土流失严重地区农村土地的，在依法签订的土地承包合同中应当包括预防和治理水土流失责任的内容。

第三十五条 在水力侵蚀地区,地方各级人民政府及其有关部门应当组织单位和个人,以天然沟壑及其两侧山坡地形成的小流域为单元,因地制宜地采取工程措施、植物措施和保护性耕作等措施,进行坡耕地和沟道水土流失综合治理。

在风力侵蚀地区,地方各级人民政府及其有关部门应当组织单位和个人,因地制宜地采取轮封轮牧、植树种草、设置人工沙障和网格林带等措施,建立防风固沙防护体系。

在重力侵蚀地区,地方各级人民政府及其有关部门应当组织单位和个人,采取监测、径流排导、削坡减载、支挡固坡、修建拦挡工程等措施,建立监测、预报、预警体系。

第三十六条 在饮用水水源保护区,地方各级人民政府及其有关部门应当组织单位和个人,采取预防保护、自然修复和综合治理措施,配套建设植物过滤带,积极推广沼气,开展清洁小流域建设,严格控制化肥和农药的使用,减少水土流失引起的面源污染,保护饮用水水源。

第三十七条 已在禁止开垦的陡坡地上开垦种植农作物的,应当按照国家有关规定退耕,植树种草;耕地短缺、退耕确有困难的,应当修建梯田或者采取其他水土保持措施。

在禁止开垦坡度以下的坡耕地上开垦种植农作物的,应当根据不同情况,采取修建梯田、坡面水系整治、蓄水保土耕作或者退耕等措施。

第三十八条 对生产建设活动所占用土地的地表土应当进行分层剥离、保存和利用,做到土石方挖填平衡,减少地表扰动范围;对废弃的砂、石、土、矸石、尾矿、废渣等存放地,应当采取拦挡、坡面防护、防洪排导等措施。生产建设活动结束后,应当及时在取土场、开挖面和存放地的裸露土地上植树种草、恢复植被,对闭库的尾矿库进行复垦。

在干旱缺水地区从事生产建设活动,应当采取防止风力侵蚀措施,设置降水蓄渗设施,充分利用降水资源。

第三十九条 国家鼓励和支持在山区、丘陵区、风沙区以及容易发生水土流失的其他区域,采取下列有利于水土保持的措施:

(一)免耕、等高耕作、轮耕轮作、草田轮作、间作套种等;

(二)封禁抚育、轮封轮牧、舍饲圈养;

(三)发展沼气、节柴灶,利用太阳能、风能和水能,以煤、电、气代替薪柴等;

(四)从生态脆弱地区向外移民;

(五)其他有利于水土保持的措施。

第五章 监测和监督

第四十条 县级以上人民政府水行政主管部门应当加强水土保持监测工作,发挥水土保持监测工作在政府决策、经济社会发展和社会公众服务中的作用。县级以上人民政府应当保障水土保持监测工作经费。

国务院水行政主管部门应当完善全国水土保持监测网络,对全国水土流失进行动态监测。

第四十一条　对可能造成严重水土流失的大中型生产建设项目，生产建设单位应当自行或者委托具备水土保持监测资质的机构，对生产建设活动造成的水土流失进行监测，并将监测情况定期上报当地水行政主管部门。

从事水土保持监测活动应当遵守国家有关技术标准、规范和规程，保证监测质量。

第四十二条　国务院水行政主管部门和省、自治区、直辖市人民政府水行政主管部门应当根据水土保持监测情况，定期对下列事项进行公告：

（一）水土流失类型、面积、强度、分布状况和变化趋势；

（二）水土流失造成的危害；

（三）水土流失预防和治理情况。

第四十三条　县级以上人民政府水行政主管部门负责对水土保持情况进行监督检查。流域管理机构在其管辖范围内可以行使国务院水行政主管部门的监督检查职权。

第四十四条　水政监督检查人员依法履行监督检查职责时，有权采取下列措施：

（一）要求被检查单位或者个人提供有关文件、证照、资料；

（二）要求被检查单位或者个人就预防和治理水土流失的有关情况作出说明；

（三）进入现场进行调查、取证。

被检查单位或者个人拒不停止违法行为，造成严重水土流失的，报经水行政主管部门批准，可以查封、扣押实施违法行为的工具及施工机械、设备等。

第四十五条　水政监督检查人员依法履行监督检查职责时，应当出示执法证件。被检查单位或者个人对水土保持监督检查工作应当给予配合，如实报告情况，提供有关文件、证照、资料；不得拒绝或者阻碍水政监督检查人员依法执行公务。

第四十六条　不同行政区域之间发生水土流失纠纷应当协商解决；协商不成的，由共同的上一级人民政府裁决。

第六章　法律责任

第四十七条　水行政主管部门或者其他依照本法规定行使监督管理权的部门，不依法作出行政许可决定或者办理批准文件的，发现违法行为或者接到对违法行为的举报不予查处的，或者有其他未依照本法规定履行职责的行为的，对直接负责的主管人员和其他直接责任人员依法给予处分。

第四十八条　违反本法规定，在崩塌、滑坡危险区或者泥石流易发区从事取土、挖砂、采石等可能造成水土流失的活动的，由县级以上地方人民政府水行政主管部门责令停止违法行为，没收违法所得，对个人处一千元以上一万元以下的罚款，对单位处二万元以上二十万元以下的罚款。

第四十九条　违反本法规定，在禁止开垦坡度以上陡坡地开垦种植农作物，或者在禁止开垦、开发的植物保护带内开垦、开发的，由县级以上地方人民政府水行政主管部门责令停止违法行为，采取退耕、恢复植被等补救措施；按照开垦或者开发面积，可以对个人处每平方米二元以下的罚款、对单位处每平方米十元以下的罚款。

第五十条　违反本法规定，毁林、毁草开垦的，依照《中华人民共和国森林法》《中华人民共和国草原法》的有关规定处罚。

第五十一条　违反本法规定，采集发菜，或者在水土流失重点预防区和重点治理区铲草皮、挖树兜、滥挖虫草、甘草、麻黄等的，由县级以上地方人民政府水行政主管部门责令停止违法行为，采取补救措施，没收违法所得，并处违法所得一倍以上五倍以下的罚款；没有违法所得的，可以处五万元以下的罚款。

在草原地区有前款规定违法行为的，依照《中华人民共和国草原法》的有关规定处罚。

第五十二条　在林区采伐林木不依法采取防止水土流失措施的，由县级以上地方人民政府林业主管部门、水行政主管部门责令限期改正，采取补救措施；造成水土流失的，由水行政主管部门按照造成水土流失的面积处每平方米二元以上十元以下的罚款。

第五十三条　违反本法规定，有下列行为之一的，由县级以上人民政府水行政主管部门责令停止违法行为，限期补办手续；逾期不补办手续的，处五万元以上五十万元以下的罚款；对生产建设单位直接负责的主管人员和其他直接责任人员依法给予处分：

（一）依法应当编制水土保持方案的生产建设项目，未编制水土保持方案或者编制的水土保持方案未经批准而开工建设的；

（二）生产建设项目的地点、规模发生重大变化，未补充、修改水土保持方案或者补充、修改的水土保持方案未经原审批机关批准的；

（三）水土保持方案实施过程中，未经原审批机关批准，对水土保持措施作出重大变更的。

第五十四条　违反本法规定，水土保持设施未经验收或者验收不合格将生产建设项目投产使用的，由县级以上人民政府水行政主管部门责令停止生产或者使用，直至验收合格，并处五万元以上五十万元以下的罚款。

第五十五条　违反本法规定，在水土保持方案确定的专门存放地以外的区域倾倒砂、石、土、矸石、尾矿、废渣等的，由县级以上地方人民政府水行政主管部门责令停止违法行为，限期清理，按照倾倒数量处每立方米十元以上二十元以下的罚款；逾期仍不清理的，县级以上地方人民政府水行政主管部门可以指定有清理能力的单位代为清理，所需费用由违法行为人承担。

第五十六条　违反本法规定，开办生产建设项目或者从事其他生产建设活动造成水土流失，不进行治理的，由县级以上人民政府水行政主管部门责令限期治理；逾期仍不治理的，县级以上人民政府水行政主管部门可以指定有治理能力的单位代为治理，所需费用由违法行为人承担。

第五十七条　违反本法规定，拒不缴纳水土保持补偿费的，由县级以上人民政府水行政主管部门责令限期缴纳；逾期不缴纳的，自滞纳之日起按日加收滞纳部分万分之五的滞纳金，可以处应缴水土保持补偿费三倍以下的罚款。

第五十八条　违反本法规定，造成水土流失危害的，依法承担民事责任；构成违反治安管理行为的，由公安机关依法给予治安管理处罚；构成犯罪的，依法追究刑事责任。

第七章　附　则

第五十九条　县级以上地方人民政府根据当地实际情况确定的负责水土保持工作的机构，行使本法规定的水行政主管部门水土保持工作的职责。

第六十条　本法自 2011 年 3 月 1 日起施行。

附录2：中华人民共和国防沙治沙法

（2001 年 8 月 31 日第九届全国人民代表大会常务委员会第二十三次会议通过，根据 2018 年 10 月 26 日第十三届全国人民代表大会常务委员会第六次会议《关于修改〈中华人民共和国野生动物保护法〉等十五部法律的决定》修正）

第一章　总　则

第一条　为预防土地沙化，治理沙化土地，维护生态安全，促进经济和社会的可持续发展，制定本法。

第二条　在中华人民共和国境内，从事土地沙化的预防、沙化土地的治理和开发利用活动，必须遵守本法。

土地沙化是指因气候变化和人类活动所导致的天然沙漠扩张和沙质土壤上植被破坏、沙土裸露的过程。

本法所称土地沙化，是指主要因人类不合理活动所导致的天然沙漠扩张和沙质土壤上植被及覆盖物被破坏，形成流沙及沙土裸露的过程。

本法所称沙化土地，包括已经沙化的土地和具有明显沙化趋势的土地。具体范围，由国务院批准的全国防沙治沙规划确定。

第三条　防沙治沙工作应当遵循以下原则：

（一）统一规划，因地制宜，分步实施，坚持区域防治与重点防治相结合；

（二）预防为主，防治结合，综合治理；

（三）保护和恢复植被与合理利用自然资源相结合；

（四）遵循生态规律，依靠科技进步；

（五）改善生态环境与帮助农牧民脱贫致富相结合；

（六）国家支持与地方自力更生相结合，政府组织与社会各界参与相结合，鼓励单位、个人承包防治；

（七）保障防沙治沙者的合法权益。

第四条　国务院和沙化土地所在地区的县级以上地方人民政府，应当将防沙治沙纳入国民经济和社会发展计划，保障和支持防沙治沙工作的开展。

沙化土地所在地区的地方各级人民政府，应当采取有效措施，预防土地沙化，治理沙化土地，保护和改善本行政区域的生态质量。

国家在沙化土地所在地区，建立政府行政领导防沙治沙任期目标责任考核奖惩制度。沙化土地所在地区的县级以上地方人民政府，应当向同级人民代表大会及其常务委员会报告防沙治沙工作情况。

第五条　在国务院领导下，国务院林业草原行政主管部门负责组织、协调、指导全国防沙治沙工作。

国务院林业草原、农业、水利、土地、生态环境等行政主管部门和气象主管机构，按照有关法律规定的职责和国务院确定的职责分工，各负其责，密切配合，共同做好防沙治沙工作。

县级以上地方人民政府组织、领导所属有关部门，按照职责分工，各负其责，密切配合，共同做好本行政区域的防沙治沙工作。

第六条　使用土地的单位和个人，有防止该土地沙化的义务。

使用已经沙化的土地的单位和个人，有治理该沙化土地的义务。

第七条　国家支持防沙治沙的科学研究和技术推广工作，发挥科研部门、机构在防沙治沙工作中的作用，培养防沙治沙专门技术人员，提高防沙治沙的科学技术水平。

国家支持开展防沙治沙的国际合作。

第八条　在防沙治沙工作中作出显著成绩的单位和个人，由人民政府给予表彰和奖励；对保护和改善生态质量作出突出贡献的应当给予重奖。

第九条　沙化土地所在地区的各级人民政府应当组织有关部门开展防沙治沙知识的宣传教育，增强公民的防沙治沙意识，提高公民防沙治沙的能力。

第二章　防沙治沙规划

第十条　防沙治沙实行统一规划。从事防沙治沙活动，以及在沙化土地范围内从事开发利用活动，必须遵循防沙治沙规划。

防沙治沙规划应当对遏制土地沙化扩展趋势，逐步减少沙化土地的时限、步骤、措施等作出明确规定，并将具体实施方案纳入国民经济和社会发展五年计划和年度计划。

第十一条　国务院林业草原行政主管部门会同国务院农业、水利、土地、生态环境等有关部门编制全国防沙治沙规划，报国务院批准后实施。

省、自治区、直辖市人民政府依据全国防沙治沙规划，编制本行政区域的防沙治沙规划，报国务院或者国务院指定的有关部门批准后实施。

沙化土地所在地区的市、县人民政府，应当依据上一级人民政府的防沙治沙规划，组织编制本行政区域的防沙治沙规划，报上一级人民政府批准后实施。

防沙治沙规划的修改，须经原批准机关批准；未经批准，任何单位和个人不得改变防沙治沙规划。

第十二条　编制防沙治沙规划，应当根据沙化土地所处的地理位置、土地类型、植被状况、气候和水资源状况、土地沙化程度等自然条件及其所发挥的生态、经济功能，对沙化土地实行分类保护、综合治理和合理利用。

在规划期内不具备治理条件的以及因保护生态的需要不宜开发利用的连片沙化土地，应当规划为沙化土地封禁保护区，实行封禁保护。沙化土地封禁保护区的范围，由全国防沙治沙规划以及省、自治区、直辖市防沙治沙规划确定。

第十三条　防沙治沙规划应当与土地利用总体规划相衔接；防沙治沙规划中确定的沙化土地用途，应当符合本级人民政府的土地利用总体规划。

第三章　土地沙化的预防

第十四条　国务院林业草原行政主管部门组织其他有关行政主管部门对全国土地沙化情况进行监测、统计和分析，并定期公布监测结果。

县级以上地方人民政府林业草原或者其他有关行政主管部门，应当按照土地沙化监测技术规程，对沙化土地进行监测，并将监测结果向本级人民政府及上一级林业草原或者其他有关行政主管部门报告。

第十五条　县级以上地方人民政府林业草原或者其他有关行政主管部门，在土地沙化监测过程中，发现土地发生沙化或者沙化程度加重的，应当及时报告本级人民政府。收到报告的人民政府应当责成有关行政主管部门制止导致土地沙化的行为，并采取有效措施进行治理。

各级气象主管机构应当组织对气象干旱和沙尘暴天气进行监测、预报，发现气象干旱或者沙尘暴天气征兆时，应当及时报告当地人民政府。收到报告的人民政府应当采取预防措施，必要时公布灾情预报，并组织林业草原、农（牧）业等有关部门采取应急措施，避免或者减轻风沙危害。

第十六条　沙化土地所在地区的县级以上地方人民政府应当按照防沙治沙规划，划出一定比例的土地，因地制宜地营造防风固沙林网、林带，种植多年生灌木和草本植物。由林业草原行政主管部门负责确定植树造林的成活率、保存率的标准和具体任务，并逐片组织实施，明确责任，确保完成。

除了抚育更新性质的采伐外，不得批准对防风固沙林网、林带进行采伐。在对防风固沙林网、林带进行抚育更新性质的采伐之前，必须在其附近预先形成接替林网和林带。

对林木更新困难地区已有的防风固沙林网、林带，不得批准采伐。

第十七条　禁止在沙化土地上砍挖灌木、药材及其他固沙植物。

沙化土地所在地区的县级人民政府，应当制定植被管护制度，严格保护植被，并根据需要在乡（镇）、村建立植被管护组织，确定管护人员。

在沙化土地范围内，各类土地承包合同应当包括植被保护责任的内容。

第十八条　草原地区的地方各级人民政府，应当加强草原的管理和建设，由林业草原行政主管部门会同畜牧业行政主管部门负责指导、组织农牧民建设人工草场，控制载畜量，调整牲畜结构，改良牲畜品种，推行牲畜圈养和草场轮牧，消灭草原鼠害、虫害，保护草原植被，防止草原退化和沙化。

草原实行以产草量确定载畜量的制度。由林业草原行政主管部门会同畜牧业行政主管部门负责制定载畜量的标准和有关规定，并逐级组织实施，明确责任，确保完成。

第十九条　沙化土地所在地区的县级以上地方人民政府水行政主管部门，应当加强流域和区域水资源的统一调配和管理，在编制流域和区域水资源开发利用规划和供水计划时，必须考虑整个流域和区域植被保护的用水需求，防止因地下水和上游水资源的过度开发利用，导致植被破坏和土地沙化。该规划和计划经批准后，必须严格实施。

沙化土地所在地区的地方各级人民政府应当节约用水，发展节水型农牧业和其他产业。

第二十条　沙化土地所在地区的县级以上地方人民政府，不得批准在沙漠边缘地带和林地、草原开垦耕地；已经开垦并对生态产生不良影响的，应当有计划地组织退耕还林还草。

第二十一条　在沙化土地范围内从事开发建设活动的，必须事先就该项目可能对当地及相关地区生态产生的影响进行环境影响评价，依法提交环境影响报告；环境影响报告应当包括有关防沙治沙的内容。

第二十二条　在沙化土地封禁保护区范围内，禁止一切破坏植被的活动。

禁止在沙化土地封禁保护区范围内安置移民。对沙化土地封禁保护区范围内的农牧民，县级以上地方人民政府应当有计划地组织迁出，并妥善安置。沙化土地封禁保护区范围内尚未迁出的农牧民的生产生活，由沙化土地封禁保护区主管部门妥善安排。

未经国务院或者国务院指定的部门同意，不得在沙化土地封禁保护区范围内进行修建铁路、公路等建设活动。

第四章　沙化土地的治理

第二十三条　沙化土地所在地区的地方各级人民政府，应当按照防沙治沙规划，组织有关部门、单位和个人，因地制宜地采取人工造林种草、飞机播种造林种草、封沙育林育草和合理调配生态用水等措施，恢复和增加植被，治理已经沙化的土地。

第二十四条　国家鼓励单位和个人在自愿的前提下，捐资或者以其他形式开展公益性的治沙活动。

县级以上地方人民政府林业草原或者其他有关行政主管部门，应当为公益性治沙活动提供治理地点和无偿技术指导。

从事公益性治沙的单位和个人，应当按照县级以上地方人民政府林业草原或者其他有关行政主管部门的技术要求进行治理，并可以将所种植的林、草委托他人管护或者交由当地人民政府有关行政主管部门管护。

第二十五条　使用已经沙化的国有土地的使用权人和农民集体所有土地的承包经营权人，必须采取治理措施，改善土地质量；确实无能力完成治理任务的，可以委托他人治理或者与他人合作治理。委托或者合作治理的，应当签订协议，明确各方的权利和义务。

沙化土地所在地区的地方各级人民政府及其有关行政主管部门、技术推广单位，应当为土地使用权人和承包经营权人的治沙活动提供技术指导。

采取退耕还林还草、植树种草或者封育措施治沙的土地使用权人和承包经营权人，按照国家有关规定，享受人民政府提供的政策优惠。

第二十六条　不具有土地所有权或者使用权的单位和个人从事营利性治沙活动的，应当先与土地所有权人或者使用权人签订协议，依法取得土地使用权。

在治理活动开始之前，从事营利性治沙活动的单位和个人应当向治理项目所在地的县级以上地方人民政府林业草原行政主管部门或者县级以上地方人民政府指定的其他行政主管部门提出治理申请，并附具下列文件：

（一）被治理土地权属的合法证明文件和治理协议；

（二）符合防沙治沙规划的治理方案；

（三）治理所需的资金证明。

第二十七条 本法第二十六条第二款第二项所称治理方案，应当包括以下内容：

（一）治理范围界限；

（二）分阶段治理目标和治理期限；

（三）主要治理措施；

（四）经当地水行政主管部门同意的用水来源和用水量指标；

（五）治理后的土地用途和植被管护措施；

（六）其他需要载明的事项。

第二十八条 从事营利性治沙活动的单位和个人，必须按照治理方案进行治理。

国家保护沙化土地治理者的合法权益。在治理者取得合法土地权属的治理范围内，未经治理者同意，其他任何单位和个人不得从事治理或者开发利用活动。

第二十九条 治理者完成治理任务后，应当向县级以上地方人民政府受理治理申请的行政主管部门提出验收申请。经验收合格的，受理治理申请的行政主管部门应当发给治理合格证明文件；经验收不合格的，治理者应当继续治理。

第三十条 已经沙化的土地范围内的铁路、公路、河流和水渠两侧，城镇、村庄、厂矿和水库周围，实行单位治理责任制，由县级以上地方人民政府下达治理责任书，由责任单位负责组织造林种草或者采取其他治理措施。

第三十一条 沙化土地所在地区的地方各级人民政府，可以组织当地农村集体经济组织及其成员在自愿的前提下，对已经沙化的土地进行集中治理。农村集体经济组织及其成员投入的资金和劳力，可以折算为治理项目的股份、资本金，也可以采取其他形式给予补偿。

第五章 保障措施

第三十二条 国务院和沙化土地所在地区的地方各级人民政府应当在本级财政预算中按照防沙治沙规划通过项目预算安排资金，用于本级人民政府确定的防沙治沙工程。在安排扶贫、农业、水利、道路、矿产、能源、农业综合开发等项目时，应当根据具体情况，设立若干防沙治沙子项目。

第三十三条 国务院和省、自治区、直辖市人民政府应当制定优惠政策，鼓励和支持单位和个人防沙治沙。

县级以上地方人民政府应当按照国家有关规定，根据防沙治沙的面积和难易程度，给予从事防沙治沙活动的单位和个人资金补助、财政贴息以及税费减免等政策优惠。

单位和个人投资进行防沙治沙的，在投资阶段免征各种税收；取得一定收益后，可以免征或者减征有关税收。

第三十四条 使用已经沙化的国有土地从事治沙活动的，经县级以上人民政府依法批准，可以享有不超过七十年的土地使用权。具体年限和管理办法，由国务院规定。

使用已经沙化的集体所有土地从事治沙活动的，治理者应当与土地所有人签订土地承包合同。具体承包期限和当事人的其他权利、义务由承包合同双方依法在土地承包合同中约定。县级人民政府依法根据土地承包合同向治理者颁发土地使用权证书，保护集体所有沙化土地治理者的土地使用权。

第三十五条 因保护生态的特殊要求，将治理后的土地批准划为自然保护区或者沙化土地封禁保护区的，批准机关应当给予治理者合理的经济补偿。

第三十六条 国家根据防沙治沙的需要，组织设立防沙治沙重点科研项目和示范、推广项目，并对防沙治沙、沙区能源、沙生经济作物、节水灌溉、防止草原退化、沙地旱作农业等方面的科学研究与技术推广给予资金补助、税费减免等政策优惠。

第三十七条 任何单位和个人不得截留、挪用防沙治沙资金。

县级以上人民政府审计机关，应当依法对防沙治沙资金使用情况实施审计监督。

第六章 法律责任

第三十八条 违反本法第二十二条第一款规定，在沙化土地封禁保护区范围内从事破坏植被活动的，由县级以上地方人民政府林业草原行政主管部门责令停止违法行为；有违法所得的，没收其违法所得；构成犯罪的，依法追究刑事责任。

第三十九条 违反本法第二十五条第一款规定，国有土地使用权人和农民集体所有土地承包经营权人未采取防沙治沙措施，造成土地严重沙化的，由县级以上地方人民政府林业草原行政主管部门责令限期治理；造成国有土地严重沙化的，县级以上人民政府可以收回国有土地使用权。

第四十条 违反本法规定，进行营利性治沙活动，造成土地沙化加重的，由县级以上地方人民政府负责受理营利性治沙申请的行政主管部门责令停止违法行为，可以并处每公顷五千元以上五万元以下的罚款。

第四十一条 违反本法第二十八条第一款规定，不按照治理方案进行治理的，或者违反本法第二十九条规定，经验收不合格又不按要求继续治理的，由县级以上地方人民政府负责受理营利性治沙申请的行政主管部门责令停止违法行为，限期改正，可以并处相当于治理费用一倍以上三倍以下的罚款。

第四十二条 违反本法第二十八条第二款规定，未经治理者同意，擅自在他人的治理范围内从事治理或者开发利用活动的，由县级以上地方人民政府负责受理营利性治沙申请的行政主管部门责令停止违法行为；给治理者造成损失的，应当赔偿损失。

第四十三条 违反本法规定，有下列情形之一的，对直接负责的主管人员和其他直接责任人员，由所在单位、监察机关或者上级行政主管部门依法给予行政处分：

（一）违反本法第十五条第一款规定，发现土地发生沙化或者沙化程度加重不及时报告的，或者收到报告后不责成有关行政主管部门采取措施的；

（二）违反本法第十六条第二款、第三款规定，批准采伐防风固沙林网、林带的；

（三）违反本法第二十条规定，批准在沙漠边缘地带和林地、草原开垦耕地的；

（四）违反本法第二十二条第二款规定，在沙化土地封禁保护区范围内安置移民的；

（五）违反本法第二十二条第三款规定，未经批准在沙化土地封禁保护区范围内进行修建铁路、公路等建设活动的。

第四十四条 违反本法第三十七条第一款规定，截留、挪用防沙治沙资金的，对直接负责的主管人员和其他直接责任人员，由监察机关或者上级行政主管部门依法给予行政处分；构成犯罪的，依法追究刑事责任。

第四十五条 防沙治沙监督管理人员滥用职权、玩忽职守、徇私舞弊，构成犯罪的，依法追究刑事责任。

第七章 附 则

第四十六条 本法第五条第二款中所称的有关法律，是指《中华人民共和国森林法》《中华人民共和国草原法》《中华人民共和国水土保持法》《中华人民共和国土地管理法》《中华人民共和国环境保护法》和《中华人民共和国气象法》。

第四十七条 本法自 2002 年 1 月 1 日起施行。

附录 3：水土保持相关法律、法规及部委规章

- 《中华人民共和国水法》(主席令第 79 号，2002 年，2016 年 7 月修订)；
- 《中华人民共和国环境保护法》(主席令第 22 号，1989 年，2014 年 4 月修订)；
- 《中华人民共和国行政许可法》(主席令第 7 号，2003 年，2019 年 4 月修正)；
- 《中华人民共和国土地管理法》(主席令第 28 号，1986 年，2004 年 8 月第二次修正)；
- 《中华人民共和国环境影响评价法》(主席令第 77 号，2002 年，2018 年 12 月第二次修正)；
- 《中华人民共和国防洪法》(主席令第 48 号，1997 年，2016 年 7 月第三次修正)；
- 《中华人民共和国森林法》(主席令第 18 号，1984 年，2019 年 12 月修订)；
- 《中华人民共和国草原法》(主席令第 5 号，1985 年，2013 年 6 月修订)；
- 《中华人民共和国招标投标法》(主席令第 86 号，1999 年，2017 年 12 月修正)；
- 《建设工程勘测设计管理条例》(国务院令第 687 号，2000 年，2017 年 10 月修改)；
- 《建设工程质量管理条例》(国务院令第 714 号，2000 年，2019 年 4 月修改)；
- 《建设项目环境保护管理条例》(国务院令第 682 号，1998 年，2017 年 7 月修订)；
- 《土地调查条例》(国务院令第 518 号，2008 年，2016 年 2 月修订)；
- 开发建设项目水土保持方案编报审批管理规定(水利部令第 5 号，1995 年，2017 年 12 月修订)；
- 开发建设项目水土保持设施验收管理办法(水利部令第 16 号，2002 年，2015 年 12 月修订)；大中型水利水电工程建设征地补偿和移民安置条例(国务院令第 471 号，2006 年，2017 年 4 月修订)；

●《中华人民共和国水土保持法实施条例》(国务院令第 120 号, 1993 年, 2011 年 1 月修订);

●《中华人民共和国河道管理条例》(国务院令第 3 号, 1988 年, 2017 年 3 月修订);

●《建设项目环境保护管理条例》(国务院令第 253 号, 1998 年, 2017 年 7 月修订);

●《开发建设项目水土保持方案编报审批管理规定》(水利部令第 5 号, 1995 年, 2017 年 12 月修订);

●《水土保持生态环境监测网络管理办法》(水利部令第 12 号, 2000 年, 2014 年修订)。

●《国务院关于全国水土保持规划(2015—2030 年)的批复》(国函〔2015〕160 号);

●《生态文明体制改革总体方案》(中共中央政治局 2015 年 9 月 11 日审议通过, 中共中央、国务院 2015 年 9 月 21 日发布);

●《国家发改委等 9 部委印发〈关于加强资源环境生态红线管控的指导意见〉的通知》(发改环资〔2016〕1162 号);

●《国务院关于加强水土保持工作的通知》(国发〔1993〕5 号);

●《国务院关于印发全国生态建设环境保护纲要的通知》(国发〔2000〕38 号);

●《国务院关于印发全国生态环境建设规划的通知》(国发〔1998〕36 号);

●《关于加强水土保持审批后续工作的通知》(水利部办函〔2002〕154 号);

●《水利部办公厅关于进一步加强流域机构水土保持监督检查工作的通知》(水利部办水保〔2016〕211 号);

●《关于加强大中型开发建设项目水土保持监理工作的通知》(水利部 水保〔2003〕89 号);

●《关于公布取消和停止征收 100 项行政事业性收费项目的通知》(国家发展和改革委员会、财政部财综〔2008〕78 号);

●《水利部办公厅关于印发〈全国水土保持规划国家级水土流失重点预防区和重点治理区复核划分成果〉通知》(办水保〔2013〕188 号);

●《关于规范生产建设类项目水土保持监测工作的意见》(水利部, 水保〔2009〕187 号);

●《关于印发〈水土保持补偿费征收使用管理办法〉的通知》(财综〔2014〕8 号);

●《关于印发〈水利部生产建设项目水土保持方案变更管理规定〉(试行)》的通知(水利部办公厅文件, 办水保〔2016〕65 号);

●《关于进一步加强生产建设项目水土保持方案技术评审的通知》(水利部办公厅文件, 办水保〔2016〕123 号);

●《水利部关于加强事中事后监管规范生产建设项目水土保持设施自主验收的通知》(水保〔2017〕365 号)。

附录 4：主要水土保持标准与规范目录

标准名称	标准编号	标准发布时间
生产建设项目水土保持技术标准	GB 50433—2018	2018 年
生产建设项目水土流失防治标准	GB/T 50434—2018	2018 年
水土保持林工程设计规范	GB 51097—2015	2015 年
水土保持工程设计规范	GB 51018—2014	2014 年
防洪标准	GB 50201—2014	2014 年
开发建设项目水土保持设施验收技术规程	GB/T 22490—2008	2008 年
水土保持综合治理 效益计算方法	GB/T 15774—2008	2008 年
水土保持综合治理 验收规范	GB/T 15773—2008	2008 年
水土保持综合治理 规划通则	GB/T 15772—2008	2008 年
水土保持综合治理技术规范 崩岗治理技术	GB/T 16453.6—2008	2008 年
水土保持综合治理技术规范 风沙治理技术	GB/T 16453.5—2008	2008 年
水土保持综合治理技术规范 沟壑治理技术	GB/T 16453.3—2008	2008 年
水土保持综合治理技术规范 荒地治理技术	GB/T 16453.2—2008	2008 年
水土保持综合治理技术规范 坡耕地治理技术	GB/T 16453.1—2008	2008 年
水土保持综合治理技术规范 小型蓄排引水工程	GB/T 16453.4—2008	2008 年
水土保持术语	GB/T 20465—2006	2006 年
造林技术规程	GB/T 15776—2016	2016 年
主要造林树种苗木质量分级	GB 6000—1999	1999 年
水利水电工程等级划分及洪水标准	SL 252—2017	2017 年
水利水电工程制图标准 水土保持图	SL 73.6—2015	2015 年
水土流失重点防治区划分导则	SL 717—2015	2015 年
水土流失危险程度分级标准	SL 718—2015	2015 年
水土保持规划编制规范	SL 335—2014	2014 年
黄土高原适生灌木种植技术规范	SL 287—2014	2014 年
水土保持元数据	SL 628—2013	2013 年
小流域划分及编码规范	SL 653—2013	2013 年
输变电项目水土保持技术规范	SL 640—2013	2013 年
生态清洁小流域建设技术导则	SL 534—2013	2013 年
水利水电工程水土保持技术规范	SL 575—2012	2012 年
水土保持遥感监测技术规范	SL 592—2012	2012 年
水土保持工程施工监理规范	SL 523—2011	2011 年
水土保持数据库表结构及标识符	SL 513—2011	2011 年
岩溶地区水土流失综合治理规范	SL 461—2009	2009 年

（续）

标准名称	标准编号	标准发布时间
水土保持监测点代码	SL 452—2009	2009 年
水土保持工程初步设计报告编制规程	SL 449—2009	2009 年
水土保持工程可行性研究报告编制规程	SL 448—2009	2009 年
水土保持工程项目建议书编制规程	SL 447—2009	2009 年
黑土区水土流失综合防治技术标准	SL 446—2009	2009 年
水土保持试验规程	SL 419—2008	2008 年
土壤侵蚀分类分级标准	SL 190—2007	2007 年
水土保持试验规范	SL 419—2007	2007 年
水工挡土墙设计规范	SL 379—2007	2007 年
水利水电工程边坡设计规范	SL 386—2007	2007 年
水土保持工程质量评定规程	SL 336—2006	2006 年
水土保持信息管理技术规程	SL 341—2006	2006 年
水土保持监测设施通用技术条件	SL 342—2006	2006 年
水土保持规划编制规范	SL 335—2014	2014 年
砌石坝设计规范	SL 25—2006	2006 年
水土保持工程运行技术管理规程	SL 312—2005	2005 年
水坠坝设计规范	SL 302—2004	2004 年
水土保持治沟骨干工程技术规范	SL 289—2003	2003 年
水土保持监测技术规程	SL 277—2002	2002 年
水利水电工程制图标准 水土保持图	SL 73.6—2015	2015 年
雨水集蓄利用工程技术规范	SL 267—2001	2001 年
小型水利水电工程碾压式土石坝设计规范	SL 198—2013	2013 年
水电建设项目水土保持方案技术规范	DL/T 5419—2009	2009 年
水土保持林建设技术规程	DB11/T 633—2009	2009 年
人工草地建设技术规程	NY/T 1342—2007	2007 年
铁路建设项目水土保持方案技术标准	TB 10503—2005	2005 年